Nr. 18 — S. 2705—2864
1953 — 6. Mai

Chemisches Zentralblatt

Vollständiges Repertorium für alle Zweige der reinen und angewandten Chemie

Im Auftrage der Deutschen Akademie der Wissenschaften zu Berlin, der Akademie der Wissenschaften zu Göttingen und der Gesellschaft Deutscher Chemiker
herausgegeben von
Prof. Dr. **Maximilian Pflücke**

Chefredakteure: Dr. Eugen Klever und Prof. Dr. Maximilian Pflücke

124. Jahrgang

1953

Akademie-Verlag GmbH., Berlin — Verlag Chemie, GmbH., Weinheim/Bergstr.

Inhalt

Namenregister

Chemisches Zentralblatt

1953 Nr. 18 6. Mai

A. Allgemeine und physikalische Chemie.

A_1. Kernphysik und Kernchemie.

E. C. G. Stueckelberg und **A. Petermann,** *Die Normalisierungsgruppe in der Quantentheorie.* Verallgemeinerung der DYSON-Meth. zur Unters. komplexer Wechselwirkungen. Phänomenolog. Näherung zur Beschreibung von Teilchen vom Spin 1, wobei diese als gebundene Zustände einer geraden Anzahl von Teilchen vom Spin 1/2 erscheinen. Falls das pseudoskalare Mesonfeld das magnet. Moment des Nucleons u. die Kernkräfte nicht gleichzeitig zu erklären vermag, kann auch das Nucleon als zusammengesetztes Teilchen aus einer ungeraden Zahl von Elementarteilchen vom Spin 1/2 u. von Teilchen vom Spin 0 angesehen werden. (Helv. physica Acta **24.** 317—19. 20/9. 1951. Genève.) CONRAD. 80

E. Beretta, I. Filosofo und **B. Sommacal,** *Über den positiven Überschuß der μ-Mesonen in vertikaler und geneigter Richtung.* Mit speziellen Zählerteleskopanordnungen u. einem Magnetfeld von 13000 Gauß wurden in Seehöhe Differentialmessungen des positiven Überschusses der μ-Mesonen im Energiebereich zwischen 0,7 u. $1{,}5 \cdot 10^9$ eV (Schwerpunkt bei $1{,}1 \cdot 10^9$ eV) ausgeführt. In vertikaler Richtung wurde ein Überschuß $\delta = 0{,}21 \pm 0{,}025$, in 45° Ost $\delta = 0 \pm 0{,}023$ u. in 45° West $\delta = 0{,}41 \pm 0{,}025$ gefunden. Die letzten beiden Werte werden durch den Einfl. des magnet. Erdfeldes auf die Mesonenbahnen erklärt. Eine Berücksichtigung dieses Einfl. bei den Messungen in geneigter Richtung führt zum Wert $\delta = 0{,}21 \pm 0{,}018$ für den positiven Überschuß bei der Entstehung. (Nuovo Cimento [9] **9.** 317—23. April 1952. Padova, Univ., Ist. di Fis., Centro di Stud. degli Ioni veloci del C. N. R.) CONRAD. 85

J. Steinberger und **A. S. Bishop,** *Die Erzeugung positiver Mesonen durch Photonen.* Die Bremsstrahlung der Elektronen eines Synchrotrons fiel auf Targets aus *C*, Paraffin u. fl. H_2. Die erzeugten positiven Mesonen wurden mittels dreier Scintillationszähler u. Photomultiplier durch den $\pi^+ \rightarrow \mu^+ \rightarrow e^+$-Zerfall nachgewiesen. Es wurde die Energieverteilung der Mesonen unter 90° in C wie in H durch die Subtraktionsmeth. bestimmt. Die daraus berechnete Anregungsfunktion in H zeigt einen Anstieg mit der Photonenenergie u. ab 260 MeV ein Plateau. Die Winkelverteilung der Mesonen ist zwischen 35 u. 145° ziemlich flach, mit einem leichten Gipfel bei 90°. Der Gesamtwirkungsquerschnitt beträgt in H für 255 MeV-Photonen $1{,}9 \pm 0{,}3 \cdot 10^{-28}$ cm², für C ist er, bezogen auf 1 Proton, etwa um den Faktor 3 kleiner. Die Ergebnisse werden mit der pseudoskalaren u. skalaren Theorie verglichen u. für die drei Kopplungsfälle (schwach, stark u. mittel) geprüft. Nach der Winkelverteilung kann das π-Meson nicht skalar sein. (Physic. Rev. [2] **86.** 171—79. 15/4. 1952. New York, Columbia Univ., u. Zürich, Univ.) WIEDEMANN. 00

W. K. H. Panofsky, J. N. Steinberger und **J. Steller,** *Weitere Ergebnisse über die Erzeugung neutraler Mesonen durch Photonen.* (Vgl. C. **1951.** I. 1410 u. vorst. Ref.) Die Erzeugung neutraler Mesonen durch die 325 MeV-Röntgenstrahlung des Synchrotrons wurde untersucht. Die π^0 wurden durch die Koinzidenz der beiden γ-Strahlen, die bei ihrem Zerfall entstehen, nachgewiesen. Es wurden zwei γ-Teleskope mit je drei Stilbenkristallen verwendet. Die Ruhenergie des π^0 wird mit 135 MeV angegeben. In *Be* wurden die differentiellen Wirkungsquerschnitte bestimmt, die Vorwärtsrichtung ist stark bevorzugt. Der integrale Wirkungsquerschnitt für 260 MeV-Photonen beträgt $5{,}55 \cdot 10^{-27}$ cm². Die Mesonenausbeute je Nucleon erwies sich als eine lineare Funktion von $A^{-1/3}$. In H wurde die Photomesonenerzeugung unter Verwendung von C- u. CH_2 (Polyäthylen)-Targets nach der Subtraktionsmeth. u. unter Verwendung von fl. H_2 untersucht. Der Gesamtwirkungsquerschnitt beträgt $0{,}55 \cdot 10^{-28}$ cm²/Quant. Der Wirkungsquerschnitt ist vergleichbar, ca. $^1/_3$, dem für die Erzeugung von π^+. Die Anregungskurve für π^0 steigt oberhalb der Schwelle langsamer an als die für π^+. (Physic. Rev. [2] **86.** 180—89. 15/4. 1952. Berkeley, Calif., Univ., Dep. of Phys., Radiat. Labor.) WIEDEMANN. 90

Robert R. Wilson, *Monte Carlo-Untersuchung der Schauererzeugung.* Durch Elektronen u. durch Photonen in Pb ausgelöste Schauer mit 20—500 MeV wurden nach der Monte-Carlo-Meth. berechnet. Die Übergangskurven wurden ohne Berücksichtigung der Mehrfachstreuung ermittelt, sie unterscheiden sich von denen der Kaskadentheorie wesentlich, die Zahl der Elektronen im Maximum ist geringer u. die Schauer sind durchdringender. Anschließend wurden die Kurven durch Einschluß der Mehrfachstreuung modifiziert. Sie werden mit den Ionisationsmessungen verschied. Autoren verglichen, die Übereinstimmung ist befriedigend. (Physic. Rev. [2] **86.** 261—69. 1/5. 1952. Ithaca, N. Y., Cornell Univ.) WIEDEMANN. 90

A. M. L. Messiah, *Prüfungen der Ladungsunabhängigkeit durch die Pionen-Erzeugung bei Kernzusammenstößen.* Aus der Bedingung der Ladungsunabhängigkeit, der Gleichheit der Kräfte n—p, p—p, n—n lassen sich Beziehungen ableiten über die Größe der Wirkungsquerschnitte für die Erzeugung geladener u. neutraler π-Mesonen bei Kernzusammenstößen. Die Form dieser Beziehungen ist abhängig von den Spinwerten. Als Beispiele sind angeführt: $\sigma(p + d \rightarrow {}^3H + \pi^+) = 2\,\sigma(p + d \rightarrow {}^3He + \pi^0)$ u. $\sigma(n + p \rightarrow d + \pi^0) = {}^1/_2\,\sigma(p + p \rightarrow d + \pi^+)$. (Physic. Rev. [2] **86.** 430—31. 1/5. 1952. Rochester, N. Y., Univ.) WIEDEMANN. 90

Louis Michel, *Theorem über die aus vier Dirac-Wellenfunktionen gebildeten Invarianten. Anwendung: Wirkungsquerschnitt der Nucleon–Nucleon-Streuung.* Ausgehend von den 4 DIRACschen Wellenfunktionen ψ erhält Vf. durch Permutation eine neue Invariante, die eine lineare Kombination früherer Invarianten gleicher Art darstellt. Die Anwendbarkeit des Theorems zur Berechnung der Elemente der S-Matrix wird angegeben. Das Theorem wird auf 35 skalare u. 35 pseudoskalare Größen, die durch sechs bestimmte ψ-Funktionen gebildet werden, ausgedehnt. (J. Physique Radium **12.** 793—84. Okt.1951. Manchester, Univ., Labor. Central des Poudres.) GERHARD SCHMIDT. 90

D. C. Peaslee, *Vergleichende Modelle bei der Kernstreuung.* Die opt. u. die Meth. des Zwischenkerns (compound) für die Behandlung von Kern–Nucleon-Wechselwirkung, Absorption oder elast. Streuung, werden verglichen. Der Unterschied besteht in der Annahme scharfer oder diffuser Grenzen, ferner darin, daß in dem einen Fall die Energie auf ein einziges Nucleon konzentriert ist, im anderen dagegen zwischen mehreren Nucleonen aufgeteilt u. ausgetauscht wird. Die opt. Meth. ist gültig für Einfallsenergien > 80 MeV, die des Zwischenkerns für $E < 30$ MeV. Das stat. Modell des angeregten Kerns kann nur benutzt werden, wenn die Anregungsenergien alle unterhalb der unteren Grenze liegen. Für den Einfall von π-Mesonen auf Kerne muß stets die opt. Meth. benutzt werden. (Physic. Rev. [2] **86.** 269—71. 1/5. 1952. New York, Columbia Univ.) WIEDEMANN. 90

Martin J. Berger, *Mehrfachstreuung von energiereichen Protonen in photographischen Platten.* (Sitzungsbericht.) Mit Cyclotronprotonen von 337 ± 1 u. 218 ± 2 MeV Energie wurde die Mehrfachstreuung in ILFORD G5-Platten untersucht. Die Ergebnisse werden in der Formel für die Streukonstante $K = 10 s^{-1/2}\,\bar{\alpha}\,p\,v$ zusammengefaßt, wo p der Impuls, v die Geschwindigkeit der gestreuten Teilchen, s die Zellenlänge in μ u. $\bar{\alpha}$ der mittlere Ablenkungswinkel pro Zelle sind. Im Bereich von $s = 250—750\,\mu$ zeigt K einen nur leichten Anstieg. Der ausgewogene Durchschnitt der Ergebnisse in diesem Bereich der Zellenlänge ergab $K = 26{,}3 \pm 1{,}0$ bei $E_p = 337$ MeV u. $K = 26{,}9 \pm 1{,}3$ bei $E_p = 218$ MeV. (Physic. Rev. [2] **87.** 238. 1/7. 1952. Univ. of Chicago.) GERHARD SCHMIDT. 90

J. S. McIntosh, R. L. Gluckstern, S. Sack und **B. E. Freeman,** *Analyse der (p–T)-Streuung.* (Sitzungsbericht.) Vff. untersuchen die Phasenverschiebung der (p — T)-Streuung zwischen 1 u. 3,5 MeV, wobei von den S- u. P-Wellen ausgegangen wird. Für jedes S-Wellenpaar existieren zwei P-Wellenpaare (${}^1K_1$, ${}^3K_1$), von denen eines größere ${}^1K_1$-Werte enthält, als aus der einfachen Potentialstreuung erwartet wird. Die Abweichung der „Resonanzwerte" von ${}^1K_1$ kann gegebenenfalls mit einem Resonanzzustand in ${}^4He$ mit einer Niveaubreite um 1 MeV bei einer Protonenenergie von ca. 4 MeV in Verbindung gebracht werden. Eine Analyse der (p — D)-Werte deutet darauf hin, daß bei D-Wellen mit kleinen Winkelwerten nur bestimmte Bereiche für ${}^2K_0$ u. ${}^4K_0$ erlaubt sind. (Physic. Rev. [2] **87.** 237. 1/7. 1952. Yale Univ.) GERHARD SCHMIDT. 90

A. H. Armstrong, J. C. Allred, A. M. Hudson, R. M. Potter, E. S. Robinson, L. Rosen und **E. J. Stovall jr.,** *Die Streuung von 10 MeV-Deuteronen durch ${}^3H$ und ${}^3He$.* (Sitzungsbericht.) Für 43 Winkel zwischen 29 u. 140° wurden die differentiellen Wirkungsquerschnitte für die durch ${}^3H$ u. ${}^3He$ gestreuten 10 MeV-Deuteronen vermessen. Es wurde eine Mehrplattenkamera benutzt, wobei 162000 Bahnen ausgemessen wurden. Die beiden Wirkungsquerschnittskurven stimmen oberhalb 50° wegen der gleichen (n — n)- u. (p — p)-Kräfte überein. Unterhalb 50° divergieren die Kurven in einem Ausmaß, das der zunehmenden COULOMB-Streuung durch ${}^3He$ zugeschrieben werden kann. In beiden Fällen tritt Deuteronenzerfall auf. Der Verlauf der Kurve oberhalb 50° wird aus den differentiellen Wirkungsquerschnitten in mbarn pro Raumwinkel bei entsprechenden Winkeln im Schwerpunktsyst. 87 (50°), 25 (60°), 20 (65°), 37 (75°), 69 (85°), 86 (98°), 68 (110°), 39 (120°), 26 (130°) u. 40 (140°) abgeleitet. (Physic. Rev. [2] **87.** 238. 1/7. 1952. Los Alamos Sci. Labor.) GERHARD SCHMIDT. 90

M. Walt, A. Okazaki und **R. K. Adair,** *Streuung schneller Neutronen durch Deuteronen.* (Sitzungsbericht.) Die Differenz des Gesamtwirkungsquerschnitts von H u. D wurde bei 9 Neutronenenergien zwischen 264 keV u. 3 MeV gemessen. Ferner wurde die Winkelverteilung der durch Deuteronen gestreuten Neutronen für 7 Neutronenenergien zwischen 220 keV u. 2,5 MeV aufgenommen. Schnelle Neutronen wurden aus den Rkk. $^{7}Li(p, n)^{7}Be$ u. $^{3}H(p, n)^{3}He$ mit Protonen aus einem elektrostat. Beschleuniger erhalten. Der Wirkungsquerschnitt wurde durch Vgl. der Durchlässigkeit von H_2O- u. D_2O-Proben in Messingbehältern zwischen Neutronenquelle u. Zähler bestimmt. Die Werte $\sigma_H - \sigma_D$ schwanken zwischen 5,25 ± 0,15 barn bei 264 keV u. 0,18 ± 0,03 barn bei 3 MeV. Die Winkelverteilung der gestreuten Neutronen wurde durch Beobachtung der Impulshöhenverteilung der Rückstoßdeuteronen in einem mit D_2 gefüllten Proportionalzähler bestimmt. Für Winkel < 70° im Schwerpunktsyst. wurden keine durch gestreute Neutronen hervorgerufenen Rückstoßdeuteronen beobachtet. Bei 220 keV ist die Streuung im wesentlichen isotrop, bei höheren Energien wird die Rückstreuung zunehmend ausschlaggebender. Bei 2,5 MeV ist der differentielle Wirkungsquerschnitt für 180° ca. 2,5mal größer als für 100°. (Physic. Rev. [2] **87.** 238. 1/7. 1952. Univ. of Wisconsin.) Gerhard Schmidt. 90

B. N. Brockhouse und **D. G. Hurst,** *Energieverteilung langsamer, von festen Körpern gestreuter Neutronen.* (Sitzungsbericht.) 0,35 eV-Neutronen werden durch dünne Proben von *Pb, Al, Graphit* u. *Diamant* unter 90° in einen ringförmigen Satz von BF_3-Zählern gestreut. Die Durchlässigkeit zylindr. Cd-Filter für die gestreuten Neutronen wurde als eine Funktion der Cd-Dicke gemessen. Diese Funktion ist eine Transformation der Energieverteilung der auftreffenden Neutronen. Prakt. wurden die Messungen mit Cd-Durchlässigkeiten verglichen, die für ein Einstein-Kristallmodell nach Bornscher Näherung berechnet wurden. Es wurde kein bedeutender Unterschied zwischen Graphit u. Diamant festgestellt. Für Pb u. Al bei Zimmertemp. führt das einfachere Modell eines Gases freier Atome angenähert zum gleichen Ergebnis. Das Verh. bei höheren Energien läßt sich hier nur verwenden, wenn die Temp. etwas größer als die Einstein-Temp. u. die Neutronenenergie bedeutend kleiner als die Bindungsenergie ist. (Physic. Rev. [2] **87.** 239. 1/7. 1952. Chalk River Labor.) Gerhard Schmidt. 90

M. Ageno, G. Cortellessa und **R. Querzoli,** *Messung der Kernradien von Schwefel und Kupfer.* Der Gesamtwirkungsquerschnitt von Cu für Neutronen bis zu 13,3 MeV wird neu zu $(3{,}09 \pm 0{,}12) \cdot 10^{-24}$ gemessen, der von S zu $(2{,}06 \pm 0{,}07) \cdot 10^{-24}$ cm². Beide Werte stimmen mit früheren Messungen bzw. Mittelwerten überein, während die bei S früher gefundenen abweichenden Werte auf Meßfehlern beruhen müssen. Die daraus nach Feshbach u. Weisskopf (C. **1950.** II. 966) berechneten Kernradien sind $R_{Cu} = 5{,}85 \cdot 10^{-13}$, $R_S = 4{,}65 \cdot 10^{-13}$ cm. (Rend. Ist. super. Sanità **15.** 555—76. 1952. Roma, Ist. super. di San., Labor. di Fis.) R. K. Müller. 95

Katharine Way und **Marion Wood,** *Kernschalenwechselwirkungen.* (Sitzungsbericht.) Berechnung der Neutron- u. Protonbindungsenergien im Gebiet von *Tl* bis *Cm* auf Grund experimenteller Q-Werte, der α-Systematik u. der β-Zerfallsenergien. Im Hinblick auf das Kernschalenmodell ergibt sich: 1. Für Z = 82 ist die Schalenwechselwrkg. der mit 127 beginnenden Neutronenschale in Übereinstimmung mit der Berechnung von Goeppert-Mayer (C. **1951.** I. 959). 2. Wenn Protonen (oberhalb 82) u. Neutronen (oberhalb 126) gleichzeitig in neue Schalen eintreten, erfolgt eine starke, schnell gesätt., spinabhängige (n—p)-Wechselwrkg. von der Größe ≤ 0,8 MeV je Paar. Daher nehmen die Neutronenbindungsenergien für wachsendes N_n/N_p ab. Die Protonenbindungsenergien zeigen einen zusätzlichen elektrostat. Abstoßungseffekt. Eine neu entwickelte β-Systematik ergibt keinen Anhaltspunkt für weitere Schalen oberhalb Z = 82 u. N = 126. (Physic. Rev. [2] **86.** 608—09. 15/5.; Bull. Amer. physic. Soc. **27.** Nr. 1. 33—34. 31/1. 1952. N. B. S.) Speer. 95

G. L. Tucker, V. W. Hughes, E. H. Rhoderick und **G. Weinreich,** *Das magnetische Moment von Helium im metastabilen $^{3}S_1$-Zustand nach der Atomstrahlmethode.* (Sitzungsbericht.) Das gyromagnet. Verhältnis von He im metastabilen $^{3}S_1$-Zustand wurde mit dem von H im Grundzustand nach der magnet. Atomstrahlresonanzmeth. verglichen. Mit Feldern zwischen 400 u. 500 Gauß wurden die Linien $m_J = \pm 1 \rightarrow 0$ des He u. F, $m_F = 1{,}0 \rightarrow 1, -1$ des H abwechselnd gemessen. Es wurde gefunden g_J (He, $^{3}S_1$)/g_J (H, $^{2}S_{1/2}$) = 1,000001 ± 0,000025. Unter Benutzung des Wertes g_J (H, $^{2}S_{1/2}$)³ = 2 (1,0011275 ± 0,000013) ergibt sich g_J (He, $^{3}S_1$) zu 2 (1,001129 ± 0,000028). (Physic. Rev. [2] **86.** 618. 15/5.; Bull. Amer. physic. Soc. **27.** Nr. 1. 43. 31/1. 1952. Columbia Univ.) Conrad. 95

H. E. Walchli, W. E. Leyshon und **F. M. Scheitlin,** *Das kerngyromagnetische Verhältnis von Vanadium 50.* (Sitzungsbericht.) An einer Probe von 271 mg V als $VOCl_3$ mit einem Geh. von 10% ^{50}V wurde in einem Kerninduktionsspektrometer mit elektron.

reguliertem Magnetfeld das gyromagnet. Verhältnis von ^{50}V bestimmt. Aus dem gemessenen Verhältnis ν (^{50}V)/ν (^{2}D) = + 0,649530 ± 0,00007, dem Wert 2,7926 Kernmagnetonen für das Proton u. LEVINTHALs Deuteron/Proton-Verhältnis (C. **1951.** II. 2143) ergibt sich das gyromagnet. Verhältnis für ^{50}V zu + 0,55707. (Physic. Rev. [2] **86.** 618. 15/5.; Bull. Amer. physic. Soc. **27.** Nr. 1. 43. 31/1. 1952. Oak Ridge Nat. Labor.)
CONRAD. 95

Enos E. Witmer, *Ganze und rationale Zahlen im Kernbereich.* (Sitzungsbericht.) Der früher vom Vf. geäußerte Vorschlag, daß h c/e² genau = 861 (= 41·42/2) sei, wird durch neueste Messungen, die den Wert 861,023 ergeben, gestützt. Es wird vorgeschlagen, die kernmagnet. Momente durch die Gleichung μ = C·k auszudrücken, wo C eine Konstante u. k eine ganze oder rationale Zahl mit kleinem Nenner ist. Die extrem ganzzahligen Verhältnisse der kernmagnet. Momente gewisser Isotope u. die oft ganzzahligen Differenzen der k-Werte von Isotopen legen diese Beziehung nahe. Ebenso scheinen Kernmassen, die keinem β-Zerfall oder K-Einfang unterliegen, ganzzahlige Vielfache des „prout" ($^1/_{11}$ der Ruhmasse des Elektrons) zu sein. (Physic. Rev. [2] **86.** 618. 15/5.; Bull. Amer. physic. Soc. **27.** Nr. 1. 43. 31/1. 1952. Univ. of Pennsylvania.)
CONRAD. 95

G. S. Stanford, H. E. Duckworth, B. G. Hogg und **J. S. Geiger,** *Massen von ^{208}Pb, ^{232}Th, ^{234}U und ^{238}U.* (Sitzungsbericht.) Ergänzung der C. **1952.** 1946 referierten Arbeit um die Massenwerte für ^{208}Pb = 208,0424 u. ^{234}U = 234,1130. Die Zahlenangaben für ^{232}Th u. ^{238}U werden berichtigt. (Physic. Rev. [2] **86. 617.** 15/5.; Bull. Amer. physic. Soc. **27.** Nr. 1. 42. 31/1. 1952. Wesleyan Univ.; McMaster Univ.) CONRAD. 100

H. L. Jackson, A. I. Galonsky, F. J. Eppling, R. W. Hill, E. Goldberg und **J. R. Cameron,** *Bestimmung der Winkelverteilung und des absoluten differentiellen Wirkungsquerschnittes der ^{12}C (p, p) ^{12}C-Reaktion.* (Sitzungsbericht.) Der differentielle Wirkungsquerschnitt der ^{12}C (p, p) ^{12}C-Rk. wurde bei Verwendung von Propan-, Äthylen- u. Methantargets im Bereich von 0,4—4,35 MeV gemessen. Die Beobachtungen wurden bei 102, 124, 146 u. 168° vorgenommen. Das Protonenbündel wurde in eine Streukammer unter Verwendung verschied. Druckstufen eingeführt, wodurch das Folienfenster vermieden werden konnte. Die vorläufigen Ergebnisse stützen qualitativ die Niveauzuordnung von JACKSON u. GALONSKY (C. **1952. 6325**). (Physic. Rev. [2] **87. 237. 1/7.** 1952. Univ. of Wisconsin.) GERHARD SCHMIDT. 103

C. Eggenberger und **P. Marmier,** *Die Anregungskurve der Reaktion ^{13}C (p, n) ^{13}N.* Vff. messen die Anregungskurve der Rk. ^{13}C(p, n)^{13}N nach der Meth. der hintereinandergereihten Folien im Bereich zwischen 3,23 MeV (Schwelle) u. 6,8 MeV. Als Träger für ^{13}C diente 2,25 mg·cm^{-2} Polythen (2 H-Atome auf 1 C-Atom). Mit dem Bremsvermögen von 1,80 für Polythen finden Vff. drei Resonanzen bei Protonenenergien von 4,1 ± 1, 4,9 u. 6,3 MeV. Es wird eine für orientierende Messungen brauchbare photograph. Meth. beschrieben, die sich eines 6 mm langen, von 150 bis auf 5 μ auslaufenden Messingkeils mit bekanntem Bremsvermögen bedient. Bei Beschuß mit 6,8 MeV-Protonen erhalten Vff. ein „Spektr." von ^{13}N (β^+, 1,25 MeV), in dem sich die Resonanzstellen durch verstärkte Schwärzungen zu erkennen geben. (Helv. physica Acta **24.** 323. 20/9. 1951. Zürich, ETH.) WEIGEL. 103

R. Ricamo und **W. Zünti,** *Totale Wirkungsquerschnitte für Be, C, N und Na für schnelle Neutronen von 2—3,7 MeV.* Vff. messen die totalen Wirkungsquerschnitte in Intervallen von 20 zu 20 keV nach entsprechender Verbesserung der Versuchsanordnung (vgl. C. **1951.** I. 2115). Be zeigt zwischen 2 u. 3,7 MeV nur bei 2,75 MeV ein breites asymm. Maximum von 3,3 barn; für C wurde neben den Maxima bei 2,95 u. 3,62 MeV ein weiteres bei 2,08 MeV mit ca. 50 keV Halbwertsbreite u. einer Höhe bis 2,4 barn festgestellt. N zeigt Maxima bei 2,22, 3,1 u. 3,55 MeV; N wurde als Differenz zwischen NaN_3 u. Na gemessen. Na weist eine kompliziertere Struktur des Wirkungsquerschnittes mit abrupten Schwankungen zwischen 2,0 u. 3,4 barn auf. (Helv. physica Acta **24.** 302. 20/9. 1951. Bologna, Univ., Physikal. Inst.; Zürich, ETH.) WEIGEL. 103

A. H. Wapstra, *Die Zerfallsenergie von ^{31}Si.* Best. der Zerfallsenergie von ^{31}Si zunächst grob nach der FEATHERschen Meth. auf Grund von Absorptionsmessungen in Al. Es ergab sich eine β-Energie von 1,53 ± 0,04 MeV. Genauere Messungen erfolgten mit einem β-Spektrometer. Die mittlere Probendicke betrug 0,5 mg/cm². Hieraus ergab sich eine maximale β-Energie von 1,486 ± 0,012 MeV. In Verbindung mit den Q-Werten der (d, p)-Rkk. bei den 3 Si-Isotopen wird für die Differenz der Bindungsenergien $^{31}P - ^{28}$Si 26,380 ± 0,020 MeV gefunden. (Physic. Rev. [2] **86.** 561—62. 15/5. 1952. Stockholm, Nobel Inst. of Phys.) SPEER. 103

H. J. Hausman, A. J. Allen, J. S. Arthur, R. S. Bender, C. J. McDole, L. M. Diana, K. B. Rhodes und **R. A. Barjon,** *Angeregte Zustände von ^{24}Mg, ^{52}Cr und ^{55}Mn.* (Sitzungs-

bericht.) Vff. untersuchen die Rkk. ^{24}Mg (p, p') ^{24}Mg, ^{52}Cr (p, p') ^{52}Cr u. ^{55}Mn (p, p') ^{55}Mn durch magnet. Analyse der aus dünnen Targets emittierten Protonengruppen. Als Geschoßteilchen wurden 8 MeV-Protonen aus dem 47 in.-Cyclotron verwendet. Drei der 12 beobachteten Protonengruppen aus dünnen Targets von natürlichem Mg stellten sich als Anregungszustände von ^{24}Mg bei 1,38 MeV u. als ein Dublett bei 4,14 MeV heraus. Diese Zustände wurden aus der Rk. ^{27}*Al* (p, α) ^{24}Mg erhalten. Im Anregungsbereich von 0 bis 6 MeV wurden bei Beschuß von natürlichem Cr 15 Protonengruppen gefunden. Im Bereich von 0—5,5 MeV wurden in ^{55}Mn 13 Anregungszustände beobachtet. Die Beobachtungen der Protonengruppen wurden bei Laboratoriumswinkeln von 150 u. 90° zum einfallenden Bündel durchgeführt. (Physic. Rev. [2] **87.** 238. 1/7. 1952. Univ. of Pittsburgh.)
Gerhard Schmidt. 103

P. Preiswerk und **P. Stähelin**, *Termschemata einiger Niobisotope.* Vff. vervollständigen durch Unters. des Zerfalls des 23 Std.-^{96}Nb die Kenntnis der angeregten Zustände von ^{96}*Mo*. Die β-Strahlung von ^{96}Nb führt in 2 Spektren von 750 ± 5 keV u. 370 ± 20 keV Maximalenergie mit den relativen Intensitäten 92 bzw. 8% auf angeregte Zustände von ^{96}Mo, die unter Aussendung von γ-Strahlung (9 Komponenten) in den Grundzustand übergehen. In dem Zerfallsschema von ^{96}Nb, das mit dem von ^{96}Tc (vgl. Medicus, Preiswerk u. Scherrer, C. **1951.** I. 558) zusammen wiedergegeben ist, sind die aus dem Spektr. der Konversionselektronen ermittelten Energien der γ-Komponenten sowie deren relative Intensitäten angegeben. Aus den Konversionskoeffizienten ergibt sich, daß neben reiner Multipolstrahlung auch Mischungen von elektr. Dipol- mit magnet. Quadrupolstrahlung vorliegen. Eine eindeutige Zuordnung von Spin u. Parität zu den angeregten Zuständen von ^{96}Mo war nicht möglich. Das 10 Tage-^{92}Nb wandelt sich durch Elektroneneinfang mit nachfolgender γ-Emission (930 keV) in ^{92}Zr um. Bei den isomeren Übergängen des 62 Tage-^{91}Nb* u. des 80 Std.-^{95}Nb* wurden die Übergangsenergien aus dem Spektr. der Konversionselektronen zu 105,0 ± 1,0 bzw. 232 ± 2 keV u. das Konversionsverhältnis der K- zu den übrigen Schalen zu 2,1 ± 0,1 bzw. 3,5 ± 0,9 bestimmt. Der Quotient der beiden Konversionsverhältnisse steht im Einklang mit der Annahme magnet. 2^4-Pol-Strahlung. (Helv. physica Acta **24.** 300—01. 20/9. 1951. Zürich, ETH.) Conrad. 103

D. E. Alburger und **J. J. Kraushaar**, *Das Zerfallsschema und die Winkelkorrelation von* ^{144}*Pr.* Ausführliche Darst. des C. **1953.** 1598 referierten Sitzungsberichtes. (Physic. Rev. [2] **87.** 448—51. 1/8. 1952. Upton, N. Y., Brookhaven Nat. Labor.)
Gerhard Schmidt. 103

A. H. Wapstra, *Die Zerfallsenergie von* ^{209}*Pb.* Radioakt. Abklingmessungen von gereinigtem ^{209}Pb zeigten, daß beim Zerfall von ^{209}Pb auch das 60 Jahre-^{207}*Bi* entsteht, das mit seiner Anregungsenergie von 0,4 MeV für die Unstimmigkeiten in der Best. der Zerfallsenergie von ^{209}Pb verantwortlich ist. Eine andere Erklärungsmöglichkeit für diese Diskrepanz auf Grund hochkonvertierter γ-Strahlen geringer Energie konnte in genauen Unterss. mit einem β-Spektrometer nicht nachgewiesen werden. (Physic. Rev. [2] **86.** 562. 15/5. 1952. Stockholm, Nobel Inst. of Phys.) Speer. 103

E. G. Muirhead und **B. M. Spicer**, *Gleichstromvorerregung eines Elektronensynchrotrons.* Durch Messung der Röntgenstrahlenausbeute als Funktion der Gleichstromvorerregung des Synchrotronmagneten mit Strömen bis zu 60 A wurde gefunden, daß der Abfall der Ausbeute durch eine Feldkorrektur mittels einer um einen Pol gewundenen Spule aus nur wenigen Windungen beseitigt werden kann. (Rev. sci. Instruments **23.** 311. Juni 1952. Melbourne, Univ., Dep. of Phys.) H. Hauswald. 112

W. C. Porter und **W. E. Ramsey**, *Entladungsbegrenzung in Geiger-Müller-Zählern.* (Vgl. C. **1952.** 6647.) (Sitzungsbericht.) Durch örtliche Begrenzung der Entladung in einem G.-M.-Zählrohr mittels einer Rückkopplungsschaltung kann die Wiederherstellungszeit (dead-time) beträchtlich red. werden. (Physic. Rev. [2] **87.** 194. 1/7. 1952.)
H. Hauswald. 112

W. R. Loosemore und **J. Sharpe**, *Zeitverzögerungen in mit Halogenen gelöschten Geiger-Müller-Zählern mit niedriger Spannung.* Die zeitliche Verzögerung der Impulse in einem Zählrohr aus einer Cr–Fe-Folie von 195 mm Länge, 0,1 mm Anodendurchmesser, 390 V Arbeitsspannung u. mit Partialdrucken von 200 mm Ne, 0,2 mm Ar u. 0,16 mm Br_2 wurde mittels einer Koinzidenzanordnung u. einem Oscillographen im Mittel zu 5,3, im Maximum zu 9,3 u. im Minimum zu 3,5 μSek. gemessen. (Nature [London] **167.** 600—01. 14/4. 1951. Harwell, Didcot, Berks., A. E. Res. Establ., Min. of Supply.)
H. Hauswald. 112

R. B. Holt, **R. N. Thorn** und **R. W. Waniek**, *Messung kurzer β-Zerfallszeiten.* Die von dem einem inneren Cyclotronstrahl ausgesetzten Target emittierten β-Teilchen wurden sofort nach Abschalten des Cyclotrons durch einen Scintillationszähler mit Anthracenkristall u. einem 8 ft. langen Lucitestab in einer vakuumdichten Röhre nachgewiesen. Für den Zerfall $^{9}Li \rightarrow {}^{9}Be^{*} + \beta$ wurde eine β-Halbwertszeit von 170 ± 5 mSek.

gefunden. (Physic. Rev. [2] **87.** 378—79. 15/7. 1952. Cambridge, Mass., Harvard Univ., Cyclotron Labor.) H. Hauswald. 112

R. N. Thorn, R. W. Waniek und **R. B. Holt,** *Messung kurzer β-Zerfallszeiten.* Sitzungsbericht zu vorst. referierter Arbeit. (Physic. Rev. [2] **86.** 618. 15/5.; Bull. Amer. physic. Soc. **27.** Nr. 1. 43. 31/1. 1952.) Conrad. 112

James Schenck, *Phosphore zum Nachweis von Neutronen.* Von 300 untersuchten Li-haltigen Phosphorproben werden die Luminescenzeigg. der 25 besten angeführt. Li_2CaSiO_4 u. $Li_2SnO_3(TiO_2)$ sind wirksam, lassen sich aber nicht aus der Schmelze als Einkristalle züchten. Mit Einkristallen von $LiJ–SnJ_2$ wurden Spektrogramme mit einer Auflösung von 15,1% aufgenommen. (Nucleonics **10.** Nr. 8. 54—56. Aug. 1952. Oak Ridge, Tenn., Nat. Labor., Phys. Div.) H. Hauswald. 112

Kai Siegbahn, *Ein β-Spektrogoniometer für Koinzidenz- und Winkelkorrelationsmessungen. Anordnung und Anwendungen.* Zur Unters. von β-Zerfallsschemata mißt Vf. die Koinzidenzhäufigkeiten zwischen Auger- u. Konversionselektronen sowie mit β-Teilchen, indem bestimmte β- u. Elektronenlinien in einem magnet. Zweikanal-Spektrometer ausgewählt u. die Geiger-Müller-Impulse in eine Koinzidenzapp. geleitet werden. Die Winkelkorrelation zwischen der F-Linie u. dem kontinuierlichen Spektr. von *ThB,* der Zerfall von ^{67}*Ga,* ^{170}*Tm,* ^{199}*Au,* ^{153}*Sm* u. die Winkelkorrelation zwischen den in ^{24}Na durch Konversion erzeugten Positronen u. Elektronen werden gemessen. Für die untersuchten Kerne werden Zerfallsschemata aufgestellt. (Ark. Fysik **4.** Nr. 10. 223—71. 1952. Stockholm, Nobel Inst. of Phys.) H. Hauswald. 112

Seymour Block, *Ein Übersichtsmeßgerät für weiche β-Strahlen in Luft.* Es wird der Aufbau, die Eichung u. die Anwendung eines nach dem Prinzip der luftgefüllten Ionisationskammer arbeitenden Anzeigegeräts für in Luft vorhandene weiche β-Strahlung (hauptsächlich von radioakt. $^{14}CO_2$) beschrieben. (Nucleonics **8.** Nr. 4. 51—54. April 1951. Upton, N. Y., Brookhaven Nat. Labor., Health Phys. Div.) v. Harlem. 112

J. W. Boag und **T. Wilson,** *Die Sättigungskurve bei hoher Ionisationsintensität.* Bei Unters. der Sättigungskurve in einer Ionisationskammer mit parallelen Platten zeigt sich, daß die unter verschied. Bedingungen aufgenommenen Sättigungskurven in eine allg. Kurve überführt werden können. Ein kegelförmiger Bereich zwischen den dünnen Folienelektroden der Kammer wurde durch ein Bündel von 1,2 MeV-Elektronen mit Dosierungen bis zu 100000 elektrostat. Einheiten pro cm^3 u. Sek. ionisiert. Bei kleinem Plattenabstand können Ionisationsintensitäten bis zu 10^6 elektrostat. Einheiten/cm^3/Sek. gemessen werden. (Brit. J. appl. Physics **3.** 222—29. Juli 1952. London, Hammersmith Hosp., Radiotherapeutic Res. Unit.) H. Hauswald. 112

E. W. Titterton und **W. Barneveld,** *Eine Anordnung zur Markierung der Lage von Kernereignissen auf der Oberfläche von Kernemulsionen.* Es wird ein kleiner App. beschrieben, mit dem auf der Oberfläche von Kernemulsionen sichtbare Kern-Rkk. dadurch markiert werden können, daß mit Hilfe eines Messers um die Reaktionsstelle kreisförmig ca. 20 μ der Emulsion fortgenommen werden. Der Durchmesser der Kreise kann zwischen 100 u. 500 μ liegen. (J. sci. Instruments **29.** 250—51. Aug. 1952. Canberra, Australia, Nat. Univ., Res. School of Phys. Sci.) Gottfried. 112

Arnold Sommerfeld, Atombau und Spektrallinien. Bd. 1. 7. durchges. Aufl. Braunschweig: Vieweg 1951. (VIII + 734 S. m. 151 Abb.) DM 38,—.

A_2. Optisches Verhalten der Materie.

William M. Sinton, *Nachweis solarer Millimeterwellenstrahlung.* Mittels eines Infrarotdetektors wurde im Gebiet zwischen 1 u. 3 mm Wellenlänge eine solare Strahlung festgestellt. Als Filter dienten drei Bogen photograph. Einwickelpapier, das Quarzfenster u. das reine Rotationsspektr. des Wasserdampfes in der Atmosphäre. Das maximale Signal betrug $6 \cdot 10^{-12}$ Watt/cm^2 bei einem Wasserdampfgeh. in der unteren Atmosphäre von 2,7 g/m^3. Durch Messung der Auslöschung in NaCl wurde die mittlere Wellenlänge zu 1,4 mm bestimmt. Mittels eines Stufengitters aus Paraffin wurde das Spektr. aufgenommen, es zeigt einen Einschnitt bei 2 mm. (Physic. Rev. [2] **86.** 424. 1/5. 1952. Baltimore, Md., Johns Hopkins Univ., Dep. of Phys.) Wiedemann. 113

J. Feinstein, *Bedingung für Strahlung aus einem solaren Plasma.* Diskussion der Verss. zur Erklärung der Ausbrüche (bursts) radiofrequenter Strahlung der Sonne auf Grund der Wellenerzeugung in unendlich ausgedehntem Plasma durch Umwandlung der kinet. Energie von Plasmaströmungen in zeitveränderliche Felder einer Raumladungswelle. Als Kriterium für das Auftreten einer Strahlung gilt die Existenz eines Poyntingschen Flußvektors innerhalb des unendlichen, oscillierenden Plasmas. Wie gezeigt wird, läßt sich aber die Verwendung eines Punktwertes des Poyntingschen Vektors innerhalb eines gleichförmigen, unendlichen Plasmas als Kriterium für das Auftreten einer Strahlung an einem Punkt außerhalb u. weit entfernt vom oscillierenden Plasma nicht rechtfertigen. (Physic. Rev. [2] **85.** 145—46. 1/1. 1952. Washington, D. C., Nat. Bur. of Stand.) Rudolph. 113

L. Vegard, *Große Intensitätsschwankungen von H_α und Wirkungen in schnell nacheinander aufgenommenen Nordlichtspektren.* Es werden die Photometerkurven von 4 Spektrogrammen im langwelligen Bereich wiedergegeben, die mit einem neuen Spektrographen hoher Lichtstärke (F: 0,65) u. guter Dispersion aufgenommen worden sind. Trotz der kurzen Belichtung ist die grüne Linie in drei Spektrogrammen überbelichtet. Außerdem treten das rote *O I*-Dublett (6300, 6364 Å), die H_α-Linie u. Banden, die der ersten positiven *Stickstoff*-Gruppe angehören, auf. H_α tritt auf 2 Spektrogrammen mit beträchtlicher Intensität, ganz schwach auf 1 Spektrogramm auf u. fehlt auf 1 Spektrogramm vollständig. (Nature [London] **170.** 536—37. 27/9. 1952. Oslo, Univ., Phys. Inst.) D. Hahn. 113

D. H. Rank, R. P. Ruth und **K. L. Vander Sluis,** *Bestimmung der Lichtgeschwindigkeit durch die Bandenspektrummethode.* Um die Lichtgeschwindigkeit zu bestimmen, ist eine genaue Kenntnis von B infrarot $= h/8\,\pi^2\,I$ notwendig. Vff. gehen dazu von zwei Schwingungsbanden des HCN, der 1 0 3- u. 0 0 4-Bande aus. Der Spektrograph u. die Meßmeth. werden beschrieben. Vff. erhalten für B den Wert $1{,}47830 \pm 0{,}000025\ cm^{-1}$ u. errechnen für die Lichtgeschwindigkeit $c = 299776 \pm 7$ km/sec. (Physic. Rev. [2] **86.** 799. 1/6. 1952. State College, Pa., Pennsylvania State Coll., Phys. Dep.) D. Hahn. 114

K. Suryanarayana Rao, *Spinaufspaltung von $^5\Sigma$- und $^6\Sigma$-Elektronenzuständen.* Bei der Unters. der Rotationsstruktur von Bandensystemen der Oxyde von Elementen der Übergangsgruppen, wie Nb, Mn u. Cr, wurde es nötig, die Rotationsenergien der Terme von $^5\Sigma$, $^6\Sigma$, $^5\Pi$, $^6\Pi$ usw. herzuleiten. In der vorliegenden Arbeit werden mit Hilfe der Meth. von Van Vleck die Rotationsenergieniveaus der $^5\Sigma$- u. $^6\Sigma$-Zustände berechnet. Nach einer kurzen Einleitung in die Theorie werden ausführliche Berechnungen u. ihre Resultate angegeben. (Indian J. Physics Proc. Indian Assoc. Cultivat. Sci. **26.** 47—53. Febr. 1952. Waltair, Andhra Univ., Dep. of Phys.) D. Hahn. 114

N. Rosenzweig, *Konfigurationswechselwirkung bei Elementen der Eisengruppe.* (Sitzungsbericht.) Die den ungeraden Konfigurationen $3\,d^{n-2}\,4\,s\,4\,p$ u. $3\,d^{n-1}\,4\,p$ zugeordneten spektroskop. Terme überschneiden sich beträchtlich. Die theoret. Behandlung muß häufig eine Betrachtung der Matrixkomponenten der elektrostat. Wechselwrkg. zwischen den beiden Konfigurationen einschließen. Unter Verwendung der Racah-Methoden können die Matrixkomponenten als lineare Kombinationen der Slater-Integrale $R^2\,(3\,d\,3\,d, 3\,d\,4\,s)$, $R^2\,(4\,s\,4\,p, 4\,p\,3\,d)$ u. $R^1\,(4\,s\,4\,p, 3\,d\,4\,p)$ ausgedrückt werden. (Physic. Rev. [2] **87.** 225. 1/7. 1952. Argonne Nat. Labor.) Gerhard Schmidt. 114

M. E. Pillow, *Intensitäten in den Bandensystemen von O_2 und O_2^+.* Eine verbesserte Meth. für Störwellenfunktionen für einen einfach harmon. Oscillator wird auf Berechnungen von Übergangswahrscheinlichkeiten, relativen Intensitäten für Banden der zwei Sauerstoffsysteme, dem Schumann-Runge-Syst. von O_2 u. dem zweiten negativen Syst. von O_2^+ angewandt. In beiden Systemen hat Feast (C. **1951.** II. 8) die beobachteten Banden aufgezeichnet u. für O_2^+ die Intensitäten abgeschätzt. In einer Tabelle werden die berechneten Intensitätswerte bei $T \rightarrow \infty$ angegeben. (Proc. physic. Soc., Sect. A **65.** 858—59. 1/10. 1952. Holloway, London, Imp. Coll. and Northern Polytechnic.) D. Hahn. 118

William F. Meggers und **Robert J. Murphy,** *Bogenspektren von Gallium, Indium und Thallium.* Im Bereich zwischen 6500 u. 13000 Å werden die Bogenspektren von Ga, In u. Tl aufgenommen u. untersucht (Tabellen). Für die meisten Verss. wird ein Gleichstrombogen zwischen Kupferelektroden benutzt. In dem untersuchten Spektralbereich werden bei Ga I 37 neue Linien, bei In I 35 Linien u. bei Tl 25 Linien photographiert. Alle diese beobachteten Linien lassen sich als Kombinationen von Dublett-Termen erklären. Die Unterss. führten zu einer Revision der Ga I-Terme mit einer Erweiterung von $n = 9$ zu 12 für $n\,s^2\,S$, von $n = 7$ zu 11 für $n\,d^2\,D$ u. zur Entdeckung von $n\,f^2\,F^0$-Terme von $n = 4$ zu 7. Außerdem werden für In I u. Tl I zwei neue $n\,f^2\,F^0$-Terme für jedes dieser Spektren gefunden u. viele bekannte Terme bestätigt. (J. Res. nat. Bur. Standards **48.** 334—44. April 1952. Washington.) D. Hahn. 118

N. G. Jarosslawski und **A. W. Karjakin,** *Veränderungen der infraroten OH-Absorptionsbande von mikroporigem Glas bei der Tieftemperaturadsorption von Sauerstoff und Stickstoff.* Die OH-Bande 1,365 μ (7326 cm^{-1}) feinporiger Gläser (spezif. Oberfläche 100 m^2/g, mittlerer Porendurchmesser 60 Å) nimmt bei Abkühlung auf -180^0 nach Einströmen des zu adsorbierenden N_2 allmählich ab u. verschwindet 20—30 Min. nach dem Einströmen des Gases völlig. Die Intensität des Nebenmaximums (1,380 bzw. 1,378 μ) nimmt dagegen zu u. erreicht ihr Maximum 2 Std. nach dem Einströmen (1 at). Der analoge Verlauf in umgekehrtem Sinne ergibt sich bei Erwärmung von — 180 auf + 20°. Beim Vers. mit O_2 verschwindet dagegen 1,365 μ (— 180°) unmittelbar nach dem Einströmen, während das Nebenmaximum verwaschener als bei N_2 auftritt. Bei Erwärmung auf + 20° bleibt jetzt das Nebenmaximum erhalten u. verschwindet erst nach Erwärmung auf $\gtrsim$ 150°, wobei die ursprüngliche Intensität des Hauptmaximums nicht ganz erreicht wird. Analoge Spektrenänderungen verursacht ein langes Aufbewahren des feinporigen Glases unter Vakuum: Die Intensität des Nebenmaximums (1,380 μ) einer 2 Jahre lang evakuiert aufbewahrten Glasprobe war verhältnismäßig sehr stark, die des Hauptmaximums (1,365 μ) wesentlich schwächer als bei Aufbewahrung unter Atmosphärendruck. Weder eine lang dauernde Erwärmung der zunächst weiterhin evakuiert gehaltenen Glasprobe auf 550° noch eine Abkühlung auf — 180° beeinflußte die spektralen Eigg. dieses gealterten Glases; erst seine Erwärmung in der Atmosphäre führte zum Verschwinden des Nebenmaximums. (Доклады Академии Наук СССР [Ber. Akad. Wiss. UdSSR] [N. S.] **85.** 1103—06. 11/8. 1952.) Amberger. 120

A. A. Th. M. van Trier, *Anomale Wellentypen in Ferromagnetika enthaltenden Wellenführungen.* (Sitzungsbericht.) Vff. machen darauf aufmerksam, daß bisher bei ferromagnet. Resonanzverss. die Effekte der induzierten Anisotropie auf die Wellenfortpflanzung übersehen worden ist. Das $TE_{0,n}$-Wellendiagramm ist verschieden von dem Diagramm, das in isotropen Medien vorkommt. Vff. diskutieren diesen anomalen Wellentyp u. ein von ihm herrührendes besonderes Grenzwertproblem. Es muß eine unendliche Reihe von $TE_{0,n}$-Wellen in sowohl Reflexion als auch Transmission angenommen werden. (Physic. Rev. [2] **87.** 227. 1/7. 1952. Columbia Univ., u. Waalsdorp, Holland, Phys. Labor. R. V. O.—T. N. O.) Gottfried. 121

J. E. Sherwood, Harold Lyons, R. H. McCracken und **P. Kusch,** *Hochfrequenzlinien im Hyperfeinstrukturspektrum von Cäsium.* (Sitzungsbericht.) Die von Vff. entwickelte magnet. Atomstrahlresonanzapp., die als Zeitstandard im Mikrowellengebiet dienen soll, benutzt einen Strahlerzeuger vom Rabi-Typ, permanente Ablenkungsmagnete zusammen mit einem weichen C-Feld der Größenordnung 2 Oersted sowie ein Quarzoscillator-Multiplier-Syst. als stabile Anregungsquelle u. zur Präzisionsfrequenzmessung. Mit einer kurzen Weglänge von ca. 1 cm wurde ein Q-Wert von der Größenordnung 300000 bei 9192 MHz erreicht. Es wurden Verss. an Cs über die Veränderung einiger Hochfrequenzlinien in der Hyperfeinstruktur des Grundzustandes mit dem Magnetfeld angestellt. (Physic. Rev. [2] **86.** 618. 15/5.; Bull. Amer. physic. Soc. **27.** Nr. 1. 43. 31/1. 1952. Nat. Bur. of Stand.) Conrad. 121

G. Frederick Smith und **C. E. Lamplough,** *Brechungsindex von wässeriger Überchlorsäure im Konzentrationsbereich von 50,0—70,0%.* Im Konzentrationsbereich von 50,0—70,0% wurde der Brechungsindex von $HClO_4$ bei 11 verschied. Konzz. bei 20, 25 u. 30° mit dem Abbe-Refraktometer bestimmt. Aus den Messungen werden die n-Werte für Konzentrationszunahmen von 0,5% über den Bereich berechnet. Die 4. Dezimale wird noch angegeben. (Chemist-Analyst **41.** 7—8. März 1952. Urbana, Ill., Univ., Noyes Chem. Labor.) Lindberg. 122

S. Tolansky und **M. Omar,** *Interferometrische Methoden an dünnen Filmen für topographische Untersuchungen bei hoher Vergrößerung.* Die Meth. beruht auf der Herst. eines dünnen, durchsichtigen Films auf der zu untersuchenden Oberfläche. Zu diesem Zweck wird ein Tropfen Canadabalsam, gelöst in Bzl., auf die Oberfläche gebracht, der nach seiner Ausbreitung als dünner Film eintrocknet. Beleuchtung mit monochromat. Licht erzeugt ein Interferenzbild, das bis zu einem gewissen Grade dem der Vielfachstrahlinterferenz entspricht. Da der Film sehr dünn ist, kann man hohe Auflösung (bis zu 3 mm Trockenobjektive) benutzen. Untersucht u. bildlich belegt wurden Wachstumsstufen auf *SiC,* Wachstumsdreiecke auf einer natürlichen (1 1 1)-Fläche von *Diamant* sowie eine Wachstumsstufe auf einer *Hämatit*-Oberfläche. Bei der letzteren Aufnahme wurde beobachtet, daß die Stufenkante nicht vertikal verläuft, sondern unter einem Winkel von 4,4°. Diese Beobachtung ist mit Vielfachstrahlmethoden nicht möglich. — In einer zweiten abgewandelten Meth. wird der Canadabalsam vor der Ausbreitung mit einem Tropfen Öl an die Kante der zu untersuchenden Oberfläche gebracht. Man erhält auf diese Weise einen dünnen Film von fast gleichmäßiger Dicke auf der Oberfläche. Bei Beleuchtung mit ungefiltertem Hg-Bogenlicht oder weißem Licht erhält man hohe interferometr. Kontraste, die Einzelheiten der Oberfläche erkennen lassen, die mit anderen Methoden nicht nachweisbar sind. (Nature [London] **170.** 81—82. 12/7. 1952. Egham, Surrey, Royal Holloway Coll.) Gottfried. 122

J. Bonanomi und **J. Rossel,** *Untersuchung von Alkalihalogeniden durch Scintillationen.* An reinen u. an mit Tl aktivierten Alkalijodidkristallen, die durch ^{60}Co-γ-Strahlen angeregt waren, wurden mit einem Scintillationszähler die Zahl der Scintillationen pro Sek. u. die Form der Impulse als Funktion der Zeit gemessen. Die Best. der Abklingkonstanten $\tau = 1/s \cdot e^{E/kT}$ bei verschied. Tempp. liefert s u. die Aktivierungsenergie E für die verschied. Kristalle. Die direkt gemessenen Temperaturmaxima der „glow"-Kurven werden mit den aus den s- u. E-Werten berechneten Kurven verglichen. Aus den numer. Ergebnissen ergibt sich, daß E im allg. für die reinen Substanzen kleiner ist als für die mit Tl aktivierten, daß die Konstante s sehr stark von Substanz zu Substanz variiert u. daß die Übereinstimmmung zwischen berechneten u. gemessenen T_g-Werten sehr gut ist. (Helv. physica Acta **24.** 310—15. 20/9. 1951. Neuchâtel.) CONRAD. 125

A_3. Elektrizität. Magnetismus. Elektrochemie.

D. R. Bates und **H. S. W. Massey**, *Die Konzentration negativer Ionen in der unteren Ionosphäre.* Selbst wenn man einen äußerst schnellen Aufbau u. einen äußerst langsamen Abbau der negativen Ionen voraussetzt, ist die tagsüber vorhandene Ionenkonz. in der D- u. E-Schicht nicht groß genug, um sich mit den Forderungen der dynamoelektr. Theorie vereinbaren zu lassen. Auch die übliche Berechnung der Querleitfähigkeit führt zu Widersprüchen mit dem Experiment. (J. atmospheric terrestr. Physics **2.** 1—13. 1951. London, Univ. Coll.) PIEPLOW. 131

F. E. Haworth, *Elektrodenreaktionen in der Glimmentladung.* Ausführliche Fassung der C. **1952.** 2963 referierten Arbeit. (J. appl. Physics **22.** 606—09. Mai 1951. Murray Hill, N. J., Bell Telephon Labors., Inc.) PIEPLOW. 131

W. B. Smith-White, *Die Poisson-Kelvin-Hypothese und die Theorie der Dielektrika.* Vf. weist im Anschluß an frühere Arbeiten (vgl. C. **1951.** II. 338) auf bekannte Schwierigkeiten der klass. Elektrodynamik hin u. hält eine durchgreifende Umgestaltung der Elektrodynamik für nötig, bes. derjenigen für bewegte Medien. Er geht dabei aus von der POISSONschen Hypothese über das Verh. magnetisierter Körper u. ihrer Übertragung auf Dielektrika durch KELVIN. Von da aus behandelt er im einzelnen Punktladungen, Dipole, diskrete Systeme von Ladungen u. Dipolen, elektr. Arbeit, Induktion, kontinuierliche Verteilungen u. deren Deformationen, Theorie des Dielektrikums, Erhaltung der Energie, elektrostat. Zug. (J. Proc. Roy. Soc. New South Wales **85.** 82—112. 1952.) K. L. WOLF. 132

A. von Hippel, *Piezoelektrizität, Ferroelektrizität und Kristallstruktur.* (Sitzungsbericht.) Stellt man sich polare Kristalle als ein Netzwerk permanenter Dipolmomente vor, dann lassen sich die piezo- u. ferroelektr. Eigg. vom Standpunkt der Molekülsymmetrie herleiten. Diese Anschauung wurde benutzt, um die Beziehungen zwischen der Sphalerit- u. Wurtzitstruktur, den ferroelektr. Effekt in $BaTiO_3$, die Aspekte der Gebietsbldg. u. die wechselseitigen Beziehungen zwischen Ferro- u. Piezoelektrizität zu klären. (Physic. Rev. [2] **87.** 200—01. 1/7. 1952. M. I. T.) GOTTFRIED. 135

W. L. Ginsburg, *Einige Fragen zur Theorie der elektrischen Schwankungen.* Nach einer ausführlichen Besprechung der klass. u. quantentheoret. Formel von NIQUIST (Physic. Rev. [2] **32.** [1928.] 110) u. der Anwendung der Thermodynamik auf elektr. Schwankungen geht Vf. kurz auf die elektr. Schwankungen in der Nähe von Phasenübergängen zweiter Ordnung in seignetteelektr., ferromagnet. u. supraleitenden Stoffen ein. (Успехи Физических Наук [Fortschr. physik. Wiss.] **46.** 348—87. März 1952.) AMBERGER. 135

M. A. Jeremejew und **Ja. K. Esstrinow**, *Kathodenzerstäubung und Elektronenemission von Eisen und Graphit unter der Einwirkung von Quecksilberionen.* Die Kathodenzerstäubung u. Elektronenemission unter Einw. eines Hg-Ionenstrahls wird für Graphit, Weicheisen u. Stahl gemessen. Die Ionenenergie wird von 1—30 keV variiert. Der Zerstäubungskoeff. N (Anzahl der zerstäubten Atome je auftreffendes Ion), der Koeff. γ (Anzahl der herausgeschlagenen Elektronen je auftreffendes Ion) u. der Ionenreflexionskoeff. k (Anzahl der reflektierten Ionen je auftreffendes Ion) werden in Abhängigkeit von der Energie der Ionen gemessen u. in Kurvenform wiedergegeben. Die N-Kurven steigen zunächst linear, dann weniger steil gegen ein außerhalb des untersuchten Energiebereichs liegendes Maximum, während die γ-Kurven bei 14 keV einen Maximalwert durchlaufen u. dann wieder absinken. Die k-Kurven sind im untersuchten Energiebereich Gerade mit geringer Steigung. (Журнал Технической Физики [J. techn. Physik] **22.** 1552—55. Okt. 1952.) LENZ. 135

Heinrich Hintenberger, *Thermische Ionenquellen für negative Ionen.* Vf. ersetzt die übliche Ionenquelle mit W-Glühfaden, die wegen der hohen Elektronenaustrittsarbeit von W (4,55 eV) zur Erzeugung negativer therm. Ionen in den meisten Fällen ungeeignet st, durch eine therm. Ionenquelle mit indirekt geheiztem Preßkörper aus Th-Pulver

(3,29 eV Elektronenaustrittsarbeit), dem die Versuchssubstanz trocken oder in Lsg. beigemischt ist. Als Beispiel sind die mit NaCl als Versuchssubstanz massenspektrometr. gemessenen Ionenemissionsströme graph. wiedergegeben. Die negative Cl-Emission übertrifft die positive Na-Emission. (Helv. physica Acta **24**. 307—09. 20/9. 1951. Bern, Theodor-Kocher-Inst.) Conrad. 135

K. B. Tolpygo und **I. M. Zidilkowski**, *Theorie der thermischen Gleichrichtung.* 1. Mitt. *Thermoventileffekt.* Ein Halbleiterplättchen zwischen zwei verschieden temperierten Metallelektroden zeigt Gleichrichtereigg. (vgl. Amirchanow, Журнал Экспериментальной и Теоретической Физики [J. exp. theoret. Physik] **14**. [1944.] 195 u. früher). Vff. untersuchen unter Ausschaltung der Elektrodenwiderstände theoret. die Strom—Spannungscharakteristiken einheitlicher Halbleiter vom *Cu_2O*- u. *Si*- bzw. *Ge*-Typ unter dem Einfl. eines Temperaturgradienten parallel zum elektr. Feld. Danach kann ein merklicher Koeff. der therm. Gleichrichtung nur bei schlechtleitenden Halbleitern mit starker Temperaturabhängigkeit des Widerstandes bei verhältnismäßig hohen angelegten Spannungen entstehen. Vff. sagen ferner ein verschied. Vorzeichen der Gleichrichtung für Halbleiter mit exponentiell von der Temp. abhängiger u. unabhängiger Konz. der Träger voraus: In beiden Fällen entspricht die Durchlaßrichtung der Bewegung der Träger von Stellen hoher zu solcher niederer Konzentration. Im 1. Fall entspricht dies einer Bewegung der Träger von der warmen zur kalten Elektrode, im 2. Fall (infolge der Verringerung der Beweglichkeit mit der Erwärmung) von der kalten zur warmen. (Журнал Технической Физики [J. techn. Physik] **22**. 1442—54. Sept. 1952. Kiew, Schewtschenko-Univ., Physikal. Fakultät.) Amberger. 135

D. L. Dexter und **F. Seitz**, *Die Wirkungen von Gitterfehlstellen auf die Beweglichkeiten in Halbleitern.* Berechnung der Streuung von Elektronen u. positiven Löchern in Halbleitern auf Grund der Dilatation des Gitters in der Umgebung von zufällig verteilten Gitterversetzungen bzw. -fehlstellen. Ausgehend vom Deformationspotential u. der Boltzmannschen Transportgleichung ergibt sich für die Temperaturabhängigkeit der reziproken Beweglichkeit der Ausdruck $1/\mu = \alpha_g T^{3/2} + \alpha_v T^{-3/2} + \alpha_f T^{-1}$, wobei α temperaturunabhängige Parameter sind, die sich auf die Streuung am Gitter, an Verunreinigungen u. an Fehlstellen beziehen. (Physic. Rev. [2] **86**. 964—65. 15/6. 1952. Urbana, Ill., Univ., Dep. of Phys.) Speer. 135

L. Ss. Stilbanss, *Über adiabatische und isotherme Hall-Effekte in Halbleitern.* In einer theoret. Abhandlung wird festgestellt, daß der Unterschied zwischen adiabat. u. isothermem Hall-Effekt nur in sehr außergewöhnlichen Fällen einige % erreichen kann, wenn er nach der Theorie von Gans (Ann. Physik **20**. [1906.] 293) sehr viel größer sein sollte. (Журнал Технической Физики [J. techn. Physik] **22**. 77—79. Jan. 1952.) A. Kunze. 135

A. M. Markuss, L. I. Piwowar und **I. M. Podgornyi**, *Indicator für Molekularstrahlbündel.* Vff. beschreiben einen Indicator für Molekularstrahlbündel von Substanzen mit beträchtlicher elektr. Leitfähigkeit im kondensierten Zustand (bes. Metalle), der im Prinzip auf der Messung des Spannungsabfalls der aufgedampften Schicht (z. B. Ag) beruht. (Журнал Технической Физики [J. techn. Physik] **21**. 155—59. Febr. 1951.) Amberger. 136

B. M. W. Trapnell und **P. W. Selwood**, *Magnetische Susceptibilitäten von Europiumsesquioxyd und von Urandioxyd bei niedrigen Temperaturen.* Spektroskop. reines *Eu_2O_3* erwies sich magnet. noch nicht als völlig rein; denn eine Reinigung über $EuSO_4$ erniedrigte den χ-Wert bei sehr tiefen Tempp., eine weitere Reinigung ergab dann keine wesentliche Änderung mehr. Die gefundenen χ_g-Werte sind: 298° absol. 28,7; 195° 35,3; 85° 45,0; 20° 47,2. Sie entsprechen recht gut den für die Abschirmungskonstante $\sigma = 34$ berechneten Werten; nur bei tiefen Tempp. sind Unterschiede vorhanden. — Für *UO_2* wurde gefunden: 298° 8,65; 195° 11,0; 80° 15,2; 20° 19,5. UO_2 befolgt das Curie-Weisssche Gesetz mit —220°. Auffällig ist, daß UO_2 kein Anzeichen eines antiferromagnet. Curie-Punktes ergibt, während es nach Katz u. Rabinowitsch (The Chemistry of Uranium, Teil I, New York 1951) in der spezif. Wärme eine Anomalie mit einem Maximum bei 28,6° zeigt. (Nature [London] **169**. 840—41. 17/5. 1952. Evanston, Ill., Northwestern Univ., Dep. of Chem.) Klemm. 137

G. S. Bogle, A. H. Cooke und **S. Whitley**, *Paramagnetismus von Ceräthylsulfat bei niedrigen Temperaturen.* $Ce(C_2H_5SO_4)_3 \cdot 9 H_2O$ zeigt oberhalb 20° keine paramagnet. Relaxation, wohl aber bei tieferen Temperaturen. Der $^2F_{5/2}$-Zustand spaltet im Kristallfeld auf in $F_z = \pm 1/2, \pm 3/2, \pm 5/2$. Von diesen ist unterhalb 20° $\pm 3/2$ noch nicht angeregt. An einem Mischkristall von $La(C_2H_5SO_4)_3 \cdot 9 H_2O$ mit 0,5% der Ce(III)-Verb. erwies sich $\pm 1/2$ als das tiefste Niveau; 3 ± 1 cm^{-1} darüber liegt das $\pm 5/2$-Niveau. Für beide konnten bei 4,2 u. 2,5° K die Resonanzlinien beobachtet werden; es ergeben sich folgende g-Werte: $g_{||}$ (5/2) = 3,70 ± 0,02; $g_{\perp}$ (5/2) = 0,35 ± 0,15; $g_{||}$ (1/2) = 1,02 ± 0,02; $g_{\perp}$ (1/2) = 2,17 ± 0,02. Bei einem konz. Ce(III)-Salz konnte bei 4,2° K nur eine dem Nd^{3+} (Verunreinigung!) zugehörige Linie beobachtet werden, bei 2,5° K nur eine dem 5/2-Zustand entsprechende Linie; offenbar ist hier der 5/2-Zustand der tiefste. — Susceptibilitätsmessungen ergeben das Vorliegen von 2 Niveaus, von denen 5/2 tiefer liegt. Die g-Werte entsprechen gut den obengenannten. Durch Kombination mit früheren Messungen werden Gleichungen für die Susceptibilität zwischen 0 u. 20° K gegeben. — Da bei dieser Verb. bei sehr tiefen Tempp. nur der ±5/2-Zustand besetzt u. die Susceptibilität parallel der Kristallachse mindestens 100mal so groß ist als senkrecht dazu, besitzt sie besonderes Interesse für Verss. zur Erreichung tiefer Tempp. durch adiabat. Entmagnetisierung. (Proc. physic. Soc., Sect. A **64.** 931—32. 1/10. 1951. Oxford, Clarendon Labor.) KLEMM. 137

R. J. Elliott und **K. W. H. Stevens,** *Der Paramagnetismus von Ceräthylsulfat: Theorie.* g-Werte u. Energien des Ce^{3+}-Ions im Kristallfelde des Äthylsulfats werden berechnet; es ergibt sich gute Übereinstimmung mit den im vorst. Ref. gefundenen Werten. (Proc. physic. Soc., Sect. A **64.** 932—33. 1/10. 1951. Oxford, Clarendon Labor.) KLEMM. 137

B. Bleaney, R. J. Elliott, und **H. E. D. Scovil,** *Dipol-Dipol-Wechselwirkung bei den Äthylsulfaten der Seltenen Erden.* (Vgl. vorst. Reff.) Der Einfl. der Dipol-Dipol-Wechselwrkg. läßt sich unter Umständen durch das paramagnet. Resonanzspektr. nachweisen. Es gelang dies bei *Neodymäthylsulfat* bei 20° absolut. Parallel zur hexagonalen Achse ergibt sich ein Triplet; senkrecht zur Achse ergibt sich nur eine Verbreiterung. Bei *Gadoliniumäthylsulfat* ergibt sich im konz. Zustande eine breite Linie von einigen tausend Gauß. Dagegen ließ es sich bei 90 u. 20° absol. gut in einem Nd-Präp. nachweisen, das 0,2% Gd-Salz enthielt (Abb. des linienreichen, aber ebenfalls der Theorie entsprechenden Spektr. im Original). In *Ce-* u. *Sm-Äthylsulfat* mit einer Gd-Verunreinigung konnte es bei 20 u. 14° absol. nicht bzw. nur andeutungsweise beobachtet werden; es dürfte dies mit der zu kurzen Relaxationszeit zusammenhängen. (Proc. physic. Soc., Sect. A **64.** 933—34. 1/10. 1951.) KLEMM. 137

N. Ss. Garifjanow, *Paramagnetische Resonanzabsorption in Gadoliniumnitrateinkristallen.* Vf. mißt mittels der Reflexionsmeth. (9,378·10^9 Hz, Zimmertemp.) für *$Gd(NO_3)_3 \cdot 6\,H_2O$* (I)-Einkristalle die Kurven χ'' (H) in den Kristallebenen (0 0 1); (1 1 1); (1 1 0). Im 1. Fall ergibt sich ein großes „glattes" Maximum bei ca. 3400 Oe, im 2. u. 3. kleinere mit derselben Lage des Hauptmaximums u. mehreren Nebenmaxima. Mit dem Wert $\delta = 0{,}176\ cm^{-1}$ für die Aufspaltung sind die Ergebnisse in sehr guter Übereinstimmung mit der Theorie von DE BOER u. VAN LIESHUT (Physica **15.** [1949.] 569). Für I findet Vf. den g-Faktor 2; für *$Gd_2(SO_4)_3 \cdot 8\,H_2O$* g = 2,1; *$GdCl_3 \cdot 6\,H_2O$* g = 1,99 u. *$Gd_2O_3$* g = 1,98. (Доклады Академии Наук СССР [Ber. Akad. Wiss. UdSSR] [N. S.] **84.** 923—25. 11/6. 1952. Physikal.-Techn. Inst. der Kasaner Zweigstelle der Akad. der Wiss. der UdSSR.) AMBERGER. 137

I. Je. Jablokowa und **W. Ss. Bagotzki,** *Gleichgewichtspotential des Systems Sauerstoff/Wasserstoffperoxyd.* Ausgehend von früheren Vorstellungen (C. **1950.** II. 2650) bestimmen Vff. das stationäre Potential der Hg-Tropfelektrode in Lsgg. mit verschied. Geh. an KOH, H_2O_2 u. Luft-O_2 auf Grund des Schnittpunktes der polarograph. Welle der H_2O_2-Oxydation u. der Sauerstoffred. mit der Abszissenachse. Umgerechnet auf die n. H-Skala ergibt sich der Mittelwert des n. Oxydations-Red.-Potentials des Syst. Sauerstoff/Wasserstoffperoxyd in alkal. Lsgg. experimentell zu —0,045 ± 0,002 V in guter Übereinstimmung mit dem Wert von BERL (— 0,0416 V bei 27°; Trans. Amer. electrochem. Soc. **83.** [1943.] 253). Für das n. Oxydations-Red.-Potential in sauren Lsgg. ($a_{H^+} = 1$) schlagen Vff. vor: $\varphi^0{}_A = \varphi^0{}_B - (R\,T/2\,F) \ln K_{H_2O_2}K_W = +\ 0{,}713 \pm 0{,}002$ V (an Stelle von +0,648 V); für die freie Energie der H_2O_2-Lsg. (n. H-Skala) $\Delta\, G^0{}_{H_2O_2} = -\,2\,F\varphi^0{}_A = -\,32900 \pm 100$ cal (an Stelle von 31470 cal). (Доклады Академии Наук СССР [Ber. Akad. Wiss. UdSSR] [N. S.] **85.** 599—602. 21/7. 1952.) AMBERGER. 142

Martine Fournier, *Einfluß der Frequenz der an eine Quecksilbertropfelektrode angelegten Spannung. Untersuchung der polarographischen Kurven.* Die Überlagerung eines Wechselstromes über einen Gleichstrom bei der Meth. der klass. Polarographie ändert nach Unterss. des Vf. weder den Grenzdiffusionsstrom noch das Halbwellenpotential der einwertigen Ionen, während dagegen bei den meisten zweiwertigen Kationen das Halbwellenpotential zu weniger negativen Werten verschoben wird. Der Grenzstrom bleibt bei allen untersuchten Ionen konstant bis Frequenzen von ca. 1000000, darüber hinaus steigt er stark an (DEBYE-FALKENHAGEN-Effekt). Der Entladungsstrom wächst bei gegebenem Potential linear mit der Frequenz bis ca. 2 kHz, darüber hinaus neigt er dazu, sich wieder zu verringern. Die Ergebnisse werden verglichen mit den aus Kathodenstrahloscillograph. Unterss. erhaltenen, woraus sich ergibt, daß das Halbwellenpotential für Ionen, die symm. Oscillogramme haben, konstant bleibt, während es sich für Ionen mit dissymm. Oscillogrammen bei Überlagerung mit Wechselstrom zu elektropositiveren Werten verschiebt. (Vgl. auch C. **1951.** II. **1247.**) (C. R. hebd. Séances Acad. Sci. **232.** 1673—74. 30/4. 1951.) NIEMITZ. 142

B. Post und **C. F. Hiskey**, *Elektrokinetische Untersuchungen über die Wasserstoffentwicklung. 2. Mitt. Deuteriumüberspannung an Quecksilber.* (1. vgl. J. Amer. chem. Soc. **72.** [1950.] 4203.) Es wird die Überspannung von D_2 an Hg-Kathoden bei Stromdichten von 10^{-6} bis 10^{-3} A/cm² u. bei Tempp. von 4—70° gemessen. Sie liegt ca. 50—70 mV höher als die vergleichbaren Werte für H_2 unter ähnlichen Bedingungen. Für die Verteilung, die sich bei der Elektrolyse einer Mischung von H_2O u. D_2O einstellt, wo sich D_2 in der Lsg. anreichert, berechnen Vff. einen Trennungsfaktor zu 3,0—3,2. (J. Amer. chem. Soc. **73.** 161—64. Jan. 1951. Brooklyn, N. Y., Polytechn. Inst. of Brooklyn, Div. of Analytic. Chem.) ENDRASS. 143

F. J. Jackson, Aids to physics. Vol. II: Static electricity, magnetism, current electricity and light. London: T. & C. Bailliere. 1952. (260 S. m. Diagr.) s. 6.

A₄. Thermodynamik. Thermochemie.

M. B. Donald, *Die statistische Erklärung thermodynamischer Begriffe.* In gemeinverständlicher Form mit wenig mathemat. Formeln werden Grundbegriffe der Thermodynamik, wie z. B. Entropie, u. ihre geschichtliche Entw. erklärt. Die Verteilung mol. Geschwindigkeiten entsprechend der Temp., wie sie MAXWELL u. BOLTZMANN in der kinet. Theorie darstellen, wird hier wiedergegeben. (Chem. Engng. Sci. **1.** 18—20. Okt. 1951. London, Univ. Coll.) MIETHING. 146

Chandra Prakash Agarwal, *Parachore gewisser anorganischer Verbindungen.* Um die Annahme von SUDGEN, daß ein Atom nicht mehr als 4 Kovalenzbindungen eingehen kann, auf ihre Richtigkeit zu prüfen, bestimmte Vf. den Parachor folgender anorgan. Verbb.: SO_2Cl_2, CrO_2Cl_2 u. CrO_3, wobei bei den beiden Cr-Verbb. von der Beobachtung von HAMMICK u. ANDREW Gebrauch gemacht wird, daß der Parachor einer Mischung von 2 Fll. dem Mischungsgesetz folgt. Als Lösungsm. für die Cr-Verbb. wurde Eisessig bzw. Essigsäureanhydrid benutzt (0,2 mol. an Cr). Für SO_2Cl_2 ergibt sich ein Wert von 194,5, für CrO_2Cl_2 192 u. für CrO_3 79,7. Beim CrO_3 ergibt sich hieraus für das Cr ähnlich wie beim SO_3 für den S ein niedrigerer Wert für den Atomparachor, als er sich aus anderen Verbb. ableitet. Diese Erniedrigung wird darauf zurückgeführt, daß in beiden Fällen mehr als 8 Elektronen das Atom umgeben. Ein solches Ansteigen der Zahl der Elektronen in der äußeren Hülle verursacht natürlich eine Kontraktion u. damit eine Verminderung des Parachors. (Z. physik. Chem. **200.** 20—25. Juli 1952. Agra, Indien, Coll., Chem. Labor.) NIEMITZ. 148

J. W. Hiby und **M. Pahl**, *Einzelstreuung von Molekülen in einem Gas mit Maxwell-Verteilung.* Mit dem Modell starrelast. Kugeln wird die Streuung eines Molekularstrahls an einem Gas gleichen Mol.-Gew. berechnet, wobei Molekularstrahl u. Streugas therm. Geschwindigkeitsverteilung aufweisen sollen. Die Wahrscheinlichkeitsverteilung wird zunächst für einheitliche Strahlgeschwindigkeit berechnet; die MAXWELL-Verteilung des Strahls wird durch Aufteilung in drei Geschwindigkeitsbereiche u. Mittelung berücksichtigt, u. die graph. gefundenen Integrationswerte werden durch eine empir. Funktion ersetzt. Die Übereinstimmung mit vorliegenden Messungen ist sehr gut. (Z. Physik **129.** 517—29. 1951. Hechingen, Forschungsstelle für Spektroskopie in der Max-Planck-Ges.) PIEPLOW. 149

H. A. Pray, C. E. Schweickert und **B. H. Minnich**, *Die Löslichkeit von Wasserstoff, Sauerstoff, Stickstoff und Helium in Wasser bei höheren Temperaturen.* Beschreibung einer Vorr. zur Best. der Löslichkeit von Gasen in W. zwischen 125 u. 650° F bei Drucken bis zu 500 lbs./sq.inch. Innerhalb der Fehlergrenze gilt für die 4 Gase lineare Abhängigkeit der Löslichkeit (cm³ unter n. Bedingungen/g W.) vom Druck, so daß sich die HENRYschen Konstanten berechnen lassen. Während bei niedrigen Tempp. die Löslichkeiten mit der Temp. abnehmen, haben die Löslichkeiten zwischen ca. 80 u. 250° F ein Minimum u. steigen darüber hinaus stark mit der Temp. an derart, daß man bei Extrapolation auf die krit. Temp. des W., 705° F, zu unbeschränkter Mischbarkeit gelangt. (Ind. Engng. Chem. **44.** 1146—51. Mai 1952. Columbus, O., Battelle Mem. Inst.) METZENER. 149

K. Ss. Garger, *Über die Natur des Spektrums der Bessemer-Flamme.* Vf. untersucht spektroskop. mit einem Spezial-Steeloskop u. visuell die Emission der BESSEMER-Flamme für verschied. Stadien des Durchblasens. In der 2. Hälfte des Schmelzprozesses überwiegen die *FeO*-Banden u. die Linien von atomarem Eisen. Vf. schlägt eine sechsfache Unterteilung des BESSEMER-Spektr. vor u. stützt die Hypothese über die Rolle des

Fe-Pentacarbonyls bei der Formierung des intensiven Fe- u. FeO-Spektrums. Auf der Grundlage der erhaltenen Ergebnisse gibt Vf. eine Erklärung der Beobachtungen von TSCHERNOW (1876) u. vergleicht sie mit den Angaben von GLASER (Stahl u. Eisen **1920.** 73). (Журнал Технической Физики [J. techn. Physik] **22.** 606—15. April 1952.) AMBERGER. 157

A_5. Grenzschichtforschung. Kolloidchemie.

D. Bourgoin und **M. Joly**, *Untersuchung der Sol-Gel-Umwandlung der Gelatine mit Hilfe der Strömungsdoppelbrechung.* Der Übergang eines Gelatinesols in den Gelzustand wird auf Grund der Messungen des Auslöschwinkels u. der Strömungsdoppelbrechung in Abhängigkeit von folgenden Versuchsbedingungen, von denen jeweils nur eine verändert wurde, verfolgt: Temp. (zwischen 18 u. 25°), Konz. u. Mol.-Gew. der (fraktionierten) Gelatine, p_H-Wert u. Konz. an zugesetztem Fremdelektrolyt (NaCl u. K-Phosphatpuffer). Im allg. beobachtet man zwei Stadien bei der Änderung des Auslöschungswinkels in zeitlicher Folge bei konstantem Druckgefälle u. für gleiche Zeiten bei verschied. Druckgefälle, nämlich einen Abschnitt abnehmender Extinktionswinkel, an den sich ein Abschnitt mit konstanten Winkeln anschließt. Die Kurven für die Strömungsdoppelbrechung in Abhängigkeit vom Druckgefälle zeigen zwei verschied. Grenzformen, je nachdem man sich am Beginn oder am Ende des Sol-Gel-Überganges befindet; Konz. u. Temp. sind die für die Umwandlung in erster Linie entscheidenden Faktoren, während die Größe des Mol. anscheinend keine wesentliche Rolle spielt. In dem Phosphat enthaltenden Syst. sind durch die Ggw. von hochdispersen Ca-Phosphatsuspensionen die Verhältnisse verwickelter. (J. Chim. physique Physico-Chim. biol. **49.** 427—36. Juli/Aug. 1952. Paris, Inst. Pasteur.) HENTSCHEL. 162

A. F. H. Ward und **L. H. Brooks**, *Abflachen des Meniskus zwischen Wasser und organischen Lösungsmitteln.* Um einen Kontaktwinkel von 90° zwischen W. u. organ. Lösungsmitteln zu erzielen, empfiehlt Vf., den zur Unters. benutzten Glaszylinder zunächst den Dämpfen von „Teddol“, einem Präp. des Typs $(CH_3)_3SiF$, auszusetzen, das stark an dem Glas adsorbiert wird. Ein vollständiger Film würde die Oberfläche hydrophob machen u. man erhielte einen Meniskus zwischen den beiden Fll., der umgekehrt dem vor der Behandlung ist. Die Glasoberfläche muß daher nach der Behandlung mit einem Metallpoliermittel behandelt werden, um die Filmoberfläche teilweise zu entfernen. Durch gelegentliche Zwischenverss. ist leicht der Punkt festzustellen, an dem der Kontaktwinkel 90° beträgt. (Nature [London] **170.** 118. 19/7. 1952. Manchester, Univ., Fac. of Technol.) GOTTFRIED. 166

William Shelson, *Photoelastische Bestimmung von Grenzflächenspannungen.* Die Meth. zur Best. der Grenzflächenspannung an einer freien Oberfläche besteht darin, einen Strahl polarisierten Lichtes durch einen Teil des unter Spannung stehenden plast. Modells, der gleichzeitig die Oberfläche enthält, hindurchgehen zu lassen. Das Modell wird so aufgestellt, daß die Tangentialebene an den Oberflächenpunkt parallel zur Strahlenrichtung verläuft. Die Polarisationsebene des Lichtes muß mit dieser Tangentialebene einen Winkel von 45° bilden. Wenn der Strahl das Modell durchdringt, streifen die Lichtstrahlen die geringen Oberflächenunregelmäßigkeiten an der Oberfläche u. im Innern des Modells. An diesen Unregelmäßigkeiten tritt Polarisation durch Reflexion oder Beugung ein. Betrachtet man nun die Oberfläche von einem Punkt senkrecht zur Strahlenrichtung u. unter einem Winkel von 45° zur Tangentialfläche des Oberflächenpunktes, dann werden Interferenzstreifen sichtbar. Der Abstand der Streifen ist umgekehrt proportional zu den effektiven Scherspannungen. Um Polarisation durch die Oberfläche zu erhalten, muß diese unpoliert sein. Es ist ferner gewöhnlich notwendig, das Modell in einem Glastank unterzubringen, der eine klare Fl. mit demselben Brechungsindex wie das plast. Material enthält. (Nature [London] **170.** 82—83. 12/7. 1952. Toronto, Univ., Dep. of Mech. Engng.) GOTTFRIED. 166

—, *Diskussion über die elektrische Doppelschicht.* Kurzer Bericht über eine Diskussionstagung über elektr. Doppelschichten am 29/9. 1950 in Manchester. **J. Th. G. Overbeek**, Utrecht, („Struktur der elektr. Doppelschicht auf Grund von thermodynam. u. Modellbetrachtungen“) diskutiert die Möglichkeit der Best. der Struktur der elektr. Doppelschicht auf Grund von Messungen an den Zellen Hg/KNO_3-Lsg./Bezugselektrode (= Zelle I) bzw. Ag, AgJ/KNO_3-Lsg., die Ag- u. J-Ionen enthält/Bezugselektrode (= Zelle II). Für die Elektrocapillarzelle I gilt die LIPPMANNsche Beziehung $\partial \gamma / \partial E = \sigma$ (= D. der Oberflächenladung) u. für die Ionenadsorptionszelle II die NERNSTsche Gleichung $\psi = \psi_0 + (RT/F) \ln [Ag^+]$. ψ bedeutet die Potentialdifferenz zwischen der Lsg. u. der Hg- bzw. Ag-Elektrode. Der Ladungszustand Null ergibt sich bei I aus dem Maximum der Elektrocapillarkurve u. bei II durch das Aufsuchen einer bestimmten Ag^+-Konzentration. Bei der Auswertung solcher Messungen ist die Orientierung u. Polarisation der adsorbierten Wassermoll. zu berücksichtigen. — **R. K. Schofield**, Rothamsted, („Die elektr. Doppelschicht u. Adsorptionsgleichgewichte") berichtet über die Best. der Ionengleichgewichte zwischen Ton u. den wss. Lsgg., die verschied. Arten von Kationen enthalten. Verss. mit H^+-, Ca^{++}- u. $H_2PO_4^-$-Ionen zeigen die Gültigkeit der Beziehung $p_H - \frac{1}{2} \cdot$ pCa = konst. u. pH + pH_2PO_4 = konstant. In verd. $CaCl_2$-Lsg. entstehen aus dem Ton Al-Ionen, deren Ladung 1,2 bei p_H 4,5 u. 2,5 bei p_H 2,5 beträgt. Eine merkliche Hydrolyse von Al^{3+} zu $Al(OH)^{2+}$ findet nicht statt. — **F. Booth**, London, King's Coll., („Elektrophorese") behandelt den Einfl. einer elektr. Doppelschicht auf die Elektrophorese von suspendierten Teilchen (Wechselwrkg. zwischen dem äußeren Feld u. der Teilchenladung u. Änderung des Strömungszustandes durch die in entgegengesetzter Richtung strömenden Gegenionen). Bzgl. Einzelheiten vgl. C. **1950**. I. 163; **1951**. II. 1098; **1952**. 2301 u. 6339. Schließlich wird noch darauf hingewiesen, daß nach der SMOLUCHOWSKI-HENRYschen Theorie eine Verschiebung der Oberflächenladung keinen Einfl. auf den Elektrophoresevorgang hat. — **S. M. Neale** („Das elektrokinet. Verh. von faserigen Stoffen") macht krit. Bemerkungen zur Best. des ζ-Potentials u. hält elektrokinet. Messungen an der Zelle gesätt. KCl-Lsg./gepreßte Fasern/verd. Lsg. zur Best. der thermodynam. Potentialdifferenz zwischen den Fasern u. der verd. Lsg. für zweckmäßig (ohne Ergebnisse). — Nach **J. T. Davies**, London, King's Coll., („Phasengrenzpotentiale") gilt für die Änderung ΔV des Phasengrenzpotentials einer W.–Luft- oder Öl–W.-Schicht bei Zufügen einer sich zu einer monomol. Schicht ausbreitenden Substanz (z. B. eines Waschmittels) die Beziehung $\Delta V = 4\pi n \mu + \psi$ (n = Oberflächenkonz. der Substanz, μ = deren Dipolmoment, ψ = thermodynam. Phasengrenzpotential). Die Gültigkeit der aus der GOUY-STERNschen Theorie folgenden Beziehung $\partial (\Delta V)/\partial \ln c = \partial \psi/\partial \ln c = kT/e$ konnte experimentell für den Ionenkonzentrationsbereich $c = 10^{-4}-2$ Mol/Liter nachgewiesen werden. Für Öl–W.- u. W.–Luft-Schichten wurden die gleichen ΔV-Werte gefunden. Zwischen ΔV u. ζ besteht kein einfacher Zusammenhang. (Trans. Faraday Soc. **47**. 409—14. April 1951.) FUCHS. 167

Leonard N. Ray jr. und **A. Witt Hutchison**, *Elektrophoretische Beweglichkeiten von Kohle in verdünnten Seifenlösungen.* Die elektrophoret. Beweglichkeit von Kohleteilchen, deren Größe vorwiegend zwischen 2 u. 10 μ lag, in Lsgg. von handelsüblicher Seife haben **Vff.** in einer vertikalen Zelle gemessen. Die Suspensionswrkg. der verwendeten Seifenlsgg. wird durch Best. der suspendierten Kohlemenge photometr. ermittelt. Die Kohleteilchen wandern zur Anode, mit zunehmender Seifenkonz. nimmt ihre Beweglichkeit in den verd. Lsgg. sehr rasch zu, oberhalb 0,02 Gew.-% ergibt sich nur noch eine geringe Änderung, oberhalb 0,5% sogar eine Abnahme. Einen ähnlichen Verlauf zeigt die Kurve suspendierte Kohlenmenge/Seifenkonzentration. Vff. zeigen, daß die maximale Beweglichkeit ungefähr bei der Seifenkonz. erreicht wird, bei der die Adsorption durch die Kohle zur Ausbldg. einer monomol. Bedeckung ausreicht u. bestätigen damit die Vermutung von KATHJU, daß das Vorhandensein einer solchen Schicht Voraussetzung für die Bldg. der stabilsten Dispersion ist. In Übereinstimmung mit GREINER u. VOLD (J. physic. Colloid Chem. **53**. [1949.] 67) vermuten Vff., daß der prim. Faktor für die Bldg. stabiler Suspensionen von Kohle in Seifenlsgg. das ζ-Potential ist. (J. physic. Colloid Chem. **55**. 1334—39. Nov. 1951. State College, Pa., School of Chem. and Phys.) WOELK. 168

E. Gayoso und **E. Otero Aenlle**, *Über die Viscosität von Natriumalginatlösungen.* 2. Mitt. (1. vgl. C. **1952**. **2184**.) Es werden die Resultate mitgeteilt, die bei Anwendung von 11 in der Literatur vorgeschlagenen Formeln für die Viscositäts-Konzentrationsbeziehung auf Na-Alginat-Lsgg. erhalten werden. Zugrunde gelegt sind Versuchsdaten aus eigenen Messungen u. aus der Literatur, zum Teil im Gebiet niedriger Konzz. (0,006—0,25%). Es werden lineare Beziehungen zwischen den in den untersuchten Formeln vorkommenden Größen gesucht, u. auf graph. Wege wird gefunden, daß die Formel von PAPKOW, $\log \eta_r = K \cdot c^\alpha$, am besten mit den experimentellen Daten übereinstimmt. Bei dieser wird eine lineare Beziehung zwischen $\log (\log \eta_r)$ u. $\log c$ angenommen; aus Diagrammen ist zu ersehen, wieweit diese erfüllt ist. Die Abweichung zwischen den experimentellen u. den nach der Formel $\log \eta_r = 1{,}0802\, c^{0,5}$ berechneten Werten ist maximal 6%, wie im einzelnen für eine Gruppe von Daten gezeigt wird. Wegen des Einfl. eines Fremdelektrolytzusatzes bei der Messung auf absol. Viscositäts- u. Mol.-Gew.-Werte ziehen Vff. vor, als innere Reibung für heteropolare Stoffe den Minimumwert von η_{sp}/c zu nehmen; $[\eta]$ ist dann $= \lim_{c \to c\,min} \eta_{sp}/c$. Dieses Minimum liegt im Gebiet verd. Lsgg., beim Na-Alginat ungefähr bei c = 0,4%; c_{min} kann hinreichend sicher experimentell bestimmt werden, ohne daß Extrapolationen nötig sind. Die bei Anwendung der Formel erhaltenen Werte für η_{sp}/c bei verschied. Konzz. ergeben ein c_{min} von 0,42%, in Übereinstimmung mit dem experimentellen Wert von 0,4%, u. bei diesem Minimum für die innere Reibung den Wert 9,533. — Es werden Betrachtungen über die Anwendung der STAUDINGERschen Viscositätsregel angestellt u. hervorgehoben, daß die Kenntnis der Viscositäts-Konzentrationsbeziehung einer Substanz die den üblichen Bestimmungen von [η] mittels graph. Extrapolation anhaftende Unsicherheit beseitigen kann. (Ann. Real Soc. españ. Física Quím., Ser. B **47.** 195—200. März 1951. Santiago, Inst. „A. de Gregorio Rocasolano", Seccion de Quím. Fis. Biol., Labor. de Quím. Fis. de la Fac. de Farmacía.) v. DECHEND. 172

N. W. Tjabin, *Über die Ähnlichkeit der Ströme von viscos-plastischen Flüssigkeiten.* Durch invariante Umbildung der Grundgleichungen für das Fließen von viscos-plast. Fll. werden die Kennzahlen für die Ähnlichkeit erhalten u. die neue Kennzahl $A = \theta/\varrho\, v^2$ als Verhältnis der Grenzschubspannung zu den Trägheitskräften eingeführt, wenn θ der Tensor der Grenzschubspannungen, ϱ die D., v die Geschwindigkeit bedeuten. Für die rheolog. Medien weisen die Kennzahlen für die Reibkräfte additiven Charakter auf. Für die viscos-plast. Fl. gilt: $B = A + 1/Re$ (Re REYNOLDS-Zahl). Die Gleichungen für die stationären rheolog. Prozesse in der viscos-plast. Fl. ergeben die Kriteriengleichung $Eu = f(B, \Gamma)$, wenn Eu die EULER-Zahl u. $\Gamma = L/L_0$ (L u. L_0 charakterist. Größe des Syst. bzw. Modells) bedeuten. Für das laminare Fließen gelten die Gleichungen $La = f(J_1)$ u. $J_2 = f(J_1)$, wo La die LAGRANGE-Zahl u. J die ILJUSCHIN-Zahl sind. Beim turbulenten Fließen sind die Druckkräfte proportional dem Quadrat der Geschwindigkeit. (Коллоидный Журнал [Kolloid-J.] **14.** 270—73. Juli/Aug. 1952. Kasan, Chem.-Technol. Kirow-Inst.) LEBTAG. 173

F. A. P. Maggs, *Anomale Stickstoffadsorption bei 90° K.* Zur Klärung der zwischen verschied. Methoden zur Best. der Oberfläche durch N_2-Adsorption auftretenden Differenzen bestimmt Vf. an 2 Kohlesorten (Hausbrandkohle u. Verkokungskohle) die N_2-Adsorption im Temperaturbereich zwischen 90 u. 300° K u. bei Drucken von 4—76 cm Hg. Danach gibt die Adsorption bei 90° K fehlerhafte Resultate, da die innere Oberfläche infolge von Porenverengung für N_2 unzugänglich wird, während bei 195° K eine größere Adsorption stattfinden kann, so daß reproduzierbare Werte erhalten werden. Diskussion der tabellar. mitgeteilten Ergebnisse. (Nature [London] **169.** 793—94. 10/5. 1952. Edinburgh, Univ., Chem. Dep.) WEITBRECHT. 176

J. H. Daniel und **F. S. Brackett,** *Eine elektrische Methode zur Untersuchung der Natur und des Verhaltens kleiner geladener Schwebeteilchen.* Ein langsamer (ca. 1 Liter/Min.) Strom von Schwebeteilchen wird durch zwei Kondensatoren geleitet, die gegeneinander abgeschirmt sind; die Feldstärken innerhalb der beiden Kondensatoren werden gleich gemacht, die Strom–Spannungs-Charakteristik des zweiten Kondensators wird aufgenommen. Die theoret. u. experimentelle Auswertung dieser Kurven zeigt, daß zwischen leicht u. schwer ablenkbaren Teilchen unterschieden werden muß, von denen die ersteren durch Wandeinflüsse, Gravitation oder Zusammenballungen mit zunehmendem Strömungsweg verschwinden. Für jede mittlere Ladung gelingt die Herleitung einer Verteilungsfunktion des Verhältnisses Teilchenradius/Ladung. Bes. wird festgestellt, daß ein Aerosol von SiO_2 in überwiegender Mehrzahl Teilchen enthält, die kleiner sind als die freie mittlere Weglänge der Moll, u. deren Ladungsverteilung dem Quadrat des Radius proportional ist; ferner scheint eine Tendenz der größeren Teilchen zu negativen Ladungen zu bestehen. Bei Aerosolen von dest. W. muß auf Verdampfungseffekte geachtet werden. (J. appl. Physics **22.** 542—54. Mai 1951. Bethesda, Md., Nat. Inst. of Health, Nat. Inst. of Arthritis and Metabolic Diseases, Labor. of Phys. Biol.) PIEPLOW. 180

W. A. Fedossejew, B. B. Kashinski, B. A. Manakin und **S. M. Domentianowa,** *Die Einwirkung versprühter Lösungen von Calciumchlorid auf Wassernebel.* Zwecks Klärung der Möglichkeit, das Niederschlagen eines wss. Aerosols durch Einw. eines 2. Aerosols zu beschleunigen, wurde eine zerstäubte Lsg. von $CaCl_2$ in die Absetzkammer des wss. Aerosols eingeführt. Hierbei wurde die Dampfkondensation beschleunigt. Aus den Sedimentations- u. Verteilungskurven geht hervor, daß die beschleunigte Sedimentation hauptsächlich durch die Koagulation der Wassertropfen mit den Tropfen der Lsg. verursacht wird. Verss. unter Anwendung von gelbem Blutlaugensalz als Indicator ergaben, daß bei geringer Nebelkonz. bei der Einw. von $CaCl_2$ vorwiegend eine isotherme Dest. stattfindet, bei hoher Nebelkonz. ($>$1—2 g/m³) vorwiegend eine Koagulation. (Коллоидный Журнал [Kolloid-J.] **14.** 274—78. Juli/Aug. 1952. Odessa, Metschnikow-Univ.) LEBTAG. 180

J. H. De Boer, The dynamical character of adsorption. London: Clarendon Pr. 1953. (XVI + 240 S. m. Abb.) s. 30,—.

A6. Strukturforschung.

T. Mulvey, *Eine direkte Methode zur Messung der Hochspannungsstabilität des Elektronenmikroskops.* Das Schattenbild eines zwischen einer Elektronenlinse u. ihrer hinteren Brennebene angeordneten Objektes wird beobachtet. Die Objektbereiche, welche außerhalb der Kaustik liegen, werden nicht von Elektronenstrahlen getroffen u. tragen daher zum Schattenbild nichts bei. Objekteinzelheiten, die nahe am Kaustikmantel in dessen Innern liegen, werden dafür zweimal abgebildet. Der Abstand zweier solcher Schattenbilder desselben Objektpunktes voneinander ist empfindlich von der Linsenstärke abhängig. Änderungen der Beschleunigungsspannung um 0,002% konnten auf diesem Wege gemessen werden. (J. sci. Instruments **29.** 149—50. Mai 1952. Aldermaston, Berks., Assoc. Electrical Ind., Ltd., Res. Labor.) LENZ. 181

F. A. Underwood, *Ein vereinfachter Zerleger für Röntgenbeugung.* Macht man von grobkörnigen Blechen Durchstrahl- oder Rückstrahlaufnahmen, so bestehen die Interferenzen aus diskreten Punkten, die keine genaue Festlegung des Intensitätsmaximums gestatten. Um dies abzuändern, konstruierte der Vf. einen App., bei dem die zu untersuchende Probe während der Aufnahme sowohl in horizontaler als auch in vertikaler Richtung bewegt werden konnte. Diese Bewegungen werden durch zwei Nocken bewirkt, die von einem Synchronmotor angetrieben werden. Durch ein Übersetzungsgetriebe können die Drehgeschwindigkeiten der beiden Nocken aufeinander abgestimmt werden. Der App. kann so eingestellt werden, daß während einer Aufnahme entweder 1 cm^2 oder 1 in^2 vom Röntgenstrahl abgetastet werden. Auf den hierbei entstehenden Interferenzringen können die Intensitätsmaxima zur Konstruierung der Polfigur leicht festgestellt werden. (J. sci. Instruments **29.** 128—29. April 1952. Banbury, Aluminium Labors. Ltd.) GOTTFRIED. 181

R. L. Berry und **W. G. Henry,** *Eine abgeänderte Präparatmontierung für eine Hochtemperaturröntgenkamera.* Beschreibung der Justiervorr., die bes. für die Verwendung in einer abgeänderten Form der von der Firma UNICAM INSTRUMENTS (Cambridge) konstruierten Hochtemperaturkamera gedacht ist. (J. sci. Instruments **29.** 132. April 1952. Birmingham, Univ., Dep. of Metallurgy.) GOTTFRIED. 181

A. McL. Mathieson, *Beschreibung eines Weißenberg-Goniometers mit gleicher Neigung.* Beschreibung des neu konstruierten Goniometers. Neuartig an dem App. ist die Meth. der Umkehrung des Antriebs. (J. sci. Instruments **28.** 112—14. April 1951. Melbourne, Commonwealth Sci. and Ind. Res. Org., Div. of Ind. Chem.) GOTTFRIED. 181

V. Vand, *Eine Fourier-Elektronendichtewaage.* Es wird eine Rechenmaschine beschrieben, mit der es möglich ist, direkt zweidimensionale Elektronendichteprojektionen zu erhalten. Die Maschine wertet eine zweidimensionale FOURIER-Reihe durch Berechnung des Funktionswertes entlang einer schrägen Linie aus. Diese eindimensionale Summierung hat die Form $\varrho(t) = \sum_n F(n) \cos 2\pi (nt + \alpha)$, wo F(n) die Amplituden der FOURIER-Terme, n ihre Frequenzen, α der Phasenwinkel sind, während die Variable t sich von 0—1 ändert. Jeder FOURIER-Term wird erzeugt durch eine Einheit, die aus einem horizontalen Zahnrad besteht, das sich um eine vertikale Achse dreht u. dessen Drehwinkel $2\pi (n t + \alpha)$ ist. Das Zahnrad trägt ein Gewicht proportional F (n) an dem Ende eines Armes konstanter Länge. Das Gewicht erzeugt eine Drehung des Maschinenrahmens, der proportional einer Konstante $+ F(n) \cos 2\pi (n t + \alpha)$ ist. Alle Drehungen sind additiv, so daß die gesamte Drehung des Rahmens proportional ϱ (t) ist. Wenn der Rahmen auf zwei Messerkanten ruht, so daß er um die horizontale Achse schwingen kann, dann kann die totale Drehung durch das Gewicht gemessen werden. (J. sci. Instruments **29.** 118—21. April 1952. Glasgow, Univ., Chem. Dep.) GOTTFRIED. 181

A. Magnéli, *Durchlöcherte Platten für optische Interferenzuntersuchungen. Optische Fourier-Summierung mit Hilfe des „Röntgenmikroskops“.* In Verbindung mit dem Bau eines Röntgenmikroskops nach BRAGG wurde eine Meth. entwickelt, um Platten mit Löchern, die Kreuzgitterspektren entwickeln, herzustellen. Die Löcher wurden durch Ätzen in eine 0,02 mm dicke Al-Folie erhalten. Mit Hilfe der genau beschriebenen Meth. kann man Löcher bis zu einem Durchmesser von 0,1 mm herab herstellen. (J. sci. Instruments **28.** 122—23. April 1951. Upsala, Univ., Inst. of Chem.) GOTTFRIED. 181

J. L. Amorós und **M. Font-Altaba,** *Der Ausdruck für die lineare und ebene Vektorkonzentration.* Für die Berechnung der verschied. Typen nach der Synth. von HARKER (J. chem. Physics **6.** [1936.] 381) werden die Formeln mathemat. entwickelt, u. zwar für monokline, rhomb., rhomboedr., hexagonale, tetragonale u. reguläre Syngonie für die linearen u. ebenen Vektorkonzentrationen. (An. Real Soc. españ. Física Quím., Ser. A **48.** 89—98. März/April 1952. Barcelona, Dep. de Cristalogr. y Röntgenologia.) R. K. MÜLLER. 181

E. T. Jaynes, *Innere Felder in Kristallen.* (Sitzungsbericht.) Es wird eine verfeinerte EWALDsche Meth. zur numer. Berechnung der inneren Felder in einem Kristallgitter beschrieben. Berücksichtigt man die Symmetrieeigg. der inneren Felder, dann erhält man das einem Gitter von Multipolen entsprechende Potential als die Lösung eines Randwertproblems, u. zwar als eine Entw. nach orthogonalen Funktionen. Auf diese Weise sind die Felder an nahezu allen Punkten innerhalb der Elementarzelle durch einen einzigen Ausdruck gegeben, der durch geeignete Wahl der Basisfunktionen ebenso schnell konvergierend gemacht werden kann wie die EWALDschen Summen. In der Praxis besagt das, daß zwei oder drei Glieder der Summe die numer. Genauigkeit geben, die in den gegenwärtigen Theorien benutzt werden kann. (Physic. Rev. [2] **87.** 200. 1/7. 1952. Stanford Univ.) GOTTFRIED. 181

Fernando Huerta, *Über eine Verallgemeinerung der Methode von Garrido für die Deutung der Diagramme von Weißenberg.* Für die Durchführung der Meth. von GARRIDO (C. **1936.** II. 1845) wird ein Nomogramm angegeben, bei dem ein in 90 x-Werte geteilter Halbkreis am 0°-Ende drehbar angeordnet ist u. das andere Ende der Basislinie über einen ebenfalls in 90 z-Werte geteilten Halbkreis geführt wird. Die Anwendung wird an Beispielen erläutert. (An. Real Soc. españ. Física Quím., Ser. A **48.** 109—10. März/April 1952. Madrid, Inst. Alonso de Santa Cruz.) R. K. MÜLLER. 181

D. S. Beard, *Eine einfache Methode zur Bestimmung der azimuthalen Orientierung von Einkristallen mit dem Weißenberg-Goniometer.* Es wird eine Meth. beschrieben, um mit einer WEISSENBERG-Aufnahme eines Einkristalls eine Beziehung zwischen der seitlichen Lage der Reflexionen u. dem entsprechenden Azimuthalwinkel auf der Skala des Instruments herzustellen. Bei aufeinanderfolgendem Stoppen der Kamera- u. Kristallbewegungen bei einer bekannten Skalaablesung erhält man auf dem Film den „Schatten" der Kanten der Schichtlinienblenden. Das Zentrum des Schattens entspricht der Ablesung des Azimuthalwinkels auf der Skala. Durch Ausmessen des Abstandes zwischen dem „Schatten" u. zwei äquivalenten Reflexionen erhält man leicht rechner. die azimuthale Orientierung des Kristalls. (J. sci. Instruments **29.** 268. Aug. 1952. Leeds, Univ., Chem. Dep.) GOTTFRIED. 181

A. Je. Glauberman, *Über die Austauschenergie zwischen Translationsbewegung, molekularer Schwingung und Rotation.* Vf. betrachtet eine vereinfachte Lösungsmeth. für den Energieaustausch zwischen der Translationsbewegung eines Atoms u. den Schwingungen eines zweiatomigen Mol. bei einer auf das Molekülzentrum gerichteten Stoßrichtung des Atoms. Davon ausgehend, gibt Vf. einen Ansatz zur strengen, quantenmechan. Lsg. des Problems. (Журнал Экспериментальной и Теоретической Физики [J. exp. theoret. Physik] **23.** 182—87. Aug. 1952. Lwow, Univ.) AMBERGER. 182

Harrison Shull, *Übergangswahrscheinlichkeiten.* 3. Mitt. *Berechnungen für C_2 und N_2^+ mittels Dipolgeschwindigkeitsoperators. Die Frage des Hybridisationsgrades.* (2. vgl. C. **1953.** 1600.) Vf. setzt frühere (l. c. u. früher) mittels Dipollängenoperators (L.Op.) für C_2 u. N_2^+ sowie mittels Dipolgeschwindigkeitsoperators (G.Op.) für H_2 durchgeführte Bestimmungen der Oscillatorstärke f durch analog mittels G.Op. ausgeführte für C_2 u. N_2^+ fort. Hierbei erweisen sich die Wahrscheinlichkeitsräume der am Hin- u. Her-Übergang beteiligten Elektronen als hybridartig zwei entsprechenden, voneinander verschied. Zuständen σ_g u. σ_u zugeordnet. Infolgedessen ist f eine Funktion des Hybridisationsgrades γ u. hängt außerdem von den effektiven Kernladungszahlen $Z\sigma_g$ u. $Z\sigma_u$ ab. Die numer. ausgewerteten Übergangsintegrale ergeben für das Triplettsyst. von C_2 einen mittleren f-Wert von 0,18 u. $\gamma = 25\%$ gegenüber f = 0,23 u. $\gamma \simeq 20\%$ für das Singulettsyst. In beiden Fällen ist $Z\sigma_g = 3{,}90$ u. $Z\sigma_u = 2{,}93$. Anwendung des L.Op. ergibt die wesentlich höheren Werte f = 0,27 u. $\gamma = 48\%$ für das Triplettsyst. mit $Z\sigma_g = Z\sigma_u = 3{,}25$. Für N_2^+ stimmen alle Werte innerhalb der Fehlergrenzen mit den entsprechenden von C_2 überein. (J. chem. Physics **20.** 1095—1102. Juli 1952. Ames, Io., Iowa State Coll., Dep. of Chem. and Inst. for Atomic Res.) R. WOLFF. 182

A. J. Forty, *Das Wachstum hexagonaler Metallkristalle aus ihren Dämpfen.* An den Beispielen *Cd, Mg* u. *Zn* werden Züchtungsmethoden von hexagonalen Einkristallen aus der Dampfphase beschrieben. Die Unters. der gut entwickelten Flächen mit einem Phasenkontrastmikroskop zeigt Wachstumsstufen von wahrscheinlich monomol. Abstand, die bei Cd u. Mg spiralig auf den Basisflächen angeordnet sind, ein Zeichen, daß diese Kristalle nach dem Schraubenversetzungsmechanimus gewachsen sind. Die Annahme, daß die abweichende Ausbldg. der Basisflächen von Zn durch Einbau von Fremdkeimen verursacht worden ist, wird durch Wiederverdampfen bewiesen; die Fremdkeime sind hier sehr wahrscheinlich ZnO. Abschließend wird die Möglichkeit, plast. Verformungen an den erhaltenen Kristallen auszuführen, behandelt. (Philos. Mag. [7] **43.** 949—57. Sept. 1952. Bristol, Univ., H. H. Wills Phys. Labor.) BOCK. 190

Mario Milone und **Giuseppe Cetini,** *Einfluß oberflächenaktiver Stoffe auf die Bildung von Salzen der Erdalkalimetalle aus wässerigen Lösungen.* Die Abscheidung von *$CaCO_3$* aus $Ca(HCO_3)_2$-Lsgg. in Ggw. oberflächenakt. Stoffe (1—10 Teile auf 100 Teile $CaCO_3$) oder aus Na_2CO_3-Lsgg., die den Zusatz enthalten, u. $CaCl_2$-Lsg. führt, solange der Zusatz niedrig ist, zu Kristallen ohne irgendwelche Habitusänderung; mit steigender Menge des Zusatzes werden die Kristalle verzerrt, nehmen das Aussehen einer kugeligen, formlosen

M. an, sie werden größer, u. ihre Zahl nimmt ab. Gleichzeitig wird die Abscheidung des $CaCO_3$ mehr oder weniger gehemmt. Dabei sind *Ciclanon BS* u. *Igepon T* wirksamer als *Leonil S*. Vorl. Verss. mit *$BaCO_3$* u. *$CaSO_4$* hatten ähnliche Ergebnisse. — Die beschriebenen Erscheinungen lassen sich mit den von anderen Autoren bei der Abscheidung von $CaCO_3$ in Ggw. von Polymetaphosphaten beobachteten vergleichen. Es ist anzunehmen, daß sie durch Adsorption des Zusatzes an der Grenzfläche Kristall–Lsg. zustande kommen u. daß auch die Hemmung oder Verhinderung der Fällung durch die so erfolgte Änderung der Wachstumsbedingungen an dieser Grenzfläche zu erklären ist. (Ann. Chimica **41**. 326—28. April/Mai 1951. Turin, Univ., Ist. Chim.) v. DECHEND. 190

B. Weißenbach, *Beziehungen zwischen Teilchengröße und Energieinhalt von Magnesiumoxyd.* Es wurde die Gitterenergie von MgO (Periklas) in Abhängigkeit von der Teilchengröße untersucht. Hierbei ergab sich eine Zuordnung der von TREFFNER (C. **1950**. **II**. 2845) gemessenen Aktivität von kaust. gebranntem Magnesit bis zu 4,1 kcal/Mol zu den von KAHLER (Radex-Rdsch. **1947**. 50) gefundenen Teilchengrößen von $1 \cdot 10^{-6}$ cm. An Hand des gefundenen Energieverlaufes wird ersichtlich, warum keine aktiveren Präpp. dargestellt werden konnten. (Radex-Rdsch. **1951**. 257—60. Okt. Wien u. Radenthein, Oesterreich.-Amerikan. Magnesit A. G.) GOTTFRIED 190

Hermann Müller, *Die eindimensionale Umwandlung Zinkblende–Wurtzit und die dabei auftretenden Anomalien.* Die Umwandlungsvorgänge bei der Modifikationsänderung Zinkblende–Wurtzit werden untersucht u. mit der Intensitätsgleichung für eindimensional fehlgeordnete Kristalle nach JAGODZINSKI gedeutet. Die meisten Wurtzitaufnahmen lassen sich so erklären, bes. wenn sich die Fehlerwahrscheinlichkeit der Kristalle den Grenzfällen hexagonaler u. kub. Ordnung oder dem Nebeneinanderbestehen beider nähert. Drei höher period. Strukturen, 4-, 6- u. 15-Schichtstrukturen können nur mit Hilfe der Schwingungsentropie erklärt werden. Der Verlauf der Umwandlung Wurtzit–Zinkblende wird durch Temperungsverss. untersucht. (Neues Jb. Mineralog., Abh. **84**. 43—76. April 1952. Marburg/Lahn.) HILLER. 190

W. E. Hauth jr., *Kristallchemie in der Keramik.* 6. Mitt. *Die Tone und Glimmer.* (5. vgl. C. **1953**. 2563.) Es wird ein Überblick über die Strukturen der Mineralien der *Kaolinit*-Gruppe, der *Montmorillonit*-Gruppe, von *Pyrophyllit*, den *Illiten* u. von *Muskovit* gegeben. Die Beziehungen zwischen der Struktur der Tonmineralien u. ihren Eigg. werden kurz aufgezeigt. (Amer. ceram. Soc. Bull. **30**. 140—42. April 1951.) GOTTFRIED. 195

W. E. Hauth jr., *Kristallchemie in der Keramik.* 7. Mitt. *Polymorphie.* (6. vgl. vorst. Ref.) Besprochen werden Theorie der polymorphen Umwandlungen, die verschied. Arten der Umwandlungen, Einfl. der Zus. bzw. von Verunreinigungen sowie die Polymorphie von *SiO_2*, *TiO_2* u. *ZrO_2*. (Bull. Amer. ceram. Soc. **30**. 165—67. Mai 1951. Ames, Iowa, State College.) GOTTFRIED. 195

W. E. Hauth jr., *Kristallchemie in der Keramik.* 8. Mitt. *Die Kristallchemie von Glas.* (7. vgl. vorst. Ref.) Kurzer zusammenfassender Überblick über die Struktur von Silicatglas, die die Glasbldg. bestimmenden Faktoren sowie die Beziehungen zwischen der Struktur u. den physikal. Eigenschaften. (Amer. ceram. Soc. Bull. **30**. 203—05. Juni 1951. Ames, Iowa, State College.) GOTTFRIED. 195

Mitsuoki Nakahira und **Shinichi Iwai,** *Diffuse Streuung von Sericit.* Durch Röntgenaufnahmen von parallel dünnen Filmen (durch Trocknen von wss. Suspensionen von Sericit, wurden Faserdiagramme erhalten, die Drehaufnahmen entsprachen, welche durch Drehen eines Einkristalls um die Normale der a b-Ebene erhalten werden: Auf den Diffusen wurde beträchtliche diffuse Streustrahlung entlang den innersten Schichtlinien [mit Indices (1 1 l), (0 2 l)] u. anderen ähnlichen Schichtlinien mit $k \neq 3n$ beobachtet, während Reflexe mit $k = 3n$ relativ scharf sind. Aus diesen Beobachtungen folgt, daß im Sericit, wie in vielen anderen Tonmineralien, eine beträchtliche regellose Verschiebung der Schichten durch Vielfache von $^1/_3$ b parallel zur b-Achse auftritt. Bei der Unters. vieler japan. Sericite) wurde eine große Verschiedenheit in dem Grad der Regellosigkeit gefunden, u. zwar 1. nahezu geordnet, 2. teilweise regellos mit regellosen Verschiebungen $\pm ^1/_3$ b, 3. vollkommen ungeordnet mit regellosen Verschiebungen $\pm ^1/_3$ b u. 4. teilweise regellose Schichtstruktur. (Acta crystallogr. [Copenhagen] **5**. 699. 10/9. 1952. Tokio, Bunkyo-ku, Kamifuji-Mae, Sci. Res. Inst., u. Inst. of Technol.) GOTTFRIED. 195

M. Cocks, *Oberflächenoxydfilme in intermetallischen Kontakten.* Um festzustellen, bis zu welchem Ausmaß Oberflächenoxydfilme auf Metallen den metall. Kontakt herabsetzen, wurden elektr. Widerstandsmessungen an der belasteten Kontaktstelle zwischen gekreuzten Zylindern verschied. Metalle, deren Achsen senkrecht zueinander standen, durchgeführt. Unterss. an *Au* u. *Ag* bei Belastungen zwischen 10 g u. 10 kg führten zu Werten, die mit den auf theoret. Wege erhaltenen Werten übereinstimmten. Bei anderen

Substanzen beobachtete hohe Widerstände deuteten auf schlecht leitende Filme in den Kontakten hin. Mit elektropoliertem, rostfreiem *Stahl* u. *Cu* blieb der Widerstand hoch bei Belastungen bis zu 10 kg. Hierauf wurde auf einen der n. belasteten Zylinder eine seitliche Kraft in der Achsenrichtung ausgeführt. Die relative seitliche Verschiebung der Zylinder mit steigendem seitlichem Druck wurde mit opt. Methoden gemessen (graph. Darst.). Anfänglich wurde der Widerstand nicht beeinflußt, die geringen Verschiebungen wurden Spannungen in den Zylindern zugeschrieben. Bei einer krit. Kraft trat eine plötzliche Abnahme des Widerstandes auf, die von einer plötzlichen Verschiebung begleitet war. Diese Kraft war sehr viel kleiner als die gewöhnliche Reibungskraft. Durch mkr. Unters. wurde festgestellt, daß bei geringer Überschreitung der krit. Kraft die Beschädigung der Kontaktoberflächen nur klein war; bei größeren seitlichen Verschiebungen nahmen die Beschädigungen sehr schnell zu. Wurden die Zylinder mit einer dicken Schicht Stearinsäure geschmiert, dann begann die Gleitung bei einer geringen Kraft, die nicht sehr schnell mit der Verschiebung zunahm. Der Reibungskoeff. war von der Größenordnung 0,01. Auf der Kontaktoberfläche traten einzelne dünne Kratzer auf. Schwankungen in dem Widerstand, die jede Änderung in der seitlichen Verschiebung begleiteten, deuteten darauf hin, daß der metall. Kontakt durch das Schmiermittel unterbunden wird. (Nature [London] **170.** 203—04. 2/8. 1952. Aldermaston, Berkshire, Aldermaston Court, Assoc. Electrical Ind., Res. Labor.) GOTTFRIED. 196

P. L. Grusin, *Anwendung künstlich-radioaktiver Indicatoren zur Untersuchung von Diffusions- und Eigendiffusionsprozessen in Legierungen. Eigendiffusion von Kobalt.* Zur Unters. des Selbstdiffusionskoeff. D von techn. Kobalt (98,4%; 5×8×25 mm) benutzt Vf. das radioakt. ^{60}Co u. erhält $D = 0{,}2 \exp(-Q/RT)$ cm²/sec mit Q = 62000 cal/gAtom, was innerhalb einer Genauigkeit von 11% befriedigend mit der Theorie übereinstimmt. Mit E = 85000 cal/gAtom für die Atombindungsenergie stimmt $(Q/E)_{Co}$ befriedigend mit den Q/E-Werten anderer Metalle mit flächenzentriertem kub. Gitter u. γ-Eisen überein. (Доклады Академии Наук СССР [Ber. Akad. Wiss. UdSSR] [N. S.] **86.** 289—92. 11/9. 1952.) AMBERGER. 197

J. Friedel, *Die Elektronenverteilung in der Umgebung von Fremdatomen in einwertigen Metallen.* Theoret. Unters. der Elektronenverteilung in der Umgebung eines positiv geladenen Störatoms innerhalb eines einwertigen Metalls. In allen Fällen muß die positive Ladung abgeschirmt werden, u. in vielen Fällen geschieht dies durch die Bldg. von gebundenen Zuständen unterhalb des FERMI-Niveaus. Auf Grund der Ergebnisse werden die Lösungswärmen von H u. mehrwertigen Metallen in den Edelmetallen berechnet u. die magnet. Eigg. dieser Legierungen diskutiert. Bes. wird die Röntgenemission u. -absorption betrachtet, wobei die Leerstellen in den Elektronenschalen als positive Störstellen betrachtet werden. In einzelnen Fällen gelangen quantitative Voraussagen über die Röntgenabsorptionskanten. (Philos. Mag. [7] **43.** 153—89. Febr. 1952. Bristol, Univ., H. H. Wills Phys. Labor.) SPEER. 197

W. Späth, *Die Eigenschaften binärer Mischungen von Metallen.* Es wird gezeigt, daß durch einfache Grundannahmen mannigfaltige Kurventypen für die Eigg. von bin. Mischungen abzuleiten sind, die mit tatsächlich beobachteten Kurven weitgehend übereinstimmen. Bes. gelingt es in manchen Fällen, das Verh. einer Mischung über den ganzen Konzentrationsbereich durch einen konstanten Faktor zu beschreiben. Voraussetzung hierfür ist, daß dieser Faktor nicht auf die Konz., sondern auf das Konzentrationsprod. bezogen wird. (Metall **5.** 295—99. Juli 1951. Lustadt/Pfalz.) HOCHSTEIN. 197

Gunnar Bergman, John L. T. Waugh und **Linus Pauling,** *Kristallstruktur der intermetallischen Verbindung $Mg_{32}(Al, Zn)_{49}$ und verwandter Phasen.* Röntgenaufnahmen an Einkristallen der Phase $Mg_3Zn_3Al_2$ ergaben die LAUE-Symmetrie T_h. Es wird eine Struktur angenommen, nach der in der Raumgruppe T_h^5 die Atome auf Kugelschalen sitzen, die um die Translationspunkte des Gitters konzentr. liegen. Die Koordinationszahl beträgt 12—16. Für die Zus. der Phase ergibt sich die ideale Formel $Mg_{32}(Al, Zn)_{49}$. Ähnlich konstruierte Phasen in den Systemen Cu–Mg–Al (*Mg_4Al_6Cu*), Mn–Al–Si (*$Al_{10}Mn_2 \cdot Si$*) u. Fe–Al–Si (*$Al_{20}Fe_5Si_2$*) werden erwähnt. (Nature [London] **169.** 1057—58. 21/6. 1952. Pasadena, Calif., Inst. of Technol., Gates and Crellin Labor. of Chem.) K. SCHUBERT. 197

A. Guinier, *Die Bedeutung der Kleinwinkel-Röntgenstreuung für die Struktur ausscheidungshärtender Legierungen. Der Fall der Legierung Aluminium–Silber.* Kleinwinkelaufnahmen gestatten, qualitativ u. quantitativ die äußere Form der Ag-Atomansammlungen in der festen Lsg. während der Aushärtung von Al-Ag-Legierungen zu verfolgen. Es werden zwei deutlich zu unterscheidende Formen gefunden, nämlich fast kugelförmige an Ag angereicherte Zonen, die von einer an Ag verarmten Lsg. umgeben sind, u. kleine parallel zu den (1 1 1)-Flächen der Grundmasse orientierte Streifen. Die ersten Zonen werden nur bei niedrigen Tempp. beobachtet. Die Streifen erschienen bei höheren Tempp. in Abhängigkeit von der Zeit, u. zwar nach 100 Std. bei 140° u. nach einigen Sek. bei 400°. (Z. Metallkunde **43.** 217—23. Juni 1952. Paris, Conservatoire Nat. des Arts et Métiers.) HOCHSTEIN. 197

Ernst Raub, Paul Walter und Max Engel, *Die Legierungen des Titans mit Kupfer, Silber und Gold.* Von den Metallen der ersten Nebengruppe des Period. Syst. bilden nur Cu u. Au mit Ti Legierungen. Ag ist im festen u. auch im fl. Zustand mit Ti prakt. nicht mischbar. In den Systemen *Cu–Ti* u. *Au–Ti* besteht auf der Cu- u. Au-Seite im festen Zustande eine beschränkte Mischbarkeit. Die Sättigungsgrenze der Cu- bzw. Au-reichen Mischkristalle ist stark temperaturabhängig. In den Systemen Cu–Ti u. Au–Ti treten mehrere intermediäre Phasen auf, deren Struktur neu bestimmt wurde. Die intermetall. Verbb. der *Th*-Systeme sind chem. bes. leicht angreifbar. Selbst Cu_6Th reagiert noch mit Wasser. Die *Zr*-Verbb. sind chem. beständiger. Au_3Zr ist atmosphär. beständig. Ebenso besitzen die Ti-Verbb. mit Au u. Cu atmosphär. Beständigkeit. Sämtliche in neun untersuchten Systemen festgestellten Verbb. sind sehr spröde. Das Verh. der Legierungen bei plast. Verformungen hängt von dem Mengenanteil der Verbb. in den Legierungen ab. Die im Gebiet der Au- u. Cu-reichen Mischkristalle mit Zr u. Ti bzw. Th liegenden Legierungen sind noch gut verformbar. (Z. Metallkunde **43.** 112—18. April 1952. Schwäbisch-Gmünd, Forschungsinst. für Edelmetalle.) HOCHSTEIN. 197

Helmut Bückle, *Mikrohärte-Untersuchungen an übersättigten Aluminium–Mangan-Legierungen.* Die Mikrohärtekurven sind nur für reinste Metalle oder Phasen geradlinig. Die geringsten Heterogenitäten, wie Ausscheidungen, Seigerungen u. Verunreinigungen verbiegen die „MEYER-Geraden". Eine Unters. dieses Gefügeeinfl. führte zu einem Meßverf., das die Mikrohärte der Grundmasse solcher Legierungen ermittelt, die sich aus einer Grundmasse mit Ausscheidungen zusammensetzen. Das Verf. wurde auf übersättigte Al-Legierungen mit 3—6,7% Mn angewendet. Die Mikrohärtekurven zeigen die kennzeichnende Verbiegung, u. ihre Beziehung zum Mikrogefüge der Legierungen wird gezeigt. Die Logarithmen der durch Mn-Zusatz hervorgerufenen Härtesteigerung stehen angenähert in linearer Beziehung zu den Logarithmen der Mn-Gehalte. (Z. Metallkunde **43.** 82—89. März 1952. Paris, Labor. für Werkstoffprüfung der ONERA.) HOCHSTEIN. 200

A. V. Hershey, *Sechsdimensionale Darstellung von Beanspruchung und Spannung in einem flächenzentriert-kubischen Kristall.* (Sitzungsbericht.) Beanspruchung u. Spannung können durch sechsdimensionale Vektoren dargestellt werden, deren Quadrate skalare Invarianten der dreidimensionalen Beanspruchungs- u. Spannungstensoren sind. Die Deformationsarbeit ist das skalare Prod. der Beanspruchung u. des Inkrements der Spannung. Die aufgelöste Scherbeanspruchung in einem plast. Gleitsyst. ist das skalare Prod. der Beanspruchung u. der Spannung pro Einheitsgleitung. In einem flächenzentriert-kub. Kristall gibt es 12 Gleitsysteme, 349 plast. Zustände mit verschied. Reihen von Scherbeanspruchungen gleich der Gleitbeanspruchung sowie 954 plast. Zustände mit unabhängigen Reihen von akt. Gleitungssystemen. Aus Symmetriegründen braucht man nur 23 plast. genau zu analysieren. (Physic. Rev. [2] **87.** 200. 1/7. 1952. Naval Proving Ground.) GOTTFRIED. 200

Spyro-Kyropoulos, *Kavitationsdrucke und Schaden.* Vf. gibt zuerst einen kurzen krit. Überblick über die Beziehung zwischen Ursache u. Wrkg. bei dem Kavitationsschaden oder, wie man nach Ansicht des Vf. besser sagt „hydraul. Schaden". Es wird auseinandergesetzt, daß das Auftreten des Schadens eher charakterist. ist für die Eigg. des Materials als für den Prozeß, der ihn verursacht. Einen tieferen Einblick in den schädigenden Mechanismus erhält man durch Beobachtung des Erscheinens der Zwillings- oder NEUMANN-Banden bei reinem Fe. In vielen Fällen dürften die der Kavitation zugeschriebenen plast. Deformationen von Deformationen durch Abkühlungsspannungen herrühren, die erst durch nachfolgende Kavitation entdeckt werden. In bezug auf die bei der „hydraul. Schädigung" auftretenden Druckgrößen bestehen zwei Anschauungen: die hydrodynam. u. die metallographische. Erstere führt zu Drucken von 900—1600 kg/cm², letztere zu Drucken von 9000—32000 kg/cm². Die erste Stufe des hydraul. Angriffs besteht bei polykristallinem Material in der Erosion der Korngrenzen, der dem Angriff einer metallograph. Ätzung ähnelt, so daß das Erscheinen von Deformationszwillingen auch als Entw. einer Deformationsstruktur gedeutet werden kann. Ist über die Eindringungstiefe der hydraul. Deformation nichts bekannt, dann erscheint ein Kristallitkonglomerat mit erodierten Korngrenzen lose aneinander gereihten Einkristallen vergleichbar, zu deren plast. Deformation wesentlich geringere Drucke hinreichen als für polykristallines Material mit lückenlos ausgefüllten Korngrenzen. Bei *Al* ist das Verhältnis 1 : 4, bei hexagonalen Kristallen, wie *Zn* u. *Cd*, ca. 1: 15. Dies führt auf Drucke von ca. 2000 kg/cm². (Z. angew. Math. Physik [Basel] **2.** 406—10. 15/9. 1951. Pasadena, Calif., Inst. of Technol., Norman Bridge Labor. of Phys.) GOTTFRIED. 200

R. W. James, X-ray crystallography. 5th. ed. rev. London: Methuen. 1953. (112 S. m. Diagr.) 8°. 7 s. 6 d.

A_7. Gleichgewichte. Kinetik.

C. A. Hollingsworth, *Eine Interpretation der Phasenregel.* Vf. gibt eine Einführung in die Phasenregel mit Anwendungsbeispielen. (J. chem. Educat. **29.** 464—65. Sept. 1952. Pittsburgh, Pa., Univ.) MOSLÉ. 222

Aaron C. Rutenberg und **Henry Taube,** *Der Austausch von Wasser zwischen* $[Co(NH_3)_5H_2O]^{3+}$ *und Lösungsmittel.* Die Geschwindigkeit des Austausches von W. zwischen $[Co(NH_3)_5H_2O]^{3+}$ (I) u. dem Lösungsm. wurde unter Verwendung des ^{18}O-Isotops gemäß I + $H_2{}^{18}O$ ⇌ $[Co(NH_3)_5H_2{}^{18}O]^{3+}$ + H_2O gemessen. Die Halbwertszeit für den Austausch ist in einem gewissen Bereich unabhängig von der I-Konz. u. der Säurestärke u. beträgt 24,5 Std. bei 27°; sie steigt bei Ggw. von SO_4^{--} an, da Komplexionenbldg. mit dem Austauschprozeß konkurriert. Vff. diskutieren den Reaktionsmechanismus u. nehmen einen S_N 1-Mechanismus als Reaktionsweg für den Austausch an. Die Gleichgewichtskonstante für obige Gleichung wird mit 1,019 ± 0,001 gemessen; die Reaktionsgeschwindigkeit, berechnet aus dem gemessenen Wert der Halbwertszeit, beträgt $4{,}7 \cdot 10^{-4}$ $Mol^{-1} \cdot Min.^{-1}$ bei einheitlicher Konz. von I. Zur Durchführung der Messungen wurde $[Co(NH_3)_5H_2O] \cdot (ClO_4)_3$ in W. n. isotop. Zus. aufgelöst, mit $HgCl_2$ in HCl als $[Co(NH_3)_5H_2O]Cl_3 \cdot HgCl_2$ gefällt u. das koordinativ gebundene W. durch Erhitzen des getrockneten Salzes im Vakuum erhalten. Die isotop. Zus. des W. wurde ermittelt durch Behandlung mit CO_2 u. anschließender Analyse im Massenspektrometer. Ausführliche Angaben über die Darst. der benutzten Komplexverbb. vgl. Original. (J. chem. Physics **20.** 825—26. Mai 1952. Chicago, Ill., Univ., Jones Chem. Labor.) SPARMANN. 223

Burl E. Bryant, W. Conard Fernelius und **Bodie E. Douglas,** *Bildungskonstanten einiger Metalltropolonkomplexe.* Die Bildungskonstanten mehrerer Metallverbb. des *Tropolons* (I) werden bestimmt u. tabellar. wiedergegeben. Die Reihenfolge der Stabilität der verschied. Metallderivv. wird mit $Cu^{II} > Be > Pb > (Zn, Ni) > Co^{II}$ festgelegt. Diese Reihenfolge steht in Übereinstimmung mit der für Koordinationsverbb. von NH_3, *Äthylendiamin, Salicylaldehyd, Salicylaldehyd-5-sulfonsäure, β-Diketonen, 8-Oxychinolin, 8-Oxychinolin-5-sulfonsäure* u. *α-Aminosäuren.* Die Metall-I-Verbb. sind beständiger als die entsprechenden *Acetylaceton*-Verbb., was als weiterer Beweis für die größere Stabilität 5-gliedriger Chelatringe im Vgl. zu 6-gliedrigen Ringen angesehen werden kann. Wegen der geringen Löslichkeit der I-Komplexe in W. wurden die Titrationen zur Erlangung der Bildungskonstanten in einer 50 Vol.-%ig. *Dioxan*-Lsg. durchgeführt, in diesem Medium betrug pK_D von I 7,92. Zn, Ni u. Co^{II} koordinieren sich mit 3 Moll. I unter Bldg. eines einwertigen Anions, MCh_3^-, während Cu^{II}, Be u. Pb^{II} sich nur mit 2 Moll. I unter Bldg. einer neutralen Verb. MCh_2 verbinden. Durch teilweise Verdampfung des Lösungsm. konnten einige Verbb. krist. erhalten werden: die Co^{II}-Verb. glänzend rotviolett, die Zn-Verb. als hellgelbe Oktaeder. Die Cu-Verb. zers. sich bei 300°, während die anderen Komplexe bis zu 275° unzers. bleiben. Bei *Ca, Sr* u. Hg^{II} wurde ebenfalls Komplexbldg. beobachtet. (Nature [London] **170.** 247—48. 9/8. 1952. State College, Pa., School of Chem. and Phys.) SPARMANN. 223

E. O. Fischer und **W. Pfab,** *Cyclopentadien-Metallkomplexe, ein neuer Typ metallorganischer Verbindungen.* Die Struktur von *Dicyclopentadienyleisen,* $Fe^{II}(C_5H_5)_2$ (I), wird diskutiert. I stellt sich als neuartiger Typ eines Durchdringungskomplexes dar. Das zentrale Fe^{++} bildet mit je 3 π-Elektronenpaaren der beiden parallel gegenüberstehenden, aromat. Cyclopentadienanionen 6 oktaedr. gerichtete, koordinative Kovalenzen u. erreicht hierdurch Kryptonkonfiguration. Eine der mesomeren Grenzstrukturen wird in Projektion senkrecht zur Ebene der Cyclopentadienringe dargestellt. Magnet., chem. u. röntgenograph. Befunde bestätigen die oben diskutierte Strukturauffassung. I ist diamagnetisch. Verss., I analoge Verbb. von *Mn, Co* u. *Ni* mit gleichen Eigg. darzustellen, blieben erfolglos. I krist. in rautenförmigen Blättchen, selten in Nadeln der monoklinen Holoedrie. Es zeigt negative Doppelbrechung mit der 2. Mittellinie n_γ parallel der kristallograph. b-Achse u. der 1. Mittellinie n_α annähernd senkrecht zu (1 0 0). Damit ist auch die am besten ausgebildete Fläche (1 0 0) als Ebene der dichtesten Massenbelegung anzusprechen. Auf Grund der röntgenograph. Ergebnisse gehört I der Raumgruppe C_{2h}^5 an. Die Dimensionen der Elementarzelle sind a = 5,91 Å, b = 7,59 Å, c = 10,51 Å, β = 121,1°. Die pyknometr. D. beträgt d_{18} = 1,49 $g \cdot cm^{-3}$. Demnach befinden sich 2 Moll. in der Zelle; ihre Schwerpunkte, d. h. die Fe-Atome, liegen in 0 0 0 u. 0 ½ ½. Die Moll. besitzen zentrosymm. Bau, die Cyclopentadienyl-„Ionen“ stehen also invers zueinander. Bei der Darst. von I entsteht beim Ansäuern der wss. Komponente der zers. GRIGNARD-Lsg. wie auch bei der Bromierung von I in CCl_4 u. Behandlung des Reaktionsprod. mit W. eine dichroit., blaurote Lösung. Aus ihr wurde mittels des REINECKE-Anions in saurer Lsg. $[Fe^{III}(C_5H_5)_2][Cr(SCN)_4(NH_3)_2]$ (II) als schwerlösl., mikrokristalline, graublaue Substanz erhalten. Bei Verss., die freie Base zu erhalten, entstand überraschenderweise zum Teil I. In ähnlicher Weise konnte ein gelbes, wasserlösl., stabiles *Dicyclopentadienkobalt (III)*-Kation, $[^{(-)}(H_5C_5)\rightrightarrows Co^{III}\leftleftarrows (C_5H_5)^{(-)}]^+$ erhalten werden, das als schwerlösl., mikrokristallines, fleischfarbenes Reineckeat, $[Co^{III}(C_5H_5)_2][Cr(SCN)_4(NH_3)_2]$ (**III**) ausfällbar ist. DEBYE-SCHERRER-Aufnahmen beweisen den völlig analogen Aufbau von **II** u. **III**. (Z. Naturforsch. **7b**. 377—79. Juli 1952. München, TH, Anorgan. chem. Labor.) SPARMANN. 223

C. B. Amphlett und **O. T. Davidge**, *Die Löslichkeit von Uranyloxalat in Salpetersäure*. Die Löslichkeiten von $UO_2C_2O_4$ in HNO_3 verschied. Konz. sind als Funktion der Säurekonzz. bei 20° wiedergegeben. Die Ergebnisse in g wasserfreies Salz pro 100 g Lösungsm., Zahlen in Klammern bedeuten die Gew.-% für $HNO_3/(HNO_3 + H_2O)$, lauten: 1,63 (15,1), 1,88 (26,8), 1,87 (27,9), 2,19 (35,8), 2,68 (41,5), 2,84 (42,0), 3,48 (46,5), 4,04 (58,9), 3,99 (69,5). Vff. diskutieren die Zus. der festen Phase in Verbindung mit der Löslichkeitskurve u. nehmen an, daß die beiden Äste der Kurve den beiden Verbb. $UO_2C_2O_4 \cdot 3\,H_2O$ u. $UO_2C_2O_4$ entsprechen, wobei der interpolierte Umwandlungspunkt der Kurve bei einer Säurekonz. von ca. 34% liegt. (J. chem. Soc. [London] **1952**. 2938—39. Juli. Harwell, Berks., Atomic Energy Res. Establ., Chem. Div.) SPARMANN. 224

J. A. Gledhill und **G. Mc P. Malan**, *Die Löslichkeiten schwer löslicher Salze in Wasser*. 1. Mitt. *Die Löslichkeit von Silberchlorid bei 25°*. Die Löslichkeit von AgCl in W. von 25° wird konduktometr. unter Verwendung von W. außergewöhnlichen Reinheitsgrades u. Berücksichtigung der während des Vers. gelösten Glasmenge bestimmt. Die Löslichkeit wird mit $1{,}334 \pm 0{,}005 \cdot 10^{-5}$ Grammäquivalent/Liter, das Löslichkeitsprod. mit $1{,}774 \pm 0{,}010 \cdot 10^{-10}$ angegeben. Diese Werte stimmen mit den von OWENS (J. Amer. chem. Soc. **60**. [1938.] 2229) potentiometr. ermittelten gut überein. Eine Zusammenstellung aller bisher in der Literatur veröffentlichten Löslichkeitsangaben von AgCl in W. vgl. Original. Durch Fällung oder elektrolyt. erhaltenes AgCl zeigte in seiner Löslichkeit keinen Unterschied. (Trans. Faraday Soc. **48**. 258—62. März 1952. Grahamstown, S. Africa, Rhodes Univ., Dep. of Chem.) SPARMANN. 224

Ss. A. Schtschukarew, L. Ss. Lilitsch und **A. B. Scheinin**, *Über den Zustand des Jods in einigen organischen Lösungsmitteln*. Die Abhängigkeit des Partialdrucks von Jod in den Lösungsmitteln C_4H_9Cl (**I**), C_2H_5Br (**II**), C_4H_9Br (**III**) u. C_2H_5J (**IV**) von der Konz. an J_2 bei 25° wurde gemessen. Der Partialdruck für gleiche Konz. nimmt in der Reihenfolge **I**, **II** u. **III**, **IV** ab, in der gleichen Reihenfolge steigt die Löslichkeit in den verschied. Lösungsmitteln, die Absorptionsbande verschiebt sich zu kürzeren Wellenlängen, u. der Verteilungskoeff. von J_2 zwischen Gasphase u. Lsg. nimmt ab. Die Wechselwrkg. des Jods mit den organ. Lösungsmitteln nimmt also nach $RCl < RBr > RJ$ zu in der Richtung, in der auch die Elektronendonatoreig. ansteigt. Hierdurch wird die Hypothese über die Bldg. von koordinativen Kovalenzen zwischen J_2 als Acceptor u. dem akt. Lösungsm. als Donator des Elektronenpaares gestützt. (Доклады Академии Наук СССР [Ber. Akad. Wiss. UdSSR] [N. S.] **85**. 1333—35. 21/8. 1952.) WIEDEMANN. 224

C. Vermeil, M. Cottin und **M. Haissinsky**, *Der Einfluß von Kohlenwasserstoffen auf die radiochemische Oxydation von Eisen(II)-sulfat*. Die durch Ra-γ-Strahlen hervorgerufene Oxydation einer in zugeschmolzenen Ampullen befindlichen $FeSO_4$-Lsg. (bzw. von MOHRschem Salz) wird durch die Ggw. von aliphat. u. aromat. KW-stoffen mehr oder weniger deutlich gesteigert. Auch bei Verwendung von Röntgenstrahlen zeigt sich in den ersten Min. eine Steigerung der Oxydation, die aber bei längerer Bestrahlungsdauer (bis 60 Min.) hinter derjenigen der Proben ohne KW-stoffzusatz zurückbleibt. (J. Chim. physique Physico-Chim. biol. **49**. 437. Juli/Aug. 1952. Paris, Inst. Radium.) HENTSCHEL. 226

W. W. Wojewodski und **A. Ss. Kompanejetz**, *Kettenreaktionen unter Berücksichtigung der Diffusion von zwei aktiven Zentren*. Vff. untersuchen die Gleichung der Ketten-Rk. unter Berücksichtigung der Diffusion von zwei akt. Zentren u. stellen im Gegensatz zu AKULOW (Theorie der Kettenprozesse GTTI [1951.]) fest, daß unter sehr allg. physikal. Annahmen dadurch keine wesentliche Änderung gegenüber dem Falle der Diffusion eines einzigen Zentrums eintritt. (Журнал Экспериментальной и Теоретической Физики [J. exp. theoret. Physik] **23**. 229—35. Aug. 1952. Inst. für chem. Physik der Akad. der Wiss. der UdSSR.) AMBERGER. 227

J. C. Ghosh, M. V. C. Sastri und **G. S. Kamath**, *Adsorption von Wasserstoff und Kohlenoxyd durch einen neuen Katalysator im Hinblick auf die Methanolsynthese*. Es wurden zwei Katalysatoren durch gemeinsame Fällung von Nitratgemischen mit Na_2CO_3 u. anschließende Red. hergestellt mit der Zus. 50% Cu, 36% ZnO, 12% Cr_2O_3, 1,6% ThO_2, 0,25% Ce_2O_3 (**I**) u. 75% ZnO, 25% Cr_2O_3 (**II**). **I** zeigt eine etwas größere katalyt. Wirksamkeit für die Methanolsynth. aus dem Gasgemisch $CO + 2\,H_2$. Die nach der BRUNAUER-EMMETT-TELLER-Meth. bestimmte Oberfläche von **I** ist größer als von **II**. Die im Temperaturbereich von 50—300° aufgenommenen Adsorptionsisothermen für CO u. H_2 ergeben pro Flächeneinheit für II stärkere Adsorption, so daß die bessere katalyt. Wirksamkeit von I auf die größere Oberfläche zurückzuführen ist. (J. Chim. physique Physico-Chim. biol. **49.** 500—03. Sept. 1952. Bangalore, Indian Inst. of Sci., Gen. Chem. Labor.) Theile. 227

B. Anorganische Chemie.

H. J. Horner und **Guy William Leonard jr.**, *Darstellung von Tellursäure.* Zur Herst. reiner H_2TeO_4 benutzen Vff. als Oxydationsmittel alkal. H_2O_2. Zur Vorreinigung wird TeO_2 in 5nNaOH gelöst, mit 10nHNO$_3$ gefällt u. bei 110° getrocknet. Zu 10 g reinem TeO_2 werden 10 ml 30%ig. H_2O_2 + 75 ml konz. NH_4OH gegeben, nach 24 Std. wird die Lsg. auf 45 ml eingeengt u. daraus H_2TeO_4 durch Zugabe von 10 ml konz. HNO_3 ausgefällt. Aus dem Filtrat läßt sich durch Einengen auf 20 ml u. Zugabe weiterer 10 ml konz. HNO_3 noch eine 2. Fraktion gewinnen. Die Ndd. werden aus dest. W. umkristallisiert. Man erhält in einer Ausbeute von 75—80% ein 99,99%ig. Produkt. (J. Amer. chem. Soc. **74.** 3694. 20/7. 1952. Manhattan, Kans., Kansas State Coll., Dep. of Chem.) Weitbrecht. 255

J. Goubeau und **R. Link**, *Die Reaktion von Borsäuremethylester mit Ammoniak und Aminen.* 3. Mitt. (2. vgl. C. **1953.** 23.) Durch Zugabe des *Borsäuremethylesters* (**I**) zu überschüssigem *Methylamin, Dimethylamin* u. *Trimethylamin* ohne Lösungsm. konnten wie bei der Rk. von I mit NH_3 folgende prim. Anlagerungsprodd. erhalten werden: $CH_3NH_2 \cdot B(OCH_3)_3$ (**II**; F. 42°), $(CH_3)_2NH \cdot B(OCH_3)_3$ (**III**; F. 9,3°) u. $(CH_3)_3N \cdot B(OCH_3)_3$ (F. —50°). Die Sublimationswärme von **II** wurde zu 13,9, die von **III** zu 16,8 u. die Verdampfungswärme von **III** zu 8,5 kcal/Mol bestimmt. Die Schmelzwärme von **III** wurde zu 8,3 kcal/Mol u. die Troutonsche Konstante zu 27,8 berechnet. Die Sublimationswärmen enthalten sicher noch Dissoziationswärmen. Der tensimetr. Abbau von **III** erfolgt stufenweise. Auf 1 Mol Einwaage entstehen 2 Mole Gas. Nach dem Abbau von 1 Mol Gas enthält der Rückstand B u. N im Verhältnis 1,39:1, eine Verb., die auch bei der Rk. von überschüssigem **I** auf **III** erhalten werden konnte. Beim weiteren Abbau entstehen Kristalle vom F. 42° u. dem B:N-Verhältnis 0,99:1, denen die Verb. $HN(CH_3)_2 \cdot B(OCH_3)_2N(CH_3)_2 \cdot B(OCH_3)_3$ entspricht. Bei weiterem Abbau entstehen Prodd. B:N 1,33:1 u. 1,5:1 u. schließlich das polymere $(CH_3O)_3B \cdot N(CH_3)_2 \cdot B(OCH_3)_2$. Die App. zum tensimetr. Abbau wird beschrieben. (Z. anorg. allg. Chem. **267.** 27—36. Dez. 1951. Göttingen, Univ., Anorgan.-chem. Inst.) Moslé. 258

Jean de Postis und **Raymond Muraire**, *Darstellung von Silicium mittels Aluminothermie.* Vff. arbeiten mit einem zylindr. Behälter (12×26 cm) aus Asbestpappe (5 mm), durch Klemmringe zusammengehalten u. in einen Sandkasten eingebettet. Die Mischung von 500 g pulveriger Kieselerde (Handelsware), 500 g Al-Pulver u. 500 g S-Blumen wird fest in den Behälter eingestampft. Eine Höhlung in der Mitte nimmt das Zündpulver (10 g BaO_2 u. 2 g Al) auf, das mit einer Lunte entzündet wird. Nach beendeter Rk. läßt man die M. im abgedeckten Behälter erkalten, die neben viel S u. Al Kügelchen u. Flitter von Si enthält. Das mehrmals mit W. u. verd. HCl gewaschene Schmelzgut wird mit konz. HCl gekocht, mit W. gewaschen u. getrocknet. Das Prod. (Si u. kieselige Gangart) wird in einer Metallbüchse kräftig geschüttelt. Die brüchige Gangart zerfällt dabei zu einem feinen Pulver, das durch ein 200er Sieb abgesiebt wird. Auf dem Sieb verbleibt das Si. Erhalten werden 100—110 g krist. Si (43—47% des angewandten SiO_2). Man reinigt das Si noch mittels konz. HF u. H_2SO_4. (Bull. Soc. chim. France, Mém. [5] **19.** 282. März/April 1952.) Geitz. 261

Ernst Kordes, *Über die Vorgänge beim Erschmelzen von Glas mit Na_2SO_4. 3. Mitt. Theoretische Berechnung der Gleichgewichte zwischen geschmolzenen Na–Ca-Silicaten und der Sulfatgalle bei 1200° C.* (2. vgl. Sack, C. **1952.** 3950.) Vf. zeigt, daß die experimentell gefundenen Austausch-Rkk. zwischen der Silicatschmelze u. der Sulfatgalle sich auf wenige Grund-Rkk. zurückführen lassen. Die gefundenen Gleichgewichte zwischen fl. Na_2SO_4 u. den Na–Ca-Silicaten entsprechend der Zus. der Meta-, Di- u. Trisilicate bei 1200°, die ausführlich berechnet u. durch Kurven dargestellt werden, folgen prakt. dem idealen Massenwirkungsgesetz bzw. dem Nernstschen Verteilungssatz. Die bei konstanter Temp. im Gleichgewicht vorhandene Zus. der Silicatschmelze u. der dazu gehörigen Sulfatgalle können aus dem gegebenen mol. Geh. der Silicatschmelze an einer Komponente mit wenigen Konstanten, die die Grundgleichgewichts-Rkk. beherrschen, quantitativ berechnet werden. (Z. anorg. allg. Chem. **266.** 105—17. Okt. 1951. Jena, Univ., Physikal.-chem. Inst.) Dickhaut. 261

Bernhard Andersen und **Kirsten Lehmann**, *Zur Behauptung der komplexen Bindung des Natriums im Polyhexametaphosphat.* Entgegen den Angaben von Lamm u. Malmgren (Z. anorg. allg. Chem. **245.** [1940.] 106), daß das Na im $K_2Na_4(PO_3)_6$ (**I**) komplex gebunden sei, stellen Vff. fest, daß das Na dialyt. austauschbar ist. Ebenso ist es möglich, aus den

Lsgg. von I mit $BaCl_2$ $Ba(PO_3)_2$ zu fällen. Auf Grund dieser Verss., wie auch analoger mit KCl, kommen Vff. zu der Auffassung, daß das Na im I nicht komplex gebunden ist. Die Darst. von I erfolgte nach den Angaben von TAMMANN (J. prakt. Chem. **153.** [1892.] 436). (Acta chem. scand. **6.** 613—14. 1952. Kopenhagen, Univ., Labor. of Zoophysiol.)
PLUST. 264

Fr. W. Wrigge und **H. Ginsberg**, *Zur Kenntnis der Vorgänge beim „Ausrühren" technischen Tonerdehydrats.* 2. Mitt. (1. vgl. C. **1951.** II. 3283.) Die Vorgänge des Ausrührens von *Na-Aluminat* (I)-Laugen mit ca. 100—120 g/Liter Al_2O_3 u. 120—145 g/Liter Na_2O durch Zusatz von Hydrargillit wurden durch Impfen mit *Na-Gallat* als Indicatorsubstanz untersucht. Der Ga-Geh. wurde nach MOELLER u. COHEN (C. **1951.** I. 2058) mit 5.7-Dibrom-8-oxychinolin bestimmt. I-Laugen wurden bei 30° mit 0,195—8,16% Ga_2O_3, bezogen auf Al_2O_3, versetzt u. bis zu einem kaust. Molverhältnis von 4 ausgerührt. Die Ndd. enthalten *$Ga(OH)_3$*. Echte Mischkristallbldg. zwischen $Ga(OH)_3$ u. $Al(OH)_3$ wurde nicht beobachtet. Der $Ga(OH)_3$-Geh. der Hydrate ist von der Ga-Konz. in der I-Lsg. abhängig. Das Verhältnis des Ga_2O_3-Geh. in den Hydraten zu dem der Ausgangslsg., bezogen auf Al_2O_3, liegt bei 12—13%. Weiterhin wurden I-Laugen mit 4% *Ga_2O_3*, bezogen auf Al_2O_3, mit 400% der ausfällbaren Tonerde in Form von Hydrargillit geimpft u. der zeitliche Verlauf der Ga-Aufnahme untersucht. Der Ga-Geh. in den ersten Fraktionen ist höher als in den späteren. Verss. mit wechselndem Ga-Geh. in der I-Lauge ergaben eindeutig, daß bei gleichen Fällungsbedingungen der Ga-Geh. des Nd. als Maß für die Menge der ausgefällten Tonerde gelten kann. Aus weiteren Verss. geht hervor, daß beim Ausrühren unter Zusatz von Betriebshydrat sich um jeden Impfkristall eine etwa gleichmäßig starke Schicht von neu ausgefallenem Tonerdehydrat bildet u. die für die Impfung wesentlichen Störstellen gleichmäßig über die gesamte Kristalloberfläche verteilt sind. (Z. anorg. allg. Chem. **269.** 179—87. Sept. 1952. Bonn, Vereinigte Aluminium-Werke, A. G., Versuchslabor.) MOSLÉ. 294

Georg Denk und **Johann Alt**, *Über 5/6-basisches Aluminiumchlorid und -sulfat.* Vff. beschreiben die Herst. von 5/6-bas. Aluminiumchlorid (I)-Lsgg. nach 2 Methoden. 1. Meth.: Durch Zugabe von 5/6 Äquivalent 0,1 n KOH zu 0,1 n $AlCl_3$-Lsg. bei 80°. Beim Umsatz in der Kälte wurde 2/3-bas. Aluminiumchlorid erhalten. 2. Meth.: Durch Kochen von ca. 2 g Al-Grieß mit 25 ml 1 n HCl. I-Lsgg., nach beiden Methoden dargestellt, wurden mit Na_2SO_4-Lsg. zu *$(Al_2[OH]_5)_2SO_4$* (II), das sich als kleine Polyeder bzw. Tetraeder abschied, umgesetzt. Durch NaCl-Zusatz wird die Lsg. stabilisiert. Die Röntgendiagramme der Kristalle, nach beiden Methoden hergestellt, sind identisch. Der Wassergeh. der Kristalle schwankt nach dem Trocknen über $CaCl_2$ zwischen 5,0 u. 6,23 Mol/Mol II. In I-Lsgg., nach der 1. u. 2. Meth. hergestellt, wurden durch Dialyse die Ionengewichte bestimmt. In Lsgg., nach der 1. Meth. hergestellt, zeigte sich nur eine geringe Erhöhung des Ionengewichtes mit der Zeit u. steigender Temp., so daß auf eine einheitliche Ionengröße geschlossen werden kann (Ionengewicht 395—417). Das Ionengewicht in Lsgg., nach der 2. Meth. hergestellt, ist größer (712—786) u. nimmt mit der Zeit u. bei höheren Tempp. erheblich zu (Ionengewicht 4100 bei 24 std. Kochen der Lsg.). Auch aus der Erhöhung der Ionengewichte mit steigender Dialysedauer wurde geschlossen, daß diese Lsgg. nicht einheitlich sind, sondern Ionen verschied. Größe enthalten. (Z. anorg. allg. Chem. **269.** 244—48. Sept. 1952. Karlsruhe, TH, Inst. für Anorg. Chem.) MOSLÉ. 294

O. M. Hilal und **M. El-Abbady**, *Reinigung von Yttrium durch Fällung mit Natriumnitrit.* Vff. beschreiben eine modifizierte Reinigungsmeth. für Y durch Fällung mit $NaNO_2$. *Y_2O_3* wird in HNO_3 gelöst, zur Trockne eingeengt u. zu einer 0,7 mol. Lsg. (80 g/Liter) verd., deren p_H durch Zugabe einiger Tropfen wss. NH_3 zwischen 3 u. 4 eingestellt wird. Zu der kochenden Lsg. wird $NaNO_2$ hinzugefügt, die doppelte Menge im Vgl. zu dem zu fällenden Y_2O_3, u. nach dem Auftreten einer Trübung 2 Std. Dampf durch die Lsg. geleitet. Der hieraus erhaltene Nd. ist krist., seine Zus. wird durch die Formel $3\,Y_2O_3 \cdot 2\,N_2O_5 \cdot 15\,H_2O$ wiedergegeben. Das Verf. ist auch für Fraktionierungsfällungen anwendbar. Nach Durchführung der für Lanthaniden üblichen Anzahl von Fraktionsreihen konnte in der Endfraktion spektrophotometr. (ausgeführt nach HILAL u. SUGDEN, C. **1950.** I. 381) nur noch reines Y nachgewiesen werden, Linien von *Ho* u. *Er* waren nicht sichtbar. Fraktionierungsergebnisse der Nitrit- u. der *Ferricyanid*-Meth. (MARCH, J. chem. Soc. [London] **1947.** 118) werden verglichen. (J. chem. Soc. [London] **1952.** 2935—36. Juli. Alexandria, Farouk I. Univ., Moharram Bay.) SPARMANN. 300

Harald Pfeiffer und **Karl Hauffe**, *Über die Beeinflussung der Oxydationsgeschwindigkeit von Nickel und Titan durch Legierungszusätze und durch Behandlung mit Metalloxyddampf.* Während Cr-Zusatz in Übereinstimmung mit der Theorie eine Erhöhung der Oxydationsgeschwindigkeit von reinem Ni bewirkt, hat ein Zusatz von Ag keinen Einfluß. Der relativ große Unterschied der Ionenradien dürfte für die zu geringe Löslichkeit von Ag_2O in NiO verantwortlich sein. Als 2. Möglichkeit wird die des Einbaus zweiwertiger

Silberionen erörtert, die keinen Einfl. auf die Zunderungsgeschwindigkeit haben können. Die Metalloxyddampfbehandlung beeinflußte die Zunderbeständigkeit eines Metalls. Die Frage der Erzeugung des Metalloxyddampfes hängt jeweils von Druck u. Temp. ab. Eine Verbesserung der Zunderbeständigkeit von Ni wird durch Behandlung mit Li_2O, von Ti mit WO_3 erzielt. Ferner wird die Möglichkeit der Beeinflussung des Wachstums solcher Zunderschichten durch Fremdoxydzusätze erörtert, die aus mehreren Oxydschichten zusammengesetzt sind. (Z. Metallkunde **43.** 364—69. Okt. 1952. Berlin, Humboldt-Univ.) HOCHSTEIN. 356

F. de Carli und **N. Collari**, *Untersuchung der Oxydationsreaktionen von Metallen (Kupfer) nach einer Wärmewägemethode.* (Vgl. C. **1951.** I. 2409.) Die nach der Wärmewägemeth. photograph. registrierten Aufnahmen zeigen, daß die Oxydation des Cu zwischen 400 u. 900° zunächst nach $1/P = A - B \ln t$ ($P = O_2$-Aufnahme in g/cm², t = Zeit in Min., A, B = Konstanten), von 500° an nach $P^2 = K t$ erfolgt, wobei K von ca. 650° an stärker mit der Temp. ansteigt, entsprechend der Änderung der Aktivierungswärme von 19770 auf 25130 cal/Mol. Von 650° an wird Cu zu Cu_2O oxydiert; schon gebildetes CuO setzt sich mit Cu zu Cu_2O um. (Chim. e Ind. [Milano] **33.** 77—80. Febr. 1951. Rom, Univ., Ist. di Metallurgia.) R. K. MÜLLER. 358

F. S. Martin, *Ein basisches, dreikerniges Rutheniumacetat.* Es werden Darst. u. Eigg. des *Hexaacetatodihydroxotriruthenium(III)*-Komplexes $[Ru_3(OAc)_6(OH)_2](OAc) \cdot 7H_2O$ (I), beschrieben. Zu wasserfreier Lsg. von RuO_4 in CCl_4 wird Eisessig gegeben u. das Reaktionsgemisch mit Acetaldehyd versetzt, bis I als dunkelbrauner Nd. ausfällt. I löst sich langsam in W. u. gibt eine intensiv blaue Lsg., in Alkalilaugen wird eine grüne Lsg. erhalten, in verd. Säuren wechselt die Farbe langsam von Blau nach Braun, schnell in konz. Säuren. Gegen NH_3 scheint I beständig zu sein, während unter gleichen Bedingungen beim analogen Fe(III)-Komplex $Fe(OH)_3$ ausfällt. In *Pyridin* (II) löst sich I schnell zu einer blauen Lsg., die beim Erwärmen intensiv grün wird. Wird der Überschuß von II verdampft, so bleibt ein grüner zäher Rückstand, der in W. leichtlösl. ist. Durch Zugabe von H_2PtCl_6 in verd. HCl wird $[Ru_3(OAc)_6Py_5]Cl \cdot PtCl_6$ als blaugrüner Nd. erhalten. Das Ru(III) in I wurde nachgewiesen durch Oxydation zu Ru(VIII) mit *Ce(IV)*. Weitere analyt. Bestimmungen u. Darst. von RuO_4 vgl. Original. Vf. weist darauf hin, daß die Darst. der analogen *Os-Verb.* auf die gleiche Weise möglich sein müßte. (J. chem. Soc. [London] **1952.** 2682—84. Juli. Harwell, Didcot, Berks., Atomic Energy Res. Establ.) SPARMANN. 363

C. Mineralogische und geologische Chemie.

I. W. Derbikow, *Über die Fazien der Porphyrintrusionen und die Genesis der polymetallischen Lagerstätten des westlichen Altai.* Aus der Unters. der Fazien der kleinen Intrusionen von erzführenden Porphyren des West-Altai, ihrer hydrothermalen Tätigkeit u. aus dem Material über andere Gebiete schließt Vf., daß diese Fazien nicht zum variсс. Alter gezählt werden können. Ihre Entstehung u. die Bldg. der Polymetallagerstätten im West-Altai stehen im Zusammenhang mit einem zeitlich ausgedehnten Cyclus (vorwiegend devon.) von Intrusionen. Sowohl die magmat. Fazien als auch die Vererzungen weisen eine vertikale Zonalität auf. Am wahrscheinlichsten für die Vererzung in der unteren kaledon. Struktur ist die Hochtemperaturmineralisation: Epidotisierung, Albitisierung, Skarnierung. In den oberen devon. effusiven Sedimenten erfolgten Verkieselung, Serpentinisierung, Pyritisierung. Mesothermaler metasomat. Typ der Sulfidablagerungen. (Известия Академии Наук СССР, Серия Геологическая [Nachr. Akad. Wiss. UdSSR, geol. Ser.] **1952.** Nr. 5. 96—104. Sept./Okt.) LEBTAG. 378

Francesco Penta, *Einige technisch-petrographische Eigenschaften des Leucitits aus Latium („römischer Kiesel").* (Vorl. Mitt.). Hauptbestandteile der als Straßenbaumaterial verwendeten Leucitlava von Valleranello sind *Leucit* u. *Augit*, daneben finden sich *Nephelin, Melilith, Magnetit*, selten *Plagioklas.* Als Festigkeitswerte werden bestimmt: Druck 2800, Zug 200, Biegung 450 kg/cm², Elastizitätsmodul ca. 480000 kg/cm², spezif. Gewicht 2,83, Raumgewicht 2,75. Wasseraufnahmefähigkeit ca. 0,75% nach 14 Tagen, 0,8% nach 1 Jahr. (Ricerca sci. **22.** 1433—37. Juli 1952. Rom, Centro di Studio sui Mat. nat. litoidi da Costruz.) R. K. MÜLLER. 380

Irving J. Witkind, *Das Vorkommen von Natriumsulfatlagerstätten im nordöstlichen Montana und nordwestlichen Nord-Dakota.* (Amer. J. Sci. **250.** 667—76. Sept. 1952. Denver, Col., Geol. Survey.) ENSSLIN. 380

C. Gundu Rao, *Einige Untersuchungen über die Schwermineralanalyse der oberen Gondwana-Ablagerungen, Trichninopoly-Distrikt (Südindien).* Die Sande stammen von der Verwitterung archaischer, gebänderter, Granat-führender *Charnockite.* Beschreibung des

Bestandes an Schwermineralien. (Half-Yearly J. Mysore Univ. [N. S.] **12.** 35—55. März 1952. Dep. of Geol.) ENSSLIN. 384

A. G. Betechtin und **A. D. Genkin,** *Paragenetische Mineralassoziationen in den Systemen Fe–Ni–S und Fe–Ni–S–O.* Im Ergebnis einer eingehenden Analyse der paragenet. Mineralassoziationen der sulfid. u. oxyd. Mineralien der Elemnte Fe, Ni, Co wird gefolgert, daß in der Triade Fe–Co–Ni die chem. Affinität zum S vom Fe zum Ni steigt, jene zum O fällt. Daher muß bei geolog. Unterss. mit einer Verwandlung der Ni-Oxyde in Ni-Sulfide gerechnet werden, soweit ein Auftreten hydrothermaler H_2S-haltiger Lsgg. während des Mineralbildungsprozesses als wahrscheinlich anzunehmen ist. In O-reichem Medium bildet Ni kein höheres Oxyd; Ni tritt nur in S-Verbb. 3wertig auf. Co tritt in paragenet. Assoziationen tieferer Temp. als isomorphe Beimischung des Fe auf, bei solchen höherer Temp. ist es isomorph mit Ni vergesellschaftet. Für die Mineralassoziationen höherer genet. Temp. sind die Kombinationen *Pyrrhotin* + *Pentlandit* + *Chalkopyrit* + *Magnetit*, für jene der tieferen Tempp. ist das Auftreten von *Violarit, Ni-Pyrit, Millerit* kennzeichnend. (Известия Академии Наук СССР, Серия Геологическая [Nachr. Akad. Wiss. UdSSR, geol. Ser.] **1951.** Nr. 2. 28—44. März/April.) V. WILPERT. 384

Josef Ladurner, *Zur Kenntnis von Korundgefügen (Achsenverteilungsanalyse an Naxos-Smirgel.)* An Schmirgelgestein von Naxos wird das Korundgefüge untersucht. Schon makroskop. ist ein lagenweiser Wechsel von *Korund* u. *Magnetit* zu erkennen. Bei den stengligen u. tonnenförmigen Korundkörnern liegen die Stengelachsen vorwiegend senkrecht zur Lagenrichtung b im Gegensatz zu anderen stengeligen Mineralen, wie Hornblende, Epidot, Turmalin usw. Die Achsenverteilung wird im einzelnen ausführlich analysiert u. die Beteiligung von Zwillingen u. Überindividuen am Korngefüge untersucht. Zur mengenmäßigen Erfassung der einzelnen Mineralkomponenten wurden verschied. Methoden angewandt u. miteinander verglichen. Es ergab sich dabei kein Einfl. der Meth. auf Lage u. Richtung der einzelnen Maxima. (Neues Jb. Mineralog., Abh. **84.** 1—42. April 1952. Innsbruck, Univ., Inst. für Mineral. u. Petrograph.) HILLER. 385

D. Organische Chemie.

D_1. Allgemeine und theoretische organische Chemie.

Edgar A. Steck und **Frederick C. Nachod,** *Absorptionsspektren vom 8-Aminochinolinol-(6)-Typ.* Die Spektren von *8-Aminochinolinol-(6)*, *8-[3-Dimethylamino-1-methylpropylamino]-chinolinol-(6)* (*Certuna*) u. von *8-[4-Diäthylamino-1-methylbutylamino]-chinolinol-(6)* wurden in 95%ig. A., 0,01nHCl u. 0,01nNaOH gemessen u. miteinander verglichen. Die geringen Unterschiede der Spektren dieser drei Verbb. werden diskutiert. Zum Vgl. wird auch das Spektr. von *3-Oxynaphthylamin-(1)* herangezogen.

V e r s u c h e: *3-Oxynaphthylamin-(1)*, $C_{10}H_9ON$, aus A., F. 208,5—209° (evakuierte Capillare), aus 4-Nitronaphthol-(2) durch Hydrierung an Pt-Tierkohle bei 3 at; 88% (Ausbeute). — *8-Aminochinolinol-(6)*, $C_9H_8ON_2$, F. 177—177,5° (W.), durch Demethylierung von 8-Amino-6-methoxychinolin. — *8-[3-Dimethylamino-1-methylpropylamino]-chinolinol-(6)*, *Sulfat–Trihydrat*, F. 118—120°, aus der 6-Methoxyverb. mit HBr. — *8-[4-Diäthylamino-1-methylbutylamino]-chinolinol-(6)*, *Dihydrojodid*, F. 162—164°, aus der entsprechenden Methoxyverb. mit HJ; *Methylen-1.1'-bis-[2-oxy-3-naphthoat]*, F. >250°. (J. Amer. chem. Soc. **74.** 3699—3701. 20/7. 1952. Rensselaer, N. Y., Sterling-Winthrop Res. Inst.) D. BRÜCK. D 118

W. Doden, R. Kopf und **H. Specker,** *Absorptionsmessungen an verschieden substituierten Thiouracilen nach Farbreaktion mit Grotes Reagens.* Die Messung der Absorptionskurven der mit dem modifizierten Reagens nach GROTE (I) (vgl. DODEN u. KOPF, Naunyn-Schmiedebergs Arch. exp. Pathol. Pharmakol. **213.** [1951.] 51) u. einer Reihe von Thiouracilderivv. [*2-Thiouracil, 4-Methyl-, 4-Propyl-, 4-Amino-, 4-Amino-5-methyl-, -5-äthyl-, -5-n-propyl-, -5-isopropyl-, -5-butyl-, -5-benzyl-, 4.4-Diamino-* u. *3-Phenyl-4-amino-5-methyl-2-thiouracil* (**II**)] erhaltenen Farbstoffe mit dem PULFRICH-Stufenphotometer (Filter S 66 bzw. S 72) ergab, daß diese in den untersuchten Konzentrationsbereichen dem LAMBERT-BEERschen Gesetz folgen. Zur Farb-Rk. nicht geeignet ist **II**, wahrscheinlich infolge der Substitution am Stickstoffatom 3. In 4- u. 5-Stellung aminierte Verbb. sowie die *5-Amino-2-thiobarbitursäure* sind wegen ihrer kräftigen Eigenfarbe nicht zur photometr. Best. geeignet. — Während die Einführung eines Alkylrestes (Methyl- oder Propyl-) oder einer Aminogruppe in die 4-Stellung keine meßbare Verschiebung der Absorption bewirken, macht sich die Kombination einer Aminogruppe in 4-Stellung mit einem Alkylrest in 5-Stellung oder einem Benzolring im Sinne einer Farbvertiefung bemerkbar. (Naunyn-Schmiedebergs Arch. exp. Pathol. Pharmakol. **213.** 467—72. 1951. Münster, Univ., Physiol.-Chem. Inst., Pharmakol. Inst., Chem. Inst.) LIPPOLD. D 118

Walter F. Edgell und **Thomas R. Riethof,** *Die Berechnung der Schwingungsfrequenzen von Molekülen mit vielen Atomen und geringer Symmetrie.* 1. Mitt. *Einfache Derivate symmetrischer Moleküle.* Zur Auswertung von RAMAN- u. Infrarotspektren kompliziert aufgebauter Moll. schlagen Vff. 2 Verff. vor. Das erste ist anwendbar bei einfachen Derivv. hochsymm. Verbb. (C_2F_5Cl–C_2F_6, C_6H_5Cl–C_6H_6), dabei werden unter Benutzung der Normalkoordinaten dieser Stammverbb. Energien u. Schwingungsfrequenzen nach der Störungsmeth. berechnet. Bei der 2. Meth. wird das Mol aufgefaßt als zusammengesetzt aus einfachen Struktureinheiten. Das 1. Berechnungsverf. wird näher erläutert u. durch Best. der Schwingungsfrequenzen von *Methylbromid* u. *-fluorid, Bromoform* sowie von *Tetrafluor-* u. *-bromkohlenstoff* geprüft. Die Übereinstimmung mit Meßwerten ist ausgezeichnet. (J. physic. Chem. **56.** 326—27. März 1952. Lafayette, Ind., Purdue Univ., Dep. of Chem.) KRESZE. D 120

J. D. S. Goulden, *Die Struktur der Aminopyridine.* Vf. berichtet über Unterss. der Absorptionsspektren von Aminopyridinen. Infrarotabsorptionsmessungen in der 3μ-Region bestätigen die auf pK_a-Messungen u. chem. Rkk. fußenden Ergebnisse von ANGYAL u. ANGYAL (J. chem. Sos. [London] **1952.** 1461), daß *2-, 3-* u. *4-Aminopyridin* in unpolaren Lösungsmitteln in der Amino- u. nicht in der Iminoform vorliegen. NH-Frequenzen in CCl_4: *Anilin* 3480 u. 3396 [cm^{-1}] (ε_{mol} 133 bzw. 179 $\pm$ 10%). — *2-Aminopyridin* (I) 3509 u. 3411 (51 bzw. 79). — *3-Aminopyridin* (II) 3482 u. 3396 (38 bzw. 56). — *4-Aminopyridin* 3508 u. 1413 (47 bzw. 86). — *2-Methylaminopyridin* 3450 (100). — *1.2-Dihydro-2-imino-1-methylpyridin* 3323 (30) (= NH Frequenz). — *2-Aminopyrimidin* 3541 u. 3431 (71 bzw. 117). — *p-Nitranilin* 3508 u. 3417 (52 bzw. 148). — UV-Absorptionsspektren in CCl_4: **I** 292 mμ (log ε_{mol} 3,54). — **II** 294 mμ (log ε 3,52). (J. chem. Soc. [London] **1952.** 2939—40. Juli. Nottingham, Boots Pure Drug Co. Ltd., Biochem. Res. Dep.) GOEBEL. D 120

L. W. Smirnow, *Polarisierte Absorptionsspektren orientierter Farbstoffmoleküle.* Vf. mißt die opt. D. (bes. im Bereich 200—600 mμ) von aus Mischungen wss. Lsgg. des Farbstoffs mit einem im Sichtbaren u. UV durchsichtigen Polymer hergestellten Filmen unter Zugbeanspruchung des Films, u. zwar in der Zugrichtung u. senkrecht dazu für folgende Farbstoffe: *Methylorange, Chrysophenin, Säurerot Sh, Kongorot, Methylenblau, Nilblau 2 B, Neutralrot, Rhodamin C, Kristallviolett, Malachitgrün, Methylgrün, Auramin, Magdalarot, Lucigenin, Acrichin.* Die der Hauptbande entsprechende Orientierung des Elektronenoscillators wird durch die Richtung der längsten Kette von konjugierten Doppelbindungen bestimmt. Die Orientierung der Elektronenoscillatoren in den lokalen π-Elektronensystemen hängt von der Lage u. Natur der substituierenden Gruppen ab u., bei genügend langen Ketten, von deren Länge. Die relative Lage der Oscillatoren läßt sich auf Grund des Dichroismus der Banden bestimmen. (Журнал Экспериментальной и Теоретической Физики [J. exp. theoret. Physik] **23.** 68—77. Juli 1952. Inst. für hochmol. Verbb. der Akad. der Wiss. der UdSSR.) AMBERGER. D 122

R. J. Meakins und **H. K. Welsh,** *Die dielektrischen Eigenschaften von dl-n-Eikosanolen.* Es werden die dielektr. Eigg. von *Eikosanol-(2), -(4), -(6), -(8)* u. *-(10)* (FF. 58,4 bis 59,5°; 53,8—55,3°; 55,2—57,9°; 54,9—57,9° u. 64,8—65,8°) über einen größeren Frequenzbereich untersucht. Dabei zeigen sich zunächst, wie auch sonst bei langkettigen Stoffen, Unterschiede, je nachdem ob der zu untersuchende Festkörper durch Abkühlen der Schmelze oder durch Auskristallisieren aus Lsgg. erhalten wurde. Die Messungen an den aus der Schmelze erhaltenen Stoffen zeigen, daß die unsymm. Lage der Hydroxylgruppe im Mol. die Absorption wie auch die Dispersion der DK. verstärkt. Bei dem *Eikosanol-(2)* zeigen sich Anomalien, welche darauf zurückgeführt werden, daß hier die Moll. paarweise mit den polaren Gruppen einander zugekehrt sind. Die Effekte werden durch Lagern der Stoffe verringert. (Austral. J. sci. Res., Ser. A **4.** 359—64. Sept. 1951. Sydney, Univ. Grounds, C. S. I. R. O., Div. of Ind. Chem.) K. L. WOLF. D 132

R. J. Meakins und **Joan W. Mulley,** *Die dielektrischen Eigenschaften von kristallinen langkettigen primären n-Alkoholen bei niederen Frequenzen.* (Vgl. vorst. Ref.) Es werden die dielektr. Eigg. von *n-Hexadecylalkohol* (F. 48,5°), *n-Octadecylalkohol* (F. 58,2°), *Dokosylalkohol* (F. 70,5°) u. *Hexakosylalkohol* (F. 79,8°) untersucht. Die Absorption ist stärker u. tritt bei niedrigeren Frequenzen auf als bei den entsprechenden sek. Alkoholen. Der Grund dafür wird in der Assoziation der Alkohole mit endständiger Hydroxylgruppe gesehen. Zwischen den aus der Schmelze u. den aus Lsgg. erhaltenen Formen zeigen sich, wie auch sonst bei langkettigen Stoffen, merkliche Unterschiede. Bei Lagerung werden Absorption u. Dispersion schwächer. Bei Mischungen mit Paraffinwachsen treten dann Änderungen ein, wenn die zugegebenen KW-stoffe gleiche Kettenlänge haben wie die Alkohole (Bldg. fester Lsgg.). (Austral. J. sci. Res., Ser. A **4.** 365—71. Sept. 1951. Sydney, Univ. Grounds, C. S. I. R. O., Div. of Electrotechnol.) K. L. WOLF. D 132

J. S. Dryden und **H. K. Welsh,** *Dielektrische Absorption in festen aliphatischen Estern.* Es werden die dielektr. Verluste in *Methylpalmitat* (F. 30,5—30,7°), *Methylstearat* (F. 38,6—39,2°) u. *Methylbehenat* (F. 50,6—51,0°) über einen großen Frequenzbereich gemessen. Es zeigt sich, daß zwei Absorptionsgebiete bestehen, deren eines Umlagerungen der ganzen Moll. im Gitter, deren anderes, bei höheren Frequenzen liegendes, der Rotation der polaren Gruppe im Mol. zugeordnet wird. Eine Kontrolle durch Messung an *Cetylpalmitat,* bei dem die polare Gruppe infolge der Größe des anhängenden unpolaren Restes nicht mehr rotieren kann, bestätigt diese Zuordnung insofern, als bis hinauf zu hohen Frequenzen nur eine einzige Stelle selektiver Absorption gefunden wird. Unterschiede zwischen festem Stoff, der durch Erstarren der Schmelze u. solchen, der durch Auskristallisieren aus Lsgg. gewonnen wurde, zeigen sich in ähnlicher Weise wie auch sonst an langkettigen Stoffen. (Austral. J. sci. Res., Ser. A **4.** 616—26. Dez. 1951. Sydney, Univ. Grounds, C. S. I. R. O., Div. of Electrotechnol.) K. L. WOLF. D 132

Ruth Powers Yaffe und **Adolf F. Voigt,** *Die Aciditätskonstante, das Löslichkeitsprodukt und die Löslichkeit des Dithiooxamids.* Vff. bestimmten die Aciditätskonstante des *Dithiooxamids* (Rubeanwasserstoff; I) mittels potentiometr. Titrationen nach der Meth. von BACK u. STEENBERG (Acta chem. scand **4.** [1950.] 810) als Mittelwert aus ca. 30 Bestimmungen zu $K_{\alpha} = 1,28 \pm 0,04 \cdot 10^{-11}$. I verhält sich nach diesen Unterss. als einbas. Säure. Das Löslichkeitsprod. in W. beträgt $K_{sp} = 3,94 \pm 0,12 \cdot 10^{-14}$ u. die Löslichkeit $S = 3,07 \pm 0,04 \cdot 10^{-3}$. Außer diesen thermodynam. Konstanten wurden die nichtthermodynam. Konstanten bei der Ionenstärke 1,0 bestimmt u. gefunden zu $k_{\alpha} = 3,78 \pm 0,04 \cdot 10^{-11}$, $k_{sp} = 6,27 \pm 0,14 \cdot 10^{-14}$ u. $s = 1,66 \pm 0,03 \cdot 10^{-3}$. (J. Amer. chem. Soc. **74.** 2941. 5/6. 1952. Ames, Iowa, Iowa State Coll., Ames Labor.) NIEMITZ. D 139

Kurt Torssell, *Eine elektrometrische und polarographische Untersuchung über Komplexbildungen zwischen Borsäure und Polyalkoholen.* Vf. berechnet aus EK-Messungen bei 25° die Komplexkonstanten für die Bldg. von BD^- u. BD_2^- (D = Polyalkohol) für *Mannit* (I) u. *Fructose* (II) zu: $K_1 = 5,6 \cdot 10^2$ u. $K_2 = 1,16 \cdot 10^5$ für I bzw. $K_1 = 6,9 \cdot 10^2$ u. $K_2 = 0,83 \cdot 10^5$ für II. Aus polarograph. Messungen für II ergibt sich K_1 bei 20° $7 \cdot 10^2$. Die komplexen Säuren HBD u. HBD_2 sind stark u. prakt. vollständig dissoziiert. Die Ggw. von B_2D^- oder $B_2D_2^-$ u. wahrscheinlich auch von BD_3^- wird für II nachgewiesen. Bei Ggw. von Borat sinkt die polarograph. Stufe der II proportional der komplexgebundenen Menge an II. Die Borsäure wird an das 2. C-Atom der II gebunden. Die Möglichkeit einer Bindung des Borations an ein negatives II-Ion wird diskutiert. Die p_H-Abhängigkeit der polarograph. Stufenhöhe der II wird untersucht u. erklärt. (Ark. Kemi **3.** Nr. 62. 571—80. 1952. Stockholm, Univ., Inst. für organ. Chem. u. Biochem.) NIEMITZ. D 142

G. B. Rawitsch und **W. A. Wolnowa,** *Phasendiagramm des Systems Stearinsäure–Palmitinsäure–Oleinsäure.* Durch therm. u. Mikrostrukturanalyse wurden 9 Schnitte des Schmelzdiagramms im tern. Syst. *Stearin* (I)-, *Olein* (II)- u. *Palmitinsäure* (III) festgelegt. Dabei ergab sich, daß die schon früher im bin. Syst. I–III gefundene *Mol.-Verb. 1:1* im tern. Syst. mit II eutekt. Schmelzen bildet. 2 eutekt. Punkte des tern. Syst. mit den Zuss. (Gew.-%) 98,8 II, 0,7 I, 0,5 III, F. 6° u. 98 II, 0,4 I, 1,1 III, F. 5°, wurden gefunden. Abweichende Ergebnisse von CARLIFANTI u. LEVI-MALVANO (Gazz. chim. ital. **39.** [1909.] 375), die festgestellt haben wollen, daß in den bin. Systemen I–II u. III–II u. auch in dem tern. Syst. I–II–III eine ununterbrochene Reihe von festen Lsgg. vorliegt, sind irrtümlich u. lassen sich dadurch erklären, daß die Soliduskurven nicht bestimmt wurden. Es bildet sich vielmehr eine ununterbrochene Reihe von mechan. Gemischen. Durch Mikrostrukturanalyse (2 Mikrophotos) wurde bestätigt, daß die in Nadeln krist. I–III-Verb. mit II eutekt. Schmelzen bildet, während reine I in Polyedern kristallisiert. (Доклады Академии Наук СССР [Ber. Akad. Wiss. UdSSR] [N. S.] **86.** 325—27. 11/9. 1952.) WÖRFFEL. D 147

Kenneth C. Bachman und **Edward L. Simons,** *Dampf–Flüssigkeits-Gleichgewichte bei Drucken unter 1 at; das binäre System Aceton–Tetrachlorkohlenstoff.* Vollständige Gleichgewichtsdaten werden für Gesamtdrucke von 760, 450 u. 300 mm Hg in einer App. nach OTHMER gemessen. Die Gemischzus. wurde durch Dichtemessung ermittelt. Für *Tetrachlorkohlenstoff* (I) konnte die von DREISBACH u. SHRADER (Ind. Engng. Chem. **41.** [1949.] 2879) gefundene Temperaturabhängigkeit des Dampfdruckes des reinen I benutzt werden, während für *Aceton* (II) eine Neubest. die Beziehung $\log p\,(mm) = -1633,65/T + 7,843\,11$ ergab. Die Meßpunkte wurden mit den berechneten Aktivitätskoeffizienten tabellar. u. für 450 mm graph. dargestellt. Die azeotropen Punkte, durch fortgesetzte Annäherung bestimmt, liegen bei den Drucken 760, 600, 450 u. 300 mm, bei den II-Gehh. von 94,85, 94,90, 95,20 u. 96,40 Mol.-% u. den Kpp. 55,98°, 49,26°, 41,47° u. 31,22°. Ein Zusammenhang zwischen Druck u. azeotropem Punkt läßt sich nicht angeben; dieser liegt in allen Fällen 0,09 ± 0,02° unterhalb des Kp. des reinen II. Es wird an Hand der Abhängigkeit der Aktivitätskoeff. von der Gemischzus. gezeigt, daß sich die Ergebnisse mit der Thermodynamik der Flüssigkeitsgemische in Einklang befinden. (Ind. Engng. Chem. **44.** 202—205. Jan. 1952. New Brunswick, N. J., Rutgers-Univ.) THEILE. D 150

W. K. Ssementschenko und **W. P. Skripow**, *Wärmekapazität binärer Flüssigkeitsgemische im kritischen Gebiet der Entmischung.* Mittels eines adiabat. Calorimeters wurde im Syst. *Triäthylamin* (**I**)-*W.* die spezif. Wärme C_p im krit. Entmischungsgebiet gemessen. Sie zeigt sowohl bei der krit. Konz. von 8,6 Mol-% **I** als auch bei allen benachbarten Konzz. Maxima, deren Höhe bei Entfernung von der krit. Konz. abnehmen. Für die krit. Konz. fällt die Lage des Maximums von C_p u. des Maximums der Viscosität innerhalb der Meßgenauigkeit von 0,03° zusammen. Die aus den Maxima von C_p konstruierte Löslichkeitskurve besteht aus **2** im krit. Punkt (19°) zusammenlaufenden Zweigen. Diese Erscheinung kann als „Überhitzung" des Syst. im krit. Punkt angesehen werden. (Доклады Академии Наук СССР [Ber. Akad. Wiss. UdSSR] [N. S.] **85.** 1325—27. 21/8. 1952.) WIEDEMANN. D 151

Daniele Sette, *Elastische Relaxation und Struktur von Flüssigkeiten.* 1. Mitt. *Ultraschallabsorption in einigen halogenierten Methylenen, Äthanen und Äthylenen.* Im Temperaturbereich von ca. —20 bis 40° wurde von folgenden Fll. der Ultraschallabsorptionskoeff. β (in cm^{-1}) u. bei 25° die Ultraschallgeschwindigkeit v (in m/Sek.) gemessen. Die Meßfrequenz betrug 30 MHz. Bei 25,0° wurde so für v, β u. $(d\beta/dt)(1/\beta)\cdot 10^3$ erhalten: CH_2Cl_2 1100, 9,96 u. 11,6; CH_2Br_2 943, 5,07 u. 7,1; CH_2J_2 963, 2,24 u. 4,3; CH_3CHCl_2 1022, 0,892 (bei 18,8°) u. 5; CH_2ClCH_2Cl 1230, 1,28 (22,5°) u. 0 (bei niedrigeren Tempp. fällt β mit steigender Temp.); CH_2BrCH_2Br 983, 2,77 u. —9,3; *trans*-$CHCl{=}CHCl$ 3,43 u. 7,5 (je bei 20°), v nicht bestimmt; *cis*-$CHCl{=}CHCl$ 4,94 (18,8°), 4,4 (20°), v nicht bestimmt. Der klass. aus der Viscosität der Fll. berechnete β-Wert ist in allen Fällen viel kleiner als der oben genannte. Vf. versucht, die Ergebnisse mit der Struktur der Fll. in Verbindung zu bringen, doch läßt sich bisher nur qualitativ feststellen, daß die Relaxationserscheinungen stark von der Struktur abhängen; detailliertere Aussagen können noch nicht gezogen werden. Eine Zunahme des Dipolmomentes scheint eine Erhöhung von β zu bewirken. (J. chem. Physics **19.** 1337—41. Nov. 1951. Rom, Ist. Nazionale di Ultracustica „O. M. Corbino".) FUCHS. D 159

Daniele Sette, *Elastische Relaxation und Struktur von Flüssigkeiten.* 1. Mitt. *Ultraschallabsorption in einigen halogenierten Methylenen, Äthanen und Äthylenen.* Inhaltlich ident. mit vorst. referierter Arbeit. (Ricerca sci. **22.** 461—66. März 1952.) FALKENHAGEN. D 159

Daniele Sette, *Über die elastische Relaxation in Schwefelkohlenstoff. Temperaturabhängigkeit des Ultraschallabsorptionskoeffizienten.* Da die von verschied. Autoren gemessenen Ultraschallabsorptionskoeffizienten für CS_2, obzwar sie alle zwischen 1 u. 100 MHz Dispersion zeigen, nicht übereinstimmen, nimmt Vf. eine Nachmessung bei 30 MHz vor. Gleichzeitig wurde die Temperaturabhängigkeit des Absorptionskoeff. bei 30 MHz gemessen u. mit dem nach BAUER (Proc. Roy. Soc. [London], Ser. A **62.** [1949.], 141) theoret. bestimmten Temperaturkoeff. verglichen. Die Übereinstimmung ist befriedigend. Die Ergebnisse dienen zur Diskussion der beiden bestehenden Absorptionstheorien, von denen die eine auf der Annahme gleicher u. die andere auf der Annahme verschied. Relaxationszeiten für alle Molekülschwingungen beruht. (Ricerca sci. **22.** 467—70. März 1952.) FALKENHAGEN. D 159

S. P. Mitra, *Stabilisierung von Kolophoniumsolen durch saure Farbstoffe.* 2. Mitt. Bei (tropfenweiser) Zugabe der wss. Lsgg. saurer Farbstoffe zu einem 0,78%ig. Kolophoniumsol ergibt sich eine Schutzwrkg. derselben gegenüber der flockenden Wrkg. von KCl in der Reihenfolge: *Chinolingelb* > *Indigocarmin* > *Dianilgrün* > *Dianilrot* > *Tropaeolin.* (Z. physik. Chem. **199.** 191—95. Jan. 1952. Allahabad, Indien, Sheila Dhar Inst. of Soil Sci.) HENTSCHEL. D 163

S. P. Mitra, *Die Viscosität von Kolophoniumsolen in Gegenwart basischer Farbstoffe.* (Vgl. vorst. Ref.) Nach einer Besprechung der verschiedenartigen Wirkungen von Elektrolyten auf hydrophile u. hydrophobe Sole werden Verss. über die mit einem besonderen Viscosimeter gemessenen Viscositäten (bei 25°) von Kolophoniumsolen bei Zugabe steigender Mengen bas. Farbstoffe (*Methylviolett, Kristallviolett, Viktoriablau, Malachitgrün, Gentianaviolett, Chrysoidin, Bismarckbraun, Acridingelb, Acriflavin, Acridinorange, Nilblau A, Methylenblau, Safranin T, Orthochrom-T-Bromid, Fuchsin, Pinacyanol, Rhodamin B*) mitgeteilt. Im allg. steigt die Viscosität mit der Farbstoffkonz. gleichmäßig an, ohne daß wesentliche Unterschiede zwischen den einzelnen Farbstoffen erkennbar sind. (Z. physik. Chem. **199.** 196—208. Jan. 1952.) HENTSCHEL. D 163

Wladislas Kopaczewski, *Die Rolle der physikalischen Einflüsse beim Übergang von Hydrosolen durch eine Ölschranke.* In Fortsetzung früherer Unterss. (C. R. hebd. Séances Acad. Sci. **233.** [1951.] 956) über den Durchtritt der Hydrosole organ. Farbstoffe durch

Filtrierpapierstreifen, die auf einem Teil ihrer Länge mit Mandelöl imprägniert waren, wurde festgestellt, daß Temperaturerhöhung u. geringe relative Luftfeuchtigkeit den capillaren Aufstieg begünstigt. Gealterte Öle sind für die Hydrosole weniger durchlässig, gealterte Farbstofflsgg. zeigen blassere Färbung, u. in gealtertem Filtrierpapier erfolgt eine verzweigte Ausbreitung der Farbstoffe. Bei erhöhter Viscosität der Farbstoffsole ist das Durchdringungsvermögen geringer, während es bei Herabsetzung der Oberflächenspannung erhöht wird, falls nicht micellenbildende Netzmittel benutzt werden. Bei Elektrolytzusatz wird durch positive Ionen der Durchgang elektronegativer Farbstoffe verhindert u. derjenige elektropositiver Farbstoffe verstärkt u. umgekehrt, doch treten auch spezif. Ionenwirkungen auf. (C. R. hebd. Séances Acad. Sci. **234**. 210—13. 7/1. 1952.) HENTSCHEL. D 171

A. Glagolewa, *Zur Capillaraktivität und Struktur zweibasischer organischer Säuren in wässerigen Lösungen.* Mol.-Gew. (kryoskop. Meth.), elektr. Leitfähigkeit u. p_H wss. Lsgg. von *Malon* (I)-, *Bernstein* (II)- u. *Phthalsäure* (III) wurden in Abhängigkeit von der Konz. (starke Verdünnung bis zum Sättigungsgebiet) bestimmt. Die erhaltenen Kurven waren von ähnlicher Gestalt u. ließen erkennen, daß diese Säuren in Lsg. nicht assoziiert sind u. keine Hydrate bilden, sondern als Monomere vorliegen. Die Oberflächenspannung wss. Lsgg. von I—III bei 20 u. 25° ist bei niedrigen Konzz. kleiner als diejenige von W.; sie steigt mit Erhöhung der Konz. schließlich wieder bis zu dem für W. gültigen Wert an. Es zeigte sich somit, daß das gesamte Verh. der Dicarbonsäuren von dem bei Monocarbonsäuren (HCO_2H, CH_3CO_2H) Festgestelltem (Hydratbldg., Assoziation, starke Capillaraktivität) abweicht. Als Ursache hierfür wird angenommen, daß die CO_2H-Gruppen in I (analog in II u. III) in einer durch Vorliegen von intramol. H-Bindungen gek. Wechselwrkg. miteinander stehen, so daß die für die CO_2H-Gruppe charakterist. hydrophilen u. capillarakt. Eigg. verloren gehen. (Доклады Академии Наук СССР [Ber. Akad. Wiss. UdSSR] [N. S.] **86**. 103—06. 1/9. 1952. Staatl. Naturwiss. Lessgaft-Inst.) WÖRFFEL. D 182

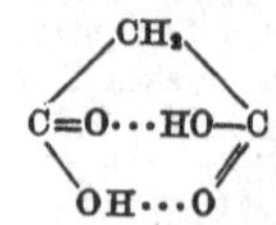

I

O. Klement, *Elektronenverteilung des Naphthalins* (Vgl. C. **1952**. 4430.) Am Beispiel der isolierten Naphthalinmol. werden durch eine Erweiterung der quantenmechan. Valenzmeth. nach HEITLER u. RUMER die Energie u. Elektronenverteilung unter Reduzierung des Problems auf ein 10-Elektronensyst. berechnet. Die Resultate zeigen für die α-, β- u. meso-Stellungen der Naphthalinmol. verschied. Werte der Elektronendichten, ebenso für die einzelnen Bindungen. Diese Daten stehen im Gegensatz zu den nach der Molekülbahnmeth. berechneten, stimmen jedoch mit experimentell auf röntgenograph. Wege gewonnenen Ergebnissen überein. (Helv. chim. Acta **34**. 2230—41. 1/12. 1951. Fribourg u. Zürich, Univ.) L. FISCHER. D 182

Peter B. Russell, *Der Lösungsmitteleinfluß auf die Keto–Enol-Tautomerie einiger α-Acylphenylacetonitrile.* Der Enolgeh. von *Cyandesoxybenzoin* (I), *α-[2-Furoyl]-phenylacetonitril* (II), *α-[2-Furoyl]-3.4-dichlorphenylacetonitril* (III) u. *α-Cyan-β-imino-α.β-diphenyläthan* (IV) wurde spektroskop. untersucht, die UV-Spektren von I, II, III sowie deren *Enolmethyläther* u. IV wurden dazu in Konzz. von 10 mg/Liter bestimmt. Am Beispiel von I wird die Zuordnung der beiden auftretenden Absorptionsbanden durch Vgl. mit Verbb. gleicher Konst. durchgeführt. Stets ist das 1. (langwellige) Maximum der Enolform u. das 2. (kurzwellige) der Ketoform zuzuordnen. Die Möglichkeit des Auftretens von cis–trans-Isomeren bei den Enolformen u. den Enoläthern wird am Beispiel von I geprüft u. verneint: I liefert mit CH_2N_2 einen Enoläther, der mit dem Bezugsenoläther ident. ist. Vf. erhält folgende Ergebnisse: I, II u. III zeigen in nicht OH-Gruppen enthaltenden Lösungsmitteln geringere Enolisierung als in hydroxyl., da hier keine Chelatbldg. auftritt. III ist wegen der Halogensubstituenten am Kern stärker als I u. II enolisiert. IV existiert in A. überwiegend in der dem Enol entsprechenden Enaminform. Die Enolisierung von I, II u. III nimmt mit abnehmendem Solvatationsvermögen des Lösungsm. in der Reihenfolge W., Methanol, A., n-Amylalkohol zu. Aus diesen Resultaten folgert Vf., daß für das Ausmaß der Enolisierung einer tautomeren Verb. in hydroxyl. Lösungsmitteln die Solvatation der Ketoform bestimmend ist, während in nicht hydroxyl. Lösungsmitteln die Fähigkeit zur Bldg. von Chelatenolen entscheidend ist. (J. Amer. Chem Soc. **74**. 2654—56. 20/5. 1952. New York, N. Y., Wellcome Res. Labor.) L. FISCHER. D 184

Friedrich Cramer, *Einschlußverbindungen der Cyclodextrine.* Vortrag. — Vf. untersucht die energet. Verhältnisse in Hohlräumen von Einschlußverbb. der *Cyclodextrine* (SCHARDINGER-Dextrine) durch Einschließen von Farbstoffen; die Zustände sind denen im alkal. Medium vergleichbar. So bleibt Methylorange in Ggw. von β-Dextrin bei acidimetr. Titrationen gelb, obwohl die Lsg. sauer ist („Raumalkalität in Einschlußverbb."). — *Cyclohexaglucan* (*α-Dextrin*) gibt mit J_2 ein blaues Addukt; J vermag in Einschlußkanälen Kettenmoll. zu bilden. Der Abstand der J-Atome beträgt 3,06 Å, die Ketten sind streng linear. — Einschlußverbb. bilden sich zum Teil schon in Lsg. aus u. können hemmend in Reaktionsabläufe eingreifen, da ein Teil der Reaktionspartner abgedeckt wird; z. B. wird die Emulsinspaltung von Indican durch *β-Dextrin* stark verlangsamt, während *α-Methylglucosid* diesen Effekt nicht gibt. Damit ist ein Zusammenhang zwischen Molekelform u. biochem. Wrkg. gefunden, das Cyclodextrin wirkt hier nur durch seine räumliche Gestalt u. nicht durch funktionelle Gruppen. Die räumliche Spezifität bei der Adduktbldg. zeigt sich auch darin, daß aus Racematen einzelne Antipoden bevorzugt eingelagert werden. (Angew. Chem. **64**. 136. 7/3. 1952. Heidelberg, Chem. Inst.) FAHRNLAENDER. D 190

Caroline H. MacGillavry, A. Kreuger und **E. L. Eichhorn**, *Die Molekularstruktur von trans-β-Jonylidencrotonsäure.* WEISSENBERG-Aufnahmen lieferten für die triklin kristallisierende Verb. die Elementarkörperdimensionen $a = 9{,}90 \pm 0{,}04$ Å; $b = 12{,}87 \pm 0{,}05$ Å; $c = 7{,}24 \pm 0{,}03$ Å; $\alpha = 109^0$; $\beta = 128^0$; $\gamma = 67^0$; $Z = 2$; Raumgruppe $P\bar{1}$. Aus den starken Reflexionen erster bis dritter Ordnung der Ebene ($0\bar{3}1$) kann geschlossen werden, daß beide Moll. in dieser Ebene liegen. Die Intensitäten einiger h k 0-Reflexe bei hohen ϑ-Werten entsprechen der Periodizität der konjugierten Zick-Zack-Kette. Aus zweidimensionaler FOURIER-Summierung folgte die von BRAUDE, JONES, KOCH, RICHARDSON, SONDHEIMER u. TOOGOOD (C. **1950**. II. 1217) vorgeschlagene vorst. Konfiguration. (Proc., Kon. nederl. Akad. Wetensch., Ser. B **54**. 449—51. Nov./Dez. 1951. Amsterdam, Univ., Labor. for general and inorganic Chem.) GOTTFRIED. D 195

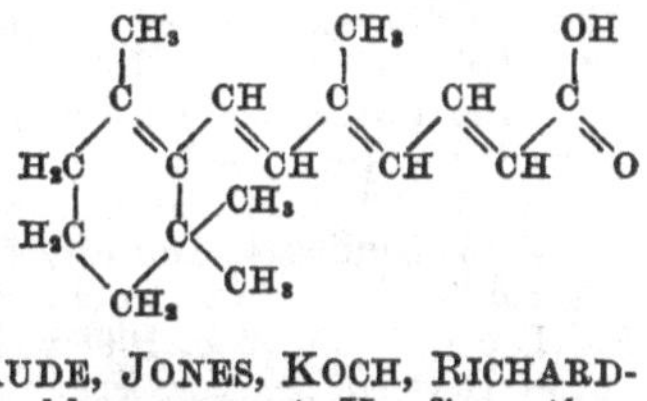

Silvio Bezzi und **Antonio Iliceto**, *Über das System Wasser–Formaldehyd.* 1. Mitt. *Konstitution der wässerigen Formaldehydlösungen.* Vff. haben an wss. CH_2O-Lsgg. (p_H 2,6 bis 3,5) für CH_2O-Konzz. zwischen 7—45% den Geh. an CH_2O, der als Methylenglykol, $CH_2(OH)_2$, anwesend ist, mittels Titration mit Bisulfit, die die Best. von monomerem CH_2O neben seinen Polymeren ermöglicht, bestimmt. Sie haben ferner durch kryoskop. Best. den mittleren Polymerisationsgrad der Polyoxymethylene in den Lsgg. bei verschied. Konzz. ermittelt. Der Geh. an monomerem CH_2O sinkt mit zunehmender Konz. der Lsgg. von 75% (für 7%ig. Lsg.) auf 22% (für 45%ig. Lsg.); entsprechend nimmt die Konz. an Polymeren zu. In der Lsg. sind neben Methylenglykol Polyoxymethylene enthalten; ihr Polymerisationsgrad nimmt mit der Konz. zu. Starke p_H-Änderungen (von 2,6 auf 10,7) beeinflussen den Geh. an Monomeren u. den mittleren Polymerisationsgrad nicht; es stellt sich ein Gleichgewichtszustand in der Lsg. ein. Man kann annehmen, daß es sich dabei um folgende Gleichgewichte handelt: 1. Bldg. u. Hydrolyse des Dimeren $HO-CH_2-OH + HO-CH_2-OH \rightleftharpoons HO-CH_2-O-CH_2-OH + H_2O$ u. 2. Wachsen u. Hydrolyse der Polymeren $HO-CH_2-OH + HO-(CH_2O)_n-CH_2-OH \rightleftharpoons HO-(CH_2O)_{n+1}-CH_2-OH + H_2O$. Um diese Hypothese zu prüfen, wird berechnet, ob die experimentell bestimmten Konzz. für die verschied. Mol.-Arten dem Massenwirkungsgesetz gehorchen. Will man dies allein mit den Versuchsdaten tun, so sind gewisse vereinfachende Annahmen nötig (Gleichwertigkeit des OH in $CH_2(OH)_2$ u. den Polyoxymethylenen sowie aller Sauerstoffbrücken in den Polymeren), die nicht annehmbar sind. Die Polymeren können, wie experimentell gezeigt wird, nicht miteinander kondensieren; Bldg. u. Wachstum der Polymeren erfolgen ausschließlich durch Rk. des Monomeren mit sich selbst (über das Dimere) u. mit den Polymeren, die Hydrolyse der Polymeren geht nur durch Abspaltung der Halbacetalbrücken an den Enden vor sich. Für die Berechnung der Konstanten K_d u. K_p für die Gleichgewichte 1 u. 2 ist außer den experimentellen Daten noch die Kenntnis der Konz. des Dimeren erforderlich, die experimentell nicht bestimmt werden kann u. durch eine von den Vff. zusammen mit DALLAPORTA ausgearbeitete mathemat. Behandlung erhalten wird. So ergibt sich $K_d = 0{,}33$ u. $K_p = 0{,}205$. — Es werden die Werte für die Verteilung des CH_2O zwischen Monomerem u. Polymeren bei verschied. Konzz. zwischen 5 u. 50% CH_2O in wss. Lsgg. bei 35° mitgeteilt; auf die Möglichkeit anderer Reaktionsmechanismen als vorst. angenommen wird noch eingegangen. (Chim. e Ind. [Milano] **33**. 212—17. April 1951. Padova, Univ., Ist. di Chimica organ.) v. DECHEND. D 221

Reino Näsänen, *Potentiometrische und spektrophotometrische Untersuchungen an 8-Oxychinolin und seinen Derivaten.* 2. Mitt. *8-Oxychinolin-Chelatverbindung des Calciums in wässeriger Lösung.* (1. vgl. NÄSÄNEN, LUMME u. MUKULE, Acta chem. scand. **5**. [1951.] 1199.) Vf. untersucht das Gleichgewicht der *8-Oxychinolin* (I)-Chelatverb. des *Ca* in wss. Lsg. potentiometr. u. spektrophotometr. u. bestimmt die Komplexkonstante des 1. Komplexes $CaOx^+$ als Funktion der Ionenstärke. Für die thermodynam. Konstante wird bei 20° der Wert $k_{1,0} = 5{,}4 \cdot 10^3$ erhalten. Für die Komplexkonstante des 2. Komplexes $CaOx_2$ ergibt sich der angenäherte Wert von $k_2 \sim 10^6$. Außerdem wird das UV-Spektr. des 1. Komplexes bestimmt. Es zeigt Ähnlichkeit mit dem des I u. läßt auf gewisse Gleichheit der Strukturen schließen. Schließlich wird das Löslichkeitsprod. der Ca-Chelatverb. in Lsgg. von KCl als Funktion der Ionenstärke bestimmt, wobei sich für das thermodynam. Löslichkeitsprod. der Wert $S_0 = 6{,}0 \cdot 10^{-12}$ bei 20° ergibt. (Acta chem. scand. **5.** 1293—1300. 1951. Helsinki, Inst. of Techn., Labor. of Phys. Chem.) NIEMITZ. D 223

Reino Näsänen, *Potentiometrische und spektrophotometrische Untersuchungen an 8-Oxychinolin und seinen Derivaten. 3. Mitt. 8-Oxychinolin-Chelate des Bariums, Strontiums und Magnesiums in wässerigen Lösungen.* In Fortführung der früheren Arbeiten (2. vgl. vorst. Ref.) werden nach der gleichen Meth. die Gleichgewichte der 8-Oxychinolin (Ox)-Chelatverbb. der Erdalkalimetalle in wss. Lsgg. untersucht. Die Gleichgewichtskonstanten der ersten Komplexe werden potentiometr. u. spektrophotometr. bestimmt. Bei nicht zu hohem p_H hat nur der erste Komplex Bedeutung. Die Ergebnisse der beiden Methoden stimmen überein. Die Absorptionsspektren der ersten Komplexe werden im Bereich von 280—400 mμ bestimmt. In ihren wesentlichen Zügen ähneln sie dem Spektr. des Liganden Ox^-. Die Löslichkeitsprodd. der 8-Oxychinolinchelate der Erdalkalimetalle werden bestimmt u. ergeben sich zu pS_0 = 15,55, 11,22, 9,33 u. 8,49 für $MgOx_2$, $CaOx_2$, $SrOx_2$ u. $BaOx_2$ bei 20°. (Acta chem. scand. **6.** 352—57. 1952.) NIEMITZ. D 223

E. J. Bradbury, Dorothy McNulty, R. L. Savage und **E. E. McSweeney**, *Löslichkeit von Äthylen in Wasser.* In einem thermostatierten Schüttelautoklaven wird W. mit *Äthylen* (I) bei 35, 55, 75 u. 100° u. Drucken bis zu 425 at gesättigt. Die gelöste I-Menge wird durch Entspannen von Proben bestimmt. Bis 25 at nimmt das Lösungsvermögen mit steigender Temp. ab, darüber macht sich umgekehrtes Verh. bemerkbar. In 100 g W. werden bei 75 at ca. 0,4 g, bei 500 at ca. 0,7 g I gelöst. (Ind. Engng. Chem. **44.** 211—12. Jan. 1952. Columbus, O., Battelle Memorial Inst.) THEILE. D 224

T. A. Ford, W. E. Hanford, J. Harmon und **R. D. Lipscomb**, *Telomerisation von Vinylmonomeren mit Chlorwasserstoff.* Die Rk. von $CH_2{=}CH_2$ mit HCl in Ggw. von freien Radikal-Initiatoren u. H_2O ergibt Mischungen offenkettiger prim. Alkylchloride mit gerader C-Atom-Anzahl von C_4H_9Cl bis $>C_{40}H_{81}Cl$. Bei *Äthylen* sind Drucke von 100 bis 1000 at erforderlich; *Styrol* reagiert mit wss. HCl unter n. Druck zu einem „Telomer" mit der durchschnittlichen Kettenlänge von 7 Einheiten, bei Abwesenheit von W. tritt nur HCl-Addition ein. — *Allylchlorid* bildet 25% des n. Additionsprod., 1.2-Dichlorpropan, 45% Trichlorhexan u. 30% höhersd. Telomere. — Vff. fassen die Rk. als Radikalketten-Rk. auf. (J. Amer. chem. Soc. **74.** 4323—26. 5/9. 1952. Wilmington, Del., Du Pont de Nemours & Co., Chem. Dep.) E. W. HAAS. D 225

Je. A. Schilow, *Zur Frage des Chlorkations als Agens der Chlorierung in wässeriger Lösung.* Nach DE LA MARE, HUGHES u. VERNON (vgl. C. **1952.** 3632) reagiert HOCl in Ggw. verd. Mineralsäuren mit ungesätt. Verbb. als Chlorkation. Die Reaktionsgeschwindigkeit soll dabei v = k[HOCl] sein, u. Cl^+ entsteht nach $HOCl + H^+ \rightleftharpoons Cl^+ + H_2O$. Demgegenüber weist Vf. auf die früher von ihm untersuchten Rkk. von HOCl mit Na-Propen-(1) sulfonat-(3) (I), K-Benzolsulfonat oder Trimethylallylammoniumperchlorat hin, wonach die Beteiligung von Cl^+ keine Bedeutung hat, solange die H^+-Konz. nicht > 1 mol. ist. Es muß vielmehr der parallele Reaktionsverlauf unter Beteiligung von akt. Chlor, das sich nach $HOCl + H^+ + Cl^- \rightleftharpoons Cl_2 + H_2O$ bildet, berücksichtigt werden. Kleinste Beimengungen von Cl^- sind unvermeidbar. Für die Reaktionsgeschwindigkeit (v) von HOCl mit I war gefunden worden: $v = -dC/dt = k[HOCl]^2 + k'A[HOCl]$ (A Konz. der organ. Verb., C HOCl-Konz., bei 0° k 1,6, k' 0,07 g-Mol/Liter/Min.). Verss. unter Zusatz von starken Säuren bei [HOCl] = 0,0025 g-Mol/Liter ergaben keine Proportionalität von v zur H^+-Konz., wie von den engl. Autoren behauptet (bei Anstieg der H^+-Konz. auf das 20000fache v-Anstieg nur auf das 7fache). Der unbedeutende Anstieg von v läßt sich völlig auf eingeschlepptes Cl^- zurückführen, von dem so geringe Mengen, daß sie durch die $AgNO_3$-Rk. nicht mehr nachweisbar sind, genügen, um die festgestellten kinet. Effekte zu deuten. Vf. bespricht die Hauptfehlerquellen in den Arbeiten von DE LA MARE u. Mitarbeitern. (Доклады Академии Наук СССР [Ber. Akad. Wiss. UdSSR] [N. S.] **84.** 1001—03. 11/6. 1952. Inst. für organ. Chem. der Akad. der Wiss. der UdSSR.) WÖRFFEL. D 225

Matsuji Takebayashi, *Dimerisation von Äthylcrotonat.* Die Dimerisation von *Äthylcrotonat* (I) in Lsgg. in Ae., Bzl. u. Ligroin mit Natriumäthylat (III) ergab je nach Lösungsm. u. angewandter III-Menge wechselnde Ausbeuten an *α-Äthyliden-β-methylglutarsäurediäthylester* (II). Mit steigender III-Menge wird die Ausbeute an II größer. Jedoch sollte sich bei homogener Rk. keine Abhängigkeit der Ausbeute von der III-Menge ergeben, da III in den angewandten Lösungsmitteln kaum lösl. ist, also stets in konstanter Sättigungskonz. vorliegt. Es wird gezeigt, daß I an das suspendierte III adsorbiert wird. Die Rk. wird damit als heterogen u. oberflächenkatalysiert angesehen, ihr erster Schritt besteht in der Bldg. eines aktivierten Komplexes durch Adsorption von I an III. Weiter soll durch Addition eines zweiten Mol. I an diesen Komplex ein Radikal entstehen, das bei Abspaltung des **III** in das Dimere übergeht. Die starke Abhängigkeit der Ausbeute vom Lösungsm. kann auch nicht durch verschieden große Dissoziation des **III** erklärt werden, da die Leitfähigkeit von **III** enthaltendem Ae., Bzl. u. Ligroin prakt. Null ist. (Sci. Pap. Osaka Univ. **1951**. Nr. 28. 1—3. Febr.) MANTHEY. D 225

D. A. Evans und **P. W. Robertson,** *Die Kinetik der Halogenaddition an ungesättigte Verbindungen.* 19. Mitt. *Die α.β-ungesättigten Nitrile.* (18. vgl. ROBERTSON u. Mitarbeiter, C. **1952**. 2982.) Die Geschwindigkeit der Addition von Cl_2 bzw. Br_2 (letzteres in Ggw. von n/5 HBr) an *Zimtsäurenitril* (**I**), *Crotonitril* (**II**), *Acrylonitril* (**III**), *1-Phenylzimtsäurenitril* (**IV**) wird in Eisessig, zum Teil unter Wasserzusatz, bei 25° gemessen; wegen der Polymerisationsneigung werden die Verbb. unmittelbar vor ihrer Verwendung destilliert. Die bimol. Geschwindigkeitskonstanten für die Cl_2-Addition sind bei **I** 0,022, bei **II** 0,0017 u. bei **III** (in Ggw. von Na-Acetat zur Verhinderung der Polymerisation) ca. 0,0001 Liter$Mol^{-1}min^{-1}$. Die Geschwindigkeiten haben damit die gleiche Reihenfolge wie bei den entsprechenden Säuren, sind aber um einen Faktor 200 kleiner. Aus dem Vgl. der Nitrile mit den entsprechenden Bromiden ergibt sich, daß die Wrkg. der Nitrile mit ihrem großen Dipolmoment sowohl induktiver als auch mesomerer u. elektromerer Natur ist. In Eisessig mit 25% Wassergeh. ergibt sich für **I** k = 2,0 u. für **IV** k = 0,27. Für die elektrophile Cl_2-Addition ergibt sich also bei Substitution in β-Stellung abnehmende Geschwindigkeit in der Substituentenreihenfolge $C_6H_5 > CH_3 > H$ u. bei Substitution in α-Stellung $H > C_6H_5$, während für CN im Vgl. mit anderen desaktivierenden Gruppen die Reihe $Br > CO_2H > CHO > CN \sim NO_2$ gilt. — Die Br_2-Addition erfolgt nach dem nucleophilen säurekatalysierten Mechanismus, wobei die relativen Geschwindigkeiten mit HBr_3 bei β-Substitution $CH_3 > C_6H_5$ u. beim Vgl. verschied. desaktivierender Gruppen $CHO > CN > NO_2$ sind. Die gefundenen Geschwindigkeitskonstanten sind **I** 4,1; **II** 5,7; **III** ∼ 0,72. — Der Einfl. der Temp. auf das Gleichgewicht zwischen **IV** u. Br_2 wird zwischen 0 u. 50° qualitativ untersucht; die Dissoziation nimmt mit steigender Temp. zu. (J. chem. Soc. [London] **1950**. 2834—35. Okt. Wellington, New Zealand, Victoria Univ. Coll.) REITZ. D 225

I. R. C. McDonald, R. M. Milburn und **P. W. Robertson,** *Die Kinetik der Halogenaddition an ungesättigte Verbindungen.* 20. Mitt. *α.β-ungesättigte Sulfone.* (19. vgl. vorst. Ref.) Untersuchte Verbb.: *Äthylensulfonsäure* (**I**), *Na-Äthylensulfonat* (**II**), *Phenyläthylensulfonylchlorid* (**III**), *Na-Phenyläthylensulfonat* (**IV**), *Methylvinylsulfon* (**V**), *n-Butylvinylsulfon* (**VI**). Die starke elektronenanziehende Wrkg. der SO_2CH_3- u. SO_2Cl-Gruppe ergibt sich aus der Reihenfolge der relativen Geschwindigkeit der elektrophilen Chloraddition in Eisessig bei 25° (Zahlen in Klammern = Geschwindigkeitskonstanten in Liter·$Mol^{-1}min^{-1}$) $CH_2{=}CHCO_2C_2H_5$ (0,056) $> CH_2{=}CHSO_2CH_3$ u. $CH(C_6H_5){=}CHCOCl$ (5,7) $> CH(C_6H_5){=}CHNO_2$ (0,020) $> CH(C_6H_5){=}CHSO_2Cl$ (0,006). Die Kinetik der Chlorierung von **I**, **II** u. **IV** wird durch die Dissoziation dieser Verbb. in Eisessig kompliziert. So erklärt sich die relativ hohe Geschwindigkeit bei **I** (0,11) daraus, daß es sich im wesentlichen um die Rk. des ungesätt. Anions handelt, dessen hohe elektrophile Reaktionsfähigkeit in W. bereits bekannt ist. Noch stärker dissoziiert ist das Na-Salz **II** (k = 0,73). — Die Bromaddition an **V** u. **VI** ist ebenfalls von 2. Ordnung u. ist ca. 10 mal schneller als die Chloraddition; sie wird durch LiCl u. in noch stärkerem Maße durch LiBr katalysiert. Diese Rkk. mit Br_2 unterscheiden sich von den entsprechenden Rkk. der α.β-ungesätt. Aldehyde u. ähnlicher Verbb. dadurch, daß sie durch Säuren (H_2SO_4, HBr) wenig katalysiert werden u. daß z. B. HBr als Katalysator weniger wirksam ist als LiBr. Es ergeben sich folgende Geschwindigkeitskonstanten ohne bzw. mit m/20 Katalysator: Bei **V** ohne Katalysator 0,0011, mit LiCl 0,023, mit HBr 0,045, mit LiBr 0,091; bei **VI** ohne Katalysator 0,0008, mit H_2SO_4 0,0015, mit Na-Acetat 0,0052, mit LiCl 0,018, mit LiBr 0,071, mit LiBr + Na-Acetat 0,060. Die geringe Katalyse durch Säuren ist ebenso wie die geringe Polymerisationsneigung der Sulfone durch das Fehlen einer Konjugation zwischen der C=C-Bindung u. der Sulfongruppe zu erklären. Die nucleophile Bromaddition an α.β-ungesätt. Sulfonen scheint daher allein durch den starken induktiven (—I)-Effekt der Sulfonylgruppe verursacht zu werden u. stellt somit den einfachsten Typ einer nucleophilen Rk. dar. Die Rk. mit dem Br_2-Mol. ist äußerst langsam u. kann in Eisessiglsg. teilweise über eine Mitbeteiligung der Acetationen verlaufen. Allg. können alle nucleophilen Anionen als Katalysatoren wirken nach dem Schema: $X^- + Br_2 \rightleftharpoons (X{-}Br{-}Br)^-$; $(X{-}Br{-}Br)^- + CH_2{=}CHSO_2CH_3 \rightarrow CH_2Br{\cdot}CHBr{\cdot}SO_2CH_3 + X^-$. (J. chem. Soc. [London] **1950**. 2836—38. Okt.) REITZ. D 225

P. B. D. de la Mare und **P. W. Robertson,** *Die Kinetik der Halogenaddition an ungesättigte Verbindungen.* 21. Mitt. *Der Mechanismus der Additionsreaktionen.* (20. vgl. vorst. Ref.) Zusammenfassung der in den vorangehenden Mitteilungen durch Änderung der Struktur der ungesätt. Verbb. u. der Reaktionsbedingungen gewonnenen Anschauungen über die verschied. vorkommenden Mechanismen der Halogenaddition, nämlich 1. elektrophile Chlor- u. Bromaddition, 2. elektrophile Bromaddition katalysiert durch Anionen wie Cl^- u. Br^-. Die katalyt. Wrkg. der verschied. Ionen fällt in der Reihenfolge $Br^- > Cl^- >$ Acetat, wobei letzteres fast unwirksam ist. Br_3^- u. $ClBr_2^-$ treten dabei nicht als halogenierende Verbb. auf; es wird vielmehr angenommen, daß wie bei der unkatalysierten Rk. das Brommol. die Rk. einleitet, indem es als elektrophiles Reagens wirkt, u. daß das Chloridion eine Folgestufe im Additionsprozeß teilweise geschwindigkeitsbestimmend macht. 3. Anionenkatalysierte nucleophile Bromaddition, bei der die akt. Reagentien Br_2OAc^-, Br_2Cl^- u. Br_3^- zu sein scheinen, wobei die Existenz des 1. dieser Ionen hypothet. ist. 4. Säurekatalysierte nucleophile Chlor- u. Bromaddition, z. B. Autokatalyse der Bromaddition an Acrylsäure oder Vinylbromid durch entstehendes HBr, ferner Addition an Chinone, $\alpha.\beta$-ungesätt. Ketone, Säuren, Aldehyde u. Nitroverbindungen. Ein Proton scheint dabei für den Additionsprozeß erforderlich zu sein. Zahlreiche Beispiele, in denen die Reihenfolge der mit elektrophilen Reagentien gefundenen Reaktionsfähigkeit unter Bedingungen der Säurekatalyse umgekehrt wird, zeigen, daß hierbei ein nucleophiles Halogenierungsagens (Halogenmoll. oder häufiger Br_2X^--Ionen) wirksam ist, das auf Kationen vom Typ $^+CHR\cdot CH{=}A\cdot BH$ einwirkt; die Kationen bilden sich dabei durch Koordination eines Protons mit einer Gruppe mit tautomerem Effekt (—T-Effekt)·A=B, die mit der Doppelbindung konjugiert ist. — Rkk. vom Typ 3. überwiegen über die Typen 1. u. 2. nur bei ziemlich reaktionsträgen Olefinen, die desaktivierende (—I)-Gruppe hoher Wirksamkeit enthalten. Rkk. des Typs 4. sind nur in solchen Lösungsmitteln von Bedeutung, die schlechte Protonenacceptoren sind (z. B. Essigsäure). Sie sind eher bei Brom- als bei Chloraddition zu beobachten u. hängen stark von der Basizität der ·A=B-Gruppe ab; ordnet man die Gruppen nach abnehmender Wirksamkeit in der Förderung von Rkk. dieses Typs, so ergibt sich $CHO \approx COC_6H_5 > CN \approx NO_2 > SO_2R$. (J. chem. Soc. [London] **1950**. 2838—42. Okt.) REITZ. D 225

P. W. Robertson, J. K. Heyes und **B. E. Swedlund,** *Die Kinetik der Halogenaddition an ungesättigte Verbindungen.* 22. Mitt. *Alkyl- und Halogenalkyläthylene.* (21. vgl. vorst. Ref.) Vff. untersuchten die Kinetik der Bromaddition in Essigsäure bei 25° an *n-Butyl-* (**I**), *tert.-Butyl-* (**II**), *Neopentyläthylen* (**III**), *1-Äthyl-1-methyläthylen* (**IV**), *Cyclopenten* (**V**), *Cyclohexen* (**VI**), *Camphen* (**VII**), *α-Methylstyrol* (**VIII**), *Allylfluorid* (**IX**), *Allylchlorid* (**X**), *1.1-Bis-chlormethyläthylen* (**XI**). Die Rk. ist 2. Ordnung, in einem kleinen Bereich 3. Ordnung, u. wurde bis zum ca. 50%ig. Umsatz verfolgt. Die bimol. Geschwindigkeitskonstanten k_2 (10^3 Liter $Mol^{-1}\cdot Min.^{-1}$) betrugen bei 10^{-3} mol. KW-stoff: **I** 1,05; **II** 0,70; **III** 0,10 (0,0017 mol); **IV** 30; **V** 40; **VI** 30; **VII** 40; **VIII** 30; **IX** 2,9 (bei $^1/_{80}$ mol. **IX** u. 20%ig. Umsatz); **X** 1,6; **XI** 0,00024. Zugabe von $^1/_{100}$ mol. LiCl erhöhte die Additionsgeschwindigkeit von **II** um das 2,7fache, was als Salzeffekt gedeutet wird, $^1/_{100}$ mol. LiBr erniedrigte sie durch Bldg. des wenig reakt. Lithiumtribromids um den Faktor 1,7. Die Reaktionsgeschwindigkeit von **XI** ($^1/_{80}$ mol.) wurde durch $^1/_{20}$ mol. LiCl um das 22fache beschleunigt. Vff. nehmen an, daß bei Verbb. des Typs $CHR:CH_2$ u. $CHR:CHR'$ ster. Hinderungen keine wesentliche Rolle spielen, sondern die induktiven u. tautomeren Effekte wirksam sind. Br_2-Addition an **VII** hat Umlagerung u. Bldg. des 1.3-Dibromderiv. zur Folge. Da **VII** etwa so schnell wie andere KW-stoffe reagiert, wird angenommen, daß die Umlagerung nicht geschwindigkeitsbestimmend ist. Da im Gegensatz zu den in β-Stellung äthylierten bzw. phenylierten Acrylsäuren bei **VIII** im Vgl. zu **IV** keine Änderung der Reaktivität besteht, vermuten Vff., daß die Phenylgruppe durch CH_3 an der Einnahme der günstigsten Konjugationsstellung zur Äthylendoppelbindung gehindert wird. Für die Halogenalkyläthylene wird, da die Reaktionsgeschwindigkeit in der Folge F > Cl > Br auch bei Ggw. von LiCl sinkt, $H{-}CHX\cdot CH{=}CH_2$ als mesomere Form als wirksam angenommen. Die im Vgl. zu Propylen mehr als 10^3mal geringere Reaktionsgeschwindigkeit als erwartet kann weder mit dem induktiven Effekt noch mit der Donorwrkg. der Halogene erklärt werden. Vff. postulieren, daß die Hyperkonjugation einer C—H-Bindung in $-CH_2X$ durch X entsprechend geändert wird u. der Verlust eines C—H-Bindungselektrons durch Hyperkonjugation durch den induktiven Effekt von X bestimmt wird. Der geringe k_2-Wert von **XI** u. der große Einfl. von LiCl wird nicht ster. Einflüssen, sondern dem +-E- u. —-I-Effekt der CH_2Cl-Gruppe zugeschrieben. — *n-Butyläthylen* [*Hexen-(1)*] (**I**), $Kp._{760}$ 63,5°, $D.^{20}_4$ 0,6733, n_D^{20} 1,3880. — *tert.-Butyläthylen* [*3.3-Dimethylbuten-(1)*] (**II**), $Kp._{760}$ 41,2°, $D.^{20}_4$ 0,6530, n_D^{20} 1,3760. — *1-Äthyl-1-methyläthylen* [*2-Methylbuten-(1)*] (**IV**), $Kp._{760}$ 31,1°, $D.^{20}_4$ 0,6584, n_D^{20} 1,3778. — *Neopentyläthylen* [*4.4-Dimethylpenten-(1)*] (**III**), $Kp._{760}$ 71,9°, n_D^{25} 1,3909. — *α-Methylstyrol* (**VIII**), $Kp._{755}$ 160°. — *Cyclohexen* (**VI**), $Kp._{750}$ 81,6—82,6°. — *Cyclopenten* (**V**), $Kp._{750}$ 43,4°. (J. chem. Soc. [London] **1952**. 1014—18. März.) GNAUCK. D 225

David H. Volman und **Wendell M. Graven,** *Primärprozeß bei der Acetonphotolyse und Aktivierungsenergie für die Zersetzung des Acetylradikals.* (Vorl. Mitt.) *Aceton–Butadien-*

Mischungen wurden bei 100° mit ungefiltertem Licht bestrahlt. Die Unters. der entstandenen Prodd. ergab, daß bei der Acetonphotolyse prim. freie Radikale entstehen. Mit anwachsendem Butadiengeh. nimmt die Äthanbldg. ab, so daß die intramol. Zers. bei Bestrahlung mit Licht von 2300—3400 Å keine wichtige Rolle spielen kann. Unter der Annahme, daß der Primärprozeß lediglich aus $(CH_3)_2CO + h\nu \rightarrow CH_3\cdot + CH_3CO\cdot$ besteht, ist wahrscheinlich, daß die gebildeten CH_3-Radikale sich sämtlich an Butadien anlagern (VOLMAN, J. chem. Physics **19.** [1951.] 668). Die Abnahme von CO mit wachsendem Butadiengeh. spricht für eine Addition von CH_3CO an Butadien. Der CO-Geh. wird als Maß für das Verhältnis der CH_3CO-Zers. u. -Anlagerung angesehen. Die beiden Gleichungen $CH_3CO = CH_3 + CO$ (1) u. $CH_3CO + C_4H_6 = C_4H_6CH_3CO$ (2) ergeben $R_{CO}/R_{Add.} = k_1/k_2[C_4H_6]$ u. $E_1 - E_2 = 8{,}1$ kcal/Mol im Bereich von 100—120°. Für E_2 wurden $\sim$ 5,4 kcal/Mol angenommen. (J. chem. Physics **20.** 919. Mai 1952. Davis, Calif., Univ. of California, Dep. of Chem.) E.-L. JAHN. D 226

J. Bell und **S. J. Thomson**, *Die katalytische Deuterierung organischer Verbindungen.* 1. Mitt. *Deuterierung und Disproportionierung.* Die Meth. von BLOCH u. RITTENBERG (J. biol. Chemistry **149.** [1943.] 505) zur Deuterierung von *Cholesterin* wurde auf einfachere Verbb. angewendet. Unter den Versuchsbedingungen (3tägiges Schütteln der Verbb. mit Pt-Katalysatoren [Pt-Schwarz auf Asbest] in D_2O–Eisessig bei 123—133°) wurden gesätt. KW-stoffe (*n-Hexan, Cyclohexan*) nur wenig deuteriert (Relativanzahl der bei der Rk. eingeführten D-Atome 0,1—0,2), *Cyclohexanol* sowie Olefine (*Penten, Octen-(1)* u. *-(2)*, *$\Delta^{1.3}$-Cyclohexadien*) in stärkerem Maße (0,5—1,1); den stärksten Austausch zeigten Verbb., die während der Rk. disproportionierten, wie *Cyclohexen* u. *$\Delta^{1.4}$-Cyclohexadien* (ca. 2,7). Die Disproportionierung der beiden letzteren Verbb. in Bzl. u. Cyclohexan wurde untersucht; der Mechanismus der Deuterierung in diesen Fällen wird diskutiert. (J. chem. Soc. [London] **1952.** 572—75. Febr. Glasgow, Univ.) FRUHSTORFER. D 227

J. Bell und **S. J. Thomson**, *Die katalytische Deuterierung organischer Verbindungen.* 2. Mitt. *Die Deuterierung von Cholesterin und Ergosterin.* (1. vgl. vorst. Ref.) Die Deuterierung von *Cholesterin* (**I**) u. *Ergosterin* (**II**) wurde durchgeführt, wie in vorst. Ref. angegeben, nur unter Verwendung von vorred. PtO_2 nach ADAMS als Katalysator. Je nach Katalysatormenge betrug der D-Geh. bei *Deutero*-**I** 1,4—2,1 At.-%, bei *Deutero*-**II** 0,9—2,8 At.-%. Die zur Deuterierung erforderliche Essigsäure (bei Verwendung von verd. H_2SO_4 fand kein Austausch statt) wurde bei der Rk. selbst weitgehend in der Methylgruppe deuteriert; die Deuteroessigsäure kommt jedoch als Deuterierungsmittel kaum in Frage, da **I** kaum deuteriert wird, wenn es mit Pt-Katalysator in wasserfreier Deuteroessigsäure unter den üblichen Bedingungen geschüttelt wird. — Nach Deuterierung von **II** konnte als Nebenprod. *Deuteroergosterin B_1* (*$\Delta^{8.9.14,15.22}$-Ergostatrienol*), isoliert als *Acetat* ($C_{30}H_{46}O_2$, F. 139,5—141°, $[\alpha]_D^{18,5}$ —56,1° [in Chlf.] λ_{max} 249 mμ [in Ae.]) mit einem D-Geh. von 3,68 At.-% aufgefunden werden. Als Nebenprod. der Deuterierung von **I** fiel *Δ^4-Cholestenon-(3)* an. Wurde deuteriertes **I** zum *Cholestenon* oxydiert, so änderte sich der D-Geh. nicht; die Deuterierung scheint also nicht in der 3- oder 4-Stellung stattgefunden zu haben. (J. chem. Soc. [London] **1952.** 576—80. Febr.) FRUHSTORFER. D 227

D₂. Präparative organische Chemie. Naturstoffe.

J. F. J. Dippy und **J. C. Parkins**, *Eine Untersuchung über den Verlauf der Reformatski-Reaktion.* Vff. untersuchen die bei der REFORMATSKI-Rk. auftretenden festen Zwischenprodukte. Ihre Verss. bestätigen Zwischenprodd. der Zus. $R_1R_2C(OZnBr)-CHR-COOR_3$ (**C**). In einigen Fällen treten Zwischenprodd. der allg. Form $R_1-CH(ZnBr)-C(OR_2)(OZnBr)-CHR_1-COOR_3$ (**A**) auf durch Selbstkondensation der nach den Vff. lösl. u. nur sehr vorübergehend beständigen, von REFORMATSKI angenommenen Zwischenverbb. $BrZn-CHR_1-COOR_2$ (**B**) aus Zn u. dem Ester. Hydrolyse von **A** liefert *β-Ketoester*, die als Verunreinigung des Endprod. oder bei Verwendung z. B. ster. gehinderter Ketone (z. B. 1-Benzoylnaphthalin) als Hauptprod. auftreten. Die von DAIN [1896.] isolierten u. als **B** angesehenen Zwischenprodd. waren wahrscheinlich die β-Ketoesterkomplexe **A**.

V e r s u c h e: REFORMATSKI-Rkk. wurden mit dest. u. getrockneten organ. Reagentien u. frisch gereinigtem Zn (gewaschen mit 2,5%ig. HCl, dest. W., A. u. Ae. u. 1 Std. bei 100° getrocknet) durchgeführt. Bei Kondensationen in einem Lösungsm. wurde erst nach Abklingen der anfänglichen Rk. auf dem Wasserbad erhitzt. — *Benzophenon* (**I**) u. *Bromessigsäureäthylester* (**II**) geben mit Zn in Bzl. + Toluol einen blaßgelben Nd., der abfiltriert, mehrmals mit Bzl. gewaschen, in Bzl. suspendiert, filtriert u. im Vakuum getrocknet wird; die ganze Operation wird in trockener Luft durchgeführt; der Nd. hat die Zus. $C_{17}H_{17}O_3BrZn$, entsprechend der allg. Formel **C**. Er liefert bei Hydrolyse mit 2n H_2SO_4 97% *β-Oxy-β.β-diphenylpropionsäureäthylester.* — **I** u. *α-Brompropionsäure-*

äthylester (III): Umsetzung mit Zn in Bzl.; gibt klare Fl., die filtriert u. in Leichtbenzin gegossen wird; weißer Nd. mit niedrigerem Zn- u. Br-Geh. als der Zus. $C_{18}H_{19}O_3BrZn$ (C) entspricht; bildet mit $2nH_2SO_4$ *β-Oxy-β.β-diphenylisobuttersäureäthylester.* — *Benzaldehyd* (IV), II u. Zn, 12 Std. bei 0°, dann 18 Monate bei Zimmertemp.: Gelbe Paste, durch Verdünnen mit Bzl. viscos, gefällt durch PAe.; ungefähre Zus. $C_{11}H_{13}O_3BrZn$ (C). Behandlung mit $2nH_2SO_4$ u. Verseifung liefert *Zimtsäure.* — IV u. III mit Zn in Bzl.: Klare Lsg., tiefgelber Nd. beim Eingießen in Leichtbenzin; zers. sich; IV, III u. Zn ohne Lösungsm.; Zn nach 3 Monaten aufgelöst, gelbe Paste, Nd. nach Verdünnen mit Ae. u. Fällen mit Leichtbenzin; Zus. $C_{12}H_{15}O_3BrZn$ (C). — *Acetophenon,* II u. Zn in Bzl.: Tief orangefarbene Fl., vom Zn dekantiert, in Ae. durch Fällen mit Leichtbenzin orangefarbener Nd. mit für $C_{12}H_{15}O_3BrZn$ (C) zu hohem Zn- u. Br-Gehalt. — *Cyclohexanon,* II u. Zn in Bzl.: Weiße opalescierende Fl., mit Leichtbenzin Nd, der mehr Zn u. Br enthält, als der Zus. $C_{10}H_{17}O_3BrZn$ (C) entspricht. — *1-Benzoylnaphthalin,* III u. Zn in Bzl.: Tief orangefarbene Fl., die mit H_2SO_4 zers. wurde; gibt 87,5% Keton zurück. Bei ähnlichem Vers. wurde ein gelbes Prod. $C_{10}H_{18}O_4Br_2Zn_2$ (A) isoliert. — III u. Zn in Bzl.: Orangefarbene Fl., verd. mit Ae., mit Leichtbenzin gelber Nd. der gleichen Zus. wie vorst.; hydrolysiert zu *α-Propionylpropionsäureäthylester,* $C_8H_{14}O_3$, Kp. 200°. Daraus *3-Äthyl-4-methyl-1-phenylpyrazolon-(5),* F. 108—110° (5%ig. A.). — *α-Bromisobuttersäureäthylester* u. Zn in Bzl.: Blaßgelbe opalescierende Fl., mit Ae. blaßgelber Nd. der ungefähren Zus. $C_{12}H_{22}O_4Br_2Zn_2$ (A); entsprechender Nd. entsteht ohne Lösungsm.; Zers. zu *α-Isobutyrylisobuttersäureäthylester,* $C_{10}H_{18}O_3$, Kp. 200°. — Zn wurde am besten als Pyrophosphat, Br nach VOLHARD bestimmt. (J. chem. Soc. [London] **1951**. 1570—74. Juni. London, Chelsea Polytechnic.) FROHLOFF. 450

Lyle J. Hals, Thomas S. Reid und George H. Smith jr., *Die Darstellung von Perfluorolefinen mit endständiger Doppelbindung durch Zersetzung der Salze von Perfluorsäuren.* Die Salze von Perfluorcarbonsäuren lassen sich bei 200—300° gemäß $C_nF_{2n+1}CF_2 \cdot CF_2COOM \rightarrow C_nF_{2n+1}CF{=}CF_2 + CO_2 + MF$ zu Perfluorolefinen mit einer endständigen Doppelbindung decarboxylieren. Die besten Ausbeuten erhält man mit den Na-Salzen, die durch Neutralisation einer wss. Lsg. der Perfluorcarbonsäure mit NaOH u. 8std. Trocknen bei 100° gewonnen werden. Auf diese Weise wurden Perfluorolefine mit 2, 3, 4, 5 u. 9 C-Atomen dargestellt.

Versuche: Bei der Pyrolyse von 723 g *Na-Perfluorbutyrat* bei 245—253° wurden 590 g eines Prod. erhalten, das auf Grund der Infrarotanalyse aus 50 Mol-% C_3F_6 u. 50 Mol-% CO_2 besteht u. beim Durchleiten durch Alkalilsg. 455 g (99%) $CF_3{-}CF{=}CF_2$, $Kp._{730-745}$ —29°, ergab. — $CF_2{=}CF_2$, $Kp._{730-745}$ —76 bis —75°. — $CF_3{-}CF_2{-}CF{=}CF_2$, $Kp._{730-745}$ —2 bis —1°. — $CF_3{-}(CF_2)_2{-}CF{=}CF_2$, $Kp._{730-745}$ 29—30°. — $CF_3{-}(CF_2)_6{-}CF{=}CF_2$, $Kp._{730-745}$ 123—124°. — Alle dargestellten Verbb. zeigen ein für die Doppelbindung charakterist. Infrarotabsorptionsmaximum bei 1795 cm^{-1}. (J. Amer. chem. Soc. **73**. 4054. Aug. 1951. St. Paul, Minn., Minnesota Mining & Manufacturing Comp., Central Res. Dep.) FORCHE. 520

Aksel A. Bothner-By, *Einfache Darstellung optisch-aktiver sekundärer Alkohole.* Bei der Red. von Ketonen durch $LiAlH_4$ entstehen Zwischenprodd. der wahrscheinlichen Formel $Al(OR)_mH_n$ (OR = Alkoxygruppe aus dem Keton). Das entsprechende Prod. aus d-Campher (I) ist zur asymm. Red. anderer Ketonen befähigt.

Versuche: *Opt.-akt. sek.-Butylalkohol,* Kp. 99,5—100°, durch Zugabe von 0,2 Mol I u. 0,2 Mol Methyläthylketon in Ae., dann 17%ig. HCl zu 0,1 Mol $LiAlH_4$ in Ae. unter N_2; n_D^{25} 1,3974, $D.^{20}_4$ 0,8081, $[\alpha]_D^{25}$ +2,50. *Pinakolinalkohol,* Kp. 118—120°, analog aus Pinakolin; $[\alpha]_D^{25}$ +0,82°. (J. Amer. chem. Soc. **73**. 846. 15/2. 1951. Upton, Long Island, N. Y., Brookhaven Nat. Labor.) JOHN. 560

P. Karrer, N. J. Antia und R. Schwyzer, *Über zwei einfache, optisch-aktive Sulfoxyde.* l-Methyl-[γ-aminopropyl]-sulfoxyd (l-I) wurde zum quartären Salz (l-V) methyliert, dieses mit Ag_2O u. W. oder Tl(OH) in die quartäre Base übergeführt u. daraus durch Erhitzen im Hochvakuum *l-Methylallylsulfoxyd* (l-II) erhalten. Auf gleiche Weise wurde aus d-Methyl-[δ-aminobutyl]-sulfoxyd (d-III) *d-Methyl-[buten-(3)-yl-(1)]-sulfoxyd* (d-IV) dargestellt; dl-II u. dl-IV wurden ebenso erhalten. Da früher (C. **1952**. 4597) angenommen wurde, daß d-III D- u. l-I L-Konfiguration besitzt, muß auch d-IV D- u. l-II L-Konfiguration haben. Während opt.-akt. I u. III in CH_3OH annähernd gleiche spezif. Drehungen aufweisen, weichen die Werte von opt.-akt. II u. IV stark voneinander ab. Dies wird auf die unterschiedliche Entfernung der Doppelbindungen vom Asymmetriezentrum zurückgeführt. Bei der Rk. von *3-[Methylsulfoxyd]-propyltrimethylammoniumjodid* (V) mit Ag_2O trat teilweise Oxydation unter Bldg. von *Methylallylsulfon* ein. Ein Vgl. der Absorptionsspektren der ungesätt. Sulfoxyde ergab, daß die Absorption um so mehr nach längeren

Wellenlängen verschoben ist, je näher die Doppelbindung der SO-Gruppe liegt. Die Spektren des *n-Dodecylvinylsulfoxyds*, **II**, **IV** u. *Sulforaphens* wurden auch in Hexan gemessen u. miteinander verglichen.

Versuche: *dl-γ-Aminopropylmethylsulfoxyd* (**I**), F. 16—17°, Nadeln. *Pikrat*, F. 142—143°. $[\alpha]_D^{19}$ —117,8° (±1°) (c = 1,036, A.) u. $[\alpha]_D^{19}$ —123,5° (±1°) (c = 1,022, CH_3OH). — *dl-[3-(Methylsulfoxyd)-n-propyl]-trimethylammoniumjodid* (**V**), $C_7H_{18}ONJS$, F. 188—189° (A.), durch Zutropfen von 1,5 g Na in CH_3OH zu 3,5 g **I** u. 15 g CH_3J in CH_3OH; Blättchen; 4,5 g (Ausbeute). — *l*-**V**, F. 197—198° (Zers.), $[\alpha]_D^{18}$ —72,7° (±1°) (c = 1,004, W.). — *Methylallylsulfoxyd* (**II**), C_4H_8OS, Kp.$_{0,05}$ 50—60°, a) durch allmähliche Zugabe von frisch gefälltem Ag_2O zu **V** in wenig W., Filtration nach 6 std. Stehen, Eindampfen u. Dest. des Rückstands im Hochvakuum: 1. Kp.$_{0,05}$ 50—70°, 2. Kp.$_{0,05}$ 80—90°. Fraktion 1 wurde an Al_2O_3 adsorbiert u. mit Bzl.-PAe. (4:5) entwickelt. Die ersten 16 Fraktionen wurden eingedampft u. der Rückstand im Hochvakuum destilliert. *Methylallylsulfon*, $C_4H_8O_2S$, F. 87—88°, durch Aufnehmen der Fraktion 2 in wenig Essigester. Durch Ozonisierung in CCl_4 u. übliche Aufarbeitung wurde CH_2O (*Dimedonderiv.*, F. 188—189°) erhalten. b) Durch Lösen von 1,7352 g Tl_2SO_4 in W., Erwärmen mit 1,167 g $Ba(OH)_2 \cdot 8\,H_2O$ in W., Filtration in der Hitze, Einengen unter CO_2-Ausschluß auf 100 cm³, Zugabe von 2 g **V** in wenig W., Eindampfen des Filtrats u. Dest. des Rückstands. — *l*-**II**, Kp.$_{0,03}$ 50 bis 55°, wie vorst. b); $[\alpha]_D^{18}$ ∼ —158° (±2°) (c = 1% in A.). — *dl-Methyl-[buten-(3)-yl-(1)]-sulfoxyd* (**IV**), $C_5H_{10}OS$, Kp.$_{0,01}$ 55—65°, durch Zutropfen von Na-Methylatlsg. zu **III** u. CH_3J in CH_3OH, Eindampfen nach Stehen über Nacht, Überführung des rohen Jodids mit AgCl in das quartäre Ammoniumchlorid, Rk. mit Tl(OH), Einengen, Eindampfen des Filtrats u. Hochvakuumdestillation. — *d*-**IV**, ebenso aus d-III {$[\alpha]_D^{21}$ +124° (±1°) (CH_3OH)}; $[\alpha]_D^{19}$ +7,2° (±1°) (c = 1,044, A.). — *Dodecylvinylsulfoxyd*, $C_{14}H_{28}OS$, F. 42° (CH_3OH), aus Dodecylvinylsulfid in A.-Essigester mit 30%ig. H_2O_2 in A. bei —20°, 5tägiges Stehen bei —5°, Entfernung der Lösungsmittel im Vakuum bei 25° u. Trocknen im Hochvakuum über H_2SO_4; Blättchen; 100%. (Helv. chim. Acta **34**. 1392—99. 1/8. 1951. Zürich, Univ., Chem. Inst.) HILDEGARD BAGANZ. 600

F. G. Ponomarew, *Über die Reaktion von Glycid und seinen Äthern mit Säureamiden. 4. Mitt. Reaktion von Glycidäthern mit Formamid und Acetamid.* (3. vgl. C. **1952**. 6195.) Die Rk. von Formamid (**I**) mit Glycidisopropyläther (**II**) führte zu *N-[2-Oxy-3-isopropoxypropyl]-foramid* u. *N.N-Bis-[2-oxy-3-isopropoxypropyl]-formamid*. Analog verliefen die Rkk. von Acetamid (**III**) mit **II** u. mit Glycidbutyläther (**IV**). Als Ergebnis vorliegender u. früherer Unterss. wird festgestellt, daß mit höherem Mol.-Gew. des Glycidäthers die Ausbeute an N-Mono- u. N.N-Disubstitutionsprodd. von **I** bzw. **II** unter sonst gleichen Bedingungen abnimmt. Die monosubstituierten Amide sind bewegliche Fll., die disubstituierten Öle; alle sind in organ. Lösungsmitteln lösl., in W. wenig löslich. Die als Ausgangsverbb. erforderlichen α'-Äther des Glycerin-α-chlorhydrins wurden aus Epichlorhydrin (**V**) u. den entsprechenden Alkoholen in Ggw. von $BF_3 \cdot (C_2H_5)_2O$ (**VI**) hergestellt. Hierbei betrug die Ausbeute bei dem α'-Isopropyläther (**VII**) 67%, bei dem α'-Butyläther (**VIII**) 74,4%, während in Ggw. von H_2SO_4 nur 26,5% bzw. 28,8% erreicht wurden.

Versuche: *Glycerin-α-chlorhydrin-α'-isopropyläther* (**VII**), $C_6H_{13}O_2Cl$, Kp. 180 bis 184°. Zu einem Gemisch von 131 g absol. Isopropylalkohol u. 0,8 cm³ **VI** werden bei —10° in kleinen Anteilen 25 g **V** hinzugefügt; vor der Fraktionierung des Reaktionsprod. wird der Katalysator durch KOH zersetzt. $D.^{20}_4$ 1,0910; n_D^{20} 1,4405; 28,2 g (Ausbeute). — *Glycerin-α-chlorhydrin-α'-butyläther* (**VIII**), $C_7H_{15}O_2Cl$, Kp. 201—205°; aus 150 g Butylalkohol, 0,1 cm³ **VI** u. 36,9 g **V**; $D.^{20}_4$ 1,0660; n_D^{20} 1,4428; 51,5 g. — *Glycidisopropyläther* (**II**), Kp. 131—134°; aus 30,5 g **VII** durch Einw. von 22 g KOH in 40 cm³ Ae. unter 1½ std. Erhitzen auf dem Wasserbad; $D.^{15}_4$ 0,9285; n_D^{15} 1,4122; 15,5 g. — *Glycidbutyläther* (**IV**), Kp. 164—166°. 25 g **VIII** in 30 cm³ Ae. werden mit anteilweise zugesetzten 16,8 g KOH 1 Std. bei Zimmertemp. geschüttelt; $D.^{15}_4$ 0,9142; n_D^{15} 1,4160; 12,5 g. — *N-[2-Oxy-3-isopropoxypropyl]-formamid*, $C_7H_{15}O_3N$, Kp.$_4$ 122—127°; aus 3 g **I** u. 9,2 g **II** bei 10 std. Erhitzen im Bad auf 140—150°; $D.^{15}_4$ 1,0721; n_D^{15} 1,4570; Mol.-Refr. ($[MR]_D$) 40,95; 2,4 g neben 1,5 g nachst. Verbindung. — *N.N-Bis-[2-oxy-3-isopropoxypropyl]-formamid*, $C_{13}H_{27}O_5N$, Kp. 202—208°; $D.^{15}_4$ 1,0677; n_D^{15} 1,4620; $[MR]_D$ 71,42. *Diacetat*, $C_{17}H_{31}O_7N$, Kp.$_5$ 88—91°; $D.^{15}_4$ 1,0560; n_D^{15} 1,4459. — *N-[2-Oxy-3-isopropoxypropyl]-acetamid*, $C_8H_{17}O_3N$, Kp.$_4$ 90—93°; aus 5,3 g **III** u. 12,5 g **II** in Ggw. von 3 Tropfen konz. NaOH bei 10 std. Erhitzen in Einschmelzrohr auf 150°; $D.^{15}_4$ 1,0428; n_D^{15} 1,4435; $[MR]_D$ 44,63; 4 g neben *N.N-Bis-[2-oxy-3-isopropoxypropyl]-acetamid*, $C_{14}H_{29}O_5N$, Kp.$_4$ 198—205°; $D.^{15}_4$ 1,0215; n_D^{15} 1,4462; $[MR]_D$ 76,05; 3,1 g. — *N-[2-Oxy-3-butoxypropyl]-acetamid*, $C_9H_{19}O_3N$, Kp.$_4$ 110—114°; aus **III** u. **IV** in Ggw. von wenig konz. NaOH analog Vorst.; $D.^{15}_4$ 1,051; n_D^{15} 1,4410; $[MR]_D$ 49,26; 25,9% neben *N.N-Bis-[2-oxy-3-butoxypropypl]-acetamid*, $C_{16}H_{33}O_5N$, Kp. 206—210°; $D.^{15}_4$ 1,001; n_D^{15} 1,4451; $[MR]_D$ 84,94; 11,5%. — *N-[1.2-Dibrom-3-butoxypropyl]-acetamid* (?), $C_9H_{17}O_2NBr_2$, F. 36°; aus 2 g der zweitvorst.

Verb. durch Dest. mit 1 g $KHSO_4$ im Vakuum u. Behandeln des Destillats ($Kp._8$ 100—105°; n_D^{20} 1,430) in Chlf. mit Br_2. (Журнал Общей Химии [J. allg. Chem.] **22.** (**84.**) 929—35. Juni 1952. Woronesh, Univ., Labor. für organ. Chem.) V. WILPERT. 810

Alton Meister, *Enzymatische Darstellung von α-Ketosäuren.* Viele *α-Ketosäuren* (**K**) lassen sich zwar leicht rein synthet. darstellen, jedoch ist dies bei einigen mit sehr großen Schwierigkeiten verbunden. Daher verbesserte Vf. das enzymat. Verf. zur Gewinnung von **K** aus *α-Aminosäuren* (**A**). Die Stufen sind: 1. Oxydation der entsprechenden D- oder L-**A** durch die spezif. Oxydase, 2. Reinigung der **K** durch Adsorption an Ionenaustauscher, Extraktion oder Dest. u. 3. Kristallisation der freien Säure bzw. des Na- oder Ba-Salzes. Als Fermentpräpp. wurden verwendet: Extrakt eines Schweinenieren-Acetontrockenpulvers für die *D-Aminosäureoxydase* (D-**I**) u. Gift verschied. Schlangen für die L-**I**. Folgende **K** wurden auf enzymat. Weg dargestellt: *α-Keto-γ-methiolbuttersäure* (**II**), *Na-Salz*, $C_5H_7O_3 \cdot SNa$, aus DL-Methionin mit L-**I**; 77% (Ausbeute). *2.4-Dinitrophenylhydrazon*, F. 150°. — *α-Keto-ε-N-chloracetylaminocapronsäure*, $C_8H_{12}O_4NCl$, F. 90°, aus ε-N-Chloracetyl-L-lysin mit L-**I**; 52%. *2.4-Dinitrophenylhydrazon*, F. 189°. — *α-Keto-δ-carbamidovaleriansäure* (**III**), *Ba-Salz*, $C_6H_9O_4N_2Ba_{1/2}$, aus L-Citrullin; 55%. *2.4-Dinitrophenylhydrazon*, F. 190°. — *α-Keto-β-cyclohexylpropionsäure*, *Na-Salz*, $C_9H_{13}O_3Na$, aus β-Cyclohexyl-L-α-aminopropionsäure; 85%. *2.4-Dinitrophenylhydrazon*, F. 189°. — *α-Ketophenylessigsäure*, *Na-Salz*, $C_8H_5O_3Na$, aus L-α-Aminophenylessigsäure; 75%. *2.4-Dinitrophenylhydrazon*, F. 193°. — *α-Ketoglutarsäure-γ-äthylester* (**IV**), *Ba-Salz*, $C_7H_9O_5Ba_{1/2}$, aus L-Glutaminsäure-γ-äthylester; 80%. — *α-Ketoisocapronsäure*, *Na-Salz*, $C_6H_9O_3Na$, aus DL-Leucin mit D- oder L-**I**; 50—80%. *2.4-Dinitrophenylhydrazon*, F. 162°. — *α-Keto-ε-oxycapronsäure*, *Na-Salz*, $C_6H_9O_4Na$, aus ε-Oxy-DL-α-aminocapronsäure mit D-**I**; 64%. *2.4-Dinitrophenylhydrazon*, F. 183°. — *α-Keto-γ-äthiolbuttersäure* (**V**), *Na-Salz*, $C_6H_9O_3SNa$, aus DL-Äthionin mit D-**I**; 60%. *2.4-Dinitrophenylhydrazon*, F. 131°. — *Phenylbrenztraubensäure*, *Na-Salz*, $C_9H_7O_3Na \cdot H_2O$, aus DL-Phenylalanin mit L-**I**; 65%. *2.4-Dinitrophenylhydrazon*, F. 192°. — *p-Oxyphenylbrenztraubensäure*, *Na-Salz*, $C_9H_7O_4Na \cdot H_2O$, aus L-Tyrosin; 55%. *2.4-Dinitrophenylhydrazon*, F. 178°. — *α-Ketoisovaleriansäure*, *Na-Salz*, $C_5H_7O_3Na$, aus DL-Valin mit L-**I**; 75%. *2.4-Dinitrophenylhydrazon*, F. 196°. — Die Prüfung der fermentativen Reduzierbarkeit der verschied. **K** durch die *Milchsäuredehydrase* zeigte, daß von den in dieser bzw. früheren Unters. (vgl. C. **1951.** II. 991) geprüften **K** am leichtesten *Brenztraubensäure* (**VI**), *α-Ketobuttersäure*, *Thiobrenztraubensäure* (**VII**), *Oxybrenztraubensäure* u. *Glyoxylsäure* zu den entsprechenden *α-Oxysäuren* red. werden. Durch ein aus Hefe gewonnenes *Carboxylase*-Präp. wurden **II** u. **V** mit ca. $^1/_{10}$ der Geschwindigkeit von **VI** decarboxyliert. Im Gegensatz zur *α-Ketoglutarsäure* selbst wurde **IV** relativ schnell decarboxyliert; ebenso auch **VII**. Alle untersuchten **K** außer **III** aktivierten die β-Decarboxylierung von *L-Asparaginsäure* durch ein *Clostridium welchii*-Präparat. Diese **K**-Wrkg. wird mit der Bldg. von Pyridoxalphosphat, dem Coferment der β-Decarboxylase, aus Pyridoxaminphosphat durch eine Transaminierungs-Rk. bei Ggw. von **K** erklärt. (J. biol. Chemistry **197.** 309—17. Juli 1952. Bethesda, Md., Nat. Cancer Inst.) V. PECHMANN. 870

C. G. Overberger, Paul Fram und **Turner Alfrey jr.,** *Azo-bis-nitrile.* 2. Mitt. *Verwendung von 2.2'-Azo-bis-isobutyronitril als Katalysator für die Polymerisation von Styrol.* (1. vgl. C. **1950.** II. 163.) *2.2'-Azo-bis-[isobutyronitril]* (**I**), F. 103—104°, hat für kinet. Unterss. gegenüber Benzoylperoxyd den Vorteil, sich in den verschied. Lösungsmitteln in einer Rk. erster Ordnung zu zersetzen. Vff. untersuchen die Block- u. Lösungspolymerisation von Styrol mit **I** u. *1.1'-Azo-bis-[cyclohexancarbonitril]* (**II**), F. 114—115°. Die Geschwindigkeit der bei 47,8° u. 67,8° u. einer Monomerkonz. von 4 Mol/Liter mit **I** katalysierten Polymerisation ist der Quadratwurzel der Katalysatorkonz. proportional. Diese Beziehung zeigt auch **II** bei 80,3° in reinem Monomeren. Die aus Viscositäten ermittelten mittleren Mol.-Geww. bzw. daraus der mittlere Polymerisationsgrad $\bar{P}_v$ wurde nach der Beziehung $\bar{P}_n = 0,72 \bar{P}_v$ in den Zahlenmittelpolymerisationsgrad $\bar{P}_n$ umgerechnet, für den sich bei diesen Tempp. eine umgekehrte Proportionalität zur Quadratwurzel aus der Katalysatorkonz. ergab. Die Zers. von **I** in Styrol oder Toluol–Styrol-Gemischen ist eine unimol. Zers., deren Geschwindigkeitskonstante der in reinem Toluol beobachteten ähnlich ist. (J. Polymer Sci. **6.** 539—47. Mai 1951. Brooklyn, N. Y., Inst. of Polymer Res., Polytechnic Inst. of Brooklyn.) RUSKE. 910

C. G. Overberger und **M. B. Berenbaum,** *Azo-bis-nitrile.* 3. Mitt. *Darstellung und Zersetzung von Azonitrilen. Sterische Faktoren.* (2. vgl. vorst. Ref.) Vff. berichten 1. über die Darst. u. Trennung zweier stereoisomerer Formen (wahrscheinlich meso- u. dl-Form der trans-azo-Konfiguration) der Azo-nitril-Derivv. $CH_3R(CN)C-N=N-C(CN)RCH_3$ von Methylcyclopropylketon, Methylisobutylketon u. Pinakolin, u. 2. über Zersetzungsgeschwindigkeit u. Aktivierungsenergie dieser Verbb. u. über die theoret. Deutung dieser Verss. (ster. Faktoren u. Resonanzfaktoren).

Versuche (FF. korr.): *2.2'-Azo-bis-[2-cyclopropylpropionitril]* (**Ia, b**), $C_{12}H_{16}N_4$: Darst. der stereoisomeren 1.2-disubstituierten Hydrazine erfolgt wie früher (C. **1950.** II. 163) beschrieben aus Methylcyclopropylketon, F. 96,5—98,0° aus Ae./PAe., 30% (Ausbeute); das zweite Hydrazinisomere wurde aus dem als gelb-oranges Öl verbleibenden Rückstand über das Hydrobromid u. folgende Oxydation in **Ib** übergeführt: F. 76—77° (Zers.) aus Ae./PAe.; 17% (auf Keton bezogen); **Ia** wurde aus dem krist. Hydrazin nach THIELE u. HEUSER [1896.] dargestellt: F. 64—64,5° (Zers.) aus Ae./PAe.; 67%. — *2.2'-Azo-bis-[2.4-dimethylvaleronitril]* (**IIa, b**), $C_{14}H_{24}N_4$. Aus Methylisobutylketon, fl. HCN u. Hydrazin in absol. A., 4 Tage bei Zimmertemp., wurde eines der entsprechenden Hydrazine, F. 95,5 bis 97°, flache Platten aus Ae./PAe., 32%, erhalten; das zweite Hydrazinisomere wurde wie bei **Ib** direkt in **IIb** übergeführt, F. 75—76° (Zers.), Kristalle aus Ae./PAe.; 15%; Verb. **IIa** aus dem krist. Hydrazin in einer Mischung von A. u. konz. HCl durch Behandeln mit der theoret. Menge Brom, F. 56—57° (Zers.), flache Platten aus Ae./PAe.; 72%. — *Methylisobutylketazin*, $C_{12}H_{24}N_2$, nach ALDERSON u. ROBERTSON (A. P. 2 469 358) aus Methylisobutylketon u. Hydrazinhydrat; Öl, Kp.$_{760}$ 176°, Kp.$_{16}$ 101—103°, n_D^{25} 1,4538; $D.^{25}_4$ 0,8315; 93%; gibt durch Anlagerung von HCN bei Zimmertemperatur das Hydrazinderiv. vom F. 91,5—94°; 41%. — *Pinakolinazin*, $C_{12}H_{24}N_2$, Kp.$_9$ 87,5—88,0°, n_D^{25} 1,4540, $D.^{25}_4$ 0,8405, analog; 88%; Anlagerung von HCN führt zu den stereoisomeren *Bis-[2-cyan-3.3-dimethylbutyl-(2)]-hydrazinen* (**IVa, b**), $C_{14}H_{26}N_4$; **IVa**, F. 136,8—137,5°, lange Prismen aus Ae./PAe.; 61%; **IVb**, F. 125,5—126,8°, Kristalle aus Ae./PAe.; 18%. — *2.2'-Azo-bis-[2.3.3-trimethylbutyronitril]* (**IIIa, b**), $C_{14}H_{24}N_4$, durch Oxydation von **IVa** bzw. **IVb**, F. 114—116° (Zers.), plattenähnliche Kristalle aus Ae.; 95%; bzw. **IIIb**, F. 116—118° (Zers.), Kristallnadeln aus Ae.; 78%, Misch.-FF. **IIIa** u. **IIIb** 112,5—114°; die Unterschiede in der Kristallform von **IIIa, b** u. die Unwahrscheinlichkeit der Isomerisation während der Oxydation von **IVa, b** bestätigen, daß diese Verbb. Isomere sind, trotz des dichten Beieinanderliegens ihrer FF., auch unterscheiden sie sich in der Zersetzungsgeschwindigkeit. — Zur Meth. der Messung der Zersetzungsgeschwindigkeiten vgl. OVERBERGER u. Mitarbeiter (C. **1950.** II. 163). Aktivierungsenergie E in kcal/Mol. **Ia** 28±1,0; **Ib** 26±1,0; **IIa** 29±2,0; **IIb** 29±2,0; **IIIa** 35±1,0; **IIIb** 30±2,0. Die Resultate werden mit früheren Ergebnissen anderer Azo-bis-nitrile verglichen u. auf Grund der FISHER-HIRSCHFELDERschen Molekülmodelle (vgl. OVERBERGER, l. c.) gedeutet, bes. die Zersetzungsgeschwindigkeit in Abhängigkeit vom ster. Einfl. der verschied. Substituenten R betrachtet. Vff. stellen weiterhin fest, daß für die wesentlich schnellere Zers. des Methylcyclopropylderiv. keine befriedigende ster. Erklärung gegeben werden kann u. diskutiert zwei andere Möglichkeiten. (J. Amer. chem. Soc. **73.** 2618—21. Juni 1951.) G. WINKLER. 910

C. G. Overberger und **Harry Biletch**, *Azo-bis-nitrile*. 4. Mitt. *Die Darstellung und Zersetzung von Azonitrilen, die von p-substituierten Phenylacetonen abgeleitet sind.* (3. vgl. vorst. Ref.) Einw. von Hydrazinsulfat u. NaCN auf Phenylaceton liefert *1.2-Bis-[1-phenyl-2-cyanpropyl-(2)]-hydrazin*, aus dem durch Oxydation mit Br_2 *2.2'-Azo-bis-[2-benzylpropionitril]* (**I**) entsteht. Dieses spaltet beim Erhitzen auf 100° N_2 ab u. verwandelt sich in *symm.-Dibenzyldimethylsuccinonitril* (**II**). p-Chlor- bzw. p-Nitrophenylaceton liefern unter gleichen Bedingungen zunächst das *1-[p-Chlor-* (**III**) bzw. *1-[p-Nitrophenyl]-2-cyanpropyl-(2)-hydrazon des p-Chlor-* bzw. *p-Nitrophenylacetons*, die beim Stehen mit HCN$_{fl.}$ bei Ggw. von konz. HCl in die vorst. Hydrazin analogen Verbb. übergehen u. nach Oxydation ebenfalls analoge *Azoderivv.* bilden. Ein Vgl. der Zersetzungsgeschwindigkeiten der 3 Azoderivv. durch Pyrolyse zeigt, daß der p-Substituent keinen Einfl. auf diese hat.

Versuche (FF. korr.): *1.2-Bis-[1-phenyl-2-cyanpropyl-(2)]-hydrazin*, $C_{20}H_{22}N_4$, F. 147—149° (Zers.); aus Phenylaceton, Hydrazinsulfat u. NaCN in W. + A. bei Raumtemp. u. Ausfällen mit Ae.; 54% (Ausbeute). — *2.2'-Azo-bis-[2-benzylpropionitril]* (**I**), $C_{20}H_{20}N_4$, Nadeln aus Ae. + PAe., F. 82—84°; aus vorst. Verb. nach OVERBERGER u. Mitarbeitern (C. **1950.** II. 163); 70%. — *symm.-Dibenzyldimethylsuccinonitril* (**II**), $C_{20}H_{20}N_2$, F. 203—204° (Bzn. + PAe.); durch 5std. Erhitzen vorst. Verb. bei 100°; 79%. — *p-Chlorbenzylcyanid*, F. 30°; Kp.$_1$ 100—101°; nach Org. Syntheses Coll. Vol. **1.** 107; 84%; nachgewiesen als *p-Chlorphenylessigsäure* (F. 105—106°; 76%). — *α-[p-Chlorphenyl]-acetessigsäurenitril*, $C_{10}H_8ONCl$, F. 126—127° (A. + W.); aus vorst. Verb., Essigester u. Na in absol. A. am Rückfluß; 57%. — *p-Chlorphenylaceton*, C_9H_9OCl, Kp.$_3$ 100—101°; aus vorst. Verb. durch Hydrolyse mit konz. H_2SO_4 u. Decarboxylierung in verd. H_2SO_4; n_D^{20} 1,5328; 67%; ebenfalls darstellbar aus Chloraceton u. Chlorbenzol (11%). *Semicarbazon*, Flocken, F. 188 bis 189° (Zers.). — *1-[p-Chlorphenyl]-2-cyanpropyl-(2)-hydrazon von p-Chlorphenylaceton* (**III**), $C_{19}H_{19}N_3Cl_2$, F. 103—104° (Zers.; Ae. + PAe.); durch 4tägiges Schütteln vorst. Verb. mit $H_2N-NH_2 \cdot H_2SO_4$ + NaCN in Methanol + W.; 69%. — *1.2-Bis-[1-(p-chlorphenyl)-2-cyanpropyl-(2)]-hydrazin*, $C_{20}H_{20}N_4Cl_2$, Blättchen aus Ae., F. 142° (Zers.); aus vorst. Verb. mit HCN$_{fl.}$ + konz. HCl bei Raumtemp.; 71%. — *2.2'-Azo-bis-[2-(p-chlor-*

benzyl)-propionitril], $C_{20}H_{18}N_4Cl_2$, Nadeln aus Ae. + PAe., F. 90—91° (Zers.); analog **I** aus vorst. Verb.; 71%. — *symm.-Bis-[p-chlorbenzyl]-dimethylsuccinonitril*, $C_{20}H_{18}N_2Cl_2$, F. 196 bis 198° (Chlf. + PAe.), analog **II** aus vorst. Verb.; 87%. — *p-Nitrophenylaceton*, $C_9H_9O_3N$, gelbe Platten aus Ae. + PAe., F. 62—63°; aus p-Nitrophenylacetylchlorid (F. 45—47°) u. Mg-Malonester in A. + Ae. bei Raumtemp., Hydrolysieren u. Decarboxylieren nach 2std. Rückflußkochen; 58%. *2.4-Dinitrophenylhydrazon*, $C_{15}H_{13}O_6N_5$, hellrotes Pulver (A.), F. 185—186° (Zers.). — *1-[p-Nitrophenyl]-2-cyanpropyl-(2)-hydrazon von p-Nitrophenylaceton*, $C_{19}H_{19}O_4N_5$, hellgelbe Kristalle aus Chlf. + Ae., F. 123—124° (Zers.); analog **III** aus vorst. Verb.; 74%. — *1.2-Bis-[1-(p-nitrophenyl)-2-cyanpropyl-(2)]-hydrazin*, $C_{20}H_{20}O_4N_6$, Pulver (Chlf. + Ae. u. CH_2Cl_2 + Ae.), F. 154—155° (Zers.); aus vorst. Verb.; 64%. — *2.2'-Azo-bis-[2-(p-nitrobenzyl)-propionitril*], $C_{20}H_{18}O_4N_6$, Kristalle aus CH_2Cl_2 + Ae., F. 134° (Zers.); analog I aus vorst. Verb.; 66%. — *symm.-Di-p-nitrobenzyldimethylsuccinonitril*, $C_{20}H_{18}O_4N_4$, gelbes Pulver (CH_2Cl_2 + Ae.), F. 268—270°, durch Erhitzen von 0,96 g vorst. Verb.; 0,4 g. (J. Amer. chem. Soc. **73.** 4880—82. Okt. 1951.) LEHWALD. 910

C. G. Overberger und **M. B. Berenbaum**, *Azo-bis-nitrile*. 5. Mitt. *Zersetzungsmechanismus der Azonitrile. Zersetzungsprodukte*. (4. vgl. vorst. Ref.). Bei der Zers. von dl- u. meso-2.2'-Azo-bis-2.4-dimethylvaleronitril entstehen die gleichen Gemische der *Stereoisomeren* von *symm. Dimethyldiisobutylsuccinonitril*, was beweist, daß bei der Zers. vorübergehend in der Lsg. freie Radikale planarer Konfiguration entstehen. Zers. einer Lsg. von 2.2'-Azo-bis-isobutyronitril u. 1.1'-Azo-bis-cyclopentannitril-(1) liefert als Endprodd. *Tetramethylsuccinonitril*, *1.1'-Dicyan-1.1'-dicyclopentyl* u. *1-[α-Cyanisopropyl]-1-cyancyclopentan*, daneben die *Amide* von *Isobuttersäure* u. *Cyclopentencarbonsäure*.

Versuche (FF. korr.): *1.2-Bis-[1-cyancyclopentyl-(1)]-hydrazin*, $C_{12}H_{18}N_4$, Kristalle aus Ae. + PAe., F. 86—87°; aus Cyclopentanon, NH_2—$NH_2 \cdot H_2SO_4$ + NaCN (vgl. vorst. Ref.); 73% (Ausbeute). — *1.1'-Azo-bis-[cyclopentannitril-(1)]*, $C_{12}H_{16}N_4$, Kristalle aus Ae. bei —32°, F. 83—84°, aus vorst. Verb.; 47%. — *1.1'-Dicyan-1.1'-dicyclopentyl*, $C_{12}H_{16}N_2$, F. 98,5—99°; durch 12std. Erhitzen vorst. Verb. auf 100° u. Sublimation; ca. 80%. — *symm.-Dimethyldiisobutylsuccinonitrile*, $C_{14}H_{24}N_2$, durch Zers. der Isomeren von 2.2'-Azo-bis-2.4-dimethylvaleronitril (F. 56—57° u. F. 75—76°) in Bzl.; *Isomeres A*, F. 94,8—95,2° (PAe.). *Isomeres B*, F. 58,5—59,0° (PAe.); 1,44 g. — *α-Bromisobutyronitril*, aus Isobutyronitril u. Br_2 + PBr_3; n_D^{25} 1,4448; 71%. — *Tetramethylsuccinonitril*, F. 170—171° (Toluol), durch 65std. Rückflußkochen von 80 g 2.2'-Azo-bis-isobutyronitril u. 53,5 g 1.1'-Azo-bis-cyclopentannitril in Bzl.; 38,9 g. — *Isobutyramid*, F. 127—128° (PAe.), bei Dest. der nach Abtrennung vorst. Verb. verbleibenden Benzollsg. u. Behandlung von 1,05 g der Fraktion 83—84° mit 10%ig. H_2O_2 in alkal. Lsg.; 0,13 g. — *Cyclopenten-(1)-carbonsäure-(1)*, Nadeln aus wss. A., F. 120,5—121,5°, aus der Fraktion 90—100°/36 mm vorst. Dest. u. alkal. Hydrolyse; λ_{max} 2210 Å (ε = 9200; A.). *Amid*, C_6H_9ON, F. 206—208°, aus dem entsprechenden Nitril durch Behandlung mit 10%ig. H_2O_2 in alkal. Acetonlsg.; 82%. — Aus dem restlichen Fraktionsgemisch obiger Dest. wurden isoliert: *1.1'-Dicyan-1.1'-dicyclopentyl*, F. 94—96°, *1-[α-Cyanisopropyl]-1-cyancyclopentan*, $C_{10}H_{14}N_2$, F. 69,5 bis 70,5° u. ein *2 Mol. Cyclopentannitril* u. *1 Mol. Isobutyronitril* enthaltendes *Additionsprod.*, Kp.$_{0,5}$ 135—145°, das durch Hydrolyse eine *Säure* $C_{16}H_{24}O_6$, F. 199,5—201,5° (Toluol), gab. (J. Amer. chem. Soc. **73.** 4883—85. Okt. 1951.) LEHWALD. 910

C. G. Overberger, Thomas B. Gibb jr., Sheldon Chibnik, Pao-tung Huang und **John J. Monagle**, *Azonitrile*. 6. Mitt. *Die Darstellung von cyclischen Hydrazinen aus Diketonen. Eine neue Art Siebenring*. (5. vgl. vorst. Ref.) Aus *Heptandion-(2.6)* u. dem *4-Methylderiv.* stellen Vff. durch Rk. mit NaCN u. Hydrazin *3.7-Dicyan-3.7-dimethylhomopiperidazin* [**I**; *3.7-Dicyan-3.7-dimethylhexahydrodiazepin-(1.2)*; im Original *-1.2.4.5.6-pentahydro-*] u. die entsprechende *3.5.7-Trimethylverb.* dar. Desgleichen entsteht aus Acetonylaceton *3.6-Dicyan-3.6-dimethylpiperidazin*. Die Verbb. stellen eine neue Art von 7-Ringderivv. dar; sie gelten als Ausgangsstoffe für die Synth. von substituierten Cyclopentanen u. Cyclobutanen u. sind eine Quelle für Biradikale in der Vinylpolymerisation. Oxydation von I liefert ein instabiles *Azoderiv.*, das unter N_2-Abspaltung in ein Isomerenpaar von *1.2-Dimethyl-1.2-dicyancyclopentan* u. ein lineares Prod. verwandelt wird. Die *Heptandione* werden aus 2.6-Lutidin u. Kollidin durch Red. zu den *1.4-Dihydroderivv.*, Spaltung durch Hydroxylamin u. Behandlung der gebildeten *Dioxime* mit HNO_2 bei 0° dargestellt. Analog wird das Dioxim aus 5-Äthyl-2-methylpyridin synthetisiert.

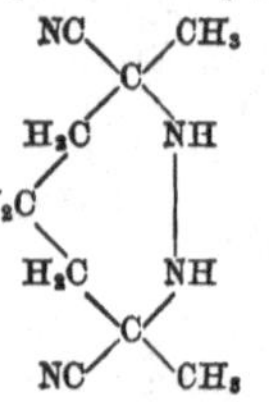

I

Versuche (FF. korr.): *Heptandion-(2.6)-dioxim*, $C_7H_{14}O_2N_2$, F. 83,4—84,6° (Ae. + PAe.), aus 2.6-Dimethylpyridin, Na, Hydroxylaminhydrochlorid u. absol. A. durch 2std. Sieden, Filtrieren, Abdampfen im Vakuum, Zufügen von verd. NaOH, Ausäthern, Ansäuern der wss. Phase bei 0° u. Ausäthern; 40% (Ausbeute). — *4-Methylheptandion-(2.6)-dioxim*, $C_8H_{16}O_2N_2$, Kp.$_{0,5}$ 130—135°, aus 2.4.6-Trimethylpyridin wie vorst.; n_D^{55} 1,4870;

32,8%. — *2-Äthyl-5-ketohexanaldioxim*, $C_8H_{16}O_2N_2$, F. 77,5—79,5° (Bzl.), aus *5-Äthyl-2-methylpyridin* (Kp. 172—174°) wie vorst.; 23,8%. — *Heptandion-(2.6)*, $Kp._1$ 48—50°, F. 32,6 bis 33,4° (PAe.), aus vorst. Dioxim u. H_2SO_4 + $NaNO_2$ bei 0°, nach 1 std. Rühren Neutralisieren mit $BaCO_3$, Filtrieren, Sättigen mit NaCl u. Ausäthern; 47,5%. — *4-Methylheptandion-(2.6)*, $C_8H_{14}O_2$, $Kp._1$ 49—51°, analog vorst. Verb.; n_D^{25} 1,4312; 50,2%. *Bis-2.4-dinitrophenylhydrazon*, $C_{20}H_{22}O_8N_8$, F. 204,4—205,6°. — *3.7-Dicyan-3.7-dimethylhomopiperidazin* [I; *3.7-Dicyan-3.7-dimethylhexahydrodiazepin-(1.2)*], $C_9H_{14}N_4$, F. 104—104,8°, durch 50 std. Schütteln einer Lsg. von NaCN, Hydrazinsulfat u. Heptandion-(2.6) in W.; 33,8%. *Pikrat*, $C_{15}H_{17}O_7N_7$, F. 123,1—123,5° (Zers.). — *3.7-Dicyan-3.5.7-trimethylhomopiperidazin* [*3.7-Dicyanhexahydro-3.5.7-trimethyldiazepin-(1.2)*; im Original *-1.2.4.6-tetrahydro-*], $C_{10}\cdot H_{16}N_4$, F. 130,9—131,4° (Ae. + PAe.), wie vorst.; 43,7%. *Pikrat*, $C_{16}H_{19}O_7N_7$, F. 139,8—141° (Zers.). — *3-Cyan-3.6-dimethyl-2.3.4.5-tetrahydropyridazin* [*3-Cyan-3.6-dimethyl-1.2-diazacyclohexen-(6)*], $C_7H_{11}N_3$, F. 57,2—58,4° (Ae. + PAe.), aus Acetonylaceton wie vorst.; 57,6%. *Hydrochlorid*, F. 141—142° (ab 136° Braunfärbung). — *3.6-Dicyan-3.6-dimethylpiperidazin*, $C_8H_{12}N_4$, F. 99—99,9° (Gasentw.), durch 16 std. Rk. vorst. Verb. mit H_2O-freier $HCN_{fl.}$ u. etwas HCl wie vorst. bei Zimmertemp.; 83,5%. — *1.2-Dimethyl-1.2-dicyancyclopentan*, *Isomeres A*, $C_9H_{12}N_2$, F. 155,7—156,4° (nach Sublimation), durch Zufügen von Br_2 zu einer auf —5° gekühlten Lsg. von I in A. u. Sublimation im Vakuum; 0,47%. *Isomeres B*, F. 161,5—162,1°, aus dem Sublimationsrückstand; 10,3%. (J. Amer. chem. Soc. **74.** 3290—92. 5/7. 1952.) LEHWALD. 910

C. G. Overberger und **M. B. Berenbaum**, *Azonitrile*. 7. Mitt. *Zersetzungsprodukte von 2.2'-Azo-bis-[2.3.3-trimethylbutyronitril]. Aus einem substituierten Neopentylradikal entstandene Verbindungen.* (6. vgl. vorst. Ref.) Bei der Zers. der diastereomeren 2.2'-Azo-bis-[2.3.3-trimethylbutyronitrile] in sd. Bzl. entstehen wahrscheinlich die beiden *Stereoisomeren* von *3.4-Dicyan-2.2.3.4.5.5-hexamethylhexan* u. daneben *Methyl-tert.-butylacetonitril* u. *α-tert.-Butylacrylnitril*. Dimethyl-tert.-butylacetonitril (I) u. Dimethylisopropenylacetonitril (II), die durch Umlagerung entstanden sein könnten, wurden nicht festgestellt. *Dimethylisopropylessigsäure* (Abkömmling von I) wurde aus Dimethylisopropylcarbinol über das *Chlorid* u. die GRIGNARD-Verb. durch Carbonierung gewonnen. *Dimethylisopropenylessigsäureäthylester* (Abkömmling von II) entstand durch REFORMATSKI-Rk. aus α-Bromisobuttersäureäthylester u. Aceton zu *3-Oxy-2.2.3-trimethylbuttersäureester* u. anschließende Dehydratisierung.

Versuche (FF. korr.): *3.4-Dicyan-2.2.3.4.5.5-hexamethylhexan* (?), *Stereoisomeres* **A**, $C_{14}H_{24}N_2$, F. 117,5—118,5°, durch Sieden von 2.2'-Azo-bis-[2.3.3-trimethylbutyronitril] (vgl. 3. Mitt., viertvorst. Ref.) in Bzl., Abdampfen der flüchtigen Bestandteile u. Rektifikation des Destillatrückstandes; 42% (Ausbeute). *Isomeres* **B**, F. 83—84°, bei vorst. Rektifikation; 3,8% (roh). Aus den flüchtigen Bestandteilen durch erneute Rektifikation (Fraktion **A**, $Kp._{95}$ 75°; Fraktion **B**, $Kp._{95}$ 86°) *α-tert.-Butylacrylnitril* aus Fraktion **A**, $C_7H_{11}N$, Kp. 150,5 bis 151,5°, F. 30—31°; n_D^{25} 1,4092 (unterkühlte Fl.). Hieraus mit H_2O_2 u. Alkali in Aceton ein *Amid*, $C_7H_{13}ON$, F. 107—108,5°; 80%; ergibt Schmelzpunktdepression mit Dimethylisopropenylacetamid u. Methyl-tert.-butylacetamid. Hydrierung in A. bei Ggw. von PtO_2 liefert *Methyl-tert.-butylacetamid*, F. 107,5—108°. Aus Fraktion **B** durch erneute Rektifikation u. Behandlung mit H_2O_2 u. NaOH wie vorst. ein *Amid*, F. 99—101,5°. Daneben aus **B** *Methyl-tert.-butylacetonitril*, $C_7H_{13}N$. — *Methyl-tert.-butylessigsäure*, F. 52,8—54°, aus 1 g des vorst. Nitrils durch alkal. Verseifung in Ggw. von Diäthylenglykol; 0,68 g; oder aus nachst. Methylester; 86%. *Anilid*, $C_{13}H_{19}ON$, F. 112—112,5° (PAe.). *Amid*, $C_7H_{15}ON$, F. 107,5—108° (A.). Durch Rk. des Nitrils mit Br_2 ein *Bromnitril*, $C_7H_{12}NBr$, F. 165—166°; wachsartige Nadeln aus Methanol. — *Monobrommethylneopentylketon*, $C_7H_{13}OBr$, $Kp._{20}$ 83—87°, aus Methylneopentylketon; n_D^{25} 1,4602; $D._4^{25}$ 1,215; 40%. Daneben *Dibrommethylneopentylketon*, $C_7H_{12}OBr_2$, $Kp._{10}$ 103—105°; n_D^{25} 1,5067; $D._4^{25}$ 1,67; 20—40%. — *Methyl-tert.-butylessigsäuremethylester*, Kp. 143—144°, aus vorst. Monobromketon mittels $NaOCH_3$, n_D^{25} 1,4090; 49%. — *Dimethylisopropylcarbinol*, $Kp._{80}$ 63—66°, aus Methylisopropylketon u. CH_3MgJ; n_D^{25} 1,4155; $D._4^{25}$ 0,8155; 72%. — *Dimethylisopropylcarbinylchlorid*, $Kp._{80}$ 46—48,5°, aus vorst. Verb. u. konz. HCl; n_D^{25} 1,4172; 69%. — *Dimethylisopropylessigsäure*, $Kp._{12}$ 103—105°, F. 49,5—50,5°, aus vorst. Verb. über das GRIGNARD-Reagens durch Carbonierung; 25%. *Anilid*, $C_{13}H_{19}ON$, F. 78,5—79° (PAe.), aus der Säure über das Säurechlorid u. Anilin. *Amid*, F. 131,5—132°; 84%. — *3-Oxy-2.2.3-trimethylbuttersäureäthylester*, $Kp._{25}$ 92—94°, nach COURTOT [1906]; n_D^{25} 1,4358; $D._4^{25}$ 0,969; 60%. *Acetylderiv.*, $C_{11}H_{20}O_4$, $Kp._{1,5}$ 71—72°; n_D^{25} 1,4288; $D._4^{25}$ 1,004; 53%. — *Dimethylisopropenylessigsäure*: *Äthylester*, durch Pyrolyse vorst. Verb. bei 325°. *Amid*, F. 106,5—107,5°; 58%. Hieraus durch Hydrierung Dimethylisopropylacetamid, F. 131,5—132°. (J. Amer. chem. Soc. **74.** 3293—95. 5/7. 1952.) LEHWALD. 910

G. R. A. Brandt, H. J. Emeléus und **R. N. Haszeldine**, *Organometallische und organometalloide Fluorverbindungen.* 4. Mitt. *Ultraviolett- und Ultrarotspektren von Bistrifluor-*

methylsulfid, Bistrifluormethyldisulfid und verwandten Verbindungen. (3. vgl. C. **1953.** 36.) Die in der 3. Mitt. (l. c.) angenommenen Strukturen von *Bistrifluormethylsulfid* (I) u. *Bistrifluormethyldisulfid* (II) wurden durch spektroskop. Daten u. deren Vgl. mit den analog gebauten Verbb. $(CH_3)_2S$, $(CH_3)_2S_2$, $(C_2H_5)_2S_2$ u. $(n\text{-}C_4H_9)_2S_2$ bestätigt. Das UV-Spektr. von gesätt. aliphat. Disulfiden zeigt ein (bei gesätt. aliphat. Sulfiden nicht vorhandenes) breites Maximum in der Nähe von 250 mμ. **II** absorbiert infolge seiner stark elektronegativen CF_3-Gruppen bei niederer Wellenlänge als Dimethyldisulfid. Das Spektr. von **I**-Dampf ähnelt demjenigen von Dimethylsulfidlsg., doch ist die Intensität der Absorption bei **I** viel schwächer. — Das Ultrarotspektr. von **II** zeigt Banden bei 7,69—9,56 μ, welche der C–F-Streckung entsprechen u. in vielen Fluorverbb. auftreten. Das Dublett bei 13,12 u. 13,18 μ wird auf die C–S-Streckung, die Bande bei 18,25 μ auf die S–S-Streckung zurückgeführt. Auch das Ultrarotspektr. von **I** enthält die für die CF_3-Gruppen charakterist. Banden bei 7,66—9,25 μ u. das der C–S-Streckung entsprechende Dublett bei 13,10 u. 13,15 μ. (J. chem. Soc. [London] **1952.** 2549—52. Juli. Cambridge, Univ., Chem. Labor.) FORCHE. 980

G. R. A. Brandt, H. J. Emeléus und R. N. Haszeldine, *Organometallische und organometalloide Fluorverbindungen.* 5. Mitt. *Trifluormethylverbindungen des Arsens.* (4. vgl. vorst. Ref.) Bei der Umsetzung von CF_3J mit überschüssigem feinverteilten As bei 220—240° entstehen *Tristrifluormethylarsin,* $(CF_3)_3As$ (I), *Jodbisrtifluormethylarsin,* $(CF_3)_2AsJ$ (II), u. *Dijodtrifluormethylarsin,* $(CF_3)AsJ_2$ (III), im Gewichtsverhältnis 6:2:1. Wenn **II** u. **III** erhitzt werden, bilden sich die Gleichgewichte $2(CF_3)_2AsJ \rightleftharpoons (CF_3)_3As + CF_3AsJ_2$ u. $2CF_3AsJ_2 \rightleftharpoons (CF_3)_2AsJ + AsJ_3$ aus. **I** reagiert mit J_2 gemäß $(CF_3)_3As \underset{As}{\overset{J_2}{\rightleftharpoons}} (CF_3)_2AsJ + CF_3AsJ_2 + AsJ_3 + CF_3J$. Diese Umsetzungen spielen offenbar bei der Rk. zwischen CF_3J u. As eine wesentliche Rolle u. sind für die hohen Ausbeuten an **I** ausschlaggebend. — **I** ist eine farblose, stechend riechende, nicht brennbare Fl., die Glas u. Hg nicht angreift u. im Gegensatz zu Trimethylarsin keine quaternären Verbb. bildet. **II** stellt ein gelbes, nicht brennbares, gegen Glas indifferentes Öl dar. **I** u. **II** sind in Ae. lösl., in W. u. 3nHCl bei gewöhnlicher Temp. unlöslich. Durch 15%ig. NaOH werden sie (im Gegensatz zu den Methylarsinen) bei 50° schnell zu Fluoroform hydrolysiert. Mit W. liefert **I** erst bei 48std. Erhitzen auf 300° 87% CHF_3. — Das Jodatom von **II** reagiert bei Raumtemp. mit Hg, wobei gemäß $2(CF_3)_2AsJ + Hg \rightarrow HgJ_2 + (CF_3)_2As\text{—}As(CF_3)_2$ *Tetrakis-[trifluormethyl]-diarsin* (*Perfluorkakodyl*) entsteht. Diese Diarsenverb. ist gegen W. beständig, wird aber von NaOH bei Zimmertemp. zu 75% in CHF_3 u. zu 25% in Fluorid u. Carbonat übergeführt. Vermutlich verläuft die erste Stufe der Hydrolyse gemäß $(CF_3)_2As\text{—}As(CF_3)_2 \xrightarrow{H_2O} (CF_3)_2AsOH + (CF_3)_2AsH$. Die Säure hydrolysiert dann vollständig zu CHF_3, während das Hydrid nach $(CF_3)_2AsH \xrightarrow{H_2O} CHF_3 + F' + CO_3''$ reagiert.

V e r s u c h e : Bei 48std. Erhitzen von 3 g CF_3J mit 10 g pulverisiertem As im CARIUS-Rohr auf 220° erhält man 70% *Tristrifluormethylarsin* (I, C_3F_9As, Dampfdruckgleichung zwischen —23 u. +28° log p = 7,866—1528,0/T; berechneter Kp. 33,3°; Verdampfungswärme 6990 cal/Mol; TROUTONsche Konstante 22,8), 20% *Jodbistrifluormethylarsin* (II, C_2JF_6As, Kp. 92°, n_D^{25} 1,425), 10% *Dijodtrifluormethylarsin* (III), AsJ_3, ca. 5% unumgesetztes CF_3J sowie geringe Mengen SiF_4 u. CO_2, deren Auftreten durch Arbeiten in einem Stahlautoklaven vermieden werden kann. — 3tägiges Erhitzen von 4,65 g **I** mit 12 g J_2 auf 100—105° liefert 22% **II**, 28% CF_3J u. **III**. — *Tetrakis-[trifluormethyl]-diarsin,* $C_4F_{12}As_2$, Kp. 106—107°, n_D^{19} 1,372; durch Schütteln von 1,34 g **II** mit 2 cm³ Hg im CARIUS-Rohr bei Zimmertemp.; Ausbeute 91%. (J. chem. Soc. [London] **1952.** 2552—55. Juli.) FORCHE. 980

Aram Mooradian, T. J. Slauson und S. J. Marsala, *Chlorierte 3-Trifluormethylphenole. 4-Chlor-3-trifluormethylphenol* (III) u. *2-Chlor-5-trifluormethylphenol* (IV) wurden aus 2-Chlor-5-nitrobenzotrifluorid (I) bzw. 4-Chlor-3-nitrobenzotrifluorid (II) durch Red. der Nitrogruppe zur Aminogruppe u. deren Diazotierung dargestellt. Wenn **III** chloriert wird, entsteht ein Gemisch, aus dem *2.4-Dichlor-3-trifluormethylphenol* (V) isoliert werden kann. Die Chlorierung von **IV** gelingt wesentlich schwieriger u. führt zu *2.6-Dichlor-3-trifluormethylphenol* (VI). Die Struktur von **V** u. **VI** ergibt sich aus der Hydrolyse der CF_3-Gruppe mit H_2SO_4 (vgl. LE FAVE, C. **1950.** II. 1224). Hierbei entsteht aus **V** *2.6-Dichlor-3-oxybenzoesäure* u. aus **VI** *2.4-Dichlor-3-oxybenzoesäure* (VII). — Bei der zum Vgl. durchgeführten Chlorierung von m-Trifluormethylphenol (XI) entsteht hauptsächlich **VI** neben geringen Mengen **V**. Die Monochlorierung von **XI** mit einem Mol Cl_2 liefert alle drei möglichen Monochlorverbb. nebeneinander. Die nur als Gemisch isolierbaren Verbb. *2-Chlor-3-trifluormethylphenol* u. **IV** gehen bei der Weiterchlorierung in **VI** über; auf die Anwesenheit von **III** ist aus der Bldg. von **V** zu schließen. — **XI** läßt sich weder mit tert.-

Butylalkohol in Ggw. von $AlCl_3$ alkylieren noch mit niederen Aldehyden in Essigsäurelsg. u. in Ggw. von HCl kondensieren. Ebenso mißlingt die Umlagerung von seinen Äthern u. Estern mittels H_2SO_4–CH_3COOH, BF_3, $AlCl_3$, Diäthylanilins u. Wärmeeinw., wobei bestenfalls Ausbeuten von 5—10% erzielt werden.

Versuche: *4-Chlor-3-trifluormethylanilin*, $C_7H_5NClF_3$, F. 36,5—38°, durch Red. von I mit $SnCl_2$ in konz. HCl u. Zers. des ausfallenden Sn-Komplexes mit 35%ig. NaOH; $Kp._{27}$ 132°; n_D^{25} 1,5131; 82% (Ausbeute). — *4-Chlor-3-trifluormethylphenol* (**III**), $C_7H_4O\cdot ClF_3$, F. 44—45°, durch Einrühren von 80,5 g der vorst. Verb. in ein Gemisch von 570 cm³ W. u. 72 cm³ konz. H_2SO_4 bei 60—70°, Abkühlen auf 0—5°, Zugabe einer Lsg. von 31,3 g $NaNO_2$ in 50 cm³ W., Eintropfen des Reaktionsgemisches in 300 cm³ 25%ig. H_2SO_4 unter ständigem Abtreiben des Prod. mit Wasserdampf, Ausschütteln des Destillats mit Ae. u. Fraktionierung; $Kp._{27}$ 120—122°; n_D^{25} 1,4873; 55 g Reinprod. (69%). — *4-Chlor-3-trifluormethylanisol*, $C_8H_6OClF_3$, $Kp._{39}$ 113°, aus **III** mit Dimethylsulfat; n_D^{25} 1,4727; 80%. — *4-Chlor-3-trifluormethylphenoxyessigsäure* (**VIII**), $C_9H_6O_3ClF_3$, F. 133—134,5°, durch 8std. Erhitzen von 3,93 g **III** u. 3,78 g Chloressigsäure in einer Lsg. von 2,4 g NaOH in 25 cm³ W., Ansäuern mit verd. HCl, Ausäthern, Extrahieren der Ätherlsg. mit $NaHCO_3$-Lsg. u. Ansäuern; 3,05 g (61%). — *4-Chlor-3-trifluormethylphenyl-4'-nitrobenzyläther*, $C_{14}H_9O_3N\cdot ClF_3$, F. 130—131,5°; 76%. — *2-Chlor-5-trifluormethylanilin*, $C_7H_5NClF_3$, $Kp._{25}$ 103—104°, durch Red. von **II** mit 96%ig. Ausbeute. — *2-Chlor-5-trifluormethylphenol* (**IV**), $C_7H_4OClF_3$, $Kp._{38}$ 87—88°, durch Diazotierung der vorst. Verb. mit 20%ig. Ausbeute; n_D^{25} 1,4702. — *2-Chlor-5-trifluormethylanisol*, $C_8H_6OClF_3$, $Kp._{38}$ 100—101°; n_D^{25} 1,417; 50%. — *2-Chlor-5-trifluormethylphenoxyessigsäure* (**IX**), $C_9H_6O_3ClF_3$, F. 105—106°; 46%. — *2-Chlor-5-trifluormethylphenyl-4'-nitrobenzyläther*, $C_{14}H_9O_3NClF_3$, F. 131—132,5°; 70%. — *2-Chlor-5-trifluormethylphenyl-4'-nitrobenzoat*, $C_{14}H_7O_4NClF_3$, F. 109—110°. — *2.4-Dichlor-3-trifluormethylphenol* (**V**), $C_7H_3OCl_2F_3$, F. 33—34°, durch 3std. Einleiten von Cl_2 in eine Lsg. von 20 g **III** in 250 cm³ CCl_4 bei Zimmertemp., 3std. Stehenlassen, Vakuumdest. u. Abkühlen zur Kristallisation; n_D^{25} 1,5105; 10 g. — *2.4-Dichlor-3-trifluormethylphenyl-4'-nitrobenzyläther* (**X**), $C_{14}H_8O_3NCl_2F_3$, F. 176,5—178°, aus dem nichtkrist. Anteil bei der **V**-Herstellung. — *2.4-Dichlor-3-trifluormethylanisol*, $C_8H_5OCl_2F_3$, $Kp._{20}$ 134—135°; n_D^{25} 1,5088; 90%. — *2.6-Dichlor-3-trifluormethylphenol* (**VI**), $C_7H_3OCl_2F_3$, F. 53—54°. Durch Schütteln einer Suspension von 6,3 g **IV** in 250 cm³ konz. HCl mit einer Lsg. von 1,35 g $KClO_3$ in 25 cm³ W. 15 Min. lang, Verdünnen mit W., Ausäthern u. Dest. des Ätherextrakts im Vakuum erhält man neben einer geringen Fraktion vom $Kp._{20}$ 85—98° ca. 4 g einer Fraktion vom $Kp._{20}$ 98—110°, aus der unter Zusatz von etwas Skellysolve A in Trockeneis–Methylenchlorid 2,1 g **VI** entstehen; $Kp._{29}$ 114—115°; n_D^{25} 1,5004. Hieraus durch Hydrolyse mit konz. H_2SO_4 mit 80%ig. Ausbeute *2.4-Dichlor-3-oxybenzoesäure* (**VII**), $C_7H_4O_3Cl_2$, F. 211—212°, u. durch Methylierung mit Dimethylsulfat *2.4-Dichlor-3-methoxybenzoesäure*, F. 162—163°. — *2.6-Dichlor-3-trifluormethylphenyl-4'-nitrobenzyläther*, $C_{14}H_8O_3NCl_2F_3$, F. 95—96°; 52%. — *2.6-Dichlor-3-trifluormethylanisol*, $C_8H_5OCl_2F_3$, $Kp._{20}$ 105—107°; n_D^{25} 1,4859; 80%. — **VI** entsteht auch, wenn in eine Lsg. von 210 g **XI** in 400 cm³ CCl_4 überschüssiges Cl_2 eingeleitet, das Reaktionsgemisch nach einigen Std. im Vakuum dest. u. das Rohprod. (256 g, $Kp._{29}$ 97—130°) fraktioniert wird, aus 140 g Rohprod. vom $Kp._{29}$ 114—116° beim Stehen. Der nichtkrist. Anteil enthält die Dichlorverb. **V** (identifiziert als p-Nitrobenzyläther **X**). Wird die Chlorierung von **XI** mit nur einem Mol Chlor durchgeführt u. das Prod. (Isomerengemisch, $Kp._{13}$ 70—72°; n_D^{25} 1,4770) mit H_2SO_4 hydrolysiert, so entstehen *4-Chlor-3-oxybenzoesäure* (F. 220°) u. *2-Chlor-3-oxybenzoesäure* (F. 153—157°). Für die Konst. der aus diesem Gemisch durch Behandlung mit NaOH u. Chloressigsäure gewonnenen, weder mit **VIII** noch mit **IX** ident. Substanz (F. 135—136°) kommt nur die *2-Chlor-3-trifluormethylphenoxyessigsäure* in Frage. — *Äthyl-[m-trifluormethyl]-phenyläther*, $C_9H_9OF_3$, $Kp._{23}$ 76°; n_D^{25} 1,4442; 50%. — *Isopropyl-[m-trifluormethyl]-phenyläther*, $C_{10}H_{11}OF_3$, $Kp._{21}$ 80—82°; n_D^{25} 1,4400; 51%. — *n-Butyl-[m-trifluormethyl]-phenyläther*, $C_{11}H_{13}OF_3$, $Kp._{23}$ 105—108°; n_D^{25} 1,4440; 57%. — *Allyl-[m-trifluormethyl]-phenyläther*, $C_{10}H_9OF_3$, $Kp._{22}$ 90—91°; n_D^{25} 1,4547; 79%. — *m-Trifluormethylphenyl-n-butyrat*, $C_{11}H_{11}O_2F_3$, $Kp._{16}$ 110—113°; n_D^{25} 1,4415; 56%. — *m-Trifluormethylphenylcarbamat*, $C_8H_6O_2NF_3$, F. 109—111°; 25%. (J. Amer. chem. Soc. **73**. 3470—72. Juli 1951. Rensselaer, N. Y., Sterling-Winthrop Res. Inst.) FORCHE. 1060

J. U. Lowe, *o-Nitrobenzoate*. Darst. einer Reihe von o-Nitrobenzoaten durch 3—7std. Erhitzen von 0,2 Mol o-Nitrobenzoylchlorid (F. 19°) mit 0,4 Mol prim. Alkoholen auf dem Dampfbad u. Vakuumdest. der Ester. Folgende *o-Nitrobenzoate* (fahlgelbe Öle) wurden erhalten: *n-Butyl-*, $Kp._{0,13}$ 110—113°; $D._4^{20}$ 1,1423; n_D^{20} 1,1532; 69% (Ausbeute). — *Isobutyl-*, $Kp._{0,09}$ 97—99,3°; $D._4^{20}$ 1,1507; n_D^{20} 1,5117; 65%. — *sek.-Butyl-*, $Kp._{0,05}$ 97,3 bis 99,8°; $D._4^{20}$ 1,1572; n_D^{20} 1,5105; 45%. — *n-Amyl-*, $Kp._{0,08}$ 122,3—123,2°; $D._4^{20}$ 1,1222; n_D^{20} 1,5100; 47%. — *Isoamyl-*, $Kp._{0,08}$ 110,2—113,5°; $D._4^{20}$ 1,1211; n_D^{20} 1,5070; 76%. — *3-Methylbutyl-*, $Kp._{0,07}$ 113,5—113,8°; $D._4^{20}$ 1,1324; n_D^{20} 0,5100; 56%. — *n-Hexyl-*

Kp.$_{0,04}$ 120,8—122°; D.$^{20}{}_4$ 1,1191; $n_D{}^{20}$ 1,5070; 64%. — *Cyclohexyl-*, Kp.$_{0,08}$ 133,8—136,5°; F. 50—51° (korr.); 52%. — *β-Methoxyäthyl-*, Kp.$_{0,07}$ 118—119,5°; D.$^{20}{}_4$ 1,2510; $n_D{}^{20}$ 1,5214; 63%. — *β-Butoxyäthyl-*, Kp.$_{0,08}$ 132,5—135,3°; D.$^{20}{}_4$ 1,1233; $n_D{}^{20}$ 1,5059; 55%. — *sek.-Amyl-*, Kp.$_{0,07}$ 113,3—114,6°; D.$^{20}{}_4$ 1,1274; $n_D{}^{20}$ 1,5075. (J. Amer. chem. Soc. **74**. 841—42. 5/2. 1952. Nashville, Tenn., Tennessee Agric. and Ind. State Coll., Dep. of Chem.) LÜTKE. 1210

J. Packer, J. Vaughan und **T. W. Watts**, *Mesitylharnstoff und Mesitylsemicarbazid.* Mesidin (I) bildet in wss. Lsg. mit Nitroharnstoff (II) den *Mesitylharnstoff* (III); die Rk. verläuft wahrscheinlich unter Anlagerung von I an Isocyansäure, die sich in wss. Lsg. aus II bildet. Reaktionsmechanismus wird angegeben. III liefert durch Einw. von Hydrazin in guter Ausbeute *Mesitylsemicarbazid* (IV). Vff. halten dabei eine nucleophile Anlagerung u. anschließende Abspaltung von NH_3 für wahrscheinlich. Gegen einen Reaktionsverlauf über intermediär aus III gebildetes Isocyanat spricht der Befund, daß III in sd. W., wss. A. oder wss.-alkoh. NaOH stabil ist u. keine Nebenprodd. beobachtet wurden, wie sie aus Isocyanat zu erwarten wären. IV bildet ein Chlorhydrat, das mit Aldehyden u. Ketonen von niedrigem Mol.-Gew. substituierte, in W. schwerlösl. Semicarbazone liefert.

Versuche (FF. korr.): *Mesidin* (I), Kp. 232—233°, aus Mesitylen durch Nitrieren u. Red.; 77% (Ausbeute). — *Mesitylharnstoff* (III), $C_{10}H_{14}ON_2$, sintert ab 258°, sublimiert bei ca. 320°, aus I u. II in wss. Lsg. von 50° u. 36std. Rühren u. Filtrieren; Nd. aus A. umkrist., Nadeln; 67%. *N-Acetylderiv.*, $C_{12}H_{16}O_2N_2$, F. 212°, feine Nadeln aus wss. Alkohol. Läßt sich nicht benzoylieren u. nitrosieren. — *Mesitylsemicarbazid* (IV), $C_{10}H_{15}$·ON_3, Zers. ohne Schmelzen bei 220°, Rückstand F. 304° (Zers.), aus III u. Hydrazinhydrat in A. durch Kochen bis NH_3-Entw. beendet (72 Std.), Nadeln aus A.; 87%. *Monohydrochlorid*, 300° Zers. ohne Schmelzen, Nadeln aus 50%ig. Alkohol. — *Mesitylsemicarbazone*, durch ½std. Kochen der Carbonylverbb. mit einer Lsg. von 0,4 g III·HCl, 1 g Na-Acetat in 10 cm³ A. u. 10 cm³ W. (p_H ~4,5); falls nicht anders angegeben farblose Nadeln aus wss. A.: *Aceton*, $C_{13}H_{19}ON_3$, F. 189°. *Äthylmethylketon*, $C_{14}H_{21}ON_3$, F. 139°. *Formaldehyd*, $C_{11}H_{15}ON_3$, F. 214—218° (Zers.). *Acetaldehyd*, $C_{12}H_{17}ON_3$, F. 212° (Zers.). *Propionaldehyd*, $C_{13}H_{19}ON_3$, F. 175°. *Benzaldehyd*, $C_{17}H_{19}ON_3$, F. 214° (Zers.). *Zimtaldehyd*, $C_{19}H_{21}ON_3$, F. 237°, gelbe Nadeln aus Alkohol. *Acrylaldehyd*, $C_{13}H_{17}ON_3$, F. 192°. *Acetophenon*, $C_{18}H_{21}$·ON_3, F. 203—204°. *Campher*, F. 215°, erst nach 5std. Kochen. Sehr geringe Ausbeute. *Benzil* (Monosemicarbazon), $C_{24}H_{23}O_2N_3$, F. 182°, gelbe Nadeln aus A., nach Kochen mit 10 cm³ Eisessig. Benzophenon bildet kein Semicarbazon. (J. chem. Soc. [London] **1952**. 2654—56. Juli. Christchurch, New Zealand, Canterbury, Univ. Coll.) MACHOLDT. 1280

Arthur Roe und **Jack R. Graham**, *Austausch der primären aromatischen Aminogruppe gegen Wasserstoff über Diazoniumfluoborate.* Wenn bei dem SCHIEMANN-Verf. die Zers. der Diazoniumfluoborate mit A. in Ggw. von Zn vorgenommen wird, erfolgt entaminierung, u. man erhält die fluorfreien Wasserstoffverbindungen. Die Ausbeuten liegen meistens zwischen 70 u. 80%; nur bei den heterocycl. Aminen sind die Ausbeuten gering. Im Falle des Benzoldiazoniumfluoborats tritt auch Kupplung ein, u. man erhält neben 46,5% Bzl. 1% Biphenyl sowie merkliche Mengen Diäthylacetal. Zn katalysiert die Rk. u. unterbindet die Bldg. des Äthyläthers. Lediglich im Falle des 3-Aminopyridins entstehen 12,3% Äthoxyverbindung. Abweichend verhält sich auch p-Nitrobenzoldiazoniumfluoborat, welches bei Abwesenheit von Zn 80%, in Ggw. von Zn aber nur 58% Nitrobenzol u. größere Mengen teeriger Prodd. liefert.

Versuche: Die Darst. der Diazoniumfluoborate läßt sich verbessern, wenn man die Diazotierung in HBF_4 anstatt in HCl mit nachfolgender $NaBF_4$-Zugabe vornimmt, u. wenn man die diazotierte Lsg. vor der Filtration durch Einwerfen von Trockeneis kalt hält. Dargestellt wurden die *Diazoniumfluoborate folgender Amine*: *Anilin*, 91% (Ausbeute), Zersetzungspunkt 104°. — *o-Toluidin*, 88%, Zers. 104°. — *m-Toluidin*, 84%, Zers. 104°. — *p-Toluidin*, 90%, Zers. 106°. — *o-Chloranilin*, 91%, Zers. 166°. — *m-Chloranilin*, 98%, Zers. 148°. — *p-Chloranilin*, 89%, Zers. 153°. — *p-Phenetidin*, 80%, Zers. 103°. — *p-Aminobenzoesäureäthylester*, 97%, Zers. 95°. — *p-Nitranilin*, 88%, Zers. 141°. — *Benzidin*, 90%, Zers. 142°. — *β-Naphthylamin*, 93%, Zers. 103°. — *m-Aminobenzotrifluorid*, 87%, Zers. 148°. — *2-Brom-4-methylanilin*, 87%, Zers. 148°. — *6-Aminochinolin*, 95%, Zers. 85—93°. — *3-Aminochinolin*, 91%, Zers. 93°. — *3-Aminopyridin*, Zers. 15°. — *3-Pyridindiazoniumfluoborat*, zers. sich schon bei Zimmertemp., wenn es nicht mit PAe. feucht gehalten wird. *o-Toluoldiazoniumfluoborat* zers. sich im Exsiccator in 24 Std., *m-Toluoldiazoniumfluoborat* innerhalb 48 Stunden. — Zur Zers. trägt man 0,1 Mol des Diazoniumfluoborats derart in ein Gemisch aus 300 cm³ absol. A. u. 15 g Zn-Staub ein, daß die Lsg. ruhig sd., kocht noch eine Std. am Rückflußkühler, filtriert nach Erkalten von dem Zn-Staub ab, dampft den A. ab, macht den Rückstand schwach alkal. u. unterwirft ihn der Wasserdampfdestillation. Aus dem Alkoholdestillat gewinnt man eine weitere Menge des Prod. durch Aussalzen. Auf diese Weise wurden aus den vorst. genannten Diazoniumfluoboraten folgende Verbb. dargestellt: *Bzl.*, 46,5% neben 1% *Biphenyl* (F. 70°), u. *Diäthylacetal* (Kp. 102°, n_D^{28} 1,3780). — *Toluol*, aus o-Toluoldiazoniumfluoborat 82,2%, aus der m-Verb. 73,7%, aus der p-Verb. 84,8%. — *Chlorbenzol*, aus o-Chlorbenzoldiazoniumfluoborat 79,4%, aus der m-Cl-Verb. 82,6%, aus der p-Cl-Verb. 85,2%. — *Phenetol*, 71,0%. — *Benzoesäureäthylester*, 69,2%. — *Nitrobenzol*, ohne Zn 80,0%, mit Zn 58%. — *Biphenyl*, 82,5%. — *Naphthalin*, 64,1%. — *Benzotrifluorid*, 74,3%. — *m-Bromtoluol*, 69,0%. — *Chinolin*, aus 6-Chinolindiazoniumfluoborat 34,0%, aus der 3-Verb. 31,3%. — *Pyridin*, 26,3% neben 12,2% *3-Äthoxypyridin*. (J. Amer. chem. Soc. **74.** 6297—98. 20/12. 1952. Chapel Hill, N. C., Univ. of North Carolina, Dep. of Chem.) FORCHE. 1310

A. W. Toptschijew, N. Ss. Nametkin und **W. I. Setkin**, *Einige aromatische und hydroaromatische Derivate von Methylenhexaoxydisilan. Methylenhexaphenylmethoxy-, Methylenhexacyclohexyloxy-, Methylenhexaphenoxy-* u. *Methylenhexa-m-kresoxydisilan* wurden aus Methylenhexachlordisilan (I) u. den entsprechenden Alkoholen bzw. Phenolen hergestellt.

V e r s u c h e: Zu 18 Mol des Alkohols oder Phenols läßt man unter Durchleiten von N_2 1 Mol I zutropfen u. erwärmt 11—12 Std. auf 40—60°. — *Methylenhexaphenylmethoxydisilan*, $[(C_6H_5CH_2O)_3Si]_2CH_2$, Kp.$_2$ 324—328°; aus I u. Benzylalkohol; Öl; D.$^{20}_4$ 1,1505; n_D^{20} 1,5643; Mol.-Refr. ($[MR]_D$) 202,42. — *Methylenhexacyclohexyloxydisilan*, $[(C_6H_{11}O)_3\cdot Si]_2CH_2$, Kp.$_{1,5}$ 284—287°; aus I u. Cyclohexanol; dickes Öl; D.$^{50}_4$ 1,0205; n_D^{50} 1,4772; $[MR]_D$ 184,20. — *Methylenhexaphenoxydisilan*, $[(C_6H_5O)_3Si]_2CH_2$, F. 70°, Kp.$_2$ 297—299°; aus I u. Phenol; Hauptbrechungsexponenten $N_p = 1{,}557$ ($\lambda = 660$ mμ) u. $N_q = 1{,}713$ ($\lambda = 594$ mμ); aus Bzn. (Kp. 70—90°) Kristalle. — *Methylenhexa-m-kresoxydisilan*, $[(CH_3C_6H_4O)_3Si]_2CH_2$, Kp.$_2$ 308—309°; aus I u. m-Kresol; Öl; D.$^{20}_4$ 1,1342; n_D^{20} 1,5688; $[MR]_D$ 205,93. (Доклады Академии Наук СССР [Ber. Akad. Wiss. UdSSR] [N. S.] **86.** 1133—34. 21/10. 1952.) WÖRFFEL. 1380

M. Ja. Kraft und **W. W. Katyschkina**, *Über die Herstellung von Säurechloriden aromatischer Phosphorsäureester. Ein neuer Typus von Kationkatalyse.* Phenole lassen sich mit überschüssigem $POCl_3$ in Ggw. katalyt. Mengen NaCl, Na_2SO_4 oder KCl in *Phosphorsäurearylesterdichloride*, $ArOPOCl_2$, überführen. Auf diesem Wege wurden *Phosphorsäure-m-* u. *-p-nitrophenyl-*, *2.4-dinitrophenyl-* u. *-2.4.6-trinitrophenylesterdichlorid* erhalten. Es ist anzunehmen, daß ArONa Zwischenprod. ist: $ArOH + NaCl \rightleftharpoons ArONa + HCl$; $ArONa + POCl_3 = ArOPOCl_2 + NaCl$. Die kinet. Unters. zeigte, daß die Geschwindigkeit der HCl-Bldg. nach der 1. Gleichung mit der elektrolyt. Dissoziationskonstanten des Phenols zunimmt; z. B. reagierte Phenol in 8 Std. nur zu 45%, während sich 2.4.6-Trinitrophenol in 1 Std. quantitativ umsetzte.

V e r s u c h e: 0,15 Mol Phenol werden mit 0,9 Mol $POCl_3$ zum Sieden erhitzt. Als Katalysator wird 1 g NaCl angewendet. — *Phosphorsäurearylesterdichloride.* Ar = *m-Nitrophenyl*, $C_6H_4O_4NCl_2P$, Kp.$_{0,5-1}$ 134°; 86% (Ausbeute). Ar = *p-Nitrophenyl*, $C_6H_4O_4NCl_2P$, F. 46—48°; Kp.$_2$ 154—156°; 85%. Ar = *2.4-Dinitrophenyl*, $C_6H_3O_6N_2Cl_2P$, F. 78°; Kp.$_{1,5}$ 158—160°; zers. sich bei der Dest.; 93%. Ar = *2.4.6-Trinitrophenyl*, $C_6H_2O_8\cdot N_3Cl_2P$; Kristalle; ca. 63 g aus 34,3 g 2.4.6-Trinitrophenol. (Доклады Академии Наук СССР [Ber. Akad. Wiss. UdSSR] [N. S.] **86.** 725—28. 1/10. 1952. Allunions Wiss. Chem.-Pharmazeut. Ordshonikidse-Forschungsinst.) WÖRFFEL. 1380

Karl Freudenberg, Richard Kraft und **Werner Heimberger**, *Über den Sinapinalkohol, den Coniferylalkohol und ihre Dehydrierungspolymerisate.* Vff. empfehlen, *Acetylsinapinsäureäthylester* durch Kondensation von Syringaaldehyd mit Malonsäuremonoäthylester u. anschließende Acylierung darzustellen, aus dem durch $LiAlH_4$-Red. *Sinapinalkohol* (I) entsteht. Natürlicher I ist in Form des Glucosids, Syringin, zu jeder Jahreszeit in der Rinde von Flieder zu 0,5—0,6% enthalten. Hieraus läßt er sich durch 7tägige Spaltung mit Emulsin bei 37°/p_H 5,6 (bei p_H 7 verläuft die Spaltung zu langsam, bei p_H 5 tritt Veränderung von I ein) unter Luftabschluß gewinnen. Gleichzeitig entsteht ein höherschm. Nebenprod., bei Luftzufuhr bis zu 50%, das aus 2 Mol I unter H_2-Verlust entsteht u. wahrscheinlich die Formel II besitzt. Einw. von Säuren (p_H 3) auf I läßt ein krist. Prod. entstehen, vielleicht ein *Dimeres* von I. Behandlung von I bei p_H 7/20° in wss. Lsg. mit Champignonpreßsaft u. Luft führt zu einem graubraunen Dehydrierungspolymerisat (III), das bis zu 2% N enthält. Aus der Mutterlauge hiervon läßt sich etwas *2.6-Dimethoxybenzochinon* extrahieren Mit Aceton kann aus III ein Material von 0,4% N gewonnen werden,

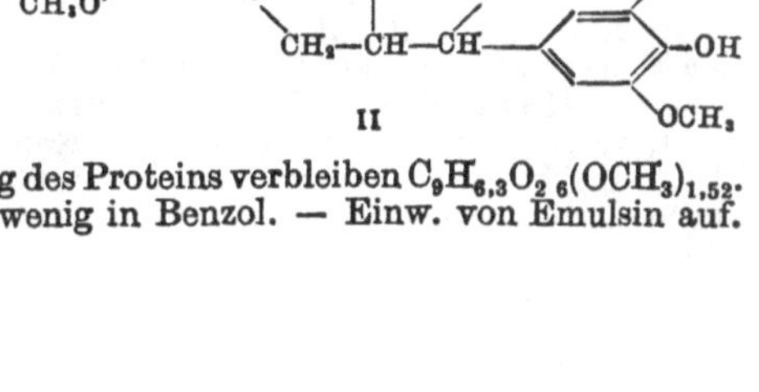

II

umgerechnet auf Eiweiß = 2,6%. Nach Abzug des Proteins verbleiben $C_9H_{8,3}O_{2,6}(OCH_3)_{1,52}$. III löst sich in NaOH, wenig in Na_2CO_3 u. wenig in Benzol. — Einw. von Emulsin auf

Coniferin bei p_H 7/20° während 5 Wochen führt zur Abscheidung eines amorphen ligninartigen Prod., aus dem sich wie vorst. ein Material von 0,4% N gewinnen läßt, das die Zus. $C_9H_{6,78}O_{1,75}(OCH_3)_{0,95}$ hat.

Versuche: *Sinapinsäureäthylester*, F. 83° (Methanol + W.), aus Syringaaldehyd u. Malonsäuremonoäthylester durch Lösen in Pyridin, Zufügen von etwas Piperidin oder Anilin, Stehen bei Zimmertemp. u. dann 48 Std. bei 40° u. Gießen in 2nHCl; gelbe Kristalle; 94% (Rohausbeute). *Acetylderiv.*, F. 120—121°, Blättchen aus Alkohol. — *Sinapinalkohol* (I), $C_{11}H_{14}O_4$, F. 66—67°, a) durch Red. vorst. Verb. mit $LiAlH_4$, Zers. des Doppelsalzes mit wss. Ae., Abzentrifugieren, Zers. des Nd. mit $KHSO_4$ u. Ausäthern; aus den vereinigten Ätherauszügen durch Einengen; 40—47%; läßt sich über P_2O_5 unter Lichtabschluß einige Zeit unverändert aufbewahren. b) Aus nachst. Syringir (5 g) durch Auflösen in 300 cm³ W., Einstellen mit Phosphatpuffer auf p_H 5,6, Zufügen von 0,4 g Emulsin nach WILLSTÄTTER u. CZÁNYI (Hoppe-Seyler's Z. physiol. Chem. **177.** [1921.] 172) u. 1 cm³ Toluol, Verschließen des Gefäßes nach Ausspülen mit N_2 mit 2 Gärröhren (inneres mit Dithionit, äußeres mit W. beschickt), 5tägiges Stehen bei 37°, Filtrieren über Talk, Ausäthern, Abdampfen, Aufnehmen in Chlf., Abdampfen im Vakuum, Aufnehmen in absol. Ae. u. Zusatz von PAe. bis zur beginnenden Trübung; 1 g. c) Syringin kann auch durch $Ba(OH)_2$ gespalten werden, Ausbeute dann aber gering. — *Syringin*, F. 190—192°, durch Auskochen von 10 kg zerkleinerter Fliederrinde mit W., Versetzen der Lsg. mit bas. Pb-Acetat, bis kein Nd. mehr fällt, Abdekantieren, Einleiten von H_2S, Einengen bis zur beginnenden Kristallisation; 50—60 g. *Pentaacetat*, $C_{27}H_{34}O_{14}$, F. 114—115° (A.). — *Dehydrodisinapinalkohol* (**II?**), $C_{22}H_{26}O_8$, F. 175—176° (A.), aus I oder Syringin mit rohem Emulsin ohne vorst. Vorsichtsmaßregeln; $[\alpha]_D^{20}$ +2,3° (Chlf.); geringe Ausbeute. *K-Salz*, $C_{22}H_{24}O_8K_2$, mit alkoh. KOH. (Chem. Ber. **84.** 472—76. 1951. Heidelberg, Univ., Chem. Inst., u. Forschungsinst. für die Chemie des Holzes u. der Polysaccharide.)

LEHWALD. 1470

Randolph Riemschneider, *Über das sogenannte „ζ-Hexachlorcyclohexan“.* 4. Mitt. (3. vgl. C. **1951.** II. 1875.) Das bei der Chlorierung von 1.2.4.5-Tetrachlorcyclohexan (F. 174°) erhaltene *ζ-Hexachlorcyclohexan* vom F. 146° wird als ein Stereoisomeres der 1.1.2.4.4.5-Hexachlorcyclohexane, nämlich als *α-1.1.2.4.4.5-Hexachlorcyclohexan* (**I**) der Konfiguration 1ep.2e.4ep.5e angesehen. Rk. von I mit Zn-Staub in CH_3OH lieferte *1.4-Dichlorcyclohexadien* (**II**) vom F. 63°, aus dem mit HNO_3 *1.4-Dichlor-2-nitrobenzol* erhalten wurde. Chlorierung von II in CCl_4 unter Eiskühlung ergab wieder **I**, Bromierung *1.4-Dichlortetrabromcyclohexan* (**III**), F. 198—199°. Da die Abspaltung von 1 Mol HCl aus **II** unter Bldg. von Monochlorbenzol nur schwer erfolgte u. die Oxydation mit alkal. $KMnO_4$ nur zu Oxalsäure führte, wird angenommen, daß keine konjugierte Doppelbindung in **II** vorliegt. Erhitzen von **II** mit Br_2 liefert neben **III** unter HCl-Entw. *1.4-Dichlorbenzol.* Alkoh. KOH spaltet aus **III** 3 Mol HBr ab unter Bldg. von *1.4-Dichlor-2-brombenzol,* F. 33°. (Z. Naturforsch. **6b.** 48—49. Jan./Febr. 1951. Berlin.)

HILDEGARD BAGANZ. 1810

Randolph Riemschneider, *Über das Hexachlorcyclohexan vom Schmelzpunkt 146°.* 5. Mitt. *α-1.1.2.4.4.5-Hexachlorcyclohexan.* (4. vgl. vorst. Ref.) Aus *α-1.1.2.4.4.5-Hexachlorcyclohexan* (**I**; F. 146°) entsteht beim Kochen mit Zn-Staub *1.4-Dichlorcyclohexadien-(1.4)* (**II**; F. 63°), das mit Cl_2 **I** (F. 145°) zurückbildet, es ist also keine Kondensation oder Umlagerung eingetreten. Dagegen gibt Behandlung des α-, β-, γ-, δ- oder *ε-1.2.3.4.5.6-Hexachlorcyclohexans* (**III**) mit Zn-Staub Bzl. (nachgewiesen mit MARQUISschem Reagens). Bei der Einw. von alkoh. KOH auf **I** entsteht als einziges Reaktionsprod. *1.2.4-Trichlorbenzol* (E. 16,5—16,6°, *Mononitroderiv.*, F. 57°; *Dinitroderiv.*, F. 104°; *Aminoderiv.*, F. 185°), das sich auch aus den fünf Isomeren des **III**, aber neben anderen Trichlorbenzolen bildet. **II** spaltet in der Hitze mit alkoh. KOH ein Mol HCl (titrimetr. bestimmt) ab unter Bldg. von *Chlorbenzol* (*2.4-Dinitrochlorbenzol*, F. 50—51°). Da 0,5nKOH erst in der Hitze angreift, können die beiden Doppelbindungen nicht konjugiert sein, denn 1.3-Dichlorcyclohexadien-(1.3) (**V**) ist wesentlich unbeständiger. Bei der Brombehandlung von **II** in der Kälte entsteht *α-1.4-Dichlor-1.2.4.5-tetrabromcyclohexan* (**IV**; $C_6H_6Cl_2Br_4$, F. 198 bis 199°), das bei Einw. von Alkali *1.4-Dichlor-2-brombenzol* (F. 33°) bildet u. bei Zn-Staubbehandlung **II** zurückliefert. Ein weiterer Beweis für die 1.4-Stellung der Cl-Atome in **II** ist die Bldg. von *1.4-Dichlor-2-nitrobenzol* (F. 52—53°) sowohl aus **II** als auch aus dem bei der Bromierung von **II** in der Wärme neben **IV** entstandenen *p-Dichlorbenzol* (**VI**). Beim Kochen von **II** mit PCl_5 entsteht kein **VI**, es ist auch in diesem Falle beständiger als **V**, das nach CROSSLEY u HAAS (1903) in m-Chlorbenzol übergeht. Bei der Oxydation von **II** mit alkal. $KMnO_4$-Lsg. entsteht nur *Oxalsäure* (F. 102°); die Oxydation mit SeO_2 verlief negativ. Mit dienophilen Komponenten reagiert **II** nicht. Die angeführten Rkk. sprechen für die angegebene Konst. von **II** u. damit auch von **I.** (Z. Naturforsch. **6b.** 410—13. Nov./Dez. 1951.)

ROSDORFF. 1810

Randolph Riemschneider, *Über das Hexachlorcyclohexan vom Schmelzpunkt 146°*. 6. Mitt. *Die Konfiguration des α-1.1.2.4.4.5-Hexachlorcyclohexans.* (5. vgl. vorst. Ref.) Für die Konfiguration des aus Chlorierungsprodd. des Cyclohexans sowie durch Chlorierung von *1.4-Dichlorcyclohexadien-(1.4)* (I) erhaltenen *α-1.1.2.4.4.5-Hexachlorcyclohexans* (II) werden mehrere Beweise gegeben. II hat die Konfiguration 1ep.2e.4ep.5e mit dem Dipolmoment Null; damit ist die von BASTIANSEN u. Mitarbeitern (Acta chem. scand. **1.** [1947.] 683) durchgeführte Dipolmessung des als sechstes 1.2.3.4.5.6-Hexachlorcyclohexan angesehenen II bestätigt. Gegen die Konfiguration 1ep.2p.4ep.5p spricht die relativ hohe Alkalistabilität von II; die Konfiguration 1ep.2p.4ep.5e ist auch unwahrscheinlich, da II nicht durch Chlorierung von Tetrachlorcyclohexan (F. 174°) der Konfiguration 1p.2p.4e.5e entsteht. Chem. Beweise für die Konfiguration 1ep.2e.4ep.5e von II sind: 1. Aus II wird durch Einw. von alkoh. KOH nur 1.2.4-Trichlorbenzol, nicht aber 1.3.5-Trichlorbenzol gebildet. 2. Aus den Chlorierungsprodd. von II konnte das in seiner Konfiguration bekannte *1.1.2.3.4.4.5.6-Oktachlorcyclohexan* (F. 258; Konfiguration: 1ep.2e.3e.4ep.5e.6e) isoliert werden. — Das durch Bromierung von I erhältliche *α-1.4-Dichlor-1.2.4.5-tetrabromcyclohexan* vom F. 199° dürfte ebenfalls die Konfiguration 1ep.2e·4ep.5e mit dem Dipolmoment Null (das noch nicht gemessen ist) besitzen. (Z. Naturforsch. **6b.** 339—40. Aug./Sept. 1951.) K. F. MÜLLER. 1810

Randolph Riemschneider, *Heptachlorcyclohexane.* 1. Mitt. *Über das sogenannte β-1.1.2.3.4.5.6-Heptachlorcyclohexan* (zugleich 7. Mitt. *zur Chemie von Polyhalocyclohexanen und verwandten Verbindungen*). (6. vgl. vorst. Ref.) Dis bisher (vgl. RIEMSCHNEIDER u. OTTMANN, C. **1952.** 4916) als *β-1.1.2.3.4.5.6-Heptachlorcyclohexan* (F. 257°) angesehene Verb., die mit der durch Addition von Cl_2 an Chlorbenzol hergestellten Verb. vom F. 258—260° ident. ist, wurde als *1.1.2.3.4.4.5.6-Oktachlorcyclohexan* (I) (Konfiguration 1ep.2e.3e.4ep.5e.6e) erkannt. I entsteht aus α-1.1.2.4.4.5-Hexachlorcyclohexan (1ep.2e.4ep.5e), aus β-1.2.3.4.5.6-Hexachlorcyclohexan oder aus *α-1.1.2.3.4.5.6-Heptachlorcyclohexan* (II; F. 150°) durch Chlorierung bzw. durch Addition von Cl_2 an p-Dichlorbenzol (III). Die Wiederholung der Verss. von MATTHEWS (1892) u. VAN DER LINDEN (1912) führten nur zu I oder II. Bei der Behandlung von I mit alkoh. KOH entsteht *Pentachlorbenzol* (F. 85°), während nach MATTHEWS (l. c.) 1.2.3.5-Tetrachlorbenzol vom F. 33—35° entstehen soll, reines 1.2.3.5-Isomeres schm. aber bei 51°. Das I analoge *1-Fluor-1.2.3.4.4.5.6-heptachlorcyclohexan* (F. 218°) bildet sich beim Einleiten von Cl_2 in Fluorbenzol bei 20—30° unter Belichtung. Die Bldg. von I aus III kann zum Nachw. von III in käuflichem o-Dichlorbenzol benutzt werden. — Der hohe F. von I spricht ebenfalls gegen eine Formulierung als 1.1.2.3.4.5.6-Heptachlorcyclohexan, da es nicht sehr viel höher schm. dürfte als II, das als verhältnismäßig symm. gebaut (ep.e.e.e.e.e) ein kleines Dipolmoment u. relativ hohen F. besitzt. Die stabilen u. instabilen Konfigurationen der theoret. möglichen 1.1.2.3.4.5.6-Heptachlorcyclohexane u. der 1.2.3.4.5.6-Hexachlorcyclohexane sind tabellar. dargestellt. (Z. Naturforsch. **6b.** 413—17. Nov./Dez. 1951. Berlin-Dahlem, FU, Chem. Inst.) ROSDORFF. 1810

Milton J. Allen, James E. Fearn und Harold A. Levine, *Substituierte aromatische Glykole, dargestellt durch elektrolytische Reduktion.* Aus *p-[Acetamido]-benzaldehyd* (I), *p-[Acetamido]-ω-[dimethylamino]-propiophenon* (II) u. *ω-[Dimethylamino]-propiophenon* (III) werden durch elektrolyt. Red. bei erhöhter Temp. u. konstantem Bezugspotential die folgenden Pinakone in guter Ausbeute dargestellt: *4.4'-Bis-[p-acetamido]-hydrobenzoin* (IV), *3.4-Bis-[p-acetamidophenyl]-1.6-bis-[dimethylamino]-hexandiol-(3.4)* (V) u. *1.6-Bis-[dimethylamino]-3.4-diphenylhexandiol-(3.4)* (VI). Die Ausbeuten sind stark abhängig von dem jeweiligen Katholyten. Der Vers. der Pinakolinumlagerung durch Einw. von Säuren liefert bei IV u. V nur Harze, während aus VI das Pinakolin *1.6-Bis-[dimethylamino]-4.4-diphenylhexanon-(3)* (VII) entsteht. Die Konst. wird sichergestellt durch Oxydation zu Benzophenon u. durch Rk. mit Phenylhydrazin zu einem Pyrazolinderivat. Die Darst. von II in sehr guter Ausbeute wird beschrieben.

V e r s u c h e (FF. korr., KOFLER-Block): Die Redd. werden mit Hg-Kathode u. Pt-Anode durchgeführt. Bezugspotential —1,55 V. — *4.4'-Bis-[p-acetamido]-hydrobenzoin* (IV), $C_{18}H_{20}O_4N_2$, F. 265—266°, aus I in A. u. wss. Acetal; Anolyt 40%ig. wss. K_2CO_3. Bei 81° Stromdichte zu Beginn 0,178 A/cm², nach 14 Min. 0,002 A/cm². Der Katholyt wird filtriert, mit W. verd. u. aus 2-Äthoxyäthanol/Ae. umkristallisiert. — *p-Acetamido-ω-[dimethylamino]-propiophenon* (II), *Hydrochlorid*, $C_{13}H_{19}O_2N_2Cl$, F. 203°, aus p-Acetamidoacetophenon (248 g), Dimethylaminhydrochlorid (184,8 g), Paraformaldehyd (42 g), n-Propylalkohol (280 cm³) + konz. HCl durch Kochen u. Zugabe von Aceton. Hellgelbe Kristalle aus 83%ig. A.; 313 g. — *3.4-Bis-[p-acetamidophenyl]-1.6-bis-[dimethylamino]-hexandiol-(3.4)* (V), $C_{26}H_{38}O_4N_4$, F. 286—287° (A.), aus II·HCl in 50%ig. CH_3COOH. Anolyt 50%ig. CH_3COOH. Bei 52° zu Beginn 0,047 A/cm² (Bezugspotential —1,7 V) nach 6 Std. 0,014 A/cm². Aus dem Katholyt Kristalle aus Äthylalkohol. — *3.4-Bis-[p-aminophenyl]-1.6-bis-[dimethylamino]-hexandiol-(3.4)*, $C_{22}H_{34}O_2N_4$, F. 215—216° (A.), aus **V** durch Kochen mit HCl. — *1.6-Bis-[dimethylamino]-3.4-diphenylhexandiol-(3.4)* (**VI**), aus **III** in konz. HCl/W. 1:2. Anolyt 3nHCl. Bei 106° zu Beginn 0,221 A/cm² (Bezugspotential —0,85 V), nach 30 Min. 0,055 A/cm². Der Anolyt wurde mit 30% ig. NaOH bas. gemacht, ausgeäthert u. Ae.-Rückstand aus A. umkrist.: *α-Form*, F. 146,9—148,4°. Rückstand der Mutterlauge lieferte aus Aceton u. CH_3OH/W. kub. Kristalle der *β-Form*, F. 107,4—108,9°. *α-Pikrat*, F. 253—254° (Zers.), Plättchen; *β-Pikrat*, F. 212—213° (Zers.). *α-Diacetat*, $C_{26}H_{36}O_4N_2$, 1. F. 104,5—107,5°; 2. F. 124—128° aus Dioxan/W. oder CH_3OH. Aus n-Butyläther Rhomben, F. 137—138°. — *1.6-Bis-[dimethylamino]-4.4-diphenylhexanon-(3)* (**VII**), aus **VI** (α- u. β-Form) durch 15 Min. Erhitzen mit 80% ig. H_2SO_4 auf 100°, Verdünnen mit W. u. Alkalisieren mit NH_4OH, Ausäthern u. Eindampfen. Gelbes Öl. *Pikrat*, F. 177—179°. *Di-p-toluolsulfonat*, $C_{36}H_{46}O_7N_2S_2$, F. 167,5—168°, aus CH_3OH mit Isopropyläther gefällt. **VII** gibt bei Oxydation mit $KMnO_4$ *Benzophenon*, F. 47—48°. — *3-[3-Dimethylamino-1.1-diphenylpropyl]-1-phenylpyrazolin* (?), $C_{26}H_{29}N_3$, F. 115—116,5°, durch Kochen von **VII** u. Phenylhydrazin mit Na-Acetat in 50% ig. CH_3COOH, kristallines Pulver (A.). (J. chem. Soc. [London] **1952**. 2220—23. Juni. Bethesda, Md., National Cancer Inst.) MACHOLDT. 2380

Milton D. Soffer, Roberta A. Stewart und Grace L. Smith, *Einige ungewöhnliche Reaktionen von Tetralon-(2)*. Während *Tetralon-(1)* (**I**) bei der Glyoxylierung ein n. Prod. liefert, entsteht bei der methylatkatalysierten Kondensation von *Tetralon-(2)* (**II**) mit Oxalsäuredimethylester in nichtpolaren Lösungsmitteln *3-Oxynaphthyl-(2)-glykolsäuremethylester* (**III**), dessen Bldg. offenbar über das 3-Glyoxylat **IV** unter Umlagerung verläuft. Die Konst. von **III** ergab sich aus der $LiAlH_4$-Red. zu *3-Oxynaphthyl-(2)-äthylenglykol* (**V**) u. dessen Perjodatspaltung zu *3-Oxynaphthaldehyd-(2)*. Ebenso ungewöhnlich ist die Umsetzung von **II** mit Brom, die unter den Bromierungsbedingungen von **I** zu 2-Bromtetralon-(1) *β-Naphthol* liefert.

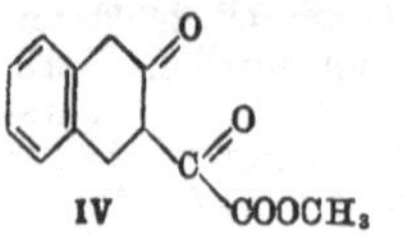
IV

Versuche (FF. korr.): *3-Oxynaphthyl-(2)-glykolsäuremethylester* (**III**), $C_{13}H_{12}O_4$, F. 153—154°, aus **II** nach BACHMANN u. Mitarbeiter (J. Amer. chem. Soc. **62**. [1940.] 824) mit Oxalsäuredimethylester in Bzl. in Ggw. von Na-Methylat, aus Methanol durch Fällen mit Bzl.; 45% (Ausbeute). OH-Bande bei 2,91 μ, COOH-Bande bei 5,77 μ u. $FeCl_3$-Rk. grün; in konz. H_2SO_4 rot → orange → graugrün → blaugrün → blau → purpurrot. — *3-Oxynaphthyl-(2)-glykolsäure*, $C_{12}H_{10}O_4$, F. 166—166,5°, durch Verseifen von **III** mit 2%ig. NaOH bei 0° (1 Std.), aus Methanol + Bzl. u. W. Kristalle; 81%. OH-Bande 2,97 μ, COOH-Bande 5,77 μ. $FeCl_3$-Rk. grün; in konz. H_2SO_4 graugrün → blaugrün → tintenblau → violett. — *3-Oxynaphthyl-(2)-äthylenglykol* (**V**), $C_{12}H_{12}O_3$, F. 152—153°, aus **III** mit $LiAlH_4$ in Ae. unter N_2, aus Methanol + Bzl.; 100%. OH-Bande 2,81 μ. $FeCl_3$-Rk. grün. *Triacetat*, $C_{18}H_{18}O_6$, F. 87—87,5°, mit Essigsäureanhydrid in Pyridin, aus Bzl. + PAe. Kristalle; 93%. — *3-Oxynaphthaldehyd-(2)*, F. 99—100°, aus **V** in A. mit KJO_4 in 1nH_2SO_4 als Nd., aus verd. Essigsäure gelbe Nadeln; 60%. *Oxim*, $C_{11}H_9O_2N$, F. 207,5 bis 208° (Zers.), aus wss. A. hellgelbe Nadeln; $FeCl_3$-Rk. blau. — *β-Naphthol*, F. 120—121°, aus **II** mit Brom in Ae.; *Pikrat*, F. 156,5—157,5°. (J. Amer. chem. Soc. **74**. 1556—58. 20/3. 1952. Northampton, Mass., Oxford Univ., Smith Coll. u. Wellesley Coll., Chem. Labors., u. Dyson Perrins Labor.) GOLD. 2700

Reynold C. Fuson und Thomas G. Miller, *Die Synthese von 4-Cyan-4-methyl-1-keto-1.4-dihydronaphthalin*. Im Rahmen ihrer Unterss. über die VON AUWERS-Umlagerung (vgl. FUSON u. MILLER, C. **1952**. 7006) synthetisieren Vff. *4-Cyan-4-methyl-1-keto-1.4-dihydronaphthalin* (**V**) wie folgt: *γ-Cyan-γ-phenylvaleriansäure* (**II**) → *4-Cyan-4-methyl-1-keto-1.2.3.4-tetrahydronaphthalin* (**III**) → *2-Brom-4-cyan-4-methyl-1-keto-1.2.3.4-tetrahydronaphthalin* (**IV**) → **V**. Ein Vers., **II** aus α-Methyl-α-phenylglutarsäuredinitril (**VI**) zu erhalten, gelang nicht, da die prim. CN-Gruppe nicht ohne gleichzeitigen Angriff der tert. CN-Gruppe hydrolysiert werden konnte. Je nach den Versuchsbedingungen entstand *α-Methyl-α-phenylglutarsäuremonoamid* (**VII**) oder *-glutarimid* (**VIII**).

Versuche: *γ-Cyan-γ-phenylvaleriansäuremethylester* (**I**), $C_{13}H_{15}O_2N$, Kp.$_{0,5}$ 130°, aus α-Phenylpropionitril mit $NaOCH_3$ in Bzl. (eine Std. kochen) u. Acrylsäuremethylester (18 Std. bei 20—25°); n_D^{20} 1,5057; 43% (Ausbeute). — *γ-Cyan-γ-phenylvaleriansäure* (**II**), $C_{12}H_{13}O_2N$, F. 74—74,5°, aus vorst. Verb. mit kalter methanol. KOH; Nadeln aus Bzl.-Bzn.; 100%. — *4-Cyan-4-methyl-1-keto-1.2.3.4-tetrahydronaphthalin* (**III**), $C_{12}H_{11}ON$, F. 57,5—58°, Kp.$_{0,3}$ 105—125° (roh), aus dem Chlorid der vorst. Säure mit $AlCl_3$ in PAe. (4 Std. kochen); Prismen aus Bzl.-Bzn.; 33%. — *2-Brom-4-cyan-4-methyl-1-keto-1.2.3.4-tetrahydronaphthalin* (**IV**), $C_{12}H_{10}ONBr$, F. bis 133,5° (unscharf), aus **III** in Ae. mit Br_2 in CCl_4 u. etwas $AlCl_3$; Nadeln aus Bzl.-Bzn.; 83%; vermutlich Gemisch von 2 rac.

Formen. — *4-Cyan-4-methyl-1-keto-1.4-dihydronaphthalin* (**V**), $C_{12}H_9ON$, F. 86—86,5°, aus vorst. Verb. durch Kochen mit α-Picolin; Nadeln aus Bzl.–Bzn.; 64%. — *α-Methyl-α-phenylglutarsäurenitril* (**VI**), $C_{12}H_{12}N_2$, Kp.$_{1,2}$ 159°, aus α-Phenylpropionitril u. Acrylnitril in tert.-Butanol mit KOH in Methanol bei 15—25°; n_D^{20} 1,5202; 55%. — *γ-Methyl-γ-phenylglutarsäuremonamid* (**VII**), $C_{12}H_{15}O_3N$, F. 163,5—164,5°, durch 2std. Erhitzen von 5 g **VI** mit 25 cm³ H_2SO_4 (75%) u. 1 g NaCl auf 100° oder durch Rk. des gleichen Nitrils (2 g) mit konz. H_2SO_4 (15 cm³) bei 35° (12 Std.) u. Zers. mit Eis; Prismen aus Nitromethan oder A.; vermutlich ist die tert. Nitrilgruppe nur partiell verseift. — *α-Methyl-α-phenylglutarimid* (**VIII**), $C_{12}H_{13}O_2N$, F. 104—105°, durch 6std. Erhitzen von 2 g **VI** mit 12 g H_2SO_4 (75%) auf 100° u. Zers. mit Eis oder durch Erhitzen von **VII** auf 180 bis 200°; Blättchen aus verd. A., schwer lösl. in W., lösl. in A. u. verd. NaOH. — *γ-Cyan-α-methyl-α-phenylbutyraldehyd* (**IX**), $C_{12}H_{13}ON$, Kp.$_{0,6}$ 135—141°, aus α-Phenylpropionaldehyd u. Acrylnitril bei Ggw. von KOH; n_D^{20} 1,5270; 74%. *2.4-Dinitrophenylhydrazon*, $C_{18}H_{17}O_4N_5$, F. 167—168°, gelbe Nadeln aus A.–Äthylacetat. — *γ-Benzoylvaleronitril* (**X**), $C_{12}H_{13}ON$, Kp.$_{0,4}$ 135°, aus Propiophenon u. Acrylnitril in Dioxan + Triton B bei 25°; n_D^{20} 1,5265; 36%. *2.4-Dinitrophenylhydrazon*, $C_{18}H_{17}O_4N_5$, F. 141—142°, orange Nadeln aus Alkohol. — Die funktionellen Gruppen der Verbb. **II**, **III**, **V**, **VIII** u. **IX** wurden durch die charakterist. Infrarotabsorptionsbanden nachgewiesen. (J. org. Chemistry **17**. 886—90. Juni 1952. Illinois, Univ., Noyes Chem. Labor.) PRACEJUS. 2700

Christian S. Rondestvedt jr. und **James C. Wygant**, *Ungesättigte Sulfonsäuren. 1. Mitt. Diels-Alder-Reaktionen. Methyl-2-phenyläthen-* (**IV**) u. *Methyl-2-[p-nitrophenyl-äthen]-1-sulfonat* (**I**) reagieren mit Cyclopentadien (**V**). Aus **I** wurde *Methyl-6-[p-nitrophenyl]-2.5-endomethano-1.2.5.6-tetrahydrobenzolsulfonat* (**II**) erhalten. Da **II** ster. nicht homogen ist, wird angenommen, daß **I** in der trans-Form vorlag. Diese Annahme wird dadurch verstärkt, daß *2-Phenyläthen-1-sulfonylchlorid* (**III**) nicht zu Benzothiophen-1.1-dioxyd cyclisiert werden konnte. Außerdem besitzt *2-[o-Nitrophenyläthen]-1-sulfonylchlorid*, das wie **I** aus **III** dargestellt wurde, trans-Konfiguration. Es wird angenommen, daß **II** ein Gemisch von 65% **IIa** u. 35% **IIb** ist. **IIa** konnte in ein krist. Bromsulton übergeführt werden. **IV** u. **V** gaben ein Additionsprod., das als Bromsulton isoliert wurde.

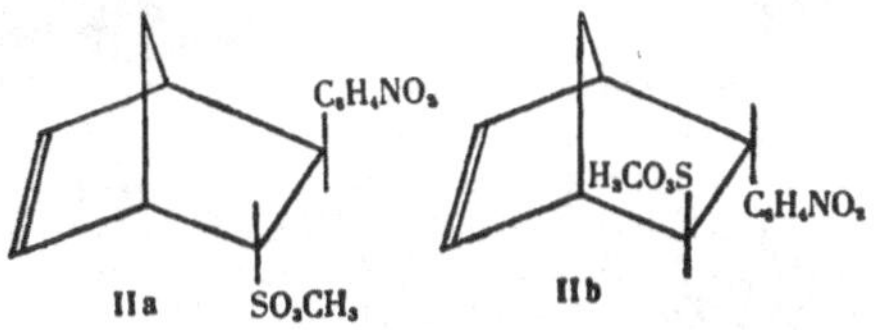

IIa IIb

I u. **IV** reagierten nicht mit Butadien. Ebensowenig konnte eine Addition der Na-Salze, Sulfonylchloride, N-substituierten oder unsubstituierten Amide u. der Säuren an **V**, Butadien oder Furan beobachtet werden.

Versuche: *Methyl-2-phenyläthen-1-sulfonat* (**IV**), $C_9H_{10}O_3S$, F. 68,0—68,7° (CCl_4). — *Methyl-2-[p-nitrophenyl]-äthen-1-sulfonat* (**I**), $C_9H_9O_5NS$, F. 157—159° (Aceton–CH_3·OH). — *N.N-Diäthyl-2-[p-nitrophenyl]-äthen-1-sulfonamid*, $C_{12}H_{16}O_4N_2S$, F. 117,5—119°, durch Zugabe von Diäthylamin u. Pyridin zu 2-[p-Nitrophenyl]-äthen-1-sulfonylchlorid in Aceton u. Gießen in W.; 63% (Ausbeute). — *2-[p-Nitrophenyl]-äthen-1-sulfonsäure, Benzylthiuroniumsalz*, $C_{16}H_{17}O_5N_3S_2$, F. 214—215° (verd. A.), durch Hydrolyse des Sulfonylchlorids mit alkoh. KOH, Ansäuern u. Zugabe von Benzylthiuroniumchlorid. *p-Toluidinsalz*, $C_{15}H_{16}O_5N_2S$, F. 260—263° (Zers.). — *6-[p-Nitrophenyl]-2.5-endomethano-1.2.5.6-tetrahydrobenzolsulfonsäure, Methylester* (**II**), $C_{14}H_{15}O_5NS$, durch 1std. Kochen von **I** mit **V** in Brombenzol u. Entfernung des Lösungsm. im Vakuum; 3 Kristallfraktionen aus CH_3·OH: F. 95—102°, F. 91—98° u. F. 78—86°; 68%. *Benzylthiuroniumsalz*, $C_{21}H_{23}O_5N_3S_2$, F. 235° (Zers.); 98%. *p-Toluidinsalz*, $C_{20}H_{22}O_5N_2S$, F. 217,5—219°; 97%. — *2-[p-Nitrophenyl]-6-brom-[2.2.1]-bicycloheptan-3.5-sulton*, $C_{13}H_{12}O_5NBrS$, F. 206—208° (CH_3OH-Aceton), durch Hydrolyse von **II** mit verd. alkoh. NaOH, Zugabe von Säure u. KBr_3; 60—65%. Wurde eine Probe von **II** vor der Hydrolyse 14mal aus CH_3OH, PAe., Acetonitril, Nitromethan u. Aceton umkrist., so betrug die Ausbeute 93%. — *2-Phenyl-6-brom-[2.2.1]-bicycloheptan-3.5-sulton*, $C_{13}H_{13}O_3BrS$, F. 114,5—116,5° (CH_3OH), durch 2std. Kochen von **IV** u. **V** in Brombenzol, Entfernung des flüchtigen Materials im Vakuum, 1std. Kochen mit methanol. NaOH, Zugabe von W., Extraktion mit Ae. u. Behandlung mit Bromat–Bromid; 9%. (J. Amer. chem. Soc. **73**. 5785—87. Dez. 1951. Ann Arbor, Mich., Univ. of Michigan, Dep. of Chem.) HILDEGARD BAGANZ. 2950

Ju. K. Jurjew und **G. B. Jeljakow**, *Tetraacyloxysilane bei der Synthese von Ketonen der Thiophen- und Furanreihe. Alkylthienyl-(2)-ketone* (Alkyl = CH_3, C_2H_5, n-C_3H_7, n-C_4H_9, n-C_5H_{11}, n-$C_{17}H_{35}$), ferner *Phenylthienyl-(2)-keton* wurden aus den entsprechenden Tetraacyloxysilanen u. Thiophen (**I**) in Ggw. von $SnCl_4$ erhalten. Die Meth. ist auch in der Furanreihe anwendbar. *Methylfuryl-(2)-keton* wurde hergestellt.

Versuche: 100 cm³ Bzl., 0,11 g-Mol der entsprechenden Fettsäure u. 0,03 g-Mol $SiCl_4$ werden auf dem Wasserbad bis zum Aufhören der HCl-Entw. erhitzt. Capronsäure reagiert bereits bei 27°, Stearinsäure in der Kälte. In das abgekühlte Reaktionsgemisch trägt man 0,08 g-Mol I ein u. läßt 0,04 g-Mol in 30 cm³ Bzl. gelöstes $SnCl_4$ zutropfen. Man erhitzt auf dem Wasserbad bis zum Aufhören der HCl-Entwicklung. Nach dem Abkühlen wird mit Eiswasser zers. u. mit überhitztem Dampf von 300° destilliert. Die krist. Ketone werden aus A. umkristallisiert. n-Heptadecylthienyl-(2)-keton ist nicht mit Dampf flüchtig u. wird nach Vertreiben des Bzl. mit Wasserdampf durch Filtrieren u. Extrahieren mit Ae. gewonnen. *Methylthienyl-(2)-keton*, $Kp._{11}$ 89,5°; $D._4^{20}$ 1,1750; n_D^{20} 1,5675; Mol.-Refr. ($[MR]_D$) 35,10; 94% (Ausbeute). — *Äthylthienyl-(2)-keton*, $Kp._4$ 81°; $D._4^{20}$ 1,1390; n_D^{20} 1,5538; $[MR]_D$ 39,38; 89%. — *n-Propylthienyl-(2)-keton*, $Kp._3$ 89°; $D._4^{20}$ 1,1030; n_D^{20} 1,5442; $[MR]_D$ 44,15; 93,7%. — *n-Butylthienyl-(2)-keton*, $Kp._3$ 97°; $D._4^{20}$ 1,0740; n_D^{20} 1,5363; $[MR]_D$ 48,87; 94%. — *n-Amylthienyl-(2)-keton*, $Kp._3$ 110°; $D._4^{20}$ 1,0520; n_D^{20} 1,5300; $[MR]_D$ 53,53; 95,4%. — *n-Heptadecylthienyl-(2)-keton*, F. 48,5—49,2°; $Kp._3$ 213°; 68%. — *Phenylthienyl-(2)-keton*, F. 56—57°; 73%; in CS_2 in Ggw. von $AlCl_3$ beträgt die Ausbeute nur 12,8%, in Ligroin in Ggw. von $AlCl_3$ 20,7%. — *Methylfuryl-(2)-keton*, F. 29—30°; $Kp._3$ 42—43°; aus 10 g Eisessig, einer Lsg. von 6 g $SiCl_4$ in 300 cm³ Bzl. + 22 g Dioxan u. 11,3 g Furan in Ggw. von 22 g $SnCl_4$; $D._4^{20}$ 1,104; n_D^{20} 1,5035; $[MR]_D$ 29,49; 2,2 g. (Доклады Академии Наук СССР [Ber. Akad. Wiss. UdSSR] [N. S.] **86**. 337—40. 11/9. 1952. Moskau, Lomonossow-Univ., Zelinsky-Labor. für organ. Chem.)

WÖRFFEL. 3051

Ju. K. Jurjew, I. K. Korobitzyna und **L. A. Ssawina**, *Synthese und Umwandlung von β-Furanidon.* Bei der Hydratation von Butin-(2)-diol-(1.4) (I) in Methanol oder A. in Ggw. des Hg-Salzes (II) von p-Toluolsulfonamid bilden sich *Oxymethylvinylketon* u. *4-Methoxy-* bzw. *4-Äthoxybutanol-(1)-on-(2)* u. nicht, wie im A. P. 2 468 881 angegeben, *β-Furanidon* (III). Diese Verb. kann dagegen durch Oxydation von β-Oxyfuranidin (**IV**) mit $Na_2Cr_2O_7$ u. H_2SO_4 erhalten werden. Am Al_2O_3-Kontakt entsteht aus **III** u. H_2S *Thiophan.*

V e r s u c h e : Eine Lsg. von I (F. 58°) in A. wurde mit **II** 72 Std. unter Rückfluß u. energ. Durchmischen erhitzt; man filtriert u. fraktioniert das Filtrat. *Oxymethylvinylketon*, $C_4H_6O_2$, $Kp._7$ 39—40°; $D._4^{20}$ 1,1088; n_D^{20} 1,4562; Mol.-Refr. ($[MR]_D$) 21,31; polymerisiert sich innerhalb eines Tages. *4-Äthoxybutanol-(1)-on-(2)*, $C_6H_{12}O_3$, $Kp._4$ 70 bis 71°; $Kp._{15}$ 92—93°; $D._4^{20}$ 1,0412; n_D^{20} 1,4396; $[MR]_D$ 33,34. *2.4-Dinitrophenylhydrazon*, $C_{12}H_{16}O_6N_4$, F. 148—149°; aus A. Kristalle. — *β-Furanidon* (**III**), $C_4H_6O_2$, $Kp._{760}$ 139,4 bis 139,8°. Zu einer auf —10 bis —12° abgekühlten Lsg. von 36 g **IV** in 40 cm³ Ae. wird im Laufe von 3 Std. eine auf —3 bis —5° abgekühlte Lsg. von 46 g $Na_2Cr_2O_7$ in 60 g H_2SO_4 u. 200 cm³ W. zugesetzt. Man rührt 6 Std. bei Zimmertemp., läßt über Nacht stehen u. rührt weitere 4 Stunden. Fl.; $D._4^{20}$ 1,1124; n_D^{20} 1,4384; $[MR]_D$ 20 21; 6,1 g (Ausbeute); daneben 15,5 g nicht in Rk. getretenes **IV**. *2.4-Dinitrophenylhydrazon*, $C_{10}H_{10}O_5N_4$, F. 155°; aus A. Kristalle. *Semicarbazon*, $C_5H_9O_2N_3$, F. 164—165°; aus A. Kristalle. **III** liefert mit H_2S an Al_2O_3 bei 350° neben S *Thiophan*, Kp. 117—121°; n_D^{20} 1,4765. *$HgCl_2$-Verb.*, F. 125—125,5°. (Доклады Академии Наук СССР [Ber. Akad. Wiss. UdSSR] [N. S.] **86**. 91—94. 1/9. 1952. Moskau, Lomonossow-Univ., Zelinsky-Labor. für organ. Chem.) WÖRFFEL. 3061

Joseph A. Blanchette und **Ellis V. Brown**, *Die Willgerodt-Reaktion in der heterocyclischen Reihe.* 2. Mitt. *Einige Verbindungen der α- und β-Thienylreihe.* (1. vgl. C. **1951**. II. 2312.) Vff. übertrugen die WILLGERODT-Rk. erfolgreich auf Ketone aus der Thiophenreihe u. stellten zahlreiche entsprechende Säureamide her. Für das *3-Methylthienyl-(2)-methylketon* (I) wird eine Synth. beschrieben, bei der kein 4-Isomeres entsteht.

V e r s u c h e : *3-Methylthienyl-(2)-methylketon* (I), $Kp._{14}$ 98—99°. Aus 3-Methylthiophen u. N-Bromsuccinimid durch 5std. Kochen in CCl_4 *3-Methyl-2-bromthiophen* [$Kp._{13}$ 61—63°, $Kp._{16}$ 68—70°; 40—50% (Ausbeute)], daraus durch GRIGNARD-Synth. *3-Methylthenoesäure-(2)* [F. 147—148° (W.); 64%], diese wurde durch 3std. Kochen mit $SOCl_2$ ins Säurechlorid übergeführt, welches mit Dimethylcadmium in Ae. I gab; 86%. — *Thienyl-(3)-methylketon* (II), $Kp._{21}$ 117°, aus 2.5-Dichlorthiophen durch Acetylierung zu *2.5-Dichlorthienyl-(3)-methylketon*, KOCl-Oxydation zu *2.5-Dichlorthenoesäure-(3)*, Enthalogenierung mit Pd-Kohle zu *Thenoesäure-(3)* u. Überführung in **II** analog **I**; 41%. *Semicarbazon*, F. 173—174° (33%ig. A.). — *Methyl-α-thienylcarbinol* (**III**), $Kp._5$ 80—83°, aus Thiophenaldehyd-(2) (**IV**) u. CH_3MgBr nach GRIGNARD; 85%. *Urethan*, F. 85—86° (PAe.). — Nachst. Verbb. wurden a) aus dem entsprechenden Thiophenketon, S, konz. NH_4OH u. Dioxan im Rohr innerhalb 11—12 Std. bei 150—160° u. b) aus dem Thiophenderiv., gelbem $(NH_4)_2$-Polysulfid, S u. Dioxan im Rohr innerhalb 11—12 Std. bei 150—160° hergestellt. *2.5-Diäthylthienyl-(3)-acetamid*, $C_{10}H_{15}ONS$, F. 116—117°, aus 2.5-Diäthylthienyl-(3)-methylketon; 52 bzw. 40%. — *5-Äthylthienyl-(2)-acetamid*, $C_8H_{11}ONS$, F. 148°, aus 5-Äthylthienyl-(2)-methylketon; 42 bzw. 55%. — *5-Methylthienyl-(2)-acetamid*, C_7H_9ONS, F. 143—144°, aus 5-Methylthienyl-(2)-methylketon; 41 bzw. 54%. — *3.4-Di-*

methylthienyl-(2)-acetamid, $C_8H_{11}ONS$, F. 156°, aus 3.4-Dimethylthienyl-(2)-methylketon; 34 bzw. 24%. — *3-Methylthienyl-(2)-acetamid*, C_7H_9ONS, F. 142°, aus **I**; 27 bzw. 29%. — *2.3-Dimethylthienyl-(5)-acetamid*, $C_8H_{11}ONS$, F. 165—166°, aus 2.3-Dimethylthienyl-(5)-methylketon; 40 bzw. 55%. — *Thienyl-(3)-acetamid*, C_6H_7ONS, F. 154—155°, aus **II**; 5 bzw. 13%. — *Thienyl-(2)-propionamid*, F. 99—100°, aus Thienyl-(2)-aceton; 20 bzw. 28%. — *Thienyl-(2)-acetamid*, C_6H_7ONS, F. 147—148°, aus 2-Vinylthiophen; 25 bzw. 30%; oder aus **III**; 22 bzw. 35%. — *Thenoesäure-(2)-amid*, F. 179—180°, aus **IV**; 63 bzw. 70%; oder durch Hydrolyse von 6 g 2-Cyanthiophen mit H_2SO_4; 4 g. — Hydroyse der Amide mit 25%ig. KOH u. Ansäuern mit 20%ig. HCl ergab die nachst. Säuren: *5-Methylthienyl-(2)-essigsäure*, $C_7H_8O_2S$, F. 54—55° (PAe.). — *3.4-Dimethylthienyl-(2)-essigsäure*, $C_8H_{10}O_2S$, F. 67—68° (W.). — *3-Methylthienyl-(2)-essigsäure*, F. 89—90° (PAe.). — *2.3-Dimethylthienyl-(5)-essigsäure*, F. 97—98° (PAe.). — *Thienyl-(3)-essigsäure*, F. 79—80° (PAe.). — *Thienyl-(2)-propionsäure*, F. 44—45° (PAe.). — *Thienyl-(2)-essigsäure*, $C_6H_6O_2S$, F. 62—63° (PAe.). — *Thenoesäure-(2)*, F. 128° (W.). (J. Amer. chem. Soc. **73**. 2779—81. Juni 1951. New York, N. Y., Fordham Univ., Chem. Labor.) ZIMMER. 3071

Joseph A. Blanchette und **Ellis V. Brown**, *Die Willgerodt-Reaktion in der heterocyclischen Reihe*. 3. Mitt. *Temperaturuntersuchungen mit Thienylketonen*. (2. vgl vorst. Ref.) *Thienyl-(2)-methylketon* (**I**) konnte bisher als einziges einer ganzen Anzahl von Thiophenketonen nicht einer WILLGERODT-Rk. unterzogen werden. Vff. können nun zeigen, daß die bisherigen vergeblichen Verss. nur an zu hohen Versuchstempp. gelegen haben. Das Optimum der Rk. für **I** liegt bei 140—150°; bei 160° beträgt die Ausbeute an *Thienyl-(2)-acetamid* (**II**) nur noch 11% u. bei 180° nur noch 1%. Analoge Verhältnisse wurden außer bei **I** noch bei *3.4-Dimethylthienyl-(2)-methylketon* u. *2.5-Dimethylthienyl-(3)-methylketon* gefunden; bei 160° setzt eine scharfe Verminderung der Ausbeuten ein. Vff. zeigen weiter, daß **II** beim Erhitzen auf 190° für 12 Std. restlos zerstört wird. *Thienyl-(2)-äthylketon* u. *Thienyl-(2)-propylketon* verhalten sich ebenfalls analog **I**.

Versuche: **I**, *Thienyl-(2)-äthylketon* u. *Thienyl-(2)-propylketon* wurden aus Thiophen u. dem entsprechenden Säurechlorid nach JOHNSOHN u. MAY (Org. Syntheses Coll. **2**. [1944.] 8) erhalten. Die WILLGERODT-Rk. wurde nach den im vorst. Ref. beschriebenen 2 Verff. durchgeführt, die Reaktionsprodd. wurden danach zur Trockne eingedampft, mit W. extrahiert, es wurde konz. u. zum Auskristallisieren abgekühlt. *Thienyl-(2)-acetamid* (**II**), F. 148°; 43 bzw. 53%. — *Thienyl-(2)-propionamid*, F. 99—100° (Bzl.-PAe.); 25 bzw. 42%. — *Thienyl-(2)-butyramid*, $C_8H_{11}ONS$, F. 83—84°; 18 bzw. 37%. — Durch Hydrolyse mit 20%ig. KOH wurden erhalten: *Thienyl-(2)-essigsäure*, F. 62—63°. — *Thienyl-(2)-propionsäure*, F. 44—45°. — *Thienyl-(2)-buttersäure*, Öl. *p-Bromphenacylester*, $C_{16}H_{15}O_3BrS$, F. 51,5—52,5° (A.). — Ausbeuten bei anderen Tempp. vgl. Original. (J. Amer. chem. Soc. **74**. 1066—67. 20/2. 1952.) ZIMMER. 3071

Heinrich Hellmann und **Elisabeth Renz**, *Synthesen in der Oxindol-Reihe*; *über einen anomalen Verlauf der Kondensationsreaktionen tertiärer Mannich-Basen*. Bei vergeblichen Verss. zur Darst. von α-Oxytryptophan (Oxindolylalanin) fanden Vff. verschied. unerwartete Rkk.: Bei dem Vers., Oxindolyl-(3)-carbinol durch Addition von CH_2O an Oxindol (**I**) in Ggw. von Dimethylamin oder Piperidin zu erhalten, resultierte weder das Carbinol noch die entsprechende MANNICH-Base, sondern das wahrscheinlich in 3.3′-Stellung verknüpfte *Methylen-bis-oxindol*. Dieses ist wahrscheinlich aus dem prim. gebildeten Carbinol bzw. der MANNICH-Base durch Rk. mit unverändertem **I** unter H_2O- bzw. R_2NH-Abspaltung entstanden. Dimol. Prodd. wurden auch aus N-Acetyloxindol u. 3-Formyloxindol unter den Bedingungen der MANNICH-Rk. erhalten. Alle Benzoylierungsverss. an **I** führten zum *1.3.3-Tribenzoyloxindol*. Addition von CH_2O unter Carbinolbldg. konnte nur beim 1.3-Dimethyloxindol zum 1.3-Dimethyloxindolyl-(3)-carbinol (**II**) erreicht werden, das auch mit überschüssigem Amin keine MANNICH-Base bildete. — Ferner wurde das Verh. des Dioxindols (**III**) u. seiner Derivv. geprüft u. gefunden, daß freies **III** u. sein N-Acetylderiv. keine MANNICH-Rk. eingehen, während O.N-Diacyldioxindole ohne Kondensationsmittel überraschend leicht die entsprechenden MANNICH-Basen liefern. Diese kondensieren sich aber nicht mit Formaminomalonester (**VIII**) unter Abspaltung des R_2NH zu Prodd., deren Totalhydrolyse Dioxindolylalanin liefern würde, sondern spalten die ganze Dialkylaminomethylgruppe ab, die an die Stelle des reaktionsfähigen H-Atoms des anderen Partners tritt. Es wurde weiter versucht, durch Ringschluß nach NEBER (Ber. dtsch. chem. Ges. **55**. [1922.] 829) von o-Nitrophenylessigsäurederivv., die am $C_{(\alpha)}$ entsprechend substituiert sind, zu Oxindolylalanin zu gelangen. o-Nitrophenylessigester u. o-Nitrobenzylcyanid ließen sich nicht nach MANNICH kondensieren; Piperidinomethyl-o-nitromandelsäure (**VII**)-Methylester setzte sich mit **VIII** nicht um, **VII** selbst lieferte bei Kondensationsverss. das *Piperidinsalz* der *o-Nitromandelsäure*, das auch leicht aus **VII** allein entsteht.

Versuche: *Methylen-bis-oxindol*, $C_{17}H_{14}O_2N_2$, Zers. bei 238—240°, aus I u. 40%ig. CH_2O in Ggw. von $(CH_3)_2NH$. — *1.3-Dimethyl-3-oxymethyloxindol* (II), $C_{11}H_{13}O_2N$, F. 145°, aus 1.3-Dimethyloxindol, CH_2O u. sek. Amin; aus Hexan Nadeln; 60% (Ausbeute). — *O.N-Dibenzoyldioxindol* (*3-Benzoyloxy-1-benzoyloxindol*) (IV), $C_{22}H_{15}O_4N$, F. 171° (A.), aus III in Pyridin u. Benzoylchlorid bei 60°; 40%. — *O-Benzoyldioxindol*, F. 134°, wie vorst. ohne Erwärmen. — *N-Benzoyldioxindol*, $C_{15}H_{11}O_3N$, F. 103°, aus vorst. Verb. über das Na-Salz; aus A. Nadeln. — *N.N'-Dibenzoylisatyd* (V), $C_{30}H_{20}O_6N_2$, F. 203°, durch katalyt. Hydrierung von Benzoylisatin in alkoh. Suspension mit Pt; aus A. Rhomboeder; 78%. — *O.O'.N.N'-Tetrabenzoylisatyd*, $C_{44}H_{28}O_8N_2$, F. 236° (A.), aus V in Pyridin u. Benzoylchlorid bei 60°. — *O.N-Diacetyldioxindol* (VI), $C_{12}H_{11}O_4N$, F. 89° (A.), aus III u. Acetanhydrid (1 : 3); 80%. — *3-Diäthylaminomethyl-O.N-dibenzoyldioxindol*, $C_{27}H_{26}O_4N_2$, F. 122° (A.), aus IV, Formalin u. Diäthylamin; 92%. — *3-Piperidinomethyl-O.N-dibenzoyldioxindol* (X), $C_{28}H_{26}O_4N_2$, F. 142° (A.), mit Piperidin; 71%; entstand auch beim Vers. der Kondensation von IV mit Piperidinomethylformaminomalonester (IX). — *3-Diäthylaminomethyl-O.N-diacetyldioxindol*, $C_{17}H_{22}O_4N_2$, F. 72°, aus VI, CH_2O u. Diäthylamin; aus A. rhomb. Blättchen; 83%. — *3-Piperidinomethyl-O.N-diacetyldioxindol*, $C_{18}H_{22}O_4N_2$, F. 72° (A.); 56%; entstand auch aus VI u. IX. — *3-Piperidinomethyl-N-benzoyldioxindol*, $C_{21}H_{22}O_3N_2$, entstand beim Vers. der Kondensation von X mit VIII. — *α-Oxy-α-[o-nitrophenyl]-β-piperidinopropionsäure* (VII), F. 109° (Zers.), aus o-Nitromandelsäure, CH_2O u. Piperidin. *Methylester*, $C_{15}H_{20}O_5N_2$, mit CH_2N_2, Öl; ~100%. — *Piperidinsalz* der *o-Nitromandelsäure*, $C_{13}H_{18}O_5N_2$, F. 162° (Zers.), beim Umkristallisieren von VII aus heißem A. Nadeln. (Chem. Ber. **84.** 901—11. 1951. Tübingen, Max-Planck-Inst. für Biochem., u. Univ., Physiol.-chem. Inst.) RUSKE. 3081

Lee Irvin Smith und **Ray H. Anderson**, *Die Struktur des dimeren $C_{(3)}$-Phenylglycerinaldehyds und seine Reaktion mit Aminen. β-Phenylglycerinaldehyd* (I) liegt in wss. Lsg. in monomerer u. in organ. Lösungsmitteln in dimerer Form vor. Die Struktur des *dimeren* I (II) wurde untersucht; 3 verschied. Strukturformeln dafür werden erörtert: Einmal die eines symm. substituierten Dioxanringes u. dann 2 Möglichkeiten eines in verschied. Anordnung asymm. substituierten Dioxolanringes, von denen *2 [β-Phenyl-α.β-dioxyäthyl]-4-[α-oxybenzyl]-5-oxy-1.3-dioxolan* (IIa) den Vorzug hat. Es bildet mit Anilin im Verhältnis 1 : 1 ein Phenylglykosylamin (III), dem im Einklang mit IIa die Struktur *2-[β-Phenyl-α.β-dioxyäthyl]-4-[α-oxybenzyl]-5-anilino-1.3-dioxolan* zugeschrieben wird. Ebenso wie mit Anilin reagiert II mit Phenylalaninäthylester. Im Gegensatz dazu entsteht bei der Rk. mit Methylanilin ein Aminoketol. Wahrscheinlich wird die weitere Umlagerung des als Zwischenprod. entstehenden Glykosylamins durch die erhöhte Basizität des Methylanilins bedingt. — Bei dem Vgl. der Infrarotspektren der als Modellsubstanzen hergestellten Dioxolanderivv. mit II u. III ergab sich, daß III eindeutig die für den Dioxolanring charakterist. Bande bei 9,6 μ zeigt, während bei II daneben die Absorptionsbande des Dioxanringes stark ausgebildet ist. Wahrscheinlich kann II außer in der Form IIa auch als substituiertes Dioxanderiv. vorliegen.

Versuche: *Dimerer β-Phenylglycerinaldehyd* (II), $C_{18}H_{20}O_6$, durch Lösen von I in Dioxan. *Tetraacetat*, $C_{26}H_{28}O_{10}$, F. 89—91° (A.), mit Acetanhydrid in wasserfreiem Pyridin; 60% (Ausbeute). Bei der Hydrolyse mit 0,05n HCl bei 70° wurde period. eine bestimmte Menge mit 0,01n NaOH titriert. Die 4 Acetylgruppen wurden gleichmäßig verseift. — *2-[β-Phenyl-α.β-dioxyäthyl]-4-[α-oxybenzyl]-5-anilino-1.3-dioxolan* (III), $C_{24}H_{25}O_5N \cdot H_2O$, F. 102—104° (Dioxan/PAe.), a) durch 20 Min. Erhitzen von II mit Anilin in Dioxan, Verdünnen mit PAe. u. 1tägiges Stehenlassen der gelben Lsg. bei 15°; 60%; b) Lsg. von II u. Anilin in Dioxan 4 Std. bei Raumtemp. stehenlassen u. mit PAe. verdünnen; 60%; c) durch 20 Min. Erhitzen von II u. Anilin in A. u. Kühlen auf —15°; 20%. 8 Std. im Vakuum bei 65° trocknen; es entsteht ein H_2O-freies Prod., F. 104—106°. Katalyt. Hydrierung mit PtO_2 verlief negativ. *Tetraacetat*, $C_{32}H_{33}O_9N$, F. 136—138° (PAe./Ae.); 53%. Bei der Hydrolyse mit 0,05n HCl bei 70° u. gleichzeitiger Titration mit 0,01n NaOH werden 3 Acetylgruppen abgespalten, aber kein Acetanilid erhalten. *Tetramethylderiv.*, $C_{28}H_{33}O_5N$, F. 90° (wss. A.), aus III u. Methyl-p-toluolsulfonat in Bzl.; nach Verseifung mit 15%ig. H_2SO_4 u. Zugabe von Acetanhydrid konnte kein N-Methylacetanilid festgestellt werden. *Monoäthylderiv.* (?), $C_{26}H_{29}O_5N$, F. 124° (wss. A.), durch Erwärmen von 0,3 g III mit 0,3 g Äthyljodid; nach 10 Min. wird die ausgeschiedene Substanz ölig u. die Rk. unterbrochen; 0,45 g; zersetzlich. — *2-Styryl-4-methoxymethyl-1.3-dioxolan* (IV), Kp.$_6$ 155°, n_D^{25} 1,5440, durch Kochen von Zimtaldehyd u. Glycerin-α-methyläther in Bzl. mit p-Toluolsulfonsäure; während der Rk. entstehendes W. wird in einer Falle abgefangen; 90%. — *2-[β-Phenyl-α.β-dioxyäthyl]-4-methoxymethyl-1.3-dioxolan* (V), Kp.$_{0,7}$ 190°, durch Lösen von IV in A. u. Zufügen von alkal. $KMnO_4$ bei —40°. Mit 1%ig. H_2SO_4 bei 60° Spaltung in I. — *2-Styryl-4.4.5.5-tetramethyl-1.3-dioxolan* (VI), $C_{15}H_{20}O_2$, Kp.$_4$ 142°, n_D^{25} 1,5265, aus Zimtaldehyd u. Pinakon analog IV; 90%. — *2-[β-Phenyl-*

α.β-dioxyäthyl]-4.4.5.5-tetramethyl-1.3-dioxolan, $C_{15}H_{22}O_4$, F. 120°, durch Behandeln von **VI** mit alkal. $KMnO_4$; 37%. Mit 2%ig. H_2SO_4 tritt im Gegensatz zu **V** keine Spaltung ein. — *3-Phenylmethylamino-1*(oder *2)-oxy-1-phenylpropanon-(2* oder *3)*, $C_{16}H_{17}O_2N$, F. 103 bis 104° (A.), durch 30 Min. Kochen von **I** u. Methylanilin in essigsäurehaltigem A.; 45%. *Hydrochlorid*, $C_{16}H_{18}O_2NCl$, F. 117—119°. *Semicarbazon*, $C_{17}H_{20}O_2N_4$, F. 145—146° (A.). — *Reaktionsprod. aus* **II** *u. Phenylalaninäthylester*, $C_{29}H_{33}O_7N$, F. 61—62° (Dioxan/PAe.), durch 6std. Stehenlassen beider Substanzen in Dioxan unter N_2 u. Entfernen des Dioxans im Vakuum; 46%. Substanz ist sehr instabil; katalyt. Hydrierung mit PtO_2 verlief ergebnislos. (J. org. Chemistry **16.** 972—80. Juni 1951. Minneapolis, Minn., Univ., School of Chem.) FRANCK. 3102

Hans Beyer und **Alfred Kreutzberger**, *Über Thiazole.* 10. Mitt. *Bisazofarbstoffe aus 2.2'-Diamino-dithiazolylen-(5.5') und Versuche zur benzidinartigen Umlagerung der in 4.4'-Stellung unsubstituierten Hydrazothiazole-(2.2').* (9. vgl. C. **1952.** 842.) 2.2'-Diamino-dithiazolyl-(5.5') (**IV**) u. seine Derivv. (Darst. l. c.) lassen sich in n. Weise diazotieren u. kuppeln. Aus diazotiertem 2.2'-Diamino-4.4'-dimethyldithiazolyl-(5.5') (**I**) entsteht so mit β-Naphthol das blaugefärbte *4.4'-Dimethyl-2.2'-bis-[2-oxynaphthalin-1-azo]-dithiazolyl-(5.5')*. Bei Verwendung von Naphthionsäure als Kupplungspartner entsteht aus diazotiertem **IV** *2.2'-Bis-[1-amino-4-sulfonaphthalin-(2)-azo]-dithiazolyl-(5.5')* u. aus diazotiertem **I** das entsprechende *4.4'-Dimethylthiazolylderiv.* (**II**). Beide haben eine dem Kongorot ähnliche Struktur u. sind wie dieses Indicatoren (sauer violett, alkal. orange), deren Umschlagspunkt bei p_H 1—2 liegt. Ein ebenfalls dargestelltes analoges *4.4'-Diphenylprod.* (**III**) ist als Na-Salz in neutralem Medium unlöslich. Gegenüber Kongorot zeigen **II** u. **III** einen deutlich hypsochromen Effekt, der nach Ansicht von Vff. auf die ster. Hinderung durch die Substituenten in 4.4'-Stellung bewirkt wird. — Zur Unters. der Verknüpfungsstellen bei der benzidinartigen Umlagerung (l. c.) von Hydrazothiazolen-(2.2') stellen Vff. durch Rk. von Hydrazin-N.N'-bis-thiocarbonsäureamid (**VI**) mit α-Brompropion- u. -isovaleraldehyd die *Dihydrobromide* von *5.5'-Dimethyl-* u. *5.5'-Diisopropylhydrazothiazole-(2.2')* dar. Die freien Basen hiervon (bronze- bzw. orangefarben), von denen die letztere gegen Luftsauerstoff empfindlich ist, lassen sich durch HNO_3 oder durch Einw. von $NaNO_2$ auf die wss. Lsg. der Hydrobromide in die entsprechend substituierten *Azothiazole-(2.2')* oxydieren, die gutkristallisierende *Diacetylderivv.* bilden. Verss., an diesen in 5.5'-Stellung substituierten Verbb. benzidinartige Umlagerungen zu erreichen, blieben, wie erwartet, erfolglos. Dies darf gleichzeitig als Beweis für die 5.5'-Verknüpfung der umgelagerten vorst. Verbb. angesehen werden.

Versuche: *4.4'-Dimethyl-2.2'-bis-[2-oxynaphthalin-(1)-azo]-dithiazolyl-(5.5')*, *Di-Na-Salz*, $C_{28}H_{18}O_2N_6S_2Na_2$, durch Diazotieren von **I**-Dihydrochlorid in verd. HCl bei 0° u. Zufügen der klaren Lsg. zu alkal. β-Naphthollsg. unter Rühren; blaue Verb.; 38,8% (Ausbeute). — *2.2'-Bis-[1-amino-4-sulfonaphthalin-(2)-azo]-dithiazolyl-(5.5')*, $C_{26}H_{18}O_6N_8S_4$, durch Kupplung von diazotiertem **IV**-Dihydrochlorid mit Na-Naphthionat (**V**) unter Pufferung mit Na-Acetat; violetter Nd.; 100%. — *4.4'-Dimethyl-2.2'-bis-[1-amino-4-sulfonaphthalin-(2)-azo]-dithiazolyl-(5.5')* (**II**), $C_{28}H_{22}O_6N_8S_4$, aus diazotiertem **I**-Dihydrochlorid mit **V** bei Acetatpufferung; violetter Nd.; 100%. — *4.4'-Diphenyl-2.2'-bis-[1-amino-4-sulfonaphthalin-(2)-azo]-dithiazolyl-(5.5')* (**III**), *Di-Na-Salz*, $C_{38}H_{24}O_6N_8S_4Na_2$, analog der vorst. Verb.; bei Ansäuern der Reaktionslsg. entsteht der freie Farbstoff. — *5.5'-Dimethylhydrazothiazol-(2.2')-dihydrobromid*, $C_8H_{10}N_4S_2 \cdot 2\,HBr$, Zers. bei 203°, durch Erwärmen von Hydrazin-N.N'-bis-thiocarbonsäureamid (**VI**) u. α-Brompropionaldehyd in A. 1 Std. auf dem Wasserbad u. mehrtägiges Stehen; 55%. *Freie Base*, F. 148—149°, aus der Lsg. des Dihydrobromids durch Zufügen von Na-Acetat; läßt sich wegen Instabilität nicht rekristallisieren. *Diacetylderiv.* $C_{12}H_{14}O_2N_4S_2$, F. 209—210°; Nadeln aus Essigsäure. — *5.5'-Dimethylazothiazol-(2.2')*, $C_8H_8N_4S_2$, F. 193—194° (Aceton + W.), aus vorst. freier Base durch Sieden mit verd. HNO_3; bronzefarbene Blättchen. — *5.5'-Diisopropylhydrazothiazol-(2.2')*, *Dihydrobromid*, $C_{12}H_{18}N_4S_2 \cdot 2\,HBr$, Zers. bei 191—192° (bei 186° sinternd), aus **VI** u. α-Bromisovaleraldehyd wie vorst.; 41%. *Freie Base*, F. 123—124°; Nadeln, die langsam gelb werden. *Diacetylverb.* $C_{16}H_{22}O_2N_4S_2$, F. 179—180°; Nadeln aus Acetanhydrid. — *5.5'-Diisopropylazothiazol-(2.2')*, $C_{12}H_{16}N_4S_2$, aus der wss. Lsg. des Dihydrobromids durch Versetzen mit $NaNO_2$-Lsg. oder (weniger gut) durch Oxydation mit verd. HNO_3; orangefarbene Blättchen aus W. + Aceton. (Chem. Ber. **85.** 333—37. 1952. Greifswald, Univ., Inst. für organ. Chem.) LEHWALD. 3142

R. C. Lord und **W. D. Phillips**, *Austauschreaktionen des γ-Pyrons und Synthese von deuterierten Pyronen.* Durch Austausch-Rkk. u. Totalsynth. stellten Vff. für spektroskop. Zwecke aus γ-Pyron (**I**) *γ-Pyron-α-d_2* (**II**), *γ-Pyron-β-d_2* (**III**) u. *γ-Pyron-d_4* (**IV**) dar. Die Rk. zwischen D_2O u. den α-ständigen H-Atomen des **I** tritt leicht bei p_H 7 ein, während niedrigere p_H-Werte die Rk. verzögern u. bei höherem p_H **I** unbeständig ist. Unter diesen

Bedingungen reagieren die β-ständigen H-Atome des I mit D_2O nicht; dies konnten Vff. dadurch nachweisen, daß α.α'-Dimethyl-γ-pyron mit D_2O nicht reagiert. Für diese Erscheinungen wird eine Erklärung gegeben. Das völlig deuterierte I (= IV) wurde durch Esterkondensation aus Hexadeuteroaceton über die tetradeuterierte *Chelidonsäure* dargestellt, während II u. III durch Austausch aus I bzw. IV erhalten wurden.

Versuche: Die Austausch-Rkk. wurden durch 18—24std. Erhitzen des betreffenden I-Deriv. mit der 5fachen Menge 99,8%ig. D_2O auf 95° durchgeführt; das Reaktionsprod. wurde durch Vakuumdest. gewonnen. Für II wurden im Infrarotspektr. C—H- (3084 cm^{-1}) u. C—D- (2289 cm^{-1}) Valenzschwingungsbanden gefunden. Das Intensitätsverhältnis änderte sich auch bei erneutem Kochen des Reaktionsprod. mit D_2O nicht. — *Aceton-d_6*, durch Kochen von Aceton mit einer Lsg. von Na_2CO_3 in D_2O. Für den Ringschluß zu *Chelidonsäurediäthylester-d_2* (97% Ausbeute) u. die Verseifung zu *Chelidonsäure-d_4* (79%) wurde konz. DCl verwendet. Die Ausbeute bei der Verseifung ist nur dann gut, wenn der Ester durch Waschen mit kaltem W. vom NaCl befreit wird. Die Decarboxylierung gelingt mit Cu-Pulver bei 260—270°: *γ-Pyron-d_4* (IV), $Kp._{13}$ 97°; 28%. — *γ-Pyron-β-d_2* (III), aus IV durch 24std. Erhitzen mit W. auf 95°; ca. 30% IV werden in 24 Std. dabei hydrolysiert, so daß aus 0,037 Mol nur 2,2 g 93%ig. III erhalten werden. (J. Amer. chem. Soc. **74**. 2429—30. 5/5. 1952. Cambridge, Mass., Massachusetts Inst. of Technol., Dep. of Chem.) IPPEN. 3211

R. D. Beaty und **W. K. R. Musgrave**, *2- und 5-Fluornicotinsäure.* Durch Diazotierung der entsprechenden Aminonicotinsäuren in HBF_4 u. therm. Zers. der Diazoniumborfluoride wurden *2-Fluornicotinsäure* u. *5-Fluornicotinsäuremethylester* dargestellt. Auf 3-Aminopicolinsäure läßt sich das Verf. nicht anwenden.

Versuche: *5-Fluornicotinsäuremethylester*, F. 48°, durch Einrühren von 2,5 g $NaNO_2$ in eine Lsg. von 3,0 g 5-Aminonicotinsäure in 20 cm^3 40%ig. HBF_4 bei —5°, nach 1 Std. Erwärmen auf 50° Neutralisation der erkalteten Lsg. mit Na_2CO_3, Eindampfen unter vermindertem Druck, Trocknen im Vakuum über P_2O_5 bei 60°, 2—3std. Kochen des Salzes mit 50 cm^3 3%ig. alkoh. H_2SO_4, Neutralisation mit Na-Methylat u. Eindampfen auf ca. 2 cm^3; 0,3 g (Ausbeute). — *5-Fluornicotinamid*, $C_6H_5ON_2F$, F. 174°, durch Sättigen einer methylalkoh. Lsg. des vorst. Methylesters mit NH_3 bei 0°, am nächsten Tage Abdampfen des Methanols u. Umkristallisation aus W.; 0,2 g. — *2-Fluornicotinsäure*, $C_6H_4 \cdot O_2NF$, F. 164—165°, durch Diazotierung von 2,0 g 2-Aminonicotinsäure in 10 cm^3 40%ig. HBF_4 mit 1,0 g $NaNO_2$ in 10 cm^3 W. bei 0 bis —5°, 1std. Erwärmen auf 50—60°, Einstellen der erkalteten Lsg. mit NaOH auf p_H 5 u. Umkristallisation des Nd. aus W.; 0,7 g (33%). *Methylester*, F. 74—75°, aus vorst. Säure durch 2std. Kochen mit 3%ig. methylalkoh. H_2SO_4 u. Neutralisation mit Na-Methylat. — *2-Fluornicotinamid*, $C_6H_5ON_2F$, F. 124°, durch Sättigen einer Lsg. von 0,2 g des vorst. Methylesters in absol. A. mit NH_3 bei 0°; 0,16 g. (J. chem. Soc. [London] **1951**. 3512. Dez. Durham, Univ.) FORCHE. 3231

Robert C. Elderfield und **Elizabeth F. Claflin**, *Die Reaktion des 8-Nitrochinolins mit Thiophenol–Thiophenolation. Ein Beispiel anionoider Substitution.* (Vgl. ELDERFIELD, WILLIAMSON, GENSLER u. KREMER, C. **1947**. 1758.) Nach den Ergebnissen früherer Verss. der Vff., die in *4-Chlor-8-nitrochinazolin* mit *Thiophenolation* (I) nicht nur den Ersatz des beweglichen Cl-Atoms, sondern auch der 8-ständigen Nitrogruppe durch die C_6H_5S-Gruppe erzielten, untersuchen sie die Rk. des *8-Nitrochinolins* (II) mit *Thiophenol* (Ia) in Ggw. von I. Hier tritt jedoch kein Ersatz der Nitrogruppe auf, sondern von den möglichen Rkk. aromat. Nitroverbb. mit organ. oder Alkalimetallsulfiden: Red. der Nitro- zur Aminogruppe bzw. einem Intermediärprod. oder Ersatz einer aktivierten Nitrogruppe durch die Base oder direkte Substitution durch die Base unter gleichzeitiger Red. der Nitrogruppe tritt nur der letztgenannte Reaktionstyp in Erscheinung. Die Nitrogruppe in II bewirkt einmal durch Resonanz Elektronenmangel an C_5 u. C_7, der Ring-N bewirkt das gleiche an C_2 u. C_4. Daraus folgt gesteigerte Reaktivität des II gegenüber anionoiden Reagentien in 2-, 4-, 5- u. 7-Stellung. Erhitzen von II mit C_6H_5SNa in kochendem Methanol ergab eine Mischung von Prodd., die nach der Aufarbeitung als *5-Phenylmercapto-chinolyl-(8)-hydroxylamin* (III), *8-Amino-5.7-bis-[phenylmercapto]-chinolin* (IV), *Diphenyldisulfid* (V), wahrscheinliches *8-Nitroso-5.7-bis-[phenylmercapto]-chinolin* (VI) u. unverändertes II identifiziert wurden. III ist sehr instabil, bräunt an der Luft, verändert sich beim Umkristallisieren aus den meisten Lösungsmitteln zu einer braunen, gummiartigen Substanz, gibt positive TOLLENS-Rk. u. liefert ein Hydrochlorid. Die Red. von III mit RANEY-Ni nach MOZINGO ergab *8-Amino-1.2.3.4-tetrahydrochinolin* (XVIII). Mit $SnCl_2$ gibt III *8-Amino-5-phenylmercapto-chinolin* (VII), das ebenfalls aus *5-Brom-8-nitrochinolin* (VIII) durch Umsatz mit C_6H_5SNa u. folgende Red. der Nitrogruppe dargestellt wurde. Zum Vgl. wurde auch *8-Amino-7-phenylmercaptochinolin* (IX) aus *7-Chlor-8-nitrochinolin* (X) dargestellt. Zum Beweis der Struktur von IV wurde dieseaus *8-Aminochinolin* (**XI**) dargestellt. Durch Bromierung gelangt man von **XI** zum *5.7-Dibrom-8-aminochinolin* (**XII**). Wird dieses zur Eliminierung der Aminogruppe in HCl diazotiert u. das Rohprod. direkt nitriert, erhält man jedoch *5.7-Dichlor-8-nitrochinolin* (**XIII**). Diazotieren von **XII** in anderen Säuren ist wegen der Unlöslichkeit oder Bldg. eines Nebenprod. nicht günstig. Direktes Diazotieren in 50%ig. unterphosphoriger Säure ergab schließlich *5.7-Dibromchinolin* (**XIV**), das zum *5.7-Dibrom-8-nitrochinolin* (**XV**) nitriert wurde. **XIII** wurde ebenfalls durch Chlorierung von **XI** zum *5.7-Dichlor-8-aminochinolin* (**XVI**) u. anschließendes Diazotieren u. Nitrieren dargestellt. Sowohl **XIII** als auch **XV** lieferten mit C_6H_5SNa *5.7-Bis-[phenylmercapto]-8-nitrochinolin* (**XVII**), das mit $SnCl_2$ zu **IV** red. werden konnte. Auch mit *Methylat-* oder *β-Methoxyäthylationen* tritt ebenfalls bei **II** kein Ersatz der Nitrogruppe ein. *5-Brom-6-methoxy-8-nitrochinolin* (**XIX**) ergab mit CH_3SNa 5% *5-Methylmercapto-6-methoxy-8-aminochinolin* (**XX**). Bei **XIX** wirkt also auch das Methylmercaptidion reduzierend auf die Nitrogruppe. Vff. untersuchen auch andere Nitroverbb. in ihrem Verh. gegen **I**: *6-Nitrochinolin* u. *Nitrobenzol* reagieren nicht, *m-Dinitrobenzol* wird zu *m.m'-Dinitroazoxybenzol* reduziert. Hinsichtlich des Mechanismus der Rk. von **II** mit **I** ist anzunehmen, daß die Rk. basenkatalysiert ist, da mit neutralem **Ia** **II** unverändert zurückgewonnen wird. Die Addition eines Mol. **I** an das aromat. Syst. von **II** ist von einem intramol. H-Transfer zur Nitrogruppe begleitet, der durch **I** u. **Ia** vermittelt wird. Die Bldg. von **III** scheint prim. über die Red. von **II** zum *8-Nitrosochinolin* zu verlaufen, was mit der verschiedentlich berichteten p-dirigierenden Wrkg. der Nitrosogruppe bei aromat. Substitutions-Rkk. in Übereinstimmung steht. In Erweiterung der Verss. von BRADLEY u. ROBINSON (J. chem. Soc. [London] **1932**. 1254) synthetisierten Vff. schließlich *5-Piperidino-8-nitrochinolin*.

V e r s u c h e: *5-Phenylmercapto-chinolyl-(8)-hydroxylamin* (III), $C_{15}H_{12}ON_2S$, F. 99,8 bis 100,2° (korr.; Zers.) (Bzl.), durch Kochen unter N_2 von **II** (F. 86—89°), Na u. **Ia** in Methanol, Ausgießen in Eis–W.-Mischung + NaOH, Absaugen, Waschen mit Hexan u. dann mit Bzl.; 50% (Ausbeute). — *8-Amino-5.7-bis-[phenylmercapto]-chinolin* (**IV**), $C_{21}H_{16}N_2S_2$, F. 97,7—98,4° (korr.) (A. oder Hexan), feine grünlichweiße Nadeln, durch Sättigen des Waschhexans der Darst. von **III** mit HCl-Gas, Schütteln des Nd. mit Ae. u. verd. NH_4OH, Verdampfen des Ae. u. Kristallisierenlassen des gelben Öls, wobei nur $^2/_3$ fest werden. *Acetylderiv.*, $C_{23}H_{18}ON_2S_2$, F. 184,1—184,3° (korr.) (A.). *Pikrat*, $C_{27}H_{19}\cdot O_7N_5S_2$, F. 134—136° (A.), dunkelpurpurfarbene Prismen u. F. 140,5—141,5° (korr.) (Äthylacetat), dicke orangefarbene Nadeln. — *Diphenyldisulfid* (**V**), F. 57—60°; durch Verdampfen des Hexanfiltrats der Darst. von **IV**. — Durch Verdünnen des Waschbenzols der Darst. von **III** mit Hexan wird unumgesetztes *8-Nitrochinolin* (**II**) erhalten. — *8-Nitroso-5.7-bis-[phenylmercapto]-chinolin* (**VI**), $C_{21}H_{14}ON_2S_2$, F. 187—188° (Aceton), glänzend orangefarbene Nadeln; aus dem ursprünglichen Filtrat der Darst. von **III** durch Extrahieren mit Äther. LIEBERMANN-Probe u. Diphenylamin-Test positiv. — *8-Amino-1.2.3.4-tetrahydrochinolin* (**XVIII**), aus **III** in A. durch Kochen mit RANEY-Ni nach MOZINGO, Absaugen u. Verdampfen. Dunkelbraunes, viscoses Öl. *Pikrat*, F. 183—187°. — *2.2-Dimethyl-1.2.5.6-tetrahydro-4-imidazo-[i.j]-chinolin*, $C_{12}H_{16}N_2$, F. 139—141°, aus **XVIII** durch Erwärmen mit Aceton (vgl. ELDERFIELD u. Mitarbeiter, C. **1948**. I. 1303). — *2-Methyl-5.6-dihydro-4-imidazo-[i.j]-chinolin*, F. 127°; durch therm. Zers. vorst. Verbindung. — *5-Methylmercapto-6-methoxy-8-nitrochinolin*, F. 130—134° (A.), bräunlichgoldene Blättchen, aus **XIX** (F. 203—206°) in Methylcellosolve durch Hinzufügen der Lsg. von Na u. CH_3SH in Methylcellosolve u. 2 Std. Kochen, Stehen über Nacht, Abdest. des Lösungsm. im Vakuum, Aufnehmen in kochendem A. u. Absaugen von anorgan. Salzen. Abscheidung der Verb. beim Abkühlen des Alkohols; 18%. — *5-Methylmercapto-6-methoxy-8-aminochinolin* (**XX**), $C_{11}H_{12}ON_2S$, F. 171—172° (Bzl.), gelbe Nadeln; aus den Mutterlaugen vorst. Verb. durch Verdünnen mit Ae. u. Abfiltrieren schwarzen, hygroskop. Materials. Auch durch Red. vorst. Verb. mit $SnCl_2$–HCl erhalten, F. 170—171° (A.). *Acetylderiv.*, $C_{13}H_{14}O_2N_2S$, F. 104—105° (verd. A.). — *8-Amino-5-phenylmercapto-chinolin* (**VII**), $C_{15}H_{12}N_2S$, F. 88,9—90,1° (korr.) (Hexan), flache gelbe Nadeln; durch Red. von **III** in W. durch Eintropfen in gekühlte Lsg. von $SnCl_2$ in konz. HCl, Zufügen von Methanol, Kühlen unter 10°, Zufügen von NaOH (als 40%ig. Lsg.) unter Rühren, mit Ae. extrahieren. Das daraus erhaltene gelbbraune Öl in Hexan aufnehmen, mit Kohle entfärben u. im CO_2-Kältebad abkühlen; 30—35%. *Acetylderiv.*, F. 161—162° (A.), weiße Nadeln. *p-Toluolsulfonylderiv.*, F. 155—156° (A.), schwach grünliche Blättchen. — *5-Phenylmercapto-8-nitrochinolin*, $C_{15}H_{10}O_2N_2S$, F. 142,3—143,4° (korr.) (A.), gelbe Prismen, aus **VIII** (F. 147—150°) in A. durch Zufügen zu **Ia** + Na in Methanol, Kochen, Eindampfen u. Eintragen in W.; 97%. *Pikrat*, $C_{21}H_{13}O_9N_5S$, F. 138,2—139,1° (korr.) (A.), orangefarbene Prismen. — *5-Phenylmercapto-8-aminochinolin* (**VII**), $C_{15}H_{12}N_2S$, F. 90,4 bis 90,7° (korr.) (Hexan), lange gelbe Nadeln; durch Red. vorst. Verb. mit $SnCl_2$–HCl. *Acetylderiv.*, $C_{17}H_{14}ON_2S$, F. 162,5—163,0° (korr.) (70%ig. A.). *p-Toluolsulfonylderiv.*,

$C_{22}H_{18}O_2N_2S_2$, F. 159,1—160,0° (korr.) (A.), schwach grünliche Blättchen. — *7-Phenylmercapto-8-nitrochinolin*, F. 98,8—99,6° (korr.) (A.), gelbe Blättchen; analog dem Isomeren aus **X**; 97%. *Pikrat*, F. 144,6—145,5° (korr.) (A.), kurze gelbe Nadeln. — *7-Phenylmercapto-8-aminochinolin* (**IX**), F. 68,2—69,4° (korr.) (Hexan), analog **VII** aus vorst. Verbindung. *Acetylderiv.*, F. 127,0—127,9° (korr.) (A.), hygroskop. weiße Nadeln. *p-Toluolsulfonylderiv.*, F. 197,0—197,8° (korr.) (A.), weiße Blättchen. — *5.7-Dibrom-8-aminochinolin* (**XII**), $C_9H_6N_2Br_2$, F. 120,3—120,6° (korr.) (Hexan), gelbe Nadeln, aus **XI** in Eisessig + W. bei —15° durch Eintropfen von Br_2 in Essigsäure unter Rühren. Nach Eintragen eines Teils des Br_2 Verdicken der Lsg.; Filtrieren gibt einen Teil freies **XII**. Abkühlen des Filtrats auf —12° u. Zufügen des restlichen Br_2, wobei **XII**-Hydrobromid ausfällt. Verdünnen des Filtrats gibt das restliche freie **XII**. Die ersten beiden Fraktionen in 50 cm³ konz. HCl suspendieren u. auf 2 Liter verdünnen. *Acetylderiv.*, $C_{11}H_8ON_2Br_2$, F. 212,6—213,6° (korr.) (A.), weiße Nadeln. — *5.7-Dichlorchinolin*, $C_9H_5NCl_2$, F. 114,8 bis 115,2° (korr.) (A.), weiße Nadeln, durch Diazotieren von **XII** mittels HCl u. $NaNO_2$ bei 0°, Zufügen von 50%ig. unterphosphoriger Säure, Eintragen in W., Abfiltrieren einer nicht weiter untersuchten Verb., F. 133—135°, u. Alkalisieren des Filtrats, wobei das Dichlorchinolin ausfällt; 60%. — *5.7-Dibromchinolin* (**XIV**), F. 96—98°; durch Diazotieren einer Lsg. von **XII** in 50%ig. unterphosphoriger Säure, konz. H_2SO_4 u. W. mit 0,12 g $NaNO_2$ u. Isolierung wie bei vorst. Verb., dann Vakuumsublimation. — *5.7-Dichlor-8-nitrochinolin* (**XIII**), $C_9H_4O_2N_2Cl_2$, F. 168,1—169,2° (korr.) (A.), durch Nitrieren des Dichlorchinolins mit konz. H_2SO_4 + HNO_3 unter Eiskühlung für mehrere Std., dann Erhitzen auf dem Dampfbad (3 Std.), Eintragen in W., Absaugen. — *5.7-Bis-[phenylmercapto]-8-nitrochinolin* (**XVII**), $C_{21}H_{14}O_2N_2S_2$, F. 190—191° (A.); durch Kochen von **XIII** in Methanol mit **Ia** + Na in Methanol u. Absaugen des Nd.; 90%. — *5.7-Dichlor-8-aminochinolin* (**XVI**), $C_9H_6N_2Cl_2$, F. 121,3—121,6° (korr.) (Hexan), durch Einleiten von Cl_2 in eine Lsg. von **XI** in Essigsäure bis zu einer Gewichtszunahme von 0,5 g, Schütteln des roten Nd. mit Ae. u. verd. NaOH-Lsg. u. Abdampfen des Ae.; 31%. — *5.7-Bis-[phenylmercapto]-8-aminochinolin* (**IV**), F. 97,5—98,1° (korr.) (Hexan), aus **XVII** in konz. HCl u. $SnCl_2$ in konz. HCl bei 3—5°, Verdünnen mit W., Abfiltrieren des Sn-Komplexes, Schütteln desselben mit Ae. u. verd. NaOH u. Verdampfen des Ae.; 58%. — *m.m'-Dinitroazoxybenzol*, $C_{12}H_8O_5N_4$, F. 147,9—148,5° (korr.) (A. oder Bzl.), wie oben aus m-Dinitrobenzol u. **Ia** mit Na neben **V**. — **III** wurde auch durch Rk. von *[Chinolyl-(8)]-hydroxylamin* mit **Ia**–Na–Methanol-Lsg. erhalten. — *5-Piperidino-8-nitrochinolin*, $C_{14}H_{15}O_2N_3$, F. 131,2—132,3° (korr.) (A.), gelbe Prismen, durch Erhitzen von **VIII** für 4 Std. mit Piperidin u. Eintragen in W., das abgeschiedene gelbe gummiartige Prod. krist. langsam. (J. Amer. chem. Soc. **74**. 2953—59. 20/6. 1952. New York, N. Y., Columbia Univ., Dep. of Chem.) RUSKE. 3231

J. R. Keneford, E. M. Lourie, J. S. Morley, J. C. E. Simpson, J. Williamson und **P. H. Wright**, *Die Beziehung von Cinnolinen und anderen heterocyclischen Verbindungen zur Chemotherapie der Trypanosomiasis.* 1. Mitt. *Allgemeine Einführung.* 2. Mitt. *Quaternäre Salze von Aminocinnolinen, -chinazolinen und -chinolinen.* In nachst. 5 Arbeiten versuchen Vff., das gegen *Trypanosoma congolense* wirksame Dimidiumbromid (9-Phenyl-2.7-diaminophenanthridinmethobromid) zunächst durch quaternäre Salze kleinerer Molekülgröße zu ersetzen. Sie synthetisieren eine Anzahl *Quartärsalze* von *Aminochinolinen*, *-cinnolinen* u. *-chinazolinen*, die sich aber nur als wenig oder gar nicht wirksam erwiesen. Es wird dies darauf zurückgeführt, daß die Moll. zu klein sind, also einen gewissen Schwellenwert der Molekelgröße nicht erreichen. — Vff. stellten fest, daß bei der Red. des *4-Amino-6-nitrocinnolinmethojodids* u. der entsprechenden *3-Methylverb.* nebenbei Verbb. entstehen, die erheblich trypanocid sind u. bei der Reinigung des Reduktionsprod. verlorengehen. Vff. vermuten eine nebenbei in geringem Maße stattfindende Bldg. von Bimoll. durch 6.6'-Stickstoffverknüpfung u. synthetisieren daher eine Anzahl von *6.6'-Azochinolin-* u. *-cinnolin-bis-quartärsalzen*, die jedoch biol. unwirksam sind. Schließlich erhalten sie bei 6.6'-Verknüpfung der beiden Molekülgruppen mittels Harnstoff, Thioharnstoff u. Guanidin in *N¹.N³-Bis-[4-aminocinnolyl-(6)]-guanidindimethojodid* („528“) eine gegen T. congolense in Mäusen sehr wirksame Verbindung. Alle nachst. beschriebenen Aminocinnolin-, -chinolin- u. -chinazolin-Quartärsalze sind entweder nur sehr wenig oder unwirksam gegenüber *T. congolense* u. (soweit sie untersucht wurden) unwirksam gegenüber *T. cruzi*, *T. rhodesiense*, *Spirochaeta minus* u. *S. recurrentis*.

Versuche: *1-Methyl-2-phenylhydrazonomethylchinoliniumchlorid*, F. 241—242°, aus Chinaldinmethosulfat u. Benzoldiazoniumchlorid nach KOENIGS u. BUEREN (C. **1936**. II. 4216); rote Nadeln aus 80%ig. Essigsäure. — *6-Amino-1-methylchinoliniumchlorid*, $C_{10}H_{11}N_2Cl \cdot H_2O$, F. 242—243° (wss. Aceton), durch Verseifen von 6-Acetamidochinolinmethojodid (F. 300—302° unter Zers.; aus der Base u. CH_3J; 90% [Ausbeute]) in 2n HCl, Vakuumabdampfen, 1std. Sieden des Rückstandes mit AgCl in W., Filtrieren, Neutralisieren u. Einengen; rechteckige Prismen. *Jodid*, $C_{10}H_{11}N_2J \cdot \frac{1}{2} H_2O$, F. 199—200°, a) durch Red. von 3 g des entsprechenden Nitrosalzes (F. 245—246° [Zers.], aus der Base u. CH_3J in warmem Nitrobenzol; 100%) mit Eisenfeile in wss. Essigsäure (½ Std. bei 90°); orangefarbene Nadeln; 1,8 g; b) aus dem Chlorid u. KJ. — *5-Amino-1-methylchinoliniumjodid*, $C_{10}H_{11}N_2J \cdot H_2O$, F. 213—214° aus der entsprechenden Nitroverb. (F. 212—213° [Zers.]) wie vorst.; braunrote Nadeln aus Wasser. — *3.5-Diamino-1.6-dimethylchinoliniumjodid*, $C_{11}H_{14}N_3J$, F. 254—255° (Zers.), durch 1½std. Erhitzen von 6-Methyl-3.5-dinitrochinolin u. p-Toluolsulfonsäuremethylester auf 140° (Badtemp.), Ausziehen der gepulverten Schmelze mit A. u. Rekristallisation des Rückstandes aus W.; Red. von 0,5 g des so erhaltenen *1.6-Dimethyl-3.5-dinitrochinolinium-p-toluolsulfonats* ($C_{18}H_{17}O_7N_3S$, gelbe Nadeln, F. 232—233° [Zers.]) mit Eisenfeile in W. bei 90° u. Behandeln des Filtrats mit KJ; orangerote prismat. Nadeln; 0,18 g. — *4-Amino-6-nitrocinnolin*, F. 288—290° (Zers.), durch Einleiten von NH_3 in 4-Chlor-6-nitrocinnolin u. Phenol, zuletzt bei 135—145°, Verdünnen mit Ae., Lösen der abfiltrierten Base in warmer 10%ig. Essigsäure u. Gießen in sd. n-NH_4OH; 86%. — *4-Amino-3-methyl-6-nitrocinnolin*, Zers. bei 320°, analog vorst. Verb. aus 4-Chlor-3-methyl-6-nitrocinnolin; bei 130—140°; orangegelb; 60—63%. — *4-Amino-6-nitrochinolin*, F. 310—313° (Zers.), analog aus 4-Chlor-6-nitrochinolin bei 170—180°; 97%. — *4.6-Diaminochinolin*, F. 212—213° (Zers.), durch Red. vorst. Verb. in Essigsäure mit $SnCl_2$ + HCl bei 60—65° u. Behandeln mit 20%ig. NaOH über das in Aceton gewonnene *Dihydrochlorid* (F. >330°); Nadeln; 75%. — *4.6-Diaminocinnolin*, F. 262—264° (Zers.), durch $SnCl_2$-Red. einer Lsg. der 4-Amino-6-nitroverb. in HCl ähnlich Vorst. (bei 40—45°, Rk. mit 40%ig. NaOH bei 50—55°; Reinigung aus verd. Essigsäure); 90%. — *4.6-Diamino-3-methylcinnolin*, F. 270° (Zers.), durch Red. der entsprechenden 6-Nitroverb. in Essigsäure + HCl wie vorst., zuerst bei 25—30°, dann bei 60°, u. Reinigen über das *Dihydrochlorid* (F. 325° [Zers.]; prismat. Nadeln). *Diacetylderiv.*, $C_{13}H_{14}O_2N_4$, F. 297—298° (Zers.); Nadeln aus Aceton. — *6-Amino-4-anilinocinnolinhydrochlorid*, $C_{14}H_{13}N_4Cl \cdot H_2O$, F. 301—302° (Zers.), aus 4-Anilino-6-nitrocinnolin wie vorst., zuerst bei 60—65°, dann bei 95°; rostfarbene Nadeln aus sehr verd. HCl. *Base*, F. ca. 259—261° (Zers.); aus W. gelbe, gelatinöse Masse. *6-Acetamidoderiv.*, F. 289—290° (Zers.); hellbraune Nadeln. — Die folgenden *Quartärsalze* wurden aus der Base u. dem ca. 5fachen Vol. CH_3J in dem ca. 10—15fachen Vol. A. durch Erhitzen gewonnen: *4-Amino-1-methylcinnoliniumjodid*, $C_9H_{10}N_3J$, F. 252—253° (Zers.) (½std. Erhitzen); grünlichgelbe prismat. Nadeln aus A.; 70% (roh), 35% (rein). — *4-Amino-7-chlor-1-methylcinnoliniumjodid*, $C_9H_9N_3ClJ$, F. 282—283° (Zers.); (¼ Std.); orangefarbene prismat. Nadeln aus W.; 87 bzw. 45%. — *4-Amino-1-methyl-8-nitrocinnoliniumjodid*, $C_9H_9O_2N_4J$, F. 237—238° (Zers.); (3 Std.); bronzefarbene Prismen u. Nadeln aus W.; 75 bzw. 50%. — *4-Amino-1.3-dimethyl-6-nitrocinnoliniumjodid*, $C_{10}H_{11}O_2N_4J$, F. 280—281° (Zers.); (3—5 Std.); rote Prismen oder Platten aus W.; ca. 70%. — *4-Amino-1.3-dimethyl-8-nitrocinnoliniumjodid*, $C_{10}H_{11}O_2N_4J$, F. 263—264° (Zers.); (6 Std.); dunkelbronzefarbene Platten aus W.; 61 bzw. ca. 40%. — *4-Amino-1.7-dimethyl-8-nitrocinnoliniumjodid*, $C_{10}H_{11}O_2N_4J$, F. 287° (Zers.); (2 Std.); rotorangefarbene prismat. Nadeln aus W.; 84%. — *4-Anilino-1-methyl-6-nitrocinnoliniumjodid*, $C_{15}H_{13}O_2N_4J$, F. 233—234° (Zers.); (½ Std.); scharlachfarbene glänzende Nadeln aus W.; wird auch durch Erhitzen von 5 g der Base mit CH_3J in Nitrobenzol auf dem Wasserbad gewonnen; 7 g. — *6-Acetamido-4-anilino-1-methylcinnoliniumjodid*, $C_{17}H_{17}ON_4J \cdot H_2O$, F. 267—268° (Zers.); (1¼ Std.); gelbe prismat. Nadeln; aus W.; 0,39 g aus 0,9 g Base. *Chlorid* (III), F. 240—241° (Zers.), aus dem Jodid u. 2nHCl. Aus der alkoh. Mutterlauge des Jodids eine Verb. vom F. 189—190°, die nach unbefriedigender Rekristallisation aus W. dunkelgelbe Nadeln vom F. 278—280° (Zers.) aus verd. HCl ergab. — *4.6-Diacetamido-1-methylcinnoliniumjodid*, $C_{13}H_{15}O_2N_4J \cdot 0{,}5\ H_2O$, F. 265° (Zers.); (½ Std.); gelbe prismat. Nadeln aus W.; 75%. Daraus durch Verseifung in n-HCl u. Zugeben von KJ-Lsg. *4.6-Diamino-1-methylcinnoliniumjodid* (I), $C_9H_{11}N_4J$, F. 273 bis 275° (Zers.); gelbe Nadeln aus W.; 95%. *Bromid*, $C_9H_{11}N_4Br$, F. 286—287° (Zers.); aus dem Jodid u. AgBr in W. u. Rk. mit NaBr; goldgelbe Nadeln, in W. leicht löslich. *Chlorid*, $C_9H_{11}N_4Cl$, ebenso gewonnen, F. ca. 305° (abhängig von der Erhitzungsgeschwindigkeit); gelbe Nadeln aus Aceton. *Thiocyanat*, $C_{10}H_{11}N_5S$, F. 187—188°, aus dem Bromid u. NH_4SCN; goldgelbe Nadeln. — *4.6-Diacetamido-1.3-dimethylcinnoliniumjodid*, $C_{14}H_{17}O_2N_4J$, F. 243—244° (Zers.); (1 Std.); orangerote prismat. Nadeln aus A.; 91 bzw. 53%. — *4.6-Diamino-1.3-dimethylcinnoliniumjodid* (II), $C_{10}H_{13}N_4J \cdot H_2O$, F. 282—283° (Zers.); lange goldene Nadeln; 87%. *Chlorid*, $C_{10}H_{13}N_4Cl$, F. 314—315° (Zers.); goldgelbe Nadeln aus verd. NaCl-Lösung. — *4-Amino-6-nitro-1-methylcinnoliniumjodid*, $C_9H_9O_2N_4J$, F. 209 bis 210° (Zers.); (3 Std.); orangerote Nadeln; 60 bzw. 40%. — Die folgenden *Bz-Aminocinnoliniumsalze* wurden aus dem entsprechenden Nitrosalz durch Red. mit Fe-Pulver in W. dargestellt; Umkristallisation aus W.: I (aus 4,1 g Nitroverb. bei 90°; ¼std. Zugabe des Fe; Gesamtreduktionszeit 1 Std.); 1,35 g. — II (1 g; 88°; 1 Std.); 0,25 g; im Filtrat von I u. II liegen weitere, nicht identifizierte Verbb. vor. —*4.8-Diamino-1.7-dimethylcinnoliniumjodid*, $C_{10}H_{13}N_4J \cdot 1/_4 H_2O$, F. 338° (Zers.); (1,5 g; 90°; 1 Std.); rote Nadeln; 1 g. — *6-Amino-4-anilino-1-methylcinnoliniumjodid*, $C_{15}H_{15}N_4J \cdot C_2H_5OH$, F. 240—241° (Zers.); (1 g; 92—94°; ½ Std.; $1^3/_4$ Std.); orangefarbene Nadeln aus A.; 0,39 g. — **III**, $C_{17}H_{17}ON_4Cl \cdot H_2O$, aus 100 mg vorst. Verb. durch 1½ std. Erhitzen mit wss. Essigsäure + Acetanhydrid u. Zugabe von 2nHCl; orangegelbe Nadeln. — *4.6-Diamino-1-methylchinoliniumjodid*, $C_{10}H_{12}N_3J$, F. 257—258°, durch Verseifung von 5 g der Diacetylverb. mit n-HCl u. Rk. mit KJ bei p_H 6—7; gelbe Prismen u. Blätter aus W.; 4,75 g; fluoresciert in verd. wss. Lsg. blau; die Fluorescenz verschwindet bei Erhöhung oder Erniedrigung des p_H-Wertes; nach Rk. mit HNO_2 kuppelt die Lsg. mit alkal. β-Naphthol. (J. chem. Soc. [London] **1952**. 2595—2602. Juli. Liverpool, School of trop. Med., Warrington Yorke Dep. of Chemotherapy, u. Manchester, Univ., Med. Res. Council, Group for Res. in Chemotherapy.) LEHWALD. 3272

P. E. Macey und **J. C. E. Simpson**, *Die Beziehung von Cinnolinen und anderen heterocyclischen Verbindungen zur Chemotherapie der Trypanosomiasis*. 3. Mitt. *Synthese von 4.4'-Diamino-6.6'-azochinolinmethosalzen.* (1. u. 2. vgl. vorst. Ref.) Nachdem Verss., *6.6'-Azochinolin* (**I**) durch Synth. nach KNEUPPEL (1900) oder durch Red. von 6-Nitrochinolin mit $NaAsO_3$ oder Na_2SnO_2 sowie durch SKRAUPsche Synth. aus 4.4'-Diaminoazobenzol (**II**) darzustellen, erfolglos blieben, versuchten Vff. die Synth. aus **II** durch Kondensation mit Äthoxymethylenmalonsäurediäthylester u. Cyclisierung. Hierbei erhielten sie *4.4'-Dioxy-6.6'-azochinolindicarbonsäure-(3.3')-diäthylester*, aus dem durch Verseifung u. CO_2-Abspaltung das *4.4'-Dioxyderiv.* von **I** entstand. Über das *4.4'-Dichlorderiv.* bildete sich hieraus durch Behandlung mit Phenol in Alkali bzw. mit Phenol + NH_3 das *4.4'-Diphenoxyderiv.* (**IV**) bzw. das *4.4'-Diaminoderiv.* (**III**) von **I**. Letzteres ließ sich gut auch aus **IV** in Phenol durch Einleiten von NH_3 bei 180° in Ggw. von 2 Mol NH_4Cl gewinnen. Bis-quartärsalze von **III** entstanden aus **III** u. CH_3J in Phenol u. durch Rk. der **III**-Diacetylverb. mit p-Toluolsulfonsäuremethylester u. Hydrolyse mit HCl. Sie ließen sich durch Sieden in NaOH unter NH_3-Abspaltung in *1.1'-Dimethyl-6.6'-azochinolon-(4.4')* überführen u. zeigten keine heilende Wrkg. gegenüber der *T. congolense*-Infektion bei der Maus.

Versuche: *p.p'-[2.2'-Dicarbäthoxyvinylamino]-azobenzol*, $C_{28}H_{32}O_8N_4$, F. 192 bis 193°, durch $^3/_4$std. Erwärmen von **II**, Äthoxymethylenmalonsäurediäthylester u. Dowtherm (75% Diphenyläther + 25% Diphenyl) auf 95° zunächst bei n. Druck, dann $1^1/_4$ Std. bei 20—30 mm; orangefarbene Nadeln aus A.; 94% (Ausbeute). — *4.4'-Dioxy-6.6'-azochinolindicarbonsäure-(3.3')-diäthylester*, durch schnelles Erhitzen von vorst. Verb. in Dowtherm bis auf 258°; 100%. *Säure*, durch Verseifen vorst. Verb. mit 5%ig. NaOH; 92%. — *4.4'-Dioxy-6.6'-azochinolin*, durch 3std. Pyrolyse vorst. Verb. in Dowtherm im N_2-Strom; 82%; läßt sich nicht rein gewinnen. — *4.4'-Dichlor-6.6'-azochinolin*, $C_{18}H_{10}N_4Cl_2$, F. 273—274°, durch 2std. Sieden vorst. Verb. mit PCl_5 u. $POCl_3$, Gießen auf Eis, Alkalisieren (Phenolphthalein) u. Ausziehen mit Bzl.; orangefarbene Nadeln aus 2nHCl oder $2nH_2SO_4$; 42%. — *4.4'-Diphenoxy-6.6'-azochinolin* (**IV**), $C_{30}H_{20}O_2N_4$, F. 238,5—239,5°, durch 1std. Erhitzen vorst. Verb. mit KOH in Phenol auf 140—147°; orangefarbene Blättchen aus Methyläthylketon; 57%. — *4.4'-Diamino-6.6'-azochinolin* (**III**), $C_{18}H_{14}N_6 \cdot 1/_4 H_2O$, F. >330°, a) durch 2std. Einleiten von NH_3 in eine Lsg. des Dichlorderiv. in Phenol bei 180°, Digerieren mit viel 5%ig. NaOH, Lösen in 5%ig. Essigsäure, Fällen mit NaOH, Lösen in warmer Essigsäure, Fällen des *Triacetatdihydrats* ($C_{18}H_{14}N_6 \cdot 3\,CH_3 \cdot COOH \cdot 2\,H_2O$, F. 330°, gelbe Nadeln) mit Essigester, Lösen in W. u. Zugabe von NH_4OH; b) aus **IV**, Phenol, NH_4Cl u. NH_3 wie vorstehend. Das Triacetatdihydrat gibt nach Vakuumtrocknung bei 100° das *Monoacetatmonohydrat*, $C_{18}H_{14}N_6 \cdot CH_3COOH \cdot H_2O$. — **III**-$N^4.N^{4'}$-*Diacetylderiv.*, $C_{22}H_{18}O_2N_6 \cdot H_2O$, aus **III**-Triacetat, gelbe Nadeln aus Essigsäure + Essigester, F. >330°. — **III**-*Dimethojodid*, $C_{20}H_{20}N_6J_2 \cdot 2\,H_2O$, F. >330°, durch 3std. Erhitzen von **III** u. CH_3J in Phenol, aus W., dann Phenol–A.–Ae. orangegelbe Nadeln. *Dimethochlorid*, $C_{20}H_{20}N_6Cl_2 \cdot 2\,H_2O$, F. >330°, a) durch Sieden vorst. Verb. mit AgCl in W. ($1^3/_4$ Std.); orangerote Plättchen aus 0,04nHCl; b) durch langsames Erhitzen des vorst. Diacetylderiv. mit p-Toluolsulfonsäuremethylester auf 180°, Verdünnen mit Ae. u. Sieden des Nd. mit 2,5nHCl. — *1.4.1'.4'-Tetrahydro-4.4'-diketo-1.1'-dimethyl-6.6'-azochinolin*, $C_{20}H_{16}O_2N_4$, gelbe Rhomben aus Phenol–A., F. >330°, durch Sieden von vorst. Dimethochlorid in 0,2nNaOH unter N_2 (NH_3-Entw.). (J. chem. Soc. [London] **1952**. 2602—05. Juli.) LEHWALD. 3272

J. McIntyre und **J. C. E. Simpson**, *Die Beziehung von Cinnolinen und anderen heterocyclischen Verbindungen zur Chemotherapie der Trypanosomiasis*. 4. Mitt. *Synthese von Azocinnolinderivaten.* (3. vgl. vorst. Ref.) Für die Darst. von *6.6'-Azocinnolinderivv.* hielten Vff. die Kondensation von entsprechenden 6-Amino- mit 6-Nitrosocinnolinen für aussichtsreich. Testverss. zur Darst. von *6-Nitroso-4-aminochinolin* aus dem Diaminoderiv. durch Oxydation mit CAROscher Säure lieferten jedoch in saurer Lsg. nur 4-Amino-6-nitrochinolin in geringer Ausbeute. Auch einige einfache aromat. Amine gaben bei H_2SO_5-Oxydation die entsprechenden Nitroverbindungen. Verss. (mit **J. S. Morley**), Nitrosobenzol (**IV**) mit einigen heterocycl. Aminen zu kondensieren, schlugen fehl: 4-Aminochinolin u. -cinnolin reagierten gar nicht, 5- u. 6-Aminochinolin lieferten nur gefärbte Harze. — Zur Gewinnung von Azocinnolinen widmeten Vff. sich zunächst Verss., *2-Amino-5-arylazoacetophenone* darzustellen, aus denen durch Diazotierung u. Cyclisierung *6-Arylazo-4-oxycinnoline* hätten hergestellt werden können. Das als Ausgangsmaterial dazu benötigte *3.3'-Diacetylazobenzol* wurde nach einer Synth. von ELBS u. WOGRINZ (1903) zu gewinnen versucht; das Verf. konnte jedoch nicht reproduziert werden. Vff. wandten sich daraufhin der Darst. von *Arylazoacetophenonen* durch Kondensation von entsprechend substituierten Amino- mit Nitrosoverbb. zu. Bei Oxydation von Aminoverbb. mit CAROscher Säure erhielten sie die besten Ausbeuten an *Nitrosoverbb.* in neutralem Medium, während in saurem Medium fast ausschließlich die *Azoxyverbb.* entstanden; o-substituierte Amine ließen sich jedoch auch im sauren Medium gut in Nitrosoverbb. verwandeln, wahrscheinlich, weil in diesen Fällen die Kondensation zu Azoxyverbb. ster. gehindert ist. Kondensation von m-Nitrosoacetophenon (**II**) mit Anilin lieferte *3-Acetylazobenzol* (**XI**), das sich nicht nitrieren ließ; jedoch konnte das *4'-Mononitroderiv.* durch Kondensation von m-Aminoacetophenon (**VI**) mit p-Nitronitrosobenzol (**III**) gewonnen werden. **IV** ließ sich nicht mit 5-Amino-2-nitrosoacetophenon umsetzen. Zur Darst. von 5-Arylazoacetophenon mit einer geschützten Aminogruppe in 2-Stellung wurde 5-Amino-2-benzamidoacetophenon mit **IV** zu *3-Acetyl-4-benzamidoazobenzol* kondensiert, das sich nicht hydrolysieren ließ. Kondensation von 2-Acetamido-5-aminoacetophenon (I) mit **IV** u. mit **II** lieferte *4-Acetamido-3-acetylazobenzol* bzw. *4-Acetamido-3.3'-diacetylazobenzol*; beide Verbb. ließen sich hydrolysieren. Analog wurde aus 2-Acetamido-5-nitrosoacetophenon (**V**) *4.4'-Diacetamido-3.3'-diacetylazobenzol* (**VII**) dargestellt, dessen Hydrolyse auf Grund der Schwerlöslichkeit der Verb. schwierig war. Diazotierung der Amine, am besten in HCOOH, ergab *4-Oxy-6-phenylazocinnolin*, *6-[m-Acetylphenylazo]-4-oxycinnolin* u. *4.4'-Dioxy-6.6'-azocinnolin.* Diese ließen sich glatt über die *4-Chlor-* u. *4-Phenoxyderivv.* in die *Aminoderivv.* verwandeln. Bei der Quaternisierung wurde festgestellt, daß das *Dimethochlorid* des *4.4'-Diamino-6.6'-azocinnolins* (**XII**) in 2 Modifikationen von erheblich physikal. Unterschied auftritt; beide sind wirksam gegenüber *T. congolense* bei der Maus, allerdings in verschied. Grad.

Versuche: *m-Nitroacetophenon*, aus Acetophenon; 43% (Ausbeute), daneben 40% *o-Nitroacetophenon.* — *2-Acetamido-5-aminoacetophenon* (**I**), $C_{10}H_{12}O_2N_2$, F. 162 bis 164°, a) durch 1std. Red. von 2-Acetamido-5-nitroacetophenon (**XIII**) mit Fe-Feile in verd. CH_3COOH auf dem Dampfbad; 55%; b) durch Red. mit 2%ig. Pd/$SrCO_3$ in A. bei 60°/12 at; kleine gelbe Prismen aus A.; 95%. — *m-Nitrosoacetophenon* (**II**), F. 76 bis 77° (A.), durch 1std. Verrühren von 390 g $K_2S_2O_8$ mit konz. H_2SO_4, Gießen auf Eis, Neutralisieren mit K_2CO_3, Standardisieren mit J_2 u. $Na_2S_2O_3$, Zufügen von 35 g m-Aminoacetophenon (**VI**) in wenig Dioxan u. ½std. Schütteln; 17,1 g (roh); läßt sich nicht reinigen. Daneben etwas *3.3'-Diacetylazoxybenzol*, $C_{16}H_{14}O_3N_2$, F. 136—138°, durch fraktionierte Kristallisation aus A.; es entsteht als Hauptprod. (25%) bei vorst. Rk., wenn die CAROsche Säure nicht neutralisiert wird; blaßgelbe Plättchen. — *p-Nitronitrosobenzol* (**III**), F. 117—119°, aus p-Nitroanilin in Dioxan u. neutralisierter CAROscher Säure nach 20std. Schütteln u. Dampfdest.; gelbe Nadeln aus A.; 30%. Daneben *p.p'-Dinitroazoxybenzol* im Rückstand der Dampfdest.; 50%; 60% bei Oxydation in saurer Lösung. — *2-Acetamido-5-nitrosoacetophenon* (**V**), $C_{10}H_{10}O_3N_2$, F. 152,5—154,5°, aus **I** in Dioxan u. neutralisierter CAROscher Säure; grüne Nadeln aus A.; 87%; daneben etwas *Azoxyverbindung.* Wird sauer oxydiert, entstehen ca. 20% **XIII**. — *m-Acetylazobenzol* (**XI**), $C_{14}H_{12}ON_2$, F. 88—90°, a) aus **VI** u. **IV** in Essigsäure (12 Std.), Alkalisieren u. Ausäthern; orangefarbene Plättchen aus Methanol; 56%; b) aus **II** u. Anilin in Essigsäure; ließ sich nicht nitrieren. — *m-Acetyl-p'-nitroazobenzol*, $C_{14}H_{11}O_3N_3$, F. 119—120°, aus **VI** u. **III** wie vorst. u. Chromatographie in Bzl. + Ligroin an Al_2O_3; orangefarbene Nadeln aus A.; 83% (roh). — *3-Acetyl-4-benzamidoazobenzol*, $C_{21}H_{17}O_2N_3$, F. 138—139°, aus 5-Amino-2-benzamidoacetophenon u. **IV**; gelbe Nadeln aus Methanol; 82%; ließ sich nicht unzers. verseifen. — *4-Acetamido-3-acetylazobenzol*, $C_{16}H_{15}O_2N_3$, F. 132,5—133°, a) aus **I** u. **IV**; orangefarbene Plättchen aus Methanol; 84%; b) aus **V** u. Anilin; ca. 100%. — *4-Acetamido-3.3'-diacetylazobenzol*, $C_{18}H_{17}O_3N_3$, F. 157,5—159,5°, aus **I** u. **II**; gelbe Nadeln aus Methanol; 49% (roh). — *4.4'-Diacetamido-3.3'-diacetylazoxybenzol*, $C_{20}H_{20}O_5N_4$, F. 227 bis 230°, als Nebenprod. neben vorst. Verb. bei der Kondensation von **VI** u. **V**; gelbe Prismen aus Benzol. — *4.4'-Diacetamido-3.3'-diacetylazobenzol* (**VII**), $C_{20}H_{20}O_4N_4$, F. 281 bis 283° (Zers.), aus **V** u. **I**; purpurfarbene Prismen aus Essigsäure; 94%. — *3-Acetyl-4-aminoazobenzol* (**VIII**), $C_{14}H_{13}ON_3$, F. 114°, durch Verseifen der N-Acetylverb. mit A. + 5n HCl;

orangefarbene Nadeln aus Cyclohexan; 87%. — **XI**, durch 3tägiges Stehen einer Lsg. vorst. Verb. in A. + konz. H_2SO_4 mit Amylnitrit. — *4-Amino-3.3'-diacetylazobenzol* (**IX**), $C_{16}H_{15}O_2N_3$, F. 189,5—191°, durch Verseifen des N-Acetylderiv.; aus A. orangefarbene Plättchen. — *3.3'-Diacetyl-4.4'-diaminoazobenzol* (**X**), F. 258—261° (Zers.), durch 8std. Sieden von **VII** in konz. HCl + A. u. Ausschütteln des Nd. mit NH_4OH; 19,1 g aus 35 g; ließ sich wegen Unlöslichkeit nicht rekristallisieren. — *m.m'-Diacetylazobenzol*, $C_{16}H_{14}O_2N_2$, F. 131—133°, a) durch Diazotieren von **X** in 30%ig. H_3PO_2 bei 0° u. 12std. Stehen; goldgelbe Nadeln aus Methanol; b) aus **II** u. **VI** in Essigsäure; unsauber; c) aus der Azoxyverb. u. Fe-Spänen bei 200—240°/15 mm (4 Std.); unrein. — *4-Oxy-6-phenylazocinnolin*, $C_{14}H_{10}ON_4$, F. 298—300°, durch Diazotieren von **VIII** in Ameisensäure (D. 1,2) bei 0°, 2tägiges Stehen u. kurzes Erwärmen auf 80°; gelbe Nadeln aus Essigsäure; 60%. *Acetat*, $C_{16}H_{12}O_2N_4$, F. 179—180° (Essigsäure, A., Bzl. oder Essigester). — *6-[m-Acetylphenylazo]-4-oxycinnolin*, $C_{16}H_{12}O_2N_4$, F. 279—280° (Zers.), aus **IX** wie vorst.; rote Nadeln aus Essigsäure; 50%. *Acetat*, $C_{18}H_{14}O_3N_4$, F. 178—180°, gelbe Nadeln aus Essigsäure. — *4.4'-Dioxy-6.6'-azocinnolin*, F. >320°, durch Diazotierung von rohem **X** in HCOOH wie vorst. u. 10tägiges Stehen; 52%; ließ sich wegen Unlöslichkeit nicht rekristallisieren. — *4-Chlor-6-phenylazocinnolin*, F. 161—162° (Essigester), aus der 4-Oxyverb., PCl_5 u. $POCl_3$. — *4-Phenoxy-6-phenylazocinnolin*, $C_{20}H_{14}ON_4$, F. 167—169°, aus vorst. Verb., Phenol u. $(NH_4)_2CO_3$; Fällen mit NaOH u. Aufnehmen in Bzl.; rote Nadeln aus Essigester; 75%; b) wie vorst. mit NH_3 statt $(NH_4)_2CO_3$. — *6-[m-Acetylphenylazo]-4-chlorcinnolin*, $C_{16}H_{11}ON_4Cl$, F. 194—196°, durch kurzes Erwärmen der 4-Oxyverb. mit $POCl_3$ u. Dimethylanilin. Gießen in Ae., Mischen des Nd. mit Eis u. Ausziehen mit Chlf.; orangefarbene Nadeln aus Bzl.; 76%. — *4.4'-Diphenoxy-6.6'-azocinnolin*, $C_{28}H_{18}O_2N_6$, F. 254—258° (Zers.), durch Erwärmen der 4.4'-Dioxyverb. mit PCl_5 u. $POCl_3$ auf dem Wasserbad, 1std. Sieden, Ausfällen der Dichlorverb. (F. >300°) mit Ligroin, ½std. Erhitzen mit Phenol in Alkali auf 90°, wiederholtes Zentrifugieren in W. u. Ausziehen mit heißem Bzl.; orangerote Nadeln aus Bzl.; 48%. — *4-Amino-6-phenylazocinnolin*, $C_{14}H_{11}N_5$, F. 300—301° (Zers.), ausder 4-Phenoxyverb. in Phenol bei Ggw. von NH_4Cl durch Einleiten von NH_3 bei 175°, Behandeln mit verd. NaOH, Schütteln mit Ae. + Bzl., Lösen des Festen in 50%ig. Essigsäure u. Alkalisieren mit NH_4OH; goldgelbe Nadeln aus 2-Äthoxyäthanol; 85%. *Hydrochlorid*, $C_{14}H_{12}N_5Cl$, goldgelbe, federartige Nadeln, F. 275—280° (Zers.). *N^4-Acetylderiv.*, $C_{16}H_{13}ON_5$, F. 271—275° (Zers.); dunkelrote Blättchen aus 2-Äthoxyäthanol; 84%. — *4.4'-Diamino-6.6'-azocinnolin* (**XII**)*-dihydrochlorid*, $C_{16}H_{14}N_8Cl_2 \cdot 2\,H_2O$, F. >320°, aus der Diphenoxyverb. wie vorst.; rote Nadeln aus wss. Essigsäure + HCl. Hieraus durch 16std. Schütteln mit n-NaOH die freie *Base*, $C_{16}H_{12}N_8 \cdot 1\frac{1}{2}\,H_2O$, F. >320°; rote Nadeln; 83%. — *4-Amino-6-phenylazocinnolinmethojodid*, F. 253—255° (Zers.), a) mit CH_3J in A. (6 Std.); 87%; b) mit CH_3J in Phenol (2 Std. Wasserbad); c) aus der 4-Acetamidoverb. über das *Methotoluol-p-sulfonat* (F. 188—192° unter Zers.; aus A.–Ae. rötliche Nadeln; 96%) u. *Methojodid* (F. 195—197° [Zers.]; rote Nadeln aus W.; 85%) u. Hydrolyse in 0,5n HCl (Sieden); 58%; ist nicht krist. erhältlich. *Methochlorid*, $C_{15}H_{14}N_5Cl$, F. 250—255° (Zers.), aus vorst. Verb. u. AgCl; federige, gelbe Nadeln aus wss. Aceton u. dann verd. HCl. — **XII**-*Dimethojodid*, F. 284—288° (Zers.), analog vorst. Verb. bei b); dunkelrote M.; ließ sich nicht krist.; 98%. *Dimethochlorid, β-Modifikation*, F. 312—314° (Zers.), a) aus dem Dimethojodid durch Behandeln mit 0,05n HCl u. AgCl (2 Std. am Rückfluß), Einengen, Abfiltrieren des Rohprod. (F. 282—288° [Zers.]; 80%) u. Behandeln mit 10n HCl; b) aus 2 g **XII** durch ½std. Sieden in Acetanhydrid, Vermischen des entstandenen Diacetylderiv. (F. 231—239° [Zers.]; ockerfarbene M.; 89%) mit p-Toluolsulfonsäuremethylester, Erhitzen auf 120—125° (Dimethotoluol-p-sulfonat; 99%) u. 3std. Sieden von 1 g hiervon in 10n HCl; 0,2 g. *α-Modifikation*, $C_{18}H_{18}N_8Cl_2 \cdot 3\,H_2O$, F. 282—285° (Zers.), als leichter lösl. Verb. bei a) u. b); goldbraune Nadeln. (J. chem. Soc. [London] **1952**. 2606—15. Juli) LEHWALD. 3272

J. McIntyre und **J. C. E. Simpson**, *Die Beziehung von Cinnolinen und anderen heterocyclischen Verbindungen zur Chemotherapie der Trypanosomiasis.* 5. Mitt. *Quaternäre Salze von 4.4'-Bismethylamino-6.6'-azocinnolin.* (4. vgl. vorst. Ref.) Im weiteren Verlauf ihrer Synthesen stellten Vff. *4-Methylamino-6-nitrocinnolinmethojodid* (**I**) her, das sich als gegen *T. congolense* wirksam erwies. Da die Möglichkeit besteht, daß nicht **I**, sondern das in vivo durch Red. gebildete entsprechende Azosalz das wirksame Prinzip ist, wurde *4.4'-Bismethylamino-6.6'-azocinnolin* synthetisiert. Dieses gibt analog der entsprechenden 4.4'-Aminoverb. (vgl. vorst. Ref.) 2 isomere *Dimethochloride*, von denen das löslichere „α"-Salz gegenüber der T. congolense-Infektionen bei der Maus wirksamer ist als das weniger lösl. „β"-Salz.

Versuche: *4.4'-Bismethylamino-6.6'-azocinnolin*, $C_{18}H_{16}N_8 \cdot \frac{1}{2}\,H_2O$, F. >320°, aus 4.4'-Diphenoxy-6.6'-azocinnolin, NH_4Cl u. Phenol durch Einleiten von CH_3NH_2 bei 90°, später 135°, Verdünnen mit Ae., Lösen des Festprod. in Essigsäure u. Behandeln mit 10n HCl über das *Dihydrochlorid*, $C_{18}H_{16}N_8 \cdot 2\,HCl \cdot H_2O$, F. >320°; orangerote Nadeln aus verd. HCl; 71% (Ausbeute); rote Masse. *Dimethochlorid*, aus dem in Phenol-lsg. gewonnenen *Dimethojodid* (F. 274—278° unter Zers.; 100%), das in W. + einigen Tropfen HCl 1¾ Std. mit AgCl gekocht wird. Bei Einengen u. Versetzen mit 10n HCl fällt zunächst das *β-Isomere*, $C_{20}H_{22}N_8Cl_2 \cdot H_2O$, F. 291—294° (Zers.), aus W. + sehr wenig HCl braunrote Nadeln; 50% (roh). Das *α-Isomere*, $C_{20}H_{22}N_8Cl_2 \cdot 3\,H_2O$, F. 296 bis 300° (Zers.), wird aus der Mutterlauge durch Einengen u. Zugabe von Aceton erhalten; aus 5n HCl + Aceton braune Nadeln; 27%. (J. chem. Soc. [London] **1952**. 2615—16. Juli.) LEHWALD. 3272

J. S. Morley und **J. C. E. Simpson**, *Die Beziehung von Cinnolinen und anderen heterocyclischen Verbindungen zur Chemotherapie der Trypanosomiasis*. 6. Mitt. *Synthese von quaternären Salzen von Dicinnolyl- und Dichinolylharnstoffen, -thioharnstoffen und -guanidinen*. (5. vgl. vorst. Ref.) Bei der Rk. von 4.6-Diamonochinolin (**I**), -cinnolin (**III**) bzw. -3-methylcinnolin (**V**) mit der halbmol. Menge Thiocarbonylchlorid entstand *N.N'-Bis-[4-aminochinolyl-(6)]-* (**II**), *N.N'-Bis-[4-aminocinnolyl-(6)]-* (**IV**) bzw. *N.N'-Bis-[4-amino-3-methylcinnolyl-(6)]-thioharnstoff* (**VI**), Verbb., die nicht sehr stabil sind, leicht H_2S abspalten u. bei Erhitzen mit p-Toluolsulfonsäuremethylester bei 140° Methylmercaptan in Freiheit setzen. Verwendung von $SCCl_2$ im äquimol. Verhältnis lieferte aus **I** neben dem Thioharnstoffderiv. auch *[4-Aminochinolyl-(6)]-isothiocyanat*. Behandlung vorst. Thioharnstoffe mit methanol. NH_3 bei Ggw. von HgO lieferte die entsprechend substituierten *Guanidinderivv.*, die in die *Dimethojodide* übergeführt wurden. **II**-*Dimethojodid* wurde direkt aus dem **I**-Salz u. $SCCl_2$ gewonnen; **III**-Methojodid lieferte dabei das **IV**-*Dimethochlorid*, das beim Vers. der Umwandlung in das **IV**-Dimethojodid zu **III**·CH_3J hydrolysierte. — Bei Kondensation von **I**·CH_3J, **III**·CH_3Cl bzw. **V**·CH_3Cl mit Phosgen entstanden die Bisquartärsalze der entsprechenden *Harnstoffderivate*. Das Harnstoffderiv. von **I** wurde aus **I** u. $COCl_2$ oder Harnstoff gewonnen; im letzteren Fall entstand nebenbei *[4-Aminochinolyl-(6)]-harnstoff*. — Die Quartärsalze der 3 Thioharnstoffverbb. sind unwirksam gegenüber der *T. congolense*-Infektion bei der Maus, ebenso die den Chinolin- u. 3-Methylcinnolin-Ring enthaltenden Vertreter der Guanidinderivv. u. das den 3-Methylcinnolin-Ring enthaltende Harnstoffderivat. Am besten wirksam von den anderen Verbb. ist *N¹.N³-Bis-[4-aminocinnolyl-(6)]-guanidindimethojodid*, das etwa denselben chemotherapeut. Index hat wie „Antrycid".

V e r s u c h e: 4-Aminochinolin u. das Methochlorid ließen sich nicht mit $SCCl_2$ kondensieren. — *N.N'-Bis-[4-aminochinolyl-(6)]-thioharnstoff* (**II**), $C_{19}H_{16}N_6S \cdot 1\frac{1}{2}\,H_2O$, Zers. bei 200—202°, u. schm. dann bei 220—225°; a) durch ¼std. Sieden von 1,3 ml $SCCl_2$ mit 5 g 4.6-Diaminochinolin (**I**) in 50%ig. wss. Aceton als *Hydrochlorid* (Nadeln, Zers. scharf bei 255°; 5,9 g roh [Ausbeute]), das in 50%ig. CH_3OH oder 50%ig. Pyridin mit NH_4OH zerlegt wurde; blaßgelbe Nadeln aus Methanol; b) durch Rk. von 0,5 ml $SCCl_2$ u. 1 g **I** in wss. HCl bei Zimmertemp. (0,82 g Hydrochlorid) u. Schmelzen des aus dem Filtrat mit NaOH gefällten *[4-Aminochinolyl-(6)]-isothiocyanats* ($C_{10}H_7N_3S$, Zers. bei 270—275°; gelborangefarbene Nadeln aus Bzl. u. dann wss. A.; 0,11 g) mit **I**. — *N.N'-Bis-[4-aminocinnolyl-(6)]-thioharnstoff* (**IV**), als *Dihydrochlorid*, $C_{17}H_{14}N_8S \cdot 2\,HCl \cdot H_2O$, Zers. bei 240—245° u. schm. dann bei 270°; aus 10 g 4.6-Diaminocinnolin (**III**) wie vorst. bei a); 13 g; gibt in wss. Lsg. in der Wärme H_2S ab. — *N.N'-Bis-[4-amino-3-methylcinnolyl-(6)]-thioharnstoff* (**VI**)-*Dihydrochlorid*, $C_{19}H_{18}N_8S \cdot 2\,HCl$, F. 290° (Zers.), analog vorst. Verb. aus 5 g **V**-Hydrochlorid; gelatinöse M. gelber Nadeln aus Essigsäure; 4 g; als freie *Base* gelatinöse gelbe Masse. — *N¹.N³-Bis-[4-aminochinolyl-(6)]-guanidintrihydrochlorid*, $C_{19}H_{17}N_7 \cdot 3\,HCl \cdot 3\,H_2O$, entgast bei 295° u. zers. sich über 315°, durch 2std. Rühren von 4 g **II**-Hydrochlorid mit 12%ig. methanol. NH_3 u. gelbem HgO bei 35—40°, Zufügen von 2n HCl, dann von NaSH u. Filtrieren in der Hitze; Nadeln aus n-HCl; 2,7 g. *Base*, gelbes Granulat, wird bei 250° entgast u. schm. bei 260°. — *N¹.N³-Bis-[4-aminocinnolyl-(6)]-guanidin*, $C_{17}H_{15}N_9 \cdot 3\,H_2O$, Zers. bei 245—250°, analog vorst. Verb.; gelatinöse gelbe M. aus alkoh. Essigsäure. *Trihydrochlorid*, $C_{17}H_{15}N_9 \cdot 3\,HCl$, F. 335° (Zers.); Nadeln aus wss. Aceton. — *N¹.N³-Bis-[4-amino-3-methylcinnolyl-(6)]-guanidin*, $C_{19}H_{19}N_9 \cdot 2\,H_2O$, F. 240—270° (Zers.), analog vorst. Verb.; gelbe Nadeln aus wss.-ammoniakal. A.; 81%. *Trihydrochlorid*, $C_{19}H_{19}N_9 \cdot 3\,HCl$, aus HCl + Aceton Nadeln, F. 315° (Zers.). — *N¹.N³.Bis-[4-aminochinolyl-(6)]-guanidindimethojodid*, $C_{21}H_{23}N_7J_2 \cdot 2\,H_2O$, wird bei 250° rot u. schm. bei 260—295°, durch Sieden von 0,4 g der Base in CH_3J + A.; gelbe Nadeln aus wss. A.; 0,49 g. — *N¹.N³-Bis-[4-aminocinnolyl-(6)]-guanidindimethojodid*, $C_{19}H_{21}N_9J_2 \cdot H_2O$, F. 270° (Zers.), aus 1,5 g der Base wie vorstehend. Es bildet sich ein *Dihydrojodiddihydrat* ($C_{19}H_{21} \cdot N_9J_2 \cdot 2\,HJ \cdot 2\,H_2O$) oder die *Verb.* $C_{19}H_{21}N_9J_2 \cdot 2\,CH_3J$ (F. 265° [Zers.]; 2,95 g), aus der durch Auflösen in W. das Dimethojodid in Freiheit gesetzt wird; gelbe Nadeln aus W.; 0,51 g. — *N¹.N³-Bis-[4-amino-3-methylcinnolyl-(6)]-guanidindimethojodid*, $C_{21}H_{25}N_9J_2$, schm. teilweise unter Gasentw. bei 251—253° u. zers. sich bis 280°, aus 1 g Base wie vorst. u. Zers. des wahrscheinlich gebildeten *Trimethojodids* ($C_{21}H_{25}N_9J_2 \cdot CH_3J$, F. 250 bis 300° nach Verfärbung u. Gasentw. bei 230—250°) durch Erwärmen einer wss. Lsg. (CH_3J-Entw.); gelbe Nadeln; 0,76 g. — **II**-*Dimethojodid*, $C_{21}H_{22}N_6J_2S \cdot H_2O$, Gasentw. bei 235° u. schm. unter Zers. u. Verfärbung bis zu 275°, aus 2 g **I**·CH_3J u. $SCCl_2$; Nadeln; 0,34 g; wird durch Sieden in W. wieder rückverwandelt. — **IV**-*Dimethochlorid*, $C_{19}H_{20}$·$N_8Cl_2S \cdot H_2O$, wird bei 205° entgast u. schm. bis zu 280°, aus **III**·CH_3J u. $SCCl_2$; gelbe Nadeln. Gibt mit KJ in W. **III**-*Methojodid*, $C_9H_{11}N_4J$, F. 270—275° (Zers.). — **VI**-*Dimethochlorid*, $C_{21}H_{24}N_8SCl_2$, F. 313—314° (Zers.), aus **V**·CH_3Cl; gelbe Nadeln aus W.; zeigt keine F.-Depression mit **V**-Methochlorid. — *N.N'-Bis-[4-aminochinolyl-(6)]-harnstoff*, $C_{19}H_{16}ON_6 \cdot 1{,}5\ H_2O$, F. 260—265° (Zers.), a) durch Einleiten von $COCl_2$ in eine Lsg. von 2 g **I** u. Na-Acetat in W. bei 80—90° u. Zers. des mit 10nHCl gefällten *Dihydrochlorids* (Nadeln aus verd. HCl, F. 350° [Zers.]; 1,48 g); gelatinöse gelbe M. von Nadeln aus wss. A.; b) durch Erhitzen eines Gemisches von 2,3 g **I**, Harnstoff u. 10nHCl auf 120—130° bis zum Verdunsten des W., dann $^1/_4$ Std. auf 230°; 1,15 g. — *[4-Aminochinolyl-(6)]-harnstoff*, $C_{10}H_{10}ON_4$, F. 220—222° unter Gasentw., aus der Mutterlauge bei vorst. Verf b); Prismen aus 2-Äthoxyäthanol-Ae.; bildet bei Schm. mit **I** vorst. Verbindung. — *N.N'-Bis-[4-aminochinolyl-(6)]-harnstoffdimethojodid*, $C_{21}H_{22}ON_6J_2$, F. 303—305° (Gasentw.), a) aus 2 g des **I**·CH_3J mit $COCl_2$; hellgelbe Nadeln; 0,8 g; b) als *Dihydrat*, $C_{21}H_{22}ON_6J_2$·2 H_2O, aus der Base u. CH_3J in A.; Nadeln aus Wasser. — *N.N'-Bis-[4-aminocinnolyl-(6)]-harnstoffdimethochlorid*, $C_{19}H_{20}ON_8Cl_2 \cdot H_2O$, F. 295—297° (Zers.), analog Verf. a) bei vorst. Verb.; gelbe Nadeln aus Aceton; 0,1 g aus 0,5 g **III**·CH_3J; aus der Mutterlauge **III**-*Methochlorid*, F. 304—305° (Zers.); hellgelbe Nadeln. — *N.N'-Bis-[4-amino-3-methylcinnolyl-(6)]-harnstoffdimethochlorid*, $C_{21}H_{24}ON_8Cl_2 \cdot H_2O$, F. 288—290° (Zers.), analog vorst. Verb., aber nur in Ggw. von CH_3COONa; 0,14 g aus 0,5 g **V**-Methochlorid; gelbe Nadeln aus H_2O. (J. chem. Soc. [London] **1952**. 2617—22. Juli.) LEHWALD. 3272

G. H. Hitchings, A. Maggiolo, P. B. Russell, H. Vander Werff und **I. M. Rollo** *3.5-Diamino-asymm.-triazine als Hemmstoffe für Milchsäurebakterien und Plasmodien.* *2.4-Diamino-5-p-chlorphenyl-6-äthylpyrimidin* (**I**), ein hochwirksamer Hemmstoff für *Plasmodium gallinaceum* u. *Pl. berghei*, u. das in vivo aus *Chlorguanid* (**Ia**) entstehende Umwandlungsprod. *2.4-Diamino-1-p-chlorphenyl-6.6-dimethyl-1.6-dihydro-1.3.5-triazin* (**II**), ein wirksames Antimalariamittel u. Antagonist der Folsäuregruppe, besitzen eine weitgehende Strukturähnlichkeit u. das gemeinsame Syst. **III**. Dementsprechend ähnelt das asymm. *3.5-Diamino-6-[4'-chlorphenyl]-1.2.4-triazin* (**V**), $C_9H_8N_5Cl$, F. 218—220°, biol. **I** u. **II**. Es ist ein konkurrierender Antagonist der *Folsäure* (**VI**) u. *Folinsäure* (**VII**) (synthet. *Leucovorin*) für *Leuconostoc citrovorum*-Wachstum. Die minimale **V**-Hemmkonz. für *Streptococcus faecalis* ist mehrhundertfach größer, wenn der Organismus in Ggw. von **VII** an Stelle von **VI** gezüchtet wird. Die Antimalariaaktivität von **V** u. seinen Derivv. ist sehr hoch; die von *3.5-Diamino-6-[3'.4'-dichlorphenyl]-1.2.4-triazin*, $C_9H_7N_5Cl_2$, F. 219—220°, beträgt gegenüber *P. berghei* das 230fache der von **Ia**, während es gegenüber *P. gallinaceum* weniger wirksam ist als **Ia**. Die biol. Wirksamkeit des Guanazols, *3.5-Diamino-1-p-bromphenyltriazol* (**IV**), $C_8H_8N_5Br$, F. 210°, ist allg. niedriger als die der Triazine. **IV** hemmt *L. casei* nur schwach, u. seine Aktivität wird durch **VI** nicht eindeutig blockiert. Die Antimalariawrkg. ist gering. Die Annahme einer Beziehung zwischen Anti-**VI**- u. Antimalariawirksamkeit erfährt durch die Befunde eine weitere Stütze. (J. Amer. chem. Soc. **74**. 3200—01. 20/6. 1952. Tuckahoe, N. Y., Wellcome Res. Labors., u. London, Wellcome Labors. of Tropical Med.) K. MAIER. 3313

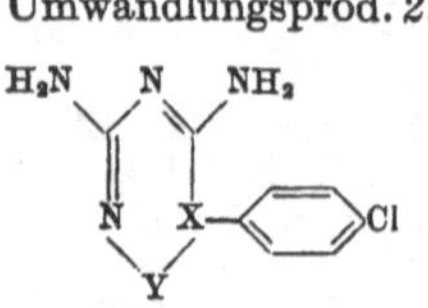

X = N, C, C—CH₃, C—O
Y = C, N III

Roy L. Whistler und **Chen-Chuan Tu**, *Die Isolierung und Eigenschaften einer Reihe kristalliner Oligosaccharide aus Xylan.* Xylan aus Maiskolben-Holocellulose wurde partiell hydrolysiert u. nach chromatograph. Trennung *Xylobiose* (**I**), *Xylotriose* (**II**), *Xylotetraose* (**III**), *Xylopentaose* (**IV**) u. *Xylohexaose* (**V**) krist. erhalten. Der Polymerisationsgrad wurde durch jodometr. Endgruppenbest. festgestellt. Die dargestellten Oligosaccharide zeigen röntgenograph. eine mit steigendem Mol.-Gew. abnehmende Anzahl von Linien. Das Hexaacetat von **I** erwies sich als ident. mit dem bekannten *4-[β-d-Xylopyranosyl]-β-d-xylosehexaacetat*. In Übereinstimmung mit früheren Unterss. müssen die höheren Polymeren ebenfalls 1.4-Bindungen (wahrscheinlich in der β-Konfiguration) aufweisen, da die bei der Perjodatoxydation gefundenen Werte darauf hinweisen, u. in den Xylanhydrolysaten papierchromatograph. nur ein einziges Disaccharid (**I**) gefunden wurde.

V e r s u c h e: 30 g Xylan aus Maiskolben-Holocellulose wurden in 1,5 Liter HCl ($D.^{16}_4$ 1,21) bei —16° gelöst u. bei 0° hydrolysiert, bis die Rotation eine zu $^2/_3$ (Hauptausbeute **I**) oder zur Hälfte (Hauptausbeute höhere Oligosaccharide) vollendete Hydrolyse anzeigte. Die neutralisierte Lsg. wurde an Säulen von Holzkohle/Celite (2:3) chromatographiert. Elution mit W. (für Salze u. d-Xylose) 4%ig. A. (vorzugsweise für I u. II), 15%ig. A. (vorzugsweise für I' u. III) u. 50%ig. A. (vorzugsweise für IV u. V). Nochmalige Chromatographie an Holzkohle/Celite (1:1). Papierchromatograph. Kontrolle der Abläufe. — *Xylobiose* (I), $C_{10}H_{18}O_9$, F. 185—186°, Kristallisation aus wasserhaltigem Methanol, $[\alpha]_D^{25}$ —32° → —25,5° (in W.); 5% (Ausbeute bezogen auf Xylan). — *Xylotriose* (II), $C_{15}H_{26}O_{13}$, F. 205—206°, krist. aus 85%ig. A., $[\alpha]_D^{25}$ —39,4° → —47,0° (in W.); 8%. — *Xylotetraose* (III), $C_{20}H_{34}O_{17}$, F. 219—220°, krist. aus Methanol/W./Butanol-(1), $[\alpha]_D^{25}$ —48,80° → —60,0° (in W.); 4%. — *Xylopentaose* (IV), $C_{25}H_{42}O_{21}\cdot\frac{1}{2}H_2O$, F. 231—232°, krist. aus 80%ig. A., $[\alpha]_D^{25}$ —66,0 (in W.); 3%. — *Xylohexaose* (V), $C_{30}H_{50}\cdot O_{25}\cdot 2H_2O$, F. 236—237°, krist. aus A./W., $[\alpha]_D^{25}$ —72,8° (in W.); 2%. — Perjodatoxydationen mit $NaJO_4$ + KCl bei 15° im Dunkeln unter Schütteln; nach 348 Std. an Ameisensäure gebildet aus I 2,8 Mol/Mol, aus II 2,9, aus III 2,8, aus IV 2,8, aus V 2,9. Perjodatverbrauch von I 4,1 Mol/Mol, von II 4,9, von III 5,9, von IV 6,8, von VI 7,8. — *Phenylxylobiosazon*, $C_{22}H_{28}O_7N_4\cdot H_2O$, F. 195—196° (Zers.), aus 0,5 g I durch 20 Min. Erhitzen im sd. Wasserbad mit Phenylhydrazinchlorid u. Na-Acetat in wss. Lsg., gelbe nadelähnliche Kristalle aus der Reaktionslsg., $[\alpha]_D^{22}$ —22,5° → —77,0° nach 33 Std. (c = 0,65 in Pyridin/A. 7:3); 0,25 g. — *Phenylxylotriosazon*, $C_{27}H_{36}O_{11}N_4\cdot H_2O$, F. 214 bis 215° (Zers.), aus 0,5 g II (vgl. oben), $[\alpha]_D^{25}$ → 53,5° nach 12 Std. (c = 0,41 in Pyridin/A. 7:3); 0,23 g. (J. Amer. chem. Soc. **74.** 3609—12. 20/7. 1952. Lafayette, Ind., Purdue Univ., Dep. of Agricult. Chem.) WILLENBERG. 3400

Andrée de Grandchamp-Chaudun, *Die Fructoseform in den Holosiden.* Raffinose, Gentianose u. Stachyose werden mit Invertasekonzentrat behandelt, um durch schwache Hydrolyse den Fructoseanteil abzuspalten. Die Mutarotation hat dabei in allen Fällen negative Richtung, was für die Freisetzung von *α-Fructose* spricht. (C. R. hebd. Séances Acad. Sci. **232.** 346—47. 22/1. 1951.) ROSSOW. 3400

F. W. Zerban, Louis Sattler, Geraldine Rosenthal und **Arthur Glaubach,** *Die Bildung von D-Allulose in erhitzter D-Fructoselösung.* Die Ggw. von *D-Allulose* in erhitzter Fructoselsg. konnte durch papierchromatograph. Best. bewiesen werden.

V e r s u c h e: Erhitzte u. fermentierte wss. D-Fructoselsg. wird über Diatomeenerde entfärbt u. von Difructosedianhydriden befreit. Chromatographiert wurde eine 2%ig. Lsg., bewegliche Phase war die obere Phase einer Mischung aus Äthylacetat, Pyridin u. W. 250:70:85. Parallelvers. mit D-Allulose (R_F 0,74). (Sugar **47.** 33. Febr. 1952.) ROSSOW. 3400

A. Thompson und **M. L. Wolfrom,** *Die Struktur von Maltotriose.* Aus Stärkesirup wurde durch Chromatographie u. Acetylierung *β-Maltosehendekaacetat* (I) gewonnen u. daraus *Maltotriit* (II) dargestellt. Nach Hydrolyse von II unter zu einem Maximum an Disacchariden führenden Bedingungen u. nachfolgender Acetylierung wurden gefunden: *Pentaacetyl-β-D-glucose, Sorbithexaacetat, β-Maltoseoktaacetat, Maltitenneaacetat* u. vermutlich *Maltotriitdodekaacetat.* Dieses Ergebnis beweist, daß II die *4-α-Maltopyranosyl-d-glucose* ist.

V e r s u c h e: 100 g Stärkesirup an Darco G-60/Celite (1:1) chromatographiert, mit W. u. 3%ig. A. gewaschen, Eluat mit 15%ig. A. nochmals chromatographiert u. nach Elution mit 8%ig. A. Trockenrückstand mittels Essigsäureanhydrid/Na-Acetat acetyliert. Nach Chromatographie an Magnesol/Celite (5:1) (Bzl./tert.-Butanol 75:1) erhalten 5,5 g *β-Maltotriosehendekaacetat* (I), F. 134—136°, $[\alpha]_D^{26}$ +89,5° (c = 2,9 in Chlf.). — *Maltotriit* (II) aus I durch Entacetylierung mit Natriummethylat über Nacht bei 5°, Entsalzung u. Red. mit RANEY-Ni 3 Std. bei 2000 lbs/sq.in. u. 80°. — II, 8 Std. mit 0,05n H_2SO_4 in 2%ig. Lsg. beim Kp. hydrolysiert, Reaktionsprod. acetyliert mit Essigsäureanhydrid/Na-Acetat, Lsg. in Bzl. chromatographiert an Magnesol/Celite, Entw. mit Bzl./tert.-Butanol 300:1, ergibt 1. *β-D-Glucopyranosepentaacetat,* F. 126—128°, aus Zone 1 unter nochmaliger Chromatographie, $[\alpha]_D^{27}$ +4,6° (c = 3,8 in Chlf.); 2. *Sorbithexaacetat,* F. 97—99°, aus Zone 2 unter nochmaliger Chromatographie, $[\alpha]_D^{27}$ +9,8° (c = 4,6 in Chlf.); 3. *β-Maltoseoktaacetat,* F. 154—156°, aus Zone 3, $[\alpha]_D^{27}$ +64° (c = 3,1 in Chlf.) u. 4. *Maltitenneaacetat,* F. 95—97°, aus Zone 4 (obere Hälfte nochmals chromatographiert), $[\alpha]_D^{24}$ +78° (c = 4,1 in Chlf.), Röntgenbeugungsdaten: $7{,}97^{15}—20^{16}$; 7,10—5; 6,55—5; 5,63—10; 5,50—10; 4,65—10; 4,29—100; 3,98—40; 3,75—20; 3,66—10; 3,41—10; 3,20—10; 3,01—10; 2,84—5; 3,20—10; 2,37—5; 2,16—10; 2,01—5. — Aus dem aceton. Eluat bei der Rückchromatographie des oberen Teils der Zone 4 Sirup, vermutlich *Maltotriitdodekaacetat.* (J. Amer. chem. Soc. **74.** 3612—14. 20/7. 1952. Columbus, O., State Univ., Dep. of Chem.) WILLENBERG. 3400

Dukkhaharan Chakravarti und **Biswanath Sen,** *Notiz über die Isolierung des Sakuranins, eines Glucosids aus der Rinde von Prunus Puddum* (*N. O. Rosaceae*). Der Rückstand ders Ae.-Auszuges aus der Rinde von *Prunus Puddum* gab in alkoh. Lsg. auf Zusatz von Bzl. 0,05% des Glucosids *Sakuranin,* F. 213—214°, aus absol. A. Nadeln. Hieraus durch

Hydrolyse mit verd. H_2SO_4 *Sakuranetin*, $C_{16}H_{14}O_5$, F. 150—151° (*Monomethyläther*, F. 116—117°; *Oxim*, F. 201—203°), u. *Glucose* (*Glucosazon*, F. 205—206°). (J. Indian chem. Soc. **27.** 148—50. März 1950. Calcutta, Univ. Coll. of Sci., Chem. Labor.)
NEZEL. 3450

W. W. Kisselew, G. P. Menschikow und **A. A. Beer,** *Über die Zusammensetzung von Colchicerin und das neue Alkaloid Colchamin. Colchicerin* (**I**) ist, wie in vorliegender Unters. gefunden wurde, eine *äquimol. Verb.* von *Colchicin* (**II**) mit dem neuen Alkaloid *Colchamin* (**III**). Die (nicht quantitative) Trennung wurde chromatograph. an Al_2O_3 durchgeführt. Umgekehrt entstand **I** zu 90% aus äquimol. Mengen **II** u. **III** in Aceton. Der F. von **I** liegt höher als derjenige der Komponenten, so daß ein Gemisch nicht vorliegen kann. Dementsprechend muß die Bruttoformel von **I** in $C_{43}H_{50}O_{11}N_2$ abgeändert werden, womit die Best. des Mol.-Gew. (kryoskop.; Bzl.) in Einklang stand. Die Vermutung von BEER (Доклады Академии Наук СССР [Ber. Akad. Wiss. UdSSR [N. S.] **69.** [1949.] 369) über eine zwischen **I** u. **II** bestehende Isomerie entspricht demnach nicht den Tatsachen; ebenso ist die Vermutung von ŠANTAVY (vgl. C. **1952.** 3844) über eine Identität von **I** mit dem Prod. G aus Colchicum autumnale L. wahrscheinlich unrichtig, da dieser bei der Chromatographie des Prod. G andere Ergebnisse erhalten hat. Das neue Alkaloid **III** ist eine sek. Base, die sich von **II** nur dadurch zu unterscheiden scheint, daß am N statt der CH_3CO- die CH_3-Gruppe gebunden ist.

Versuche: *Colchamin* (**III**), $C_{21}H_{25}O_5N$, F. 181—182°, Tafeln aus Essigester; $[\alpha]_D^{20}$ 117,57° (Chlf.; c = 0,689); lösl. in W. u. den gewöhnlichen Lösungsmitteln; ausgenommen Ae.; die Lsgg. in verd. Säuren sind gelb u. geben erst nach dem Kochen eine grüne Färbung mit $FeCl_3$. *Hydrochlorid*, $C_{21}H_{25}O_5N \cdot HCl$, F. 216—217° (Zers.); aus A. + Ae. gelbe Kristalle. *Perchlorat*, F. 264° (Zers.); aus W. hellgelbe Nadeln. *N-Benzoylderiv.*, $C_{28}H_{29}O_6N$, F. 209—210°; aus Essigester gelbe Prismen. (Доклады Академии Наук СССР [Ber. Akad. Wiss. UdSSR] [N. S.] **87.** 227—28. 11/11. 1952. Allunions Wiss. Chem.-Pharmazeut. Ordshonikidse-Forschungsinst.) R. KNOBLOCH. 3500

A. G. González und **L. Galván,** *Beiträge zur Kenntnis der Alkaloide aus Adenocarpus.* 1. Mitt. „*Adenocarpus viscosus*" *L.* Aus den Blättern von Adenocarpus viscosus L. wurde ein ungesätt. *Alkaloid* $C_{19}H_{24}ON_2$ (**I**) isoliert, für das der Name *Teidin* vorgeschlagen wird; es wurden mehrere seiner Derivv. hergestellt. Es gibt bei Hydrolyse *Zimtsäure* u. eine bisher unbekannte *Base* $C_{10}H_{18}N_2$ (**II**), von der verschied. Derivv. hergestellt wurden.

Versuche: *Teidin* (**I**), $C_{19}H_{24}ON_2 \cdot H_2O$, klar gelbes Öl, Kp.$_{16}$ 265° (NH_3-Entw.) nach Reinigung über das Pikrat gelbes Pulver, F. 65—66°, $[\alpha]_D$ 0°, λ_{max} 2900—2940 u. 2230 Å (E = 21000 u. 18500 in A.). *Pikrat*, $C_{25}H_{27}O_8N_5$, gelbe Nadeln, F. 205,5—206° (A.); $[\alpha]_D$ +81° (11%ig. in Pyridin). *Hydrochlorid*, $C_{19}H_{24}ON_2 \cdot HCl \cdot 1{,}5\,H_2O$, F. 249—250° (Zers.), wasserfrei, F. 239°, $[\alpha]_D$ +2,1° (1,23%ig. in A.). — *[2.4-Dinitrophenyl]-teidin*, $C_{25}H_{26}O_5N_4$, aus **I** u. 2.4-Dinitrofluorbenzol, gelbes Pulver aus CH_3OH-Dioxan (3:1), erweicht bei 120°, F. 148°, beginnt bei 150° Gas zu entwickeln. — *Verb.* **II**, rötliches Pulver, F. 98—99°, durch Hydrolyse von **I** mit sd. 35%ig. HCl, Abtrennen der *Zimtsäure* (F. 123°) u. Alkalisieren; nimmt an der Luft schnell ½ H_2O auf; λ_{max} 2000 Å ($E_{1\,cm}^{1\%}$ 161). *Dihydrochlorid*, $C_{10}H_{18}N_2 \cdot 2\,HCl \cdot 2\,H_2O$, F. 199—201° (Zers.). — **II** gibt bei Red. mit Na in Amylalkohol ein Prod., dessen *Pikrat*, $C_{10}H_{20}N_2 \cdot C_6H_3O_7N_3$, gelbgrünes Pulver, bei 126° erweicht u. bei 132—134° (Zers.) schmilzt. *Chloroplatinat*, orangefarbenes Pulver, erweicht bei 190°, F. 260°, zers. sich bei 268—270°. (An. Real Soc. españ. Física Quím., Ser. B **47.** 67—72. Jan. 1951. La Laguna, Tenerife, Inst. „Alonso Barba", u. Univ., Sec. de Quím. Organ.) FÖRSTER. 3500

Robert L. Frank, S. Mark Cohen und **James N. Coker,** *Struktur und Synthese von Rhizocarpsäure und Epanorin.* 3. Mitt. *über die Chemie der Pilze und Flechten.* (2. vgl. C. **1952.** 4279.) *Rhizocarpsäure* (**I**) u. *Epanorin* (**II**) sind gelbe Flechtenpigmente, soweit bekannt, die einzigen, die N enthalten. **I** hat die Summenformel $C_{28}H_{23}O_6N$ u. ist, wie sich aus der schon bekannten Bldg. von *Pulvinsäurelacton* (**V**) bei Spaltung mit Acetanhydrid ergibt, ein Deriv. der Pulvinsäure $C_{18}H_{12}O_5$. Für den Rest, $-C_{10}H_{12}O_2N$, der über das N-Atom an die Pulvinylgruppe $C_{18}H_{11}O_4$ gebunden ist, wird durch Synth. nachgewiesen, daß er der des Phenylalaninmethylesters ist. Dieser gibt mit einer Chloroformlsg. von **V** ein gelbes krist. Pulver, das mit **I** in F. u. opt. Drehung ident. ist, auch gibt es das gleiche Verseifungsprodukt. Synthet. **I** hat das gleiche Infrarotspektr. wie natürliches **I**. Demnach ist **I** der *Methylester des l-N-Pulvinylalanins* (**A**, R = CH_3). Die bekannte *Norrhizocarpsäure* (**III**) hat demnach die Konst. **A** (R=H), das alkal. Spaltungsprod., $C_{17}H_{17}O_3N$, von JONES u. Mitarbeiter (Nature [London] **154.** [1944.] 580) ist *l-Phenylacetylphenylalanin*; ein bei der Spaltung mit Acetanhydrid von ZOPF

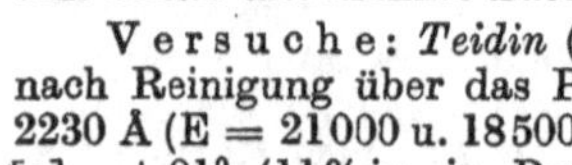

A

(1895) erhaltener Stoff, F. 88°, ist wahrscheinlich *l-Acetylphenylalaninmethylester.* Die von HESSE (1906) gefundene *Rhizocarpinsäure,* F. 170°, ist offensichtlich der **III**-*Äthylester* (**IV**). Analog wird für **II** die Struktur des *Methylesters von l-N-Pulvinylleucin* nachgewiesen; das schon bekannte Prod. seiner alkal. Spaltung $C_{14}H_{19}O_3N$ ist *l-Phenylacetylleucin.* — Es werden die rac. Formen von **I, II** u. *Norrhizocarpsäureäthylester* hergestellt.

Versuche: *l-Rhizocarpsäure* (**I**), $C_{28}H_{23}O_6N$, aus l-Phenylalaninmethylester (hergestellt aus l-Phenylalanin u. methylalkoh. HCl) u. **V** in Chlf. unter Rückfluß; aus Methanol gelbe Nadeln, F. 177—178°; $[\alpha]_D^{20}$ +110,4 ± 2,1°. — *l-Norrhizocarpsäure* (**III**), $C_{27}H_{21}O_6N$, aus **I** durch Kochen mit 10%ig. wss. K_2CO_3, Öl; aus Eisessig durch Animpfen gelbe Nadeln, F. 91—92°; $[\alpha]_D^{20}$ +68,6°. — *l-Norrhizocarpsäureäthylester* (**IV**), $C_{29}H_{25}O_6N$, aus **I** oder **III** durch Kochen mit absol. A. + wenig konz. HCl (12 bzw. 6 Std.), gelbe Nadeln (aus A.), F. 170—171°; $[\alpha]_D^{20}$ 116,0 ± 2,2°. — *l-Epanorin* (**II**), $C_{25}H_{25}O_6N$, analog **I** aus l-Leucin, gelbe Nadeln (aus Methanol), F. 135—136°; $[\alpha]_D^{26}$ —1,86 ± 0,2°, Drehung bei 21° annähernd die Hälfte dieses Wertes. — Analog werden hergestellt: *dl-Rhizocarpsäure,* gelbe Nadeln aus A., F. 144—145°; *dl-Norrhizocarpsäureäthylester,* aus dl-Phenylalaninäthylester, gelbe Nadeln aus absol. A., F. 143—144°, u. *dl-Epanorin,* gelbe Nadeln aus Methanol, F. 162—163°. — *Pulvinsäurelacton* (**V**), aus **I, II, III** oder **IV**, F. 219—221°. — Infrarotspektren vgl. Original. (J. Amer. chem. Soc. **72**. 4454—57. Okt. 1950. Urbana, Ill., Univ. of Illinois, Noyes Chem. Labor.) v. DECHEND. 3550

K. Miescher und **J. Schmidlin,** *Über Steroide.* 99. Mitt. *Ein einfacher Weg zur Bereitung von Corticosteroiden mit Dioxyaceton-Seitenkette, ausgehend von 17-Ketonen. Neue Teilsynthese von Reichsteins Substanz S.* (98. vgl. C. **1951**. I. 3047.) Vff. fanden, daß bei der Einw. von H_2O_2 in Ggw. katalyt. Mengen OsO_4 aus $\Delta^{4.17}$-3-Keto-21-acetoxypregnadien (**I**) Δ^4-*3.20-Diketo-17α-oxy-21-acetoxypregnen* (**II**) (REICHSTEINs S-Acetat) entsteht. Die Annahme, **II** würde sich über Δ^4-3-Keto-17α.20β-dioxy-21-acetoxypregnen als Primärprod. u. anschließende Dehydrierung bilden, erwies sich als nicht richtig, denn aus der letzteren Verb. konnte unter vorst. Bedingungen kein **II** gewonnen werden. Die Oxydation von **I** zu **II** ließ sich auch mit Chlorsäure in Ggw. katalyt. Mengen OsO_4 durchführen. Bei dieser Rk. entstand neben wenig **II** in größerer Menge Δ^4-*3-Keto-17α-oxy-20β.21-diacetoxypregnen* (**III**). $\Delta^{4.17}$-3-Keto-21-brompregnadien (**IV**) wurde mit H_2O_2 u. OsO_4 in Δ^4-*3.20-Diketo-17α-oxy-21-brompregnen* (**V**) übergeführt. Aus **V** wurden **II** u. über mehrere Zwischenprodd. das noch unbekannte Δ^4-*3.20-Diketo-17α-oxypregnen-21-al* (**VII**) gewonnen.

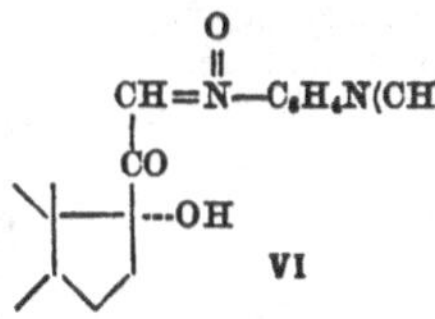

VI

Versuche (FF. korr.): Δ^4-*3.20-Diketo-17α-oxy-21-acetoxypregnen* (**II**), $C_{23}H_{32}O_5$, F. u. Misch-F. 236—238° (leichte Zers. mit Sintern ab 233°), aus **I** durch 100std. Einw. von H_2O_2 u. OsO_4 in wasserfreiem tert.-Butanol bei Zimmertemp.; nach Entfernen des Os mit Na_2SO_3 in verd. Methanol Acetylierung des Reaktionsprod.; aus wenig Ae. Kristalle, nach Chromatographie Prismen aus Aceton; $[\alpha]_D^{24}$ +121 ± 2° (c = 0,508, Aceton); 48% (Ausbeute). — Δ^4-*3-Keto-17α-oxy-20β.21-diacetoxypregnen* (**III**), $C_{25}H_{36}O_6$, F. u. Misch-F. 192—193°, aus der äther. Mutterlauge von **II**, nach Chromatographie Prismen aus Ae.; $[\alpha]_D^{27}$ +133 ± 2° (c = 0,919 in Dioxan); 20%; bei Einw. von $KClO_3$ u. 0,2n H_2SO_4 auf 1,78 g **I** in Ae. in Ggw. von OsO_4 wurden 275 mg **III** u. 22 mg **II** gewonnen. — Δ^4-*3.20-Diketo-17α-oxy-21-brompregnen* (**V**), $C_{21}H_{29}O_3Br$, F. 189—190° (Zers.), aus **IV** in 146std. Einw. von H_2O_2 u. OsO_4 in tert.-Butanol, derbe Kristalle aus Aceton; $[\alpha]_D^{25}$ +129 ± 2° (c = 1,013, Dioxan); gibt durch Einw. von wasserfreiem K-Acetat in Aceton 93% **II**. — Δ^4-*3.20-Diketo-17α-oxypregnen-21-ylpyridiniumbromid,* $C_{26}H_{34}O_3NBr$, F. 285 bis 287° (Zers. unter Braunfärbung ab 278°), aus **V** durch 24std. Einw. von Pyridin, flache Prismen aus sd. Methanol; 85%. — Δ^4-*3.20-Diketo-17α-oxypregnen-21-ylpyridiniumchlorid,* $C_{26}H_{34}O_3NCl$, F. 304—307° (Zers.), aus Δ^4-3.20-Diketo-17α.21-dioxypregnen in Pyridin durch Einw. von p-Tosylchlorid unter Wasserausschluß, Plättchen aus 96%ig. A.; 60%. — [Δ^4-*3-Keto-17α-oxyätiocholenoyl*]-*N*-[*p-dimethylaminophenyl*]-*nitron* (**VI**), $C_{29}H_{38}O_4N_2$, F. 180—182° (Zers.), aus vorst. Pyridiniumbromid bzw. -chlorid u. p-Nitrosodimethylanilin in wss. Methanol in Ggw. von $KHCO_3$, rote Plättchen aus CH_2Cl_2 + Methanol; 95%. — Δ^4-*3.20-Diketo-17α-oxypregnen-21-al* (**VII**)-*Hydrat,* $C_{21}H_{28}O_4 \cdot H_2O$, F. 105 bis 108° (Zers.), aus **VI** durch Hydrolyse mit n-HCl, Kristalle aus Ae.; $[\alpha]_D^{26}$ +111 ± 2° (c = 1,036, Dioxan); 64%. Hieraus durch Einw. von Zn in 80%ig. Essigsäure u. anschließende Acetylierung **II**. (Helv. chim. Acta **33**. 1840—47. 16/10. 1950. Basel, Ciba Akt.-Ges., Forschungslabor., Pharmazeut. Abt.) BIENECK. 3700

K. Miescher und **P. Wieland,** *Über Steroide.* 100. Mitt. *Zur Biosynthese der Steroide.* (99. vgl. vorst. Ref.; 101. vgl. MEYSTRE, C. **1951**. II. 1023.) 2 Mol Acetessigester u.

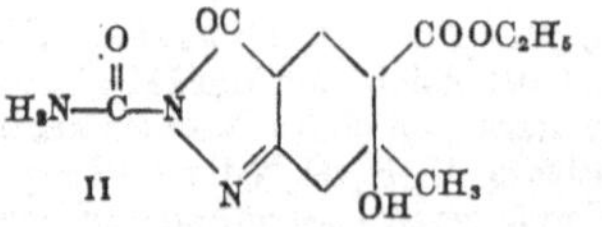

1 Mol Formaldehyd lassen sich in Ggw. von 1 Mol NaOH u. kleinen Mengen sek. Base in verd. wss. Lsg. unter Bldg. von HAGEMANN-Ester (I) kondensieren. Ausgehend von diesem Befund stellen Vff. eine Hypothese über die Biosynth. der Steroide (ausführliche Aufbauschemata s. Original) auf, nach der als wesentlichste Aufbauelemente Acetessigsäure u. Formaldehyd anzusehen sind. Es wird auf die sich dadurch ergebenden engen Beziehungen zum natürlichen Aufbau anderer Naturstoffe hingewiesen.

V e r s u c h e (FF. korr.): *Δ^2-3-Methylcyclohexenon-4-carbonsäureäthylester-semicarbazon*, $C_{11}H_{17}O_3N_3$, F. 167—168°, aus 13 g Acetessigsäureäthylester in 1,3 Liter W. durch Einw. von 50 cm³ nNaOH, 4 cm³ 40%ig. Formaldehydlsg. u. 1150 mg Dimethylamin (oder Piperidin); p_H-Wert der Lsg. 10, nach 24 Std. bei Zimmertemp. 8; nach Ansäuern mit nHCl oder Eisessig, Aussalzen u. Ausäthern Vakuumdest., dann Behandlung der bis 143°/15 mm übergegangenen Fraktion mit Semicarbazidacetat; Kristalle aus Methanol; 24,2% (Ausbeute); ohne Zusatz der Base 18%. — *Δ^2-3-Methylcyclohexenon-4-carbonsäureäthylester* (I; HAGEMANN-Ester), $C_{10}H_{14}O_3$, aus vorst. Verb. durch Zerlegung mit Brenztraubensäure in 50%ig. Eisessig. Ausbeute von I-Semicarbazon aus reinem I (unter gleichen Bedingungen) 70%. — Umsetzung von 3-Methyl-3-oxy-4.6-dicarbäthoxycyclohexanon mit Semicarbazidacetat in CH_3OH gibt nach 24std. Stehen, Ausäthern der mit NaCl gesätt. wss.-methanol. Lsg. das *Pyrazolon* **II**, $C_{12}H_{17}O_5N_3$, F. 149 bis 151°, Kristalle aus Alkohol-Äther. (Helv. chim. Acta **33.** 1847—64. 16/10. 1950.)
BIENECK. 3700

H. Ohle, *Der Stand der chemischen Penicillinsynthese.* Übersichtsbericht u. kurze Hinweise auf eigene Arbeiten. Struktur der *Penicilline* (I), Synthesen des *Penicillamins* (II), Möglichkeiten einer I-Synth., Synth. der *4-Alkoxymethylen-2-benzyloxazolone* u. des *Benzylpenicillins.* Die direkte Darst. von *2-Methyl-4-isopropylidenoxazolon-(5)*, einer Zwischenstufe für **II**, gelang, nachdem Vf. für die Kondensation von Acetaldehyd mit Hippursäure entwässertes Pb-Acetat als optimal wirksam gefunden hatte, SCHREIBER aus Aceton u. Acetursäure bei Verwendung eines äquimol. Gemischs von wasserfreiem $ZnCl_2$ u. Na-Acetat in guter Ausbeute. Verss., *Acetonpenicillamin* (**IV**) mit Sulfonsäurechloriden in Pyridin zu kondensieren, mißlangen, da sich hierbei ein *Diketopiperazin*-Deriv. (**V**), F. 258°, von großer Säurebeständigkeit bildete. Mehrstd. Kochen von **V** mit Eisessig-HBr lieferte nur wenig *Monoaceton*-Verb. (**VI**), F. 212°, u. als Hauptprod. ein Stereoisomeres von **V**, F. 188°. Die von CORNFORTH u. HUANG (J. chem. Soc. [London] **1948.** 1964) vorgeschlagene, jedoch nicht erreichte Synth. der *4-Methoxy-2-benzyloxazolin-5-carbonsäure* (**VII**) gelang durch Einw. von Acetanhydrid auf *Methoxymethylenphenacetursäure.* Der mit CH_2N_2 erhaltene **VII**-*Methylester* ist sehr unbeständig u. wird bereits bei der chromatograph. Reinigung an Al_2O_3 zersetzt. **VII** gab bei der Kondensation mit **II** kein antibiot. wirksames Material. Vom *Oxymethylenhippursäureäthylester* (**III**) gelang die Isolierung je 2 isomerer *Acetyl-* u. *Benzoyl*-Derivv., jedoch nicht die eines Paars der entsprechenden isomeren Methoxymethylenderivate. Die Struktur der Acylverbb. als **III**-Derivv. ist jedoch auf Grund der UV-Absorption zweifelhaft. Zur I-Best. durch Umsetzung mit einer farbigen Base unter Bldg. eines farbigen alkalilösl. Amids wurde das auch von SCUDI (J. biol. Chemistry **164.** [1946.] 183) vorgeschlagene *N-[4-Benzolazonaphthyl-(1)]-äthylendiamin* („*Penicillorange*“) synthetisiert. — 46 Literaturangaben. (Chem. Techn. **4.** 50—59. Febr. 1952. Berlin-Adlershof.)

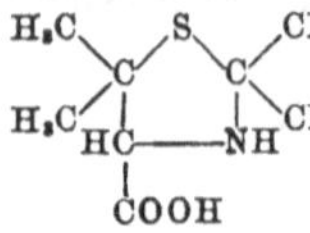

IV

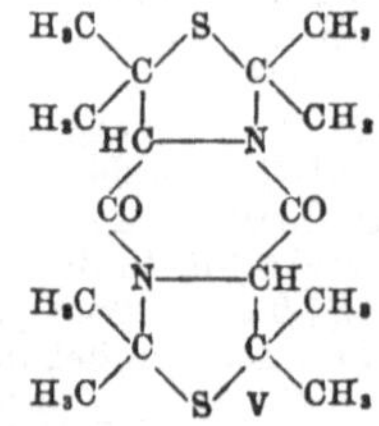

V

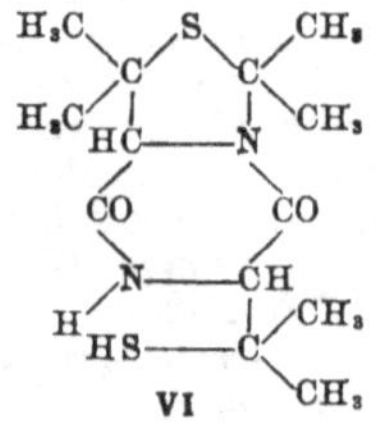

VI

K. MAIER. 3900

I. Elphimoff-Felkin, M. H. Felkin, B. Tchoubar und **M. Z. Welvart,** *Chloromycetin.* 1. Mitt. *Synthese von threo-β-Phenylserinol und von erythro-β-Phenylserin. erythro-β-Phenylserin* (**VI**) entsteht neben wenig *threo-β-Phenylserin* (**X**) bei katalyt. Red. von α-Oximino- oder α-Aminobenzoylessigsäureäthylester (**III** bzw. **IV**). Durch Einw. von Benziminoäthylester wird aus **VI**-Äthylesterhydrochlorid (**VII**) *cis-2.5-Diphenyloxazolincarbonsäure-(4)-äthylester* erhalten. Bei analoger Rk. entsteht aus **X**-Äthylesterhydrochlorid (**VIII**) der stereoisomere *trans-Ester* (**IX**), welcher sich mit $LiAlH_4$ zu *threo-N-Benzoyl-β-phenylserinol* reduzieren läßt. Diese Meth. läßt sich auch zur Darst. von *threo-β-[p-Nitrophenyl]-serinol* benutzen.

V e r s u c h e : *Epoxyzimtalkohol* (I), $Kp._{20}$ 130°, aus Zimtalkohol mit Perbenzoesäure in Chlf. bei 18—20° (ca. 12 Std.); 78% [Ausbeute]. Bei 0° entsteht I nur spurenweise;

Hauptprod. ist wahrscheinlich *α-Phenylglycerinbenzoat*, Kp.$_{0,7}$ 245—252°. — *β-Phenylisoserinol, Hydrochlorid*, F. 220—221°, aus I mit alkoh. NH_3 bei 45° im Rohr (24 Std.) u. anschließendes Umsetzen mit HCl in Dioxan, Kristalle aus n-Propanol; [48%]. *N-Benzoylderiv.*, F. 161°. — *Benzoylglyoxalphenylhydrazon* (**II**), F. 100°, aus Benzoylacetaldehyd-Na u. Phenyldiazoniumchlorid in wss. Na_2CO_3 bei 0°, Kristalle aus A.; [32%]. Bei Red. mit PtO_2/H_2 in Eisessig entsteht *N-Anilinophenylserinol* ($C_{15}H_{18}O_2N_2$, F. 113,5°, aus Bzl. + PAe. u. dann aus Butyläther). Dieselbe Verb. entsteht auch aus **II** mit amalgamiertem Al in Ae. (16 Std.). Red. von **II** mit $LiAlH_4$ bei 20° gibt eine nicht näher untersuchte Verb. (F. 138,5°, gefunden N 16,72%), die aus A. bordeauxrote Kristalle bildet. Red. von **II** mit Zn + HCl gibt nur harzige Produkte. — *Oximinobenzoylessigsäureäthylester* (**III**), F. 126°, aus Benzoylessigsäureäthylester mit HNO_2 (aus C_2H_5ONO + HCl in Dioxan), Kristalle aus Cyclohexan. — *α-Amino-α-benzoylessigsäureäthylester* (**IV**), aus **III** mit $SnCl_2$ + HCl nach GRÄNACHER (1925) als *Hydrochlorid*; [39%]. *N-Benzoylderiv.*, F. 127,5—128,5°, mit Benzoylchlorid in sd. Bzl., aus A. Kristalle; konnte aus α.α-Dibenzoylessigsäureäthylester mit NaN_3 in Cl_3CCOOH + H_2SO_4 bei 80° nicht erhalten werden. *N-Acetylderiv.* (**V**), $C_{13}H_{15}O_4N$, F. 80,5—81,5°, aus **IV**·HCl mit Acetylchlorid in sd. Bzl. oder mit Na-Acetat + Acetanhydrid; [65%]. — *α-Acetamido-α-benzamidoessigsäureäthylester* (?), $C_{13}H_{16}O_4N_2$, F. 113—114°, aus α-Acetyl-α-benzoylessigsäureäthylester mit NaN_3 in Cl_3CCOOH + H_2SO_4 bei 80°, Kristalle aus Cyclohexan. — *α-Acetamido-α-oxymethylbenzoylessigsäureäthylester*, $C_{14}H_{17}O_5N$, F. 121—122°, aus **V** mit H_2CO in schwach alkal. Medium bei 20° bis zur Auflsg., Ansäuern u. Ae.-Extraktion, Kristalle aus 5%ig. A. oder Cyclohexan. — *erythro-β-Phenylserin* (**VI**), $C_9H_{11}O_3N$, F. 260°, aus nachst. Äthylesterhydrochlorid mit methanol. KOH bei 20° (30 Min.), aus 70%ig. Methanol. *Äthylesterhydrochlorid* (**VII**), $C_{11}H_{15}O_3N \cdot HCl$, F. 173—175° (Zers.), aus **III** oder **IV**·HCl mit PtO_2/H_2 in CH_3COOH; das anfallende Gemisch aus wenig *threo-* u. viel *erythro-Deriv.* wird durch Kristallisation aus A. oder verd. HCl getrennt. *Hydrochlorid*, $C_9H_{11}O_3N \cdot HCl$, F. 212°. *O.N-Dibenzoyläthylester*, $C_{25}H_{23}O_5N$, F. 167—168°, aus **VII** mit Benzoylchlorid + Pyridin, aus A. Kristalle. *O.N-Diacetyläthylester*, $C_{15}H_{19}O_5N$, F. 126—127°, aus **VII** mit $(CH_3CO)_2O$ + Na-Acetat, aus Cyclohexan. *Äthylester*, $C_{11}H_{15}O_3N$, F. 83—84°, aus **VII**, aus Cyclohexan. — *2-Phenyl-4-benzaloxazolon-(5)*, F. 164°, aus **VI** durch Erhitzen mit Benzoylchlorid. — *threo-β-Phenylserin* (**X**), F. 196°, nach ERLENMEYER (1894) durch Kondensation von Benzaldehyd mit Glykokoll in sodaalkal. Lsg. u. Hydrolyse der gebildeten SCHIFFschen Base mit verd. Essigsäure; [60%]. *Äthylesterhydrochlorid* (**VIII**), $C_{11}H_{15}O_3N \cdot HCl$, F. 134—135°, mit absol. A. + HCl; [95%]. *Äthylester*, F. 83—84° (aus Ae.), aus dem Hydrochlorid mit K_2CO_3. *O.N-Diacetyläthylester*, $C_{15}H_{19}O_5N$, F. 169—170° (aus 40%ig. A.). — *trans-2.5-Diphenyloxazolincarbonsäure-(4)-äthylester* (**IX**), $C_{18}H_{17}O_3N$, F. 86,5—87,5° (aus A.), aus **VIII** u. Benziminoäthylester durch Verrühren in Ae. bei 20° (8 Std.) oder durch Erhitzen auf 100° (30 Min.); [80 bzw. 90%]. — *cis-2.5-Diphenyloxazolincarbonsäure-(4)-äthylester*, $C_{18}H_{17}O_3N$, F. 121—123°, ebenso aus **VII**; [27 bzw. 55%]. — *threo-β-Phenylserinol*, F. 85—86°, aus nachst. Benzoylderiv. mit heißer 6n HCl (3 Std.). *N-Benzoylderiv.*, $C_{16}H_{17}O_3N$, F. 164—165° (aus Bzl. + Cyclohexan), aus **IX** durch Behandeln mit $LiAlH_4$ in Ae. bei 0° u. anschließende Zers. mit 10%ig. CH_3COOH; [90%]. *N-Benzoylderivathydrochlorid*, $C_{16}H_{17}O_3N \cdot HCl$, F. 207° (aus absol. A.). (Bull. Soc. chim. France, Mém. [5] **19**. 252—61. März/April 1952. Labor. de Chimiothérapie et de Pharmacodynamie du C. N. R. S., Fac. de Med.) K. FABER. 3900

Tetsuo Notsune, *Verbindungen mit ungesättigtem 7-Ring.* Übersicht über die Struktur von *Hinokitiol*, anderen natürlichen *Tropolonen* (**I**), kondensierten **I** u. über die Elektronentheorie der **I**. — 43 Literaturangaben. (Kagaku [Science] **21**. 564—70. Nov. 1951. Tohoku, Univ. [Orig.: japan.]) SCHULER. 3950

N. N. Schorygina und **A. A. Tschukssanowa**, *Zur Frage der Chlorierung von Hydrolysenlignin.* Lignin aus Hydrolysenanlagen für Nadelhölzer wurde nach Reinigung mittels in CCl_4 gelösten Cl_2 (12 g in 200 ml) chloriert (Zimmertemp., ohne Katalysator). Das 20% Cl enthaltende Reaktionsprod. ergab nach Verseifung durch 20%ig. KOH u. feuchtes $Co(OH)_2$ bei 105° u. starker Durchmischung durch einen O_2-Strom Prodd., aus denen sich nach erneuter Oxydation (nach LAUTSCH u. PIAZOLO) *6-Chlorvanillin*, F. 167—168°, isolieren ließ. (Доклады Академии Наук СССР [Ber. Akad. Wiss. UdSSR] [N. S.] **86**. 1135—36. 21/10. 1952. Inst. für organ. Chem. der Akad. der Wiss. der UdSSR.) ULMANN. 3950

D_3. Makromolekulare Chemie.

D. A. I. Goring und **P. Johnson**, *Konstruktion, Eichung und Anwendung einer Apparatur zur Untersuchung von Makromolekülen in Lösung mittels der Lichtstreuung.* Vff. unterziehen die Lichtstreuungsmeth. zur Best. der Größe gelöster Makromoll. einer krit. Betrachtung u. beschreiben die Konstruktion, Eichung u. Anwendung einer modifizierten

App. nach BYWATER u. JOHNSON (C. **1951.** II. 2051) u. die Methoden zur Herst. u. Reinigung der Lsgg. (Ultrafiltrationsverf. nach GORING u. JOHNSON, C. **1953. 1974**). Mit Lsgg. mehrerer definierter Proteine u. Nucleoproteine (mit einem fast 100fachen Mol.-Gew.-Bereich) wurden die Verteilung des Streulichts u. dessen Intensität (I_{90}) im 90°-Winkel zur Richtung des einfallenden Lichtstrahls untersucht. Es wird gezeigt, daß das Mol.-Gew. aus den Intensitätswerten I_{90} gut bestimmt werden kann; es erscheint aber zweifelhaft, ob man aus den beobachteten Asymmetrieverhältnissen (I_{60}/I_{120}) die Mol.-Gestalt quantitativ ermitteln kann. — Die Prüfung der App. ergab bei Fluoresceinlsg. eine konstante Winkelverteilung der Intensität u. bei sorgfältig filtrierten organ. Lösungsmitteln (CS_2, Toluol) eine symm. Intensitätsverteilung (envelopes). Die Korrekturen für Depolarisation u. Durchlässigkeit wurden untersucht. Die App. wurde mit geeigneten nichtabsorbierenden Polymerisatlsgg. (Serumalbumin in wss. Pufferlsg. u. Polystyrol in Toluol/A.) geeicht, deren Trübungen spektralphotometr. bestimmt werden konnten. Nach Korrektur der Unterschiede im Brechungsindex stimmten die Eichungen bei wss. Lsgg. u. Toluollsgg. nicht überein. Daher wird vorgeschlagen, daß die Eich-Fl. der Testlsg. opt. entsprechen soll. Bei mehreren Proteinen stimmen die nach der Lichtstreuungsmeth. ermittelten Mol.-Geww. mit denen nach anderen Methoden bestimmten gut überein. Trotz intensivster Reinigung waren die beobachteten Asymmetrieverhältnisse, größer als auf Grund der Mol.-Dimensionen erwartet wurde. Asymmetrieverhältnisse unter 1,10 werden daher für unbedeutend gehalten; sie werden vermutlich durch Spuren von Aggregationen hervorgerufen. (Trans. Faraday Soc. **48.** 367—79. April 1952. Cambridge, Univ., Dep. of Coll. Sci.) SCHÄFF. 4000

H. Tompa, *Die athermische Mischungsentropie von Polymerisatlösungen.* Aus der Gittertheorie (vgl. FLORY J. chem. Physics **10.** [1942.] 51) leitet Vf. eine Beziehung für die atherm. Entropie der Mischung von Lösungsm. u. Polymerisatmoll. ab, ohne die Annahme zu machen, daß das Polymerisat aus einer einzigen Kette, die auf miteinander verbundenen Gitterpunkten liegt, besteht. Obwohl diese Ableitung nicht befriedigend fundiert ist, geht die dabei erhaltene Formel in eine GUGGENHEIM-Gleichung für lineare Polymere (Proc. Roy. Soc. [London], Ser. A **183.** [1944.] 203) über u. entspricht etwa der von HUGGINS (J. physic. Chem. **52.** [1948.] 248), die nach einer vollkommen verschiedenartigen Meth. für kugelige Polymerisatmoll. erhalten wurde. Dieser Befund läßt erwarten, daß die hier abgeleitete Beziehung für Polymerisatmoll. mit jedem beliebigen Grad von „Dichtepackung" (compactness) gilt. (Trans. Faraday Soc. **48.** 363—67. April 1952. Maidenhead, Berks., Courtaulds Ltd., Res. Labor.) SCHÄFF. 4000

Nils Gralén und **Gösta Lagermalm,** *Beitrag zur Kenntnis einiger physikalisch-chemischer Eigenschaften von Polystyrol.* Verschied. physikal.-chem. Konstanten von unfraktioniertem u. fraktioniertem Polystyrol (I) wurden bestimmt. Eine Meth. zur „graph. Fraktionierung" wird beschrieben u. der Befund bei fraktioniertem I mit dem Ergebnis einer auf der Unters. individueller Fraktionen aufgebauten Additionsmeth. verglichen. Eine Kurve für die Polydispersität der fraktionierten I-Probe wird angegeben, u. aus den erhaltenen Daten werden Rückschlüsse auf den Verzweigungsgrad der verschied. Fraktionen gezogen. Im allg. enthalten die Fraktionen mit den höchsten Mol.-Geww. mehr lineare Moll. als die anderen Fraktionen. Die Unters. der anderen I-Proben zeigt, daß die Mol.-Geww. u. Mol.-Formen äußerst stark von Veränderungen der Polymerisationsbedingungen abhängen. Eine bei mäßiger Temp. unter O_2-Ausschluß oder bei Abwesenheit von Katalysatoren durchgeführten I-Polymerisation scheint ein einheitlicheres Prod. zu geben als andere Polymerisationsbedingungen. Höhere Tempp. oder die Ggw. von Katalysatoren begünstigen die Bldg. mehrerer Maxima im Sedimentationsdiagramm. Auf Grund eines Vgl. der aus Sedimentations- u. Diffusionsmessungen ermittelten Mol.-Geww. mit den viscosimetr. Mol.-Geww. wird die Auswertung der Mol.-Gew.-Best. erörtert. (J. physic. Chem. **56.** 514—23. April 1952. Gothenburg, Schwed. Inst. für Textilforschung.) SCHÄFF. 4010

Turner Alfrey jr., Howard C. Haas und **Charles W. Lewis,** *Die Dehalogenierungsreaktion.* 2. Mitt. *Dechlorierung von Vinylchloridmischpolymerisaten.* (1. vgl. C. **1952.** 1503.) An Mischpolymerisaten aus Vinylchlorid (I) u. Maleinsäurediäthylester (II), I u. Methacrylsäuremethylester (III) bzw. I u. tert.-Butyläthylen (IV) wurde die Cl_2-Abspaltung mit Zn in verd. Dioxanlsg. bei 101° untersucht. Die Befunde zeigen ebenso wie die an I-Vinylacetat (V)-Mischpolymerisat (1. Mitt.), daß bei dieser Rk. keine statist. Abspaltung des Halogens in 1.3-Stellung aus einem Mischpolymerisat mit mehreren I-Gliedern in Kopf-Schwanz-Addition u. einer inerten 2. Komponente eintritt u. daß daher auch nicht die von WALL (J. Amer. chem. Soc. **62.** [1940.] 803) abgeleitete Gleichung (Grenzwert: 79%ig. Cl_2-Abspaltung) gilt. Die Grenzwerte der Dehalogenierung liegen vielmehr bei 84—87% für I-II- u. I-IV-Mischpolymerisat u. bei 92—100% für I-III-Mischpolymerisat, bei welchem gleichzeitig eine HCl-Abspaltung eintritt (hohe Geschwindigkeit u. kurze

Induktionsperiode im Gegensatz zu den anderen Mischpolymerisaten). Reines polymerisiertes I wird ebenfalls bis 86—87% dehalogeniert. Das Ausmaß der Cl_2-Abspaltung scheint von der Mischpolymerisatzus. unabhängig zu sein. Zur Deutung dieser Befunde wird angenommen, daß außer der n., schnell verlaufenden 1.3-Dehalogenierungs-Rk. langsamere Rkk. mit Bldg. von Ringen, die mehr als 3 Glieder besitzen, stattfinden, wobei isolierte Chloratome eine Rolle spielen. Die n. Rk. mit Zn kann außerdem noch von anderen Rkk. wie Acetatabspaltung (beim I-V-Mischpolymerisat) oder HCl-Abspaltung (beim I-III-Mischpolymerisat) überlagert u. dadurch unübersichtlicher werden. (J. Amer. chem. Soc. **74**. 2025—27. 20/4. 1952. Brooklyn, N. Y., Polytechn. Inst., Inst. of Polymer Res.) Schäff. 4010

Turner Alfrey jr., Howard C. Haas und **Charles W. Lewis**, *Die Dehalogenierungsreaktion.* 3. Mitt. *Die Dechlorierung von 1.2-Dichloräthan und 1.1.2-Trichloräthan.* (2. vgl. vorst. Ref.) *1.1.2-Trichloräthan*, Kp. 113,2—113,3°, u. *1.2-Dichloräthan*, Kp. 83,3—83,6°, ließen sich in Dioxan durch Zn-Staub dechlorieren. Der Rk. geht eine Induktionsperiode voraus, die durch Zusatz von wenig $ZnCl_2$ aufgehoben werden konnte. Durch Zusatz von $ZnCl_2$ wurde die Rk. außerdem auf das ca. 3fache beschleunigt. Die Dechlorierung wurde ausführlich in Abhängigkeit von der Zeit sowie der Zn- u. $ZnCl_2$-Konz. untersucht, ohne daß zunächst Endgültiges über den Reaktionsverlauf ausgesagt werden kann. (J. Amer. chem. Soc. **74**. 2097—98. 20/4. 1952. Brooklyn, N. Y., Polytechn. Inst., Inst. of Polymer Res.) Zimmer. 4010

O. L. Wheeler, E. Lavin und **R. N. Crozier**, *Verzweigungsmechanismen bei der Polymerisation von Vinylacetat.* (Vgl. Wheeler, Ernst u. Crozier, J. Polymer Sci. **8**. [1952.] 409.) Die in der früheren Arbeit angenommenen verschied. Rkk. während der Polymerisation von *Vinylacetat* (I) werden von Vff. an Hand einer kinet. Analyse behandelt u. für unbehandeltes sowie hydrolysiertes *Polyvinylacetat* (II) eine Formel zur Berechnung des Zahlenmittel-Polymerisationsgrades sowie des Verzweigungsgrades durch sechs Geschwindigkeitskonstantenverhältnisse gegeben. Die Verss. wurden mit hochgereinigtem I durchgeführt, das bei 70° zwischen 1 u. 14 Tagen photopolymerisiert wurde. Nach 14 Tagen war nahezu völlige Umwandlung in II erreicht. Eine zweite Versuchsserie wurde unter ähnlichen Bedingungen ohne Bestrahlung durchgeführt, wobei während der ersten 3—7 Tage die Viscosität zunahm, sich aber in der zweiten Woche nicht mehr änderte. Aus der Viscosität folgte dabei ein Umsatz von 10—30%. Die rein therm. Polymerisation von I ist auf Spuren von Unreinheiten zurückzuführen. Für diese Proben war danach eine Bestrahlung von $\sim$1 Monat notwendig, um Maximalumsatz zu erhalten. Der Grad der Umwandlung wurde bei geringen Umsätzen durch Bromieren oder durch den Gewichtsverlust beim Verdampfen von I aus der Reaktionslsg. im Vakuum bei Zimmertemp., bei hohen Umsätzen durch Lsg. des harzigen II in Bzl. u. Anwendung des gleichen Verf. bestimmt. II wurde ferner einer Alkoholyse mit Methanol u. einer Acetylierung unterworfen. Die quantitative Best. der Doppelbindungsendgruppen von in 1.2-Dichloräthan–CCl_4-Mischung (1 : 4) gelöstem II mit JCl in CCl_4 gestattet die Best. des Zahlenmittel-Polymerisationsgrades, der in guter Übereinstimmung zum osmot. bestimmten steht. Aus den Ergebnissen folgen vier Geschwindigkeitskonstantenverhältnisse mit genügender Genauigkeit, ein weiteres wurde durch Viscositätsmessungen an II nach Alkoholyse u. Acetylierung abgeschätzt, das sechste durch ein Vernetzungsexperiment grob bestimmt. Daraus wurde der Verzweigungsgrad berechnet u. gefunden, daß bei einem kontinuierlichen Prozeß in einem einzigen Kessel mehr Verzweigungen auftreten als in dem einfachen Ansatzprozeß. (J. Polymer Sci. **9**. 157—69. Aug. 1952. Springfield, Mass., Shawinigan Resins Corp.) Ruske. 4010

C. S. Marvel und **J. A. Fuller**, *Synthese und Polymerisation einiger 2-Methyl-3-alkylbutadiene-(1.3).* Vff. stellten auf dem aus dem Versuchsteil ersichtlichen Wege 3 neue *2-Methyl-3-alkyl*[*-äthyl* (I), *-isopropyl* bzw. *-n-butyl* (II)]*-butadiene-(1.3)* u. ihre *Maleinsäureanhydrid-Addukte* dar u. untersuchten die Emulsionspolymerisation dieser Verbindungen. Sie polymerisieren langsamer als Dimethylbutadien. Bei der Analyse der Polymeren auf 1.4-Addition nach der Benzoepersäuremeth. zeigt sich der große Einfl. der beiden Alkylgruppen. Die Zunahme der 1.4-Addition (bei I bis 90%, bei II bis 95%) geht in erster Linie auf ster. Effekte zurück.

Versuche: *α-Methyl-α'-cyanbernsteinsäurediäthylester*, $Kp._1$ 108—113°, aus Cyanessigsäureäthylester, Na u. absol. A. durch Zutropfen von α-Brompropionsäureäthylester; Öl; n_D^{20} 1,4362; 69% (Ausbeute). — *α-Methyl-α'-cyan-α'-äthylbernsteinsäurediäthylester*, $Kp._{1,5}$ 118—123°, aus vorst. Ester, Na in absol. A. u. Äthylbromid; n_D^{20} 1,4362; 78%. *α-Methyl-α'-cyan-α'-isopropylbernsteinsäurediäthylester*, $C_{13}H_{21}O_4N$, $Kp._1$ 113—115°, n_D^{20} 1,4462; 61%. *α-Methyl-α'-cyan-α'-n-butylbernsteinsäurediäthylester*, $C_{14}H_{23}O_4N$, $Kp._1$ 124 bis 125°, n_D^{20} 1,4462; 72%. — *α-Methyl-α'-äthylbernsteinsäure*, F. zwischen 145—160°, durch Verseifung des Esters mit konz. HCl; 86%. *α-Methyl-α'-isopropylbernsteinsäure*, $C_8H_{14}O_4$, F. zwischen 105—120°; 79%. *α-Methyl-α'-n-butylbernsteinsäure*, $C_9H_{16}O_4$, F. zwischen 85—105°; 97%. — *2-Methyl-3-äthylbutandiol-(1.4)*, $C_7H_{16}O_2$, Kp.$_1$ 98—101°, durch Red. drittvorst. Säure mit $LiAlH_4$; n_D^{20} 1,4570; 93%. *2-Methyl-3-isopropylbutandiol-(1.4)*, $C_8H_{18}O_2$, Kp.$_1$ 103—105°, n_D^{20} 1,4590; 51% neben etwas entsprechendem *γ-Butyrolacton*, Kp.$_1$ 60—62°, n_D^{20} 1,4447. *2-Methyl-3-n-butylbutandiol-(1.4)*, $C_9H_{20}O_2$, Kp.$_{0,8}$ 109—111°, n_D^{20} 1,4581; 56% neben etwas entsprechendem *γ-Butyrolacton*, Kp.$_1$ 69 bis 72°, n_D^{20} 1,4434. — *2-Methyl-3-äthylbutandiol-(1.4)-diacetat*, $C_{11}H_{20}O_4$, Kp.$_1$ 83—85°, n_D^{20} 1,4352; 95%. *2-Methyl-3-isopropylbutandiol-(1.4)-diacetat*, $C_{12}H_{22}O_4$, Kp.$_{0,6}$ 83—85°, n_D^{20} 1,4382; 95%. *2-Methyl-3-n-butylbutandiol-(1.4)-diacetat*, $C_{13}H_{24}O_4$, Kp.$_{0,5}$ 90—92°, n_D^{20} 1,4375; 95%. — *2-Methyl-3-äthylbutadien-(1.3)*, C_7H_{12}, Kp. 93—94,5°, durch Pyrolyse des Diacetats bei 600°; n_D^{20} 1,4441; 45%. *2-Methyl-3-isopropylbutadien-(1.3)*, C_8H_{14}, Kp. 108—109°, n_D^{20} 1,4415; 55%. *2-Methyl-3-n-butylbutadien-(1.3)*, C_9H_{16}, Kp. 142 bis 144°, n_D^{20} 1,4472; 45%. — *Maleinsäureanhydrid-Addukte*: *3-Methyl-4-äthyl-1.2.5.6-tetrahydrophthalsäureanhydrid*, $C_{11}H_{14}O_3$, F. 67—68°. *3-Methyl-4-isopropyl-1.2.5.6-tetrahydrophthalsäureanhydrid*, $C_{12}H_{16}O_3$, F. 108—108,5°. *3-Methyl-4-n-butyl-1.2.5.6-tetrahydrophthalsäureanhydrid*, $C_{13}H_{20}O_4$, F. 120—121°. — Die Polymerisation wurde bei 50° mit je 100 (Teilen) Monomeres, 180 W., 5 Seife, 0,3 $K_2S_2O_8$ u. verschied. Mengen Dodecylmercaptan durchgeführt. (J. Amer. chem. Soc. **74.** 1506—09. 20/3. 1952. Urbana, Ill., Univ., Noyes Chem. Labor.) SCHÄFF. 4030

C. S. Marvel, T. R. Fukuto, James W. Berry, W. K. Taft und **B. G. Labbe,** *Einige neue Butadien-Mischpolymerisate.* Mit dem Ziel, ölbeständige u. kältebeständige Kautschuke herzustellen, untersuchten Vff. die Mischpolymerisation von *Butadien* (**I**) mit *2-Äthoxyäthylacrylat* (**II**), *2-Äthoxyäthylmethacrylat* (**III**), *Tetrahydrofurfurylacrylat* (**IV**), *Acrylsäure* (**V**) bzw. *Methacrylsäure* (**VI**) u. verglichen die gummitechn. Eigg. der mit diesen Mischpolymerisaten hergestellten Vulkanisate mit denen von GR–S–X–539, Standard-GR–S, GR–S–X–558 u. einem 5°-GR–S. Die nach der GR–S-Rezeptur (WILSON u. PFAU, C. **1948.** E. 508) erhaltenen **I–II**-, **I–III**- u. **I–IV**-Mischpolymerisate zeigen etwa die gleichen Festigkeitseigg. wie n. Butadien-Mischpolymerisate. Die **I–V**- u. **I–VI**-Mischpolymerisate konnten nur nach dem modifizierten Redoxansatz von MARVEL u. MEINHARDT (C. **1952.** 3017) dargestellt werden. Bei **V**- bzw. **VI**-Anteilen über 20% trat vorzeitige Koagulation bei der Polymerisation ein. Das **I–II**-Mischpolymerisat zeigt gute Tieftemperatureigenschaften. Das **I–VI**-Mischpolymerisat besitzt überraschend gute Ölbeständigkeit, aber schlechte Kältebeständigkeit. Dagegen zeigt das **I–V**-Mischpolymerisat bei mittelmäßiger Ölbeständigkeit gute Tieftemperatureigenschaften. Die Zugfestigkeiten des **I–V**- u. **I–VI**-Mischpolymerisats sind unerwartet gut. (J. Polymer Sci. **8.** 599—605. Juni 1952. Urbana, Ill., Univ., Noyes Chem. Labor., u. Akron, O., Univ., Governm. Labors.) SCHÄFF. 4030

Fanny Boyer-Kawenoki und **Georges Champetier,** *Fixierung von Campher durch Cellulosenitrat.* Cellulosenitrat (**I**) mit 12,28% N addiert 1 Mol. Campher/Nitroglucoseeinheit. Erfolgt die Rk. in heterogenem Milieu (**I** u. Campher in Cyclohexan), so wird diese Addition erst bei einer Campherkonz. von 33% erreicht, die Gelatinierung beginnt bei 40%. Wird **I** bei 45° in einer 56—70%ig. Campherlsg. gelöst u. durch Verdünnen mit Cyclohexan wieder ausgefällt, so ist die fixierte Camphermenge jetzt bereits in 16—35%ig. Campherlsg. konstant u. entspricht 1 Mol./Nitroglucose. — Die Plastifizierung von **I** durch Campher resultiert aus der Bldg. einer Additionsverb., die im Campherüberschuß in eine feste Lsg. übergeht. (C. R. hebd. Séances Acad. Sci. **234.** 1053—55. 3/3. 1952.) ROSSOW. 4050

G. H. Beaven und **E. R. Holiday,** *Ultraviolettabsorptionsspektren von Proteinen und Aminosäuren.* Der Übersichtsbericht umfaßt neben den Methoden die Absorptionskonstanten der aromat. u. S-haltigen Aminosäuren (**I**), die Schwingungsfeinstruktur der Absorptionsspektren der aromat. **I** u. der Proteine (**II**), die Tieftemperaturspektren von **I** u. **II**, die Verschiebungen der Feinstruktur in Proteinspektren, die Absorptionsspektren der aromat. **I** u. der **II** in stark alkal. Lsg., das UV-Spektr. der Peptidbindung u. der Polypeptidstruktur. — 170 Literaturangaben. (Advances Protein Chem. **7.** 319—86. 1952. London, London Hosp., Med. Res. Council Spectrograph. Res. Unit.) K. F. MÜLLER. 4070

G. B. B. M. Sutherland, *Infrarotanalyse der Struktur von Aminosäuren, Polypeptide und Proteine.* Krit. Übersichtsbericht mit 78 Literaturangaben. (Advances Protein Chem. **7.** 291—318. 1952. Ann Arbor, Mich., Univ., Phys. Dep.) K. F. MÜLLER. 4070

Hans H. Weber und **Hildegard Portzehl,** *Muskelkontraktion und Muskelfaserproteine.* Die 3 Hauptabschnitte des vorliegenden Übersichtsberichts umfassen die Kontraktilmodelle, die Proteine der Myofibrille u. deren Rkk., u. die Proteine der Myofibrille u. die Feinstruktur des Skelettmuskels. — 240 Literaturnachweise. (Advances Protein Chem. **7.** 161—252. 1952. Tübingen, Univ., Physiol. Inst.) K. F. MÜLLER. 4070

Ss. Je. Bressler, *Aufbau und Synthese des Eiweißes.* Allgemeinverständliche Übersicht. (Природа [Natur] **41.** Nr. 8. 31—42. Aug. 1952.) ULMANN. 4070

J. Pouradier und **A. M. Venet,** *Ein Beitrag zum Studium der Struktur von Gelatinen. 5. Mitt. Abbau der Gelatine in isoelektrischen Lösungen.* (4. vgl. C. **1953.** **2294.**) In wss. Lsg., auch wenn jede bakterielle oder enzymat. Einw. ausgeschaltet ist, erfährt die Gelatine eine Umwandlung, bei der sie langsam abgebaut wird. Vff. verfolgten den Abbau einer Gelatinehaut in einer isoelektr. Lsg. (p_H 4,75) mit Hilfe osmot. u. viscosimetr. Messungen. Dabei wurden systemat. die Einflüsse der Konz., der Natur des Gases, mit dem die Fl. in Kontakt steht, die Temp. u. die Dauer der Rk. untersucht. Es konnte gezeigt werden, daß der Abbau der Gelatine keine monomol. Rk. ist. Zum Schluß werden einige Hypothesen formuliert, die die erhaltenen Ergebnisse erklären. (J. Chim. physique Physico-Chim. biol. **49.** 238—44. April 1952. Labor. de Recherche de la Soc. Kodak-Pathé.) G. HEINRICH. 4070

D. O. Jordan, *Nucleinsäuren, Purine und Pyrimidine.* Übersichtsbericht (Dez. 1951); Purine u. Pyrimidine; Nucleoside; Nucleotide; Pentosenucleinsäuren; Desoxypentosenucleinsäuren. — 277 Literaturangaben. (Annu. Rev. Biochem. **21.** 209—44. 1952. Nottingham, England, Univ., Dep. of Chem.) K. MAIER. 4090

H. Lieb et W. Schöniger, Manuel pratique de préparations organiques avec de petites quantités des substances. Trad. franç. de R. Specklin. Paris: Masson et Cie. (181 S. mit 52 Abb.) Fr. 1350.

E. Biologische Chemie. Physiologie. Medizin.

E_1. Allgemeine Biologie und Biochemie.

Marcel Florkin, *Vergleichende Biochemie.* Übersichtsbericht (bis Dez. 1951); biochem. Adaptionen; biochem. Aspekte der Taxonomie. — 108 Literaturangaben. (Annu. Rev. Biochem. **21.** 459—72. 1952. Liège, Belgium, Univ., Dep. of Biochem.) K. MAIER. 4100

P. Maitland, *Biogenetischer Ursprung der Pyrrolfarbstoffe.* Krit. umfassender Überblick über die gesamte neuere Literatur. (Quart. Rev. [chem. Soc. London] **4.** 45—68. 1950. Cambridge, Univ.) GIBIAN. 4100

Ch. M. Karolinskaja, *Die amitotische Teilung und ihr Platz bei der Zellvermehrung.* Vf. kommt am Schluß seiner Übersicht zum Ergebnis, daß man die Amitose als eine n. Art der Zellteilung ansehen muß. Sie ist weit verbreitet in den embryonalen u. regenerierenden Geweben der Tiere u. Pflanzen, kann abwechselnd mit der üblichen Mitose auftreten u. findet sich auch in n. Geweben. (Успехи Современной Биологии [Fortschr. gegenwärt. Biol.] **33.** 287—304. März/April 1952.) RENTZ. 4150

Paul C. Zamecnik, *Biochemie des neoplastischen Gewebes.* Übersichtsbericht (Dez. 1951); Auswahl der Testtumoren; Biochemie des carcinogenen Prozesses; Definition der biochem. Abweichung; Chemotherapie des Krebses. — 204 Literaturangaben. (Annu. Rev. Biochem. **21.** 411—30. 1952. Harvard Univ., Collis P. Huntington Mem. Hosp., Med. Labors.; Massachusetts General Hosp., u. California Inst. of Technol., Gates and Crellin Labors. of Chem.) K. MAIER. 4160

Henry W. Dodge jr., George P. Sayre und **Hendrik J. Svien,** *Zuckergehalt der Cerebrospinalflüssigkeit bei diffusen neoplastischen Schädigungen der Hirnhaut.* (Proc. Staff Meetings Mayo Clin. **27.** 259—66. 2/7. 1952. Sect. of Neurol. Surg., u. Sect. of Pathol. Anat.) REISS. 4160

Joseph H. Roe, Joanne W. Cassidy, Ann C. Tatum und **Eugene W. Rice,** *Keine Pentolyse des Serums tumortragender Ratten.* MENKES u. STEEN hatten angegeben, daß das Blutserum von Kranken mit bösartigen Tumoren bei 37° Pentosen unter Bldg. von Milchsäure oder Brenztraubensäure abbaut. Abbau von mehr als 10% der Pentosen binnen 2 Std. wurde als Pentolyse bezeichnet u. als Krebsnachw. vorgeschlagen. Vff. haben diese Angaben am Serum von 20 Ratten mit Methylcholanthren-Tumoren sowie von 10 Ratten mit 4 Arten verpflanzter Tumoren nachgeprüft u. lehnen die sogenannte Pentolyse ab. Vgll. der 3 Methoden zur Pentosenbest. haben gezeigt, daß der durchschnittliche Fehler bebrüteter Proben nach ROE u. RICE 0,8%, nach MEJBAUM 3,43% u. nach BRACHET 5,97% beträgt. Die beiden letzten Methoden sind demnach so ungenau, daß sie die irrtümliche Annahme einer Pentolyse durch MENKES u. STEEN erklären können. (Cancer Res. **12.** 238—40. März 1952. Washington, D. C., George Washington Univ., Cancer Clinic, u. School of Med., Dep. of Biochem.) S. WINDISCH. 4160

Herbert Burgstedt, *Neuere Behandlungsverfahren bei der Leukämie des Kindes.* Bei 50 Kindern wurden die verschied. Behandlungsverff. bei Leukämie einander gegenübergestellt. Austauschtransfusionen zeigten lediglich einen Substitutionseffekt, eine Milzexstirpation verschlechterte das Krankheitsbild. Die Cytostatica zeigten nur einen negativen Erfolg, desgl. *Urethan, Lost* u. *Nirvanol.* Dagegen konnten durch die Verabreichung von *ACTH* u. durch *Antifolsäure*-Therapie bei 20—50% der Patienten Remissionen u. Verlängerung der Lebensdauer erzielt werden. Eine Heilung wurde in keinem Fall erreicht. (Münchener med. Wschr. **94.** 1468—75. 18/7. 1952. München, Univ., Kinderklinik.) REICHLE. 4160

J. Ernest Ayre, *Rückgang eines cervicalen Carcinoms in situ nach Aureomycin. Ein weiterer Bericht.* Obwohl *Aureomycin* (I) bisher keineswegs als Krebsmittel betrachtet wurde, konnte Vf. bei 8 von 19 Fällen beobachten, daß I (Dosis: 1 Vaginalsuppositorium mit 250 mg I-HCl vor dem Schlafengehen) zum Rückgang eines in situ-Cervicalcarcinoms führte. Je 1 Fall mit positivem u. negativem Verlauf wird eingehend geschildert. Bei dem in situ-Carcinom scheint es sich um einen neoplast. infektiösen Prozeß zu handeln, der auf I anspricht. Der Wirkungsmechanismus ist jedoch noch nicht geklärt, weitere Unterss. sind erforderlich. (Southern med. J. **45.** 915—21. Okt. 1952. Miami, Fla., Dade County Cancer Inst., u. Jackson Mem. Hosp.) R. KÖNIG. 4160

C. W. Carter und R. H. S. Thompson, Biochemistry in relation to medicine. 2nd. ed. London: Longmans. 1952. (524 S. m. Abb.) 8°. s 30.

E_2. Enzymologie. Gärung.

Arnold Kent Balls und **Eugene F. Jansen,** *Proteolytische Enzyme.* Übersichtsbericht (1950 bis Nov. 1951); neue aufgefundene bzw. charakterisierte Enzyme; spezielle Eigg.; Aktivierung, Inaktivierung u. Hemmung von *Proteasen*; Wirkungsmechanismus u. Spezifität; Kinetik; Synth.; Methodik; klin. Anwendungen. — 145 Literaturangaben. (Annu. Rev. Biochem. **21.** 1—28. 1952. Lafayette, Ind., Purdue Univ., Dep. of Agricult. Chem.; Albany, Calif., U. S. Dep. of Agricult., Agricult. Res. Admin., Bur. of Agricult. and Ind. Chem., Western Reg. Res. Labor., Enzyme Res. Div.) K. MAIER. 4210

Kurt I. Altman und **Alexander L. Dounce,** *Nichtoxydative, nichtproteolytische Enzyme.* Übersichtsbericht (bis Nov. 1951); *Amidasen*; *Amidtranspherasen*; *Kohlensäureanhydrase*; *Carboxylasen*; *Esterasen*; *β-Glucuronidase, Isomerasen, Lipasen*; *Phosphatasen* (*Mono-, Diesterasen,* weitere spezif. *Phosphatasen, Phosphatase*-Analysenmethodik); *Pyrimidinribosidphosphorylasen*; *Phosphotranspherasen*; S-Verbb. angreifende Enzyme; *Transaminasen*; verschied. Enzyme; *Glykolyse* u. *Gärung*; Enzyme des KREBSschen Tricarbonsäure-Cyclus u. des KREBS-HENSELEIT-Harnstoffcyclus; Coenzyme; Inhibitoren u. Aktivatoren; cytochem. Enzymunterss. durch Differentialzentrifugieren von Homogenaten; enzymat. Histochemie; Methodik; Enzyme in der Pathologie. — 330 Literaturangaben. (Annu. Rev. Biochem. **21.** 29—78. 1952. Rochester, N. Y., Univ., School of Med. and Dent., Deps. of Radiat. Biol. and Biochem.) K. MAIER. 4210

Byron T. Currie und **Henry B. Bull,** *Peptische Hydrolyse von Eieralbumin.* 2. Mitt. *Molekulargewichtsverteilung von Peptiden.* (1. vgl. J. Amer. chem. Soc. **71.** [1949.] 2758.) Die Wrkg. von *Pepsin* (I) auf *Eieralbumin* (II) wird betreffend Hydrolysenzeit, I-Konz., p_H des Hydrolysats u. Temperatureinfl. untersucht. Das Mol.-Gew. der entstandenen Peptide wurde mit der Einschichtverteilungstechnik nach BULL u. Mitarbeitern (J. Amer. chem. Soc. **70.** [1948.] 2132) bestimmt. Das Substrat, auf welches das Hydrolysat aufgebracht wurde, bestand aus einer 5%ig. Ammoniumsulfatlsg. in W., welcher 2 Vol.-% Glycerin zugesetzt waren. Beschreibung der Apparatur. Krist. Pepsin war ein Handelspräp. von ARMOUR & CO., Eieralbumin wurde durch zweimaliges Kristallisieren aus frischen Eiern mit Na-Sulfat dargestellt. Meth. zur Darst. der Hydrolysate vgl. 1. Mitteilung. Zur Erhaltung des Gewicht–Flächen-Äquivalents der Peptide wurde das Eiweiß der pept. Hydrolysate durch Erhitzen beim isoelektr. Punkt entfernt, das Filtrat auf 6,5% Trichloressigsäure gebracht, die ausgefällten Peptide abzentrifugiert u. verschied. Male umgefällt. Das so gebildete Präcipitat bestand aus Peptiden hohen Mol.-Gewichts. In der Annahme, daß die Peptide ein genügendes Mol.-Gew. aufweisen, um an der Oberfläche zu bleiben, wurde das Gewicht–Flächen-Äquivalent der Peptide im gasartigen Film berechnet. In Übereinstimmung mit DESNUELLE u. Mitarbeitern (C. **1950.** II. 1246) stellten Vff. fest, daß I ganz verschied. Peptidbindungen in II zu spalten vermag. Die entstandenen Peptide können roh in 2 große Fraktionen eingeteilt werden: Die eine Fraktion enthält Peptide mit einem Mol.-Gew. unter 2000, die andere diejenigen über 30000. Eine kleinere Fraktion enthält Peptide der Mol.-Geww. zwischen diesen Werten. Die Bedingungen, welche zur bevorzugten Bldg. von Peptiden niederen Mol.-Gew. auf Kosten der hochmol. Peptide führen, sind p_H-Werte oberhalb 2,0, niedrigere Tempp. u. höhere I-Konzentrationen. (J. biol. Chemistry **193.** 29—38. Nov. 1951. Chicago, Ill., Northwestern Univ., Med. School, Dep. of Chem.) WOLFGANG ALBRECHT. 4210

Akiji Fujita, Yoshitsugu Nose, Shunichi Kozuka, Toshio Tashiro, Kiyosji Ueda und **Sadahito Sakamoto,** *Untersuchungen über Thiaminase.* 1. Mitt. *Aktivierung des Thiaminabbaues durch organische Basen.* Bisherige eigene Beobachtungen sowie solche einer Reihe anderer Autoren über das Vork. (Schalentiere, Fische, Bakterien), die Eigg. u. die Beeinflussung dieses Enzyms durch andere Stoffe werden kurz besprochen. Zur weiteren Aufklärung des Mechanismus der durch *Thiaminase* (I) katalysierten Rk. wurden Unterss. über die Wrkg. verschied. Stoffe auf I von *Meretrix meretrix L.*, *Carassius carassius L.* u. *Bacillus thiaminolyticus* durchgeführt. Die I-Wirksamkeit wird ausgedrückt durch % *Thiamin* (II), abgebaut in 1 Std. bei 50°. Einige Eigg. der I aus den 3 Quellen (Optimum von p_H u. Temp., Hitzeempfindlichkeit, Wrkg. von Schwermetallen) werden mitgeteilt. Die Wirksamkeit aller 3 Enzyme bzgl. des II-Abbaues wurde durch die Mehrzahl der untersuchten aromat. *Amine* erheblich bis sehr stark aktiviert. In allen Fällen war *Anilin* am wirksamsten, u. zwar bis zu einer Steigerung der I-Wirksamkeit um 1500%. Verbb. ohne direkte Ringbindung der Aminogruppe haben keine derartige Wrkg., auch nicht Verbb. mit einer substituierten Aminogruppe u. einige aliphat. Amine. Von heterocycl. Aminen waren *Pyridin* u. *Chinolin* erheblich wirksam, bes. bei Bakterienenzym. Viele *4-Aminopyrimidine* wirkten bei den Fischenzymen hemmend, bei dem Bakterienenzym aktivierend. *Sulfhydrylverbb.* wirkten bes. bei letzterem aktivierend. (J. biol. Chemistry **196.** 289—95. Mai 1952. Kyoto, Prefect. Univ. of Med., Biochem. Inst.)
SCHWAIBOLD. 4210

G. Goethart, *Der Thiaminpyrophosphatgehalt von durch Zentrifugieren gewonnenen Fraktionen von Rattenleberhomogenat. Der Einfluß einer Thiaminmangelnahrung.* Da die *Thiaminpyrophosphat* (I) enthaltenden *Enzyme* an Zellbestandteile gebunden sind, die durch Zentrifugieren sedimentiert werden können, wurde versucht, durch Isolierung der verschied. Bestandteile den Ort der I-Bindung festzustellen. Etwa 70% des I in den Zellen wurde in den lösl. u. Mitochondrienfraktionen gefunden, zum größeren Teil in ersteren. Bei Material von Tieren, die 7 Tage thiaminarme Nahrung erhalten hatten, wurde in diesen beiden Fraktionen eine gleichartige Abnahme des I-Geh. festgestellt. In der Nuclearfraktion u. in den Mikrosomen wurden nur geringe I-Mengen gefunden. In den Mitochondrien ist demnach ein erheblicher Anteil des I in den Zellen gebunden, aber es tritt dort bei Thiaminmangel keine bevorzugte Retention auf. (Biochim. biophysica Acta [Amsterdam] **8.** 479—80. April 1952. Utrecht, Univ., Labor. for Physiol. Chem.)
SCHWAIBOLD. 4210

M. Wachstein und **E. Meisel,** *Histochemischer Nachweis von 5-Nucleotidase in Zellkernen.* Ein Adenosin-5-phosphorsäure spaltendes Ferment kommt nicht nur im Cytoplasma vor, sondern auch in den Zellkernen verschied. Gewebe. Histochem. untersucht wurden glatte Muskulatur, interstitielle Fibroblasten, Uterus sowie Gefäße unter verschied. Bedingungen. (Science [Washington] **115.** 652—53. 13/6. 1952. Brooklyn, N. Y., St. Catherine's Hosp., Dep. of Pathol.)
LOHMANN. 4230

Helmut Holzer und **Erika Holzer,** *Enzyme des Kohlenhydratstoffwechsels in Chlorella.* In Extrakten aus Acetontrockenpulver der einzelligen Grünalge *Chlorella pyrenoidosa* wurden Enzyme (**Ia**) nachgewiesen, die den Kohlenhydratabbau von *Hexosemonophosphat* (I) über *Hexosediphosphat* u. *Triosephosphat* (II) zu *Phosphoglycerinsäure* (III) katalysieren. *Glucose* u. *Embdenester* werden durch **Ia** mit *Adenosintriphosphat* (V) zu I bzw. *Fructose-1.6-diphosphat* (IV) phosphoryliert, u. IV wird dann durch *Aldolase* (VI) u. II-*Dehydrase* (VII) in III übergeführt. VII verhält sich bzgl. der Hemmung durch *Jodessigsäure* u. des Bedarfs an *Diphosphopyridinnucleotid* als Coferment wie die aus Hefe u. tier. Gewebe isolierte VII. Eine Phosphorylase, die I in mit Jod anfärbbare Polysaccharide überführt, war in den Extrakten nicht nachweisbar. Die mit den Acetonpulverextrakten erzielten Umsatzgrößen schwanken stark, erreichen jedoch in der Größenordnung die Q_{O_2}-Werte der intakten Zelle. Die Verss. deuten auf **Ia**-Systeme hin, die den Kohlenhydratabbau nach dem gleichen bzw. einem sehr ähnlichen Schema (**A**) katalysieren, wie dies in Hefe u. tier. Gewebe der Fall ist. **A** gibt die gesicherten Befunde wieder. Die Verss. stützen ferner die Auffassung, daß die Photosynth. auf einer Umkehrung der Atmungsvorgänge beruht. Die Best. der Aktivität von VI erfolgte nach CORI (J. biol. Chemistry **173.** [1948.] 597. 605) oder nach SIBLEY u. LEHNINGER

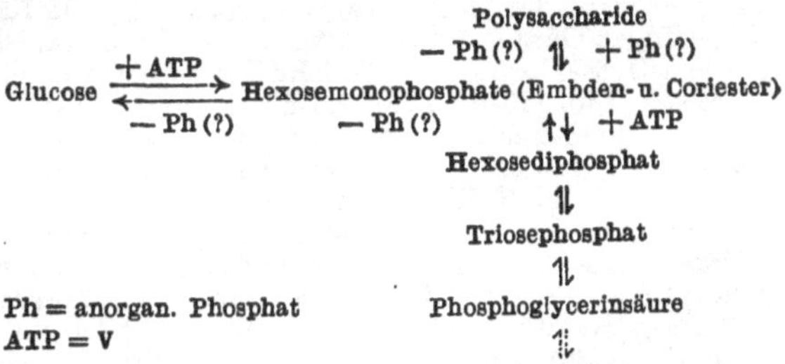

A

(C. **1950**. I. 426). Die *Hexokinase*-Aktivität wurde nach Inkubation mit Glucose u. **V** durch Best. der Abnahme des in 7 Min. bei 100° in n-HCl hydrolysierbaren Phosphates ermittelt, die **VII**-Wrkg. durch die THUNBERGsche Acceptormeth. mit Methylenblau. (Chem. Ber. **85**. 655—63. 1952. München, Univ., Chem. Labor., Biochem. Abt.)
K. MAIER. 4230

Don Scott und **L. R. Hedrick,** *Die Amylase von Clostridium acetobutylicum. Cl. acetobutylicum-Amylase* (I) ist ein adaptives Enzym. Jedoch stimulieren bei vollkommenem Fehlen von *Stärke* (II) oder Stärkefraktionen auch bestimmte Verbb., wie *Fructose, Mannose, Mannit* u. *Cellobiose*, die **I**-Bldg., d. h. das Bakterium benötigt hierzu anscheinend die Ggw. von Substanzen mit einer bestimmten Atom -oder Molekülgruppierung. *β-Grenzdextrin* ist hinsichtlich der Anregung der **I**-Produktion lösl. Gesamtstärke oder Fraktionen derselben überlegen. *Maltase* (**III**)-freie **I** wurde durch eine fraktionierte Fällung mit Aceton, Dialyse des Nd. in 0,04 mol. Phosphatpuffer (p_H 5,8) u. 48—72 std. Einw. gesätt. $(NH_4)_2SO_4$-Lsg., wodurch erneut Fällung, bei gleichzeitiger Zerstörung von **III**, erfolgt, in 40%ig. Ausbeute erhalten. Die enzymat. **II**-Hydrolyse verläuft in 3 aufeinanderfolgenden Rkk. 1. Ordnung: Abbau der aus 8—13 Einheiten bestehenden Ketten zu solchen von 6—8, Spaltung derselben zu Bruchstücken von 2—6 Einheiten u. schließlich der 4-, 5- u. 6-gliedrigen Ketten zu solchen von 2—3 Einheiten, wobei die Folge-Rk. erst nach Beendigung der vorausgehenden einsetzt. In Abwesenheit von **III** wird Glucose nicht als Hydrolyseprod. erhalten. Bei Verwendung von **I** zur Verzuckerung bei der alkoh. Gärung wurden 97% der theoret. maximalen Ausbeute an A. erzielt, was dem mit der besten Schimmelpilz-I erreichbaren Wert entspricht. (J. Bacteriol. **63**. 795—803. Juni 1952. Chicago, Ill., Inst. of Technol., Biol. Dep.) K. MAIER. 4230

Norbert Burghartz, *Ergebnisse von Lysozymbestimmungen im Speichel bei Magengesunden und Magenkranken.* Es wurden 67 *Lysozym*-Unterss. im Speichel durchgeführt (nephelometr. Meth.). Magengesunde (22 Fälle) zeigten einen Durchschnittswert von 5 γ/cm^3, 17 Kranke mit Ulcus pept. v o r der Behandlung 40 γ/cm^3, 10 Fälle n a c h Behandlung mit dem Organpräp. *Robadin* (ROBAPHARM, Basel) 10 γ/cm^3. Der signifikante Unterschied zwischen Magengesunden u. den frischen, unbehandelten Ulcera peptica stützt vielleicht die Vermutung über die Bedeutung des Lysozyms beim Ulcusgeschehen. (Klin. Wschr. **30**. 284. 15/3. 1952. Köln, Univ., Med. Klinik.) RUPPERT. 4230

H. Lundegårdh, *Das Cytochrom-Cytochromoxydase-System in den lebenden Wurzeln von Weizen und Mais.* (Vgl. C. **1952**. 1509.) Spektrometr. Unterss. des Oxydations-Red.-Spektrums. Danach gibt es in den Wurzeln von Weizen u. Mais ein vollständiges *Cytochrom-Cytochromoxydase*-Syst. mit den 3 Komponenten a + a_3, b u. c. Die Anwesenheit bzw. Abwesenheit von beweglichen Anionen (Salze, organ. Säuren) im Medium reguliert das Oxydored.-Gleichgewicht des Cytochromsystems. (Ark. Kemi **3**. Nr. 51. 469—94. 1952.) LOHMANN. 4230

Otto Meyerhof, *Neue Fortschritte in der Untersuchung von Stoffwechselreaktionen von Hefepräparaten.* Übersichtsbericht. Zwischenstufen der Gärung; Beziehung zwischen Gärung u. Atmung. Verss. mit Hefemutanten (Ann. Inst. Pasteur **76**. [1949.] 351), denen das *Cytochrom*-Syst., speziell *Cytochromoxydase* (I), fehlte, u. deren Atmung durch Cyanid nicht gehemmt wurde, ergaben einen PASTEUR-Effekt, der jedoch nicht konstant war, sondern mit der Zeit zunahm. Der Einfl. der Atmung auf die Gärung hängt demnach nicht von **I** ab. (Amer. Scientist **40**. 482—92. Juli 1952. Pennsylvania, Univ.)
K. MAIER. 4270

Otto Meyerhof und **Paul Ohlmeyer,** *Reinigung der Adenosintriphosphatase der Hefe.* Die Reinigung der *Adenosintriphosphatase* (I), die für den HARDEN-YOUNG-Effekt bei der zellfreien Gärung verantwortlich ist u. bei deren weitgehender Erhaltung beim Trocknen von Hefe Glucose ohne Anhäufung von Hexosephosphat vergoren wird (vgl. J. biol. Chemistry **180**. [1949.] 575), ist durch ihre Instabilität u. ihre Empfindlichkeit gegen Autolyse, Fällen mit Aceton usw. sehr erschwert. **I** wird am besten durch Beschallen (75 Min., 9 kHz, 21°) einer konz. Suspension von Hefe in Lsg. gebracht: 6 g Hefe in 20 cm^3 0,25%ig. $NaHCO_3$-Lsg., die $1{,}5 \cdot 10^{-2}$ Mol Glutathion enthält. Nach Abkühlen auf 5° wird zentrifugiert u. mit $Al(OH)_3$ + kaltem A. inertes Protein entfernt; aus dem Filtrat fällt bei Zusatz von Acetatpuffer von p_H 4,35 ein weiterer inerter Nd. aus. **I** wird dann gefällt durch Zusatz von *Desoxyribonucleinsäure* in essigsaurer Lsg.; der Nd. wird in 0,5%ig. $NaHCO_3$ gelöst; durch weiteres Fällen mit $(NH_4)_2SO_4$, Lösen in 50%ig. Glycerin, Fällen mit Tannin, Lösen in 5%ig. $NaHCO_3$, Adsorption an Austauschharz Dowex 1, Elution mit 50%ig. Glycerin gelangt man zu einem Reinheitsgrad, der 50 mal höher ist als die Konz. der **I** in Hefe. **I** wird in reinem W. sofort zerstört; in 50%ig. Glycerin ist **I** einige Tage haltbar. — **I** ist eine wahre Adenosintriphosphatase, da von dem gereinigten Prod. nur die erste Pyrophosphatgruppe abgespalten wird; das Rohenzym (vorläufig als „*Apyrase*" bezeichnet) spaltet dagegen zwei Phosphatgruppen ab. Für volle Aktivität werden Mn•• oder Mg•• benötigt. Die Aktivierung der gereinigten **I** zeigt, daß Mn•• unentbehrlich ist. — Die beim Rohenzym beobachtete starke Hemmung durch Azid wird auch bei der gereinigten **I** gefunden. (J. biol. Chemistry **195**. 11—17. März 1952. Philadelphia, Pa., Univ. of Pennsylvania, School of Med.) HESSE. 4270

E_3. Mikrobiologie. Bakteriologie. Immunologie.

B. Connor Johnson und **Eva M. Cohn**, *Die Wirkung einiger Säuren des Tricarbonsäurecyclus auf das Wachstum von Escherichia coli.* Da verschied. Milchsäurebakterien einige Säuren des KREBSschen Cyclus für optimales Wachstum nicht ausreichend rasch synthetisieren, wurden die entsprechenden Verhältnisse auch bei *E. coli* untersucht. Zusätze von *Äpfelsäure* (**I**) u. *Fumarsäure* zu einem kompletten Nährmedium (oder als teilweiser Ersatz für Glucose [**II**]) für *E. coli* bis zu 500 μMol/10 cm^3 Lsg. bewirkten eine beträchtliche Anregung des Wachstums. Bei 500 μMol/10 cm^3 verdoppelte mit NaOH oder NH_4OH neutralisierte **I** bei gleichzeitiger Steigerung der K_2HPO_4-Konz. von 228 auf 399 μMol nahezu das Wachstum. Eine Reihe weiterer Säuren des KREBS-Cylcus, wie *Citrat, Acetat, Oxalacetat, Succinat,* gaben ebenfalls, wenn auch in schwächerem Maße, beschleunigtes Wachstum. Anscheinend stellen die Säuren sofort als Energiequelle verwertbare Verbb. dar. Zugabe weiterer **II** oder von *Pyruvat* beeinflußte die Wachstumsgeschwindigkeit nicht. (J. Bacteriol. **63**. 735—42. Juni 1952. Urbana, Ill., Univ. of Illinois, Div. of Animal Nutrit.) K. MAIER. 4310

Herman C. Lichstein, *Der Stoffwechsel der Mikroorganismen.* Übersichtsbericht (1951), speziell den Bakterienstoffwechsel betreffend; *Gärung* (**I**): *heterolactische* **I**, *Acetoinbldg.*, *Propionsäure*-**I**, *Formiat*-Spaltung, CH_4-**I**, *Galaktose-*, *Fructose-*, *Pentose*-**I**, **I**-Abweichungen, Coenzyme, PASTEUR-Effekt; *Oxydation* (**II**): *Glucose-6-phosphat*-**II**, terminale Atmung, Biosynth. u. Rkk. organ. Säuren, Fettsäure-**II**, oxydative Assimilation; N-Stoffwechsel: Bindung von atmosphär. N_2, *Aminosäure*-Assimilation, -Synth. u. -Rkk., *Nucleinsäuren* u. Derivv.; Funktionen u. Stoffwechsel von *Nahrungsfaktoren*: *Spurenmetalle, B-Vitamine*; *Enzyme* (**III**): *Polysaccharid*-Synth., thermophile **III**. — 153 Literaturangaben. (Annu. Rev. Microbiol. **6**. 1—28. 1952. Minneapolis, Minn., Univ. of Minnesota, Dep. of Bacteriol. and Immunol.) K. MAIER. 4320

Quentin M. Geiman, *Der Spirochätenstoffwechsel.* Übersichtsbericht (bis Nov. 1951); chem. Zus. von Spirochäten, Atmung u. Kohlenhydratstoffwechsel, in vitro-Züchtung, Chemotherapie u. Stoffwechsel. — 85 Literaturangaben. (Annu. Rev. Microbiol. **6**. 299—316. 1952. Boston, Mass., Harvard School of Public Health, Dep. of Tropical Public Health.) K. MAIER. 4320

A. M. Buswell und **H. F. Mueller**, *Mechanismus der Methanfermentation.* Übersicht über Arbeiten über den Reaktionsmechanismus der CH_4-Bldg. durch Bakterieneinw. in der Natur. CH_4 kann sowohl ohne als auch durch Red. von CO_2 entstehen. KW-stoffe, Äther u. Lignin sind in diesem Sinne nicht zersetzbar. Der Vorgang der Fermentation, eine Oxydations-Red.-Rk., verläuft unabhängig von der chem. Zus. des Substrates nach folgender Gleichung $C_nH_aO_b + (n - a/4 - b/2)\ H_2O \rightarrow (n/2 - a/8 + b/4)\ CO_2 + (n/2 + a/8 - b/4)\ CH_4$ u. kann bis auf 95—100% Ausbeute nach obiger Gleichung gelenkt werden. — 39 Literaturstellen. (Ind. Engng. Chem. **44**. 550—52. März 1952. Urbana, Ill., Illinois State Water Survey.) ROTTER. 4320

Victoria H. Lynch und **Melvin Calvin**, *Die Kohlendioxydbindung durch Mikroorganismen.* Ruhende Zellen von 11 Mikroorganismen (*Hansenula anomala, Tetrahymena geleii, Allomyces arbuscula, Blastocladia pringsheimii, Azotobacter agile, Butyribacterium rettgeri, Clostridium kluyveri, Physarum polycephalum, Scenedesmus,* Stamm D_3, *Chlorella pyrenoidosa, Synechococcus cedorum*) wurden in wss. Suspension 40 Min. der Einw. von radioakt. CO_2 in Form von ^{14}C-haltigem $NaHCO_3$ ausgesetzt, die filtrierten Lsgg. im Vakuum konzentriert u. die gebildeten nichtflüchtigen, lösl. radioakt. Verbb. durch zweidimensionale Papierchromatographie getrennt u. identifiziert. Die akt. Verbb. konnten durch Synth. oder durch Austausch-Rkk., d. h. Umkehr bekannter Decarboxylierungs-Rkk., entstanden sein. In Zellmaterial, wie Proteine, komplexe Polysaccharide, eingebautes CO_2 wurde nicht erfaßt. Im Fett der Organismen war in keinem Falle Radioaktivität nachweisbar. Die fixierte CO_2-Aktivität fand sich bei der Hefe *H. anomala* zu 75% in *Asparaginsäure* (**I**), *Glutaminsäure* (**II**) u. *Bernsteinsäure* (**III**), ein kleinerer Anteil in *Alanin* (**IV**), *Äpfelsäure* (**V**) u. *Citronensäure* (**VI**), bei dem Protozoon *T. geleii* zu 63% in **III**, bei den W. bewohnenden Pilzen *A. arbuscula* u. *B. pringsheimii* vorwiegend in **I** u. **II**, in geringerem Grade in **III** u. **V**, bei dem Anaerobier *B. rettgeri* großenteils in **V**, *Tyrosin* u. *Phenylalanin,* ferner in *Essigsäure* u. *Buttersäure,* bei dem Anaerobier *Cl.*

kluyveri zu 78% in **IV**, beim Schleimpilz *Ph. polycephalum* hauptsächlich in **I**, **II** u. **VI**, bei den photosynthet. Algen *Scenedesmus*, *C. pyrenoidosa* u. *S. cedorum* vorwiegend in **I**, **II**, **III** u. **V**. Ruhende Zellen von *Lactobacillus casei* fixierten CO_2 äußerst langsam, wachsende vornehmlich in **V** (90%); bei der sauren Hydrolyse der Zellen wurde **I** als einzige radioakt.Verb. erhalten. (J. Bacteriol. **63**. 525—31. April 1952. Berkeley, Calif., Univ. of Calif., Radiat. Labor., u. Dep. of Chem.) K. MAIER. 4320

J. M. van Lanen, I. L. Baldwin und **A. J. Riker**, *Virulenzverminderung von Krongallenbakterien durch Züchtung in glycinhaltigen Medien. Glycin* (**I**) hemmte in Konzz. von 0,1% u. höher das Wachstum von Krongallenerregern, z. B. *Agrobacterium tumefaciens*. **I** beeinflußte das Einsetzen des Wachstums, das Gesamtwachstum u. die Morphologie der Zellen. Die Hemmung erfolgte in synthet. u. natürlichen Medien, die ohne **I** eine gute Entw. ermöglichen. Nach fortgesetzter Züchtung in Ggw. von **I**-Konzz., die das Wachstum unterdrücken, trat stets vollständiger Virulenzverlust bei den aus Einzelkolonien oder einzelnen Zellen stammenden Kulturen ein. Die Geschwindigkeit der Resistenzminderung, gemessen an der Zahl der Passagen, die nötig sind, die Fähigkeit der Kulturen zur Gallenbldg. aufzuheben, wurde durch kleine Impfmengen, Peptonzusatz, neutrale oder schwach alkal. Rk. gesteigert. Virulenzabschwächung erfolgte bei p_H 5,5 oder niedriger in **I**-haltigen Medien nicht. Ferner wurde in diesem Bereich das Wachstum nicht merklich gehemmt. (J. Bacteriol. **63**. 715—21. Juni 1952. Madison, Wis., Univ. of Wisconsin, Coll. of Agricult., Dep. of Plant Pathol.) K. MAIER. 4330

J. M. van Lanen, A. J. Riker und **I. L. Baldwin**, *Die Wirkung von Aminosäuren und verwandten Verbindungen auf Wachstum, Virulenz und Enzymaktivität von Krongallenbakterien.* Es wurde der Einfl. von 15 *Aminosäuren* (**I**) u. verwandten Verbb. in Konzz. von 0,05—0,001 mol. auf die Entw. u. Virulenz von *Agrobacterium tumefaciens* untersucht. Wachstumshemmend u. vollständig abschwächend wirkten in abnehmendem Maße: *α-Amino-n-buttersäure, Threonin, Methionin, Norvalin, Valin, Norleucin, Isoleucin, Glycin, Serin, Alanin, Leucin* (**II**), *L-Lysin* u. *Diglycin* (**III**) (nach mehreren Passagen.) Von **II**-Isomeren hemmte das unnatürliche *D*(+)-**II** stärker als die *L*(—)-Form. *Aminodicarbonsäuren*, wie *L-Asparagin, L-Asparaginsäure, Glutaminsäure*, sowie *L-Arginin, Sarkosin, L-Histidin, L-Prolin, L-Tryptophan, Taurin, β-Alanin* u. *Glycinanhydrid* stimulierten das Wachstum in allen Konzz., ohne die Virulenz zu beeinflussen. Nach 17 Übertragungen von abgeschwächten Kulturen in Glycinmedium erlangten 70%, nach 25 jedoch nur 2% wieder n. Virulenz. Die durch **I** hervorgerufene Wachstumshemmung wurde durch andere **I**, Vitamine oder Wuchsfaktoren nicht aufgehoben, während Leberextrakt eine teilweise Ausschaltung der Glycinhemmung hervorrief. Virulente u. abgeschwächte Kulturen waren durch Züchtung in verschied. Medien, serolog. Rkk. oder die Enzymaktivitäten nicht differenzierbar. Durch Glycin abgeschwächte Stämme wuchsen besser u. waren in dessen Ggw. enzymat. aktiver. (J. Bacteriol. **63**. 723—34. Juni 1952. Madison, Wis., Univ. of Wisconsin, Coll. of Agricult., Dep. of Plant Pathol.) K. MAIER. 4330

E. Katchalski, L. Bichovski-Slomnitzki und **B. E. Volcani**, *Die Wirkung einiger wasserlöslicher Poly-α-aminosäuren auf Bakterien.* Von wasserlösl. synthet. *Poly-α-aminosäuren* (**I**) wurden *Poly-DL-alanin, Poly-L-asparaginsäure* (**II**) u. natürliche *Poly-L-glutaminsäure* (**III**), sowie *Poly-L-lysin* (**IV**), *Poly-DL-lysin, Poly-DL-ornithin* u. *Poly-DL-arginin* als Vertreter der neutralen, sauren u. bas. **I** auf antibakterielle Aktivität geprüft (meist bei p_H 7,4). Die bas. **I** hemmen grampositive u. -negative, auf Nähragar wachsende Bakterien (Hemmkonzz. 0,1—1,0 mg **I**/cm³ Substrat). Bei Wachstum von *Micrococcus pyogenes var. aureus, E. coli* u. *B. anthracis* in synthet. Medium erfolgt bereits Hemmung durch 1—15 γ/cm³ bas. **I**. Bas. **I** bildeten mit Standardagarlsg. einen gegenüber Bakterien wahrscheinlich unwirksamen Nd., so daß die Konz. an freiem **I** herabgesetzt ist. Neutrale u. saure **I** sind mit 10 mg/cm³ Agar oder 500 γ/cm³ synthet. Nährlsg. auf das Wachstum ohne Wirkung. Da *Lysin, Ornithin* u. *Arginin* ohne Hemmwrkg. sind, scheint das Mol.-Gew. der bas. **I** für diese von wesentlicher Bedeutung zu sein. Die durch **IV** gehemmte Entw. von *E. coli* kann im Bereich der Bakteriostase durch Einw. äquivalenter Mengen der sauren **I**, **II** oder **III** wiederhergestellt werden. Anscheinend beruht dies auf der Bldg. unlösl. Salze von **IV** mit **II** oder **III**. **IV** agglutiniert in Konzz. von 150—600 γ/cm³ lebende Zellen von *M. aureus* u. *E. coli*. Die zwischen Bakterien u. antibakteriellen **I** anzunehmende Anziehung dürfte mindestens teilweise auf elektrostat. Kräften beruhen. (Nature [London] **169**. 1095—96. 28/6. 1952. Rehovoth, Israel, Weizmann-Inst. of Sci.) K. MAIER. 4330

H. W. Julius, *Der Wirkungsmechanismus von Chemotherapeuticis.* Übersichtsbericht (bis Okt. 1951); Einfl. u. Wrkg. von Chemotherapeuticis (**I**) auf morpholog. Veränderungen bei Mikroben, ihre Vermehrung u. deren Hemmung, mikrobielle Atmung, andere Stoffwechselfunktionen, **I**-Resistenz u. Wirkungsweise, physikal. u. chem. Faktoren, Beziehungen zwischen I, Synergismus u. Antagonismus, I, Parasit u. Wirtsorganismus. — 151 Literaturangaben (Annu. Rev. Microbiol. **6.** 411—36. 1952. Utrecht, Holland, Univ.) K. MAIER. 4330

William M. M. Kirby, *Antibiotica.* Übersichtsbericht (bis März 1952); *Penicillin, Streptomycin, Aureomycin, Terramycin, Chloramphenicol* (Wirkungsmechanismus, Entw. resistenter Formen, antibiot. Spektr.); antibiot. Synergismus u. Antagonismus. — 229 Literaturangaben. (Annu. Rev. Microbiol. **6.** 387—410. 1952. Seattle, Wash., Univ. of Washington, School of Med., Dep. of Med.) K. MAIER. 4340

O. Jirovec, *Die Wirkung einiger Antibiotica auf Protozoen.* Untersucht wurden *Penicillin* (I), *Streptomycin* (II), *Chloromycetin* (III), *Terramycin* (IV), *Subtilin* (V), *Aureomycin* (VI), *Enniatin* (VII), *Tyrothricin* (VIII), *Patulin* (IX). I u. II erwiesen sich am wenigsten, VII, VIII, IX am meisten toxisch. III, IV, V, VI nehmen eine Mittelstellung ein. Die Inhibierungsverss. verliefen entsprechend. Die Toxizität von I scheint auf giftigen Beimengungen zu beruhen. Von den Protozoen waren Euglena gracilis u. Astasia chattoni am widerstandsfähigsten. (Schweiz. Z. allg. Pathol. Bakteriol. **14.** 653—66. 1951. Praha, Karls-Univ., Parasitol. Inst.) DOSSMANN. 4340

Cleo Rasch und **R. F. Parker**, *Wirkung von Penicillin auf Streptokokken: Vergrößerung der Empfindlichkeit in vivo?* Durch GRUNBERG, UNGER u. ELRIDGE (Yale J. Biol. Med. **21.** [1948.] 121) wurde festgestellt, daß bei Streptokokken nach Tierpassage unter *Penicillin* (I)-Verabfolgung die I-Empfindlichkeit im Plattentest ansteigt. Vff. führten zur Klärung dieser Beobachtung Verss. durch, um den Einfl. der D. der Impflsg. auf den Durchmesser der Hemmungszone festzustellen. Meth. wird beschrieben. 0,1 ml-Proben einer 18 Std. alten Nährbrühe auf einer Blut–Agar-Platte wurden über Nacht der Einw. von 100 E. I/ml ausgesetzt. Es wurde gefunden, daß der Durchmesser der Hemmungszone mit fallender Verdünnung (nach Zehnerpotenzen) direkt zunahm. Die vermutete größere Empfindlichkeit der Streptokokken läßt sich nach diesem Vers. auch damit erklären, daß ihre Anzahl geringer geworden ist. Auf die möglichen Zufälligkeiten bei der Beurteilung solcher Ergebnisse nach verschied. Plattenmethoden wird hingewiesen. (Science [Washington] **116.** 16—17. 4/7. 1952. Cleveland, O., Western Reserve Univ., Med. School, Dep. of Microbiol.) DOSSMANN. 4340

B. Erber, *Über die morphologischen Veränderungen der Tuberkelbacillen durch Streptomycin, mit besonderer Berücksichtigung der Färbemethode von Benda und Urquia zum Nachweis der Streptomycinresistenz.* Nach der Färbemeth. von BENDA u. URQUIA ist es nicht möglich, streptomycinempfindliche Stämme von den streptomycinresistenten im Auswurf der Kranken zu unterscheiden. Es wurden auch keine morpholog. Veränderungen der Bacillen durch die Streptomycinbehandlung beobachtet. (G orn. Batteriol. Immunol. **44.** 257—67. Mai/Juni 1952. Torino, Sanatorio S. Luigi.) H. SCHEURLEN. 4340

M. Teti, *Isolierung und Charakterisierung eines Ribonucleoproteins in der wässerigen Phase der Bakteriolyse durch Lysozym.* Aus der überstehenden Fl. nach Bakteriolyse von M. lysodeikticus (Stamm FLEMING) läßt sich bei p_H 4,2 u. nach Zusatz von A. ein Material ausfällen, das zu 90% aus Eiweiß besteht. Der N-Geh. beträgt 12,4% (Mikrokjeldahl u. Biuret), der P-Geh. 1,55%, N/P also 8,25. Die Menge der BIAL-positiven Anteile bei 2575 Å ist 9,5%. Aus den gegebenen Daten erscheint es wahrscheinlich, daß sich unter der Lysozym-Wrkg. aus den Bakterien ein Protein löst, das chem. die Eigg. eines Nucleoproteins besitzt. (Riv. Ist. sieroterap. ital. **27.** 279—81. Juli/Aug. 1952. Roma, Ist. Regina Elena per lo Studio e la Cura dei Tumori.) P. G. SCHEURLEN. 4350

G. E. Foley und **L. L. Uzman**, *Untersuchungen über die Biologie von Cryptococcus. 4. Mitt. Isolierung eines hochpolymeren Polysaccharids aus kapselbildenden Stämmen.* Aus 2 Stämmen von *Cryptococcus deformans* (10 Tage-Kulturen) wurde durch Behandlung mit 8n NaOH (Wasserbad, 20 Min.), Neutralisation mit 6n HCl, Zentrifugieren, Einstellung auf p_H 4,5, Zentrifugieren, Fällung von Verunreinigungen mit 10%ig. Trichloressigsäure u. schließlich Fällung mit 95%ig. A. ein hochpolymeres, nicht dialysables Polysaccharid (I) isoliert. I ist P-frei, BIAL-positiv u. enthält 0,2—0,24% N (weder Glucosamin- noch Aminosäure-N); Viscosität $[\eta] = 16{,}0-27{,}7$ (extrapoliert auf unendliche Verdünnung). Einw. von Hyaluronidase gab keine Viscositätsänderung. Die I-Präpp. waren gegenüber geeigneten Antiseren serolog. wirksam. (J. infect. Diseases **90.** 38—43. Jan./Febr. 1952. Boston, Mass., Children's Med. Center and Children's Cancer Res. Foundat., Div. of Labors. and Res.) K. MAIER. 4350

S. F. Tepljakowa, *Neue Arten von Cellulose zerstörenden halophilen Bakterien.* Aus Salzböden Kasachstans isoliert Vf. 2 neue Arten von halophilen *Cellulose* (I)-zerstörenden Bakterien. 1. *Cellvibrio Winogradskii sp. n.*, färbt Papier hellbraun, entwickelt sich auf Kulturböden nur in Ggw. von *NaCl.* Optimale Bedingungen: 2,5% NaCl, p_H bei 7,5. Als Kohlenhydratquelle wird nur I verwertet, in ganz geringem Maße kann auch Glucose ausgenutzt werden, während andere Zucker u. auch Salze organ. Säuren nicht verwertbar sind. — 2. *Cellvibrio halophilus sp. n.*, färbt Papier strohgelb, entwickelt sich auch ohne NaCl, jedoch in Ggw. von 2,5% NaCl viel besser, optimales p_H bei 8,0. Außer I können auch verschied. Zucker ausgenutzt werden. Im Vgl. zu nichthalophilen Cellvibrionen ist die Wrkg. der beschriebenen auf I viel intensiver. (Микробиология [Mikrobiologie] **21.** 283—89. Mai/Juni 1952. Alma-Ata, Inst. für Bodenkunde der Akad. der Wiss. der KasachSSR.) ULMANN. 4350

A. Krebs, *Zur Methodik des quantitativen Penicillinnachweises, insbesondere im Serum.* Steigende Verdünnungen des Serums mit Bouillon unter Einhaltung des Verdünnungsfaktors 1:1,6, von der 12. Verdünnung ab gegebenenfalls 1:1,4, werden mit 1 Tropfen eines Testkeimgemisches (hämolyt. Streptococcus in Hammelblut) beimpft u. 16—18 Std. bebrütet. Wenn die minimale Hemmungskonz. von *Penicillin* (I) unterschritten wird, tritt Hämolyse auf. Zur Berechnung werden die „bakteriostat. Einheiten" u. der „Umrechnungsdivisor" nach KNÖLL (C. **1948.** I. 1232) verwendet. Das Verf. kann auch zur Wertbest. von I-Präpp. u. bei Auswahl entsprechender Bakterienstämme für andere Antibioticis benutzt werden. (Dtsch. med. Wschr. **77.** 342—43. 14/3. 1952. Halle/S., Martin-Luther-Univ., Hyg. Inst.) KRUSEN. 4360

T. B. Tolpegina, *Über die Wirkung von Antigenen auf das sympathische Nervensystem.* Am nichtsensibilisierten Hund führt die intravenöse Zufuhr von Typhus- u. Dysenterie-Antigenen zu keiner wesentlichen Beeinflussung der Kontraktionen des denervierten Herzens, während im Frühstadium der Sensibilisierung (vom 3.—8. Tag) die Kontraktionen hierbei häufiger werden u. der Blutdruck ansteigt, was durch eine Reizwrkg. der Antigene auf das sympath. Nervensyst. u. die Wrkg. des dabei frei werdenden Sympathins erklärt wird. (Архив Патологии [Arch. Pathologie] **14.** Nr. 1. 31—36. Jan./Febr. 1952. Kasan, Med. Inst., Lehrstuhl für pathol. Physiol.) RENTZ. 4370

Winston H. Price, *Bakterielle Viren.* Übersichtsbericht (bis April 1952); Adsorption des Virus an die Zelle u. Eindringen, Synth. der Virussubstanz, Freiwerden des Virus, Verwandtschaft zwischen bakteriellen u. tier. Viren. — 97 Literaturangaben. (Annu. Rev. Microbiol. **6.** 333—48. 1952. Baltimore, Md., Johns Hopkins Univ., School of Hyg. and Public Health, Dep. of Biochem.) K. MAIER. 4374

Lõis Dickinson und **Mildred J. Thompson,** *Chemotherapeutische Untersuchungen mit dem Rous Sarkom-Virus.* Die folgenden Verbb.: *Stickstofflost* (I), *Triäthylenmelamin* (II), *Colchicin* (III), *R. D. 347 = 4.4'-Bis-[2-dihydroglyoxalinyl]-stilbendihydrochloridmonohydrat* (IV), *R. D. 1367 = 2.7-Bis-[2-dihydroglyoxalinyl]-9-phenylphenanthridintrihydrochloriddihydrat* (V), *Malabarkino* (VI) u. *Antiserum* (VII) wurden auf ihre chemotherapeut. Wirksamkeit gegenüber Rous Sarkom-Virus an befruchteten Hühnereiern u. an Küken geprüft. Die Tiere wurden teils intraperitoneal, teils intramuskulär infiziert, die Chemotherapeutica wurden ebenfalls auf beiden Wegen verabreicht. Die Veränderungen an der Chorionallantoismembran bzw. am parietalen Peritoneum stellten sich 10 Tage nach der Infektion ein. Im Eitest wurden diese Veränderungen nur durch **VII** völlig unterdrückt, wenn dies vor oder sofort nach der Infektion gegeben wurde. Alle übrigen Verbb. waren unwirksam, wenigstens solange sich ihre Dosis in Grenzen hielt, die vom Embryo während der 7 Tage langen Testdauer vertragen wurden. Im Kükentest waren **II** u. **III**, in geringem Maße auch **I** wirksam. **IV, V** u. **VI** waren völlig unwirksam. Nur **III** unterdrückte die Läsionen vollständig. **III** war die einzige Verb., die auch auf intraperitonealem Wege wirksam war. Möglicherweise erreichten **I** u. **II** nicht die erforderliche Konz. im parietalen Peritoneum, wenn sie intraperitoneal gegeben wurden. Die intraperitoneale **III**-Dosis betrug 0,15 γ/g; in Dosen von 0,3 γ/g war es toxisch. (Brit. J. Pharmacol. Chemotherapy **7.** 277—86. Juni 1952. Nottingham, Boots Pure Drug Co. Ltd.) W. BRANDT. 4374

T. T. Owanessjan, *Einige biologische Besonderheiten des Muscardineerregers beim Seidenspinner in der Grusinischen SSR.* Für den Erreger der Muscardine (*Beauveria bassiana*) werden die Lebensbedingungen (Temp., Feuchtigkeitsgeh. der Luft u. direkte Sonnenbestrahlung) untersucht u. die Ergebnisse tabellar. gebracht. Die mittelasiat. Kulturen sind bedeutend virulenter als die grusinischen. (Микробиология [Mikrobiologie] **21.** 445—48. Juli/Aug. 1952. Tbilissi, Wiss. Forschungsinst. für Seidenzucht.) G. REICHARDT. 4380

E₄. Pflanzenchemie. Pflanzenphysiologie. Pflanzenpathologie.

Louis Maume und **Jacques Dulac,** *Bedeutende Gehaltsunterschiede beim Weinblatt bezüglich des Mangans.* Der Mn-Geh. der Weinblätter ist nach den Ergebnissen der Unters. von über 300 Proben vor der Blüte am höchsten u. nimmt mit zunehmendem Pflanzenalter ab. Die Unterschiede betragen vor der Blüte im einzelnen je nach dem Standort einige mg bis über 200 mg. Auf saurem Boden ist der Mn-Geh. am höchsten. (C. R. hebd. Séances Acad. Sci. **234.** 1201—03. 10/3. 1952.) RANG. 4410

Ernesto Beya Alonso, *Beitrag zur Kenntnis einiger bionomischer Daten der Löslichkeit des komplexen Chlorophylls.* Das Chlorophyll verschied. Pflanzen wird untersucht u. die Unterschiede in der Alkohollöslichkeit werden auf die Struktur u. Zus. der Chloroplasten zurückgeführt. (Ion [Madrid] **12.** 312—16. Juni 1952. Barcelona, Inst. Biól. de Sarria.) GERBER. 4420

Lyle James Swift, *Isolierung von β-Sitosteryl-D-glucosid aus dem Saft von Florida-Valencia-Orangen (Citrus sinensis, L.).* Aus dem Saft von Florida-Valencia-Orangen isolierte u. identifizierte Vf. *β-Sitosteryl-D-glucosid,* das wahrscheinlich, wie aus seinen physikal. Daten u. denen der Derivv. geschlossen werden kann, mit den von MATLACK (J. Amer. pharmac. Assoc. **18.** [1929.] 24) u. SALWAY (J. chem. Soc. [London] **103.** [1913.] 1022) beschriebenen Verbb. übereinstimmt. *β-Sitosteryl-D-glucosid,* $C_{35}H_{60}O_6$, F. 298°; $[\alpha]_D^{20}$ —40,1° (c = 1,334, Pyridin), *Tetraacetat,* $C_{43}H_{68}O_{10}$, F. 171°; $[\alpha]_D^{25}$ —33,7° (c = 1,3012, Pyridin). *Tetrabenzoat,* $C_{63}H_{76}O_{10}$, F. 201°; $[\alpha]_D^{25}$ 15,9° (c = 1,3095, Chlf.). Hydrolyse gab Glucose u. *β-Sitosterin,* $C_{29}H_{50}O$, F. 137—138°; $[\alpha]_D^{20}$ —38,2° (c = 5,0693, Chlf.). *Acetat,* $C_{31}H_{52}O_2$, F. 125—126°; $[\alpha]_D^{22}$ —40,3° (c = 1,6824, Chlf.). *Benzoat,* $C_{36}H_{54}O_2$, F. 147 bis 148°; $[\alpha]_D^{21}$ —13,6° (c = 2,0760; Chlf.). (J. Amer. chem. Soc. **74.** 1099—1100. 20/2. 1952. Winter Haven, Fla., Bur. of Agric. and Ind. Chem., Citrus Products Stat.) NEZEL. 4420

J. W. Cornforth und **Alan J. Henry,** *Das Vorkommen von cis- und trans-3-Oxystachydrin in den Früchten von Courbonia virgata.* Aus den Fruchtschalen von *Courbonia virgata* wurden mit A. zwei krist. wasserlösl. isomere Verbb. isoliert. Beide geben mit sd. Acetanhydrid eine opt.-inakt. Anhydridverb. (I), die durch Hydrierung in saurer Lsg. *DL-Stachydrin* liefert. Bei der $KMnO_4$-Oxydation von I entsteht hauptsächlich *β-Dimethylaminopropionsäure,* so daß I *1.1-Dimethyl-Δ²-pyrroliniumcarbonsäure-(2)-betain* sein muß u. den ursprünglichen isomeren Verbb. die Struktur von Oxystachydrin zukommt. Nach dem Verh. u. den Eigg. handelt es sich sicherlich um isomere 3-Oxystachydrine. Bei der Hydrierung von I in Abwesenheit entsteht unter Hydrogenolyse *Dimethylaminovaleriansäure* (wahrscheinlich δ). Hierbei ist vermutlich eine Wanderung der Doppelbindung in Δ³-Stellung vorausgegangen.

Versuche: *3-Oxystachydrin-a* (wahrscheinlich trans), $C_7H_{13}O_3N$, F. 250° (Zers.); $[\alpha]_D^{30}$ +10,0° (c = 29, W.). Das A.-Perkolat der lufttrocknen Fruchtschalen wird eingedampft, in W. aufgenommen, angesäuert, entfettet. Beim Einengen unter gelindem Erwärmen u. später im Exsiccator über H_2SO_4 krist. das Isomere a. In den Mutterlaugen befand sich Verb. b. *Pikrat,* $C_7H_{13}O_3N \cdot C_6H_3O_7N_3$, F. 160°. *Hydrochlorid,* $C_7H_{13}O_3N \cdot HCl$, F. 196—197° (Zers.), Nadeln (A.). — *3-Oxystachydrin-b* (wahrscheinlich cis). Die Kristalle der Mutterlauge werden aus W. unter Zusatz von A. krist., *Monohydrat,* F. 209—210° (Zers.); $[\alpha]_D^{22}$ +53°. *Hydrochlorid,* F. 201—202° (Zers.), Prismen (A.). — Aus den Kernen wurde nur Verb. a erhalten, während in den Wurzeln weder a noch b vorkommen. — *1.1-Dimethyl-Δ²-pyrroliniumcarbonsäure-(2)-betain* (I), $C_7H_{11}O_2N$, F. 235° (Zers.), Prismen (A.–Essigester). 3-Oxystachydrin-a oder -b wird in Acetanhydrid einige Min. gekocht. *Pikrat,* $C_7H_{11}O_2N \cdot C_6H_3O_7N_3$, F. 174—175°, derbe, gelbe Prismen (A.). Bei längerem Kochen von a in Acetanhydrid im N_2-Strom entstand unter CO_2-Entw. u. Isolierung mit Pikrinsäure *1.1-Dimethyl-Δ²-pyrroliniumpikrat,* $C_6H_{12}N \cdot C_6H_2O_7N_3$, F. 284° (Zers.), dunkelgelbe, lange, prismat. Nadeln (A.). Hydrierung von I in n HCl über PtO_2 bei 20°/760 mm. Das Reaktionsprod. wird als Pikrat isoliert. Der in Essigester unlösl. Teil des Pikrats gab nach Kristallisation aus pikrinsäurehaltigem A. *DL-Stachydrinpikrat,* $C_7H_{13}O_2N \cdot C_6H_3O_7N_3$, F. 195°, gelbe Blättchen. Aus dem Essigester: *δ (?)-Dimethylaminovaleriansäurepikrat,* $C_7H_{15}O_2N \cdot C_6H_3O_7N_3$, F. 153—154°, gelbe, nadelförmige Prismen. Bei Abwesenheit von HCl entstand bei der Hydrierung nur diese Verbindung. Oxydation von I mit 4%ig. wss. $KMnO_4$-Lsg. bei 0° gab *β-Dimethylaminopropionsäure, Hydrochlorid,* $C_5H_{11}O_2N \cdot HCl$, F. 187—188°. (J. chem. Soc. [London] **1952.** 597—601. Febr. London, Nat. Inst. for Med. Res.) NEZEL. 4420

J. W. Cornforth und **Alan J. Henry,** *Die Isolierung von L-Stachydrin aus den Früchten von Capparis tomentosa.* Aus den Schalen u. dem Fruchtfleisch der Früchte von *Capparis tomentosa* isolierten Vff. mit A. über das Perjodid *L-Stachydrin* (I); *Hydrochlorid,* $C_7H_{14}O_2NCl$, F. 222° (Zers.); $[\alpha]_D^{20}$ —28,1° (c = 4,82, W.); *Pikrat,* F. 199—200°, derbe hexagonale Prismen (W.). Aus dem Pericarp konnte **I,** $C_7H_{13}O_2N \cdot H_2O$, F. 116—118°; $[\alpha]_D^{24,5}$ —40,25° (c = 4, W.), direkt isoliert werden [wasserfrei, F. 232° (Zers.)]. — **I,** *Hydrochlorid,* F. 222° (Zers.); $[\alpha]_D^{22}$ —27,5° (c = 2, W.), durch Methylierung von L-Prolin mit CH_3J in Ggw. von Ag_2O in CH_3OH; keine F.-Depression mit obiger Verbindung. (J. chem. Soc. [London] **1952.** 601—03. Febr. London, Nat. Inst. for Med. Res.) NEZEL. 4420

N. G. Baptist, *Aminosäuren in Hülsenfrüchten.* Im Hinblick auf vegetabile Diät ist der Proteingeh. der Hülsenfrüchte von Interesse. Der prozentuale Geh. der wichtigsten

Aminosäuren in Linsen (Lens esculenta) u. grünen Bohnen (Phaseolus vulgaris) wurde mikrobiol. bestimmt u. die Ergebnisse in einer Tabelle geordnet. (Nature [London] **170.** 76—77. 12/7. 1952. Ceylon, Univ., Biochem. Labor.) NIESWANDT. 4420

Bruno Huber, *Wasserumsatz und Stoffbewegungen.* Übersichtsbericht über pflanzenbiol. Probleme. — Etwa 100 Literaturangaben. (Fortschr. Bot. **13.** 227—49. 1951. München.) LOCH. 4450

Jean Roche und **Yasuo Yagi,** *Über die Fixierung von radioaktivem Jod durch Algen und über die jodhaltigen Bestandteile von Laminarien.* Durch 20 g *Laminaria flexicaulis* wurden zu 500 ml Meerwasser zugefügte 0,18 mC $Na^{131}J$ innerhalb von 3 Std. zu 75% aufgenommen. Radioautographie der Algen zeigte differenzierte Anreicherung von ^{131}J in einzelnen Regionen der Thalli. Durch Extraktion mit W., A. u. Ae. konnten 80% des ^{131}J eliminiert u. papierchromatograph. als mineral. gebunden identifiziert werden. Die restlichen im Thallus verbliebenen 20% ließen sich nach Hydrolyse mit $Ba(OH)_2$ papierchromatograph. in mineral. gebundenes ^{131}J sowie in *Mono-* u. *Dijodtyrosin* trennen. (C. R. Séances Soc. Biol. Filiales **146.** 642—45. Mai 1952. Concarneau, Finistère, Coll. de France, Labor. de Biol. marine.) KRUSEN. 4460

E_5. Tierchemie. Tierphysiologie. Tierpathologie.

George Dickson, A. F. Forziati, M. E. Lawson jr. und **I. C. Schoonover,** *Fluorescenz der Zähne: ein Weg zur Erforschung ihrer Struktur.* Beschreibung einer App. zur Unters. der nach Bestrahlung von Zahnschliffen mit UV-Licht auftretenden Fluorescenz. Aus der verschied. Intensität der Fluorescenz der einzelnen Bezirke können Schlüsse auf die Struktur von *Dentin* u. *Schmelz* gezogen werden. Die Fluorescenz von Dentin ist annähernd viermal so intensiv wie die von Schmelz. Außerdem werden die Fluorescenzspektren zur Unters. herangezogen. — Zahlreiche Fluorescenzmikrophotographien. (J. Amer. Dental Assoc. **45.** 661—67. Dez. 1952. Nat. Bur. of Standards, Dent. Res. Labor.) KLESSE. 4525

M. Dubuisson, *Chemie des Muskels.* Übersichtsbericht (1949—1951); Aufbau des Muskels; Ionen; Enzyme; weitere Proteine; Synärese von Actomyosin; vergleichende Biochemie; Degeneration, Dystrophie, Ischämie. — 317 Literaturangaben. (Annu. Rev. Biochem. **21.** 387—410. 1952. Liège, Belgien, Univ., Dep. of Gen. Biol.) K. MAIER. 4525

W. L. Leoschke, E. Zikria und **C. A. Elvehjem,** *Zusammensetzung der Harncalculi beim Nerz.* Als Hauptbestandteil der Harncalculi von Nerzen wurde $MgNH_4PO_4$ neben kleinen Mengen Ca festgestellt. (Proc. Soc. exp. Biol. Med. **80.** 291—93. Juni 1952. Madison, Wis., Univ. of Wisconsin, Dep. of Biochem.) KRUSEN. 4552

George R. Livermore jr. und **Charles F. Code,** *Ein Hemmstoff für die Magensaftsekretion aus dem Magensaft des Hundes.* Magensaft des Hundes wurde aus Vagus-innervierten u. -denervierten Mägen nach Reizung mit *Histamin* (I) u. *Acetyl-β-methylcholin* (II) gewonnen, mit A. in der Kälte nach Neutralisation gefällt u. nach Lösen von 100 mg getrockneten Nd. (III) in 10 cm^3 physiol. Kochsalzlsg. intravenös injiziert. Nach **II** betrug die Ausbeute an Nd. 437 mg aus 100 ml Magensaft, nach **I** nur 64 mg/100 ml bei innervierten Mägen. **III** hemmte die Magensaftsekretion bei denervierten Mägen nach **I** um ca. 25%, nach **II** um ca. 54%. Allg. Rkk. u. Erbrechen waren selten, aber die Körpertemp. stieg um über 2°, so daß die Sekretionshemmung teilweise mit der Hypopyrexie zu erklären ist. Die stärkste Hemmung verursachte salzsäurearmer Magensaft; im allg. hingen aber Acidität des Magensaftes u. sein Geh. an Hemmstoff nicht voneinander ab. (Amer. J. Physiol. **168.** 605—11. 1/3. 1952. Rochester, Minn., Univ., Mayo Found., Sect. of Physiol.) KLINGMÜLLER. 4555

Choh Hao Li und **J. Ieuan Harris,** *Chemie der nichtsteroiden Hormone.* Übersichtsbericht (Sept. 1949 bis Dez. 1951); *Hormone* (I) des *Hypophysenvorderlappens*: *gonadotrophes Hormon, Wachstumshormon, ACTH*; *Hypophysenhinterlappen*-I: *Oxytocin, Vasopressin*; *Insulin.* — 198 Literaturangaben. (Annu. Rev. Biochem. **21.** 603—32. 1952. Berkeley, Calif., Univ. of California, Dep. of Biochem.) K. MAIER. 4558

Th. Hockerts, J. Ströder und **J. Chrobok,** *Über die Wirkung einiger therapeutischer Steroide und des ACTH auf bestimmte Kreislauffunktionen des Kindes.* Die Prüfung der Herzkreislaufeffekte von Steroidpräpp. (*Percorten, Cortison, Cortiphyson, Testoviron, Östroglandol, Proluton, Decholin, Deparal, Cyren B forte*) u. des *ACTH* beim gesunden kindlichen Herzen ergab, daß die Herzdynamik innerhalb des Normbereiches geändert wird, im Einzelfall aber auch ein patholog. Ausmaß erreichen kann. Bei allg. konstant bleibender Herzfrequenz ändern sich Herzschlag- u. Minutenvol. gleichsinnig, wobei die vegetative Ausgangslage entscheidet, ob im Sinne einer Zu- oder Abnahme. Elast. u. peripherer Widerstand ändern sich derart, daß bei hoher Ausgangslage ein Abfall u. bei niedriger ein Anstieg beobachtet wird. Die Kapillarresistenz wird durch Nebennierenrindenhormon u. ACTH gesteigert. (Dtsch. med. Wschr. **77.** 432. 4/4. 1952. Würzburg, Univ., Kinderklinik.) RUPPERT. 4558

S. Holz, Floriselda Páez U., Ligia Ibarra F. und **Alberto Garcia O.**, *Über den Östrogen–Progesteron-Antagonismus am biologischen Versuchsobjekt.* Jugendliche weibliche Kaninchen wurden mit abgemessenen Mengen *Östradiolbenzoat* (I) u. *Progesteron* (II) simultan behandelt. Bei einem Verhältnis von 1 : 1 (I : II) bis 1 : 150 wurde jedesmal eine in Form der Proliferationsphase entwickelte Uterusmucosa beobachtet (ausschließlicher Effekt von I). Die gleiche Wrkg. wurde auch erzielt, wenn vor der Doppelmedikation eine einmalige Gabe von I vorausgeschickt wurde. Erst beim Verhältnis von 1 : 1500 (d. h. 28 γ I zu 4,2 mg II) wurden eine Umbldg. in die frühe Sekretionsphase u. ein positiver CLAUBERG-Test gefunden. (Acta ci. venezolana **3.** 51—57. März/April 1952. Venezuela, Univ. Central, Cátedra de Farmacol.) P. G. SCHEURLEN. 4559

E. H. Hauser, *Psychische Wirkung von Sexualhormonen.* Bei Behandlung von 35 Carcinomkranken u. Depressiven mit Sexualhormonen zeigte es sich, daß die körperliche Wrkg. im Sinne einer heterosexuellen Stigmatisierung bei Depressiven geringer ist als bei Krebskranken. Bei diesen verändert sich unter gegengeschlechtlichen Sexualhormonen die sexuelle Triebhaftigkeit bei Frauen im Sinne einer Steigerung, bei Männern im Sinne einer Dämpfung. Die psych. Wrkg. von Sexualhormonen ist unzuverlässig u. unberechenbar. Es besteht nur eine sehr lose Korrelation zwischen psych. u. körperlicher Hormonwrkg. Bei Depressiven bewirkt Behandlung mit Sexualhormonen eine vorübergehende Auflockerung der Stimmung. Nur in Ausnahmefällen wirkt sich die Hormonbehandlung in ungünstigem Sinne aus. Bei einer Patientin mit stark erhöhter Androgenbldg. bei Hypernephrom wurden ähnliche psych. u. körperliche Veränderungen wie diejenigen nach Behandlung mit Sexualhormonen beobachtet. (Schweiz. med. Wschr. **82.** 566—68. 24/5. 1952. Zürich, Univ., Psychiatr. u. radiotherapeut. Klinik.) H. SCHEURLEN. 4559

H. Drescher, *Unsere Erfahrungen mit einer neuartigen Testosteronisobutyrat-Kristallsuspension.* Die Nachteile der *Testosteronpropionat*-Kristallampulle (erschwerte Injektionstechnik) fallen bei der *Testosteronisobutyrat*-Kristallsuspension (CIBA) fort. Obwohl diese eine deutlich geringere Kristallgröße besitzt (0,04—0,1 mm), hat sie wegen ihrer schwereren Löslichkeit keine geringere Depotwrkg. als Testosteronpropionat. (Dtsch. med. Wschr. **77.** 431—32. 4/4. 1952. Stuttgart, Württ. Landeshebammenschule u. Staatl. Frauenklinik.) RUPPERT. 4559

H. R. Bierman, K. H. Kelly, F. L. Cordes, R. L. Byron jr., J. A. Polhemus und **S. Rappoport**, *Die Freisetzung von Leukocyten und Blutplättchen aus dem Lungenkreislauf durch Adrenalin.* Nach intravenöser Injektion von 0,1—0,3 mg *Adrenalin* (I) kommt es innerhalb von 30—60 Sek. im arteriellen Blut zu einer Leukocytose u. Thrombocytose, die ca. 5 Min. anhält, bevor sie wieder abfällt. 30—120 Sek. nach dem Auftreten im arteriellen Blut kommt es auch im venösen Blut zu einer Leukocytose. I stimuliert im Lungenkreislauf die Freisetzung von Leukocyten u. Blutplättchen. (Blood **7.** 683—92. Juli 1952. San Francisco, Calif., Univ., California School of Med.) W. BRANDT. 4561

E. M. Trautner und **M. Messer**, *Hemmung der Adrenalinoxydation durch Borat.* *Adrenalin* (I) wird bei p_H 8,7 in Phosphatpuffer schnell oxydiert, während es sich in Boratpuffer bis zu p_H 9 kaum verändert. Zugabe von *Borat* (II) zu Phosphatpuffer unterbricht die Oxydation. Bei Ggw. äquimol. Konzz. von I u. II (p_H 7,8, 37,5° u. I wie II in n/500) ist die Oxydation um ca. 50% gehemmt. Die Hemmung ist auch noch in späteren Stadien der I-Oxydation deutlich, so daß II wohl nicht nur mit I, sondern auch mit anderen *o-Diphenolen* Komplexe bilden dürfte. I-II-Gemische zeigen an der Katze bei intravenöser Gabe dieselben Eigg. wie andere I-Lösungen. — Möglicherweise kann die tox. Wrkg. von *Borsäure* auf Bldg. solcher Komplexe im Organismus beruhen. (Nature [London] **169.** 31—32. 5/1. 1952. Melbourne, Univ., Dep. of Physiol.) JUNG. 4561

P. Effersøe, H. Gormsen, N. Harboe, S. E. Nielsen und **A. A. Videbaek**, *Der Einfluß des Corticotropin (ACTH) auf die Myelomatose mit besonderer Berücksichtigung des Einflusses auf Knochenmark und Serumproteine.* 10 Myelomatosepatienten erhielten 12 Tage lang 5mal täglich 10 I.E. *Corticotropin* (I), wobei ein beträchtlicher Abfall 1. der Gesamtproteinkonz. im Serum, 2. des kolloidosmot. Druckes des Serums u. 3. der mit dem Harn ausgeschiedenen Eiweißkörper eintrat. Die patholog. Myelomserumeiweißkörper nahmen stärker ab als die anderen Proteine. Diese Tatsache in Verbindung mit einer beträchtlichen Abnahme des durch den Harn ausgeschiedenen BENCE-JONES-Eiweißkörpers deutet auf eine durch I verminderte Synth. dieser Eiweißkörper hin. Während der I-Medikation zeigten sich im Knochenmark keine cytolog. Veränderungen. (Acta med. scand. **143.** 63 bis 82. 10/5. 1952. Copenhagen, Denmark, Univ., Inst. of Forensic Med., Inst. of Gen. Pathol. u. Univ. Clinic, Med. Dep.) W. BRANDT. 4561

Ralph W. Trimmer, *Dauernde Behandlung einer rheumatischen Arthritis mit ACTH und Cortison.* (Vorl. Bericht.) 3 Patienten mit rheumat. Arthritis wurden 360 bzw. 330 bzw. 201 Tage lang ständig mit *ACTH* u. *Cortison* (I) behandelt. Jeder Patient erhielt außerdem täglich Schilddrüsenextrakt, da es sonst unter I zur Schilddrüsenatrophie kommt. Um ein promptes Nachlassen der Arthritissymptome herbeizuführen, mußten 200 oder 300 mg I 7 Tage lang täglich gegeben werden. Die Kombination von ACTH mit I war wirksamer als ACTH oder I allein. Nach Ablauf der 7tägigen Stoßbehandlung gelang es dann mit 50 mg I täglich den gebesserten Zustand längere Zeit aufrechtzuerhalten. Wurden 70 mg I täglich längere Zeit verabreicht, so stellten sich unerwünschte Nebenerscheinungen ein. Die Wundheilung wurde durch I nicht verzögert, das Ionengleichgewicht, der Kohlenhydratstoffwechsel u. der Blutdruck wurden durch I nicht beeinflußt. Wenn ein Rückfall eintrat, mußte die tägliche I-Dosis erhöht werden, bis die Symptome wieder nachließen. Eine kontinuierliche Medikation mit kleinen Dosen war einer intermittierenden Therapie mit großen Dosen vorzuziehen. (Bull. Ayer clin. Lab. Pennsylvania Hospital **4.** 7—20. Mai 1952. Chicago, Ill., Univ., Coll. of Med., u. Presbyterian Hosp., Dep. of Med.) W. BRANDT. 4561

Frederick G. Germuth jr., Barbara Ottinger und **Jiro Oyama,** *Der Einfluß von Cortison auf die experimentelle Hypersensibilität und die zirkulierenden Antikörper beim Meerschweinchen.* Große Dosen von *Cortison* sind nicht in der Lage, Meerschweinchen gegen akt. oder passiven anaphylakt. Schock (gegen Hühnereiweiß) zu schützen. (Proc. Soc. exp. Biol. Med. **80.** 188—91. Juni 1952. Bethesda, Nat. Inst. of Health, Microbiol. Inst.) ZELLER. 4561

G. M. Findlay und **E. M. Howard,** *Cortison und Plasmodium-berghei-Infektion bei Mäusen.* Verss. mit experimentell mit Plasmodium berghei infizierten Mäusen zeigten, daß bei Verabreichung von 5 mg *Cortison* (I) 30 Min. vor u. 6 Std. nach der Injektion im Vgl. zu mit physiol. NaCl-Lsg. behandelten Tieren eine höhere Zahl von Erythrocyten von den Parasiten befallen wird u. die Lebensdauer um etwa die Hälfte verkürzt wird. Vff. empfehlen deshalb, I in malariagefährdeten Gebieten nur mit Vorsicht anzuwenden. (Nature [London] **169.** 547. 29/3. 1952. London, School of Pharm., Pharmacol. Labor.) KRUSEN. 4561

Stephen L. Sherwood, Ellen Ridley und **Warren S. McCulloch,** *Wirkungen intraventriculärer Gaben von Acetylcholin, Cholinesterase und verwandter Verbindungen bei normalen Katzen in Katatonie.* Durch eine cerebrale Läsion wurden Katzen in Katatonie versetzt. Bei geringeren Defekten tritt innerhalb 10 Tagen wieder prakt. n. Verh. ein. Durch intraventriculäre Gabe von *Acetylcholin* (I) kann für ca. 2 Std. die Katatonie wieder bewirkt werden. Bei schwereren Läsionen war das Bild irreversibel. Gereinigte menschliche Erythrocyten-*Cholinesterase* konnte 1½—2 Std. Remission bewirken. Bei wiederholter Gabe besserte sich der Zustand. Normale Katzen zeigten nach intraventrikulärer I (0,5—2 mg)- oder *Mecholyl* (3,75—7,5 mg)- bzw. *Carbachol* (0,05—0,1 mg)-Gabe Unruhe, Angst u. intensive Salivation wie Defäkation, jedoch keinen Katatoniezustand. (Nature [London] **169.** 157. 26/1. 1951. Chicago, Ill., Univ. of Illinois, Coll. of Med., Dep. of Psychiatry.) JUNG. 4569

Joseph R. Kahn, Leonard T. Skeggs jr., Norman P. Shumway und **Paul E. Wisenbaugh,** *Der Nachweis von Hypertensin im Arterienblut von Normotonen und Hypertonen.* Bei Menschen mit n. Blutdruck, benignem u. malignem Hochdruck wurden 250 ml Arterienblut aus der Femoralis entnommen u. das darin enthaltene *Hypertensin* nach Einengung des alkoh. Extraktes auf 1 ml an Ratten getestet. Während beim benignen Hochdruck der Geh. an *Hypertensin* nur wenig über dem n. lag, ließ sich beim malignen Hochdruck stets ein hoher *Hypertensin*-Geh. nachweisen. (J. exp. Medicine **95.** 523—29. 1/6. 1952. Cleveland, O., Veterans Administr. Hosp., Dep. of Med. and Surg.; Western Reserve Univ., Dep. of Pathol.) DAUTZENBERG. 4569

R. Pansini und **R. Mazzone,** *Veränderung des venösen endogenen Brenztraubensäurespiegels innerhalb 24 Stunden und seine Beziehung zu den gleichzeitigen Blutzuckerschwankungen.* Der Brenztraubensäurespiegel im Blut schwankt unabhängig von der Dauer des Fastens, von Leberschädigungen oder von Hypo- oder leichter Hyperglykämie u. zeigt eine gewisse Parallelität mit der gleichzeitigen Blutzuckerschwankung. (Minerva med. [Torino] **43.** II. 172—76. 2/8. 1952. Bari, Univ., Inst. di Patol. Med. e Metodolog. Clin.) H. SCHEURLEN. 4572

Kurt I. Altman, Leon L. Miller und **Jonas E. Richmond,** *Die Bedeutung des Kohlenstoffskelettes von Lysin bei der Biosynthese von Hämoglobin.* Einem Hund, der durch proteinarme Diät stark anäm. u. hypoproteinäm. gemacht worden war, wurden an zwei aufeinanderfolgenden Tagen 229 mg u. 312 mg ε-^{14}C-markiertes *dl-Lysin* (I), das nach der Meth. von OLNYK (J. org. Chemistry **13.** [1948.] 465) synthetisiert worden war, zusammen mit je 50 g Leber verabreicht. Die Analyse des in den folgenden Tagen u. Wochen aus den Erythrocyten isolierten *Hämoglobins* ließ erkennen, daß I zum Aufbau des *Protoporphyrin*-Ringes verwendet worden war. Die ^{14}C-Aktivität fand sich in $C_{(10)}$ des C-Ringes u. $C_{(10)}$ des D-Ringes von Protoporphyrin IX. Auch die aus Globin isolierte *Glutaminsäure* u. *Aspara-*

ginsäure waren akt., was die Annahme unterstützt, daß das I-Skelett in Form eines 5-C-Körpers (wahrscheinlich als α-Ketoglutarsäure) eingebaut wird. (Arch. Biochem. Biophysics **36.** 399—410. April 1952. New York, N. Y., Univ. of Rochester, Dep. of Radiation Biol. and Biochem., u. School of Med. and Dent.) V. PECHMANN. 4572

Ss. E. Krassowitzkaja, L. A. Bljumenfeld und **A. M. Tscharnyi,** *Die Geschwindigkeit der Transhämierungsreaktion für das Bluthämoglobin verschiedener Gefäßgebiete.* An der Transhämierung von $2{,}5 \cdot 10^{-6}$ mol. Oxyhämoglobin (I) bei 38,6° in Ggw. von 1,8% Gelatine beim p_H 5,3—5,6 wird im Hundevers. gezeigt, daß in allen Fällen die Geschwindigkeit der I-Transhämierung beim Blut aus der Hüftarterie u. Hüftader dieselbe, aus der Halsader in 6 Fällen größer, in 6 Fällen gleich u. in 3 Fällen geringer ist. In dem vom Hirn kommenden Blut ist demnach die Festigkeit der Hämbindung an das Globin eine andere als im übrigen Blut. Diese veränderte Labilität ist ein Teil des Regelmechanismus, der eine mittlere Stabilität im Blut u. die Geschwindigkeit des Metabolismus auf dem erforderlichen Niveau bestimmt. Der Mechanismus bleibt noch ungeklärt. Vorverss. zeigten, daß durch Zugabe sehr geringer Mengen bestimmter Stoffe zur I-Lsg. die Transhämierung stark verändert wird, ohne daß eine spektrale Veränderung eintritt. Es ist anzunehmen, daß im Gehirn dem Blut ein solcher Stoff beigemengt wird. Die Transhämierung ist eine Feinmeth. zur Unters. des Blutzustandes, nach welcher sonst nicht erfaßbare Unterschiede festgestellt werden können. (Доклады Академии Наук СССР [Ber. Akad. Wiss. UdSSR] [N. S.] **82.** 171—74. 1/1. 1952. Zentral-Inst. für Ärztefortbldg. des Gesundheitsminist. der UdSSR.) LEBTAG. 4572

Antonio Rottino, George T. Hoffman und **Harry Albaum,** *Adeninnucleotidgehalt der roten Blutkörperchen gesunder Personen und solcher Patienten, die an Hodgkinscher Krankheit und anderen Krankheiten leiden.* Der *Adenin* (I)-Geh. pro μ^3 roter Blutkörperchen betrug durchschnittlich $6{,}5 \cdot 10^5$ Adeninmoll., hiervon sind $6 \cdot 10^5$ Moll. Adenosintriphosphat (ATP); zum Vgl. betragen die entsprechenden Zahlen für Glucose, Hämoglobin u. W. $2{,}5 \cdot 10^6$, $3{,}06 \cdot 10^6$ u. $2{,}38 \cdot 10^{10}$. I variierte bei gesunden Personen innerhalb eines weiten Bereichs. (Blood **7.** 836—41. Aug. 1952. New York, St. Vincent's Hosp., u. Brooklyn, N. Y., Coll.) W. BRANDT. 4573

John Green, *Heparinwirkung.* Verss. mit 0,25 E./ml *Heparin* enthaltendem menschlichem Citratplasma zeigten, daß Zusätze von $2 \cdot 10^{-4}$ Mol *Dinitrophenol,* $5 \cdot 10^{-4}$ Mol *Atebrin,* 50 mg-% *Aureomycin* u. 0,25% ***Mapharsid*** (*m-Amino-p-oxyphenylarsinsäure*) eine deutliche Verkürzung der Gerinnungszeit bewirken. (Nature [London] **169.** 546—47. 29/3. 1952. Aberdeen, Royal Infirmary, Dep. of Clin. Chem.) KRUSEN. 4574

Pietro de Nicola, *Zur Kontrolle der Antikoagulantientherapie mit Bis-[4-oxycumarinyl-(3)]-essigsäureäthylester durch die Faktor-VII-Bestimmung.* Während der Behandlung mit Antikoagulantien der Cumarinreihe tritt neben der Abnahme des Prothrombin (I)-Spiegels eine Verminderung gewisser Umwandlungsfaktoren (Faktor VII) der Blutgerinnung auf. Da die Best. der neuen Umwandlungsfaktoren zuverlässiger als die von I u. der I-Aktivität sein soll, wendet Vf. die Faktor-VII-Best. (KOLLER, LOELIGER u. DUCKERT, Acta haematol. **6.** [1951.] 1) zur Kontrolle der Antikoagulantientherapie mit *Bis-[4-oxycumarinyl-(3)]-essigsäureäthylester* (***Tromexan***) an. Durch die sofortige Wrkg. u. rasche Ausscheidung eines derartigen Präp. erreicht man eine genügend gerinnungshemmende Wrkg., um Zuständen von Hyperkoagulabilität zu begegnen, ohne daß hämorrhag. Erscheinungen vorkommen. In letzterer Hinsicht muß dagegen das Dicumarol als unzuverlässig betrachtet werden. Nach der Unterbrechung einer Dicumaroltherapie kann die Ca-Empfindlichkeit noch abnorm hoch als Ausdruck einer noch bestehenden Hypokoagulabilitätstendenz verbleiben, auch wenn der I-Spiegel bereits zunimmt. (Klin. Wschr. **30.** 512. 1/6. 1952. Pavia, Univ., Med. Klinik.) KÖNIGSDORF. 4574

G. Stüttgen und **H. Weidenbach,** *Zur Frage der Beeinflussung der percutanen Heparinresorption.* Vff. untersuchten die Wrkg. von Hautreizen u. percutaner *Heparin*-Resorption auf die Gerinnungszeit. Percutane Resorption von Heparin in Verbindung mit einem Nicotinsäureester (*Trombophob*-Salbe) verlängert die Plasmagerinnungszeit. Diese Wrkg. ist bereits 1—3 Std. nach Einreiben der Salbe erkennbar. (Dermatol. Wschr. **126.** 1164—68. 1952. Düsseldorf, Med. Akad., Hautklinik u. I. Med. Klinik.) MATTHIES. 4574

Edwin J. Pulaski, *Der klinische Stand von Dextran, PVP und Gelatineprodukten.* 1. u. 2. Mitt. Vortrag über *Plasmasubstitute* u. die Anforderungen, die an diese Mittel zu stellen sind. Besprochen werden: *Dextrane,* die als schlecht definierte makromol. Kohlenhydrate bezeichnet werden; sie entstehen durch spezif. Bakteriengruppen meist der Gattung *Leuconostoc* bei Einw. auf Saccharose; ferner *Polyvinylpyrrolidon = PVP,* ident. mit *Kollidon, Periston, Plasmosan;* sie sind geeignet, bei schweren Blutungen den Blutverlust analog wie Plasma zu ersetzen; u. *Gelatinederivv., P-20, P-180, Oxypolygelatin.* Besprechung von Verss. mit Substituten, die mit ^{14}C markiert wurden, um die Ausscheidung durch die verschied. Organe festzustellen. Vf. weist auf 2 zu klärende Fragen hin: 1. Welcher Zusammenhang besteht zwischen der Größe des Mol.-Gew. vom Plasmasubstitut u. der Ausscheidungsmenge durch die Nieren? Die bisherigen Beobachtungen deuten darauf hin, daß der %-Satz der Ausscheidung mit steigendem Mol.-Gew. abfällt, eine Grenze wird bei 30—40000 angenommen. 2. Bei welchem Mol.-Gew. verlieren diese Substanzen ihre intravasculäre osmot. Wirkung? Die Diffusion durch die Grenzmembranen nimmt mit abnehmendem Mol.-Gew. zu. (J. Amer. pharmac. Assoc., pract. Pharmacy Edit. **13.** 320—22. 394—96. Mai 1952. Walter Reed Army Med. Center, Army Med., Service Graduate School, Div. of Surg.) DOSSMANN. 4576

J. W. Fleming, W. H. Cargill und W. L. Bloom, *Wirkungen intravenöser Anwendung von Dextran auf die Nierenfunktion.* Intravenöse Verabreichung von 500—1500 cm^3 6%ig. Dextranlsg. an 13 Männer im Alter von 27—34 Jahren ließ keine Veränderung in der Ausscheidung von ***p-Aminohippursäure*** u. ***Kreatinin*** erkennen. (Proc. Soc. exp. Biol. Med. **79.** 604—06. April 1952. Chamblee, Ga., Veterans Administ. Hosp., u. Atlante, Ga., Emory Univ., School of Med.) R. KÖNIG. 4576

Telfer Reynolds, *Natriumgehalt von Schweiß bei kongestivem Herzfehler.* Bei zwei Gruppen von Fällen von kongestivem Herzfehler lag der Na-Geh. von Schweiß mit durchschnittlich 52,4 bzw. 53,2 mÄquivalent/Liter deutlich höher als der von n. Personen mit einem Mittelwert von 34,3 mÄquivalent/Liter. (Proc. Soc. exp. Biol. Med. **79.** 118—21. Jan. 1952. London, Hammersmith Hosp.) KRUSEN. 4578

W. Radetzky, *Schwangerschaftstest mittels Jodverbindungen.* Die Jodprobe von SCHLÖR als Schwangerschaftstest, deren chem. Charakter noch nicht geklärt ist, ist eine einfache u. billige Meth. u. zeigte bei 50 Personen in den ersten Schwangerschaftswochen ein mit den zeitraubenden Tierverss. übereinstimmendes Ergebnis. (Dtsch. med. Wschr. **77.** 435—36. 4/4. 1952. Koblenz-Horchheim, Staatl. Medizinal-Untersuchungsamt.) RUPPERT. 4583

Arthur R. Kemmerer, *Fettlösliche Vitamine.* Übersichtsbericht (bis Okt. 1951); *Vitamin A*; *Vitamin D*; *Vitamin E*; *Vitamin K*; essentielle Fettsäuren; verschied. fettlösl. Faktoren. — 204 Literaturangaben. (Annu. Rev. Biochem. **21.** 333—54. 1952. Tucson, Univ. of Arizona, Coll. of Agricult., Dep. of Nutr.) K. MAIER. 4587

G. Mackinney, *Carotinoide.* Übersichtsbericht (bis Dez. 1951); Nomenklatur, das Polyensyst., Polyine, cis-trans-Isomere, Epoxyde; Biosynth. von Carotinoiden (**I**) in Pflanzen; **I** in Tieren. — 95 Literaturangaben. (Annu. Rev. Biochem. **21.** 473—92. 1952. Berkeley, Calif., Univ. of California, Div. of Food Technol.) K. MAIER. 4587

E. Tautzin, *Zur Methodik der Bestimmung von Vitamin A und Carotin. Die Vitamin-A* (**I**)-Best. nach CARR-PRICE wird verbessert durch kleinere Probenahme u. sorgfältige Befreiung des Extraktes von Alkalispuren. Bei Best. von *Carotin* (**II**) in Futtermitteln genügen 1—5 g, die mit Al_2O_3 vermischt werden, bei feuchtem Material nach vorherigem Verreiben mit geglühtem Na_2SO_4 u. anschließender Extraktion mit Benzin. Bei der Best. von **I** mittels eines Photometers empfiehlt es sich, Vergleichskurven mit reinen **I**-Präpp. aufzustellen. Die notwendigen Korrekturen für die abgelesenen Extinktionen in Abhängigkeit von der **II**-Konz. bringt Vf. graphisch. Zur Erhöhung der Genauigkeit der Best. von **I** wird nachstehende empir. Funktion angegeben: $I = 140 \cdot E + 47 \cdot E^2$ (I = Internationale Einheit, E = Extinktion). Hieraus ergibt sich für die quantitative Best. von **I**: $A = 1{,}41\ (3\ E + E^2) \cdot (B/a)$ mg-% **I** (B = Vol. der nicht verseiften Fraktion in Chlf., a = Einwaage). Die Formeln beziehen sich auf ein Stufenphotometer mit Lichtfilter S_{61} u. einer Küvette d 0,5. Fehler < 5%. Bei **II** läßt sich die empir. Funktion $G = 8\ E$ anwenden ($G = \mu g$ **II** in 1 ml), woraus sich für die quantitative Best. von **II** ergibt: $K = 0{,}8\ E \cdot B/a$ mg-% **II** (Lichtfilter S_{47}, Küvette d 0,5). Fehler < 4%. (Биохимия [Biochemie] **17.** 257—66. Mai/Juni 1952. Riga, Inst. für Zootechnik u. Zoohyg. der Akad. der Wiss. der LettSSR.) ULMANN. 4587

Gerald B. Phillips, Maurice Victor, Raymond D. Adams und **Charles S. Davidson,** *Eine Untersuchung über die Ernährungsstörung beim Wernicke-Syndrom. Die Wirkung einer gereinigten Kost, Thiamin und anderen Vitaminen auf die klinischen Erscheinungen.* 9 Patienten mit typ. Erscheinungen des WERNICKE-Syndroms (Ophthalmoplegie, Nystagmus, Ataxie, geistige Störungen) erhielten eine Kost aus Glucose u. Mineralstoffen mit Zulagen bestimmter Vitamine [*Thiamin* (**I**), *Niacin, Calciumpantotenat, Pyridoxin, Folsäure, Ascorbinsäure, Riboflavin* oder *Vitamin* B_{12}]. Alle Vitamine außer **I** zeigten keine Wirkung. Die alleinige Zulage von **I** hatte deutliche Besserung einiger der klin. Erscheinungen zur Folge. Nach Ansicht der Vff. ist die Ophthalmoplegie des WERNICKE-Syndroms an einen spezif. **I**-Mangel geknüpft, während der Zusammenhang bei Nystagmus u. Ataxie nicht so klar sind. Ebenfalls kann über die Beziehungen zwischen den geistigen Störungen u. den Mangel an I oder anderen Vitaminen noch nichts Endgültiges gesagt werden. (J. clin. Invest. **31.** 859—71. Okt. 1952. Thorndike Mem. Labor., Second and Fourth Med. Serv. [Harvard].) NEHRING. 4587

Johs. Moustgaard, Poul Møller und **Grete Thorbeck,** *Untersuchungen über die Bedeutung der B-Vitamine für das Schwein. 5. Mitt. Der Bedarf des Schweines an Pyridoxin* (B_6) *für maximales Wachstum und Futterausnutzung.* Fütterungsverss. mit Schweinen wurden durchgeführt, bei denen Futter verabfolgt wurde, das bei verschied. Geh. an Protein (gereinigtes Casein) u. *Pyridoxin* (I) aus Tapiokamehl, Kartoffelmehl, Mineralien einschließlich Spurenelemente bestand. Außerdem wurden Vitamine (A, D, E, C, B-Gruppe) zugelegt. Um klin. erkennbare Mangelsymptome bei Jungschweinen zu verhindern, werden 40—50 γ I/kg Körpergewicht benötigt. Doch sichert erst die doppelte Menge maximale Proteinausnutzung u. optimales Wachstum. Bei I-Mangel ist der Tryptophanstoffwechsel gestört, was durch steigende Ausscheidung von Xanthureninsäure u. Kynureninsäure erkannt wird. Ebenso wird die Fähigkeit, Euglobulin zu bilden, vermindert, womit herabgesetzte Antikörperbldg. einhergeht. Es werden chem. u. mikrobiol. Methoden zur Best. von I besprochen u. eine Tabelle über den I-Geh. der gebräuchlichsten Futtermittel gebracht. — 64 Literaturangaben. (Beretn. Forsøgslab. [Statens Husdyrbrugsudvalg] Nr. 258. 1—116. **1952.** Kopenhagen, Univ., Dyrefysiol. Afd., Forsøgslabor.) LOCH. 4587

L. S. Dietrich, W. J. Monson und **C. A. Elvehjem,** *Die Verwertung von Pteroylglutaminsäurekonjugaten bei der in vitro-Synthese von L. citrovorum-Aktivität.* Leberschnitte von Hühnern mit *Pteroylglutaminsäure* (I)-Mangel synthetisierten in gleichem Maße *L. citrovorum*-Aktivität gleichgültig, ob I, *Pteroyldiglutaminsäure* (II) oder *Pteroyltriglutaminsäure* (III) als Substrat diente. Als Standard diente synthet. *5-Formyl-5.6.7.8-tetrahydropteroylglutaminsäure* (*Leucovorin,* IV). Die bioautograph. Analyse der Gesamt-*L. citrovorum*-Aktivität ergab 2 Wachstumszonen. Die schneller wandernde Substanz zeigte den gleichen R_F-Wert wie IV u. war hiervon chromatograph. nicht abtrennbar. Beide Wachstumszonen wurden mit I, II oder III als Substrat beobachtet. Aus I, II u. III wird anscheinend in gleicher Weise im Stoffwechselablauf *L. citrovorum*-Aktivität gebildet. Außerdem bildet nach den Ergebnissen Hühnerlebergewebe mindestens 2 derart wirksame Substanzen. (J. Amer. chem. Soc. **74.** 3705. 20/7. 1952. Madison, Wis., Univ. of Wisconsin, Dep. of Biochem.) K. MAIER. 4587

William Allen, R. Lillian Pasternak und **William Seaman,** *Polarographische Bestimmung und Bestätigung der Konstitution von Leucovorin.* (Vgl. COSULICH u. Mitarbeiter, C. **1953. 1174.**) Beschreibung einer polarograph. Meth. zur Best. von rohen u. gereinigten synthet. *Leucovorin* (I)-Präpp., wobei Werte erhalten werden, die mit denen des mikrobiol. Tests ausreichend übereinstimmen. Während *Pteroylglutaminsäure* (II) u. verwandte Verbb. in wss. Phosphatpuffer (p_H 9) Polarogramme geben, ist I unter diesen Bedingungen polarograph. weder reduzier- noch oxydierbar. Durch Behandlung mit verd. HCl u. p_H-Einstellung auf 9 wird I in ein *Tetrahydropteridinderiv.* (Ia) übergeführt, das in alkal. Lsg. durch Luft leicht zu einem nichtred. *Pteridin*-Deriv. (Ib) u. einer Dihydroverb. (Ic) oxydiert, die im gleichen Spannungsbereich wie *Dihydropteroylglutaminsäure* (III) reduzierbar ist. Das I-Polarogramm zeigt für jede dieser 3 Verbb. Stufen: anod. Welle, $E_{1/2}$ —0,22 V, Oxydation von Ia, kathod. Wellen, $E_{1/2}$ —0,87 u. —1,36 V, Red. von Ib u. Ic. Die Summe des Anoden- u. Kathodenstroms ist eine Funktion der Konz. u. dient zur Berechnung des I-Gehalts. Reduzier- u. oxydierbare Verunreinigungen werden durch eine Best. bei p_H, bei dem I nicht erfaßt wird, bestimmt. Von den vergleichsweise untersuchten I-verwandten Verbb. (*p-Aminobenzoylglutaminsäure, 2.4-Diamino-6-oxypyrimidin, 2.4.5-Triamino-6-oxypyrimidin, Pyrazincarbonsäure, 2-Amino-4-oxy-6-methylpteridin,* II, *10-Formylpteroylglutaminsäure, 10-Formyltetrahydropteroylglutaminsäure* (IV), III, *2-Amino-4-oxy-6-methyltetrahydropteridin, 1.2.3.4-Tetrahydrochinoxalin*) werden die polarograph. Daten gegeben. Die 3 ersten Verbb. zeigen keine Stufen. Da die polarograph. Meth. 5-Formyltetrahydropyrazine erfaßt, kann die I-Best. z. B. durch 5-Formyl-6-methyltetrahydropteridin u. 5.10-Diformyltetrahydropteroylglutaminsäure gestört werden. Die Beziehungen Strom–I-Konz. u. Halbstufenpotential–Konz., sowie Einfl. der Temp. bei der Säurebehandlung u. Stabilität der Lsgg. werden untersucht. Ggw. einer Formylgruppe in 5-Stellung des Tetrahydropyrazinrings eines Tetrahydropteridins stabilisiert das Syst. gegenüber Red. oder Oxydation an der Hg-Tropfelektrode. *Tetrahydropteroylglutaminsäure* u. IV zeigen keine Stabilisierung des Pteridinrestes. Dies unterstützt die Annahme der 5-Stellung der Formylgruppe von I. (J. Amer. chem. Soc. **74.** 3264—69. 5/7. 1952. Bound Brook, N. J.) K. MAIER. 4587

Milton A. Lesser, *Vitamin* B_{12}. Zusammenfassender Bericht über Eigg. u. Anwendungsgebiete von *Vitamin* B_{12} u. seiner Komponenten. (Drug Cosmet. Ind. **71.** 312 bis 403. Sept. 1952.) REICHLE. 4587

Arthur M. Hartman, Leslie P. Dryden und **Charles A. Cary**, *Die Wirkung von Riboflavin auf die bakterielle Synthese von Vitamin-B_{12}-aktivem Material bei der Ratte.* In Weiterführung früherer Unterss. (vgl. Arch. Biochemistry **23.** [1949.] 165), bei denen Hinweise für eine Beziehung von *Riboflavin* (I)-Fütterung u. *Vitamin-B_{12}* (II)-Bldg. im Darm erhalten worden waren, wurden Fütterungsverss. mit 8 verschied. II-freien Futtergemischen u. einer Reihe von Zusätzen durchgeführt. Es wurde festgestellt, daß bei erhöhten Zusätzen von B-Vitaminen zu II-freiem Futter eine große Anzahl der Tiere nahezu gleich gutes Wachstum zeigt wie Tiere mit II-Zulagen. Nach Verfütterung von Fäces von solchen schnellwachsenden II-frei ernährten Tieren an II-frei ernährte Tiere mit langsamem Wachstum wurde dieses stark verbessert. Diese Verbesserung bleibt bei Zusatz von Sulfasuccidin zur Nahrung mehrere Wochen aus, u. die Fäces solcher Tiere sind unwirksam. Demnach findet im Darm eine II-Bldg. statt, die auf eine hohe I-Zufuhr zurückzuführen ist. Die Befunde werden in Hinsicht auf neuere Unterss. über die Struktur von **II** u. auf verwandte biochem. Unterss. erörtert. (Arch. Biochem. Biophysics **34.** 324—38. Dez. **1951.** Washington, D. C., U. S. Dep. of Agricult., Agricult. Res. Administ., Bur. of Dairy Idn., Div. of Nutrit. and Physiol.) SCHWAIBOLD. 4587

Joel R. Stern, Jeng Mein Hsu und **James McGinnis**, *Vitamin B_{12} und Hämoglobinregeneration beim Huhn.* Zur Nachprüfung von Beobachtungen anderer Autoren, die darauf hinweisen, daß *Vitamin B_{12}* (I) für die Erhaltung des n. Hämoglobinspiegels beim Huhn von geringerer Bedeutung ist als bei anderen Tierarten, wurden Unterss. über die Beziehung von I zur Hämoglobinbldg. durchgeführt. Es wurde festgestellt, daß beim Huhn bei einfachem I-Mangel ein n. Zellvol. u. ein n. Hämoglobinspiegel bestehen bleibt, obgleich das Wachstum stark verzögert wird. Bei I-Mangel mit zusätzlich durch Injektionen von Phenylhydrazinhydrochlorid hervorgerufener Anämie wirkte **I** jedoch positiv auf das Blutbild. Nach einer einzigen derartigen Injektion bei 3 Wochen alten Küken tritt eine Anämie auf, die bei I-Mangeltieren nach 7 Tagen wieder verschwindet, bei Tieren mit I-Zulagen dagegen schon nach 5 Tagen. Es besteht demnach ein beträchtlicher Unterschied im hämatolog. Verh. gegenüber I-Mangel beim Huhn im Vgl. zum Menschen u. den verschied. untersuchten Tierarten. (J. biol. Chemistry **194.** 191—97. Jan. 1952. Pullman, State Coll. of Washington, Dep. of Poultry Husbandry.) SCHWAIBOLD. 4587

Roger C. Crafts (unter techn. Mitarbeit von **Dorothy S. Turnbull** und **Patricia R. Weber**), *Die Wirkungen von Kobalt, Leberextrakt und Vitamin B_{12} auf die durch Hypophysektomie bei erwachsenen Rattenweibchen hervorgerufene Anämie.* Hypophysektomierte, erwachsene Rattenweibchen (WISTAR-Stamm) erhielten 50 Tage lang täglich subcutane Injektionen von 0,1, 0,3 u. 0,5 mg Co-Nitrat. Bei der höchsten Dosis stieg die Erythrocytenzahl von 7,9 Mill. Zellen/mm^3 (präoperativ) auf 11,6 Mill., der Hämatokritwert von 45,8 auf 60,8%, das *Hämoglobin* (I) von 16,0 auf 21,0 g/100 cm^3. Normale Tiere reagierten in gleicher Weise. Co-Nitrat verhinderte demnach nicht nur die nach Hypophysektomie eintretende ausgeprägte Anämie, sondern bewirkte außerdem noch eine beträchtliche Steigerung der Erythrocytenzahl u. von I. *Vitamin B_{12}* u. Leberextrakt waren unwirksam. Eine n. Erythrocytenzahl konnte bei hypophysenlosen Ratten ferner durch Thyroxin (**II**), **II** + *$FeSO_4$* + *$CuSO_4$*, *Testosteronpropionat* (**III**), eiweißreiche Diät (**IV**) + **II**, **IV** + **III**, oder **II** + **III** + **IV**, ein n. I-Spiegel nur durch letzgenannte Kombination aufrechterhalten werden. (Blood **7.** 863—73. Sept. 1952. Cincinnati, O., Univ., Coll. of Med., Dep. of Anat.) K. MAIER. 4587

Ramón M. Suárez, Juan Sabater, Ramón M. Suárez jr. und **Roberto Buso**, *Die Wirkung sublingualer Verabreichung kristallinen Vitamins B_{12} bei tropischer Sprue.* 25 γ *Vitamin B_{12}* wurden täglich 10 Tage lang sublingual an 5 Patienten mit trop. Sprue verabreicht; vorübergehende klin. oder hämatolog. Besserung trat nicht ein. (Blood **7.** 749—54. Juli 1952. Santurce, Puerto Rico, Hosp. Mimiya.) W. BRANDT. 4587

Gino Faggioli, *Antibakterielle Wirkung eines Vitamin-K-Analogen.* Vf. zeigt, daß mit dem *Vitamin K_5 = 2-Methyl-4-aminonaphtholchlorhydrat* (I) das Wachstum von Staphylokokken durch 25 γ/cm^3, das von gramnegativen Stäbchen B. coli u. FRIEDLÄNDER durch 200—250 γ/cm^3 gehemmt wird. Es wurde auch die Verbindung von *Penicillin* mit **I** geprüft, mit der Feststellung einer zunehmenden bakteriostat. Wirkung. (Giorn. Batteriol. Immunol. **44.** 195—200. März/April 1952. Firenze, Univ., Ist. di Igiene e Microbiol.) MÜLHENS. 4587

Gertrud Ulrich, *Therapeutische Bedeutung des Wirkstoffes „T" für Frühgeburten und Säuglinge.* Mit *Vitamin T* „GOETSCH" (I), einem Komplex von *Vitamin B_{12}*, *Desoxyribosiden, Lactobacillus bulgaricus*-Faktor u. *Folsäure* wurden bei der Behandlung von 30 Kindern gute klin. u. ambulante Erfahrungen gemacht. Die I-Wrkg. war in 70% bei der Aufzucht von Frühgeburten sehr günstig, sowie bei älteren Säuglingen u. Kleinkindern bei verzögerter Rekonvalescenz nach Infektionskrankheiten, ferner bei sogenannten „schlechten

Essern". (Dtsch. med. Wschr. **77.** 1477. 21/11. 1952. Ludwigshafen/Rh., Städt. Krankenhaus, Frauenklinik.) K. MAIER. 4587

E. J. Bigwood, *Ernährung.* Übersichtsbericht (bis Sept. 1951); Nahrungsaufnahme u. Energieaustausch; Proteine u. Aminosäuren; Kohlenhydrate; Lipide; Vitamine; mineral. Elemente; Ernährungsstatus u. Unterernährung. — 353 Literaturangaben. (Annu. Rev. Biochem. **21.** 355—86. 1952. Brüssel, Belgien, Univ., School of Med., Dep. of Biochem. and Nutrit.) K. MAIER. 4589

E. Mangold, *Die Grundlagen der Tierernährung und Möglichkeiten zu ihrer Verbesserung.* (Pharmazie **7.** 424—30. Juli 1952. Berlin, Humboldt-Univ., Inst. für Tierernährungslehre.) DOSSMANN. 4589

H. L. Kornberg, R. E. Davies und **D. R. Wood,** *Der Stoffwechsel von ^{14}C-Bicarbonat bei der Katze.* Nach intravenöser Injektion von $NaH^{14}CO_3$ werden in den ersten 30 Min. 50% u. in den ersten 5 Std. 79—81% des aufgenommenen ^{14}C als CO_2 ausgeatmet. Die Geschwindigkeit der Ausatmung kann durch eine Exponentialgleichung dargestellt werden. 3,1% des injizierten ^{14}C werden innerhalb von 5 Std. in Harnstoff eingebaut, die Hälfte davon schon in den ersten 30 Minuten. Innerhalb des Versuchsfehlers ($\pm 2\%$) entstammt aller synthetisierter Harnstoff-C aus dem Blutbicarbonat. Nach 4 Std. befanden sich ca. 6% des injizierten ^{14}C in Knochen, deren C in verhältnismäßig langsamem Austausch mit dem Blutbicarbonat steht. Blut, Muskeln u. Eingeweide enthielten zu dieser Zeit ca. 1% des Isotops. Die Ergebnisse zeigen, daß der Bicarbonatvorrat nicht homogen ist, sondern aus Komponenten mit unterschiedlichen CO_2-Austauschmechanismen besteht, die mit verschied. Geschwindigkeiten ablaufen. (Biochem. J. **51.** 351—57. Juni 1952. Sheffield, Univ., Med. Res. Council Unit for Res. in Cell Metabolism, Dep. of Biochem., u. Dep. of Pharmacol. and Therapeutics.) NEHRING. 4596

C. L. Smith, *Außentemperatur und der Glykogengehalt der Froschleber (Rana temporaria).* An Hand von Verss., die graph. ausgewertet sind, zeigt Vf., daß der Glykogengeh. der Leber bei männlichen Fröschen im Zeitraum zwischen August u. Dezember eine Funktion der Außentemp. ist. Der Glykogengeh. steigt mit sinkender Temp.; die Änderung erfolgt sofort bei Temperaturwechsel. Beim Froschweibchen ist der Leberglykogengeh. nicht thermolabil, sondern steigt von August bis Dezember ständig an. (Nature [London] **170.** 74—75. 12/7. 1952. Liverpool, Univ., Dep. of Zool.) NIESWANDT. 4596

Sh. A. Medwedew, *Das Problem der Selbsterneuerung und Alterung der intracellulären Eiweißstoffe.* Vf. bespricht die Formen u. den Mechanismus des „dynam. Umsatzes" u. der Selbsterneuerung der intracellulären Proteine sowie die „Lebensdauer" der Eiweißmoll., ferner die Bedeutung der energet. Wertungleichheit der Peptidbindungen sowie der Spezifität hydrolysierender Systeme (Proteinasen, Peptidasen) für die metabol. Inaktivierung u. Alterung der Proteine. (Успехи Современной Биологии [Fortschr. gegenwärt. Biol.] **33.** 202—17. März/April 1952.) RENTZ. 4596

A. C. Frazer, *Fettstoffwechsel.* Übersichtbericht (Nov. 1950 bis Nov. 1951); Nahrungsfett; Absorption aus dem Darm (intralumenare, celluläre u. Verteilungsphase), Blutfett; Gewebfette (Leber, Fettgewebe, Nervensyst., Blutgefäße u. andere Gewebe); Auf- u. Abbau (Biosynth., Fettoxydation); Mikrobiologie; Enzyme. — 315 Literaturangaben. (Annu. Rev. Biochem. **21.** 245—72. 1952. Birmingham, England, Univ., Dep. of Pharmacol.) K. MAIER. 4596

Konrad Bloch, *Beziehungen zwischen Lipid- und Kohlenhydratstoffwechsel.* Übersichtsbericht (bis Febr. 1952); Umwandlung von Kohlenhydrat (I) in Fett (II); Acetat als Fettsäuren (III)-Vorstufe; Zwischenstufen der Umwandlung von Glucose in Fett; Pyruvat u. Acetat als III-Vorstufen; Natur der 2 C-Einheit bei der III-Synth.; Regulierung der III-Synth.; die hormonale Regulierung des I- u. II-Stoffwechsels; alternative Umwandlungswege der 2 C-Einheiten; Ketonkörperbldg.; Umwandlung von II in I. — 169 Literaturangaben. (Annu. Rev. Biochem. **21.** 273—300. 1952. Chicago, Ill., Univ., Dep. of Biochem., u. Inst. of Radiobiol. and Biophys.) K. MAIER. 4596

Peter Reichard, *Die Funktion von Orotsäure in der Biogenese von Pyrimidinen in Schnitten von regenerierender Leber.* (Vgl. C. **1952.** 4174.) Durch Tötung von Ratten 24 Std. nach partieller Hepatektomie wurden Lebern mit maximaler Nucleinsäuresynth. erhalten. Schnitte davon wurden mit ^{15}N-markiertem NH_4Cl u. *Orotsäure* (I) unter O_2-Begasung 8 Std. lang bei 37° bebrütet. Mit angegebenen Methoden wurden dann I u. Purine u. Pyrimidinriboside isoliert u. deren Isotopengeh. bestimmt. Vf. konnte so zeigen, daß eine beträchtliche Menge ^{15}N in I, dagegen nur $^1/_5$ der erwarteten Menge ^{15}N in das Uracil der Pentosenucleinsäure eingebaut worden war. Vf. kommt nach Diskussion seiner Ergebnisse trotzdem zu der Schlußfolgerung, daß I als ein natürliches Zwischenprod. in der Synth. von Pyrimidinen der Pentosenucleinsäure anzusehen ist. (J. biol. Chemistry **197.** 391—98. Juli 1952. Stockholm, Karolinska Inst., Biochem. Dep.) KRUSEN. 4596

Leo T. Samuels und **Hans Reich**, *Chemie und Stoffwechsel der Steroide.* Übersichtsbericht (bis Dez. 1951). Chemie der Steroide: allg. Methoden, *Sterine, Gallensäuren, Nebennierenrindenhormone, Progesteron* u. verwandte Verbb., *Androgene* u. *Östrogene,* Totalsynthesen; Stoffwechsel der Steroide: analyt. Methoden, Biosynth., Sekretion von Steroidhormonen, Abbau im Organismus, Ausscheidung. — 293 Literaturangaben. (Annu. Rev. Biochem. **21.** 129—78. 1952. Salt Lake City, Univ. of Utah, Coll. of Med., Dep. of Biochem.) K. MAIER. 4596

M. G. Sakss und **M. A. Samkowa,** *Über den Einfluß von Thioharnstoff auf den Gasstoffwechsel der Larve von Salm und Sternhausen.* Durch Zusatz von *Thioharnstoff* (I) tritt bei Sternhausen- u. Salmlarven eine deutliche Herabsetzung des O_2-Verbrauchs u. ein Atmungsvermögen bei niedrigem O_2-Druck auf. Bei gleichzeitiger Wrkg. von *Thyroxin* wird diese Eig. aufgehoben. I unterbricht in der Schilddrüse die Bldg. des Hormons. (Доклады Академии Наук СССР [Ber. Akad. Wiss. UdSSR] [N. S.] **84.** 1101—03. 11/6. 1952. Labor. für Grundlagen der Fischzucht des Minist. für Fischind. der UdSSR.) G. REICHARDT. 4596

A. Szent-Györgyi, *Kontraktion der Herzmuskelfaser.* Zusammenfassende Darstellung der Vorgänge bei der Muskelkontraktion unter besonderer Berücksichtigung des Herzmuskels. (Bull. New York Acad. Med. **28.** 3—10. Jan. 1952. Woods Hole, Mass., Inst. for Muscle Res. at the Marine Biol. Labor.) LOHMANN. 4597

R. T. Williams (ed.), Lipid metabolism. New York: Cambridge Univ. Press. 1952. (102 S. m. Diagr.) $ 2,75.

E_6. Pharmakologie. Therapie. Toxikologie. Hygiene.

Rune Westerling, *Einige Gesichtspunkte über die Wirkung von Heilmitteln.* (Svensk farmac. Tidskr. **1952.** 421—28. 19/7.) GEITZ. 4600

Sidney Prystowsky, *Das Problem der Sensibilisierung durch örtlich anzuwendende Therapeutica.* Übersichtsbericht über die Sensibilisierung, die durch örtliche Anwendung verschied. Heilmittel (Sulfonamide, Antibiotica, Lokalanästhetica, antiallerg. Substanzen) hervorgerufen werden kann. Frühe Erkennung ist sehr wichtig, wenn z. B. eine lokale Dermatitis durch eine Kontaktdermatitis überdeckt wird u. eine Verschlimmerung erfährt. 1 Fall einer Kontaktdermatitis nach *Epinephrin* wird ausführlich mitgeteilt. (Southern med. J. **45.** 960—63. Okt. 1952. Charleston, S. C.) R. KÖNIG. 4600

A. F. Essellier und **L. Morandi,** *Über die Natur der durch Medikamente bedingten Eosinophilie.* Vff. beschreiben die „Resorptionseosinophilie", die sich nach parenteraler Gabe von fetten Ölen (als Grundlage von Vitamin-, Campher- u. ähnlichen Präpp.), PAS, Procain u. anderen Substanzen als Ausdruck der bekannten Resorptionsfunktion der eosinophilen Leukocyten einstellt. Es werden die Unterscheidung der Resorptionseosinophilie von der allerg. Eosinophilie u. die diagnost. Schwierigkeiten durch künstliche Bluteosinophilie diskutiert. (Minerva med. [Torino] **43.** II. 165—69. 2/8. 1952. Zurigo, Univ., Clin. med.) H. SCHEURLEN. 4600

J. Colgan, E. Gates und **L. L. Miller,** *Beziehungen der fibrinolytischen Wirksamkeit von Serum und Urin zur hämorrhagischen Diathese bei bestrahlten Hunden.* Bei Hunden stieg die fibrinolyt. Wirksamkeit von Serum u. Urin nach Röntgenganzbestrahlung mit 450—800 r erheblich an, bes. bei den Tieren, die unter hämorrhag. Symptomen starben. Bei den überlebenden Tieren wurden die Normalwerte etwa am 24. Tag nach der Bestrahlung erreicht. (J. exp. Medicine **95.** 531—42. 1/6. 1952. Rochester, N. Y., Univ. of Rochester, School of Med. and Dent., Dep. of Radiation Biol.) DAUTZENBERG. 4601

Marshall Brucer (unter Mitarbeit von **Robert Robbins,** Philadelphia, Pa., **C. B. Braestrup,** New York, N. Y., **James R. Mason, A. F. Rupp** und **James A. Cox,** Oak Ridge, Tenn.), V. St. A., *Neue Entwicklungen in der Teletherapie.* Zusammenfassende Darst. der vom Strahlentherapeuten u. Biophysiker an die Bestrahlungsgeräte gestellten Forderungen in der Krebsbehandlung mit Strahlenquellen über 1 C/g. Die Herst. von Strahlenquellen in der Größenordnung von kC aus den Radioisotopen ^{137}Cs, ^{144}Ce, ^{60}Co u. a. als Spaltprodd. oder als künstliche Isotope bei der U-Spaltung im Reaktor wird beschrieben. Die verschied., bei solchen Strahlenquellen erforderlichen Abschirmungsmethoden werden skizziert. (Nucleonics **10.** Nr. 4. 40—46. April 1952. Oak Ridge, Tenn., Inst. of Nucl. Stud., Med. Div.) GERHARD SCHMIDT. 4601

A. Tagliaferro und **G. Zaccone,** *Experimentelle und klinische Untersuchungen über die Anwendung von Dijodstearinsäureäthylester zur Arteriographie. Dijodstearinsäureäthylester (Angiopac)* besitzt bei der peripheren Arteriographie sehr gute Kontrastwrkg. u. gute Verträglichkeit. Die Unschädlichkeit der Substanz konnte durch Verss. am Hund histolog. nachgewiesen werden. (Minerva med. [Torino] **43.** II. 178—82. 2/8. 1952. Genova, Univ., Clin. Chirurg.) H. SCHEURLEN. 4601

Patrick D. Wall, William J. Fry, Ralph Stephens, Don Tucker und Jerome Y. Lettvin, *Durch Ultraschall hervorgerufene Veränderungen im Zentralnervensystem.* Betrachtungen beziehen sich auf Unterss. des Rückenmarks von Frosch u. Ratte sowie der Gehirnrinde von Katzen. Mit einem gerichteten Ultraschallstrahl lassen sich Läsionen im Zentralnervensyst. ohne Zerstörung der Blutgefäße oder des umgebenden Gewebes hervorrufen. Bei vorsichtiger Dosierung ist es möglich, nur große Zellen zu zerstören u. kleine Zellen, Fasern, Blutgefäße u. Neuroglia intakt zu lassen. Die anatom. u. physiol. Konsequenzen solcher selektiven Läsionen bedürfen noch der Untersuchung. (Science [Washington] **114.** 686—87. 28/12. 1951. Chicago, Ill., Univ. of Chicago, Dep. of Anatomy; Urbana, Univ. of Illinois, Dep. of Electr. Engng; Manteno, Ill., Manteno State Hosp.) DOSSMANN. 4601

A. Policard und **A. Collet,** *Zellreaktionen auf hochpolymere Silicagele.* Synthet. hochpolymerisierte Silicagele besitzen eine gewisse Giftigkeit für Bindegewebshistiocyten. In die Bauchhöhle von Ratten injiziert, rufen sie eindeutige Granulome hervor mit anschließender mäßiger fibröser Rk., die sogar noch nach 4 Monaten nachweisbar ist. Vergleichsunterss. mit Quarz. Hochpolymerisierte Siliciumgele zeigen danach enge Analogie mit in der Natur vorkommenden Diatomiten. (C. R. Séances Soc. Biol. Filiales **146.** 678—80. Mai 1952. Centre d'Etudes et de Recherches des Charbonnages de France.) ZELLER. 4606

M. I. Grossman und **C. R. Robertson,** *Hemmung der Magensekretion durch Hexamethonium bei Hunden.* Vff. untersuchten die Magensaftsekretion nach Injektion von *Histamin* (I) bzw. *Carbamyl-β-methylcholinchlorid* (II; *Urecholin* „MERCK") bei n. Hunden mit Magenfistel u. bei vagotomierten Hunden nach intravenöser Verabreichung von 4 mg/kg *Hexamethonium* (III; *C 6*; *Hexamethylen-bis-trimethylammoniumchlorid, Bistrium* „SQUIBB"). In allen Fällen tritt durch das III eine weitgehende Verminderung der Sekretion ein, u. zwar ist diese Verminderung nach II stärker als nach I. Ebenso tritt sie bei n. Hunden mit Magenfistel, also mit erhaltenem Vagus, in stärkerem Maße ein als bei vagotomierten Hunden. Während Vff. für den n., vagusinnervierten Magen eine echte Ganglienblockwrkg. des III annehmen, halten sie im anderen Falle die Hemmung der Synth. des Acetylcholins (IV) durch III für wahrscheinlich. IV wird nämlich vom vagotomierten Magen gebildet u. kann auf die postganglionären Vagusfasern den gleichen Reiz ausüben, der vorher zentral ausging. (Proc. Soc. exp. Biol. Med. **79.** 226—27. Febr. 1952. Chicago, Ill., Univ. of Illinois, Coll. of Med., Dep. of Clin. Sci.) IPPEN. 4607

M. Fóti, *Pharmakodynamische Passageuntersuchungen an Hunden in Zusammenhang mit der Durchschneidung des Plexus mesentericus sup.* An Hunden wurden vergleichende pharmakodynam. Röntgenpassageunterss. in Zusammenhang mit einer Durchschneidung des Plexus mesentericus superior angestellt. Dabei wurde die Wrkg. von *Acetylcholin, Atropin* und *Prostigmin* beobachtet. Der Vgl. der unbehandelten prä- u. postoperativen Passageunterss. zeigte, daß die Durchschneidung des Plexus die Dünndarmmotilität leicht steigert, Magen u. Dickdarm blieben unbeeinflußt. Bei Verabreichung von Atropin zeigte sich, daß die postoperative Magenentleerungszeit gegenüber der präoperativen auf über das Doppelte verlängert war, obwohl die Atropindosis aus experimentellen Gründen nur die Hälfte betrug. Desgleichen ist die Dick- u. Dünndarmmotilität ebenfalls deutlich verlangsamt. Die postoperative Magenentleerung nach Verabfolgung eines Cholinpräp. blieb unverändert, die Dünndarmpassage wurde erheblich beschleunigt, die des Dickdarmes weniger. Die gleichzeitige Verabreichung von Acetylcholin u. Prostigmin zeigt prä- u. postoperativ gleiche Passagezeiten. Dies wird darauf zurückgeführt, daß Prostigmin die cholinerg. Vaguswrkg. erhöht, die Sympathicusdurchschneidung diese Wrkg. aber nicht weiter steigern kann. (Naunyn-Schmiedebergs Arch. exp. Pathol. Pharmakol. **214.** 481—89. 1952. Budapest, Hauptstädt. Koranyi-Krankenhaus.) REICHLE. 4607

James R. Weeks und **Maynard B. Chenoweth,** *Ein stationäres manometrisches Respirometer zur gleichzeitigen Messung der Atmung und der Arbeit des isolierten Rattenzwerchfells. Beobachtungen mit Natriumazid und Dinitrophenol.* Ausführliche Beschreibung des Gerätes. 10^{-6} mol. *2.4-Dinitrophenol* (I) erhöhten die Ruheatmung um $^1/_3$, wobei keine Kontraktur auftritt; 10^{-5} mol. I erhöht die Ruheatmung auf das Doppelte mit Kontraktur nach 30 Minuten. 10^{-4} mol. *Natriumazid* (II) ruft nur eine geringe Atmungserhöhung hervor ohne Kontraktur; mit 10^{-3} mol. II etwas vermehrte Atmung mit schnell einsetzender Kontraktur. 30 Min. lange maximale isometr. Zuckungen (200/Min.) erhöhten Q_{O_2} der Kontrollen von 4,22 auf 6,88. Bei eben noch keine Kontraktur hervorrufenden Konzz. von I u. II kontrahieren die Muskeln in n. Weise bei gleichem Q_{O_2} wie die Kontrollen. (J. Pharmacol. exp. Therapeut. **104.** 187—201. Febr. 1952.) LOHMANN. 4607

Theodor Dimmling und **Helmut Klein,** *Bakteriologische und pharmakologische Untersuchungen purinähnlicher Verbindungen.* 1. Mitt. Von 11 untersuchten purinähnlichen

Verbb. zeigte *2.4-Diaminochinazolin* (I) eine wachstumshemmende Wrkg. auf Bakterien u. Phagen. I bewirkte am isolierten Froschherzen eine Abschwächung der Kontraktionen u. in hohen Konzz. Überleitungsstörungen u. völlig reversiblen, diastol. Herzstillstand. Am isolierten Meerschweinchendünndarm zeigte I eine reversible u. durch Atropin nur teilweise aufhebbare Verstärkung von Tonus u. Peristaltik. Leukocyten u. Makrophagen wurden durch I deutlich geschädigt. I bildete mit den Polyschwefelsäureestern *Heparin* u. *Thrombocid* sowie mit *Bistreptase* (Gemisch aus Streptodornase u. Streptokinase, BEHRING-WERKE, Marburg/Lahn) Fällungen. I ist als Therapeuticum wegen seiner hohen Toxizität ungeeignet. (Arzneimittel-Forsch. **2.** 515—20. Nov. 1952. Würzburg, Univ., Inst. für Hygiene u. Mikrobiol.) RUTKOWSKI. 4607

F. Hildebrandt und **E. Paas**, *Zur Auswertung von Reinsubstanzen herzwirksamer Glykoside am Meerschweinchen.* Vff. berichten über Auswertungsresultate von Scilla maritima (I), Convallaria majalis (II), Nerium oleander, Boviea volubilis (III) u. *Digoxin* (IV) am Meerschweinchen. Bei der größten Infusionsgeschwindigkeit tritt der Tod nach 7—9 Min. ein. Bei einer mittleren Infusionsgeschwindigkeit wird, bei Todzeit zwischen 10—14 Min., der Minimaltiter bei II, III u. IV erreicht. Bei I u. *Folineurin* (V) zeigen sich Titerunterschiede bei verschied. Infusionsgeschwindigkeiten. II, III u. IV werden offenbar schneller gebunden als I u. V, wo ein konstanter Titer bei den höchsten der untersuchten Verdünnungen auftrat. Die optimale Infusionszeit führt innerhalb von 15—25 Min. zum Herztod. (Arzneimittel-Forsch. **2.** 274—76. Juni 1952. Gießen, Akad., Pharmakol. Inst.) REICHLE. 4608

Theodor Hockerts und **Rosemarie Zabka**, *Kreislaufeffekte des Roßkastanienextraktes.* Unters. der Durchblutungsgrößen der arteria coronaria dextra u. der vena femoralis dextra nach Injektion von *Venostasin* mittels Diathermie-Thermostromuhr nach REIN an 20 Hunden in 30 Einzelversuchen. Gleichzeitig arterielle u. venöse Druckmessung. Vf. nimmt Wrkg. über das vegetative Nervensyst. an, da die Ergebnisse am Ganztier im Gegensatz zu denen an isolierten Durchströmungspräparaten stehen. (Aerztl. Forsch. **6.** II/133—34. 10/9. 1952. Würzburg, Univ., Kinderklinik.) MATTHIES. 4608

Stefan Goldschmidt, Hans Burkert, Ernst Helmreich und **Hans Gramss**, *Über den cholinergischen Wirkstoff des Honigs.* Vorläufige Mitt. über Verss. zur Identifizierung des cholinerg. Wirkstoffes im Honig, die mit Phosphorwolframsäurefällung vorgenommen wurden. Da der Wirkstoff durch OH-Ionen inaktiviert u. durch Pferdeserumcholinesterase in gleicher Weise wie *Acetylcholin* (I) gespalten wird, ist seine Identität mit diesem sehr wahrscheinlich. Durch direkte Acetylierung des Honigs wird dessen cholinerg. Aktivität auf das 16fache gesteigert, so daß er neben I eine 16fach größere Menge *Cholin* enthalten muß. (Z. Naturforsch. **7b.** 365—67. Juni 1952. München, Univ., Med. Poliklinik; TH, Organ.-chem. Inst.) KRUSEN. 4609

Milton A. Lesser, *p-Aminobenzoesäure.* Übersichtsbericht über *p-Aminobenzoesäure*, ihre Bedeutung u. Eigg. als Vitamin, Folsäurebaustein u. bes. die Verwendung als Therapeuticum. — 66 Literaturangaben. (Drug Cosmet. Ind. **70.** 750—51. 824—30. Juni 1952.) K. MAIER. 4610

A. Crema und **P. Gambacorti Passerini**, *Über die Toxizität von Sulfonamiden während der Anoxie.* Die Mortalität von weißen Mäusen, die 0,68 g (= DL_{50}) *Sulfonamidopyridin* pro kg Körpergewicht injiziert erhalten hatten, nahm während der Anoxie zu, u. zwar als Funktion der fiktiven Seehöhe (gemessen in cm Hg in der Unterdruckkammer). (Riv. Med. aeronaut. **15.** 61—66. Jan./März 1952. Pavia, Univ., Ist. di Farmacol. e Terapia sperimentale.) W. BRANDT. 4610

William W. Cadbury und **Loh Kwan Lok**, *Atebrinpsychosen.* Bei 7 mit *Atebrin* (I) behandelten Malariakranken traten nach Verabreichung von 1,2—6,4 g I Psychosen auf. Nach Absetzen von I u. nach Verabreichung von Sedativa klangen die Symptome wieder ab. Diese Psychosen sollten, vorausgesetzt, daß übermäßige I-Dosen vermieden werden, keine Kontraindikation gegenüber I abgeben, sofern die Patienten sorgfältig beobachtet werden. (Bull. Ayer clin. Lab. Pennsylvania Hospital **4.** 21—32. Mai 1952. Canton, China, Lingnan Univ., Hosp., u. Sun Yat Sen Memorial Med. Coll., Dep. of Internal Med.) W. BRANDT. 4610

J. Dieckhoff, *Zur Behandlung der Poliomyelitis mit Periston N.* Besprechung von 27 Poliomyelitisfällen, davon a) 18 mit schweren Lähmungen, b) 9 im präparalyt. Zustand, die versuchsweise allein mit *Periston-N* (I)-Lsg. behandelt wurden. Je nach Alter u. Körpergewicht wurden intravenös 150—300 cm^3 injiziert. Beurteilt wurde die I-Wrkg. nach Auftreten u. Ausbleiben von Lähmungen. Die Schwere des einzelnen Falles ist aus dem Liquorbefund nicht zu ersehen. Unter dem Einfl. von I klingt die Entzündung rasch ab, wenn man Zellzahl u. Eiweißgeh. des Liquors als deren Ausdruck ansieht. Bei a) 7 Heilungen, 9 auffallende Besserungen, in 2 Fällen blieben Funktionsstörungen zurück, bei b) 9 Heilungen. Irgendwelche Nebenwirkungen wurden nicht beobachtet. (Arch. Kinderheilkunde **145.** 137—45. 1952. Halle, Univ., Kinderklinik.) DOSSMANN. 4610

P. W. Thorold und **W. Plowright,** *Untersuchungen über verzögerte Toxizität von Dimidiumbromid.* 1. Mitt. *Feldbeobachtungen.* Von 12600 Rindern, die zur Bekämpfung der Trypanosomiasis mit 0,75—1,0 mg/kg *Dimidiumbromid* geimpft worden waren, zeigten 13,1% der Tiere nach 14—15 Tagen Vergiftungserscheinungen, die bei 1,4% zum Exitus führten. Symptome waren Photosensibilität u. Hautschäden u. bei den tödlichen Fällen Abmagerung u. schwerer Ikterus. Mögliche Ursachen dieser begrenzten Toxizität, die nicht auf unterschiedliches Futter zurückgeführt werden kann, werden diskutiert. (J. comparat. Pathol. Therapeut. **62.** 136—40. April 1952. Kabete, Kenya, Veterin. Labor.) KRUSEN. 4610

W. Plowright, M. L. Burdin und **P. W. Thorold,** *Untersuchungen über die verzögerte Toxizität von Dimidiumbromid.* 2. Mitt. *Die Wirkungen von wiederholter Verabreichung von Dimidiumbromid an Zeburinder.* (1. vgl. vorst. Ref.) 26 Zeburinder, die früher ca. 1 mg/kg *Dimidiumbromid* (I) erhalten u. von denen 6 bereits Symptome der Photosensibilität gezeigt hatten, erhielten erneut 1—2 mg/kg I injiziert. 19 Tiere zeigten Symptome der Photosensibilität sowie Veränderungen an Leber, Milz, Lymphdrüsen, die im einzelnen beschrieben werden. 12 von 13 erkrankten u. 4 von 5 gesund gebliebenen Tieren wiesen eine direkt positive VAN-DEN-BERGH-Rk. auf. (J. comparat. Pathol. Therapeut. **62.** 141—51. April 1952. Kabete, Kenya, Veterin. Labor.) KRUSEN. 4610

M. L. Burdin und **W. Plowright,** *Untersuchungen über die verzögerte Toxizität von Dimidiumbromid.* 3. Mitt. *Einige experimentelle Untersuchungen bei Wiederkäuern.* (2. vgl. vorst. Ref.) An 3 Gruppen von je 6 2jährigen Rindern durchgeführte Unterss. ergaben, daß nach einmaliger Injektion von 1 mg/kg *Dimidiumbromid* (I; Trypanosomiasisprophylakticum) lediglich ein Gewichtsverlust 35—60 Tage nach Injektion zu verzeichnen war. Verabreichung von 2 u. 3 mg/kg I hatte dagegen außer Gewichtsverlust deutliche Leberdysfunktion zur Folge, die ca. 40 Tage nach Injektion auftrat u. durch positive VAN-DEN-BERGH-Rkk. gek. war. Außerdem wurden Verschiebungen in den Werten der alkal. Serumphosphatase u. von Nichteiweiß-N beobachtet. Die Leberdysfunktion war durch biopt. u. postmortal festgestellte periportale zunächst hydrop., später fettige Degeneration gekennzeichnet. Die Giftwrkg. von I beruht wahrscheinlich auf dessen Eingriff in bestimmte Stoffwechselreaktionen. (J. comparat. Pathol. Therapeut. **62.** 178—88. Juli 1952. Kabete, Kenya, Veterin. Labor.) KRUSEN. 4610

W. Plowright und **M. L. Burdin,** *Untersuchungen über die verzögerte Toxizität von Dimidiumbromid.* 4. Mitt. *Wirkung von hohen Dosen Dimidiumbromid bei Rindvieh.* (3. vgl. vorst. Ref.) Die einmalige subcutane Injektion von 10, 15 u. 20 mg/kg *Dimidiumbromid* (I) an je 2 Rinder führte bei allen Tieren nach ca. 50 Tagen zu hohem Gewichtsverlust u., bei den höheren Dosierungen, zum Tode. Es wurden erhöhte alkal. Serumphosphatase, positive VAN-DEN-BERGH-Rkk. u. fettige Infiltration der Leber beobachtet. Die wiederholte Verabreichung von kleinen Dosen bei Gesamtmengen von 3—11 mg/kg I hatte die gleichen Erscheinungen wie hohe Einzeldosen zur Folge. Die bei den einzelnen Tieren erhobenen klin., biochem. u. patholog. Befunde werden beschrieben. (J. comparat. Pathol. Therapeut. **62.** 189—95. Juli 1952. Kabete, Kenya, Veterin. Res. Labor.) KRUSEN. 4610

A. Ja. Pankratow und **A. A. Tretjakowa,** *Anwendung des ASD-Präparates bei Pferdebräune.* Das aus tier., pflanzlichem oder Mikrobengewebe gewonnene ASD-Präp. (antisept. Stimulator DOROGOWs) wird bei Pferdebräune als 20%ig. Lsg. nur intravenös oder zusätzlich äußerlich angewandt u. ist ohne schädliche Nebenwrkg., setzt die Temp. herab, beschleunigt die Heilung der Abszesse u. verbessert den Gesamtzustand. ASD wirkt in vitro nicht auf den Erreger, erhöht also den Gesamttonus des Organismus. (Ветеринария [Tierheilkunde] **29.** Nr. 5. 31—32. Mai 1952.) WÖRFFEL. 4610

M. I. Antonow und **Ju. W. Wawilytschew,** *Versuch zur Heilung der Hundepest durch Knoblauch.* Durch Verss. an gesunden Hunden u. anderen Warmblütern stellten Vff. fest, daß große Dosen von Knoblauch (I)-Lsgg. bei intravenöser Injektion unschädlich sind u. den Tonus des Zentralnervensyst., bes. des Nervus vagi, erhöhen. Injektionen mit 10 bis 20%ig. Lsgg. von I (10—15 ml, je nach Gewicht des Tieres u. Schwere der Erkrankung) bei Hunden, die trotz Impfung mit einer Vaccine an Hundepest erkrankt waren, ergaben innerhalb weniger Tage vollkommene Heilung ohne Rückfall. Die Lsgg. wurden aus gereinigtem I-Teilen unter Verreiben mit einer sterilen, physiol. Lsg. (1 g I auf 5—10 ml Lsg.) bereitet u. mehrfach filtriert, das letzte Mal im Exsiccator, um flüchtige Anteile zu bewahren. (Ветеринария [Tierheilkunde] **29.** Nr. 6. 41—42. Juni 1952. Iwanowo, Landw. Inst.) WÖRFFEL. 4610

J. Ströder, Th. Hockerts, M. L. Hittmair und **W. Savelsberg,** *Über den Einfluß bestimmter Antibiotica und Chemotherapeutica auf Kreislauf und Gewebsatmung.* Mit Hilfe der REINschen Diathermiestromuhr wurde bei Hunden das Durchflußvol. der V. renalis u. V. femoralis nach intravenöser Verabreichung von *Penicillin, Streptomycinsulfat, Dihydrostreptomycin, Aureomycin* u. *Terramycin* geprüft. Lediglich das Terramycin ist gefäßakt., es zeigt sich eine Verminderung der peripheren Durchblutung, der arterielle Druck sinkt ab. Bei intraarterieller Verabreichung zeigt von den nicht gefäßakt. Antibioticis nur Streptomycin in höheren Dosen (200 mg) eine periphere Mehrdurchblutung, der mittlere Blutdruck sinkt ab. Das Durchflußvol. der Nierengefäße bleibt unverändert. Außerdem wurden *Supronal, Solusupronal, Badional, Eleudron, Aristamid, Cibazol, Irgamid* u. *Globucid* intravenös verabfolgt. Es zeigte sich bei allen Präpp., abhängig von Verb. u. Dosierung, ein Anstieg der peripheren Durchblutung u. eine Abnahme des arteriellen Blutdruckes. Beobachtungen über die Atmung von Leberschnitten junger Albinoratten mittels WARBURG-App. zeigten, daß Penicillin, Dihydrostreptomycin, Solusupronal u. Chloromycetin in therapeut. Dosen unwirksam sind. Therapeut. Serumkonzz. von *p-Aminosalicylsäure* u. *Tb VI* fördern die Atmung, höhere Konzz. hemmen sie. Lösl. Konzz. des Chlorhydrats von Terramycin fördern ebenfalls die Atmung. (Dtsch. med. Wschr. **77.** 312—13. 7/3. 1952. Würzburg, Univ., Kinderklinik.) REICHLE. 4610

J. Mulder, W. R. O. Goslings, M. C. van der Plas und **P. Lopes Cardozo,** *Untersuchungen über die Behandlung der durch Hämophilus influenzae verursachten akuten und chronischen mucopurulenten Bronchitis mit antibakteriellen Verbindungen.* Es wurde die Empfindlichkeit von Hämophilusstämmen gegenüber *Sulfonamiden* (I), *Penicillin* (II), *Streptomycin* (III) u. *Chloramphenicol* (IV) bestimmt. 125 Patienten, deren Sputum *Hämophilus influenzae* aufwies, wurden mit hohen Dosen **I—IV**, ferner mit *Aureomycin, Terramycin* oder einer Kombination von **II** u. **III** behandelt. Bei den meisten Patienten verschwand *H. i.* aus dem Sputum, u. die klin. Symptome der Bronchieninfektion verminderten sich beträchtlich. Am besten bewährte sich **II** als Aerosol in Dosen über 5·200000 E. täglich oder in intramuskulären Dosen mit 4 Millionen Einheiten. (Acta med. scand. **143.** 32—49. 10/5. 1952. Leyden, Holland, Univ., Med. Clin.) W. BRANDT. 4611

Wolfgang Kahlert, *Ein Beitrag zur Therapie mit Antibioticis.* Es werden zunächst kurz Bedeutung u. Wirkungsbreite von *Penicillin, Aureomycin, Chloromycetin* u. *Terramycin* besprochen. Anschließend wird der Wert der Kombinationstherapie diskutiert, wobei günstige u. ungünstige Kombinationen aufgezeigt werden. Es wird darauf hingewiesen, daß bakteriostat. nicht mit baktericiden Mitteln kombiniert werden sollen. Besprechung einiger Fälle. (Dtsch. med. Wschr. **77.** 308—09. 7/3. 1952. Hannover-Empelde, Krankenhaus.) REICHLE. 4611

G. Gillissen und **Sven Carlson,** *Über den Einfluß oberflächenaktiver Substanzen auf die Depotwirkung von Novocainpenicillin.* 1. Mitt. Untersucht werden die oberflächenakt. Substanzen: *Texapon DL* (I), *Lorolsulfonat* (II), *Oleylsulfonat* (III), *Hostapon AP* (IV), *Leonil S* (V), *Leonil DB* (VI), *tutogensaures Na* (VII), *mepasinosulfonamidoessigsaures Na* (VIII), *Medialan A* (IX), *Osmaron A* (X), *Osmaron B* (XI) u. *Hostapon T* (XII). Best. der Depotwrkg. bei Kaninchen, es ergab sich keine direkte Beziehung zwischen der Verminderung der Oberflächenspannung u. der Verbesserung der Depotwrkg. bei Verabreichung von **I—XII** zugleich mit *Novocainpenicillin* (HÖCHST) bzw. *Aquacillin* (BAYER; **XIII**), auch keine Parallele zwischen der Präcipitationsgröße u. der Depotwrkg. von **XIII**. Alle Injektionen mit **III, V, VI, IX, X, XI** wurden gut vertragen, nach **XII** trat Nekrose an der Injektionsstelle auf, nach **I, II, VIII** gingen die Tiere ein. Da die Veränderungen der Oberflächenspannung durch **I—XII** u. die eiweißfällende Wrkg. scheinbar nicht die unmittelbare Ursache des Depoteffektes sind, begegnet die geeignete Auswahl unter den Mitteln für therapeut. Zwecke unter Berücksichtigung der Toxizität Schwierigkeiten. (Pharmazie **7.** 420—21. Juli 1952. Mainz, Univ., Hygiene-Inst.) DOSSMANN. 4611

F. H. Dost, *Caronamid.* Besprochen wird der Vorgang der Stauung u. Ausscheidung eines verabreichten Stoffes im Organismus u. die damit im Zusammenhang stehende Höhe des Blutspiegels. Beim *Penicillin* (I) kann dieser Effekt mit *Caronamid* = *Carinamid* (II) = *4-Carboxyphenylmethansulfonanilid* erzielt werden. Analoge Präpp. *Staticin* (SHARP & DOHME) u. *Longacid* (CASSELLA FARBWERKE, Mainkur) = *p-Carboxybenzolsulfondi-n-butylamid.* Durch **II** wird auch *PAS-* u. *p-Aminohippursäure* (*PAH*)-Ausscheidung gehemmt. Ähnlich wie **II** wirkt *Benemid* = *Probenecid* = (*p-[Di-n-propylsulfamin]-benzoesäure.* Tägliche Gesamtdosis von 24 g **II** reicht aus zur völligen Hemmung tubulärer **I**-Ausscheidung u. verursacht einen **II**-Spiegel im Plasma von 20—40 mg% sowie eine Erhöhung des **I**-Spiegels auf das 4—7fache. Mögliche **II**-Nebenwirkungen werden diskutiert. (Pharmazie **7.** 416—19. Juli 1952. Berlin, Univ., Kinderklinik der Charité.) DOSSMANN. 4611

W. Nikolowski und **I. Müller**, *Generalisierte Soormykosen.* Beschreibung von 2 Fällen mit generalisierter Soormykose; die Entw. der Krankheit wird auf das Vorhandensein einer schweren Allgemeinerkrankung (Agranulocytose, Diabetes) u. auf die Behandlung mit *Antibioticis* (I) zurückgeführt. Beide Patienten hatten hohe Dosen von *Penicillin* bzw. *Terramycin* erhalten. Es wird vermutet, daß durch die I eine Schädigung der n. Bakterienflora eintritt, die dann von dem Soorpilz überwuchert wird; hinzu kommt, daß der gleichfalls durch I erzeugte *Vitamin*-Mangel im Gewebe einer Invasion des Pilzes Vorschub leistet. (Dermatol. Wschr. **126**. 969—76. 1952. Tübingen, Univ., Hautklinik.) DOSSMANN. 4611

Guido Moretto, *Die kombinierte rektale Penicillin–Wismut-Therapie bei Hals–Nasen–Ohren-Erkrankungen.* Klin. Bericht über Fälle von akuter u. chron. Tonsillitis, Adenitis, Angina PLAUT-VINCENTI u. peritonsillärem Phlegmon, die durch ein rektal gegebenes *Penicillin–Wismut*-Präp. mit gutem Erfolg behandelt wurden. (Minerva med. [Torino] **43**. II. 176—78. 2/8. 1952. Torino, Univ., Clin. Otorinolaringologica.) H. SCHEURLEN. 4611

J. B. Rogers, *Bedeutung verfügbarer Therapeutica in der Ophthalmologie.* Vf. gibt in einem Übersichtsbericht eine Zusammenstellung einiger wichtiger Therapeutica, die für die Behandlung von Augenkrankheiten von Bedeutung sein können. Im einzelnen werden erwähnt: die Antibiotica: *Penicillin, Bacitracin, Streptomycin, Aureomycin, Terramycin, Chloramphenicol, Neomycin,* ferner: *Sulfonamide, Cortison, ACTH, Ascorbinsäure, Rutin, Antikoagulantien, Hyaluronidase, curare-ähnliche Substanzen.* — 21 Literaturangaben. (Southern med. J. **45**. 964—67. Okt. 1952, Oxford, Miss.) R. KÖNIG. 4611

H. Eisenberg, M. R. Davis, L. S. Wright und **E. B. Johnwick**, *Elektrokardiagraphische Änderungen bei sekundärer Syphilis.* Vor Beginn einer Therapie mit *Procain–Penicillin G in Öl* + 2% *Al-Monostearat* (I) wurden 2 Gruppen von je 29 gleichgelagerten Fällen a u. b auf vorhandene Änderungen im Elektrokardiagramm (EKG) untersucht; Unterschied: bei a lag sek. Syphilis vor, bei b nicht. Die Auswertung des EKG zeigte bei a 11, bei b 2 Fälle mit anomalem Verlauf. Die a-Gruppe erhielt 5 Tage lang täglich je $7{,}5\cdot10^5$ E. I, insgesamt $3{,}75\cdot10^6$ E., von der b-Gruppe erhielten 8 Fälle die gleiche Therapie. Nach der Kur waren von den 11 Fällen der a-Gruppe 9 gebessert oder normal. Die 8 b-Fälle zeigten danach keine Änderungen im EKG, die man auf I-Therapie hätte zurückführen müssen. (Amer. J. Syphilis, Gonorrhea, vener. Diseases **36**. 418—23. Sept. 1952. Hot Springs, Ark., U. S. P. H. S., Med. Center.) DOSSMANN. 4611

Jack Rodriquez, Seymour Weinstein und **George E. Parkhurst**, *Aureomycin und seine Wirkung bei Frühsyphilis. Fortschrittsbericht über ein Jahr.* In Fortsetzung früherer Unterss. (vgl. C. **1951**. II. 2351) wurden weitere 101 Patienten mit sek. dunkelfeldpositiver Syphilis innerhalb von $11^1/_3$ Tagen mit insgesamt 70 g *Aureomycin* (I) peroral behandelt. Einer Anfangsdosis von 2 g I folgte nach 4 Std. die gleiche Menge u. dann alle 4 Std. (Tag u. Nacht) 1 g bis zur Gesamtmenge von 70 g. Nach einer Beobachtungszeit von 12—15 Monaten zeigte sich in 76,7% der Fälle ein Erfolg der Behandlung mit I. Im Liquor konnte I nach der Initialdosis nicht nachgewiesen werden, jedoch bei der Hälfte der Kranken nach länger dauernder Verabfolgung. Der I-Spiegel im Blut blieb während der ganzen Zeit hoch. Ernstlichere Nebenwirkungen wurden nicht beobachtet. (A. M. A. Arch. Dermatol. Syphilol. **66**. 59—64. Juli 1952. Chicago, Ill., Intensive Treatment Center, Chicago Board of Health.) ERDMANN. 4611

Danilo Castelli und **Angela Ruggenini**, *Über die Veränderungen im opsonischen Index bei der Therapie mit Antibioticis.* Bei der Therapie mit *Penicillin, Streptomycin, Chloramphenicol* u. *Terramycin* verhält sich der opson. Index ähnlich wie bei der üblichen Vaccinotherapie. Die Antibiotica üben eine geringe u. vorübergehende senkende Wrkg. auf die Serumopsonine aus. (Giorn. Batteriol. Immunol. **44**. 292—303. Mai/Juni 1952. Torino, Univ., Ist. di Clin. Med. e Terapia Med.) H. SCHEURLEN. 4611

J. L. Boyle, *Die sympathicomimetischen Stoffe.* Vf. gibt eine Übersicht über gebräuchliche aromat. u. aliphat. Sympathicomimetica, unter besonderer Berücksichtigung der pharmakolog. Wrkg. u. chem. Konstitution. (Drug Cosmet. Ind. **71**. 320—408. Sept. 1952.) REICHLE. 4620

H.-G. Stübinger und **B. Koch**, *Erfahrungen mit einem ganglienblockierenden Präparat (Pendiomid) in der inneren Medizin. Pendiomid, N.N.N'.N'.3-Pentamethyl-N.N'-diäthyl-3-azapentylen-(1.5)-diammoniumdibromid,* ist ca. 10fach stärker wirksam als Triäthylammoniumbromid u. besitzt eine längere Wirkungsdauer. Es blockiert sympath. u. parasympath. Ganglien, selbst bei Verwendung hoher Dosen werden zur Erhaltung autonomer Regulationen eine Anzahl Synapsen nicht blockiert. Mäßige bis gute Erfolge wurden bei Endangiitis obliterans, Arteriosklerose, Diabetes, Angina pectoris, Asthma bronchiale u. Migräne beobachtet. Gute Resultate wurden weiter bei Neuritiden, SUDECKscher

Atrophie, Lumbago u. spast. u. aton. Obstipation erzielt. An Nebenerscheinungen zeigten sich kollapsartige Zustände, vermehrte Darmtätigkeit, vorübergehender HORNERscher Komplex u. Müdigkeit. (Dtsch. med. Wschr. **77.** 1061–63. 5/9. 1952. Bielefeld, Städt. Krankenhaus, Innere Abt.) REICHLE. 4620

Michael S. Kramer und **Joseph Rosenberg**, *Divinyläther. Ein Bericht über seine Anwendung in 3000 Fällen.* Nach einem histor. Rückblick werden die Vor- u. Nachteile des *Divinyläthers* im Vgl. zu anderen Narkoticis besprochen. Ferner werden mehrere Anwendungsmethoden erläutert u. die Erfahrungen bei den verschied. Operationsgebieten kurz mitgeteilt. (South African med. J. **26.** 721–25. 6/9. 1952. Johannesburg, Gen. Hosp., Dep. of Anaesthet.; Univ. of Witwatersrand.) DAUTZENBERG. 4621

K. Schulte, *Zum Anästheticum Falicain.* Vf. erprobte *Falicain* (*β-Piperidinoäthyl-4-propoxyphenylketonhydrochlorid*) in 0,05–0,2%ig. Lsg. bei kleineren Lokalanästhesien sowie in 0,05%ig. Lsg. zur präsakralen Überflutung nach PENDL u. zur paravertebralen Überflutung nach HEILE an Stelle von *Novocain.* Die Ergebnisse entsprachen etwa denen mit *Novocain.* (Zbl. Chirurg. **77.** 1969–72. 1952. Magdeburg.) DAUTZENBERG. 4621

Russell A. Huggins, Richard A. Seibert und **Alpha R. Bryan**, *Ein Vergleich der Wirkungen von Morphin und Barbital auf die Volumverteilung von Kalium.* (Vgl. C. **1951.** I. 2772.) Hunden in *Barbital*-Narkose (300 mg/kg intravenös) oder in *Morphinsulfat*- (10 mg/kg subcutan) + *Na-Pentobarbital*- (10 mg/kg intravenös)-Narkose wurde *KCl*-Lsg. (1,1%ig.) infundiert bis im Elektrokardiagramm die P-Zacke verschwand (Barbitalnarkose) oder sich ein AV-Block entwickelte. In beiden Fällen ergab sich zu Infusionsende ein prakt. ident. Verteilungsvol. für das infundierte K (Best. des Plasma-K), die insgesamt tolerierte K-Menge war bei den Hunden in Barbitalnarkose 28 ml/kg u. bei den Hunden in Morphinnarkose nur 23 ml/kg. Nach Vagusdurchtrennung ergaben die letztgenannten ein Verteilungsvol. von 150% u. eine infundierbare KCl-Menge von 28 ml/kg. (Amer. J. Physiol. **168.** 33–36. 1/1. 1952. Houston, Baylor Univ., Coll. of Med., Dep. of Pharmacol.) JUNG. 4621

M. I. Gluckman und **Charles M. Gruber**, *Entwicklung von Toleranz und Kreuztoleranz durch Mephobarbital.* Kaninchen erhielten täglich 40 mg/kg *5-Äthyl-5-phenyl-1-methylbarbitursäure* = *Mephobarbital* = *Mebaral* schnell intravenös. Die Schlafdauer betrug an drei aufeinanderfolgenden Tagen im Durchschnitt 18, 9 u. 6 Minuten. Am 4. Tag wurde *Butabarbital* (36 mg/kg) gegeben, welches nunmehr eine Schlafdauer von 50 statt wie bei den Kontrollen von 85 Min. bewirkte. (Proc. Soc. exp. Biol. Med. **79.** 87–88. Jan. 1952. Philadelphia, Pa., Jefferson Med. Coll., Dep. of Pharmacol.) JUNG. 4621

Andrée Deschamps, *Künstlicher Dauerschlaf in der Psychiatrie.* Bericht über 8tägige Dauerschlafbehandlung bei 4 psychiatr. Fällen unter Anwendung von *4560 RP* (vgl. LABORIT, HUGUENARD u. ALLUAUME, Presse méd. **60.** [1952.] 206). Hierdurch konnte Vf. mit minimalen Schlafmittelmengen auskommen. Die Kranken wurden schlagartig beruhigt. Es wurden keinerlei tox. oder Unverträglichkeitssymptome beobachtet. Eine zunehmende Gewöhnung machte progressive Dosissteigerung notwendig. Die Dämpfung des Vegetativums durch *4560 RP* macht schalldichte Behandlungsräume überflüssig. Die therapeut. Erfolge sind denen der Insulintherapie ebenbürtig. (Presse méd. **60.** 944–46. 21/6. 1952. Fleury-les-Aubrais.) DAUTZENBERG. 4621

P. A. Wunder und **L. W. Gorochowa**, *Östrogene Wirkung der Lokalanästhetica.* In Verss. an ausgewachsenen kastrierten sowie infantilen weißen Mäusen (Weibchen) ließ sich durch wiederholte lokale Benetzung der Vaginalschleimhaut mit *Novocain*-Lsg. (I) (0,5–5%ig), wie auch durch subcutane Anwendung 0,5%ig I ein östrogener Effekt erzielen, gleich jenem nach Verabreichung von Geschlechtshormonen. Die chem. anders aufgebauten Präpp. *Dicain* u. *Sowcain* wirkten gleichfalls östrogen. Durch die Verss. wird indirekt die Mitwirkung des Nervensyst. beim Zustandekommen der Östrus-Rk. wahrscheinlich gemacht. (Доклады Академии Наук СССР [Ber. Akad. Wiss. UdSSR] [N. S.] **83.** 625–28. 1/4. 1952. Saratow, Tschernyschewski-Univ.) RENTZ. 4621

P. R. Mesham und **J. D. M. Barton**, *Ein Bericht über Succinylcholinchlorid (Scoline), ein ultrakurz wirkendes Muskelrelaxans.* Nach Erfahrungen in ca. 100 Fällen ist *Scoline* (*Succinylcholinchlorid*) ein gut brauchbares Relaxans mit einer Wirkungsdauer von 3–5 Min., bes. geeignet zur Intubation u. bei der Elektroschockbehandlung. (South African med. J. **26.** 727–28. 6/9. 1952. Pietermaritzburg, Grey's Hosp.) DAUTZENBERG. 4628

Francis F. Foldes, Pearl G. McNall und **Jose M. Borrego-Hinojosa**, *Succinylcholin: ein neues Mittel zur Muskelentspannung in der Anästhesiologie.* Bericht über an 202 Patienten gewonnene Erfahrungen mit *Succinylcholin* (I) als Muskelrelaxans. Patienten wurden durch intravenöse Infusion von 2,5%ig. Pentothal-Na anästhesiert (Initialdosen 0,250–1,0 g [Mittelwert 0,56 g], Gesamtdosen 0,54–3,5 g [1,432 g]). Nach Erreichen tiefer Narkose wurden intravenös als Initialdosen 10—50 mg [29,2 mg], danach in Infusion pro Min. 1,1—9,2 mg [4,0 mg], insgesamt 66—1830 mg [597 mg] I-*Dijodid* verabreicht. Die I-Wrkg. beginnt nach 45—60 Sek., wird maximal nach 60—90 Sek. u. verschwindet nach 5 Minuten. Vff. empfehlen I als schnell u. nur kurz wirksames Muskelrelaxans, das nur geringe Nebenwrkg., bes. auf die Atmung, hat. — 49 Literaurangaben. (New England J. Med. **247**. 596—600. 16/10. 1952. Pittsburgh, Pa., Univ., School of Med., Dep. of Surgery; Mercy Hosp.) KRUSEN. 4628

O. von Dardel und **S. Thesleff**, *Succinylcholinjodid als Muskelrelaxans. Bericht über 500 chirurgische Fälle.* Bericht über 500 Fälle, bei denen *Celocurin* (*Succinylcholinjodid*; VITRUM, Stockholm) als Relaxans verwendet wurde, davon 55mal als intravenöse Tropfinfusion. Vff. betonen die kurze Wirkungsdauer u. das Fehlen von tox. Nebenwirkungen; sie empfehlen das Mittel bes. für Fälle, bei denen kurzdauernde oder gut steuerbare Muskelerschlaffung erwünscht ist. (Acta chirurg. scand. **103**. 321—36. 31/8. 1952. Stockholm, Karolinska Sjukhuset, Dep. of Anaesthes.; Karolinska Inst., Dep. of Pharmacol.) DAUTZENBERG. 4628

Francesco Lusso, *Klinische Untersuchung über die Wirkung des Na-Adenosintriphosphats bei chronischer Arteriopathie.* Bei Patienten mit Arteriosklerose oder chron. Thromboangiitis obliterans wurde *Na-Adenosintriphosphat* intramuskulär oder intravenös bzw. intraarteriell gegeben. Beide Gruppen von Patienten zeigten subjektiv u. objektiv wesentliche Besserung des Zustandes. (Minerva med. [Torino] **43**. I. 1284—87. 14/6. 1952. Milano, Univ., Ist. di Clin. Med. Generale.) H. SCHEURLEN. 4630

Carl T. H. Barrett, *Hochdruckangina mit Cyclospasmol behandelt; Bericht über einen Fall.* Bericht über eine 61jährige Patientin mit Hochdruck u. häufigen Angina pectoris-Anfällen, die auf Behandlung mit *Cyclospasmol* mit leichter Blutdrucksenkung u. Abnahme der Zahl u. Schwere der Anfälle reagierte. Bei täglicher Gabe waren nach mehreren Monaten keine wesentlichen Nebenerscheinungen beobachtet worden. (South African med. J. **26**. 734. 6/9. 1952. Johannesburg.) DAUTZENBERG. 4630

Gustav Buhr, *Über die Wirkung von Vasculat und Effortil auf den narkosebedingten Zentralisationszustand des Kreislaufs beim Menschen.* Durch die Operationsverff. in Narkose mit Barbitursäurederivv. kommt es zum sogenannten Zentralisationszustand mit Steigerung des Gesamtströmungswiderstandes der Gefäße u. des diastol. Blutdrucks. Vf. untersuchte die Wrkg. von *Vasculat* (*p-Oxyphenyläthanolbutylamin*) u. *Effortil* (*dl-1-[3-Oxyphenyl]-1-oxy-2-äthylaminoäthan*) auf diesen Kreislaufzustand. Beide Pharmaca vermögen ihn zu durchbrechen. Es besteht eine stark inotrope Wirkung. Der unterschiedliche Wirkungsmechanismus wird besprochen. (Aerztl. Forsch. **6**. I. 409—17. 10/9. 1952. Bremen-Blumenthal, Innere Abt. des Krankenhauses.) MATTHIES. 4630

W. B. Youmans, H. V. Good und **A. F. Hewitt**, *Herzhemmende Reaktion auf blutdrucksteigernde Verbindungen an Kaninchen mit durchtrennten Sinus-Aorta-Nerven.* An Kaninchen mit durchtrennten Sinus- u. Aortanerven ist zwar die Bradycardie nach Injektion von *Vasopressin* u. *Phenylephrin* [*l*(—)-*1-m-Oxyphenyl*]-*2-methylaminoäthanol-HCl* in wechselndem Umfang red., aber meist nicht aufgehoben. Vermutlich laufen somit noch depressor. Fasern im Vagus. (Amer. J. Physiol. **168**. 176—81. 1/1. 1952. Portland, Oreg., Univ. of Oregon, Med. School, Dep. of Physiol.) JUNG. 4630

Guido Crispolti, *Die Mutterkornalkaloide: Ergocornin, Ergochristin und Ergokryptin bei der Behandlung des arteriellen Hochdrucks.* Vf. weist auf Grund seiner Erfahrungen darauf hin, daß das Mutterkornpräp. *Hydergin* nur bei essentiellem Hochdruck mit intaktem Myocardium u. ohne Coronarschaden verwendet werden sollte. (Minerva med. [Torino] **43**. II. 184. 2/8. 1952. Milano, Ist. Sanatoriale.) H. SCHEURLEN. 4630

H. Zapfe und **P. Sonnenberg**, *Beitrag zur Klinik des Myokardinfarktes unter besonderer Berücksichtigung der Therapie mit Antikoagulantien.* An einer Reihe von Patienten wurden Erfahrungen über die günstige Wrkg. von Antikoagulantien bei Myokardinfarkten gesammelt. Die Patienten erhielten *Thrombocid* u. später *Dicumarol*, wobei der Prothrombinspiegel auf 30—35% des physiol. Wertes gehalten wurde. Die Behandlungsdauer erstreckte sich über 6 Wochen u. länger. Volle Wirksamkeit der Therapie frühestens nach 48 Stunden. Eine sofort einsetzende Therapie mit Antikoagulantien vermindert die Gefahr thromboembol. Komplikationen. Die Gefahr hämorrhag. Komplikationen wird als gering erachtet. (Dtsch. med. Wschr. **77**. 1054—57. 5/9. 1952. Berlin-Buckow, Städt. Krankenhaus Neukölln, Innere Abt.) REICHLE. 4630

Irvine H. Page und **J. W. McCubbin**, *Vermehrte Resistenz gegenüber autonomer Ganglienblockade durch Tetraäthylammoniumchlorid und Pentamethoniumjodid bei experimenteller neurogener Hypertension.* Neurogene Hypertension wurde am Hund durch Durchtrennung der Depressor- u. Carotissinusnerven erzeugt, renale Hypertension durch eine

Cellophanperinephritis. *Tetraäthylammoniumchlorid* (I) wirkt am n. Hund wie bei renaler Hypertension in Dosen von 5 mg/kg blutdrucksenkend, bei wiederholter Gabe geht jedoch die Senkung in eine pressor. Rk. über. Bei Tieren mit neurogenem Hochdruck führt bereits 2,5 mg/kg zu einer extensiven Blutdrucksenkung, welche sich bei wiederholten Gaben lange hält. Umkehr der Wrkg. ist nur möglich, wenn die Injektionen lange Zeit wiederholt werden (bis zu Gesamtdosen von 100 mg/kg I). Ähnlich bleibt auch die hypotensor. Wrkg. von *Pentamethoniumjodid* (*Antilusin*) am Hund mit neurogenem Hochdruck prakt. konstant, während sie am Tier mit renalem Hochdruck oder am n. Tier ebenfalls in pressor. Wrkg. übergeht. *Atropin, Benadryl, Pituitrin, Prostigmin* u. *ACTH* beeinflussen die Sensibilität gegen I beim hochdruckkranken Tier nicht. Infusion von 5 mg/kg *Priscoline* oder *Regitin* bzw. 1 mg/kg *Benodaine*, wodurch die Wrkg. des *Noradrenalins* fast völlig aufgehoben wird, führt zu einer kurzfristigen Hemmung der depressor. I-Rk. am hochdruckkranken Tier, doch stellt sich diese noch vor Wiederkehr der vasopressor. Wrkg. auf *Noradrenalin* oder gar *Adrenalin* wieder her. Diese Blockade ließ die Wirkungen von *Histamin, Nitroprussid, Mecholyl, Isothioharnstoff, Angiotonin* u. *$BaCl_2$* unbeeinflußt. Die Rk. auf I am hochdruckkranken Tier wird durch totale Sympathektomie u. Rückenmarksdurchtrennung bei C_6 aufgehoben. Ebenso verschwindet sie, falls das Herz u. die Nebenniere sympath. denerviert werden, jedoch nicht, wenn nur eines dieser Organe denerviert wird. (Amer. J. Physiol. **168.** 208—17. 1/1. 1952. Cleveland, Clev. Clinic Found., Res. Div., u. Frank E. Bunts Educat. Inst.) JUNG. 4630

Henry L. Drezner und **Steven Horoschak,** *Behandlung von Herzfehlern, die mit Stauungen einhergehen: Perorale Verabreichung einer Kombination von Xanthinderivaten und Quecksilberdiureticis.* 39 ambulator. behandelte Patienten mit Herzfehlern u. Stauungen erhielten peroral die Kombination eines *Xanthin*-Deriv. u. eines Quecksilberdiureticums (0,05 g *Theopropanol* [I; = *Theophyllin* + *Isopropanolamin*; NATIONAL DRUG CO.] + 0,08 g *Mersalyl* [II]; 0,05 g I äquivalent 0,04 g Theophyllin) an Stelle der parenteralen Verabreichung von Hg-Diureticis. Bei einigen Patienten mußte die Therapie durch NH_4Cl-Gaben unterstützt werden. Bei den rheumat. Erkrankungen war gelegentlich intramuskuläre Injektion von Hg-Diureticis notwendig. Die Diurese setzte nach I + II nicht so heftig u. plötzlich ein wie nach parenteraler Medikation, Nebenerscheinungen waren relativ selten u. nicht schwer. (Clin. Med. Surgery **59.** 269—71. Juni 1952. Trenton, N. J., u. Ridkey Park, Pa.) W. BRANDT. 4634

Raymond Marsh, Theodore Greiner, Harry Gold, Sydney Mathes, Frank Palumbo, Leon Warshaw und **John Weaver,** *Ein Vergleich der diuretischen Wirkungen von Mercuhydrin (Meralluride) nach Verabreichung auf verschiedenen Wegen.* Unterss. an 49 Patienten ergaben, daß *Mercuhydrin* (I) bei Applikation auf intramuskulärem, intravenösem u. subcutanem Wege annähernd gleich wirksam ist. Dagegen ist die Wrkg. bei rektaler Anwendung nur 7%, bei peroraler Zufuhr nur 4% derjenigen bei Injektion. Zur Steigerung der Wrkg. bei peroraler Applikation vorgenommene Erhöhung der Dosierung auf 360 bis 720 mg I führte bei $^1/_3$ der Patienten zu gastrointestinalen Störungen, die auch durch Zulage von 0,6—1,2 g *Ascorbinsäure* nicht verhindert wurden. (New England J. Med. **247.** 593—96. 16/10. 1952. New York, N. Y., Cornell Univ., Med. Coll., Dep. of Pharmacol.; Hosp. for Joint Dis.; Beth Israel Hosp.) KRUSEN. 4634

Robert F. Clark und **Donald W. McNaughton,** *Exfoliative Dermatitis durch Banthine.* Bei einem 60 jährigen Mann trat im Verlaufe einer Magenulcusbehandlung mit *Banthine* (I) eine exfoliative Dermatitis auf. Ein Hauttest mit I ergab eine stark positive Reaktion. Bei anderen Personen mit u. ohne I-Behandlung war der Test negativ. Bei obigem Patienten besserten sich die Hauterscheinungen nach vorübergehendem Absetzen von I, kamen nach erneuten Gaben aber wieder in gleicher Stärke. Nach endgültigem Absetzen von I heilte die Dermatitis ab. Die positive Rk. kann nicht ausreichend erklärt werden, da der Patient zuvor weder mit I noch mit chem. verwandten Verbb. behandelt worden war. (A. M. A. Arch. Dermatol. Syphilol. **66.** 101—02. Juli 1952. Seattle, U. S. Marine Hosp.) ERDMANN. 4645

H. Bédrine, P. Houlné und **P. Cotteel,** *Versuche mit Anhydro-3-hydroxymercuri-5-nitro-2-kresol bei der Behandlung der Trichomonas-Vaginitis.* Mitt. der Behandlungsergebnisse mit *Flavogyre* (*Anhydro-3-hydroxymercuri-5-nitro-2-kresol*; LABOR. ROGER BELLON) bei 24 Patientinnen mit Trichomonas-Vaginitis. Behandlungsdauer 12 Tage bis 2 Monate unter teilweiser gleichzeitiger Verabreichung von Östrogenen. Behandlungsergebnis: 17 Heilungen, 4 Versager, 3 Rezidive. (Bull. Fédérat. Soc. Gynécol. Obstétr. **4.** 104—08. 1952. Suppl. zu: Gynécol. et Obstétr.) W. BRANDT. 4661

H. Schreiner, *Behandlungserfolge mit Ursica-Iontophorese bei chronischen Gelenksentzündungen.* Durch *Ursica*-Iontophorese erzielte Vf. bei chron. Arthritiden in erstaunlich kurzer Zeit Behandlungserfolge selbst in Fällen, bei denen trotz jahrelanger Anwendung die üblichen Therapien versagt hatten. Ursica (CHEMOSAN-UNION, Wien) enthält Wirkstoffe von Semen sinapis, Fructus capsici, Urea pura, Phenol u. ein mild wirkendes Anästheticum. Verss. bei Angina pectoris u. Endangiitis obliterans erscheinen erfolgversprechend. (Wiener med. Wschr. **102.** 716—18. 30/8. 1952. Wien.) K. BÖHM. 4670

Warfield T. Longcope, *Der Wert von BAL (2.3-Dimercaptopropanol) bei der Behandlung der Quecksilbervergiftung.* Prüfung der *BAL*-Behandlung bei 61 Patienten, die 0,5 bis 20 g $HgCl_2$ (I) peroral aufgenommen hatten. BAL muß bald nach der I-Vergiftung verabreicht werden, möglichst binnen 4 Std. nach der I-Aufnahme. Nur 2 von den 61 mit BAL behandelten Patienten starben (einer erhielt BAL erst 30 Std. nach der Aufnahme von 1 g I, der andere erst 5—6 Std. nach der Aufnahme von 2 g I). (Bull. Ayer clin. Lab. Pennsylvania Hospital **4.** 61—70. Mai 1952. Johns Hopkins Univ.) W. BRANDT. 4675

Karl Humperdinck, *Bemerkenswerte CO-Vergiftungen bei Hutmachern.* (Med. Klin. **47.** 933—34. 11/7. 1952. Tübingen, Univ.) ZELLER. 4681

Werner Mohnke, *Zum Problem des akuten Verlaufs der Silicose.* Beschreibung eines Falles von akuter Silicose nach 13monatiger Exposition in quarzhaltigem Steinstaub mit unaufhaltbarem, in kurzer Zeit zum Exitus führenden Verlauf. Beobachtung einer ausgeprägten Gerüstsklerose u. Verkieselung des Lungengewebes. Erklärung der im klin. Bild im Vordergrund stehenden hochgradigen Dyspnoe durch ausgedehnte endangit. Veränderungen der Lungengefäße. Diskussion der Entstehung einer akuten Silicose an Hand der bisher vorliegenden Forschungsergebnisse. (Z. ges. inn. Med. Grenzgebiete **7.** 835. 15/9. 1952. Bielefeld, Städt. Krankenhaus.) ZELLER. 4681

J. R. Rüttner, P. Bovet und **M. Aufdermaur,** *Graphit, Carborund, Staublunge.* Ausführlicher Bericht über eine Graphit–Carborund-Staublungenerkrankung mit klin. Daten, Sektions- u. histolog. Befund, kristallopt. u. Röntgenuntersuchung. Tierverss. zur künstlichen Erzeugung einer Graphit- bzw. Carborundfibrose. Eine klare Abgrenzung der Graphitose von der Silicoanthrakose ist nach diesen Unterss. nur mit der Lungenstaubanalyse möglich. Eine kombinierte Graphit–Carborund-Staublunge wurde bisher in der Literatur nicht beschrieben. (Dtsch. med. Wschr. **77.** 1413—15. 7/11. 1952. Zürich, Univ., Histopatholog. Inst., u. Luzern, Kantonspital.) ZELLER. 4681

J. K. Engebrigtsen, *Untersuchungen über die Überempfindlichkeit von Zementarbeitern gegen Bichromat.* Hautteste an Zementarbeitern mit Ekzemen ergaben eine Rk. auf Kaliumbichromat bei 7 von 8 Arbeitern. 4 davon reagierten auch auf Zement — aber nicht, wenn dieser bichromatfrei gewaschen war. Vf. sieht im Bichromat das Allergen des Zementekzems. Daneben nimmt er noch tox. Faktoren für die Pathogenese der Erkrankung an. (Acta dermato-venereol. [Stockholm] **32.** 462—68. 1952. Slemmestad, Norwegen.) MATTHIES. 4681

O. Schildknecht, *Die chronische Benzolvergiftung.* Die chron. *Benzol* ( )-Vergiftung, beobachtet an 4 Fällen aus I-gefährdeten Betrieben (Aufnahme des I durch die Lungen). Es wird eine Störung der Hämoglobinsynth. angenommen, da im Urin Kopro- u. Uroporphyrin gefunden werden. Ferner werden Blutungsneigung u. Anämie beobachtet. Der individuellen Disposition (gestörte Magen- u. Leberfunktion, Infektionskrankheiten, Schwangerschaft) wird eine große Bedeutung zugesprochen. Die hemmende Wrkg. auf die Blutbldg. kann mehr als 1 Monat nach Entfernung aus der I-Atmosphäre andauern. Zulässige Höchstkonz. 100 (Teile) I auf 1 Million Luft. Die Gefährdung kann wegen der stark wechselnden Konz. im Arbeitsraum nur durch Verfolgung des Arbeitsganges u. entsprechender Analyse der Atemluft festgestellt werden. (Helv. med. Acta **19.** 119—49. Mai 1952. Münsterlingen, Thurg. Kantonsspit., Med. Abt.) PATZSCH. 4681

Friedrich Portheine, *Über den Einfluß von Netzmitteln auf die Phasengrenzfläche der Hornhaut.* 8 Meerschweinchen wurden 7 Monate lang täglich 8 Std. mit einer 1%ig. Lsg. des Netzmittels *Teepol* besprüht. Es wurden weder an der Cornea noch an den Atmungsorganen krankhafte Veränderungen beobachtet. (Zbl. Arbeitsmed. Arbeitsschutz **2.** 45—47. März 1952. Gelsenkirchen, Hyg. Inst. des Ruhrgebietes.) KRUSEN. 4681

Knud O. Møller, Farmakologi. Det teoretiske grundlag for rationel farmakoterapi. 4. udg. København: Nyt nordisk Forlag. 1952. (836 S. m. Abb.) Kr. 65,—.

Chas. Solomon, Pharmacology and therapeutics. 6th rev. ed. London: J. B. Lippincott. 1952. (656 S. m. Abb.) s. 36,—.

F. Pharmazie. Desinfektion.

E. Günther, E. F. Heeger und **Christine Rosenthal,** *Der Vitamin-C-Gehalt der in Deutschland hauptsächlich angebauten Heil- und Gewürzpflanzen in kritisch-experimenteller Betrachtung.* Vff. benutzten unter gleichen Bedingungen gezogenes Material (1946/47) u. bestimmten den Vitamin-C (I)-Geh. durch Titration mit 2.6-Dichlorphenolindophenol nach GÜNTHER (C. **1943.** II. 732) u. SCHWARZE u. GÜNTHER (C. **1948.** I. 385; C. **1949.**

I. 406). (Pharmazie 7. 24—50. Jan. 1952. Halle, Univ., Inst. für Acker- u. Pflanzenbau, u. Leipzig, Univ., Sortenamt u. Inst. für Pflanzenzüchtung.) HERRMANN. 4782

J. G. Dare und **G. A. Nelson**, *Tägliche Schwankungen in der Herzwirksamkeit von Blättern der Digitalis purpurea L.* Unterss. von Digitalisblättern, die im Laufe von 24 Std. in 3std. Abstand geerntet wurden, ergaben eine Höchstwirksamkeit der um die Mittagsstunde geernteten Blätter. Ein Minimum an Wirksamkeit zeigten die um Mitternacht geernteten Blätter. (J. Pharmacy Pharmacol. 4. 619—23. Sept. 1952. Leeds, Univ.) ULEX. 4782

J. Büchi, **W. Burckhardt**, **H. Kutter** und **P. Meier**, *Erfahrungen mit den Polyäthylenglykolen als Salbengrundlagen.* 2. Mitt. (1. vgl. C. **1950.** II. 558.) Die vorzüglichen physikochem. u. physiol. Eigg. der *Polyäthylenglykole* (*Carbowax*)-Bereitungen als Salbenvehikel, ihr Aufnahme-, Lösungs- u. Emulgiervermögen für Arzneistoffe, ihr ebenso gutes Abgabevermögen für letztere, ihr Aufsaugvermögen gegenüber Wundsekreten, ihre Reizlosigkeit u. schließlich ihre Abwaschbarkeit bleiben am besten gewahrt, wenn sie mit einem gewissen Wasserzusatz, jedoch ohne jeden Fett- oder Ölzusatz, angewandt werden. Wasserfreie Präpp. wirken zufolge ihres Wasserbindungsvermögen austrocknend u. reizend auf die Haut. (Pharmac. Acta Helvetiae **27.** 1—9. 31/1. 1952. Beilage zu: Schweiz. Apotheker-Ztg. Zürich.) M.-D. LAUBSCHAT. 4792

J. G. Heathcote, *Die Reinheit von Vitamin B_{12}.* Nach den U. S. P. Reinheitsstandards werden B_{12}-ähnliche Stoffe mit erfaßt. Im Hinblick auf die B.P. werden Verss. beschrieben, die diese Stoffe durch Verteilung in geeigneten Lösungsmittelsystemen von B_{12} trennen. (J. Pharmacy Pharmacol. **4.** 641—44. Sept. 1952. Speke, England, Distillers Co.) ULEX. 4808

M. G. Samassa, *Herstellung von Dextran.* Beschreibung der pharmakol. Prüfungen, denen die von der AFRICAN DEXTRAN (PROPRIETARY) LTD. hergestellten Präpp. unterworfen werden. Erörterung der Bedeutung von Viscosität u. Mol.-Gew. für die Qualität der Lösungen. Ausführungen über Ausscheidung bzw. Speicherung im Körper. (South African med. J. **26.** 549—50. 5/7. 1952. Edenvale, African Dextran Labors.) SPITALER. 4812

E. Langenscheidt, *Untersuchungen über die Desinfektionswirkung des Phagogene H. N. C. 304.* Es wird auf Grund von Objektträgerkulturverss. gezeigt, daß das *Phagogene H. N. C. 304* (**I**) unter den benutzten u. teilweise schweren Versuchsbedingungen ein brauchbares u. gutwirkendes Desinfektionsmittel darstellt u. es im theoret. Vers. eine gute Wrkg. gegenüber Mycobacterium tuberculosis aufweist. Nach der Vernebelung werden die Tuberkelbacillen (**II**) innerhalb 30 Min. abgetötet. Auch ist eine gute Nachwrkg. gegenüber diesen Keimen festzustellen. Für Bacterium coli wurde gezeigt, daß die spätere Verdünnung der **I**-Atmosphäre keine so große Rolle mehr spielt, wenn eine gewisse Anfangskonz. vorhanden ist. Als Indicator für **II** kann Micrococcus aureus dienen. Verd. Rinderblutnährböden haben sich als sehr zweckmäßiges Nährmedium erwiesen, da hier das Wachstum der **II** in Form von Mikrokolonien schon nach 7 Tagen bestimmbar ist. (Mh. prakt. Tierheilkunde **4.** 465—80. 1952. Stuttgart, Tierärztl. Landesunters.-Amt.) BOYE. 4834

Ryszard Słupik, *Sterilisation des destillierten Wassers.* Apotheker sollen dest. W. durch Kochen für die Rezeptur sterilisieren u. für Injektionslsgg. Aq. dest. aus Ampullen verwenden. Der von USTJAN (C. **1953.** 1055) vorgeschlagene App. zur Sterilisation mit UV-Strahlen bedarf konstruktiver Verbesserungen. Er gewährleistet wahrscheinlich nicht eine zuverlässige Sterilisation, da Bakterien durch UV-Strahlen nur in 1 mm dicker Aufschwemmungsschicht u. bei relativ langer Einwirkungszeit abgetötet werden. (Farmacja polska **8.** 115. März 1952.) FISCHOEDER. 4836

J. B. F. Spijkers, *Der Nachweis von Arsen in Quecksilberverbindungen.* Nachdem die zu untersuchenden Proben (Mersalyl, Merbaphen, Hg-Salicylat, Hg_2Cl_2) 5 Min. mit dem gleichen Gewicht MgO_2 geglüht worden sind, kann man 1 μg As in 200 mg Substanz nach dem Verf. von MAYENÇON u. BERGERET (Nederlandse Pharmacopoe Ed. V; Red. von As zu AsH_3) bestimmen. Zum Nachw. von As in Hg_2J_2 ist das Glühen mit MgO_2 nicht nötig. Die starke katalyt. Wrkg. des Hg auf die H_2-Entw. muß in diesem Falle durch Kühlen gebremst werden. (Pharmac. Weekbl. **87.** 175—78. 15/3. 1952. Utrecht, Rijksuniv., Pharmaceut. Labor.) WESLY. 4880

Faschalek und **Schubert**, *Die Analyse des PAS-Na. — Ein Beitrag zum DAB 7.* Vff. geben als Identitäts-Rkk. an: tiefrote bis rotviolette Färbung mit $FeCl_3$, kräftig rote Färbung bei der Diazotierung, Ausfällen der Substanz mit HCl u. Nichtschwärzung von Photopapier (im Gegensatz zu 5-Aminosalicylsäure). Zur Gehaltsbest. wird die Titration mit 1n $NaNO_2$-Lsg. in salzsaurem Medium empfohlen. Zur Reinheitsprüfung werden vorgeschlagen: Best. von m-Aminophenol, NaCl, W. sowie Prüfung auf Schwermetalle u. Klarlöslichkeit. (Pharmazie **7.** 13—14. Jan. 1952. Farbenfabrik Wolfen, Kr. Bitterfeld.) HERRMANN. 4880

Enzo Costa und **Giorgio Grassi**, *Über die Bestimmung der p-Aminosalicylsäure und ihres Calcium- und Natriumsalzes in Suppositorien.* Aus Suppositorien auf Kakaobutterbasis läßt sich durch Auflösen in Bzl. u. nachfolgende Extraktion mit 2%ig. $NaHCO_3$-Lsg. die freie p-Aminosalicylsäure (I), durch Extraktion mit W. ihr Na- oder Ca-Salz isolieren. In der so erhaltenen wss. Lsg. wird die I durch Bromierung u. jodometr. Best. des überschüssigen Br nach der Meth. von Coppini (Farmaco (Pavia) **4.** [1949.] 526) bestimmt. Handelt es sich um I-Suppositorien auf Carbowax (II)-Basis, so ist diese Meth. wegen der Rk. des II mit dem J nicht anwendbar. Da aber das II mit Br nicht reagiert, so läßt sich hier die I nach Lösen der II-haltigen Suppositorien in Essigsäure nach Zusatz von konz. HCl mit $KBr-KBrO_3$ durch Tüpfeln auf KJ-Stärkepapier nach Oberweger u. Mitarbeitern (Quart. J. Pharmac. Pharmacol. **21.** [1948.] 292) bestimmen. (Boll. chim. farmac. **91.** 227—30. Juni 1952. Modena, Univ., Ist. di Chim. Farmac.) Ippen. 4880

André Kirschbaum, *Zur Bestimmung von m-Aminophenol in PAS-Lösungen durch Ätherextraktion.* Unter den Bedingungen des von Häberli (Pharmac. Acta Helvetiae **23.** [1948.] 229) angegebenen Verf. sind aus wss. Lsg. mit 20% *PAS-Na* (I) u. 2% *m-Aminophenol* (II) nur 80% reines II extrahierbar. Wird 12- statt 6mal extrahiert, so steigt die Ausbeute um weitere 15% eines stark verfärbten, schwer kristallisierenden II. Gleichzeitig zeigt die I-Lsg. Verfärbung u. p_H-Anstieg auf 9—9,5. Bei Verwendung von peroxydfreiem Ae. steigt die II-Ausbeute bei 6fachem Ausschütteln auf 93%. 5 Monate alte, 20%ig. I-Lsgg. ohne II sind braunrot verfärbt, gleichalte, mit 2% II versetzte braunschwarz u. trübe. Beide zeigen p_H-Anstieg. Die Extraktion mit Narkose-Ae. gibt beidemal farbloses II, erstaunlicherweise bei der ursprünglich II-freien I-Lsg. mehr als bei der anderen. Nach der plausiblen Hypothese von Hörler bildet der Oxydation ausgesetztes II ätherunlösl., gefärbte Prodd., in einer bereits II enthaltenden I-Lsg. naturgemäß früher als in einer ursprünglich II-freien I-Lsg., weshalb gealterte II-freie I-Lsgg. höhere II-Ausbeuten geben als gealterte, von vornherein II-haltige I-Lösungen. Dementsprechend bleiben unter Luftabschluß gealterte I-Lsgg. (Ampullen) farblos trotz nachweislicher Zers. (p_H-Anstieg, extrahierbares II). Bei der Zers. des I durch Decarboxylierung freigewordenes, als Na_2CO_3 in der Lsg. gebundenes CO_2 kann zur annähernden titrimetr. Best. des Zersetzungsgrades herangezogen werden. (Pharmac. Acta Helvetiae **27.** 26—30. 31/1. 1952. Beilage zu: Schweiz. Apotheker-Ztg. Genf, Sauter Labor., S. A.) M.-D. Laubschat. 4880

R. Opfer-Schaum, *Schnellverfahren zur Identitäts- und Reinheitsprüfung des Marfanil—Prontalbin-Puders.* Nach Angabe des Vf. liegt die eutekt. Temp. des Zweistoffsyst. Marfanil–Prontalbin (1 + 9) bei 145° (Gerät zur F.-Mikrobest. u. Mikrosublimation nach Vf., Süddtsch. Apotheker-Ztg. **89.** [1949.] 269). (Pharmaz. Zentralhalle Deutschland **90.** 364—65. Nov. 1951. Rodheim-Bieber.) Rangnick. 4880

R. B. Hardwick, Mary V. Johnston und **C. W. Picard**, *Eine neue Methode zur Bestimmung von Brom in den α-Bromacylcarbamiden Carbromal und Bromvaleton.* Die Br-Best. nach Volhard in *α-Bromacylcarbamiden* liefert ungenaue Werte. Es wird eine Adsorptionsindicatormeth. angegeben, die nur eine Standardlsg. erfordert u. schneller, einfacher u. genauer als die Best. nach Volhard arbeitet. Etwa 0,5 g mit 50—100 cm^3 W. versetzen, 0,2 g festes NaOH zugeben, 10 Min. am Rückfluß kochen, nach dem Erkalten 5—10 cm^3 H_2O_2 zur Zerstörung gebildeten Cyanids zusetzen, kochen, mit 5n Essigsäure (I) ansäuern, nochmals 10 cm^3 I, dann 10 Tropfen Eosinlsg. (0,5%ig. wss. Na-Salzlsg.) zufügen u. mit 0,1n $AgNO_3$ rasch u. unter kräftigem Schütteln titrieren, wobei vor dem Endpunkt eine rosa Färbung auftritt, die bei diesem unter gleichzeitiger Koagulation des Nd. nach intensiv Rot umschlägt. (J. Pharmacy Pharmacol. **4.** 109—14. Febr. 1952.) K. Maier. 4880

Per Ekeblad, *Die direkte Bestimmung des Basengehaltes von Alkaloidhalogeniden.* Es wird ein Verf. beschrieben, das eine Titration von Alkaloidhalogeniden ohne vorhergehende Abtrennung der Basen möglich macht. Titration mit $HClO_4$ in Eisessig; Indicator: Blau BZL (Ciba 22062 S). (J. Pharmacy Pharmacol. **4.** 636—40. Sept. 1952. Stockholm, Apotekens Kontrollabor.) Ulex. 4880

J. M. Viguera Lobo, R. Navarro Botella und **E. Primo Yúfera**, *Gewinnung von Alkaloiden mit Ionenaustauschharzen.* 3. Mitt. *Bestimmung von Morphin in Mohnpflanzen.* Erörterung bisher bekannter Bestimmungsmethoden u. Entw. einer neuen Meth.: Extraktion der Pflanze mit 3%ig. CH_3COOH, Klären der Fl., Einengen auf kleines Vol., Behandeln mit Kalk, Zusatz von NH_4Cl u. Extraktion mit Chlf.–Propanol (3 : 1), Ausziehen der Chloroformlsg. mit 0,1n NaOH, nochmalige Extraktion der alkal. Lsg. mit Chlf.–Propanol. Aus der Chloroformlsg. nach Abdunsten zur Trockne u. Aufnehmen mit 0,1n NaOH Ausfällen des Morphins mit NH_4Cl. Die Kristalle werden acidimetr. bestimmt. — Best. des Geh. in Kapseln, Stengeln, Blättern nach Jahreszeit u. Erntebedingungen. In Stengeln u. Blättern werden bis 42% der in den Kapseln vorhandenen Morphinmenge festgestellt.

(An. Real Soc. españ. Física Quím., Ser. B **48**. 465—74. [Seitenzählung im Orig. falsch! Die Redaktion.] Juni 1952. Valencia, Patronato Juan de la Cierva.) ALTPETER. 4880

W. Klementschitz und **P. Mathes,** *Die papierchromatographische Trennung einiger Cocaalkaloide.* Bei der Trennung des *Ekgonins* (I) von seinen Estern u. von *Tropacocain* (II) arbeiteten Vff. nach der aufsteigenden Meth. unter Verwendung der Filtersorte SCHLEICHER & SCHÜLL, Nr. 2043a (2,5×20 cm). Als Lösungsm. wurden Äthylglykol (III)-W.-Mischungen verschied. Konz. verwandt. — Ausführliche Beschreibung der Versuchsanordnungen, Unters. über die Abhängigkeit des R_F-Wertes von Sättigungsgrad des Dampfraumes mit III u. Wasserdampf. — Bei der gleichzeitigen Trennung des Cocains (Hydrochlorid) von I, *Benzoyl*-I u. II (Hydrochlorid) wurde die Filtersorte SCHLEICHER & SCHÜLL Nr. 2043b (2,5×28 cm) benutzt. Die Laufzeit beträgt 3—4 Stunden. Als Lösungsm. diente ein Gemisch aus 30 (Teilen) Methyläthylketon, 5 W., 0,5 Pyridin, 1,5 III u. 3,5 Ligroin. Vff. benutzten folgende Entwickler: DRAGENDORFFs Reagens nach KRAUT u. auch eine Lsg. von 0,1 g Bromkresolpurpur in 250 cm^3 ca. 20%ig. A., der 3,7 cm^3 $^1/_{20}$nNaOH enthält. (Scientia pharmac. **20**. 65—69. 30/6. 1952. Graz, Univ., Pharmakol. Inst.) BORSUTZKI. 4880

Sylvia Fowler und **R. C. Kaye,** *Die polarographische Bestimmung von Riboflavin in Tabletten und Ampullen.* Vff. konnten die Überlegenheit einer polarograph. Bestimmungsmeth. gegenüber den fluorimetr., mikrobiol. u. spektrophotometr. Methoden an Hand eingehender Verss. feststellen. (J. Pharmacy Pharmacol. **4**. 748—59. Okt. 1952. Bradford, Techn. Coll.) ULEX. 4880

Drägerwerk, Heinr. & Bernh. Dräger, Lübeck, *Tablettieren hygroskopischer Stoffe,* bes. von Aminosäuren u. solche enthaltenden Kohlehydratgemischen, dad. gek., daß diese hygroskop. Stoffe bis zum Sintern erhitzt, dann zerkleinert u. tablettiert werden. Der Wassergeh. des Ausgangsstoffes wird so eingestellt, daß die Sintertemp. unter 100° liegt. Haben z. B. Dextrin 13% u. die Aminosäuren, z. B. durch Totalhydrolyse von Casein, 8% Wassergeh., so wird das Gemisch mit 10% Wassergeh. bei ca. 84° bis zu einem unter 5% liegenden Wassergeh. getrocknet. Der gesinterte spröde Kuchen läßt sich granulieren u. tablettieren. (**D. B. P. 859 357** Kl. 30h vom 28/1. 1951, ausg. 15/12. 1952.) SCHINDLER. 4767

Leon Libenson, Flemington, N. J., V. St. A., *Stabilisieren von Lösungen der Tetrathiodiglykolsäure und der Tetrathiodimilchsäure* durch Zusatz von so viel sek. Alkaliphosphaten, daß ein p_H von ca. 7 erreicht wird. — Z. B. werden 20 mg Tetrathiodiglykolsäure mit 3 cm^3 einer 1,75%ig. Lsg. von Na_2HPO_4 vermischt. Klare Lsg. vom p_H 7. Abscheidung von S erst nach 1 Stunde. — Weitere Beispiele. — *Mittel gegen Arthritis.* (**A. P. 2 598 004** vom 31/8. 1949, ausg. 27/5. 1952.) K. HEINZE. 4807

Jan Marcel Didier Aron-Samuel (Erfinder: **Pierre Chabrier** und **André Emile Gaston Desjobert**), Paris, *Orthophosphorsäuremonoester tertiärer Aminoalkohole,* deren Salze u. quaternäre Ammoniumderivv. der allg. Formel $O{=}\underset{(OH)_2}{P}{-}O{-}(CH_2)_n{-}NR_1R_2$ [n = ganze Zahl, R_1 u. R_2 = Alkyl, Aryl, Aralkyl oder mit N heterocycl. verbunden, wobei die Gruppe $(CH_2)_n$ einen oder mehrere Substituenten, z. B. OH, enthalten kann]. Wasserfreie Orthophosphorsäure (I) wird mit einem am N disubstituierten Aminoalkohol kondensiert, bes. in Ggw. von P_2O_5 u. in Abwesenheit von Feuchtigkeit, u. gegebenenfalls werden die Ester in prim. oder sek. Salze oder in quaternäre Ammoniumderivv. übergeführt. Anstatt P_2O_5 mitzuverwenden, kann man auch in Ggw. eines wasserentziehenden Lösungsm., das mit W. ein azeotropes Gemisch bildet u. dessen Kp. über der Temp. liegt, bei der die Säure mit dem Alkohol reagiert (Toluol, Xylol), arbeiten. Man kann auch ein lösl. Trimetallphosphat mit einem am N substituierten Aminoalkylhalogenid oder dessen Hydrohalogenid in wss. Lsg. umsetzen. — Wasserfreie I wird in Ggw. von P_2O_5 mit Diäthylaminoäthanol 8 Std. auf 110—115° unter Ausschluß von Feuchtigkeit erhitzt. Dann gießt man in W., neutralisiert mit $CaCO_3$ u. Kalkmilch, filtriert das Tricalciumphosphat ab u. fällt aus dem Filtrat mit 95%ig. A. das *Ca-β-Diäthylaminoäthylmonoorthophosphat.* Durch Behandeln mit der entsprechenden Menge n-H_2SO_4 erhält man hieraus das *saure Ca-Salz* mit p_H 7. Setzt man mehr H_2SO_4 zu, so entsteht *Diäthylaminoäthylmonoorthophosphat* als sirupartige Flüssigkeit. Die neutralen Salze sind in wss. Lsg. bei 100° haltbar, die sauren Salze werden teilweise hydrolysiert, sind aber bei n. Temp. beständig. — *γ-Diäthylamino-β-oxypropylmonoorthophosphat.* Mit $FeSO_4$ erhält man aus dem sauren Ca- oder Ba-Salz das entsprechende *Ferrosalz.* Ferner können das *Cu-*, *Hg-*, *Bi-*, *Ag-* u. *Zn-*Salz hergestellt werden, die sämtlich wasserlösl. sind. — *Morpholyläthylmonoorthophosphat.* — *Piperidyläthylmonoorthophosphat.* — *Morpholinoglycerinmonoorthophosphorsäureester.* Die wss. Lsgg. sind intravenös als *Heilmittel* verwendbar. (**D. B. P. 845 801** Kl. 12o vom 28/5. 1950, ausg. 4/8. 1952. F. Prior. 30/5. 1949.) KRAUSS. 4807

D. Demuth K. G., Katlenburg, Harz (Erfinder: **Friedrich Hampe**, Frankfurt/M. Höchst), *Herstellung von Benzolätherabkömmlingen*, dad. gek., daß man einen Benzoläther oder methyliertes Bzl., die außerdem eine ungesätt. u. eine OH-Gruppe im Mol. enthalten, mit einem mehrwertigen aliphat. Alkohol in Ggw. von Alkali umsetzt. — Eugenol in wss. NaOH mit α-Monochlorhydrin versetzt u. auf dem Dampfbad 2 Std. erhitzt, ergibt den *Eugenolglycerinäther* (I), F. 79—81°. Isoeugenol ergibt den *Isoeugenolglycerinäther*, F. 88—89°. I besitzt *muskelerschlaffende Wrkg.* bei intravenöser Injektion von 40—60 mg/kg Körpergewicht. (**D. B. P. 825 992** Kl. 12o vom 21/5. 1949, ausg. 27/12. 1951.) G. König. 4807.

Farbenfabriken Bayer, Leverkusen (Erfinder: **Hans Schmidt, Robert Behnisch** und **Fritz Mietzsch**, Wuppertal), *Thiosemicarbazone* von aromat. Oxoverbb., die mindestens eine Mercaptogruppe direkt oder indirekt am aromat. Ring (I) tragen oder in I mindestens eine sek. Aminogruppe aufweisen, sind ausgezeichnete Mittel *gegen Tuberkulose* bei Warmblütern. In bekannter Weise werden dargestellt (II = „thiosemicarbazon"): *4-Methylmercaptobenzal*-**II**, F. ca. 200°; *4-Äthylmercaptobenzal*-**II**, F. ca. 142°; *4-Phenylmercaptobenzal*-**II**, F. ca. 177°; *4.4'-Disulfidodibenzal*-**II**, F. ca. 250° (Zers.); *4-Methylmercaptobenzal-4'-aminobenzal*-**II**, F. 201°; *4-Rhodanbenzal*-**II**, F. 189° (Zers.); *3-Methyl-4-äthylaminobenzal*-**II**, F. 162°; *3-Methyl-4-äthylamino-6-chlorbenzal*-**II**, F. 242° (Zers.); *p-Methylaminobenzal*-**II**, F. 182—183°; *4-Aminobenzaldehydthiosemicarbazon-N-äthan-α-sulfonsäure*; *γ-Phenylpropyl-4-aminobenzaldehydthiosemicarbazon-α.γ-disulfonsäure*; *N-Glucosid des 4-Aminobenzal*-**II**, F. 205°. (**D. B. PP. 859 010** Kl. 12o vom 14/7. 1944 u. **859 011** vom 4/11. 1943, beide ausg. 11/12. 1952.) Brösamle. 4807

Farbenfabriken Bayer, Leverkusen, *Thiosemicarbazone von Ketonen und cyclischen Aldehyden* erhält man durch Erhitzen von Hydrazinthiocyanat mit einem Keton, zweckmäßig in wss. Lsg. oder in Ggw. eines anderen Lösungs- oder Verdünnungsmittels. — KSCN wird in W. mit neutralem Hydrazinsulfat auf 90° erhitzt, nach dem Abfiltrieren des K_2SO_4 gibt man bei 60° Aceton zu, wobei man *Acetonthiosemicarbazon* (I), F. 180°, erhält. — *Cyclohexanonthiosemicarbazon*, F. 150°. Werden diese Ketonthiosemicarbazone mit cycl. Aldehyden, zweckmäßig in wss. Lsg., erhitzt, so erhält man die Thiosemicarbazone cycl. Aldehyde. — I wird in 30%ig. Essigsäure mit Benzaldehyd-4-carbonsäure in Methanol kurze Zeit erhitzt, wodurch man das *Benzaldehyd-4-carbonsäurethiosemicarbazon* erhält. — *m-Nitrobenzalthiosemicarbazon*, F. 235°. — *p-Äthylsulfonbenzalthiosemicarbazon*, F. 238°. — *2-Chlor-5-nitrobenzalthiosemicarbazon*, F. 250°. — *p-Acetaminobenzalthiosemicarbazon*, F. 233°. — *Therapeutica*. (**E. PP. 670 401** u. **670 402** vom 2/3. 1950, ausg. 16/4. 1952. Beide Schwz. Prior. 4/3. 1949.) Krauss. 4807

F. Hoffmann-La Roche & Co. Akt.-Ges., Basel, Schweiz, *m-Alkoxyphenylisothiocyanate* erhält man durch Überführen von m-Aminophenol (I) in m-Oxyphenylisothiocyanat (z. B. mit CS_2 u. NH_3 u. Behandeln mit $COCl_2$ oder mit Chlf. + Alkali u. Anlagern von S oder Behandeln des Diazoniumsalzes mit CuKCNS u. Umlagern) u. Behandeln mit einem gesätt. oder ungesätt. Alkylierungsmittel mit 3 oder 4 C-Atomen mit Ausnahme eines Allylhalogenids (vgl. D. B. PP. 831 692 u. 847 894). — Thiophosgen gibt in W. mit I bei 70—75° m-Oxyphenylisothiocyanat, $Kp._{0,03}$ 116—117°, F. 61—62°, das in Aceton mit β-Methylallylchlorid in Ggw. von K_2CO_3 nach 12 Std. *m-(β-Methylallyloxy)-phenylisothiocyanat*, $Kp._{0,03}$ 125—127°, liefert. — *m-Butyloxyphenylisothiocyanat*, $Kp._{0,02}$ 120—122°. — *m-Propyloxyphenylisothiocyanat*, $Kp._{0,01}$ 105—107°. — *m-Isopropyloxyphenylisothiocyanat*, $Kp._{0,01}$ 100—102°. — Verwendung als *Vermicide*. (**D. B. P. 852 087** Kl. 12o vom 25/11. 1950, ausg. 13/10. 1952. Schwz. Prior. 21/12. 1949.) Krauss. 4807

Melville Sahyun, St. Johns, Mich., V. St. A., *β-Diäthylaminoäthyl-3-phenyl-2-oxybenzoatmandelat* erhält man aus äquimol. Mengen Mandelsäure u. β-Diäthylaminoäthyl-3-phenyl-2-oxybenzoat bei p_H 7. Es hat *anästhet.*, *antihistamin.*, baktericide u. fungicide Eigg. u. ist bes. wirksam gegen Harnblasenmikroorganismen. (**A. P. 2 594 350** vom 21/12. 1950, ausg. 29/4. 1952.) Krauss. 4807

Farbenfabriken Bayer, Leverkusen (Erfinder: **Richard Kuhn**, Heidelberg), *Herstellung von 5.5'-Dihalogen-2.2'-dioxybenzilen* durch Halogenieren von 2.2'-Dioxybenzil (I) oder Entalkylieren der Dialkoxyverbb.; 5.5'-Dibrom-I, F. 210°; 5.5'-Dichlor-I, F. 195°; Reaktionsprod. von I mit ClJ, F. 234—240°. — *Heil- u. Desinfektionsmittel*. (**D. B. P. 863 058** Kl. 12q vom 7/9. 1943, ausg. 15/1. 1953.) Fabel. 4807

Ciba Akt.-Ges., Basel (Erfinder: **Jean Druey**, Riehen, und **Paul Schmidt**, Therwil), Schweiz, *Herstellung von β.β.β-Trichloräthylidenacetylthiophenen* der Formel RCO—CH=CH—C(Cl)$_3$ (R = Thiophenrest). Ein Acetylthiophen wird mit Trichloracetaldehyd umgesetzt u. gleichzeitig oder anschließend die Trichloräthylidenacetyl (I)-Gruppe gebildet.

2-I-Thiophen, F. 63°; *5-Brom-2-I-thiophen*, F. 74°; *5-Chlor-2-I-thiophen*, F. 78°. *Bakteriostat.* u. *fungistat.* Wirkung. (**D. B. P. 860 062** Kl. 12q vom 12/4. 1951, ausg. 18/12. 1952.) FABEL. 4807

Badische Anilin- & Soda-Fabrik (Erfinder: **Otto von Schickh**), Ludwigshafen/Rh., *α-Pyrrolidone.* Man red. γ-Nitrocarbonsäuren, ihre Ester oder Amide katalyt. u. erhitzt, falls nicht unmittelbar Ringschluß erfolgt ist, die gegebenenfalls entstehenden γ-Aminosäuren, -ester oder -amide. — Bei der Red. von 1-Nitrocyclohexyl-1-propionsäureäthylester in Methanol mit RANEY-Ni u. H_2 (100 at) bei 30—50° erhält man *5-Spirocyclohexyl-2-pyrrolidon*, F. 132—133°. — *5-Methyl-2-pyrrolidon-5-propionsäuremethylester*, F. 64°. — *5-Spirocyclohexyl-2-pyrrolidon-4-carbonsäuremethylester*, F. 108°. — *α-Pyrrolidon*, F. 27°. — Zwischenprodd. für *pharmazeut.* Zwecke. (**D. B. P. 861 845** Kl. 12p vom 5/4. 1941, ausg. 5/1. 1953.) BRÖSAMLE. 4807

Spofa, Spojené Farmaceutiské Závody, Národni Podnik (Spofa, United Pharmaceutical Works, National Corp.), Prag, Tschechoslowakei (Erfinder: **K. Fučik und Lábler**), *Herstellung von einem biologisch aktiven Cumarinderivat.* Man kondensiert 4-Oxycumarin in wss. Lsg. m itIsonitrosoaceton unter Kochen. Man erhält dann *3.3'-Bis-(4-oxycumarinyl)-aceton* (I), F. 242°, das mit $FeCl_3$ eine Farb-Rk. gibt. *Heilmittel* mit antikoagulierenden Eigenschaften. (**Schwed. P. 134 199** vom 11/2. 1950, ausg. 15/1. 1952. Tschech. Prior. 14/2. 1949.) JÜRGEN SCHMIDT. 4807

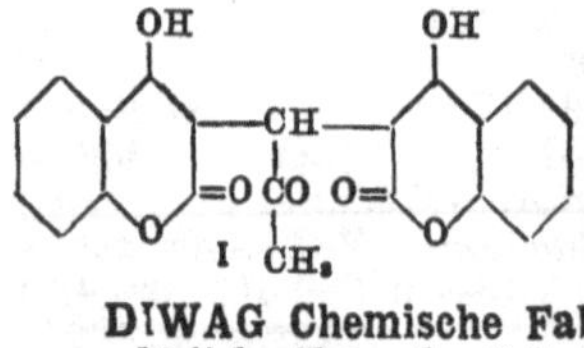

I

DIWAG Chemische Fabriken Akt.-Ges. (Erfinder: **Ernst Wegner**), Berlin, *Leicht wasserlösliche Ester der 1.3- bzw. 3.7-Dimethylxanthin-8-essigsäure* erhält man durch Rk. eines Ag-Salzes der genannten Säuren mit einem Dimethyl- bzw. Diäthylaminoäthylhalogenid, vorteilhaft in einem inerten Lösungsm.; aus Dimethylaminoä hylchlorid u. theophyllinessigsaurem Ag in Methanol, z. B. den *theophyllinessigsauren Dimethylaminoäthylester*, $C_{13}H_{19}O_4N_5$, F. 250—253° (Zers.). Ferner wird dargestellt der *theobrominessigsaure Diäthylaminoäthylester*, F. 236—238° (Zers.). — *Spasmolytica.* (**D. B. P. 862 301** Kl. 12p vom 23/10. 1951, ausg. 8/1. 1953.) BRÖSAMLE. 4807

Eli Lilly & Co., Indianapolis, Ind., V. St. A., *Stabilisieren von Vitaminlösungen* durch Zugabe von 0,05—5% Thioglycerin (I), Thiosorbit oder Thioglucose. — Z. B. werden in 1000 cm^3 W. gelöst: 10 (g) Thiaminhydrochlorid u. 5 I. Weitere Beispiele. Es können auch Lsgg. von Nicotinamid, Lactoflavin, Calciumpantothenat u./oder Pyridoxinhydrochlorid stabilisiert werden. (**E. P. 662 485** vom 26/5. 1949, ausg. 5/12. 1951. A. Prior. 27/8. 1948.) K. HEINZE. 4809

Parke, Davis & Co., übert. von: **Herman H. Bogin**, Detroit, Mich., V. St. A., *Per os anzuwendendes Vitaminpräparat* aus einem Vitamin A- u./oder D-Öl (**IV**), Gelatine (I), Weichmacher (II) u. einem Alkalisalz von Celluloseacetatphthalat (**III**) oder von Cellulosepropionatphthalat bzw. Cellulosebutyrat. Als **II** dienen Zuckerarten, Sirup u. dergleichen. — Z. B. 20—35(%) **I**, 20—40 **II**, 5—7 **III**, 35—40 **IV**. Das **IV** enthält 652000 (Einheiten) Vitamin A u. 65000 D. Herst. der Emulsion in der Wärme unter CO_2. Verarbeitung zum Granulat nach dem Erstarren. (**A. P. 2 553 544** vom 2/6. 1947, ausg. 22/5. 1951.) K. HEINZE. 4809

F. Hoffmann-La Roche & Co. Akt.-Ges., Basel, Schweiz (Erfinder: **L. A. Flexer und W. G. Farkas**), *Herstellung von Lactoflavinmonophosphorsäureester.* Man löst Lactoflavin in Chlorphosphorsäuren u. verseift das Reaktionsprod. vorsichtig zum Monophosphorsäureester vom F. 195°; gelbe Kristalle. (**Schwed. P. 133 953** vom 20/12. 1950, ausg. 18/12. 1951. A. Prior. 31/1. 1950.) JÜRGEN SCHMIDT. 4809

American Cyanamid Co., New York, N. Y., V. St. A. (Erfinder: **M. E. Hultquist und P. F. Dreisbach**), *Herstellung von substituierten Pteridinen.* Man kondensiert 2.4.5-Triamino-6-oxypyrimidin (I) mit 1.1-Dihalogen-2.3-epoxypropan u. p-Aminobenzoesäure oder deren Amiden bei ca. 0—100° u. p_H 1—7, bes. 2—5, vorzugsweise in einem inerten Lösungsm., wie Wasser. — Z. B. kondensiert man I mit p-Aminobenzoylglutaminsäure bei p_H 3—3,5 u. setzt dann ein Chlorierungsprod. von Epichlorhydrin zu u. kondensiert bei 40° u. p_H 3,5—4 weiter. Man erhält ein Reaktionsprod., das die Wrkg. der *Folsäure* zeigt. (**Schwed. P. 133 954** vom 17/9. 1948, ausg. 18/12. 1951. A. Prior. 10/10. 1947.) JÜRGEN SCHMIDT. 4809

Upjohn Co., übert. von: **Robert H. Levin, A. Vern McIntosh jr., George B. Spero und John L. Thompson**, Kalamazoo, Mich., V. St. A., *Pregnatetraene* erhält man durch Erhitzen eines 3.20-Diacyloxy-5.7.9(11).17(20)-pregnatetraenmaleinsäureanhydrid-5.8-addukts mit einem organ. Amin bzw. 9.11-Oxido-5.7-pregnadien-3.20-dionmaleinsäureanhydrid- oder -maleinsäureaddukts mit Terpineol auf ca. 100—225°. — 3β.20-Diacetoxy-5.7.9(11).17(20)-pregnatetraenmaleinsäureanhydridaddukt wird mit Dimethylanilin bzw. N.N-Dimethylbenzylamin 4 bzw. 3 Std. erhitzt. Nach dem Verjagen des Amins im Vakuum erhält man *3β.20-Diacetoxy-5.7.9(11).17(20)-pregnatetraen,* F. 195°. — Ferner können hergestellt werden: *3-Formoxy-, 3-Propionoxy-, 3-Butyroxy-, 3-Isobutyroxy-, 3-Valeroyloxy-, 3-Hexanoyloxy-, 3-Heptanoyloxy-, 3-Octanoyloxy-, 3-Benzoyloxy-20-acetoxy-5.7.9(11).17(20)-pregnatetraen; 3-Acetoxy-20-propionoxy-, 3-Propionoxy-20-butyroxy-, 3-Butyroxy-20-octanoyloxy-, 3-Butyroxy-20-benzoyloxy-5.7.9(11).17(20)-pregnatetraen.* — 9.11-Oxido-5.7-pregnadien-3.20-dionmaleinsäureanhydridaddukt wird 3 Std. mit Terpineol in Ggw. von Hydrochinon erhitzt, wodurch man *4.6.8(9).11-Pregnatetraen-3.20-dion,* $C_{21}H_{24}O_2$, F. 147,5—148,5°, erhält. (**A. PP. 2 577 777** vom 1/9. 1950 u. **2 577 778** vom 9/9. 1950, beide ausg. 11/12. 1951.) KRAUSS. 4809

Ayerst-McKenna & Harrison Ltd., St. Laurent, **Desmond Beall,** Westmount, und **Gordon Allison Grant,** Montreal, Can., *Gewinnung wasserlöslicher östrogener Stoffe* aus Pferdeharn durch Extraktion mit einem zu weniger als 6% in W. lösl. Lösungsm., wie Hexanol (I), Waschen der I-Lsg. mit dünner Alkalihydroxydlsg., Abdest. des I im Vakuum, Extraktion des Rückstandes mit Aceton (II), Abtrennen des Ungelösten, Abdest. des II, Aufnehmen des Rückstandes mit Hexan (III) u. Ausschütteln der III-Lsg. mit W. u. Isolierung der östrogenen Stoffe. Hohe Wirksamkeit bei oraler Anwendung. (**E. P. 663 805** vom 16/8. 1949, ausg. 27/12. 1951. Can. Prior. 8/12. 1948.) K. HEINZE. 4809

Sterling Drug Inc., Wilmington, Del., übert. von: **Chester John Cavallito, Aram Mooradian, Chester Merle Suter** und **Elmer John Lawson,** Ester *von Oxycyclopentanophenanthrenen oder Stilböstrolen* erhält man durch Veresterung des entsprechenden Hormons mit einem Alkoxyalkancarbonsäurehalogenid ROXCOY, Alkoxyalkancarbonsäureanhydrid $(RCOXCO)_2O$, einem Acyloxyalkancarbonsäurehalogenid RCOOXCOY oder einem Alkylmercaptoalkancarbonsäurehalogenid RSXCOY oder dessen Anhydrid $(RSXCO)_2O$ (X = Alkylen mit 1—3 C-Atomen, Y = Halogen u. R = Alkyl mit 1 bis 4 C-Atomen) in Ggw. einer Base (Pyridin). — Testosteron (I) wird in Ae.-Pyridin mit 4-Methoxybuttersäurechlorid 1 Std. erhitzt, wodurch man *Testosteron-4-methoxybuttersäureester,* F. 55,7°, $[\alpha]_D^{26}$ +88,4°, erhält. — Ferner werden die Ester von I hergestellt mit *3-Äthoxypropionsäure,* F. 53,5°, $[\alpha]_D^{29}$ +74,7°; *n-Butoxyessigsäure,* F. 61,5—63°; *n-Propoxyessigsäure,* F. 86,5—86,8°; *3-(2'-Propoxy)-propionsäure,* F. 61—62,6°; *Äthoxyessigsäure,* F. 118°; *Methoxyessigsäure,* F. 110°; *3-Methoxypropionsäure,* F. 102—103°; *Acetoxyessigsäure,* F. 133°; *β-Acetoxy-α-methylpropionsäure; Propionoxyessigsäure,* F.112°; *Äthylmercaptoessigsäure,* F. 95—96°; *2-Äthylmercaptopropionsäure,* F. 83—85°; *Methylmercaptoessigsäure,* F. 88—89°; *n-Propylmercaptoessigsäure,* F. 68,5—69,5°; *(2-Propyl)-mercaptoessigsäure,* F. 74—75°; *n-Butylmercaptoessigsäure; 3-Methylmercaptopropionsäure,* F. 84—85°; *2-Methylmercaptobuttersäure,* F. 118—119,5°; *4-Methylmercaptobuttersäure,* F. 63,5—64,5°; *4-n-Propylmercaptobuttersäure.* — *Stilböstrol-bis-(äthoxyacetat),* F. 134—136°; *Stilböstrol-bis-(äthylmercaptoacetat),* F. 95—97°. Ferner können noch verestert werden: 17-Methyltestosteron, Östron, Östradiol, Desoxycorticosteron. (**E. PP. 660 197, 660 198** u. **660 199** vom 13/9. 1948, ausg. 31/10. 1951. A. Prior. 13/9. 1947.) KRAUSS. 4809

Ciba Akt.-Ges., Basel, Schweiz (Erfinder: **K. Miescher und P. Wieland**), *Herstellung von Verbindungen der Androstanreihe.* Man behandelt 3-Oxy-20-ketopregnan-Verbb. bei $<15°$ mit aromat. Persäuren, wie Benzopersäure oder Phthalomonopersäure (I), u. gegebenenfalls sauren Katalysatoren. Z. B. oxydiert man Pregnenolon nach Schutz der Doppelbindung mit I in CCl_3H u. in Ggw. v. p-Toluolsulfonsäure bei 0° zum *Δ^5-Androsten-3β.17β-diol-17-monoacetat,* F. 146—147°. Durch anschließende Oxydation der 3-OH-Gruppe kann man zum *Testosteron* gelangen. (**Schwed. P. 134 026** vom 20/6. 1950, ausg. 27/12. 1951. Schwz. Prior. 15/7. 1949.) JÜRGEN SCHMIDT. 4809

Løvens Kemiske Fabrik, übert. von: **A. Kongsted,** Kopenhagen, *Reinigen von antibakterielle Stoffe enthaltenden Lösungen,* die bei der biol. Gewinnung der Antibiotica entstehen. Der Fl. wird bei einem p_H von 4,5—5,5 ein $Al(OH)_3$-Gel von gleichem p_H-Wert zugesetzt, wodurch die Verunreinigungen adsorbiert werden. Das Gel wird aus $(NH_4)_2SO_4$, NH_3 u. $Al_2(SO_4)_3 \cdot 18\,H_2O$ in der Wärme unter Rühren hergestellt. Einstellung des p_H auf ca. 5 mit 6n H_2SO_4. Vor Verwendung kann das Gel durch Dekantieren oder Zentrifugieren konz. werden. (**E. P. 659 896** vom 17/1. 1949, ausg. 31/10. 1951. Dän. Prior. 26/1. 1948.) SCHINDLER. 4811

Henry Christensen, Kopenhagen, Dänemark, *Gewinnung von Antibioticis* durch Züchten von Mikroorganismen auf oder in Nährlsgg., die einen zusätzlichen Geh. an Wirkstoffen aus Drüsen des Verdauungstraktus höherer Tiere aufweisen. Es können die zerkleinerten Organe oder Extrakte zugesetzt werden, die zuvor einer Behandlung mit Pepsin (I) oder Trypsin (II) unterworfen wurden. — Z. B. werden 50 (kg) Pankreas (III) oder Dünndarm (IV) oder ein Trockenpräp. aus III u. IV oder Magen in 500 W. vom p_H-Wert 2 bei 40° 24 Std. mit I u. dann nach Einstellung auf p_H 7,5 62 Std. bei 40° mit II behandelt. Nach Sterilisation u. Filtration wird der Extrakt im Verhältnis 1:50 zum n. Nährsubstrat zugesetzt. — Erhöhte *Penicillin*-Ausbeute. (**Schwz. P. 276 854** vom 2/12. 1947, ausg. 1/11. 1951. Dän. Prior. 17/12. 1946.) K. HEINZE. 4811

Jacques Loewe Research Foundation, Inc., New York, N. Y., V. St. A., *Orale Applikationsform für säureempfindliche Arzneimittel*, wie *Penicillin*, durch Vermischen mit einem anionakt. Kunstharzaustauscher. Die Mischung der Komponenten wird mit einer Schutzschicht von Carboxyalkylcelluloseäther oder mit mit CH_2O gehärteter Gelatine überzogen. (**E. P. 665 073** vom 2/11. 1949, ausg. 16/1. 1952. A. Prior. 10/11. 1948 u. 3/6. 1949.) K. HEINZE. 4811

Merck & Co., Inc., Rahway, übert. von: **Max Tishler**, Westfield, N. J., V. St. A., *Herstellung von Penicillin* (I)-*Salzen* durch Rk. von wss. Lsgg. von tert.-Penicillinaminsalzen mit NaOH oder $Ca(OH)_2$ in Ggw. eines mit W. nicht mischbaren organ. Lösungsm., z. B. Amylacetat, analog dem Verf. nach A. P. 2 542 796, C. **1952.** 734. (**A. P. 2 577 865** vom 11/9. 1946, ausg. 11/12. 1951.) SCHINDLER. 4811

Bristol Laboratories Inc., übert. von: **Douglas E. Cooper** und **Alphonse P. Granatek**, Syracuse, N. Y., V. St. A., *Herstellung von Penicillin-Verbindungen.* Durch Rk. von Na- oder K-Penicillinen mit den entsprechenden Halogenverbb. werden erhalten: *Diphenylacetyl–Penicillinanhydrid*; *3.3-Diphenylpropionyl–Penicillinanhydrid*; *Emetin–Penicillin* u. *o-Benzylphenoldimethylaminoäthyl–Penicillin.* (**A. PP. 2 577 699** vom 10/9. 1949, ausg. 4/12. 1952, **2 578 536** u. **2 578 537** vom 8/12. 1949, ausg. 11/12. 1951.) SCHINDLER. 4811

E. R. Squibb & Sons, New York, N. Y., V. St. A., *Herstellung von Penicillinpräparaten.* Procain-, Al-, Be- oder Malachitgrünsalze der verschied. Penicilline werden zusammen mit oberflächenakt. Stoffen, z. B. Polyäthylenäther eines höheren Fettsäureteilesters des Sorbits, hydrophilen Stoffen, wie Methylcellulose, Naturgummi, Na-Carboxymethylcellulose, in W. gelöst oder nach Teillsg. zur Trockne gebracht. Gute Verträglichkeit u. verlängerte Wrkg. bei parenteraler Injektion. (**E. P. 660 511** vom 14/7. 1949, ausg. 7/11. 1951. A. Prior. 14/7. 1948.) SCHINDLER. 4811

Distillers Co. Ltd., Edinburgh, **Herbert William Ashton** und **John Holgate**, Epsom, England, *Züchtung von streptomycinbildenden Mikroorganismen*, unter Belüftung u. submers, wobei ein Teil der Nähr-Fl. im Kreislauf durch einen Wärmeaustauscher mit einer Geschwindigkeit von 0,7 feet/Sek. geschickt wird. Aufrechterhaltung der günstigsten Gärtemperatur. Zu Beginn des Verf. kann die Nährfl. in der gleichen Vorr. sterilisiert u. gegebenenfalls auf Gärtemp. abgekühlt werden. (**E. P. 660 145** vom 4/11. 1948, ausg. 31/10. 1951.) SCHINDLER. 4811

Distillers Co. Ltd., Edinburgh, **Christopher James Jackson** und **Henry Stanley Corran**, Liverpool, England, *Kulturflüssigkeit für biologische Verfahren zur Gewinnung von Streptomycin oder Vitamin B_{12}* mit Hilfe von Streptomyces griseus. Außer den üblichen Nährstoffen wird ca. 1% Trockensubstanz zugesetzt, die aus den festen Bestandteilen einer Penicillin-Kultur-Fl. gewonnen wurde. Der Hauptbestandteil ist das Mycel des Penicilliums als Eiweißquelle. (**E. P. 649 818** vom 31/12. 1948, ausg. 31/1. 1951.) SCHINDLER. 4811

Merck & Co., Inc., Rahway, übert. von: **Norman G. Brink**, Princeton, und **Karl Folkers**, Plainfield, N. J., V. St. A., *Methylpentaacetyldihydrostreptobiosaminid-Isomere.* Dihydrostreptomycinhydrochlorid wird mit verd. alkoh. HCl behandelt. Die Lsg. wird zur Trockne eingedampft, der Rückstand in Methanol–Ae. (3:2) gelöst u. über mit Säure gewaschenem Al_2O_3 chromatographiert. Das Methanol–Ae.-Eluat wird zur Trockne eingedampft, wobei man eine Mischung von α- u. β-Methyldihydrostreptobiosaminidhydrochlorid, $[\alpha]_D^{25}$ -122^0 (c = 1,49 in Methanol) erhält. Diese wird mit Acetanhydrid in Pyridin behandelt, u. nach anschließendem Eindampfen zur Trockne erhält man eine Mischung von α- u. β-Methylpentaacetyldihydrostreptobiosaminid, aus der man mit Ae. u. anschließendem Fällen mit PAe. das ätherlösl. *β-Methylpentaacetyldihydrostreptobiosaminid*, F. 155,5—157°, $[\alpha]_D^{25}$ -34^0 (c = 0,935 in Chlf.) erhält. Das Ätherunlösl. wird aus Chlf.–Ae. u. Methanol umkrist. u. ist *α-Methylpentaacetyldihydrostreptobiosaminid*, $C_{24}H_{37}O_{14}N$, F. 198—198,5°, $[\alpha]_D^{25}$ -117^0 (c = 0,865 in Chlf.) (**A. P. 2 540 243** vom 26/10. 1946, ausg. 6/2. 1951.) KRAUSS. 4811

G. E. Trease, A textbook of pharmacognosy. 6th ed. London: T. & C. Bailliere. 1952. (VIII + 821 S. m. Abb.) 37 s. 6. d.

G. Analyse. Laboratorium.

E. H. W. Banner, *Prinzipien der Instrumentierung in der Analytik.* Beschreibung von Verff. u. Instrumenten der chem. Routineanalyse auf den Gebieten der p_H-Messung, der Messung der Leitfähigkeit von Lsgg., der Gasanalyse, der Spektrometrie, der Polarographie, der Photometrie, der Refraktometrie u. der Fluorescenzanalyse. (Chem. Prod. chem. News [N. S.] **14.** 444—48. Dez. 1951.) Gerhard Günther. 5006

Roy L. Grantom, *Eine neue und praktische Laboratoriumsklammer.* Vf. beschreibt eine Klammer, die gut geeignet ist, Gummi- bzw. auch andere Stopfen auf Gefäßen u. Rohren, in denen Überdruck herrscht, zu befestigen. (J. chem. Educat. **29.** 455. Sept. 1952. El Dorado, Ark., Lion Oil Co.) Moslé. 5006

W. C. Johnson, *Instrumentierung in der Industrie der Feinchemikalien.* Allg. Ausführungen über die Verwendung von Instrumenten zur Messung von Temp., Druck, Zeit, Durchflußmengen, elektr. Größen usw. sowie Abb. einiger neuerer Apparate. (Chem. Products chem. News [N. S.] **14.** 437—39. Dez. 1951.) Gerhard Günther. 5010

Robert F. Overman, *Vorrichtung zur Reinigung und Trocknung von Mikropipetten.* Es wird eine aus Pyrexglas leicht anzufertigende Vorr. zur Reinigung u. Trocknung von Mikropipetten (1—500 λ) beschrieben. (Nucleonics **8.** Nr. 4. 81. April 1951. Fayetteville, Ark., Univ. of Arkansas, Dep. of Chem., u. Inst. of Sci. and Techn.) v. Harlem. 5014

Giorgio Traverso, *Thermische Charakterisierung eines Ultrarot-Laboratoriumsthermostaten.* Vf. prüfte den mit Ultrarotstrahlung arbeitenden Thermostaten der Firma Tecnofarma (Pavia) durch Beobachtung einer Reihe organ. Substanzen mit FF. zwischen 41 u. 205° u. fand dabei, daß bis auf Phenol (F. 41°) u. p-Dichlorbenzol (F. 53°), die beginnendes Schmelzen zeigten, keine der Substanzen ihren Zustand änderte, wenn der Thermostat 1—2° unter den jeweiligen F. eingestellt wurde. Weiterhin hebt Vf. das bes. schnelle Erreichen der eingestellten Temp. u. den geringen Energieverbrauch des Ofens hervor. (Boll. chim. farmac. **91.** 198—99. Mai 1952.) Ippen. 5046

R. L. Cunningham, H. M. Weld und **W. P. Campbell,** *Eine automatische Registriervorrichtung für die thermische Analyse.* Speziell zur Unters. der Umwandlungen in Metallen u. Legierungssystemen wurde eine automat. Registriervorr. konstruiert, die nach der Meth. der umgekehrten Geschwindigkeit arbeitet (vgl. z. B. Smith, Trans. Amer. Inst. mining metallurg. Engr. **137.** [1940.] 236). Die Aufzeichnungen bestehen aus einer Reihe von parallelen Linien, wobei die Länge der einzelnen Linie proportional der Zeit ist, während deren das spezif. elektromotor. Kraftintervall durchschritten wird; es ist dies eine Funktion der spezif. Wärme u. der Wärmeübertragungsgeschwindigkeit, wenn keine Umwandlungen auftreten. Die Temp. kann innerhalb ca. 0,2° bestimmt werden. (J. sci. Instruments **29.** 252—53. Aug. 1952. Ontario, Can., Dep. of Mines and Technical Surveys, Mines Branch, Phys. Metallurgy Div.) Gottfried. 5052

L. Chapon, *Automatisches Sammelgerät für die Fraktionen in der Mikrochromatographie.* Das Prinzip des Gerätes ist die Gewichtsänderung des Eluats. Als Auffanggefäß dient eine Glasröhre, an deren unteres Ende, das geschlossen ist, ein Heber angeschmolzen ist, so daß das Ganze einem Abflußsiphon gleicht. Diese Vorr. steht mit einem Waagebalken in Verbindung, der auf der anderen Seite ein dem Leergewicht entsprechendes Gegengewicht trägt. Der je nach Gewicht auf- u. niedergehende Waagebalken betätigt einen Unterbrecher. Mit ihm ist eine durch Motor angetriebene Drehscheibe mit den Füllgefäßen gekoppelt. Das Gerät arbeitet sicher. (Bull. Soc. chim. France, Mém. [5] **19.** 538 bis 539. Mai/Juni 1952. Nancy, École de Brasserie.) Endrass. 5062

Louis B. Rockland, José Lieberman und **Max S. Dunn,** *Automatische Bestimmung der Radioaktivität auf Filterpapierchromatogrammen.* (Vgl. C. **1952.** 3378.) Mit Hilfe von schemat. Zeichnungen u. einem Schaltbild wird ein Gerät beschrieben, eine Kombination eines selbsttätig anzeigenden Geiger-Müller-Zählrohres mit einem automat. arbeitenden Probenwechsler für Chromatogramme. Als weitere Neuerung wird die Kopplung des automat. arbeitenden Zählrohres mit einem photoelektr. Schreiber zur Aufzeichnung von Kurven erwähnt. Das einwandfreie Arbeiten des Gerätes wird am Beispiel Glycin-2-^{14}C bei 5 Konzz. gezeigt. Es konnten durchschnittlich 86 $\pm$ 6% der angewandten Menge wiedergefunden werden. Der R_F-Wert (0,48) des Fleckes eines mit Ninhydrin besprühten Chromatogramms fiel mit dem aus der Spitze der Radioaktivitätskurve geschätzten Wert zusammen. Der App. kann nicht nur für radioakt. Substanzen mit ^{14}C auf eindimensionalen Chromatogrammen, sondern auch zur Messung radioakt. Isotope auf zweidimensionalen Chromatogrammen verwendet werden. (Analytic. Chem. **24.** 778—82. Mai 1952. Los Angeles, Calif., Univ., Chem. Labor.) Endrass. 5062

Takuya R. Sato, William P. Norris und **Harold H. Strain,** *Gerät für die kontinuierliche Elektrochromatographie.* Es werden 3 Geräte verschied. Größe für eine kontinuierliche, papierelektrophoret. Trennung beschrieben. Die Geräte zeigen in den Grundzügen senkrecht zwischen 2 Glasplatten einen 0,254 cm dicken Filtrierpapierbogen, dessen seitliche Ränder paraffiniert u. über Pt-Drähte als Elektroden mit einer Gleichstromquelle verbunden sind. Aus 2 Scheidetrichtern fließt gleichmäßig 0,1 mol. Milch- bzw. 0,1 mol. Essig-

säure als Elektrolyt zu. Der Zufluß des Lösungsgemisches wurde mittels einer Capillare oder eines Dochtes ermöglicht. Die Ausmaße des Papierbogens betrugen im größten Gerät ca. 60 mal 56 cm^2. Die Spannung betrug 200—500 V, die Stromstärke 60—200 mA. Für verschied. Ionen, wie radioakt. *Ca* u. *Phosphat*, sowie *Ag* u. *Chromat*, wurden saubere Trennungen erzielt. Aus den Ergebnissen wird gefolgert, daß eine glatte Trennung nicht nur von der Größe des Gerätes, sondern auch von der angelegten Spannung, dem Elektrolyten, von der Konz. u. Fließgeschwindigkeit sowohl des Elektrolyten wie auch der zu untersuchenden Lsg. abhängig ist. Ionen, die bei gleicher Trennbarkeit eine gleiche Aufeinanderfolge bei der Wanderung im elektr. Feld u. in der Chromatographie aufzeigen, lassen sich nach dem kontinuierlichen Verf. nicht auftrennen. Es gelingt jedoch, wenn die Trennbarkeit zwar gleiches Ausmaß hat, die Aufeinanderfolge jedoch entgegengesetzt ist. (Analytic. Chem. **24.** 776—78. Mai 1952. Chicago, Ill., Argonne National Labor.)
ENDRASS. 5062

Theo Kurt Willmer, *Erfahrungen mit der spektrochemischen Schnellanalyse.* Es werden Angaben über spektrochem. Geräte, einschließlich der Hilfsgeräte zur Beschleunigung der einzelnen Arbeitsgänge, über Schnellentwickler, Schnelltrockenvorr., Plattenhalter, Zeitbedarf für Stahlunterss., Leistungsfähigkeit u. Anwendungsgebiete spektrochem. Verff. gemacht. Die Genauigkeit des Verf. wird mit der von naßchem. Verff. verglichen. (Stahl u. Eisen **72.** 1443—47. 6/11. 1952. Bochum, Gußstahlwerk Bochumer Verein. Akt.-Ges.)
HOCHSTEIN. 5063

J. R. Butler und **H. H. Le Riche,** *Eine spektrographische Modifikation der Methode mit variablem Bezugselement.* Beschreibung einer Meth. zur gleichzeitigen Best. eines Spurenelementes u. seines Bezugselementes, bes. von Fe bei Verwendung der Glimmschichtmethode. Die Spektrogramme einer mit Kohle allein u. einer mit Kohle unter bestimmtem Fe_2O_3-Zusatz gemischten Probe werden miteinander verglichen, u. es wird gezeigt, wie sich daraus die ursprünglichen Gehh. an Fe u. Spurenelement ergeben. (Spectrochim. Acta [London] **4.** 435—38. 1952. Rothamsted, Soil Survey of England and Wales, Exp. Stat., Pedol. Dep.)
EICHHOFF. 5063

H. Reininger, *Bedeutung der Spektralanalyse für die Gießereipraxis.* Erörterungsbeitrag zu der C. **1952.** **7227** referierten Arbeit von WERNER. (Giesserei **39.** 437. 4/9. 1952. Bad Schandau.)
HOCHSTEIN. 5063

I. A. Terskow, *Die Anwendung des selbstregistrierenden photoelektrischen Spektrographen zur Analyse biologischer Objekte.* Beschreibung eines auf einem gewöhnlichen Monochromator beruhenden Spektrographen für die qualitative u. quantitative Unters. biol. Objekte. Die Brauchbarkeit der App. wird an der gleichzeitigen Best. von *Oxyhämoglobin* u. *Methämoglobin* im Blut illustriert. (Биохимия [Biochemie] **17.** 154—60. März/April 1952. Krasnojarsk, Med. Inst.)
LEBTAG. 5063

Nils Hansson, *Versuch der photographischen Eichung einer Wolframbandlampe.* Die Eichung wird durch Vgl. des kontinuierlichen Emissionsspektr. einer Standardlampe mit dem der zu eichenden Lampe bei verschied. Stromstärken vorgenommen. Aus der bekannten Abhängigkeit der Temp. der Standardlampe von der Stromstärke werden unter Verwendung einer wiedergegebenen Tabelle des Emissionsvermögens von **W** (Tempp. von 1200—2800° K in Intervallen von 50°, Wellenlängen von 3600—9000 Å in Intervallen von 200 Å) die relativen Intensitäten bei H_α, He 5876 u. H_β berechnet u. daraus die zugehörigen Schwärzungskurven ermittelt, mit welchen dann im umgekehrten Gang die relativen Intensitäten u. die Tempp. der zu eichenden Lampe gewonnen werden. Die so bestimmten Tempp. stimmen mit den von PHILIPS für eine andere Standardlampe angegebenen Werten auf $\pm$0,5% überein. (Ark. Astronomi **1.** 223—47. 1952.)
EICHHOFF. 5064

—, *Coulometrische Analyse.* Besprechung der method. Grundlagen der coulometr. Analyse u. ihrer Anwendungsmöglichkeiten bes. für die C-Best. in Stahl nach OELSEN-ABRESD. (Chem. Rdsch. [Solothurn] **5.** 292—93. 15/9. 1952.)
EICHHOFF. 5066

Charles W. Pifer und **Ernest G. Wollish,** *Acidimetrische Titration anorganischer Salze in Eisessig.* Zur qualitativen Prüfung, ob ein anorgan. Salz in Eisessig sauer, neutral oder bas. reagiert, wird ein einfaches Verf. angegeben. Ein mit Kalomel-Glaselektroden ausgestattetes „FISHER-Senior-Titrimeter" wird mit Eisessig bei 0,5 V eingestellt, u. das Auge des Instruments wird so reguliert, daß es etwas geöffnet ist. Nun wird der Eisessig durch eine 0,1 mol. Lsg. des Salzes in Eisessig ersetzt u. das Auge beobachtet. Tritt keine Veränderung des Auges ein, so reagiert das Salz in Eisessig neutral; öffnet sich das Auge, so reagiert das Salz in Eisessig bas., überschneiden sich die Ecken des Auges, so reagiert die Substanz in Eisessig sauer. Beispiele neutraler Verbb. sind: Eisessig, Hg-Acetat. Sauer reagieren: $KClO_4$, KBr, $KHSO_4$, KCl, KJ, Ferrocyanide, Ferricyanide. Bas. reagieren: K_3PO_4, KNO_3, K-Acetat. Chloride, Bromide oder Jodide werden durch Zugabe

von Hg-Acetat bas. u. so der Titration mit $HClO_4$ zugänglich. Nach untenstehender Meth. wurden titrimetr. bestimmt: *Na-Acetat*, NaN_3, $NaHCO_3$, $NaHSO_3$, $Na_2B_2O_4$, $NaBrO_3$, *NaBr*, Na_2CO_3, $NaClO_3$, *NaCl*, *NaCN*, *NaF*, *NaOH*, $NaH_2PO_2 \cdot H_2O$, $NaJO_3$, *NaJ*, $Na_2MoO_4 \cdot 2\,H_2O$, $NaNO_2$, $NaNO_3$, Na_2O_2, NaH_2PO_4, Na_2HPO_4, Na_3PO_4, Na_2SiO_3, Na_2SO_4, $Na_2S \cdot 9\,H_2O$, Na_2SO_3, *NaSCN*, $Na_2WO_4 \cdot 2\,H_2O$. Das fein zerriebene Salz wird durch ein 100-Maschensieb getrieben u. ca. 3,5 mÄquivalente werden in 80 ml Eisessig, gegebenenfalls unter Erwärmen gelöst (schwerlösl. Salze, wie K_2SO_4, werden durch ein 200-Maschensieb getrieben u. vor der Eisessigzugabe mit 5 ml W. versetzt) u. mit 0,1n$HClO_4$ potentiometr. titriert. Ist das Anion Chlorid, Bromid oder Jodid, so gibt man 10 ml Hg-Acetatlsg. in Eisessig hinzu u. titriert mit 0,1n$HClO_4$-Lsg. in Dioxan potentiometr. oder gegen Kristallviolett als Indicator. Al-, NH_4-, Sb-, Ba-, Bi-, Cd-, Ca-, Co-, Fe-, Pb-, Mg-, Mn-, K-, Ag-, Sr- oder Zn-Salze mit den Anionen der oben aufgeführten Alkalisalze sind, wenn sie in Lsg. gebracht werden können u. bas. in Eisessig reagieren, ebenfalls titrierbar. Die Genauigkeit u. Reproduzierbarkeit der Meth. beträgt $\pm 0,2\%$. (Analytic. Chem. **24.** 519—20. März 1952. Nutley, N. J., Hoffmann-La Roche Inc., Products Control Labor.)
K. F. Müller. 5066

a) Elemente und anorganische Verbindungen.

O. Schaumann und **G. Obruschka**, *Eine einfache behelfsmäßige Apparatur zur Stickstoffbestimmung.* Die Anordnung der App. (Abb.), die im wesentlichen auf dem Prinzip der von Balachowski u. Bruns (Biochem. Z. **256.** [1932.] 292) u. Hinsberg (Klin. Wschr. **1935.** 792) beschriebenen beruht, sowie die Durchführung der N-Best. werden eingehend beschrieben. (Österr. Apotheker-Ztg. **6.** 529—31. 30/8. 1952. Innsbruck, Univ., Pharmakognost. Inst.) Falenski. G 243

A. K. Babko und **P. W. Chodulina**, *Farbreaktion auf das Fluorion mit Titanchromotropreagens.* Zur colorimetr. Best. der Fluoride benutzt man ihre Eig., gefärbte Verbb. einiger Metalle zu entfärben. Als solche kommen Komplexsalze des Zr, des Th mit Alizarin, Fe-Rhodanid u. die Verb. des Ti mit H_2O_2 in Frage. In Ggw. von Sulfaten u. Phosphaten ist diese Best. mit Hilfe der Komplexe des Zr u. Th, ebenso auch des Fe unmöglich, weil diese Anionen beinahe denselben Entfärbungseffekt wie F^- hervorrufen. Ein Nachteil der F-Best. mit Hilfe der Peroxydverb. des Ti ist die wenig empfindliche Rk., die durch die schwache Färbung der Peroxydverb. des Ti bedingt ist. Das SO_4^{2-} wirkt hierbei nicht merklich, geringe Mengen von Phosphaten stören nicht. Zweckmäßig ist es, solche gefärbte Komplexverbb. des Ti anzuwenden, die einen größeren mol. Absorptionskoeff. als die Peroxydverb. des Ti besitzen. Vf. führt eine Reihe von Bestimmungen der Absorptionskurven einiger gefärbter Komplexe des Ti mit einigen Reagentien, wie H_2O_2, Alizarin, Brenzcatechin, Tannin u. Chromotropsäure, an. Die Absorptionskurven wurden durch Messung mit Hilfe des Photometers mit verschied. Lichtfiltern erhalten. Die Ti-Konz. in den gefärbten Lsgg. (außer der Peroxydverb.) war 0,0002 molar. Für die Peroxydverb. wurde eine 0,1 mol. Ti-Lsg. angewendet. Die Acidität derselben betrug p_H 1, für die übrigen Lsgg. p_H 3. Aus den Beispielen ist zu ersehen, daß die Chromotropsäure ein bes. empfindliches Reagens auf Ti ist. Der mol. Absorptionskoeff. des Ti-Komplexes mit Chromotropsäure ist ca. 100mal größer als für den Peroxydkomplex des Ti. Die Lsgg. der Ti-Salze müssen stets einen Überschuß an Mineralsäure enthalten, um eine Hydrolyse zu vermeiden. In stark saurem Medium bildet sich eine leuchtendrote Verbindung. Die Intensität der Färbung steigt mit dem p_H-Wert u. erreicht ihr Maximum bei p_H 3. Bei weiterer Erniedrigung der Acidität (p_H 5) tritt ein Farbumschlag ein. Der rote Komplex geht in einen gelben über, der durch Fluoride nicht entfärbt wird. Man muß also bei p_H 3 arbeiten. Die notwendige H^+-Konz. wurde durch ein Puffergemisch aus Monochloressigsäure u. einem Alkalisalz derselben erreicht. In Ggw. von F^- wird die rote Färbung des Titanchromotropkomplexes durch die Bldg. des Komplexions $[TiF]^{3+}$ oder $[TiOF]^+$ geschwächt. Da das Auge den Farbumschlag besser als die Intensitätsänderung wahrnimmt, fügt man zum Ti-Chromotropkomplex einen im sauren Medium beständigen Farbstoff, z. B. Methylenblau, hinzu. Die Mischung dieses Farbstoffs mit der roten Verb. des Ti mit der Chromotropsäure ist braun. Beim Zuführen von F^- beobachtet man einen ziemlich scharfen Farbumschlag von Braun nach Blau. Die Rk. kann auch als Tüpfel-Rk. auf Cellophanpapier ausgeführt werden, das vorher mit 10%ig. Lauge bei 50° bearbeitet u. dann mit der Reaktionslsg. gefärbt wird. Das getrocknete Reagenspapier hält sich einige Monate. Empfindlichkeit der Rk. 1 μg. Die höchste zulässige Verdünnung 1 : 50000. Phosphate stören. (Журнал Аналитической Химии [J. analyt. Chem.] **7.** 281—84. Sept./Okt. 1952.) Steinberg. G 246

D. S. C. Polson und **J. D. H. Strickland**, *Die Bestimmung von Mikrogrammengen Schwefel in Nitrat- oder Chloridlösungen.* Zur Best. von Spuren Sulfat werden diese gemeinsam mit Bariumchromat als „Sammler" als $BaSO_4$ bei p_H 1 gefällt. Das Sulfat wird bei Rotglut durch ein überströmendes H_2–HCl-Gemisch zu H_2S umgesetzt, das photometr. als LAUTH-Violett bestimmt wird. Mit dem Verf. lassen sich Spuren von S bis herab zu $0,2 \cdot 10^{-4}$ % in 10 g Substanz bestimmen. (Analytica chim. Acta [Amsterdam] **6.** 452—61. Mai 1952. London, Ministry of Supply, Chem. Inspect., Royal Arsenal.) PLOUM. G 253

Riccardo Sersale und **Elvira Gregorio**, *Schnellbestimmung der Zusammensetzung von Kalkhydraten mittels der kontinuierlich registrierenden Thermowaage.* Ebenso wie bei der chem. Analyse unter der Voraussetzung, daß die Verunreinigungen durch SiO_2, Al_2O_3, Fe_2O_3 u. SO_3 klein sind, der Geh. an $Ca(OH)_2$ (**I**), $Mg(OH)_2$ (**II**), $CaCO_3$ (**III**) u. *MgO*, unter Nichtberücksichtigung der unter den üblichen Herstellungsbedingungen fehlenden bas. Mg-Carbonate, berechnet werden kann, kann man schneller mittels der photograph. registrierenden Thermowaage aus den Stufen des Wasserverlustes des **I** u. **II** u. des CO_2-Verlustes des **III** auf deren Geh. u. aus der Differenz auf den des MgO schließen. Die Abweichungen der von verschied. Autoren angegebenen Tempp. für den Gewichtsverlust dieser Verbb. sind wesentlich durch die Versuchsmethoden bedingt, so daß sie bei Anwendung eines bestimmten Geräts unter festgelegten Bedingungen zu verläßlichen Werten führen, wie aus dem Vgl. der chem. Analysenwerte mit den thermogravimetr. gefundenen für 6 Beispiele hervorgeht. Sie zeigen auch das verschied. Verh. des MgO in gebranntem Dolomit, je nachdem man diesen unter 5 at mit W. behandelt oder ohne Druck mit einem Überschuß von kaltem Wasser. In diesem Falle bleibt MgO unverändert, in jenem ist es völlig in **II** umgewandelt; mit Wasserdampf von 100° wird es teilweise hydratisiert. (Ann. Chimica **42.** 417—24. Juli/Sept. 1952. Napoli, Univ., Ist. Chim. ind.) METZENER. G 283

E. M. Levine und **Gerald Krakower**, *Der Nachweis von Zink bei Anwesenheit von Nickel und Kobalt.* Zn^{2+} wird von Ni^{2+} u. Co^{3+} durch NaOH getrennt, die $Ni(OH)_2$- u. $Co(OH)_3$-Ndd. abzentrifugiert u. die $[Zn(OH)_4]^{2-}$ enthaltende Lsg. zusätzlich filtriert u. in ihr das Zn mit H_2S nachgewiesen. NH_4Cl stört nicht. Co^{3+}- u. Ni^{2+}-Hydroxyde adsorbieren Zn^{2+}, so daß nicht mehr als die 5fache Menge des Zn^{2+} an Co^{3+} u. Ni^{2+} zum sicheren Nachw. von Zn anwesend sein soll. (J. chem. Educat. **29.** 437. Sept. 1952. New York, N. Y., Yeshiva Univ.) MOSLÉ. G 288

Maria Nivoli, *Die direkte Titration der Vanadate.* Die Angaben von BROWNING u. PALMER (Z. anorg. allg. Chem. **68.** [1910.] 263) über die Titration der verschied. Vanadinsäuren nach Behandlung mit HNO_3, darauf mit NH_3, durch Fällung als $AgVO_3$ werden bestätigt. Dabei läßt sich der Endpunkt leichter durch eine Tüpfel-Rk. auf Papierstreifen erkennen, die mit einer 1%ig. Lsg. von *Gallussäure* in 95grädigem A. getränkt sind. Ausführung: Zu 10 ml ca. 0,1n Ortho-, Pyro- oder Metavanadatlsg. gibt man erst 2—3 ml 5n HNO_3, macht hiernach mit NH_4OH alkal. u. erwärmt bis zum Sieden, wodurch die gelbe Lsg. sich erst entfärbt, aber bei weiterer Erwärmung wieder leicht gelb wird. Dann titriert man mit 0,1n $AgNO_3$-Lsg. unter Umschütteln u. beobachtet die Färbung, welche ein Tropfen der überstehenden Lsg. auf dem Gallussäurepapier hervorbringt: grünlichschwarz mit abnehmender Intensität bis graugrün, solange V im Überschuß ist, braun bei Ag-Überschuß. In der Nähe des Äquivalenzpunktes ist der Fleck braun u. von einem graugrünen Hof umgeben, dessen Verschwinden den genauen Umschlagspunkt anzeigt. (Ann. Chimica **42.** 370—72. Juni 1952. Torino, Univ., Ist. merceolog.) METZENER. G 330

M. B. Schtschigol und **N. B. Burtschinskaja**, *Bestimmung des dreiwertigen Eisens mit Tetraborat.* Bei der potentiometr. Titration verd. (0,06n) $FeCl_3$-Lsgg. mit 0,1n Lsg. von $Na_2B_4O_7$ ist ein geringer Potentialsprung im $[FeB_4O_7]^+$-Äquivalenzpunkt, ein bedeutend stärkerer bei $[Fe_2(B_4O_7)_3]$ infolge Bldg. dieser Komplexe zu verzeichnen. Weitere Sprünge zeigen die Zerstörung dieser Komplexe unter Bldg. bas. Salze an. Weitere Titrationen der Fe–Borat-Komplexe mit HCl u. Oxalsäure führten zur Best. der Instabilitätskonstanten K für diese Boratkomplexe (im Vgl. mit jenen für FeCNS): für $[Fe_2(B_4O_7)_3]$ $0,7 \cdot 10^{-12}$, für $[FeB_4O_7]^+$ $1,78 \cdot 10^{-17}$. Auch durch Best. der Gefrierpunktserniedrigung sowie der spezif. Leitfähigkeit von Lsgg. von $FeCl_3 + Na_2B_4O_7$ wurden Depressionsminima beim Komponentenverhältnis 1 : 1 u. 1 : 1½ nachgewiesen. — Darauf wird ein potentiometr. Titrationsverf. für Fe^{3+} mit 0,1n Boraxlsg. gegründet: Pt-Blech, mit dünner Pt-Schwarzschicht bedeckt, als Indicatorelektrode, gesätt. HgCl-Elektrode als Vergleichselektrode. In Ggw. von Säuren (am besten Oxalation) u. Cu zeigt der erste kleine Sprung das Ende der Titration der freien Säure, der nächste größere die Summe Säure + Cu, der dritte Cu + Fe an (Einzelbest. aus der Differenz). In Ggw. von Ni, Co, V, Mo, W wird 0,2—0,3 g Na-Salicylat zugesetzt u. mit 0,1n Boraxlsg. titriert: der Fe-Geh. ergibt sich aus dem 1. Sprung. Erze werden mit Na_2CO_3 geschmolzen, mit HCl zers., nach Zusatz von $Na_2C_2O_4$ mit NaOH die Säure titriert (Phenolphthalein), in einer zweiten Probe wird die Summe Fe + Säure mit Borat bestimmt. (Журнал Аналитической Химии [J. analyt. Chem.] **7.** 289—300. Sept./Okt. 1952. Kiew, Med. Inst.) v. WILPERT. G 354

G. W. C. Milner und **W. R. Nall**, *Die mikrochemische Analyse von Eisen- und Nichteisenlegierungen.* Es werden Verff. zur Best. der in Stählen, Al-Legierungen u. Weißmetall in kleinen Mengen auftretenden Begleiter angegeben, u. zwar werden in Stählen *Pb* mit Dithizon u. *V* mit 3.3'-Dimethylnaphthidin photometr. ermittelt. Die Best. von *Cu, Ni, Fe, Mn* u. *Si* erfolgt gleichfalls photometrisch. Der Geh. an *Sb* im Weißmetall wird nach einem bromometr. Verf. mikroanalyt. mit α-Naphthoflavon als Indicator bestimmt. (Analytica chim. Acta [Amsterdam] **6.** 420—37. Mai 1952. Sheffield, Bragg Labor.) PLOUM. 5280

b) Organische Verbindungen.

J. M. Macoun, *Der Nachweis und die Bestimmung kleiner Mengen entzündlicher Kohlenwasserstoffe in brennbarem Material.* Der Nachw. u. die Best. entzündlicher *KW-stoffe* (I) in verdächtigem, brennbarem Material bei Brandstiftung wird nach der Meth. von HOFF (Analyst **59.** [1934.] 687) in folgender Ausführung geführt: Die Probe wird in einem Weithalskolben mit 95%ig. A. übergossen (z. B. 100 g Sackjute mit 200 ml A.), über Nacht stehengelassen u. mit dem 3fachen Wasservol. (bezogen auf den A.) vermischt u. dann destilliert. Man fängt 20 ml Destillat in einer 50 ml-Bürette auf u. dann nochmals 20 ml in einer anderen Bürette. Die Destillationsgeschwindigkeit beträgt 2—3 ml/Min. bei I-Gehh. von $<$2,5%, bei höheren I-Gehh. 5 ml/Minute. In jede Bürette gibt man 15 ml $K_2Cr_2O_7$-Lsg. ($^1/_6$-gesätt.) u. 2 ml HCl (D. 1,18), mischt u. läßt über Nacht stehen. Das Vol. der abgetrennten I wird abgelesen. Die abgetrennten I können bzgl. Entzündbarkeit, n_D, D. u. Kp. weiter untersucht werden. (Analyst **77.** 381. Juli 1952. Ottawa, Nat. Res. Council, Customs Excise Labor.) K. F. MÜLLER. G 510

Claudia Tornabuoni, *Eine neue Farbreaktion zum Nachweis von Formaldehyd, Trioxymethylen, Hexamethylentetramin und Hexamethylentetraminanhydromethylencitrat.* Zum Nachw. des Formaldehyds (I) u. solcher Verbb., die mit konz. H_2SO_4 I bilden (Trioxymethylen, Hexamethylentetramin u. Hexamethylentetraminanhydromethylencitrat), schlägt Vf. die mit Acenaphthen (II) in Chlf. u. H_2SO_4 bei Ggw. solcher Verbb. auftretende sehr empfindliche, intensive Grünfärbung vor. Die Rk. wird so durchgeführt, daß zu 1 ml einer 1‰ig. Lsg. von II in Chlf. 1 Tropfen der zu untersuchenden Lsg. gegeben u. mit 1 ml konz. H_2SO_4 unterschichtet wird. Bei Ggw. von I oder der genannten I-Derivv. bildet sich an der Berührungsstelle ein blatt- bis blaugrüner Ring. Aromat. Aldehyde bilden dagegen nach DE FAZI (Gazz. chim. ital. **46.** [1916.] 343. 356) unter ähnlichen Bedingungen eine beständige violettrote Färbung, der manchmal eine grüne Färbung voraufgeht. (Boll. chim. farmac. **91.** 89—91. März 1952. Pisa, Univ., Ist. di Chim. farmaceut.) IPPEN. G 670

Edward L. Stanley, Harry Baum und **Jessie L. Gove**, *Die Bestimmung kleiner Mengen Dimethylamin in technischen Methylaminen. Eine einfache Methode zur Trennung des Dimethylamins von Monomethylamin.* Zur Best. geringer Mengen *Dimethylamin* (I) in *Mono* (II)- u. *Trimethylamin* (III)-Proben sind die auf der Einw. von HNO_2 beruhenden Methoden nicht befriedigend. Es wurde gefunden, daß die spektrophotometr. Best. von I als *Kupferdimethyldithiocarbamat* nach DOWDEN (Biochem. J. **32.** [1938.] 455) einfach u. genau ist. Der I-Geh. in III-Proben kann direkt bestimmt werden; bei II-Proben ist eine vorherige Abtrennung des I notwendig. Diese Trennung erfolgt durch Absorption des Amins in wss. HCl u. anschließende Entfernung des W. durch azeotrope Dest. mit Chlf.; hierbei wird II-Hydrochlorid ausgefällt, während I-Hydrochlorid im Chlf. gelöst bleibt. NH_3 oder CH_3OH stören bei dieser Meth. nicht. 0,18—3,5% I in II- u. III-Proben wurden mit einer Abweichung von $<$0,05% vom Absolutwert bestimmt. Eichkurve: 1—20 ml einer wss. I-Sulfatlsg., die 7 γ I/ml enthält, werden mit W. zu 20 ml verd. u. mit 2 ml ammoniakal. Cu-Lsg. (50 g NH_4-Acetat u. 0,5 g $CuSO_4 \cdot 5\,H_2O$ werden in 75 ml W. gelöst, 25 g NaOH in 50 ml W. u. 50 ml NH_4OH [D. 0,90] zugegeben, mit W. auf 250 ml aufgefüllt) u. 20,00 ml einer 5%ig. CS_2-Lsg. in Bzl. versetzt. Man erwärmt 3 Min. im Wasserbad, schüttelt 30 Sek. u. gibt 2,00 ml 30%ig. Essigsäure hinzu u. schüttelt wieder. Nach 10 Min. Stehen mißt man die Extinktion gegen Bzl. bei 440 oder 434 mμ. Analyse von III-Proben: In 25 ml 0,5—5n H_2SO_4 + 1 Tropfen Methylrot gibt man so viel abgewogenes III, bis die Farbe nach Gelb umschlägt. Die überschüssige Base wird mit einigen Tropfen Säure zurücktitriert; die Lsg. wird so weit verd., bis sie 1—5 γ I/ml enthält. 20 ml dieser Lsg. werden wie oben behandelt. Der I-Geh. wird der Eichkurve entnommen. Analyse von II-Proben: Die Probe wird in 50,0 ml 2n HCl absorbiert, gewogen u. die Lsg. zu 100 ml verdünnt. 5,00 ml dieser Lsg. werden mit 50 ml Chlf. in den Kolben einer geeigneten Destillationsapp. (Abb.) gegeben u. am Rückfluß erhitzt, bis ein Nd. auftritt. Man erhitzt 1 weitere Std., läßt erkalten, filtriert, verd. das Filtrat zu einem bekannten Vol. u. entnimmt davon 5 ml. Diese werden mit 20 ml W. bis zur Entfernung des Chlf. auf dem Wasserbad erhitzt. In dieser wss. Lsg.

wird der I-Geh. wie oben bestimmt. (Analytic. Chem. **23.** 1779—82. Dez. 1951. Bridesburg, Philadelphia, Pa., Röhm & Haas, Co.) K. F. MÜLLER. G 910

S. Casadio und **U. Gallo**, *Nichtionische Netzmittel und Alkaloidfällungsreaktionen.* Vff. untersuchten das Verh. einiger Alkaloidreagentien (DRAGENDORFF, MAYER, BOUCHARDAT, Tannin, Pikrinsäure, Silicowolframsäure [I] u. Trichloressigsäure [II]) gegenüber einigen nichtion. Netzmitteln (Triton X 100, Tween 40, 60 u. 80) sowie deren Mischung mit einigen Alkaloiden (Chininbisulfat, Strychninnitrat, Ephedrin- u. Papaverinhydrochlorid) im Vgl. zu reinen Alkaloidlösungen. Während die Rk. zwischen den Alkaloiden u. den erstgenannten Reagentien durch die Netzmittel weitgehend verändert wird (in kleinen Mengen werden die Netzmittel durch einen Teil der Reagentien gefällt, während größere Mengen die Alkaloid-Ndd. in Lsg. bringen), zeigen I u. II abweichendes Verhalten. Die I reagiert nicht mit den Netzmitteln, u. die I-Alkaloid-Ndd. werden durch die Netzmittel nicht nennenswert beeinflußt. Dagegen reagiert die II mit den genannten Alkaloiden nicht, gibt aber mit den Netzmitteln ölige oder flockige Abscheidungen. (Boll. chim. farmac. **91.** 177—80. Mai 1952.) IPPEN. G 3500

Michael Finkelstein, *Ein quantitativer Fluorescenztest für die Bestimmung von Corticosteroiden.* Die Fluorescenzunters. einiger *Corticosteroide* ergab, daß eine Behandlung von *Corticosteron, 17-Oxycorticosteron, 11-Desoxycorticosteron* u. ihrer *Acetate* mit 85%ig. Phosphorsäure auf dem Wasserbad zu einer blaugrünen Fluorescenz führt, deren Intensität linear mit der Konz. der Steroide geht (Messung mittels FARRAND-Fluorometer mit Interferenzfiltern). Die Dauer der Wasserbadbehandlung soll nicht länger als 15—30 Min. sein, da sonst teilweise Fluorescenzvernichtung eintritt. (Nature [London] **169.** 929—30. 31/5. 1952. Jerusalem, Hebr. Univ., Hadassah Med. School, Hormone Res. Labor., u. Swansea, Univ. Coll., Dep. of Chem.) RUDOLPH. G 3750

c) Bestandteile von Pflanzen und Tieren.

Josef Hauser, *Ausschaltung des Xylols in der histologischen Technik.* Vf. beschreibt ein Verf. zum Ersatz des zu Schrumpfungen führenden Xylols durch *Isopropylalkohol* (I). (Mikroskopie [Wien] **7.** 208—11. 1952. Innsbruck, Univ., Zoolog. Inst.) MOISAR. 5661

T. N. Chawkin, *Kombinierte Färbung von elastischem Gewebe und Fett.* Vf. empfiehlt *Trypanblau* (I) als elektives Färbemittel für elast. Strukturen. Zur kombinierten Färbung von Fett u. elast. Fasern bringt man die mit *Sudan* oder *Scharlach* vorgefärbten Gefrierschnitte für 10—12 Std. in eine 1%ig. I-Lösung. Danach werden die Schnitte mit W. abgespült u. kommen in die üblichen bei der Fettfärbung angewandten Massen (Gummi–Sirup, Glycerin–Gelatine oder dgl.). (Архив Патологии [Arch. Pathologie] **14.** Nr. 1. 86—87. Jan./Febr. 1952. Inst. für exp. Med. der Akad. der Med. Wiss. der UdSSR, Abt. für pathol. Anatomie u. Labor. für pathol. Anat.) RENTZ. 5661

James W. Bartholomew und **Tod Mittwer**, *Der Mechanismus der Gram-Reaktion.* 3. Mitt. *Die Löslichkeit von Farb–Jod-Niederschlägen und weitere Studien über Ersatzfarbstoffe für die Grundfärbung.* Die Sicherheit bei der Differenzierung von Bakterien nach GRAM hängt zum großen Teil von der Schwerlöslichkeit der Jod–Farbstoff-Ndd. in A. bzw. wss. Safraninlsg. ab. Diese wurde für 29 Farbstoffe untersucht. Davon übertraf keiner in seiner Gesamteignung für die Gramfärbung (Intensität der Färbung, Bldg. eines Nd. mit J, Löslichkeit) das Kristallviolett. (Stain Technol. **26.** 231—40. Okt. 1951. Los Angeles, Calif., Univ., Dep. Bact.) ITZEROTT. 5661

A. C. Mason, *Die Bestimmung kleiner Mengen Calcium in Pflanzenmaterial.* (Vgl. C. **1952.** 4199.) Kleine Mengen Ca (10—500 γ) lassen sich durch Titration mit einer wss. Lsg. von Dinatriumäthylendiamintetraacetat in alkal. Lsg. mit Murexid als Indicator bestimmen. Zur Entfernung störender PO_4^{3-}-Ionen wird die Lsg. über einen Kationenaustauscher geschickt u. anschließend das Ca mit 5n HCl eluiert. Der Einfl. von Korngröße u. Schichtdicke des Austauscherharzes auf die Genauigkeit der Best. wird untersucht. Mg, Fe u. Mn verändern etwas die Farbe des Indicators, stören aber in gewöhnlich vorkommenden Mengen nicht den Endpunkt der Titration. Der Fehler der Best. wird mit 1,35% angegeben. (Analyst **77.** 529—33. Okt. 1952. Maidston, Kent, East Malling Res. Stat.) H.-J. KOCH. 5664

d) Medizinische und toxikologische Analyse.

Wolf Herbert Weihe, *Direkte argentometrische Chlorbestimmung mit Säureviolett 4 BL als Indicator.* Mitt. einer Meth. zur direkten argentometr. Cl-Best. in *Harn* u. *Serum* unter Verwendung des Adsorptionsindicators *Säureviolett 4 BL* (BAYER) in 2%ig. wss. Lösung. Harne von n. Beschaffenheit können ohne Vorbehandlung titriert werden. (Klin. Wschr. **30.** 85—86. 15/1. 1952. München, Univ., Med. Poliklinik.) KRUSEN. 5732

E. R. Cook und **Margaret E. Rooks**, *Ein Nomogramm für die Berechnung von Urin-17-Ketosteroiden.* Vff. beschreiben die Konstruktion eines Nomogramms, mit dem sich ohne Genauigkeitsverlust der Geh. von Urintagesproben an 17-Ketosteroiden berechnen läßt. Das Nomogramm ist auf alle colorimetr. Bestimmungsmethoden anwendbar. Die Genauigkeit des Verf. wird durch Vgl. der durch das Nomogramm gefundenen Werte mit berechneten u. mit durch chem. Trennung gefundenen Werten nachgewiesen. (Analyst **77.** 525—29. Okt. 1952. Barrow Gurney, Bristol, Mental Hosp., Biochem. and Endocrinol. Res. Dep.) H.-J. KOCH. 5732

L. J. Walaszek-Piotrowski und **F. C. Koch**, *Eine einfache Methode der Jodbestimmung in der Kückenschilddrüse.* Vff. modifizieren die Meth. von ASTWOOD u. BISSELL (C. **1945.** I. 803): Veraschung der Thyreoidea mit KOH, Lsg. der Asche in W., Ansäuern u. Oxydation mit Br, um lösl. Jodate zu erhalten, deren J-Geh. colorimetr. mit BECKMAN-Spektrophotometer bestimmt wird. Genauigkeit 99 ± 3% für J-Gehh. von 1—10 γ/mg Gewebe. (J. biol. Chemistry **194.** 427—34. Jan. 1952. Chicago, Ill., Armour and Comp.) BÖHM. 5750

Richard Thomas Liddicoat and **Philip O. Potts**, Laboratory manual of materials testing. New York: Macmillan. 1952. (251 S. m. Abb. u. Diagr.) $ 4,—.

D. M. Smith, Visual lines for spectroscopic analysis. 2nd. ed. London: Hilger & Watts. 1953. (102 S. m. Abb.) 8°. s. 16,—.

H. Angewandte Chemie.

I. Allgemeine chemische Technologie.

S. J. Friedman, F. A. Gluckert und **W. R. Marshall jr.**, *Versprühung durch Zentrifugalscheiben.* Vff. führten experimentelle Unterss. über die Wirkungsweise von Zentrifugalscheibenzerstäubern aus. Auf Grund der Ergebnisse konnten Gleichungssysteme abgeleitet werden, die den Kraftbedarf, die mittlere Tropfengröße, die Tropfengrößenverteilung u. die räumliche Verteilung des Sprühgutes (trajectory) als Funktion der apparativen Eigg. u. der Betriebsbedingungen darstellen. Die Fehlergrenze dieser Gleichungen wird auf ± 30% oder besser geschätzt, was für Planungsunterlagen als ausreichend angesehen wird. (Chem. Engng. Progr. **48.** 181—91. April 1952. Wilmington, Del., Du Pont Co., Inc.) GERHARD GÜNTHER. 5820

—, *Einige technische Anwendungen von Ionenaustauscherharzen.* Übersicht über die bekannten Schaltungen von Austauschereinheiten u. ihre prakt. Anwendungen. (Chem. Age **67.** 117. 26/7. 1952.) WESLY. 5826

R. T. Hukki, *Flotationsgeschwindigkeit und Flotationsgeschwindigkeitsindex.* Die Flotation geht nach einer Gleichung 2. Grades vor sich, von der Abweichungen bei der chem. Vorbereitung der Trübe auftreten. Die Gleichung bezieht sich nur auf den mechan. Teil des Schwimmens. (Suomen Kemistilehti **25.** B29—B35. 1952.) ENSSLIN. 5828

E. C. R. Spooner, *Gastrennung durch selektive Adsorption.* Nach kurzer Darlegung der physikal.-chem. Grundlagen der Gasadsorption, die jedoch für eine theoret. Behandlung der bei techn. Fraktionierung aus Gasgemischen auftretenden Verhältnisse nicht ausreicht, berichtet Vf. über an verschied. Anlagen mit Aktivkohlen verschied. Herkunft gewonnene Betriebserfahrungen. Ausführlich besprochen wird die bei der ÖSTERREICH.-AMERIKAN. MAGNESIT A.G. in Radentheim benutzte Anlage zur Anreicherung von *CO*, das nur in geringen Mengen in einem H_2–CO-Gemisch vorhanden war, u. mit den Ergebnissen der Trennung durch Tiefkühlung oder durch einen Auswaschprozeß verglichen; ferner das Syst. *CH_4–Stadtgas* (LURGI-Verf.) sowie die Gewinnung von *Äthylen* aus Kokereigasen. Schließlich wird das sogenannte „Hypersorption"-Verf. diskutiert, bei dem die Aktivkohle im Gegenstrom dem Gasgemisch entgegen bewegt wird. Zahlreiche Tabellen erläutern beispielsweise die quantitativen Verhältnisse. (Rev. pure appl. Chem. **2.** 65—107. Juni 1952. Adelaide, Univ.) HENTSCHEL. 5848

Gilford G. Quarles, *Der Einfluß von Schallschwingungen auf gehäufte körnige Materialien.* Vf. untersuchte den Einfl. von Schwingungen auf das Fließen feuchten körnigen Materials. Als Untersuchungsobjekt diente Sand in Körnung von 0,062—0,71 mm in Form von Briketts u. von loser Schüttung. Als Variable wurden Korngröße, Feuchtigkeitsgeh. sowie Frequenz u. Amplitude der Schwingung gewählt. In allen Fällen existierte eine untere Schwelle der Schwingungsamplitude, unterhalb der ein Effekt nicht beobachtet wurde. Darüber brechen die Briketts u. gehen schließlich ins Fließen über. Die Schwingung muß dabei horizontal sein. Vertikale Schwingung resultiert in Zusammenballungen. Des weiteren wurde in allen Fällen eine optimale Frequenz festgestellt. Zwischen den Schwellenwerten der Amplitude u. der Frequenz bestehen gleichfalls Zusammenhänge.

Die Frage, ob eine techn. Anwendung des Effekts möglich ist, konnte noch nicht geklärt werden. (Ind. Engng. Chem. **44.** 213—17. Jan. 1952. State College, Pa., School of Engng.) GERHARD GÜNTHER. 5878

Ford Motor Co. Ltd., London, England (Erfinder: **D. L. Jones, W. M. Stark** und **H. B. Underwood**), *Kittmasse*, bestehend aus etwa gleichen Teilen anorgan. u. organ. Bestandteile. Die organ. Stoffe bestehen hauptsächlich aus Styrol u. einem teilweise polymerisierten Gemisch aus Maleinsäure u. mehrwertigen Alkoholen, bes. Diäthylenglykol, u. kleinen Mengen Katalysator, bes. Benzoylperoxyd oder Trikresylphosphat. Der anorgan. Bestandteil besteht aus Flittern oder Körnern aus Al. Der Kitt dient bes. zum Ausfüllen von Fugen u. Vertiefungen in Metallgegenständen, bes. im Fahrzeugbau. (**Schwed. P. 134 136** vom 29/7. 1949, ausg. 8/1. 1952, A. Prior. 30/7. 1948.) JÜRGEN SCHMIDT. 5813

Stidsvigs & Hälsingborgs Limfabriker Aktiebolag, Hälsingborg, Schweden (Erfinder: **H. Bruse**), *Synthetisches Bindemittel*, bestehend aus Melaminharzen, die außer Härtemitteln ca. 20—40% Ligninprodd. enthalten, die aus Sulfitablauge, bes. durch Eindampfen, erhalten wurden. Wenn man den Anteil an Ligninprodd. auf 50% erhöht, kann man die Mittel als *Kitte, Spachtel-* u. *Preßmassen* verwenden. (**Schwed. P. 134 135** vom 22/3. 1945, ausg. 8/1. 1952.) JÜRGEN SCHMIDT. 5813

Metallgesellschaft Akt.-Ges. (Erfinder: **Franz Schytil**, Frankfurt/M., und **Hubert Krollmann**, Erbstadt, Kr. Hanau), Frankfurt/M., *Abscheiden von Nebeltröpfchen aus Gasen und Dämpfen.* Das nebelhaltige Gas (z. B. SO_3–Wasserdampf-Gemisch) wird durch Filter mit einer Porengröße von 20—200 μ mit einer größeren Geschwindigkeit geleitet, als dem Knickpunkt im logarithm. aufgetragenen Druckabfall–Geschwindigkeits-Diagramm entspricht. (**D. B. P. 854 497** Kl. 12e vom 14/9. 1950, ausg. 4/11. 1952.) HEINSEN. 5849

Adolf Messer G. m. b. H. (Erfinder: **Peter Grassmann** und **Georg Weiler**), Frankfurt/M., *Zerlegung von Gasgemischen* durch aufeinanderfolgende Kondensation der Bestandteile im Gegenstrom zum Restgasgemisch oder zu den Zerlegungsprodd., dad. gek., daß zwischen je zwei Wärmeaustauschern eine Rektifizierkolonne geschaltet ist, der das im ersten Austauscher gekühlte Gemisch von unten zugeführt wird, während als Wasch-Fl. die Kondensationsprodd. dienen, die in einem zusätzlichen Gemisch oder Kondensator entstehen. Bei der Gewinnung einer äthylenreichen Fraktion aus Koksofen- oder Krackgas sollen im ersten Austauscher hauptsächlich C_3- u. teilweise C_2-KW-stoffe u. im zusätzlichen Austauscher der Rest der C_2-KW-stoffe u. ein Teil CH_4 ausgeschieden werden. — Arbeitsschema. (**D. B. P. 859 627** Kl. 17g vom 16/6. 1944, ausg. 15/12. 1952.) SCHINDLER. 5857

Andreas Hofer Hochdruck-Apparatebau G. m. b. H., Mülheim/Ruhr (Erfinder: **Klaus Clusius**, Zürich, Schweiz), *Verflüssigen von unreinem H_2*, dad. gek., daß jeweils nur der durch Verflüssigung entzogene H_2-Anteil durch unreinen Zusatz-H_2 ersetzt wird, den man der Nieder- bzw. Unterdruckseite des H_2-Kreislaufes erst zuführt, wenn eine Kondensation oder Ausfrierung der unreinen Gasbestandteile erfolgt ist, ohne daß der H_2 selbst fl. wird, u. daß der trockene Ersatz-H_2 mit annähernd gleich tiefer Temp. in den nach der Entspannung nicht verfl. u. den aus der Fl. wieder verdampfenden H_2-Anteil eintritt u. am Kreislauf teilnimmt. — Vorr. u. Zeichnung. (**D. B. P. 861 852** Kl. 17g vom 19/9. 1951, ausg. 5/1. 1953.) SCHINDLER. 5857

Glycerine Corp. of America, New York, N. Y., V. St. A., *Dialysieren.* Zum Abtrennen von Stoffen verschied. Mol.-Größe u. verschied. Konst. aus gefärbten Fll. verwendet man eine semipermeable Dialysiermembran (I), die aus einem hydrophilen organ. Stoff, z. B. aus regenerierter Cellulose, mit 0,5—35 (%), bes. 8—15, in I feinverteiltem Entfärbungsmittel, z. B. A-Kohle, besteht. (**E. P. 675 677** vom 28/10. 1949, ausg. 16/7. 1952. A. Prior. 24/5. 1949.) REICHELT. 5863

Kali-Chemie Akt.-Ges., Hannover (Erfinder: **Ernst Rusberg,** Lehnde bei Hannover), *Herstellung grobkristalliner, kristallwasserhaltiger Salze.* Man mischt ein wasserfreies Salz mit dem zur Hydratbldg. erforderlichen W. oder Mutterlauge, bes. im geringen Überschuß, bringt diese Mischung durch Erwärmen bzw. Abkühlen auf Tempp. etwas oberhalb des Umwandlungspunktes der gewünschten Hydrate u. setzt sie dann unterhalb der jeweiligen Umwandlungstemp. unter stetiger Bewegung einer langsamen Kristallisation aus. (**D. B. P. 855 694** Kl. 12c vom 31/5. 1950, ausg. 17/11. 1952.) NEBELSIEK. 5869

Gesellschaft für Linde's Eismaschinen Akt.-Ges., Höllriegelskreuth, und **Georg Alexander Krause,** München, *Einengen von Lösungen durch Ausfrieren des Wassers* u. anschließende mechan. Trennung der fl. von den krist. Bestandteilen. Dabei wird die Kühlsoletemp. während des Gefriervorganges entsprechend der mit der Einengung der Lsg. fallenden Eisausscheidungstemp. gesenkt. (**D. B. P. 855 545** Kl. 12c vom 26/9. 1936, ausg. 13/11. 1952.) NEBELSIEK. 5869

II. Feuerschutz. Rettungswesen.

A. Fitton, *Eine besondere Untersuchung über Asche und Schlacke in der Industrie. Asche und atmosphärische Verunreinigung.* In Städten u. in der Nähe industrieller Anlagen wird die Atemluft hauptsächlich durch Flugasche verunreinigt, die von Kohlefeuerungen stammt. Die Menge u. das Ausmaß der Teilchen hängt von der Größe, physikal. u. chem. Beschaffenheit, dem Aschegeh. des Brennstoffes, der Art der Verbrennung sowie von der Höhe des Brennstoffbettes ab. Die Gestalt u. Zus. der Teilchen ist sehr verschieden; ihre Größe schwankt bei Flugasche aus industriellen Feuerungsanlagen von 1—2000 μ. Zur trockenen Staubreinigung dienen Absetzkammern, Zyklone, Elektroabscheider u. heute auch Ultraschallgeräte. Bei der nassen Reinigung werden die Staubteilchen befeuchtet, um sich als Klumpen bzw. Schlamm abzusetzen. Sie kann in Form eines Sprühregens, Wasserfilmes oder einer Kombination von beiden erfolgen. (J. Inst. Fuel **25.** 178—81. Juli 1952.) SCHÖBERL. 5930

—, *Das „Air-Sana"-Erdluftverfahren — eine Neuerung in der Abgasvernichtung und Frischluftgewinnung.* Bei dem AIR-SANA-Erdluftverf. werden industrielle Abgase nicht wie üblich ins Freie geblasen, sondern in einer Erdkammer durch Kies- oder Sandschichten oder bei günstigen Bodenverhältnissen durch gewachsenen Boden gebunden. Das Verf. ist billig u. verhindert eine Belästigung der Umgebung. Es gestattet auch, Frischluft aus der Erdkammer anzusaugen. Diese ist keimfrei, ermöglicht im Sommer Temperatur- u. Feuchtigkeitsregelung u. gewährleistet im Winter Frostfreiheit. Das Verf. wird an einigen Beispielen erläutert. (Protar **18.** 105—08. Sept./Okt. 1952.) EISENBARTH. 5930

Karl Schürmann, *Gesundheits- und Unfallschutz in chemischen Betrieben. Technische Fortschritte nach dem Kriege.* Übersicht über seit Kriegsende in der chem. Industrie beobachtete Einrichtungen u. Maßnahmen zum Unfall- u. Gesundheitsschutz, die teils neu sind, teils auf Grund früher gesammelter Erfahrungen empfohlen werden. Es wird darauf hingewiesen, daß die Unfall- u. Erkrankungshäufigkeit in chem. Betrieben infolge der Auswrkg. des Arbeitsschutzes relativ gering ist. (Chemiker-Ztg. **76.** 632—35. 20/9. 708—10. 20/10. 736—39. 5/11. 1952.) EISENBARTH. 5936

Albert Buhs, *Unfälle in Sprengstoffabriken.* Zusammenfassung von Unfallverhütungsmaßnahmen für die Sprengstoffindustrie. (Rev. Quím. ind. **20.** Nr. 236. 14—16. Dez. 1951. Rio de Janeiro.) R. K. MÜLLER. 5936

—, *Schnellnachweis chlorierter Kohlenwasserstoffe.* Beilsteinprobe. In diesem Zusammenhang wird auf das gesundheitsschädliche Rauchen in chlorkohlenstoffhaltiger Luft hingewiesen ($COCl_2$-Bldg. an der Tabakglut). (Färber u. Chemischreiniger, Färber-Ztg. **5.** 5. April 1952.) SCHOENMANN. 5940

Silomon, *Betrachtungen über die Wirkungsweise und Brauchbarkeit der verschiedenen Löschmittel und Löschverfahren.* Das Prinzip des Löschvorganges wird besprochen u. die sich theoret. daraus ergebenden möglichen Verff. zur Brandbekämpfung erörtert. Soweit die Verff. prakt. erprobt sind, wird darauf hingewiesen u. über diese Erfahrungen berichtet. (Brandschutz **6.** 167—70. Juli 1952.) BRAUKMANN. 5944

III. Elektrotechnik.

W. T. Renne, N. M. Reinow und **M. M. Judaschkina,** *Elektrische Festigkeit von Kondensatorpapier in komprimiertem Gas.* Es wird die Durchschlagsfestigkeit von trockenem Kondensatorpapier (8 μ dick) in Abhängigkeit von der Zahl der Schichten untersucht, Maximum bei 7—8 Schichten, sowie vom Gasdruck bei Systemen Papier–Edelgas u. Papier–N (Anstieg bei zunehmendem Druck). Die Messung des Verlustwinkels vom Kondensatorpapier (4×8 μ u. 8×8 μ) bei 50 Hz Wechselspannung für die Systeme Papier–Luft bei Normaldruck u. 15,6 kV/mm, für Papier–N bei 6 at u. 25 kV/mm, für Papier–Edelgas bei 6 at u. 31,3 kV/mm ergab in der aufgeführten Reihenfolge abnehmende Verlustwinkel. Die Temperaturabhängigkeit der Verlustwinkel wurde nicht untersucht. (Журнал Технической Физики [J. techn. Physik] **22.** 16—20. Jan. 1952. Leningrad, Physikal.-Techn. Inst. der Akad. der Wiss. der UdSSR.) A. KUNZE. 5956

Rodes Trautman, Orwin B. Westwick und **D. M. Graham,** *Kompakter wassergekühlter Aufbau und Leuchtschirm für eine 1000 Watt-Hochspannungs-Quecksilberdampf-Lampe AH 6.* Vff. beschreiben eine Anordnung sehr hoher Lichtstärke zur visuellen Beobachtung in opt. Ultrazentrifugen u. dem modifizierten Elektrophoreseapp. nach TISELIUS. (Rev. sci. Instruments **23.** 53—54. Jan. 1952. Berkeley, Calif., Univ. of California, Div. of Med. Phys., Donner Labor., u. Radiation Labor.) PISTOR. 5972

William T. Anderson jr., *Kompakte Xenonbogenlampen.* Ausführliche Wiedergabe der C. **1952.** 3218 referierten Arbeit. (J. opt. Soc. America **41.** 385—88. Juni 1951. Newark, N. J., Hanovia Chem. and Manufacturing Co.) GOTTFRIED. 5972

Edwin Rosenstiel, *Niederschlagen von Metallfilmen auf gallertartigen Materialien.* Zur Metallisierung der Oberflächen von Formen aus Gelatine oder Agar-Agar wird die Oberfläche der Gallerte zunächst mit Silberammoniumnitrat behandelt. Durch Beblasen mit komprimierter Luft wird die Fl. vollkommen verdampft. Die imprägnierte Form wird nun mit rotem Se, gelöst in CS_2, behandelt. Nach 1—20 Min. erhält man einen Film von metall. Aussehen, der wahrscheinlich aus Ag oder AgSe besteht. Der Film ist durchsichtig, leitet den elektr. Strom, schwimmt jedoch beim Eintauchen in wss. Medien fort; er liegt wahrscheinlich auf der Oberfläche des wasserlösl. Ag-Salzes, das sich bei der Verdampfung auf der Oberfläche der Gallerte gebildet hatte. Behandelt man nun die Gallerte mit photograph. Entwicklern, 10%ig. unterphosphoriger Säure oder Hydrazinhydrat, dann wird die Oberfläche schnell mit einem dichten undurchsichtigen Film hoher Leitfähigkeit bedeckt, auf dem eine Metallschicht elektrolyt. abgeschieden werden kann. (Nature [London] **170.** 85. 12/7. 1952. London, Univ., King's Coll., Hosp. Med. School, Dental School.) GOTTFRIED. 5994

British Thomson-Houston Co. Ltd., London, England, *Dielektrikum für Kondensatoren, Transformatoren, Kabel und Unterbrecher.* Man verwendet die fl. u. halbfesten, nicht harzartigen Polymerisate der Formel $X_n(Z)CH_2OH$ (X = am Kern substituiertes Halogen, Z = Benzolkern u. n = 1—5). Geeignet ist z. B. ein aus 4-Dichlorbenzylalkohol, auch in Gemisch mit unchloriertem Benzylalkohol, in Ggw. von z. B. $ZnCl_2$, H_3BO_3, H_3PO_4 usw. durch Erhitzen polymerisiertes Produkt. (**E. P. 672 647** vom 21/7. 1948, ausg. 21/5. 1952. A. Prior. 24/7. 1947.) MÖLLERING. 5957

Aktivkohle-Union Verwaltungs-Ges. m. b. H. (Erfinder: **Karl Bratzler**), Frankfurt/M., *Herstellung von Aktivkohle für Elektroden in galvanischen Elementen.* Für die Kohle werden Ausgangsstoffe mit überwiegend holzigem Charakter, z. B. Baumholz, Fruchtkernschalen oder ähnliche Stoffe aus hoch verdichteter Cellulose, verwendet. Die Kohle wird einer Chemikalienaktivierung, z. B. mit $ZnCl_2$, u. danach einer 2. Aktivierung durch Nachglühen bzw. Gasaktivierung bei ca. 900—1000° unterworfen. (**D. B. P. 857 086** Kl. 21b vom 26/3. 1943, ausg. 27/11. 1952.) LAASS. 5971

Koehler Mfg. Co., Marlboro (Erfinder: **Grant Wheat**, Mass., V. St. A.), *Akkumulator mit nicht verschüttbarer Säure.* Man verwendet die Batteriesäure durch Ab- u. Adsorption festhaltende Separatoren, z. B. aus Balsaholz (I), das quer zur Holzfaser stark verdichtet sein kann. Die geladenen positiven u. negativen Platten werden trocken mit dem I in den Behälter eingebaut. Um das nach Füllung mit H_2SO_4 von der n. Arbeitsdichte 1,28 notwendige 4malige Laden u. Entladen zu vermeiden, wird die Füllung mit einer stärkeren H_2SO_4, z. B. von 1,4 D., vorgenommen u. die Batterie ca. 5—10 Tage stehengelassen. I schwillt dabei auf, füllt den Zwischenraum zwischen den Platten vollständig aus u. paßt sich deren Oberflächen an. Der gesunkene Säurespiegel wird durch Zusatz von W. wieder auf die n. Höhe gebracht u. dabei die gewünschte D. eingestellt. Um die volle Kapazität zu bekommen, genügt nunmehr ein 1maliges Aufladen. (**D. B. P. 856 911** Kl. 21b vom 8/8. 1950, ausg. 24/11. 1952. A. Prior. 6/1. 1947.) LAASS. 5971

M-O Valve Co. Ltd., London, England (Erfinder: **N. L. Harris** und **J. W. Ryde**), *Stromrichter für Gasentladungen.* Der Stromrichter weist mehrere nicht beheizte Elektroden auf u. ist mit Wasserdampf gefüllt. Wenigstens eine der Elektroden soll period. als Kathode arbeiten. Die Oberfläche dieser Elektrodengruppe ist aus einem Oxyd, z. B. CuO, hergestellt. Dieses Oxyd wird bei n. Betriebsweise zum Metall red. u. bindet den bei der Wasserdampfdissoziation frei werdenden H_2, während der gebildete O_2 von den gerade als Anode arbeitenden Elektroden gebunden wird. Man kann die Elektroden auch aus W herstellen u. mit PbO_2 überziehen. — Zeichnung. (**Schwed. P. 134 132** vom 29/9. 1947, ausg. 8/1. 1952. E. Prior. 16/10. 1946.) JÜRGEN SCHMIDT. 5975

General Electric Co. Ltd., London, England, *Herstellung eines Leuchtstoffes.* Man erhitzt Halogenphosphate (I) mit Sb, Sn oder Pb oder einer Mischung derselben als Aktivator unter Zusatz von Mn auf ca. 1000°. Die I haben die Zus. $3\,Me_3(PO_4)_2 \cdot 1\,Me^1L_2$, wobei die 2wertigen Metalle Me u. Me^1 wenigstens zur Hälfte aus Ba bestehen u. L_2 Halogene oder deren Mischungen darstellen. (**D. B. P. 853 480** Kl. 22f vom 8/12. 1949, ausg. 23/10. 1952. E. Prior. 29/3. 1945.) NEBELSIEK. 5975

Auergesellschaft Akt.-Ges. (Erfinder: **Walerij Jermolajew**), Berlin, *Leuchtstoff* für Entladungsgefäße, z. B. *Leuchtröhren*, bestehend aus einem Gemisch aus $Ca_3(PO_4)_2$ u. CaF_2, das durch 6 (%) Sb (ca. 7 Sb_2O_3) u. ca. 1—3 (auf Mn berechnet) eines mit NH_3 gefällten $Mn_3(PO_4)_2$ aktiviert ist. (**D. B. P. 854 553** Kl. 22f vom 31/1. 1951, ausg. 6/11. 1952.) NEBELSIEK. 5975

N. V. Philips' Gloeilampenfabrieken, Eindhoven, Holland (Erfinder: **J. T. G. Overbeek**), *Leuchtschirm für Entladungsröhren.* Der Leuchtschirm enthält als Leuchtmasse kristalline Phosphate der Erdalkalien oder des Al, die mit 0,01—10 Mol.-% Bi aktiviert sind. Es können auch geringe Mengen Alkalimetall vorhanden sein. Man erhält gegenüber leuchtenden Glasarten bes. gute Wirkungsgrade in *Kathodenstrahlröhren*. (**Schwed. P. 134 131** vom 15/3. 1947, ausg. 8/1. 1952. Holl. Prior. 18/3. 1946.) JÜRGEN SCHMIDT. 5975

Maurice-Joseph-Louis Masnou, Frankreich, *Kupferoxydgleichrichter*. Die auf einer Fläche einer Cu-Scheibe durch Oxydation gebildete CuO-Schicht wird oberflächlich red. durch Elektrolyse in einem bas. Elektrolyten, bes. in verd. $(NH_4)_2SO_4$-Lsg., bei einer Badspannung von 8—10 Volt. Die so gebildete festhaftende metall. Gegenelektrode kann noch durch Ni, Ag oder Au elektrolyt. verstärkt werden. (**F. P. 1 001 723** vom 25/6. 1946, ausg. 27/2. 1952.) KESSEL. 5977

LICENTA Patent-Verwaltungs-G. m. b. H., Hamburg (Erfinder: **Helmut Helbig**, Clausthal-Zellerfeld), *Halbleiterphotowiderstand*. Der Halbleiter (bes. CdS) ist mitsamt den (bes. aus Cd bestehenden) Stromzuführungen in einen hochisolierenden organ. Kunststoff (z. B. Trolitul) eingebettet. (**D. B. P. 829 194** Kl. 21g vom 29/10. 1949, ausg. 24/1. 1952.) KESSEL. 5977

Standard Téléphone et Radio Soc. An., Zürich, Schweiz, *Versilbern nichtmetallischer Oberflächen*. Die Flächen werden mit einer Paste (I) bedeckt, die koll. Ag u. ein Schutzkoll. in einer mit W. mischbaren Fl., wie Glycerin (II), enthält. In der Fl. ist außerdem Bleiborat (III) gelöst. I enthält z. B. 70 (%) Ag, 5 W., 1,5 Gelatine, 0,75—2 **III** u. 22,75 bis 21,5 **II**. Durch Erhitzen auf 580—660° bildet sich eine Ag-Schicht. — Das Verf. ist zur Herst. von *Kondensatoren* geeignet, da die Ag-Schichten miteinander oder mit metall. Zuleitungen verlötet werden können. (**Schwz. P. 278 288** vom 4/10. 1947, ausg. 3/1. 1952. E. Prior. 3/10. 1946.) ZÜRN. 5983

IV. Wasser. Abwasser.

—, *Der kathodische Schutz von Wassertanks*. Wesentlich für die Wahl des kathod. Schutzes ist die Analyse des W. u. der Widerstand. Die anzulegenden Stromdichten betragen für einen Frischwassertank 0,1—0,5 mA/dm². Die Spannung liegt zwischen 6 u. 36 Volt. Zweckmäßig ist es, auf diese Art auch die Zuführungsleitung zu schützen. (Engng. J. **35**. 198. März 1952.) J. FISCHER. 6010

H. I. Riegel, *Abwasserbeseitigung im Fontanastahlwerk*. Der gesamte Wasserbedarf des abseits größerer Wasserläufe gelegenen Stahlwerkes wird aus 7 passend geschalteten Rückkühlkreisläufen mit Aufbereitungsanlagen bei einem Frischwasserbedarf von 5,3 m³ je t Stahl gedeckt, wobei die am stärksten eingedickten Gaswaschwässer zur Schlacken- u. Kokskühlung verwendet u. dabei fast ohne Ableitung verdampft werden. (Sewage ind. Wastes **24**. 1121—29. Sept. 1952. Fontana, Calif., Kaiser Steel Corp.) MANZ. 6014

F. J. Maier, *Technische Aufgaben bei dem Fluorzusatz zum Trinkwasser*. Übersicht der bisher bewährten Praxis hinsichtlich der Bemessung des F-Geh. im abgegebenen Trinkwasser, der Wahl zwischen NaF-, Na_2SiF_6- u. H_2SiF_6-Zugabe nach Kosten, Löslichkeit, Lagerraum u. der verfügbaren Dosierungsapp., Wahl der Zusatzstelle, der Unfallschutzmaßnahmen, Kontrolle der Zusatzmenge. (Amer. J. publ. Health Nation's Health **42**. 249—54. März 1952. Washington, D. C., U. S. Public Health Serv., Div. of Dental Public Health.) MANZ. 6014

A. F. S. Musante, *Ölbestimmung im Abwasser von Raffinerien. — Eine Benzolextraktionsmethode*. Vf. beschreibt ausführlich ein Verf. zur Best. des Geh. an Öl in Abwässern, das bei Ölen mit Kp. über 300° F auf 5% genau arbeitet. Es beruht darauf, daß das W. zweimal mit Bzl. extrahiert wird, der Extrakt gefiltert u. das Lösungsm. auf einem Dampfbad abgetrieben wird. (Analytic. Chem. **23**. 1374—79. Okt. 1951. Marcus Hook, Pa., Sun Oil Co.) ROEDER. 6056

R. G. Simard, Ichiro Hasegawa, William Bandaruk und **C. E. Headington**, *Bestimmung von Öl und Phenol in Wasser durch Infrarotspektrophotometrie*. Vff. haben ein Verf. ausgearbeitet, nach dem es unter Anwendung der Infrarotspektroskopie möglich ist, 0,1 Teil Öl auf 106 Teile W. oder 10 Teile oder weniger an *Phenol* (I) auf 10^9 Teile W. nachzuweisen. Die Best. von **I** beruht auf Bromierung von I im W., Extraktion mit CCl_4 u. Messung der opt. D. bei 2,84 μ. Hier absorbiert die OH-Bindung, wenn intramol. H-Bindung zwischen dem H der Hydroxylgruppe u. einem Br-Atom im Benzolring, benachbart zur Hydroxylgruppe, auftritt. Bei Fehlen der H-Bindung absorbiert die OH-Bindung bei 2,79 μ. Die Best. des Öls geschieht bei 3,4 μ (wo die Absorption durch die Schwingungen in den CH_3-, CH_2- u. CH-Gruppen bedingt ist) durch Messung der opt. D. im CCl_4-Auszug. (Analytic. Chem. **23**. 1384—87. Okt. 1951. Philadelphia, Pa., Atlantic Refining Co.) ROEDER. 6056

Pure Oil Co., übert. von: **Michael G. Savoy**, Chicago, Ill., V. St. A., *Metallschutz gegen H_2S-haltige Solen oder Quellwässer*, bestehend in einem Zusatz von Cellulosesulfat oder Na-Carboxymethylcellulose im Verhältnis 1:10000 Salzlösung. (**A. P. 2 593 057** vom 29/12. 1949, ausg. 15/4. 1952.) SCHINDLER. 6011

American Cyanamid Co., New York, N. Y., V. St. A., *Reinigung von wässerigen Flüssigkeiten*, die ionisierte Verunreinigungen enthalten, durch Ionenaustauscher. Man verwendet ein wasserunlösl. Harz, das gebildet wird durch Kondensation eines Aminotriazins, z. B. Melamin, eines Aldehyds, z. B. CH_2O, u. einer Verb., die mit einem Aldehyd zum Ionenaustausch befähigte Reaktionsprodd. bildet, z. B. Guanidinnitrat. (**Schwz. P. 277 323** vom 10/2. 1947, ausg. 16/11. 1951. A. Prior. 31/7. 1940.) REICHELT. 6021

Dorr Co., Stamford, übert. von: **Elliot B. Fitch**, Westport, Conn., V. St. A., *Kontinuierliches Ionenaustauschverfahren.* Zur Regeneration der Austauschermasse (**I**; Gemisch einer $Na^•$- u. $H^•$-Austauschermasse in regelbarem Mengenverhältnis) dient ein Austauschturm, in dem 3 Zonen vorhanden sind, wobei die verbrauchte **I** den Turm von oben nach unten durchwandert. Von unten noch oben fließt das Spülwasser (**II**). Dieses wäscht in der untersten Stufe die restliche saure Regenerationslsg. (**III**) aus. Vor dem Eintritt in die darüberliegende Zone wird dem nach oben fließenden **II** Säure zugegeben, so daß in dieser Zone die Regeneration in die $H^•$-Form erfolgt. Dem diese Zone verlassenden **II** wird Salzlsg. zugegeben, so daß in der darüberliegenden 3. Zone die Regeneration in die $Na^•$-Form erfolgt. Oben fließt **II** mit der verbrauchten **III**, unten die regenerierte **I** ab. Diese wird anschließend langsam von oben nach unten durch einen Behälter geführt, durch den von unten nach oben das zu behandelnde W. geleitet wird. — Zeichnungen. (**A. P. 2 572 848** vom 5/1. 1950, ausg. 30/10. 1951.) REICHELT. 6021

Quinn Products, Inc., Boston, Mass., übert. von: **David H. Quinn**, U. S. Navy, V. St. A., *Wasserreinigung.* Anschließend an die übliche mechan. Filtration wird das W. über eine granulierte M. geleitet, die zu 40—75 (%) aus einem Adsorptionsmittel, z. B. A-Kohle, Silicagel, zu 10—30 aus einem synthet. Anionenaustauschharz, zu 15—30 aus einem baktericiden Stoff von geringer Wasserlöslichkeit u. aus granuliertem Trägerstoff, der mit AgCl oder Ag_2S überzogen ist, besteht. (**A. P. 2 595 290** vom 25/7. 1946, ausg. 6/5. 1952.) REICHELT. 6025

Infilco Inc., Chicago, Del., V. St. A., übert. von: **Johanna Gunz**, *Behandlung von verschmutzten Flüssigkeiten*, z. B. *Abwasser* in biol. Filtern, z. B. Tropfkörpern. Das W. wird in 2 Teile geteilt, von denen einer über ein Filter (**I**) geleitet u. der noch nicht geklärte Abfluß von **I** mit dem zweiten Teil des W. über ein zweites Filter (**II**) geleitet wird. Ein Teil des aus **II** abfließenden W. wird zurückgeführt u. erneut mit Rohabwasser über **I** geleitet. (**E. P. 666 870** vom 22/9. 1948, ausg. 20/2. 1952. A. Prior. 3/10. 1947.) REICHELT. 6041

Hermann Jung und **Walter Schröder**, Viersen, *Chemische Reinigung alkalischer Abwässer.* Es wird Fe-Salz zugesetzt in einer Menge, die weder zu einer Ansäuerung, noch zu einer vollständigen Ausflockung ausreicht; anschließend wird die Ausfällung in bekannter Weise durch metall. Beeisenung zu Ende geführt. (**D. B. P. 855 520** Kl. 85c vom 7/3. 1951, ausg. 13/11. 1952.) REICHELT. 6043

V. Anorganische Industrie.

W. S. Wood, *Herstellung von Wasserstoffperoxyd.* Vortrag. — 23 Literaturhinweise. (Chem. and Ind. **1953.** 2—6. 3/1. Luton, Beds., Laporte Chemicals Ltd.) WINIKER. H 241

H. Chwalibóg, *Zum Problem der Verbesserung der Arbeitsmethoden in der Schwefelsäureindustrie.* Allg. Betrachtungen zu einigen Teilproblemen der H_2SO_4-Industrie. Im einzelnen empfiehlt Vf. den Umbau der Kammern zu Türmen, Ersatz der Sn-Türme durch solche aus Stahl, Herst. besserer Pumpen u. nasser Elektrofilter. (Przemysł chem. **7.** (**30.**) 129—32. März 1951.) v. WILPERT. H 253

S. Zagrodzki, *Gewinnung von Trockeneis und flüssigem CO_2 aus Gärungsgasen.* Als Rohstoff für Trockeneis ist CO_2 aus Fermentationsgasen den anderen Quellen vorzuziehen (Naturquellen, Carbonate, Brenngase). Nach einer Übersicht über die physikal. Eigg. des CO_2 wird die Herst. aus Fermentationsgasen ausführlich besprochen, darunter die 3 hauptsächlich gebräuchlichen Verff. zur Darst. fester CO_2 sowie die App. (Waschvorrichtungen, Reinigung durch akt. C). (Przemysł chem. **7.** (**30.**) 141—50. März 1951.) v. WILPERT. H 260

Imperial Chemical Industries Ltd., London, übert. von: **James Taylor**, Saltcoats, und **John Whetstone**, West Kilbride, England, *Gewinnung einer $NH_4 \cdot NO_3$-haltigen Verbindung.* Man mischt $NH_4 \cdot NO_3$ mit pulverisiertem KNO_3 u. hält das Gemisch so lange auf 32—100°, daß $NH_4 \cdot NO_3$ als Modifikation III vorliegt, d. h. aus rhomb. Kristallen besteht, mit einer D. von 1,654 u. zwischen 32,3 u. 84° stabil ist. (**A. P. 2 590 054** vom 15/7. 1948, ausg. 18/3. 1952. E. Prior. 1/9. 1947.) NEBELSIEK. H 243

Novadel-Agene Corp., Belleville, N. J., V. St. A., *Herstellung von mit einem inerten Gas verdünntem ClO_2.* Die Verdünnung muß stets ausreichend sein, um Explosionen zu verhindern. Bei der Herst. von ClO_2 durch Einw. von mit Gas verd. Cl_2 auf $NaClO_2$ wird dies dadurch erreicht, daß das Verdünnungsgas über einen rotierenden Gasmesser zugeteilt wird, dessen Welle die Vorr. zum Abmessen des zugeführten Cl_2 u. der $NaClO_2$-Lsg. steuert. (**E. P. 666 677** vom 12/10. 1949, ausg. 13/2. 1952. A. Prior. 26/11. 1948.) ZÜRN. H 247

Metallgesellschaft Akt.-Ges., Frankfurt/M., *Gewinnung von Schwefel aus Schwefelwasserstoff im Claus-Ofen.* Die Abgase des CLAUS-Ofens enthalten noch SO_2 u. H_2S. Man führt auch den H_2S durch Verbrennung in SO_2 über u. absorbiert SO_2 aus den Gasen nach dem Sulfidinverfahren. Das dadurch gewonnene konz. SO_2 führt man in den Ofen zurück. Das für die Rk. mit H_2S erforderliche SO_2 kann man durch Red. von Abfall-H_2SO_4 oder von Säureteer gewinnen. Man kann SO_2 auch verfl. oder aus ihm H_2SO_4 herstellen. (**E. P. 670 845** vom 13/4. 1950, ausg. 23/4. 1952. D. Prior. 3/9. 1949.) ZÜRN. H 253

Heinrich Koppers G. m. b. H. (Erfinder: **Willy Linder**), Essen, *Gewinnung von S und SO_2 aus H_2S enthaltenden Gasen.* Das Ausgangsgas wird in zwei Teilströme aufgeteilt, von denen der eine nach Zusatz einer zur Bldg. von S ausreichenden Menge O_2 (Luft) bei hoher Temp. zu S umgesetzt u. der andere dem Restgas der S-Gewinnung zugemischt wird, worauf das Gemisch mit O_2 (Luft) bei erhöhter Temp. zu SO_2 umgesetzt wird. (**D. R. P. 752 821** Kl. 12i vom 22/7. 1941, ausg. 6/10. 1952.) ZÜRN. H 253

National Smelting Co. Ltd., London, England, und **Marie Edouard Joseph Cathala**, Toulouse, Frankreich, *Trennen von SO_2 und Cl_2.* Man löst SO_2 in fl. SO_3. Aus dem SO_3-haltigen Cl_2 entfernt man SO_3 durch Absorption in 98%ig. H_2SO_4. (**E. P. 670 155** vom 21/12. 1950, ausg. 16/4. 1952.) ZÜRN. H 253

Chemical Construction Corp., New York, N. Y., V. St. A., übert. von: **Louis Nathan Allen jr.** und **Thomas Paul Forbath**, *Herstellung von Schwefelsäure durch Absorption von Schwefeltrioxyd.* Die SO_3 enthaltenden Gase leitet man in mäßig konz. sd. H_2SO_4. Ca. 95% des SO_3 wird zu H_2SO_4 absorbiert, der Rest entweicht zusammen mit verdampftem W. u. den Gasen als Nebel. Will man H_2SO_4 (Konz. $<$70%) erzeugen, so legt man eine schwächere H_2SO_4 vor. Man schlägt den SO_3-Nebel nieder u. führt einen Teil der hierbei gewonnenen verd. H_2SO_4 in die vorgelegte H_2SO_4 zurück, so daß das an SO_3 gebundene u. das verdampfte W. ergänzt werden. Zur Erzeugung von stärker als 70%ig. H_2SO_4 legt man eine stärkere H_2SO_4 vor. Es verdampft dann auch H_2SO_4. Man muß anschließend die Gase in $<$70%ig. sd. H_2SO_4 leiten, in der die H_2SO_4-Dämpfe absorbiert werden, u. schlägt dann erst den SO_3-Nebel nieder. (**E. P. 672 320** vom 11/1. 1950, ausg. 21/5. 1952. A. Prior. 21/1. 1949.) ZÜRN. H 253

I. G. Farbenindustrie Akt.-Ges., Frankfurt/M. (Erfinder: **Ernst Podschus**, Leverkusen), *Herstellung von Antimonchloriden.* Sb-Oxyde werden oberhalb des Kp. von $SbCl_3$ mit $COCl_2$ oder einem Gemisch von CO u. Cl_2 umgesetzt. Durch Dest. im Cl_2-Strom läßt sich aus dem erhaltenen Gemisch von $SbCl_3$ u. $SbCl_5$ reines $SbCl_5$ gewinnen. Durch Red. mit Sb-Pulver gelangt man zum reinen $SbCl_3$, wenn man die Rk. mit einem Überschuß von CO durchführt u. die Reaktionsprodd. bei $<$200° über einen Kontakt, z. B. grobkörnige Aktivkohle, leitet. Verstopfungen durch Bldg. von SbOCl werden vermieden, wenn man die Sb-Oxyde vor der Rk. oxydierend auf $<$200° erhitzt. (**D. R. P. 735 118** Kl. 12i vom 1/8. 1942, ausg. 6/10. 1952.) ZÜRN. H 266

Aluminium Laboratories Ltd., Montreal, übert. von: **William Addison James**, Arvida, Quebec, Can., *Gewinnung von Al_2O_3* aus Bauxiten (I) mit geringem P_2O_5-Geh. durch Digerieren der I mit NaOH u. Na_2CO_3 unter Zuschlag von so viel $CaCO_3$, daß das Verhältnis von $CaCO_3:P_2O_5 = 8:1$ ist. (**A. P. 2 591 436** vom 10/3. 1947, ausg. 1/4. 1952. Can. Prior. 21/3. 1946.) NEBELSIEK. H 294

Badische Anilin- & Soda-Fabrik (Erfinder: **Josef Hille**), Ludwigshafen/Rh., *Herstellung von Aluminiumchlorid* durch Einw. von $COCl_2$ oder Cl_2 u. CO auf geglühtes Al_2O_3 in Ggw. von Alkaliverbindungen. Man führt die den Reaktionsraum verlassenden Dämpfe (I) vor der Kondensation des $AlCl_3$, gegebenenfalls nach entsprechender Abkühlung, über ca. 180—240° heiße Flächen, um aus den I Alkalichlorid-Aluminiumchlorid in fl. Form abzuscheiden. (**D. B. P. 852 986** Kl. 12m vom 15/7. 1944, ausg. 20/10. 1952.) NEBELSIEK. H 294

Sty-Jar Products, Inc., Newark, übert. von: **Lester D. Lupiro**, Asbury Park, N. J., V. St. A., *Gewinnung von Cuprooxyd und Cuprichlorid.* Man läßt ein Gemisch aus

Cupro- u. Cuprioxyden mit ca. 18%ig. HCl (1 [Mol] Oxyd auf 2 HCl) reagieren, kühlt auf 20° ab, trennt den unlösl. Cuprorückstand (I) von der Cuprochloridlsg. (aus der man $CuCl_2$ gewinnt) ab, wäscht I mit kaltem W. u. hydrolysiert mit warmem W., bis I in Cu_2O übergeführt ist, u. trocknet. (**A. P. 2 586 579** vom 30/1. 1948, ausg. 19/2. 1952.)

NEBELSIEK. H 358

Max Schmid, Technologie der Steinsalzaufbereitung und Siedesalzerzeugung. Halle/Saale: Knapp. 1951. (VIII + 220 S.) 8° = Berg- u. Aufbereitungstechnik. Bd. 2, Abschn. 4, 6. DM 17,—.

VI. Silicatchemie. Baustoffe.

Gordon F. Brewster und **Norbert J. Kreidl**, *Strahlungsabsorbierende Gläser.* Nach Angabe von Gleichungen zur Berechnung der Absorption von Röntgen- u. langsamen Neutronenstrahlen werden Verss. über die Absorption von Röntgen- u. γ-Strahlen durch Gläser vom Typ $PbO-Ta_2O_5-B_2O_3$, $PbO-Nb_2O_5-P_2O_5$, $PbO-ThO_2-P_2O_5$ u. $PbO-Ta_2O_5-GeO_2$ sowie von langsamen Neutronenstrahlen durch Gläser vom Typ $CdO-TiO_2-B_2O_3$ u. $CdO-ZrO_2-B_2O_3$ beschrieben. Dabei ergab sich, daß ein Glas, das 82% PbO, 2% Ta_2O_5, 2% SiO_2 u. 14% B_2O_3 enthält, die beste Absorption für Röntgenstrahlen mit einer befriedigenden chem. Beständigkeit (gegenüber 1%ig. HNO_3) vereinigt; ein Glas, das aus 63,8% CdO, 2,0% TiO_2, 3,1% ZrO_2 u. 31,1% B_2O_3 besteht, besitzt etwa gleiches Absorptionsvermögen für therm. Neutronen u. bessere chem. Beständigkeit als die TiO_2- oder ZrO_2-enthaltenden Cadmiumborate. Ein Glas mit 31,2% CdO, 54,3% PbO u. 14,6% B_2O_3 besitzt zwar ziemlich geringe chem. Beständigkeit, weist aber mindestens 70% Absorption für Röntgenstrahlen u. gleichzeitig 65% Absorption für therm. Neutronen im Vgl. mit den besten absorbierenden Versuchsgläsern auf. (J. Amer. ceram. Soc. **35.** 259—64. Okt. 1952. Rochester, N. Y., Bausch & Lomb Opt. Co.) HENTSCHEL. 6200

T. A. Popowa, *Quantitative Analyse von Gläsern des Systems $Na_2O-CaO-SiO_2$ auf Grundlage ihrer physikalisch-chemischen Eigenschaften.* Es werden in einer tabellar. Zusammenstellung die Werte der Konstanten *n*, Erweichungstemp. u. D. für 12 Gläser verschied. prozentualer Zus. gegeben, wobei die Zus. nach Na_2O, CaO u. SiO_2 aus den Daten berechnet wird. (Журнал Аналитической Химии [J. analyt. Chem.] **7.** 285—88. Sept./Okt. 1952. Moskau, Allunions Wiss. Forschungsinst. für Gläser.) v. WILPERT. 6200

A. Thürmer, *Über die Behandlung emaillierter Öfen und die Ursache von Emailschäden, insbesondere des Erblindens.* Das Blindwerden von emaillierten Oberflächen ist ein Verwitterungsvorgang, der durch Einw. von Feuchtigkeit hervorgerufen wird. Die Wassertröpfchen lösen aus der Oberfläche Alkalisalze, u. es entsteht ein Skelett von Metakieselsäure. Durch entsprechende trockene Lagerung u. Pflege der Oberfläche kann der Fehler ausgeschaltet werden. Ferner wird ein Verf. u. eine Vorr. zur Best. der Wasserangreifbarkeit von Emails beschrieben. (Glas-Email-Keramo-Techn. **3.** 211—13. 15/6. 1952. Mariahütte, Saar.) MARKHOFF. 6212

Hans J. Karmaus, *Neuere Emailzusammensetzungen.* Überblick über die neuere Patentliteratur. (Glas-Email-Keramo-Techn. **3.** 213—15. 15/6. 1952.) MARKHOFF. 6212

Dwight G. Bennett, *Hitzebeständige keramische Überzüge lassen den Ersatz von Sparmetallen zu.* Die neuzeitliche Entw. keram. Überzüge (Glas, Email) macht die Verwendung von Eisen u. C-Stählen für höhere Tempp. möglich u. gibt den hitzebeständigen Stählen einen zusätzlichen Schutz. Typ. Verwendungen im Bereich von 500—2000° F sind Rauch- u. Überhitzerrohre, Wärmeaustauscher, Glühkästen u. andere. Die Forderungen, die an einen keram. Überzug gestellt werden, sind außer der Fernhaltung des O_2 (für C-Stähle) die Verhinderung der interkristallinen Korrosion bei legierten Stählen, annähernd gleiche Wärmeausdehnungskoeff. zum Grundmetall u. Unveränderlichkeit in der Zusammensetzung. Durch die Überzüge wird die zeitliche Abnahme der Festigkeit von 18/8 Cr/Ni-Stählen bei 2000° F verhindert, die Dauerstandfestigkeit erhöht u. die Oberflächentemp. um ca. 75—150° F gegenüber ungeschütztem Material gesenkt. (Materials and Methods **33.** Nr. 3. 65—67. März 1951.) KATZ. 6212

A. T. Kleinberg, Ss. I. Makarytschewa und **W. W. Gontscharow**, *Chemisch-mineralogische Zusammensetzung und Feuchtigkeitsbeständigkeit der Backkuchen des Nikitowka-Dolomits.* Beim Brennen des *Dolomits* (I) in Schachtöfen bilden sich Backklumpen als Folge einer Wechselwrkg. zwischen dem I-Staub u. der leichtschmelzbaren Koksasche. Die zementierende M. unterscheidet sich chem.-mineralog. vom Stück-I; sie ist poröser, widerstandsfähiger gegen Feuchtigkeit, enthält mehr SiO_2, TiO_2, Al_2O_3 u. Fe_2O_3, u. zwar in Form eines Mehrgeh. an Periklas, Tricalciumsilicat sowie Calcium-Alumoferriten. (Огнеупоры [Feuerfeste Mater.] **17.** 221—28. Mai 1952. Leningrad, Inst. für feuerfeste Materialien.) v. WILPERT. 6218

—, *Ganzbasische Öfen, Ergebnisse mit 6 englischen und 2 holländischen Siemens-Martin-Öfen.* Herst. der verwendeten Cr-Magnesitsteine aus Seewasser, Magnesit u. verschied.

Cr-Erzen. Einfl. von Al_2O_3, Gangart der Cr-Erze, des Feinheitsgrades u. des Mischungsverhältnisses. (Iron and Steel **24**. 199—203. Juni 1951.) STEIN. 6218

Fr. Hagemann und **H. Zoellner**, *Über die quantitative spektrochemische Gesamtanalyse von Silicaten.* Die App. mit Pfeilsticker-Wechselstrom-Abreißbogen, Quarzspektrograph, Meßprojektor u. einfachem Rechengerät erlaubt eine Vollanalyse in 3—4 Stunden. Um den Gesamtfehler auch bei höheren Konzz. unter ± 2 bis 3% zu halten, wurde auf eine fehleranfällige Schnellentw. der Photoplatten verzichtet. Die Reproduzierbarkeit des Verf. beträgt $\pm 1{,}85$% vom Wert der Schwärzungsmessung. (Glas-Email-Keramo-Techn. **3**. 283—87. 15/8. 1952. München, TH, Mineralog. Geolog. Inst., Forschungsstelle für Geochemie.) FROST. 6240

P. P. Budnikow und **W. Ss. Fadejewa**, *Anwendung des Elektronenmikroskops bei der Untersuchung des Mullitscherbens.* Vom Mullitscherben wurden Dünnschliffe hergestellt u. mkr. untersucht. Dann wurde mit Nitrolack (1,5% ig. Nitrocelluloselsg. in Amylacetat) u. 6% ig. Gelatinelsg. eine Matrize (Reliefnegativ) hergestellt, die Gelatine aufgelöst, die Matrize (Lackfilm) mit einem in 20% ig. HNO_3 geätztem Feinnetz aus Cu-Draht herausgefischt, auf Filtrierpapier getrocknet u. im Vakuum unter einem Winkel von 15° 30 Sek. lang mit Cr bestäubt. Die davon angefertigten elektronenmkr. Aufnahmen zeigten deutlich die Mullitstruktur. (Огнеупоры [Feuerfeste Mater.] **17**. 228—30. Mai 1952. Moskau, Chem.-Technolog. Mendelejew-Inst.) v. WILPERT. 6240

H. Myncke, *Die Kontrolle von Wärmeisolierstoffen.* Vf. mißt den Wärmeleitfähigkeitskoeff. der in der Kältetechnik benutzten Isolationsmaterialien mit dem App. von POENSGEN: Eine Probe wird zwischen 2 Wände geklemmt, eine wird elektr. geheizt, die 2. mit Methylchlorid gekühlt. Aus der Temperaturdifferenz, die man mit Thermoelementen an beiden Wänden mißt, folgt der Wärmeleitfähigkeitskoeffizient. Daten werden angegeben für *Kork, Bimsstein* u. *Glaswolle.* Einfl. von Materialdichte u. -feuchtigkeit werden bestimmt. Im Betrieb wird der Isolator mit dem vorher geeichten Calorimeter nach SCHMIDT untersucht, bei dem eine Kautschukscheibe, in der ca. 50 Thermoelemente so angebracht sind, daß sich die Lötstellen an den beiden Oberflächen befinden, gegen den Isolator u. eine feste Wand gepreßt u. die Temperaturdifferenz gemessen wird. Nach der neusten, noch nicht ganz erprobten Meth. von STALHANE u. PYK wird der Temperaturabfall im Isolator bestimmt, in dessen Mitte sich ein feiner elektr. beheizter Draht befindet. (Bull. Assoc. anciens Étudiants Brasserie Univ. Louvain **48**. 25—29. März 1952. Louvain, Inst. des Basses Tempp. et de Phys. Appliquée.) MIETHING. 6256

Brockway Glass Co., Inc., Brockway, übert. von: **James P. Poole**, State College, Pa., V. St. A., *Glasherstellung.* Zur Erleichterung des Schmelzens u. Läuterns von Glas wird ein Gemenge verwendet, welches aus Sand von einer Korngröße unter der des 100-Maschensiebes, Kalk von der des 20—40-Maschensiebes u. Alkali unter der des 140-Maschensiebes besteht. Al_2O_3, ein Fluorid u. Läuterungsmittel werden dem Gemenge zugesetzt, so daß dieses die Zus. aufweist: 68—80 (%) SiO_2, 1,2—4,0 R_2O_3, 2—14 RO, 8,0—15,5 Alkali u. bis zu 1,2 F. Das Gemenge wird zu einem Klarglas erschmolzen. — Beispiel: 8000 (Teile) Sand (unter 100 Maschen), 2669,7 Na_2CO_3 (unter 140 Maschen), 2059,6 $CaCO_3$ (20—40 Maschen), 1021,3 Syenit u. 62,7 CaF_2. — Diagramm. (**A. P. 2 552 495** vom 20/9. 1947, ausg. 8/5. 1951.) HANS HOFFMANN. 6171

Holophane Co., Inc., New York, N. Y., übert. von: **Isadore Mockrin**, Philadelphia, Pa., und **Arnold E. Pavlish**, Columbus, O., V. St. A., *Silicatglas für Reflektoren.* Dieses besteht aus 40—65 (%) SiO_2, 5—27,5 $Na_2O + K_2O$, jedoch nicht mehr als $12 K_2O$, 8 bis 12,5 eines Erdalkalioxydes, wie CaO, MgO u. BaO, 10—30 ZrO_2 oder TiO_2 u. bis zu 2 Verunreinigungen. Der Reflexionsindex des Glases beträgt 1,57—1,65 u. D. 2,70—2,95. — Beispiel: 15 TiO_2, 9,5 BaO, 57,5 SiO_2 u. 18 Alkalioxyd, z. B. Na_2O oder Na_2O mit bis 6 K_2O. — Abbildungen. (**A. P. 2 566 134** vom 12/9. 1946, ausg. 28/8. 1951.) HANS HOFFMANN. 6171

Verrerie Souchon Neuvesel, Lyon, Frankreich, *Elektrisches Schmelzen von Glas.* Man führt das Schmelzen in einem Ofen mit paarweise gegenüberliegenden horizontalen parallelen Elektroden durch, wobei jedem Elektrodenpaar der Strom gesondert zugeführt wird, so daß die parallelen Strombahnen aufeinander eine elektrodynam. Wrkg. ausüben. Bes. schaltet man die einzelnen Elektrodenpaare an die verschied. Phasen eines Drehstroms. Gleichgerichtete Strombahnen ziehen einander an, während bei entgegengesetzter Stromrichtung Abstoßung erfolgt. Hierdurch wird ein Durchrühren der Glasschmelze erzielt. — Vorr., Zeichnungen. (**N. P. 78 794** vom 2/2. 1936, ausg. 16/7. 1951. F. Priorr. 23/10. 1940 u. 23/12. 1941.) JÜRGEN SCHMIDT. 6175

Corning Glass Works, übert. von: **Harrison P. Hood**, Corning, N. Y., V. St. A., *Opalglas für Beleuchtungskörper.* Alkalihaltige Fluorsilicatgläser werden zur Verbesserung der opalisierenden Wrkg. mit Gehh. zwischen 0,01 u. 0,1% CuO versehen. So ergibt ein Gemenge aus 300 (Teilen) Sand, 102 Na_2CO_3, 14 $NaNO_3$, 90 $Al(OH)_3$, 75 CaF_2 u. 0,2 CuO beim Erschmelzen ein opalisierendes Glas von der Zus.: 63 (%) SiO_2, 14 Na_2O, 12 Al_2O_3, 11 CaO, 0,04 CuO u. 8 F. (**A. P. 2 571 242** vom 21/7. 1948, ausg. 16/10. 1951.) HANS HOFFMANN. 6201

Corning Glass Works, übert. von: **John M. Mochel**, Corning, N. Y., V. St. A., *Herstellung von wärmeabsorbierenden Überzügen auf Glasgegenständen.* Die heißen Glasgegenstände werden mit Salzlsgg. besprüht, aus denen sich ein Metalloxydfilm von 1000 bis 7000 Å bildet. Es kommen Oxyde der Metalle Sn, In, Cd, Sn + Sb, Sn + In, Sn + In, In + Cd, Sn + Sb, oder In mit 20% eines Oxydes von Cu, Zn, V, Cr, Mn u. Co in Frage. — Z. B. wird ein bei ca. 800° erweichendes Borosilicatglas auf 700° erhitzt u. 10—20 Sek. lang mit einer Salzlsg. von folgender Zers. besprüht: 100 g $SnCl_4 \cdot 5H_2O$, 50 cm^3 H_2O u. 10 cm^3 konz. HCl-Lösung. — Diagramme. (**A. P. 2 564 708** vom 3/9. 1947, ausg. 21/8. 1951.) HANS HOFFMANN. 6201

Vereinigte Glaswerke Aachen, Zweigniederlassung der Akt.-Ges. der Spiegelmanufaktur und Chemischen Fabriken von St. Gobain, Chauny & Cirey, Aachen (Erfinder: **A. Markmann**), *Herstellung von Schaumglasgegenständen.* Man vermischt Glasmehl u. ein Mittel zum Entwickeln von Gas bei der Erweichungstemp. des Glases u. ein Bindemittel, worauf das Gemisch verformt u. gegebenenfalls nach einem Trocknen in einem Tunnelofen auf Erweichungstemp. erhitzt wird. Das Erhitzen erfolgt bes. in einer Schutzgasatmosphäre, z. B. aus CO_2. — Zeichnungen. (**Schwed. P. 133 983** vom 13/9. 1943, ausg. 18/12. 1951. D. Prior. 12/9. 1942.) JÜRGEN SCHMIDT. 6201

Union Chimique Belge, Soc. An., Brüssel, Belgien, *Herstellen feuerfester Erzeugnisse.* Das Oxyd eines Metalls mit einem Atomgewicht unter 90 wird mit einer organ. Si-Verb., die als Bindemittel geeignet ist, gemischt, geformt u. gebrannt. Hierbei wird die organ. Si-Verb. zers., u. das Si verbindet sich unter Silicatbldg. mit dem Metalloxyd. — Z. B. wird calcinierte Tonerde in feiner Verteilung mit einem Gemenge aus Äthylsilicat, das 2% Piperidin zur Förderung der Gelbldg. des organ. Bindemittels enthält, u. A. gemischt u. geformt. Die Formlinge ergeben beim Brennen auf ca. 750° Körper mit einer Druckfestigkeit von 117 kg/cm^2, auf 1300° eine Druckfestigkeit von 815 kg/cm^2. Die Körper dienen bes. zu Formen für den Metallformguß. (**Schwz. P. 277 576** vom 5/10. 1948, ausg. 1/12. 1951.) REINHART. 6219

Hans Bode, *Herstellung von schalldämmenden, wärmeisolierenden Verkleidungen,* Bauelementen u. Bodenbelag, dad. gek., daß auf eine aus beliebigem Material bestehende Grundwand eine lockere, mit einer $CaCl_2$ u. geringe Mengen Weichmacher enthaltenden Polyvinylacetat- oder -chlorid-Emulsion getränkte Faserstoffschicht oder körnige Schicht aufgebracht wird, auf welcher alsdann eine ähnlich zusammengesetzte dichte Deckschicht in ein oder mehreren Lagen aufgebracht wird. Als Füllstoffe eignen sich Steinmehl u. Zement. Die Kunstharzemulsion kann auch ganz oder teilweise durch Bitumen- oder Asphaltmischungen, polymerisierte Abfallpeche u. dgl. ersetzt werden; außerdem können Versteifungen aus Maschendraht oder durchlöchertem Blech eingebaut werden. — Zeichnungen. (**D. B. P. 850 227** Kl. 39b vom 11/6. 1949, ausg. 22/9. 1952.) SALZMANN. 6229

Grünzweig & Hartmann G. m. b. H., Ludwigshafen/Rh. (Erfinder: **Eduard Bauer**, Kiesing/Augsburg), *Herstellen von Isolierplatten.* Der bei der Reinigung von Kunstharzschaumstoff aus wss. Kunstharzlsgg. entstehende Abgang aus klebenden Kunstharzschaumstoffresten mit oder ohne Zusatz von Glasfasern wird auf einem Sieb abgesetzt, in Preßformen vom W. befreit u. getrocknet. Der entstandene Abgang mit Schaumstoffflocken (Bruch u. Abfall von fertigen Schaumstofformstücken) wird in Formen gefüllt, gepreßt u. getrocknet. (**D. B. P. 853 068** Kl. 39a vom 5/12. 1940, ausg. 20/10. 1952.) SCHLITT. 6229

Fritz C. Miehe, Berlin, *Bedrucken von Steinflächen mit wetterfester plastischer Schrift,* z. B. von Hauswänden, Wegweisern, Grabmalen oder dergleichen. Die Steinfläche wird mit einer dünnen Kunststoffolie, Papier oder Gummituch abgedeckt, Modellbuchstaben oder Embleme darauf befestigt u. davon durch Abgießen mit Gips eine Matrize hergestellt. Die Vertiefungen der Matrize werden mit einer wss. M. ausgefüllt, die aus einem Bindemittel, z. B. Zement, u. aus demselben Gestein gemischt wird, aus welchem der zu beschriftende Stein besteht, z. B. Marmorgrieß oder -mehl. Die Matrize wird an die Steinfläche angepreßt, bis die Buchstabenkörper, die noch mit einer Zwischenschicht aus fein gemahlenem Gestein u. Metalloxyden, bas. Salzen oder dgl. versehen sein können, abgebunden haben. (**D. B. P. 851 915** Kl. 75b vom 27/1. 1949, ausg. 20/11. 1952.) LAASS. 6229

—, Zement-Taschenbuch 1952. Hrsg. vom Verein Dt. Portland- und Hüttenzementwerke e. V. Jg. 34 d. Zement-Kalenders. Wiesbaden: Bauverl. 1951. (XV + 415 S. m. 7 Taf.) 8°. DM 5,80.

VII. Agrikulturchemie. Schädlingsbekämpfung.

K. D. Jacob, *Phosphatdüngemittel für die Landwirtschaft in den Weststaaten.* Es werden die Löslichkeit von Phosphatdüngern in W. u. neutraler Ammoniumcitratlsg. in Beziehung zu ihrer Wirksamkeit als P-Quelle für Kulturpflanzen auf alkal. Böden u. die gegenwärtigen u. zukünftigen Möglichkeiten ihrer Herst. in den Weststaaten diskutiert. (Farm Chemicals **115**. 21—29. 70—71. Okt. 1952. Beltsville, Md., U. S. Dep. of Agric., Agric. Res. Admin., Bur. of Plant Ind., Soils and Agric. Engng.) RANG. 6282

L. A. Pinck und **F. E. Allison**, *Widerstand einer Protein–Montmorillonit-Komplexverbindung gegen die Zersetzung durch Bodenmikroorganismen.* Stark tonige Böden halten die genannte Substanz bedeutend fester als sandige, d. h. tonarme Böden. Es ist wahrscheinlich, daß durch den hohen Tongeh. der Angriff der Bodenmikroorganismen stark verringert wird. Vff. konnten diese Ansicht durch Beimpfung von Bentonit–Gelatine-Komplexen (p_H 6—7) beweisen. (Science [Washington] **114**. 130—31. 3/8. 1951. Beltsville, Md.) GRIMME. 6304

M. Greenwood, *Düngungsversuche an Erdnüssen in Nordnigeria.* Gefäß- u. Feldverss. mit Superphosphat (I), I + Ammoniumsulfat (II), Monoammoniumphosphat (III) u. Tripelsuperphosphat auf verschied. Böden aus Nordnigeria, welche durchweg nicht auf Kalidüngung positiv reagierten. Die Überlegenheit von I, bes. auch bzgl. des anfallenden Futterstrohes, wird auf seinen hohen Geh. an Gips (**IV**) zurückgeführt. Dies bestätigen Verss., welche nur mit **IV** durchgeführt wurden. Die Möglichkeit, daß Schwefelmangel vorherrscht, wird erörtert. Eine ähnliche Wrkg. zeigt auch II. Durch Verwendung von III wurde lediglich eine stimulierende Wrkg. auf das Wachstum der Sämlinge hervorgerufen, jedoch bewirkte die zusätzliche N-Gabe keine Erhöhung des Gesamtertrages an Erdnüssen u. Futterstroh. (Empire J. exp. Agric. **19**. 225—41. Okt. 1951. Zaria, Northern Nigeria, Dep. of Agricult.) WALTER SCHULTZE. 6304

Bernardino Q. Ballesteros, *Wirkungen auf Wachstum und Ertrag von Upland-Reispflanzen durch Zusatz von tierischem Dünger zu gedüngten und ungedüngten Böden.* Bei Gefäßverss. mit Upland-Reis auf gedüngten u. ungedüngten Böden erhöhte Zusatz von Pferdedünger den Wassergeh. der Böden u. die Wachstumsgeschwindigkeit der Pflanzen beträchtlich; jedoch wurde bei Regenzeitkulturen Bestockung u. Kornertrag nicht wesentlich gesteigert. Bei Trockenzeitkulturen reichten zusätzliche Pferdedüngergaben nicht aus, um die Pflanzen mit für die n. Entw. ausreichenden Wassermengen zu versehen. (Philippine Agriculturist **35**. 207—16. Sept. 1951. Los Banos, Laguna, Univ. of the Philippines, Coll. of Agric. Dep. of Agric. Bot.) RANG. 6304

Hubert Martin, *Anwendung selektiver Gifte beim Ernteschutz.* Allg. Ausführungen. (Chem. Products chem. News [N.S.] **15**. 247—51. Juli 1952. London, Ontario, Can., Science Serv. Labor.) GROH. 6312

—, *Dem DDT verwandte Nitroalkanderivate.* Einige Nitroäthan-, -propan- u. -butanderivv., wie z. B. 1.1-Bis-[p-chlorphenyl]-2-nitroäthan sind gegen bestimmte Insekten bis ca. 5 mal so wirksam wie DDT; die Toxizität ist für Warmblüter nur halb so groß wie die von DDT. Kurzer Hinweis auf die Herst. dieser Produkte. — 3 Literaturhinweise. (Chem. pharmac. Techniek **7**. 216. 15/4. 1952.) WESLY. 6312

N. van Tiel, *Über „Supona", eine neue DDT-Suspension.* Vf. bespricht die Verwendung zweier neuer DDT-Suspensionen „Supona (D u. DB)", von denen die eine 50% DDT, die andere 39% DDT u. 13% techn. $C_6H_6Cl_6$ in einem koll. Öl–W.-Syst. enthält. Versuchstiere Anopheles gambiae u. funestus. (Bull. entomol. Res. **43**. 187—202. März 1952.) LIEBNER. 6312

Suzanne Tocaven, *Untersuchungen über die insekticide Aktivität des Toluol-3.4-dithiophenols.* Die abtötende Wrkg. von *Toluol-3.4-dithiophenol* (I) wurde an *Gryllus domesticus, Bruchus pisi* u. Larven von *Ephestia Kühniella* geprüft. Es zeigte sich bei allen 3 Insekten tox. Wirkung. Jedoch ist die I-Wrkg. je nach Anwendungsart (Kontakt, Atem- u. Fraßgift) u. Menge etwas verschieden, was mit der chem. Veränderung (starke Oxydierbarkeit u. Umwandlung in das entsprechende Disulfoxyd) zusammenhängt. Die durch I hervorgerufenen Erscheinungen lassen auf Eindringen durch die Tracheen der Cuticula u. Blockierung der Zellatmung schließen. (C. R. hebd. Séances Acad. Sci. **234**. 1581—83. 7/4. 1952.) ITZEROTT. 6312

B. Arenz und **H. Schröppel**, *Über die Auswirkung einer Cyanamidernährung von Kartoffelpflanzen auf den Besatz mit Kartoffelkäferlarven.* Auf Grund ihrer Verss. sind Vff. der Ansicht, daß das Cyanamid in die Pflanzen einzudringen vermag u. als solches vorübergehend als Fraßgift für die Kartoffelkäferlarven wirksam bleibt. (Z. Pflanzenkrankh. (Pflanzenpathol.) Pflanzenschutz **59**. 334—39. Sept./Okt. 1952. Weihenstephan, Bayer. Landessaatzuchtanstalt.) WINIKER. 6312

Claus Buhl, *Der große Kohltriebrüßler (Ceuthorrhynchus napi Gyll.), ein bisher im Glückstädter Gemüseanbaugebiet unbekannter Schädling.* Zur Bekämpfung des Großen Kohltriebrüßlers eignen sich Phosphorsäureester u. bes. Hexamittel, nicht aber DDT. (Z. Pflanzenkrankh. (Pflanzenpathol.) Pflanzenschutz **59.** 326—34. Sept./Okt. 1952. Glückstadt, Biol. Bundesanstalt, Außenstelle des Inst. für Getreide-, Ölfrucht- u. Futterpflanzenbau.) WINIKER. 6312

Walter Vogel, *Die Verwendung von Parathion zur Bekämpfung der Kirschenfliege (Rhagoletis cerasi L.).* Parathion gestattet die kurative Bekämpfung der Kirschenfliege nach der Eiablage. (Anz. Schädlingskunde **25.** 100—02. Juli 1952. Wädenswil, Schweiz, Eidg. Versuchanst. für Obst-, Wein- u. Gartenbau.) WINIKER. 6312

Peter Marquardt, *Besteht nach Lindaneanwendung zur Bekämpfung von Getreideschädlingen eine Vergiftungsgefahr für den Brotkonsumenten?* Krit. Erwiderung auf einen Artikel von PFANNENSTIEL (C. **1952.** 4520). Vf. fordert, vor der Anwendung von *DDT* u. *Hexachlorcyclohexan* zur Getreide- u. Mehlentwesung diese Substanzen in eingehenden toxikolog. Unterss. zu prüfen. (Mühle **89.** 700—01. 6/11. 1952. Freiburg/Br., Univ., Med. Fak., Abt. für exp. Therapie.) KRUSEN. 6312

W. A. Linewa und **W. P. Okulow,** *Das Auftreten von gegenüber DDT und Hexachloran widerstandsfähigen Stubenfliegen.* Bei einer 3jährigen Bekämpfung der Stubenfliege mit DDT (**I**) u. Hexachloran (**II**) wurde nur im 1. Jahr eine 100%ig. letale Wrkg. erzielt, während Stechfliege u. Moskito auch im 3. Jahr vollständig vernichtet wurden. Aus mit **I** u. **II** behandelten Räumen stammende Stubenfliegen wurden im Labor. durch letale Dosen von **I** u. **II** nur zu 70,2% (Männchen) bzw. 35,7% (Weibchen) vernichtet. Die vererbbare Resistenz der Stubenfliege gegen **I** u. **II** ging in der 4. Generation völlig verloren. Es wird empfohlen, bei der Bekämpfung der Stubenfliege mindestens 2 g/m^2 der wirksamen Substanz von **I** u. **II** anzuwenden. (Гигиена и Санитария [Hyg. u. Sanitätswes.] **1952.** Nr. 6. 43—44. Juni. Feodosia, Städt. Malariastation u. Zentralinst. für Malaria, med. Parasitol. u. Helminthol. des Gesundheitsminist. der UdSSR.) KLUGE. 6312

J. T. Bignell, *Neuere Entwicklung auf dem Gebiet der Rattenbekämpfung.* Vortrag über die neuen Rattengifte *Compound 1080* (Natriumfluoracetat; geruch- u. geschmacklos, 10—11mal so tox. für Ratten wie Strychnin; zur Zeit noch im Versuchsstadium) u. *Warfarin* (Herbeiführung innerer Verblutungen nach mehrmaliger Aufnahme kleiner Dosen). (Tasmanian J. Agric. **23.** 223—25. Aug. 1952.) RANG. 6312

Pietro Gelli, *Flammenphotometrische Wertbestimmung von Kalidüngern.* Die Meth. von SCHUHKNECHT-WAIBEL arbeitet bedeutend schneller als die übliche Perchloratmeth. u. eignet sich deshalb bes. für Massenanalysen. Mittlerer Fehler ± 1%. Tabellen u. Kurvenbilder im Original. (Ann. Sperimentaz. agrar. [N. S.] **6.** 359—65. 1952. Bologna, Univ., Chem.-landw. Inst.) GRIMME. 6322

Pietro Gelli, *Photometrische Wertbestimmung von Phosphatdüngern.* Krit. Prüfung der photometr. P_2O_5-Best. von FERRARI auf Basis Phosphormolybdänblau. Die Fehlergrenzen sind nicht größer als bei der gravimetr. Meth. (±0,3%). (Ann. Sperimentaz. agrar. [N. S.] **6.** 347—58. 1952. Bologna, Univ., Landw.-chem. Inst.) GRIMME. 6322

—, *Anwendung von Strahlen zur Bestimmung der Bodenfeuchtigkeit und -dichte auf dem Felde.* Besprechung eines prakt. App. zur Best. von Bodenfeuchte u. -dichte mittels γ-Strahlen. — 1 Abbildung. (Engng. News-Rec. **148.** 72. 27/3. 1952.) GRIMME. 6324

Proinsias O'Colla, *Analyse chlorierter organischer Insekticide mittels Verteilungschromatographie an Papier und Cellulose.* Beschreibung einer papierchromatograph. Meth. zur Trennung u. Best. der Bestandteile von Benzolhexachlorid (**I**), Chlordan (**II**) sowie des Verh. von Toxaphen (**III**) u. DDT, wobei Essigsäureanhydrid als feste Phase u. n-Hexan oder PAe. als bewegliches Lösungsm. verwendet werden. Entw. erfolgt durch Besprühen der Papierchromatogramme mit Ferrosalzlsg. in Essigsäure u. anschließend starkes Erhitzen. — Das Papierchromatogramm von **I** zeigt 6 Flecken: α-, β-, γ-, δ- u. ε-Isomere sowie Hepta- u. Oktachlorverbb.; von **II** einen Fleck: vermutlich 1.2.4.5.6.7.8.8-Oktachlor-4.7-methylen-3a.4.7.7a-tetrahydroindan, daneben 4 weitere nichtidentifizierte Flecken; von **III** einen Fleck: chloriertes Camphen; von DDT einen Fleck: Gemisch von o.p'- u. p.p'-Isomeren. — Die Meth. wurde zur quantitativen Analyse von γ-Hexachlorcyclohexan (**IV**) in Insekticiden erweitert. Kleine **IV**-Mengen (1—2 mg) werden durch Papierchromatographie, größere (50—100 mg) durch Adsorption an Hydrocellulose festgestellt. Die Titration des Geh. an Gesamt-Cl erfolgt nach Red. von **IV** zu Chlorid mit $AgNO_3$-Lsg. nach dem Verf. von SISIDO u. YAGI (vgl. Analyt. Chem. **20.** [1948.] 677). — Das Verf. ist zur Feststellung von Insekticidrückständen an Pflanzen nach Applikation von Stäube- u. Spritzmitteln geeignet. (J. Sci. Food Agric. **3.** 130—35. März 1952. Galway, Univ. Coll.) RANG. 6328

Chemische Werke Albert (Erfinder: **Rüdiger Lothar von Reppert**), Wiesbaden, *Herstellung von granulierten, humushaltigen Düngemitteln aus Klärschlamm.* Vergorener oder unvergorener Klärschlamm wird auf einen Wassergeh. von ca. 20—30% mechan. entwässert, die feinkrümelige M. nach Zusatz von Müllkompost mit wss. Lsgg. oder Emulsionen von organ. oder anorgan. Bindemitteln versetzt, innig vermischt u. granuliert, gegebenenfalls unter Zusatz feinpulvriger Trennsubstanzen, wie Düngemittel, Sand, Kalkstein- oder Holzmehl. Schädlingsbekämpfungsmittel oder Spurenelemente können der M. zugefügt werden. Geeignete Bindemittel: Wasserglas oder Sulfitablauge. Lagerbeständige u. streufähige Granulate. (**D. B. P. 851 070** Kl. 16 vom 9/5. 1950, ausg. 2/10. 1952.) KARST. 6297

Günter Spengler, München, *Herstellung von Humusdüngemitteln aus Torf.* Schwarztorf wird in feuchtem Zustand bei n. Druck mit Luft u./oder O in Ggw. von hydroxydbildenden Metallen, bes. der I., II., VII. u. VIII. Gruppe des Period. Syst. bis zur Molekülverkleinerung u. zum Auftreten von Hydroxyl- u. Carboxylgruppen oxydiert, worauf die M. mit NH_3, Kalkstickstoff, Alkalien, CaO, MgO, Rohphosphaten, Gesteinsmehlen oder Spurenelementen bei n. oder erhöhtem Druck zur Rk. gebracht bzw. gegebenenfalls mit mineral. Düngemitteln, Bodenverbesserungsmitteln oder niedermol. lösl. Huminsäuren vermischt wird. Die bei der Neutralisation auftretende Reaktionswärme wird zum Trocknen der M. ausgenützt. (**D. B. P. 850 455** Kl. 16 vom 5/10. 1948, ausg. 25/9. 1952.) KARST. 6297

Chemische Werke Albert, Mainz-Kastel (Erfinder: **Kurt Albert** und **Hans Huber,** Wiesbaden), *Herstellung eines Mittels zur Bekämpfung von Mn-Mangelkrankheiten der Kulturböden.* Natürliche Braunsteinerze werden unter Zusatz von zur Bldg. von MnO als einzigem Mn-Oxyd ausreichenden Mengen Reduktionsmittel, bes. Koksmehl, u. unter Zusatz von SiO_2 auf bis ca. 1000° (helle Rotglut) reduzierend geglüht. Das citronensäurelösl. Prod. wird im Boden nicht ausgewaschen u. besitzt langandauernde Nachwirkung. (**D. B. P. 858 256** Kl. 16 vom 13/12. 1942, ausg. 4/12. 1952.) KARST. 6297

N. V. de Bataafsche Petroleum Mij., Den Haag, Holland (Erfinder: **F. B. Hilmer**), *Begasung und Desinfizieren von Erdböden.* Man imprägniert den Erdboden mit einem Gemisch aus gesätt. u. ungesätt. halogenierten KW-stoffen mit 3 oder 4 C-Atomen, bes. Mono- oder Polyhalogenpropylene u. Butylene, z. B. Allylhalogenpropylene. Die genannten Stoffe können auch als wss. Lsg. oder als Emulsion zugeführt werden. Wenn man den Boden mit einem Gemisch, das 60 (%) *1.3-Dichlorpropylen* u. 35 *1.2-Dichlorpropan* enthält, behandelt, so kann man schon nach verhältnismäßig kurzer Zeit den Boden wieder bepflanzen. (**Schwed. P. 133 069** vom 30/6. 1944, ausg. 25/9. 1951. A. Prior. 30/6. 1943.) JÜRGEN SCHMIDT. 6313

Chim Akt.-Ges., Basel, Schweiz, *Mittel zur Förderung des Pflanzenwachstums,* enthaltend ein oder mehrere Pflanzenhormone, bes. in W. unlösl. oder schwerlösl. Hormone oder Heteroauxine, ferner Hefeautolysate u. einen oder mehrere die Entw. schädlicher Mikroorganismen hindernde Stoffe u. gegebenenfalls einen oder mehrere Zuckerkörper, bes. red. Zucker. — Beispiel: In rohem Bierhefeautolysat, das durch Zusatz von neutralem o-Oxychinolinsulfat u. Thioharnstoff stabilisiert wurde, wird Glucose mit einem Geh. von 2 g β-Indolessigsäure je kg, die durch Imprägnierung in einer Acetonlsg. einverleibt wurden, gelöst. Die 1%ig. wss. Lsg. dient zur Behandlung von Saatgut durch Eintauchen oder Besprengen oder von Kulturpflanzen durch Begießen oder Berieseln. (**D. B. P. 841 761** Kl. 16 vom 21/12. 1948, ausg. 19/6. 1952. F. Priorr. 22/12. 1947 u. 25/11. 1948.) KARST. 6313

Dr. Alexander Wacker Gesellschaft für elektrochemische Industrie G. m. b. H. (Erfinder: **Franz Xaver Schwaebel**), München, *Wachstumsförderndes Mittel für Pflanzen.* Als Zusatz zu Spritzmitteln gegen Pflanzenkrankheiten werden Ester der Orthophosphorsäure mit niederen (1—3 C) aliphat. Alkoholen, bes. Triäthylphosphat, gegebenenfalls im Gemisch oder in Verb. mit anderen zweckdienlichen Stoffen, verwendet, Konzz. ca. 0,01%. Diäthylmethylphosphat ist ebenfalls geeignet. Im Hopfenbau wurden Ertragssteigerungen von 25% erreicht. (**D. B. P. 851 957** Kl. 16 vom 28/2. 1951, ausg. 9/10. 1952.) KARST. 6313

Kasvinsuojelu O/Y, Helsingfors, Finnland (Erfinder: **V. L. Nyman**), *Bekämpfung von Viruskrankheiten bei Pflanzen.* Man behandelt die Pflanzen durch Bespritzen oder durch Bewässern oder durch Einspritzen mit Mitteln, die aus A., Crotonaldehyd, gegebenenfalls anderen Aldehyden u. Pyridinbasen, u. gegebenenfalls fungiciden, bakterieiden Stoffen oder auch Hormonen oder Wuchsstoffen bestehen. Z. B. behandelt man Tomaten mit einer Injektion mit 96%ig. Sulfitsprit, dem Crotonaldehyd u. etwas blaue Farbe zugesetzt ist, gegen den Rollvirus. (**Schwed. P. 134 163** vom 21/1. 1949, ausg. 8/1. 1952. Finn. P. 8/8. 1948.) JÜRGEN SCHMIDT. 6313

Imperial Chemical Industries Ltd., London, England (Erfinder: **F. L. Sharp**), *Saatgutbeize*, bestehend aus einem trockenen pulverförmigen Gemisch von *γ-Benzolhexachlorid* (**I**) u. einer organ. Hg-Verb. als Desinfektionsmittel. Daneben können noch Trägerstoffe, wie Talkum, Kaolin oder dgl., vorhanden sein. — Z. B. besteht das Gemisch aus 15 (Teilen) **I**, 2 *Phenylmercuriacetat*, 3 Mineralöl u. 80 Kaolin. Das Gemisch dient z. B. zum Beizen von Hafer gegen *Helminthosporium Avenae*. (**Schwed. P. 133 221** vom 3/12. 1947, ausg. 9/10. 1951. E. Prior. 11/12. 1946.) JÜRGEN SCHMIDT. 6313

Imperial Chemical Industries Ltd., London, England, *Trockenbeizmittel*. Das Trockenbeizmittel zur Behandlung von Sämereien enthält neben organ. Hg-Verbb. noch Benzolhexachlorid (**I**). — Z. B. besteht die M. aus 15 (Teilen) **I**, 2 Phenylquecksilberacetat, 3 Mineralöl u. 80 Kaolin. Sie wird zum Beizen von Hafer, Weizen oder Kressesamen verwendet. (**N. P. 77 996** vom 21/9. 1948, ausg. 29/1. 1951.) JÜRGEN SCHMIDT. 6313

W. A. Cleary Corp., übert. von: **Paul A. Sartoretto**, New York, N. Y., V. St. A., *Arylquecksilbersalze von Chlorphenoxyessigsäuren* erhält man durch Kondensation eines Aryl-Hg-Salzes, z. B. Phenyl-Hg-acetat, mit 2.4-, 2.5-Di- oder 2.4.5-Trichlorphenoxyessigsäure. — Die Prodd. verwendet man zweckmäßig zusammen mit Borsäure u. Alkanolaminen, wodurch man stabile Lsgg. als *Unkrautbekämpfungsmittel* erhält. Vgl. A. P. 2 545 431. (**A. P. 2 586 387** vom 21/3. 1947, ausg. 19/2. 1952.) KRAUSS. 6313

N. V. de Bataafsche Petroleum Mij., Den Haag, Holland, *Schädlingsbekämpfungsmittel*, bestehend aus wss. Mineralölemulsion, *1.1-Di-[4'-chlorphenyl]-2.2.2-trichloräthan* u. einem oder mehreren *Nitrophenolen* oder *Nitrokresolen* oder deren Homologen. Außerdem können noch andere Kontaktinsekticide vorhanden sein. (**Dän. P. 72 330** vom 9/6. 1947, ausg. 27/3. 1951. Holl. Prior. 20/12. 1945.) JÜRGEN SCHMIDT. 6313

Farbenfabriken Bayer, Leverkusen, *Kontaktinsekticides Mittel*. Man verwendet ein Gemisch aus 50—80 (%) *p-Nitrophenylthiophosphorsäuredimethylester* u. 50—20 des entsprechenden *Äthylesters*. Die Gemische dienen als Pflanzenschutzmittel u. zeichnen sich durch geringe Giftigkeit für Warmblüter, bes. den Menschen, aus. (**Dän. P. 72 993** vom 11/8. 1949, ausg. 27/8. 1951. Schwz. Prior. 25/4. 1949.) JÜRGEN SCHMIDT. 6313

Chemical Foundation, Inc., New York, N. Y., übert. von: **Robert D. Englert, Henry I. Gerjovich** und **Michel Pijoan**, Boulder, Colo., V. St. A., *Insektenbekämpfung*. Man verwendet 10%ig. Lsgg. von hydrierten Naphthalaminen, bes. *5-Amino-, 2-Amino-1.2.3.4-tetrahydronaphthalin* u. *1-Trichloräthantetrahydronaphthylamin*, in Kerosin. Herst. aus α- oder β-Naphthylamin durch Lösen in A. in Ggw. von akt. Ni, Hydrierung der M. bei 150° u. unter 150 at, Kühlen, Abdest. des A. u. fraktionierte Dest. des Rückstandes. Die 2. Fraktion dest. bei 140—146°/16 mm u. besitzt starke insekticide Wirkungen. (**A. P. 2 582 375** vom 28/2. 1947, ausg. 15/1. 1952.) KARST. 6313

Standard Oil Development Co., Elizabeth, N. J., V. St. A., *Schädlingsbekämpfungsmittel*, bestehend aus N-Trichlormethylthioimiden der allg. Formel **I**, in der R einen aliphat. aromat. oder alicycl. Rest bedeutet, als wirksamem Bestandteil. Es sind genannt: *N-Trichlormethylthiotetrahydrophthalimid*, F. 170—172°; *N-Trichlormethylthiosuccinimid*, F. 141°; *N-Trichlormethylthio-endomethylentetrahydrophthalimid*, F. 152—153°. (**Dän. P. 72 883** vom 29/11. 1948, ausg. 6/8. 1951.) JÜRGEN SCHMIDT. 6313

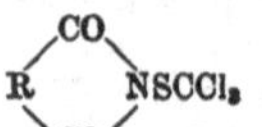

I

VIII. Metallurgie. Metallographie. Metallverarbeitung.

Harro Werwach, *Verwendung von Dolomitsteinen im Lichtbogenofen bei Anwendung des Frischens mit Sauerstoff*. Gegen die Verwendung von Teerdolomitstampfmassen bei Herden u. Seitenwänden beim Frischen mit O_2 sprechen die Porenbldg. durch Vergasung des Teeres u. damit die Anfälligkeit des Ofenbaustoffes gegen Stahl- u. Schlackenangriff, die C-Aufnahme des Bades infolge der C-haltigen Rückstände, das Nachflicken des Herdes mit Teerdolomitmischung, die Erweichung des Herdes beim Warmfahren des Ofens mit Koks sowie die Stahldurchläufe an den nachgeflickten Stellen. Verss. mit Dolomitsteinen deutscher Herkunft führten zu einer neuartigen Ausmauerung des ganzen Ofengefäßes aus bindemittelfreien Dolomitsteinen mit verbesserten Eigenschaften. Es wurde ein wasserfreier Mörtel zum Verlegen dieser Steine entwickelt. — Diskussion. (Stahl u. Eisen **72**. 341—45. 27/3. 1952. Bochum.) HOCHSTEIN. 6370

Fritz Naumann, *Die Verarbeitung von Spänebriketts im Gießereibetrieb*. (Metallurgie u. Giessereitechn. **1**. 85—86. März 1951. Dresden-Dölzschen.) PAHL. 6382

Joachim Müller, *Verwendung von Ammoniumbifluorid an Stelle von Borsäure als Schutzstoff im Formsand bei Magnesiumguß*. (Metallurgie u. Giessereitechn. **1**. 220. Juli 1951. Leipzig.) PAHL. 6382

B. Matuschka, *Die neueren Entwicklungen der europäischen Eisen- und Stahlindustrie.* (Radex-Rdsch. **1951.** 188—210. Linz.) PAHL. 6390

W. Ss. Gudynowitsch und **L. M. Tscherkassow,** *Ein Antifriktionsgußeisen aus unlegierten Chargen.* Als Ersatz für Lagerbronzen u. für zu Lagerzwecken geeignetes perlit. Gußeisen mit 0,2—0,35% *Cr* u. 0,3—0,4% *Ni* wird ein Antifriktionsgußeisen erschmolzen, das 3,3—3,8 (%) *C*, 1,6—2 *Si*, 0,6—1 *Mn*, 0,8—1,8 *Cu*, 0,09—0,14 *P* u. bis 0,13 *S* besitzt. Es wird die Gattierung der unlegierten Rohstoffe angegeben. Bei *Cu*-Zusatz zusammen mit der übrigen Gattierung im Kupolofen hatte der Graphit des gegossenen Gußeisens eine feine Ausbildung mit einer besonderen Orientierung zwischen den Austenitdendriten. Beim Cu-Zusatz in die Gießpfanne war der Graphit streifenförmig u. grob ausgebildet. Die Festigkeitseigg. des so hergestellten Gußeisens werden angegeben, u. es wird ein günstiger Cu-Einfl. auf die Verringerung der Gußeisenempfindlichkeit ermittelt. (Литейное Производство [Gießereiwesen] **1952.** Nr. 5. 21—22. Mai.) HOCHSTEIN. 6404

E. Piwowarsky, *Praktische Beiträge zum Thema: Sphärolithisches Gußeisen.* Untersucht wird der Einfl. hoher Überhitzungen u. einer bas. Schlackenführung sowie eines bas. Ofenfutters auf die Herst. von sphärolith. Gußeisen. Weitere Unterss. betreffen den Ablauf der therm. Redd. von Mg-Verbb. über Gußeisenschmelzen sowie die experimentelle Überprüfung der Herst. u. Verbesserung von grauem Gußeisen nach dem D. R. P. 541 296. Ferner wird durch mkr. Unterss. an getauchten u. abgeschreckten Proben aus Gußeisen mit Kugelgraphit die bisherigen Ansichten über die Lösungsgeschwindigkeit von Graphit im aufschmelzenden Eisen bestätigt. Es werden Angaben über eine zweckmäßige Einführung von *Mg* in Gußeisenbäder, bes. nach der Meth. des Mg-Konverters, gemacht. (Giesserei, techn.-wiss. Beih. **1952.** 311—22. März. Aachen, TH, Gießereiinst.) HOCHSTEIN. 6404

Wilhelm Schlüter, *Einfluß von Bor auf die Eigenschaften von Gußeisen.* Überblick u. Auswertung des Schrifttums. (Stahl u. Eisen **72.** 1477—78. 6/11. 1952.) HABBEL. 6404

Werner Jellinghaus, *Anregung der Zwischenstufenumwandlung des Stahles durch kleine Mengen von α-Eisen.* Es wird das Umwandlungsverh. von legierten Stählen in der Zwischenstufe (I) bei gleichgehaltener Temp. untersucht. Die Umwandlung des Austenits in der I wird durch Keime von α-Eisen beschleunigt. Die Entstehung der α-Eisenkeime kann sowohl durch bereits vorgegebene Inhomogenität des Austenits als auch durch Diffusionsvorgänge im Austenit, die zunächst zu einer homogenen Entmischung führen, erklärt werden. Für niedrigere Austenitisierungstempp. dürfte die erste Erklärung, bei hohen Austenitisierungstempp. letztere zutreffen. Die C-Ausscheidung bei der I-Umwandlung findet wahrscheinlich während des Wachsens der Ferritkeime an der Phasengrenze zwischen raumzentriertem u. flächenzentriertem Gitter statt. Neben diesem Reaktionsmechanismus ist noch ein anderer Mechanismus anzunehmen, der bes. bei legierten Stählen mit Carbidbildnern von Bedeutung ist. Bei diesem bilden sich die ersten Ferritkeime auf dem gleichen oben beschriebenen Weg; der C wird aber nicht ausgeschieden, sondern im Restaustenit angereichert; die Umwandlung bleibt dann unvollständig. (Arch. Eisenhüttenwes. **23.** 459—70. Nov./Dez. 1952. Düsseldorf, Max-Planck-Inst. für Eisenforsch.) HABBEL. 6410

Hans Bühler, *Stahlhärtung durch Abschrecken im Warmbad. Das OCe-Verfahren.* Bei der *OCe* (*O*hne *Ce*mentation)-Härtung wird das bis in den Kern erwärmte Werkstück als Ganzes in einem Tauchbad von ca. 200° abgeschreckt u. anschließend auf Raumtemp. an ruhiger Luft abgekühlt, wobei gleichzeitig mit der Oberflächenhärtung eine Kernvergütung bewirkt wird. Die Sonderstähle für dieses Verf. enthalten 0,75—0,90 (%) *C*, 0,1—0,3 *Si*, 0,25—0,85 *Mn*, $<$0,25 *P*, $<$0,25 *Si*, 0,1—0,3 *Cr*, 0,1—0,2 *Ni* u. $<$0,05 *V*, es werden also annähernd eutektoide Werkzeugstähle als Baustähle verwendet. — Schrifttumsangaben. (Werkstatt u. Betrieb **84.** 302—03. Juli 1951. Saarbrücken.) HABBEL. 6410

Willy Oelsen, *Die Desoxydation von Kupferschmelzen mit Eisen, mit Phosphor und mit Schwefel.* Erörterung der Besonderheiten bei Verwendung der verschied. Desoxydationsmitteln. Die Rkk. in Cu-Schmelzen, die S u. O_2 enthalten, werden als Beispiel für die Entw. metallurg. Folgerungen aus sehr verschiedenartigen Versuchsunterlagen behandelt. (Giesserei, techn.-wiss. Beih. **1952.** 383—87. März. Clausthal.) HOCHSTEIN. 6432

Robert L. Rusher und **George W. Blum,** *Sehr reines schwammartiges Kupfer aus Beizrückständen.* Die 26,6% $CuSO_4$ u. 27,9% $ZnSO_4$ enthaltenden Beizrückstände werden mit Zn (99,99%) entkupfert. Bei Ggw. von 4—7% freier H_2SO_4 fällt das Cu schwammartig an. Eine zusätzliche Badbewegung während der Entkupferung ist von untergeordneter Bedeutung. Das Cu muß vorsichtig u. sehr schnell getrocknet werden. Der Reinheitsgrad beträgt 99%. Zur Gewinnung des Zn durch Elektrolyse müssen die in der Lsg. verbliebenen 4% Cu durch Zn-Staub entfernt werden. Stromdichte 4—4,5 A/dm². Das so erhaltene

Cu-Pulver ist 100mal feiner als das gewöhnlich für Katalysatoren verwendete. (Ind. Engng. Chem. **44.** 660—64. März 1952. Cleveland, O., Case Inst. Techn.) J. FISCHER. 6432

E. R. Thews, *Verfahren zur Herstellung von Phosphorkupfer.* Der leicht flüchtige u. brennbare sowie sehr giftige P eignet sich für metallurg. Verff. unter Anwendung hoher Tempp. nicht bes. gut. Bei den trotzdem entwickelten Verff. lassen sich unter Berücksichtigung aller Faktoren die beiden Hauptqualitäten des Phosphorkupfers (10 u. 15% P) auf schmelztechn. Wege im Großbetrieb herstellen. In einem Nachtrag führt Vf. aus, daß bei sorgfältiger Abdichtung des Tiegels u. genauer Einhaltung der Temp. der P-Verlust sehr gering u. die Qualität des hergestellten Werkstoffes einwandfrei ist. (Metall **5.** 198 bis 201. Mai. 253. Juni 1951. Berlin.) HOCHSTEIN. 6432

J.-B. Guillaumin, *Physikalische Eigenschaften des Nickels und seiner Legierungen.* Umfassende Angaben über die mechan.-technolog. Eigg. sowie über D., F., spezif. Wärme, Ausdehnungskoeff., therm. u. elektr. Leitfähigkeit, den Temperaturkoeff. der elektr. Leitfähigkeit, den Elastizitätsmodul u. den Torsionsmodul des Ni u. seiner Legierungen sowie einiger Edelmetalle u. Edelmetallegierungen (*Au, Pt, Ir, Pd, Pt–Ir, Pt–Rh, Pd–Ru–Rh*). (Rev. du Nickel **17.** 85—101. Okt./Dez. 1951.) WERNER. 6434

W. Z. Friend, *Nickel und Nickellegierungen. Monel* ist gegen Cu_2SO_4-Lsgg. bei allen Konzz. bis zum Kp. beständig, solange der Zutritt von Luft vermieden wird. *Inconel* ist gegen $CuSO_4$-Lsgg. nur bei niedrigen Tempp. widerstandsfähig. Ni ist gegen beide Lsgg. unbeständig. (Chem. Engng. **58.** 208. April 1951. New York, N. Y., International Nickel Co.) JOH. FISCHER. 6434

Harold J. Read, *Zirkonium.* Überblick über den heutigen Stand der Gewinnung von Zr u. seine Eigenschaften. (Mineral Industries **21.** Nr. 3. 3—6. Dez. 1951.) METZENER. 6436

Robert J. Brumbaugh, *Korrosionswiderstand von Zirkonium. Der Einfluß von Sauerstoff, Stickstoff, Kohlenstoff und Hafnium.* Zr enthält jetzt weniger als 0,1 (%) Hf. Alle Verunreinigungen verringern den Korrosionswiderstand, bes. in HCl; sie sind in einer Konz. von 0,3—0,05% vorhanden. Zr ist in H_2SO_4 u. HCl widerstandsfähiger als Ti. Bes. groß ist seine Beständigkeit gegen rauchende HNO_3. In Ar geschweißtes Zr verhält sich korrosionsmäßig ähnlich wie Zr-Blech. (Ind. Engng. Chem. **43.** 2878—80. 10/12. 1951. Berwyn, Pa., Foote Mineral Co.) J. FISCHER. 6436

J. H. Bechtold und **Howard Scott,** *Eine Untersuchung von im Lichtbogen geschmolzenem und von pulvermetallurgisch hergestelltem Molybdän.* Vff. bestimmen bei verschied. Tempp. die mechan. Eigg. von Mo-Proben, die im Lichtbogen geschmolzen, u. von solchen, die aus Pulvern gepreßt u. gesintert worden sind. Bei letzteren ist infolge der Feinkörnigkeit u. Kristallisationsart die Bearbeitbarkeit gut. Die im Lichtbogen erschmolzenen Proben zeigen ein grobkörniges, stengelkristallines Gefüge, bei dem eine Bearbeitbarkeit nur möglich ist, wenn die Kristalle durch Warmwalzen oder Schmieden bei sehr hohen Tempp. vorher zerstört worden sind. Es wird gezeigt, daß reines Mo bei Tempp. oberhalb 0° allg. sehr duktil ist; dicht unterhalb 0° wird es sehr spöde. Die Zug- u. Kriechfestigkeiten sind bei hohen Tempp. gering. Gasturbinenschaufeln aus Mo oder Mo-Legierungen sind daher nicht zweckmäßig. (Iron Age **168.** Nr. 21. 92—95. 22/11. 1951. East Pittsburgh, Pa., Westinghouse Res. Labor.) FAHLENBRACH. 6440

T. G. Pearson, *Die Aluminiumindustrie.* Übersicht über die Entw. der Al-Industrie seit den ersten Verss. der Al-Gewinnung durch DAVY [1807] unter besonderer Berücksichtigung des elektrolyt. Verf. von BAYER. — 34 Literaturzitate. (Chem. and Ind. **1951.** 988—97. 17/11. Chalfont Park, Gerrards Cross, Bucks., British Aluminium Co. Ltd., Res. Labors.) OPPERMANN. 6442

W. Bleicher, *Einige Merkmale und Besonderheiten des Entwicklungsstandes von Aluminium und Aluminiumlegierungen.* Bericht über Erreichung erhöhter Gütewerte bei Al–Zn–Mg- u. Al–Mg–Si-Legierungen, das Stranggußverf. zur Erzielung eines bes. feinkörnigen Gefüges, Plattieren von Reinst-Al mit Rein-Al oder Al-Legierungen zur Entw. von anod. glänzbaren Plattierwerkstoffen, Lotplattierung, Hohlprofilherst., Rückbildungsglühung (200—240°) ausgehärteter Bleche zur spanlosen Formgebung, Nietung mit Nieten, bes. Kopfformen (Kegel- u. Wulstkopf) u. mit warmgeschlagenen Nieten aus Stahl oder Al–Mg–Si oder Al–Zn–Mg, *Argonarc*-Schweißung, Al–Zn–Mg als bes. gut schweißbarer Legierungstyp, Kunststoffklebverbb. von Leichtmetallen u. anod. Glänzen von Reinst-Al oder Legierungen von Reinst-Al mit 0,5—2% Mg. (Aluminium **28.** 20—27. Jan./Febr. 1952.) KLEFFNER. 6442

W. W. Binger, *Aluminiumlegierungen für die Handhabung und Aufbewahrung von rauchender Salpetersäure.* Al u. Al-Legierungen sind gegen HNO_3 mit über 82% bis zu Tempp. von 54° weitgehend beständig. Der Gewichtsverlust beträgt 0,005 in.^{3}/in.^{2}/Jahr (0,0047 g/cm^2/Jahr). Für die einzelnen Zwecke werden die Legierungen (in USA-Normen) angegeben. (Corrosion [Houston] 8. Nr. 1. Topic of the Month Jan. 1952. 1. New Kensington, Pa., Chem. Metall. Div.) J. FISCHER. 6442

Walter Wendt, *Das Schmelzen von Antimon.* Verff. der Sb-Gewinnung durch Rösten, Red., Raffination, Niederschlagsarbeit mit Fe, Ausschmelzen, Au-Abscheidung u. Filtration. (Minerales [Santiago] 6. Nr. 36. 9—26. Jan./März 1951.) R. K. MÜLLER. 6448

Manfred Ragg, *Rost.* Überblick über Ursachen u. Verhinderung des Rostes. (Werkstoffe u. Korrosion 3. 102—05. März 1952. Klagenfurt.) HABBEL. 6538

A. W. Pomossow, T. N. Rogatkina und **A. I. Lewin,** *Über den Einfluß von Ammoniumsalzen auf die Korrosion von pulverförmigem Kupfer.* Die atmosphär. Korrosion von pulverförmigem Cu in Ggw. von NH_4-Salzen verläuft, wie von den Vff. experimentell gezeigt wird, um so intensiver, je flüchtiger die NH_4-Verb. ist. Die Verss. wurden mit NH_4Cl, NH_4Br, NH_4J, NH_4F, CH_3COONH_4, NH_4NO_3, $(NH_4)_2CO_3$, $(NH_4)_2SO_4$ u. $(NH_4)_2 \cdot HPO_4$ bei 40° durchgeführt. (Журнал Прикладной Химии [J. angew. Chem.] 24. 720—22. Juli 1951.) REINBACH. 6540

A. W. Pomossow und **A. I. Lewin,** *Über die atmosphärische Korrosion von Kupferpulver.* Zur Klärung des Mechanismus der atmosphär. Korrosion des Cu u. der Rolle der Feuchtigkeit wurden Verss. mit Cu-Pulver in H_2S-, HCl-, NH_3- u. CO_2-haltiger Atmosphäre ohne u. mit H_2O-Dampf durchgeführt. Die Gewichtszunahme infolge Korrosion erwies sich bei unbehandeltem Cu-Pulver stets größer als bei Cu-Pulver, das mit einem wasserabstoßenden Mittel behandelt worden war. In letzterem Falle trat stärkere Korrosion erst nach längerer Versuchsdauer (264 Std.) ein. Es wird daraus geschlossen, daß atmosphär. Korrosion auch bei Abwesenheit von Feuchtigkeitsfilmen ohne Mitwirkung elektrochem. Vorgänge vonstatten gehen kann. (Журнал Прикладной Химии [J. angew. Chem.] 24. 723—26. Juli 1951.) REINBACH. 6540

J. C. Hudson und **G. P. Acock,** *Korrosionsprüfung an eingegrabenen Eisen- und Stahlrohren.* Bericht über Korrosionsvers. an Proben von 7 verschieden hergestellten Rohren (Stahl u. Guß) in 5 verschied. Böden. Festgestellt wurde der Metallverlust u. die Tiefe des Lochfraßes, woraus die voraussichtliche Lebensdauer der Rohre errechnet werden kann. Sie liegt bei Rohren mit einer Wandstärke von 0,18—0,46 in. zwischen 14 u. 111 Jahren. Als Schutzüberzüge eignen sich bes. ein Bitumenanstrich über einer phosphatierten Oberfläche u. die Verzinkung der Rohre. (Ind. Heating Engr. 14. 85—88. 92. März 1952.) J. FISCHER. 6540

Electric Furnace Products Co., Ltd., New York (Erfinder: **Hendrik deWet Erasmus,** Lewiston), N. Y., V. St. A., *Entschwefeln von Metallen und Legierungen.* Zum Entschwefeln von Metallen u. Legierungen, z. B. *Ferrochrom,* in fester Phase, welche wesentlich unterhalb des Dampfdruckes von SiS liegende Dampfdrucke aufweisen u. die der gleicher Periode des Period. Syst. angehören, wie Cu, Ti, V, Cr u. Fe, wird ihnen mindestens soviel Si zugesetzt, wie zur Bldg. von SiS mit dem aus den Metallen u. Legierungen zu entfernenden S erforderlich ist. Das zu behandelnde Material wird dann gepulvert u. unter vermindertem Druck auf eine unter dem F. desselben liegende Temp. erhitzt, die jedoch höher ist als die zur Bldg. von SiS erforderliche Temperatur. Das zu entschwefelnde pulverförmige Material wird vor dem Erhitzen zu Kügelchen oder dgl. verformt. Beim Entschwefeln von C-reichem *Ferrochrom* wird neben Si noch ein Oxydationsmittel angewendet. (**D. B. P. 849 904** Kl. 40a vom 13/9. 1950, ausg. 18/9. 1952. A. Prior. 15/4. 1949.) HANS HOFFMANN. 6381

Gesellschaft für Elektrometallurgie m. b. H. (Erfinder: **Eugen Nassauer** und **Fritz Stadler**), Düsseldorf, *Ferrolegierung* besteht aus 10—40% *V*, 5—30% *Ti*, 8—20% *Si* u. Rest *Fe*, bes. 20—25% V, 10—15% Ti, 10—14% Si u. Rest Fe. Vorzugsweise ist die Summe der Gehh. an Ti u. Si dem Geh. an V gleich. Die Ferrolegierung wird bes. als Pfannenzusatzmittel bei der Herst. von dünnwandigem Grauguß verwendet. (**D. B. P. 857 062** Kl. 18d vom 6/11. 1940, ausg. 27/11. 1952.) HABBEL. 6419

California Research Corp., San Francisco, übert. von: **William A. Bates,** Berkeley, Calif., V. St. A., *Zinkerzflotation.* Zur Gewinnung von ZnS aus sulfid. Erzen, welche Pyrite u. nicht sulfid. Gangart enthalten, werden die Erze der Schaumflotation unterworfen. Es wird eine alkal. Trübe mit einem p_H-Wert zwischen 7,0 u. 11,0 verwendet, der ein N-haltiges Petroleumprod. mit einem Kp. zwischen 120 u. 630° F als spezif. Sammler für ZnS zugesetzt ist. Es handelt sich hier um eine alkylisierte heterocycl. N-Verb., welche aus californ. Rohpetroleum gewonnen wird. Der ZnS enthaltende Schaum wird von der die Pyrite enthaltenden Gangart getrennt. — Diagramm. (**A. P. 2 594 612** vom 1/11. 1949, ausg. 29/4. 1952.) HANS HOFFMANN. 6427

New Jersey Zinc Co., New York, N. Y., V. St. A., *Gewinnung von Zink.* Agglomerierte Zn-Erze u. ein festes Reduktionsmittel werden von oben nach unten durch eine von außen beheizte Retorte geleitet, wobei die Retorte bis zum Boden überall so heiß gehalten wird, daß kein Zn-Dampf kondensiert wird, sondern alles Zn dampfförmig nach oben abzieht u. in einer Vorlage aus fl. Zn aufgefangen wird. Die Retorte ist über den Boden hinaus nach unten stark verlängert. In diesem Teil sammeln sich die nichtred. Erzanteile. — Zeichnung. (**N. P. 79 162** vom 28/6. 1946, ausg. 15/10. 1951. A. Prior. 17/1. 1946.) JÜRGEN SCHMIDT. 6427

American Metal Co., Ltd., übert. von: **John C. Ralbach**, New York, N. Y., V. St. A., *Zinkgewinnung im Wirbelschichtverfahren.* Das Verf. zur Zn-Gewinnung im Schwebeverf. nach A. P. 2 485 604 (C. **1950.** II. 221) wird in der Weise abgeändert, daß die Zn-Red. in mindestens 2 Etagen durchgeführt wird, wobei dafür Sorge getragen wird, daß die schwebenden festen Teilchen nicht von einer Etage in die vorangehende zurückfließen. In einer der ersten nachfolgenden Etage wird zusätzlich ein feinverteilter, nicht zusammenbackender fester Stoff, wie Sand oder Koks, in den Reaktionsbehälter eingeführt. — Abbildungen. (**A. P. 2 560 175** vom 12/5. 1948, ausg. 10/7. 1951.) HANS HOFFMANN. 6427

Electro Manganese Corp., übert. von: **William L. Hammerquist**, Knoxville, Tenn., V. St. A., *Elektrolytische Mangangewinnung.* Bei der elektrolyt. Gewinnung von Mn wird dem aus einer wss. $MnSO_4$-$(NH_4)_2SO_4$-Lsg. bestehenden Elektrolyten *Thioharnstoff* in Mengen von 0,005—0,06 g pro Liter zugesetzt. Zweckmäßig wird mit einer kathod. Stromdichte von 20—60 A/ft^2 u. einer Badtemp. von 30—45° gearbeitet. Badzus.: 12—18 g $MnSO_4$ u. 100—180 g $(NH_4)_2SO_4$ pro Liter. Der p_H-Wert liegt zwischen 7 u. 9. (**A. P. 2 559 874** vom 4/2. 1946, ausg. 10/7. 1951.) HANS HOFFMANN. 6437

United States of America, übert. von: **Robert K. McKechnie**, Ballston Lake, **Alan U. Seybolt**, Scotia, N. Y., und **John E. Gray**, New Alexandria, Va., V. St. A., *Gewinnung von reinem, duktilem Vanadium.* Zur Herst. eines massiven Körpers aus duktilem V wird eine Mischung aus V_2O_5, 0,05—0,4 Mol J u. wenigstens 40% mehr Ca, als der stöchiometr. Menge für die in Frage kommende Rk. entspricht, in eine Bombe eingeschlossen, die dann nach dem Durchspülen mit einem N_2-freien, inerten Gas auf die Reaktionstemp. erhitzt wird. Nach Beendigung der Rk. wird das massive V von der Reaktionsschlacke getrennt. (**A. P. 2 561 526** vom 30/9. 1949, ausg. 24/7. 1951.) HANS HOFFMANN. 6441

„Watt" Glühlampen- und Elektrizitäts-Akt.-Ges., Wien, Österreich, *Formkörper aus Hartmetallegierungen.* Das zu sinternde Pulvergemenge wird unter geringem Druck in eine Form, z. B. aus Kohle, eingebracht u. zusammen mit der Form ohne Druck bei ca. 900—1100° solange vorgesintert, bis der Körper eine ausreichende Festigkeit erlangt hat. Darauf wird er der Form entnommen u. in bekannter Weise hochgesintert. Die Form kann bei diesem Verf. immer wieder verwendet werden. — Abbildungen. (**Oe. P. 171 413** vom 21/9. 1950, ausg. 26/5. 1952.) GÖTZE. 6477

Siemens & Halske Akt.-Ges., Berlin und München, *Gesinterte Hartlegierungen* bestehen aus 5—35 (%) eines oder mehrere der Metalle *Fe*, *Ni*, *Co* als Hilfsmetalle, Rest *TiC*, wobei 10—20 des TiC durch *WC*, *MoC* oder *TaC* ersetzt sein können. Als Hilfsmetall kann auch eine Legierung aus 40—55 Co, 15—33 *Cr*, 10—17 *W* mit oder ohne *C* dienen. Das Sintern erfolgt zweckmäßig im Vakuum bei 1900° u. darüber. (**D. R. P. 754 988** Kl. 40b vom 22/8. 1930, ausg. 20/10. 1952.) GÖTZE. 6477

Bohn Aluminum & Brass Corp., Detroit, übert. von: **William E. McCullough**, Detroit, und **Edwin O. Goerke**, Dearbon, Mich., V. St. A., *Herstellung von Lagern.* Auf eine Stahlplatte wird eine Messingschicht aufgebracht, bestehend aus 55—65 (%) *Cu*, 2—4 *Mn*, 1—3 *Al*, 0,6—1,5 *Si* u. 36,5—45,5 *Zn*. Das Ganze wird heiß bis auf eine bestimmte, dann kalt bis zur gewünschten Stärke gewalzt u. zu Lagerhülsen geformt. Die innere Fläche kann mit einer dünnen Schicht eines weichen Metalles, z. B. *Pb*, überzogen werden. — Abbildungen. (**A. P. 2 555 497** vom 12/2. 1945, ausg. 5/6. 1951.) GÖTZE. 6479

N. V. Philips' Gloeilampenfabrieken, Eindhoven, Holland, *Lot* besteht aus weniger als 75 (%) *Cu*, weniger als 25 *Cr*, bis 3 *Si*, Rest *Ni*. Außerdem kann es noch bis 5 *Mn* sowie geringe Mengen an *Ti* u. *Nb* enthalten. Es wird verwendet zum Löten von Gegenständen, die wenigstens an der Oberfläche aus oxydationsbeständigen Legierungen mit einem Geh. an Cr bestehen, bes. von rostsicheren Stählen, in einer Gasatmosphäre mit einem relativen Wasserdampfdruck von mehr als ca. 10^{-5}. (**Oe. P. 170 275** vom 25/8. 1948, ausg. 11/2. 1952. Holl. Prior. 28/8. 1947.) GÖTZE. 6505

Thessco Industrial Research Ltd., Sheffield, **John Cockbain Briggs**, Harrogate, und **Ronald Colgan Jewell**, Sheffield, Yorkshire, England, *Lötverfahren.* Das Lötmittel besteht aus dem gepulverten Lötmetall, z. B. aus 30 (%) *Ag*, 25 *Zn*, 25 *Cu* u. 20 *Cd*, das in einer Lsg. von thermoplast. Material u. Weichmachern in Toluol bzw. Xylol verteilt ist. Das Mittel wird auf die zu verbindenden Stellen aufgebracht u. trocknet in Form eines zugleich korrosionsverhütenden Überzugs auf. Als thermoplast. Material wird z. B.

Polymethylmetaacrylat u. als Weichmacher *Dibutylphthalat* verwendet. Das Lötmetall kann auch als Draht oder Band geformt u. das thermoplast. Material darauf als Überzug aufgebracht werden. Bei diesem Verf. kann das Lötmittel in dosierter Menge aufgebracht werden. Es läuft nicht u. hinterläßt keinen Rückstand beim Lötprozeß. (**E. P. 662 697** vom 22/6. 1949, ausg. 12/12. 1951.) MARKHOFF. 6505

H. J. Enthoven & Sons Ltd., London, England (Erfinder: **Ernest Frederick Guest**), *Lötdraht oder -band* besitzt einen Kern aus einem Flußmittel, in dem ein gepulvertes Metall hoher Permeabilität, wie Fe, fein verteilt ist. Beim Löten wird der Lötdraht zwischen die zu verbindenden Teile gelegt u. durch Hochfrequenzinduktion erhitzt. Der Lötvorgang verläuft bes. schnell. (**E. P. 664 882** vom 2/9. 1949, ausg. 16/1. 1952.) MARKHOFF. 6505

Robert von Linde, Planegg bei München, *Hartlot, besonders für Schutzgaslötungen.* Bestandteile, die bei der Löttemp. verdampfen, von den Ofengasen angegriffen werden oder dem Lot unerwünschte Eigg. verleihen, werden als Kern von einer die chem. beständigen, bei höherer Temp. schm. u. duktilen Bestandteile enthaltenden Wandschicht umgeben, die noch mit einem Flußmittelüberzug versehen ist. — Beispiel: Zur Herst. eines Cu–Ag–P-Lotes wird ein aus Cu–P bestehender Kern mit Ag oder einer Ag–Cu-Legierung ummantelt. (**D. B. P. 843 491** Kl. 49h vom 27/7. 1950, ausg. 10/7. 1952.) MARKHOFF. 6505

Friedrich Grimm, Grenchen, Schweiz, *Galvanische Herstellung von Legierungen.* Unter Verwendung von Strömen von verschied. Spannung in period. Zeitabständen u. Benutzung von mindestens einer unlösl. Anode (**I**) neben lösl. Anoden (**II**) wird auf die **I** Strom der höheren, auf die **II** der niedrigen Spannung zur Einw. gebracht. (**Schwz. P. 274 248** vom 9/12. 1948, ausg. 1/8. 1951.) BRÄUNINGER. 6515

Electric & Musical Industries Ltd. (Erfinder: **William Soby**), England, *Herstellung metallischer Gegenstände durch galvanische Niederschläge.* Die Niederschlagselektrode erhält einen Film aus einem wss. Koll., das darauf abgeschiedene Metall wird abgelöst. Zur Herst. von Phonographenplatten werden so hergestellte Platten als Matrizen für Abdrücke benutzt. Als Koll. dient Eiweiß, Dextrin, Gelatine, Leim u. a., als Elektrode Ni oder Cu u. als Niederschlagsmetall Ni, Ag, Au oder Cu. Der Film wird durch Elektrophorese erzeugt. (**F. P. 995 852** vom 20/9. 1949, ausg. 10/12. 1951. E. Priorr. 24/9. 1948 u. 3/9. 1949.) HOLM. 6515

Soc. Française Hispano-Suiza, Frankreich, *Anodisches Polieren.* Das Bad enthält als Oxydationsmittel Chromsäure bis zur Sättigung in einer Mineral- u./oder organ. Säure, z. B. Chromsäure–Essigsäure, Chromsäure–Phosphorsäure, bes. Orthophosphorsäure. Der Strom kann in bestimmtem Rhythmus unterbrochen werden, auch können hohe Stromdichten angewendet werden. Außer zum Polieren für *Eisen* sind die Bäder auch für *Al-Bronze, Messing* u. andere nicht zu heterogene Legierungen geeignet. (**F. P. 995 436** vom 2/3. 1945, ausg. 3/12. 1951.) HOLM. 6515

Vereinigte Aluminium-Werke Akt.-Ges., Berlin und Bonn (Erfinder: **Werner Helling, Richard Lattey** und **Heinrich Neunzig**, Grevenbroich/Ndrh.), *Erzeugen hochglänzender Oxydschichten auf Aluminium und Auminiumlegierungen.* Die Oberflächen werden chem. u./oder elektrochem. in zwei oder mehreren Oxydationsstufen oxydiert, wobei zwischen je zwei aufeinanderfolgenden Oxydationsstufen die erzeugte Oxydschicht wieder abgelöst wird. Zum Ablösen werden bes. Säuregemische aus HF u. HNO_3 verwendet, die das Grundmetall nicht merklich angreifen dürfen. (**D. B. P. 850 104** Kl. 48a vom 10/5. 1949, ausg. 22/9. 1952.) MARKHOFF. 6531

Vernal S. A., Genf, Schweiz, *Elektrolytische Oxydation von Aluminium und seinen Legierungen.* Als Elektrolyt wird eine Lsg. von CrO_3 mit einem Zusatz einer Dicarbonsäure, wie Oxal- oder Weinsäure, verwendet. Gegebenenfalls wird dem Bad noch H_3PO_4 oder H_3BO_3 oder $NaBO_2$ zugesetzt. Die Schichten sind undurchsichtig u. bedecken Fehlerstellen der Al-Oberfläche. — Beispiel: 5(%) CrO_3, 0,5 Oxalsäure, 0,2—0,5 H_3BO_3 oder 2 $NaBO_2$, Rest Wasser. Gleichstrom von 25—40 V u. Stromdichte von 0,8—1 A/dm^2. (**D. B. P. 849 634** Kl. 48a vom 8/2. 1951, ausg. 18/9. 1952.) MARKHOFF. 6531

Vereinigte Deutsche Metallwerke Akt.-Ges., Frankfurt/M.-Heddernheim (Erfinder: **Herbert Winter** und **Rolf Röther**, Werdohl-Eveking), *Anodische Behandlung von Gegenständen aus Aluminium oder Aluminiumlegierungen.* Die Gegenstände werden in einem aus 70(%) H_2SO_4 (D. 1,84), 20 H_3PO_4 (D. 1,7) u. 10 W. bestehenden Bade mit einer Stromdichte von 15—30 A/dm^2 anod. geglänzt u. dann in 4—8%ig. H_2SO_4 (D. 1,84) von 18—23^0 mit einer Stromdichte von 1,5—2 A/dm^2 anod. oxydiert. Vor u. nach der anod. Oxydation werden die Gegenstände in ammoniakal. W. neutralisiert u. zum Schluß der Behandlung in W. ausgekocht. Man erhält glänzende Oberflächen mit einer völlig klaren oxyd. Deckschicht. (**D. B. P. 821 898** Kl. 48a vom 21/2. 1950, ausg. 22/11. 1951.) MARKHOFF. 6531

Soc. Continentale Parker, Clichy, Seine (Erfinder: **Jean Félix Henri Bary,** Neuilly, Seine), *Verbessern der Haftung von Überzügen auf Metallen.* Die Metalloberfläche wird in einem Schnellphosphatierungsbad behandelt, dem ein sulfonierter KW-stoff, eine sulfonierte Säure u./oder ein sulfonierter höherer Fettalkohol zugesetzt ist, z. B. 0,1 bis 0,5‰ Butylnaphthalinsulfonat. Es bildet sich eine nichtkristalline Phosphatschicht mit gutem Haftvermögen für Lacke u. Anstrichmittel. (**D. B. P. 853 696** Kl. 48d vom 1/10. 1950, ausg. 27/10. 1952. F. Prior. 24/11. 1941.) Markhoff. 6533

Parker Rust Proof Co., Detroit (Erfinder: **Herbert K. Ward,** Birmingham), Mich., V. St. A., *Herstellung von Phosphatüberzügen auf Oberflächen, bei denen Zink vorherrscht.* Die Oberflächen werden mit einer wss. Phosphatlsg. behandelt, die 1—2% PO_4 u. etwa soviel Zn u./oder Mn enthalten, als zur Bldg. von Monophosphat mit dem vorhandenen PO_4 erforderlich ist, sowie eine lösl. Ni-Verb., durch die mindestens 0,2% Ni in Lsg. vorliegt, u. mindestens 0,2% Fluoborat, berechnet aus $NaBF_4$. Zweckmäßig wird der Lsg. noch ein Nitrit oder Nitrat, 0,2% NO_3, zugesetzt. Die Lsg. liefert Phosphatüberzüge auf Zn-Oberflächen, auf verzinktem Fe sowie Al-haltigen Zn-Oberflächen. Auch Fe-Oberflächen werden gleichzeitig phosphatiert. (**D. B. P. 853 698** Kl. 48d vom 1/10. 1950, ausg. 27/10. 1952. A. Prior. 12/5. 1947.) Markhoff. 6533

Consolidated Vultee Aircraft Corp., San Diego, Calif., übert. von: **Paul R. Cutter,** Matawan, N. J., V. St. A., *Färben von elektrolytisch oxydierten Oberflächen aus Magnesium und seinen Legierungen.* Die Gegenstände werden nach dem Oxydieren u. vor dem eigentlichen Färben mit organ. Farbstofflsgg. mit einer Lsg. von 1—6 (g/Liter) eines essigsauren Metallsalzes u. von 1—4 eines Stabilisators, wie Ammoniumacetat, in der Hitze behandelt. Die Färbung der auf diese Weise vorbehandelten Mg-Oberflächen ist bes. tief u. sehr widerstandsfähig gegen Sonneneinwirkung. Beispiel: Die Mg-Teile werden in einer Lsg. von 23—25(%) NaOH, 0,2—0,3 Phenol u. 2,5—3,5 Wasserglas anod. mit Gleichstrom bei 180° F (82° C) u. einer Stromdichte von 15 A/sq.ft. (1,6 A/dm^2) oxydiert, dann in eine Lsg. von 5 (g/Liter) Al-Acetat u. 3 Ammoniumacetat von 180—190° F (82—87° C) 1 Min. getaucht, ein wenig übergetrocknet u. schließlich in einer 2%ig. Lsg. von Anthrachinonblau gefärbt. (**A. P. 2 538 831** vom 9/7. 1946, ausg. 23/1. 1951.) Markhoff. 6535

IX. Organische Industrie.

H. Beduneau, *Die Glucuronsäure und ihre Salze.* Überblick über Herst., Eigg. u. Anwendungen in der Industrie. — 17 Literaturhinweise. (Rev. Produits chim. **55.** 317—23. 30/9. 1952.) Winiker. H 850

Universal Oil Products Co., Chicago, Ill., V. St. A., *Alkylierung von Paraffinkohlenwasserstoffen.* Man alkyliert Isoparaffin-KW-stoffe mit Olefinen unter Verwendung von HF in ws°. Lsg. oder wasserfrei in fl. Phase. Z. B. wird Isobutan mit Buten bei +90° unter Druck zu *Isooctan* alkyliert. (**N. P. 78 445** vom 17/12. 1947, ausg. 23/4. 1951. A. Prior. 31/12. 1938.) Jürgen Schmidt. H 510

Badische Anilin- & Soda-Fabrik, Lugwigshafen (Erfinder: **Josef Aschenbrenner,** Altötting), *Herstellung α-substituierter Acroleine,* dad. gek., daß man Mono- oder Dimethylolverbb. des Aufbaus $R \cdot CH(CH_2OH) \cdot CHO$ oder $R \cdot C(CH_2OH)_2 \cdot CHO$, wobei R einen geraden oder verzweigten aliphat. Alkylrest bedeutet, auf Tempp. erhitzt, bei denen aus Monomethylolaldehyden (**I**) W., u. aus Dimethylolaldehyden (**II**) W. u. CH_2O abgespalten wird. **I** spalten durch einfaches Erhitzen bis ca. 100° leicht W. ab, **II** spalten beim Erhitzen unter Druck oder durch Leiten von **II** durch ein erhitztes Rohr W. u. CH_2O ab. Vorteilhaft werden die Polymerisation verhindernde Mittel zugesetzt. — Mono- u. Dimethylolbutyraldehyd ergeben bei der Dest. bis 100° u. bei 160° im Druckgefäß *α-Äthylacrolein.* — Ein Gemisch von CH_2O, Propionaldehyd u. Na-Acetat im Druckgefäß bei 160° erhitzt, ergibt *α-Methylacrolein.* (**D. B. P. 857 951** Kl. 12o vom 1/10. 1938, ausg. 3/12. 1952.) G. König. H 670

British Celanese Ltd., London, England, *2-Nitro-2-acetoäthylpropan,* $Kp._{0,1}$ 58—60°, erhält man durch Rk. von 2-Nitropropan mit Methylvinylketon bei ca. 25° in Dioxanlsg. in Ggw. eines bas. Katalysators (KOH). Analog lassen sich die H-Atome des Acetons durch $CH_3COCH_2CH_2$-Reste ersetzen. (**E. P. 671 412** vom 5/7. 1949, ausg. 7/5. 1952. A. Prior. 23/7. 1948.) Brösamle. H 710

Henkel & Cie. G. m. b. H. (Erfinder: **Ludwig Mannes**), Düsseldorf, *Reinigung von Carbonsäuregemischen,* die aus Waschwässern der Paraffinoxydation gewonnen wurden, dad. gek., daß man sie mit 5—100, bes. 50—80%ig. HNO_3 bei 50—120° behandelt. (**D. B. P. 852 849** Kl. 12o vom 20/10. 1942, ausg. 20/10. 1952.) Müller-Meiningen. H 800

Chemische Werke Hüls G. m. b. H. (Erfinder: **Wilhelm Dietrich** und **Heinrich Weber**), Marl, *Ungesättigte Carbonsäuren* erhält man durch Oxydation α.β-ungesätt. Aldehyde der allg. Formel $(R_1)(R_2)C{=}C(R_3)CHO$ (R_1 = H oder organ. Rest, R_2 u. R_3 = organ. Reste) bei mäßiger Wärme (bis zu ca. 50°) mit O_2 oder O_2-haltigen Gasen, wobei die Oxydation abgebrochen wird, sobald höchstens die Hälfte des Aldehyds umgesetzt ist. Aus α-Äthyl-β-n-propylacrolein erhält man nach 15std. Oxydation *α-Äthyl-β-n-propylacrylsäure*, $Kp._{12}$ 123—126°, in 88%ig. Ausbeute. *Methylester*, $Kp._{12}$ 73—75°; *Butylester*, $Kp._{12}$ 107°. (**D. B. P. 854 797** Kl. 12o vom 2/10. 1948, ausg. 6/11. 1952.) KRAUSS. H 810

Deutsche Hydrierwerke Akt.-Ges., Düsseldorf (Erfinder: **Winfried Hentrich**, Riehen, Schweiz), *Herstellung von Carbonsäurenitrilen* aus Mono- oder Polycarbonsäureamiden, dad. gek., daß man diese zunächst bei niederer, dann bei höherer Temp. mit Chlorameisensäuretrichlormethylester (I), gegebenenfalls in Ggw. von flüchtigen Lösungs- oder Verdünnungsmitteln behandelt. — Beispiel: 283 (Gewichtsteile) Stearinsäureamid, 110 I u. 1000 Bzl. werden zunächst auf 25—40°, am Schluß der Rk. unter Rückfluß erwärmt u. das Bzl. nach Abtreiben des HCl abdestilliert. Man erhält in einer Ausbeute von 95% *Stearinsäurenitril*, $Kp._{1,5}$ 150—156°. (**D. B. P. 852 995** Kl. 12o vom 2/11. 1938, ausg. 20/10. 1952.) MÜLLER-MEININGEN. H 810

Union Oil Co. of California, Los Angeles, übert. von: **Andrew J. Smith**, Long Beach, Calif., V. St. A., *Aliphatische Dicarbonsäuren* (**II**) (C_3—C_{12}) erhält man aus Prodd. der Paraffin-, z. B. „Petroleumwachs"-Oxydation mit einem O_2-haltigen Gas bei 100—160°. — Man wäscht diese mit W. von 80—120°, dest. das W. aus der Waschlauge mit einem aromat. KW-stoff ($C < 9$) (**I**), z. B. Bzl. oder Toluol, azeotrop ab, versetzt den Rückstand mit **I** u. läßt **II** in der Kälte auskristallisieren. Aus den Mutterlaugen erhält man durch Zugabe von 0,3—10 (Teilen) eines tiefsd. Paraffin-KW-stoffs (**III**) je 1 Mutterlauge unreine **II** u. eine konz. **II**-Lsg. in **III**. (**A. P. 2 592 964** vom 5/5. 1949, ausg. 15/4. 1952.) MÜLLER-MEININGEN. H 820

Badische Anilin- & Soda-Fabrik (Erfinder: **Otto von Schickh**), Ludwigshafen/Rh., *Dicarbonsäuren* erhält man durch Erwärmen von aliphat. oder cycloaliphat. Nitrocarbonsäuren mit prim. NO_2-Gruppen oder deren Estern mit wss. Mineralsäuren. — Man tropft z. B. 74 (Teile) 3-Nitrobuttersäuremethylester bei 100—110° in 70 70%ig. H_2SO_4 u. erwärmt einige Zeit auf 110°. Beim Abkühlen krist. 55 *Bernsteinsäure*. Als Nebenprod. enthält die schwefelsaure Lsg. saures Hydroxylammoniumsulfat. — 3-Nitro-2-methylbuttersäureester → *Brenzweinsäure*, F. 112°. (**D. B. P. 857 046** Kl. 12o vom 11/1. 1944, ausg. 27/11. 1952.) MÜLLER-MEININGEN. H 820

Badische Anilin- & Soda-Fabrik (Erfinder: **Gerd Kochendoerfer**† und **Werner Rohland**), Ludwigshafen/Rh., *Esterchloride von Dicarbonsäuren* mit >3 Ketten-C erhält man durch Rk. von äquimol. Mengen eines Dicarbonsäuredichlorids bei nicht > 30° mit einem Alkohol. Man läßt z. B. in 550 (Teile) Adipinsäuredichlorid unter Eiskühlung u. Ausschluß von W. 100 CH_3OH eintropfen, erwärmt nach Ende der Rk. noch ca. 30 Min. am Wasserbad u. erhält durch Vakuumdest. über eine Kolonne 400 *Adipinsäuremethylesterchlorid*, $Kp._{12}$ 109—110°. — *Sebacinsäuremethylesterchlorid*, $Kp._9$ 159—160°. — *Terephthalsäuremethylesterchlorid*, $Kp._{12}$ 135—137°, F. 38—40°. (**D. B. P. 857 045** Kl. 12o vom 22/1. 1943, ausg. 27/11. 1952.) MÜLLER-MEININGEN. H. 820

Badische Anilin- & Soda-Fabrik, Ludwigshafen/Rh. (Erfinder: **Helmut Dierichs**, Leverkusen), *Katalytische Herstellung von Carbonsäurenitrilen*. Man vermahlt z. B. 205 (Teile) Wolframsäure u. 100 Kaolin mit 400 W. 16 Std. in einer Kugelmühle, trocknet die M. bei 100°, erhitzt sie 24 Std. auf 180°, rührt mit 2,5% Perlleim in konz. Lsg. an, trocknet wieder bei 100°, mischt mit 2% Graphit u. preßt in Pillenform. — Über 150 Vol. dieses Katalysators leitet man in 5 Std. bei 350° 200 Teile eines Gemisches aus 77,8(%) Adipinsäure (**I**), 4,8 NH_3 u. 17,4 W. u. gleichzeitig 63 NH_3 je Stunde. Man erhält bei einmaligem Durchgang 117,8 eines Öls, das 98,8% **I**-*Dinitril* enthält (Umsatz 91,8%). (**D. B. P. 857 048** Kl. 12o vom 19/3. 1941, ausg. 27/11. 1952.) MÜLLER-MEININGEN. H 820

Chemische Werke Hüls G. m. b. H., Marl (Erfinder: **Heinrich Weber**, Marl, und **Alois Leimüller**, Graz, Österreich), *β-Alkoxycarbonsäureester* erhält man durch Rk. von β- Alkoxynitrilen mit Alkoholen in Ggw. von verd. Mineralsäure, indem man z. B. 425 (g) Methoxypropionitril mit 260 A. unter Rückfluß auf 110° erhitzt, unter Rühren 620 H_2SO_4 (86%ig) so zugibt, daß die Temp. nicht über 115° steigt u. 3 Std. bei dieser Temp. hält, nach Abkühlen vom NH_4HSO_4 abfiltriert, das Filtrat mit wenig W. wäscht u. dest., wobei man 625 (95%) *β-Methoxypropionsäureäthylester* (Kp_{760} 156°, $D.^{20}{}_4$ 0,973) erhält. — *β-Methoxypropionsäurebutylester*, $Kp._{760}$ 193°, $D.^{20}{}_4$ 0,943. (**D. B. P. 852 994** Kl. 12o vom 18/4. 1944, ausg. 20/10. 1952.) MÜLLER-MEININGEN. H 850

United States of America, übert. von: **Martin L. Fein**, Riverside, N. J., und **Charles H. Fisher**, Abington, Pa., V. St. A., *Herstellung von Hydracrylsäureestern* durch Rk.

von gegebenenfalls halogenierten aliphat. Alkoholen mit β-Oxypropionitril (I) (Äthylencyanhydrin) in Ggw. von wasserfreiem HCl u. Verseifen des entstandenen Iminoätherhydrochlorids (II). — Z. B. wird trockener HCl bei 0—5° in eine Lsg. von 296 (g) n-Butanol u. 142 I in 200 cm³ Ae. eingeleitet. Aufarbeitung u. Verseifung des II ergibt *Hydracrylsäurebutylester.* $Kp._{0,5}$ 69°. — Weitere Beispiele. (**A. P. 2 553 564** vom 16/4. 1948, ausg. 22/5. 1951.) K. HEINZE. H 850

Corn Products Refining Co., New York, N. Y., übert. von: **Dudley M. Gallagher**, Berwyn, Ill., V. St. A., *Glucuronsäure* u. ihre Derivv. erhält man durch alkal. $KMnO_4$-Oxydation von Methylglucosiden oder 1.2-Isopropylidenglucose in 5—15%ig. wss. Lsg. bei p_H 11—14 u. 10—25°. (**A. P. 2 592 266** vom 8/12. 1949, ausg. 8/4. 1952.) MÜLLER-MEININGEN. H 860

United States of America, übert. von: **Lyle C. Woods** und **Howard M. Teeter**, Peoria, Ill., V. St. A., *Ketocarbonsäureester* erhält man durch Erhitzen von Fettsäureestern, die außer mindestens 8 Ketten-C-Atomen eine Chlorhydrinäthergruppe —C(OR)—C(Cl)— enthalten, auf 150—300°/1—200 mm, bes. 270—290°/50—150 mm. Beispiel: Zu 59,4 (g) Ölsäuremethylester in 200 cm³ CH_3OH (I) gibt man unter Rühren bei $<$60° innerhalb 55 Min. 25 cm³ tert.-Butylhypochlorit, läßt noch 1 Std. stehen, dest. I-Überschuß ab, erhitzt den zurückbleibenden Methoxychlorstearinsäuremethylester unter Rühren 4 Std. auf 280°/100 mm u. erhält beim Abkühlen 64 halbfesten *Ketostearinsäuremethylester,* F. 42—43° (nach Dest. oder fraktionierter Kristallisation). Mit KOH → *Ketostearinsäure,* F. 71—72°. — *Isooctylester,* F. 35—36°. (**A. P. 2 589 314** vom 27/6. 1950, ausg. 18/3. 1952.) MÜLLER-MEININGEN. H 870

Deutsche Hydrierwerke Akt.-Ges. (Erfinder: **Wilhelm Jakob Kaiser**), Düsseldorf, *Herstellung von 3-Oxopimelinsäureestern* durch Einw. von Alkoholen auf Furfurylacrylsäure bei erhöhter Temp. unter Einleiten von HCl-Gas, dad. gek., daß man cycl. oder acycl. Alkohole mit Kp. über 90° verwendet. Nach dem Beispiel wird mit Butanol der *3-Oxopimelinsäuredibutylester,* $Kp._1$ 165—170°, erhalten. Genannt sind ferner Propanol, Hexanol, Cyclohexanol, Methylcyclohexanole, Benzylalkohol, Hexahydrobenzylalkohol u. Tetrahydrofurfurylalkohol. (**D. B. P. 854 353** Kl. 12o vom 20/2. 1943, ausg. 4/11. 1952.) SCHINDLER. H 870

Soc. des Usines Chimiques Rhône-Poulenc (Erfinder: **Edouard Bessot**, Paris, und **Pierre Garet**, Choisy-le-Roi), Frankreich, *Herstellung von Salzen aus Cyanamid- und Guanidinabkömmlingen.* Äquimol. Mengen von z. B. p-Chlorphenylcyanamid (I) u. Isopropylguanidin, letzteres gegebenenfalls in Form seiner Salze mit HCl, HNO_3 oder H_2SO_4, werden bei n. oder mäßig erhöhter Temp., zweckmäßig in wss. Medium, umgesetzt. Beispiel für die Rk. von Isopropylguanidinsulfat mit NaOH, dann I. Beständige Kristalle, F. 107,5° (Zers.), die beim Erwärmen sich allmählich umlagern; unlösl. in Bzl., Toluol, Anisol, leichtlösl. in Wasser. — Zwischenprodukt. (**D. B. P. 844 895** Kl. 12o vom 5/3. 1950, ausg. 24/7. 1952. F. Priorr. 20/2. 1948 u. 26/1. 1949.) SCHMAUSER. H 890

Röhm & Haas Co. (Erfinder: **Newman Mayer Bortnick**), Philadelphia, Pa., V. St. A., *Tert. Alkylisocyanate.* Man erhitzt ein Gemisch von Harnstoff u. einem tert. Alkylamin (I) auf 100—150°, bis die Entw. von NH_3 aufgehört hat, u. steigert dann die Temp. auf 180—250°. Verwendet man als I 1.1.3.3-Tetramethylbutylamin, so erhält man — über einen symm. Harnstoff, F. 152°, als Zwischenprod. — das *1.1.3.3-Tetramethylbutylisocyanat,* $Kp._{30}$ 64—66°; unter Verwendung von Methylcyclohexylamin das *Methylcyclohexylisocyanat.* Analog: *Isooctyldiäthylmethylisocyanat,* $Kp._2$ 90—115°; *tert.-Butylisocyanat.* (**D. B. P. 859 012** Kl. 12o vom 29/6. 1951, ausg. 11/12. 1952. A. Prior. 30/6. 1950.) BRÖSAMLE. H 890

Badische Anilin- & Soda-Fabrik (Erfinder: **Hanns Ufer**), Ludwigshafen/Rh., *N-substituierte Asparaginsäureimide und N-substituierte Asparaginsäuren* entstehen durch Rk. von 1 (Mol) Maleinsäure oder Maleinsäureanhydrid mit 2 wasserlösl. Salzen von aliphat. Aminocarbonsäuren u. Verseifung des Reaktionsprodukts. — *Verb.* I. Man erhitzt ε-Aminocapronsäure mit Maleinsäureanhydrid u. NaOH oder $Ba(OH)_2$ in W. auf 90—100°. Kristalle. — *N-(ε-Carboxy-n-amyl)-asparaginsäure.* Beim Verseifen von I mit $Ba(OH)_2$. Kristalle, F. 170°. (**D. B. P. 848 499** Kl. 12q vom 10/8. 1944, ausg. 4/9. 1952.) LANGER. H 950

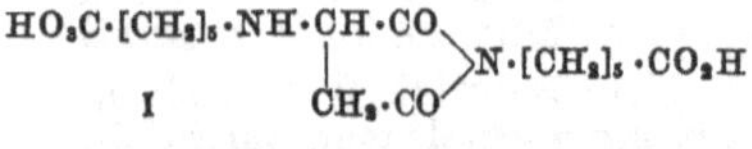

I

Dow Corning Corp., Midland, Mich., übert. von: **Leo Harry Sommer**, State College, Pa., V. St. A., *Organosilylalkyl-* oder *-arylamine* der allg. Formel $R(CH_3)_2(SiCH_2)_nNH_2$ (R = Methyl oder Phenyl, n = 2—5) erhält man durch Wasserabspaltung aus den entsprechenden Amiden der Formel $R(CH_3)_2Si(CH_2)_mCONH_2$ (m = 2—4) über die Nitrile der Formel $R(CH_3)_2Si(CH_2)_mCN$, die in bekannter Weise, z. B. mit $LiAlH_4$, zu den Aminen red. werden. — Beispiel: Na-Diäthylmalonat wird mit $(ClCH_2)Si(CH_3)_3$ u. anschließende Verseifung zu β-Trimethylsilylpropionsäure, $Kp._{37}$ 90,5°, umgesetzt, die mit $SOCl_2$ β-Trimethylsilylpropionylchlorid liefert, aus dem man durch Rk. mit fl. NH_3 $(CH_3)_3Si(CH_2)_2 \cdot CONH_2$, F. 92—93°, erhält; dieses gibt beim Behandeln mit Na-Methylat u. Br_2 N-(β-Trimethylsilyläthyl)-methylcarbamat, $Kp._{12}$ 108°, aus dem dann durch Hydrolyse u. Decarboxylierung mit KOH in Methanol *β-Trimethylsilyläthylamin*, $(CH_3)_3Si(CH_2)_2NH_2$, Kp. 121°, n_D^{20} 1.4244, Hydrochlorid, F. 300°, entsteht. — *β-Phenyldimethylsilyläthylamin*. — *γ-Trimethylsilylpropylamin*, $Kp._{726}$ 145°; n_D^{20} 1,4301. Als Zwischenprodd. sind genannt: γ-Trimethylsilylbuttersäure, $Kp._{100}$ 117,8°; γ-Trimethylsilylbutyrylchlorid, $Kp._{57}$ 105°; γ-Trimethylsilylbutyramid, F. 66,5—66,7°. — *γ-Trimethylsilylpropylamin*, $Kp._{726}$ 145°. Zwischenprod.: β-Trimethylsilylpropionitril, $Kp._{49}$ 94°. Die Amine lassen sich in quaternäre Ammoniumbasen überführen u. können dann als Emulgiermittel verwendet werden. (**A. P. 2 557 802** vom 13/4. 1950, ausg. 19/6. 1951.) KRAUSS. H 980

N. V. de Bataafsche Petroleum Mij., Den Haag (Erfinder: **de Los Emmet Winkler, Seaver Ames Ballard**, Emeryville, Calif., V. St. A.), *Herstellung von Phenolen aus Isophoron* oder seinen Homologen. Die Ketone werden in der Dampfphase bei 400—650° mit einem aktiviertes Al_2O_3 überwiegend (bis 100%) enthaltenden festen Katalysator behandelt. Zusätzlich können dehydrierend wirkende Metallverbb. zugegen sein, z. B. Fe-, Co- oder Cr-Oxyde. Hergestellt wird bes. 3.5-Xylenol. (**D. B. P. 835 147** Kl. 12q vom 16/9. 1950, ausg. 27/3. 1952. A. Prior. 23/3. 1943.) FABEL. H 1060

Bakelite Corp., New York, N. Y., V. St. A., *Herstellung von Phenol* (I). Man leitet Wasserdampf in die fl. Schmelze aus einem Alkaliphenolat (**II**) u. einem Alkalisulfonat, wobei **I** u. Alkalisulfit entstehen u. **I** durch den Wasserdampf abgeführt wird. Der Schmelzrückstand wird mit $Ca(OH)_2$ u. einem Teil des entstandenen **I** erhitzt, unter Bldg. von **II** u. $CaSO_3$; **II** wird unter Zumischung von Alkalisulfonat zur Schmelze zurückgeführt. — 2 Zeichnungen. (**E. P. 666 554** vom 12/9. 1947, ausg. 13/2. 1952.) LANGER. H 1060

Dr. F. Raschig GmbH. (Erfinder: **Wilhelm Mathes** und **Ludwig Seelmann**), Ludwigshafen/Rh., *Reinigung von Rohphenol* durch Behandlung mit Peroxyden von Ba, Ce oder Bzl. in der Wärme. (**D. R. P. 751 325** Kl. 12q vom 26/3. 1942, ausg. 8/12. 1952.) FABEL. H 1060

Badische Anilin- & Soda-Fabrik, Ludwigshafen/Rh., *Reinigung von Phenolgemischen*, die aus phenolhaltigen Ölen durch Behandlung mit Alkalilauge u. Carbonisieren der Phenolatlauge gewonnen werden. Man setzt dem Phenolgemisch gegebenenfalls noch fehlendes W. zu u. behandelt mit CO_2 bis zur Sättigung u. mit einer neutralen wss. Salzlsg. (Na_2SO_4), deren D. über der der Phenole liegt. (**D. B. P. 860 060** Kl. 12q vom 21/6. 1942, ausg. 18/12. 1952.) FABEL. H 1060

Phillips Petroleum Co., Del., übert. von: **Philip M. Arnold**, Bartlesville, Okla., V. St. A., *Umwandlung von o- in p-tert.-Alkylphenol.* Eine Mischung von o-tert.-Butylphenol, Isobutylen u. n-Hexan (**I**) wird mit einem SiO_2–Al_2O_3-Katalysator (**II**) bei 93° zur Rk. gebracht. Die einzelnen Bestandteile dieser Rk. werden durch fraktionierte Dest. getrennt, wobei 2.4-Di-tert.- u. etwas Tri-tert.-Butylphenol anfällt. Diese Fraktion wird mit **I** u. **II** bei 150° u. 0,7 at desalkyliert zu einem überwiegend aus dem p-Isomeren bestehenden monotert.-Butylphenol. — Zeichnungen. (**A. P. 2 553 538** vom 5/8. 1947, ausg. 22/5. 1951.) SALZMANN. H 1060

Socony-Vacuum Oil Co., Inc., New York, N. Y., übert. von: **Alfred P. Kozacik** und **Alexander N. Sachanen**, Woodbury, N. J., V. St. A., *Herstellung von Estern des Polymethylbenzylalkohols* mit wasserlösl. Säuren. KW-stoffe, die mindestens 80% aliphat. u. cycloaliphat. Bestandteile enthalten, werden oxydiert, das Prod. wird verseift, die Seifenlsg. mit nichtpolaren Lösungsmitteln, wie PAe., Bzl., Bzn., Toluol oder Xylenol, ausgewaschen u. dann angesäuert. Die in W. unlösl. Säuren werden abgetrennt, u. die die wasserlösl. Säuren enthaltende wss. Schicht wird mit NaOH verseift u. zur Trockne eingedampft. Der Trockenrückstand wird in Benzollsg. mit Trimethylbenzylchlorid behandelt. Die aufgearbeiteten Ester sd. bei 15 mm oberhalb 230° F. — Verwendung als *Lösungsmittel u. Weichmacher.* (**A. P. 2 554 709** vom 3/6. 1948, ausg. 29/5. 1951.) K. HEINZE. H 1070

Walter H. C. Rueggeberg, Russel K. Frantz und **Abram Ginsburg**, V. St. A., *Herstellung aromatischer Säuren* durch Rk. von Bzl. oder seinen Derivv. mit $COCl_2$ in Ggw. von $AlCl_3$ u. in Abwesenheit von W. u. CS_2. — Z. B. werden 39,1 (Teile) Bzl. in eine Suspension von 66,7 $AlCl_3$ in 297 fl. $COCl_2$ eingetropft. Prod.: 33,2 Benzoesäure. Es kann auch von halogenierten, alkylierten oder sonst substituierten Benzolderivv. ausgegangen werden. (**A. P. 2 552 591** vom 13/12. 1945, ausg. 15/5. 1951.) K. HEINZE. H 1210

Shell Development Co., San Francisco, Calif., übert. von: **George W. Hearne**, Lafayette, **Theodore W. Evans**, Oakland, und **Vernon W. Buls**, Walnut Creek, Calif.,

V. St. A., *tert.-alkylsubstituierte Benzolcarbonsäuren* erhält man durch Einleiten eines O_2-haltigen Gases in die entsprechenden substituierten fl. Toluole bei 130—225° unter bis zu 1000 lbs./sq.in. Druck in Ggw. von 0,005—5 Gew.-% eines lösl. Schwermetallsalzes, z. B. Co- oder Mn-Naphthenat, wobei man nur bis zu einem Umsetzungsgrad von 70% oxydiert. — Beispiele: p-tert.-Amyltoluol → *p-tert.-Amylbenzoesäure.* — p-tert.-Butyltoluol → *p-tert.-Butylbenzoesäure,* F. 164,5°. — p-tert.-Dodecyltoluol → *p-tert.-Dodecylbenzoesäure.* — p-tert.-Nonyltoluol → *p-tert.-Nonylbenzoesäure,* $Kp._{0,5}$ 150—180°. Verwendung als Zusätze für Kautschuk, Kunstharz, Reinigungsmittel. (**A. P. 2 578 654** vom 28/1. 1950, ausg. 18/12. 1951.) MÜLLER-MEININGEN. H 1210

Standard Oil Development Co., übert. von: **Jerome Perry Morgan**, Maplewood, und **Ernest O. Ohsol**, Cranford, N. J., V. St. A., *Kontinuierliche Herstellung von Dicarbonsäureimiden.* Man führt z. B. eine Lsg. von Tetrahydrophthalsäureanhydrid (**I**) in Xylol (**II**) u. NH_3-Gas in eine Fraktionierkolonne ein, an deren Kopf unter Rückfluß bei 180—275° ein azeotropes W.-**I**-Gemisch sowie NH_3 entweicht. Das Gemisch wird kondensiert u. **I** sowie NH_3 wieder in den Prozeß zurückgeführt, während am Fuß der Kolonne geschmolzenes *Tetrahydrophthalimid* abgezogen wird. — Vorr., Zeichnung. (**A. P. 2 566 992** vom 6/11. 1948, ausg. 4/9. 1951.) MÜLLER-MEININGEN. H. 1220

Dow Corning Corp. (Erfinder: **Charles Fleming Kohl**), Midland, Mich., V. St. A., *Fluorsilane.* Durch Rk. von m-Trifluormethylbrombenzol mit (aus Butylchlorid u. metall. Li in Ae. hergestelltem) C_4H_9Li u. $SiCl_4$ in Ae. erhält man ein Gemisch von Trifluortolylchlorsilanen, das vor allem aus *Tetratrifluortolylsilan,* F. 98,5°, besteht. Analog werden dargestellt: *Hexafluorxylyltrichlorsilan,* $Kp._{50}$ 120°; *Hexafluorxylyltrimethylsilan,* $Kp._{740}$ 179°, $D.^{25}{}_4$ 1,2205, spezif. Refr. 0,2083. — Durch Hydrolyse der Fluorsilane erhält man Wärmeübertragungs-Fll., nicht hydrolysierbare Verbb. eignen sich als Schmiermittel. (**D. B. P. 859 310** Kl. 12o vom 28/9. 1950, ausg. 11/12. 1952. A. Priorr. 27/10 u. 2/12. 1949.) BRÖSAMLE. H 1380

Dow Chemical Co., übert. von: **Lester J. Dankert** und **Daniel A. Permoda**, Midland, Mich., V. St. A., *Herstellung von Dicyclohexylamin* durch Rk. von Phenol u. Anilin mit H_2 in Ggw. von z. B. Pd-Katalysatoren auf Kohle bei 140—175° u. mehr als 200 lbs./sq.in. Druck. Das Endprod. wird durch fraktionierte Dest. erhalten. Ausbeute bis 92%. (**A. P. 2 571 016** vom 16/5. 1949, ausg. 9/10. 1951.) SCHINDLER. H 2110

Shell Development Co., übert. von: **Aaron Wachter** und **Nathan Stillman**, San Francisco, Calif., V. St. A., *Herstellung von Dicyclohexylammoniumnitrit* durch Rk. eines anorgan. Säuresalzes von Dicyclohexylamin in wss. Lsg. mit einem überschüssigen Salz der HNO_2 mit einer Base, wobei die Wahl so getroffen ist, daß die Base mit der anorgan. Säure ein Salz bildet, welches in W. leichter lösl. ist als das Dicyclohexylammoniumnitrit. — $NaNO_2$ wird in fester Form im Überschuß in eine wss. Lsg. von Dicyclohexylaminsulfat bei 20—50 °unter Aufrechterhaltung eines $p_H < 7$ eingetragen. (**Can. P. 477 708** vom 18/2. 1947, ausg. 9/10. 1951. A. Prior. 26/3. 1946.) M. F. MÜLLER. H 2110

Distillers Co. Ltd., Edinburgh, **William Webster** und **Denis Cheselden Quin**, England, *Isopropylnaphthalinhydroperoxyd* (I) und *β-Naphthol* (**II**) erhält man durch Oxydation von β-Isopropylnaphthalin (**III**) in fl. Phase in Abwesenheit von Schwermetalloxydationskatalysatoren bei ca. 100—150°, zweckmäßig in wss. oder alkal. Dispersion, wobei dann die Temp. zwischen 70° u. dem Kp. des W. liegt u. das p_H ca. 7,5—12 beträgt, mit mol. O_2 oder diesen enthaltenden Gasen. Das **I** wird mit Alkali als Alkalisalz ausgefällt u. der KW-stoff durch Dest. abgetrennt. Durch Zers. von **I** mit Säuren (15 bis 70%ig. H_2SO_4, Essigsäure, Chloressigsäure, Toluolsulfonsäure, mit Säuren behandeltes Silicagel, Ionenaustauscher, $AlCl_3$, $FeCl_3$, BF_3) bei erhöhter Temp. (20—100°), zweckmäßig in Ggw. eines Lösungsm., erhält man **II**. — **III** wird in W. in Ggw. von NaOH u. Stearinsäure bei 90° ca. 18 Std. oxydiert, wobei man in 95%ig. Ausbeute **I** erhält. Dieses wird mit 50%ig. H_2SO_4 2½ Std. auf 60° erhitzt, wodurch nach Behandeln mit Alkali, Dest. u. Ansäuern in 92,5%ig. Ausbeute **II** entsteht, F. 121°. Weitere Beispiele. (**E. P. 654 035** vom 30/10. 1948, ausg. 30/5. 1951.) KRAUSS. H 2700

Imperial Chemical Industries Ltd., London (Erfinder: **John George Mackay Bremner, Frederick Starkey** und **Dennis Albert Dowden**, Norton-on-Tees, Durham), England, *Hydrierung von Furanderivaten,* die eine oder mehrere ungesätt. Seitenketten (I) enthalten, geschieht katalyt. in Ggw. von NH_3 oder Aminen (**II**), wobei ausschließlich die **I** hydriert werden. Bei Abwesenheit von **II** wird der Furankern gleichfalls hydriert. — *α-Äthylfuran.* Man behandelt α-Vinylfuran mit H_2 u. einem Ni-Katalysator in Ggw. von NH_3 oder Diäthylamin unter Schütteln im Autoklaven bei 50 at zunächst 16 Std. bei Zimmertemp., dann 16 Std. bei 50°. (**D. B. P. 809 556** Kl. 12q vom 19/12. 1948, ausg. 30/7. 1951. E. Prior. 11/6. 1945.) LANGER. H 3061

Eaton Laboratories, Inc., Norwich, N. Y., V. St. A., *Semicarbazon des 5-Nitrofurfurols.* Man läßt 5-Nitrofurfuroldiacetat mit Semicarbazidhydrochlorid reagieren, bes. in Ggw. einer starken Mineralsäure. (**Schwz. P. 276 548** vom 18/7. 1947, ausg. 16/10. 1951. A. Prior. 19/7. 1946.) FABEL. H 3061

Texas Co., New York, N. Y., übert. von: **Kenneth L. Kreuz**, Evanston, Ill., V. St. A., *Herstellung von Thiophen* (I) bezw. *dessen Derivaten* durch Behandlung eines Gemisches von aliphat., gegebenenfalls ungesätt. oder arylsubstituierten KW-stoffen von 2 bis 10 C-Atomen, wie Butan (II), mit SO_2 in der Dampfphase bei Ggw. von Cr, V oder Mo enthaltenden Katalysatoren auf Trägern, wie Al_2O_3 bzw. Kieselgel. — Z. B. wird ein Gemisch von 1 (Mol) n-**II** u. 1,4 SO_2 erhitzt u. bei 1100° F mit einem 90% Al_2O_3 enthaltenden Cr_2O_3-Katalysator behandelt. Ausbeute 30% **I**. Weitere Beispiele: *2-Methyl*-I aus n-Pentan, *3-Meth*-I u. I aus Isopentan, *Benzo*-I aus Äthylbenzol, I aus Äthan, Buten-(2) oder Äthylen. Geeignete Katalysatoren: 5% V_2O_5 auf Al_2O_3, 12% MoS_3 auf Al_2O_3, 10% MoO_3 auf Al_2O_3 oder Kieselgel bzw. Bleicherde allein. (**A. PP. 2 557 664** vom 1/5. 1946, **2 557 665** u. **2 557 666** vom 28/6. 1946, alle ausg. 19/6. 1951.) K. HEINZE. H 3071

Texaco Development Corp., übert. von: **Kenneth L. Kreuz**, Wilmington, Del., V. St. A., *Herstellung von Thiophenverbindungen* mit 1 Thiophenring in der Dampfphase aus SO_2 u. einem KW-stoff mit 4—10 C-Atomen, wovon mindestens 4 C-Atome in gerader Kette angeordnet sind, bei mindestens 370° in Ggw. eines festen oberflächenakt. Katalysators mit einer Umsetzungsgeschwindigkeit von 0,3—5,0 Vol. je 1 Vol. Katalysator in der Stunde. Als Katalysatoren dienen bes. die Oxyde u. Sulfide von Metallen u. Metalloiden. Vgl. A. P. 2 531 279; C. **1951**. II. 2803. (**Can. P. 477 340** vom 28/11. 1945, ausg. 25/9. 1951. A. Prior. 29/12. 1944.) M. F. MÜLLER. H 3071

Texaco Development Corp., übert. von: **Kenneth L. Kreuz**, Wilmington, Del., V. St. A., *Herstellung von Thiophenverbindungen* durch Einw. eines Schwefeloxyds auf eine organ. Verb., welche eine aliphat. Kette enthält, oder auf ein Alken oder Alkan mit mindestens 2 C-Atomen in Ggw. eines festen Katalysators bei mindestens 370° in der Dampfphase. Es werden dabei 0,3—5 Vol der dampfförmigen organ. Verb. auf 1 Vol des Katalysators pro Std. u. 1 Mol SO_2 auf 0,3 Mol der organ. Verb. angewandt. (**Can. PP. 477 342** vom 23/4. 1947, ausg. 25/9. 1951. A. Prior. 1/5. 1946; **477 343** vom 7/5. 1947, ausg. 25/9. 1951. A. Prior. 28/6. 1946; **477 344** vom 8/5. 1947, ausg. 25/9. 1951. A. Prior. 28/6. 1946 u. **477 345** vom 22/5. 1947, ausg. 25/9. 1951. A. Prior. 2/7. 1946.) M. F. MÜLLER. H 3071

Monsanto Chemical Co., übert. von: **William S. Emerson** und **Tracy M. Patrick jr.**, Dayton, O., V. St. A., *2-Vinylthiophen* aus Thiophen durch Chloräthyleinführung u. Dehalogenierung. Man setzt Thiophen u. Acetaldehyd in Ggw. überschüssiger konz. HCl unterhalb 20° um, fügt stöchiometr. Mengen eines tert. Amins, z. B. Pyridin, zu u. dest. 2-Vinylthiophen in Ggw. eines Polymerisationsinhibitors. Die 2—3stufige Rk. geht in fl. Phase, ohne Abscheidung von Zwischenprodd., vor sich. (**A. P. 2 547 905** vom 23/3. 1950, ausg. 3/4. 1951.) SCHMAUSER. H 3071

Farbwerke Hoechst, vormals Meister Lucius & Brüning (Erfinder: **Hans Tampke** und **Gustav Schäfer**), Frankfurt/M., *Herstellung von Verbindungen der Indolyldiphenylmethanreihe* durch Kondensation von Benzophenonabkömmlingen, die in m-Stellung Sulfosäuregruppen u. gegebenenfalls in p-Stellung Halogen- oder Alkoxygruppen tragen, mit Indolen in Ggw. von HCl oder Essigsäure–HCl. — Z. B. werden 227 g Na-Salz der 4.4'-Dichlorbenzophenon-3.3'-disulfonsäure (**IV**) bei 50—55° mit 700 cm^3 HCl (37%) u. 103 g N-Methyl-2-phenylindol (I) verrührt; rotes Produkt. Weitere Beispiele: Kondensation von Na-Salz der 4.4'-Dimethoxybenzophenon-3.3'-disulfosäure (**II**) mit 2-Phenylindol: braunes Reaktionsprod., Na-Salz der **II** mit **I**: tiefrotes Reaktionsprod., N-Methyl-2-phenylindolmonosulfosäure mit 4-methoxy-4'-chlorbenzophenon-3-sulfonsaures Na (**III**), **III** u. **I** ergibt Harz, N-Isobutyl-2-methylindol u. **IV** ergibt rotes Reaktionsprod.; ferner *benzophenon-3.3'-disulfonsaures Na* u. **I**. (**D. B. P. 825 410** Kl. 12p vom 2/6. 1949, ausg. 17/12. 1951.) K. HEINZE. H 3081

Yorkshire Tar Distillers Ltd., Cleckheaton, Yorkshire (Erfinder: **David W. Milner**), *Herstellung von Chinolin aus Teer.* Man unterwirft die Chinolinfraktion in Ggw. einer kleinen Menge S einer Hitzebehandlung bei $>160°$, bes. $>200°$, u. dest. dann das Chinolin ab. (**E. P. 661 482** vom 4/3. 1949, ausg. 21/11. 1951.) BRÖSAMLE. H 3231

X. Färberei. Organische Farbstoffe.

W. J. Marshall und **R. H. Peters**, *Die Reduktionseigenschaften von Küpenfarbstoffen.* Die Reduktionseigg. einer großen Anzahl von Küpenfarbstoffen — in Pyridin gelöst, mit Pd-Asbest red. — wurden durch potentiometr. Titration mit einer pyridin. $FeCl_3$-Lsg. bestimmt u. durch die Redoxpotentiale ausgedrückt. Diese liegen zwischen —0,07

u. —0,49 V. Je negativer das Redoxpotential eines Küpenfarbstoffes liegt, um so weniger eignet sich dieser zum Druck. Farbstoffe mit einem Redoxpotential unter —0,25 sind leicht, über —0,25 schwer zu drucken. Weiter wurden die Potentiale von verschieden konz. Na-Hydrosulfitlsgg. bei 60° gemessen u. in Übereinstimmung mit der prakt. Erfahrung gefunden, daß die Potentiale im 0,1—0,3 V negativer sind als die Potentiale der am schwierigsten zu reduzierenden Farbstoffe. Im Gegensatz zum Verh. beim Druck spielt das Redoxpotential eines Küpenfarbstoffes beim Färben kaum eine Rolle, da ein starkes Reduktionsmittel angewendet wird. Hier kommt es vielmehr auf die Geschwindigkeit der Red. des Küpenfarbstoffes an. Untersucht wurde der Einfl. der Konst., der Temp., der Konz. an Hydrosulfit u. NaOH u. der Partikelgröße u. -gestalt. Gemessen wurde die Reduktionsgeschwindigkeit durch spektrophotometr. Colorimetrie der sich bildenden opt. viel dichteren Leukolsg. u. durch Angabe der für die halbe Red. erforderlichen Zeit ausgedrückt. Die Halbwertszeiten liegen zwischen 5 Sek. u. 1 Stunde. Temperaturerhöhung um 20° erhöht die Reduktionsgeschwindigkeit um das 3,5fache. Ebenso wirkt sich die Erhöhung der Hydrosulfit- u. NaOH-Mengen von den Färbe- auf die Küpenkonzz. aus. Zwischen den Halbreduktionszeiten u. den in der Praxis verwendeten Verküpungstempp. besteht eine einfache Beziehung. Ferner erlaubt die Messung der Halbreduktionszeit, eine quantitative Korrelation mit dem drucktechn. Verh. der einzelnen Küpenfarbstoffe herzustellen. Die elektronenmkr. bestimmte Teilchengröße erwies sich als nicht bedeutsam, wohl die Partikelgestalt. (J. Soc. Dyers Colourists **68.** 289—99. Aug. 1952. Manchester, Hexagon House, ICI.) Zahn. 7020

—, *Neue Entwicklungen auf dem Gebiet des Packfärbens von Nylongarnen.* Kurze Übersicht. (Textile Quart. **2.** 301. 1952.) P. Eckert. 7020

P. Welcker, *Die photomechanische Herstellung der Entwürfe für den Lyonnaiser Druck.* Der Prozeß basiert auf der Eig. der Gelatine oder synthet. Harze (Polyvinylalkohole), mit Alkalibichromat unter Lichteinw. H_2O unlösl. Verbb. zu bilden. Auf die in einen Rahmen gespannte, mit der sensibilisierten Gelatine belegten Gaze, z. B. Nylon, wird nach dem Trocknen das Klischee des zu reproduzierenden Musters aufgelegt u. belichtet. Der nichtbelichtete Anteil wird durch nachfolgendes Waschen mit warmem H_2O entfernt. Als bes. vorteilhaft wird ein Verf. hervorgehoben, nach welchem die Gaze vor dem Auftragen der Gelatine mit einer Lackschicht (Nitrocellulose oder chlorierter Kautschuk) versehen wird. Die Vorteile werden angeführt. (Teintex **17.** 101—09. 15/2. 1952.) Schoenmann. 7022

D. Frishman und **M. Harris,** *Das Abziehen von Farbstoffen von der Wolle. Die Bildung von Brücken verhindert größere Faserschädigung.* Berichtet wird über das Abziehen von sauren u. Chromfarbstoffen von der Wolle mit Hydrosulfit u. anderen Chemikalien. Die hierbei auftretende Faserschwächung (durch die gleichzeitige Aufspaltung der Cystinbrücken) wird durch das gleichzeitige Zugeben von CH_2O oder $BrCH_2CH_2Br$ zum Abziehbad weitgehend aufgehoben, da die zuletzt genannten Verbb. die Cystinbrücken wieder miteinander verknüpfen. Für das Abziehen von Chromfarbstoffen hat sich ein zusätzlicher Zusatz von Oxalsäure zum Abziehbad sehr bewährt. (Dyer, Textile Printer, Bleacher, Finisher **108.** 465—67. 3/10. 1952.) H. G. Fröhlich. 7026

Ciba Akt.-Ges., Basel (Erfinder: **Willi Widmer,** Bottningen, **Alphons Heckendorn,** Basel, und **Fritz Schuetz,** Neue Welt), Schweiz, *Herstellung echter Färbungen auf der Faser.* Man verwendet Monoazofarbstoffe der allg. Formel **I,** worin R einen von Sulfongruppen freien Benzolrest, an dem die —N=N-Gruppe u. die —O—Y-Gruppe in o-Stellung zueinander stehen u. der, falls er von Nitrogruppen frei ist, mindestens 2 Halogenatome enthält, u. Y einen durch die Acylgruppe an —O— gebundenen Acylrest bedeutet, der mindestens einen die Löslichkeit des Farbstoffes bedingenden Substituenten enthält. Es wird im Einbadverf. gefärbt mit Lsgg., die gleichzeitig den Farbstoff u. ein metallabgebendes Mittel enthalten, welches befähigt ist, eines der Metalle mit den Ordnungszahlen 27—28 an den Farbstoff abzugeben. Es wird z. B. ein Farbstoff verwendet, der durch Verestern des Farbstoffes aus *5-Nitro-2-amino-1-oxybenzol* u. *2-Oxynaphthalin* mit *Benzoesäure-3-sulfochlorid* erhalten wurde. (**D. B. P. 850 136** Kl. 8m vom 8/3. 1949, ausg. 22/9. 1952. Schwz. Priorr. 9/7. 1947 u. 14/4. 1948.) v. Schiller. 7021

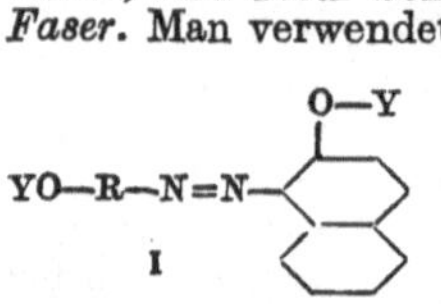

I

Badische Anilin- & Soda-Fabrik (Erfinder: **Fritz Mühlbauer**), Ludwigshafen/Rh., *Erzeugung von Küpenfärbungen mit Farbstoffen der Phthalocyaninreihe.* Man behandelt metallhaltige Phthalocyanine oder Azoporphine, die keine hydrophilen Gruppen enthalten, in Ggw. von nichtoxydierend wirkenden wasserlösl. Salzen der Sauerstoffsäuren oder Polysäuren des B, P, Mo oder Wo oder von wasserlösl. Salzen von Metallen, deren

Metallhydroxyde in Alkalihydroxyden lösl. sind oder deren Komplexverbb. mit Alkoholen oder Aminen, mit alkal. Hyposulfitlsg. u. färbt aus den erhaltenen Küpen pflanzliche Fasern. (**D. B. P. 857 791** Kl. 8m vom 22/9. 1950, ausg. 1/12. 1952.) v. SCHILLER. 7021

Cassella Farbwerke Mainkur (Erfinder: **Franz Streng**), Frankfurt/M., *Ätzen von mit Schwefelfarbstoffen erzeugten Färbungen.* Man bedruckt die Färbungen mit einer ein Chlorit enthaltenden Druckpaste, die noch Schwefelsäureestersalze von Küpenfarbstoffleukoverbb. u. ein Nitrit enthält, trocknet, dämpft u. entwickelt die Färbungen in einem H_2SO_4-Bad. (**D. B. P. 849 998** Kl. 8n vom 28/10. 1950, ausg. 22/9. 1952.) v. SCHILLER. 7021

Farbwerke Hoechst, vormals Meister Lucius & Brüning (Erfinder: **Wilhelm Eckert**, Frankfurt/M., und **Johann Wenghöfer**, Bad Soden, Taunus), *Herstellung von Färbungen und Drucken auf Polyamidfasern.* Man verwendet die in W. prakt. unlösl. Salze von sauren oder direktziehenden Farbstoffen mit *Thiuroniumverbindungen.* (**D. B. P. 849 992** Kl. 8m vom 26/9. 1950, ausg. 22/9. 1952.) v. SCHILLER. 7021

I. G. Farbenindustrie Akt.-Ges. (Erfinder: **Walter Gutmann** und **Hermann Wagner**), Frankfurt/M., *Herstellung von geformten Mustern auf Geweben, die aus Cellulosefasern bestehen* oder diese enthalten. Man tränkt die Faserstoffe mit wss., starke flüchtige Säuren oder deren Salze mit schwachen flüchtigen Basen als Katalysatoren u. gegebenenfalls CH_2O (I) oder I-abspaltende Verbb. enthaltenden Lsgg. von Kondensationsverbb., die durch Rk. von Amiden nichtharzbildender, niedrigmol. Monocarbonsäuren oder von Estern der Carbaminsäure mit I erhalten werden, unterwirft feucht oder nach vorsichtigem Trocknen einer formgebenden mechan. Behandlung u. erhitzt dann auf höhere Temperatur. (**D. R. P. 759 723** Kl. 8n vom 23/2. 1941, ausg. 10/11. 1952.)
v. SCHILLER. 7023

I. G. Farbenindustrie Akt.-Ges. (Erfinder: **Franz Nestelberger**), Frankfurt/M., *Fixieren von Pigmenten mit Bindemitteln auf Faserstoffen* beliebigen Ursprungs oder Flächengebilden daraus im Druck- oder Klotzverfahren. Man verwendet pigmenthaltige Druckpasten oder Klotzlsgg., die als Bindemittel Kondensationserzeugnisse aus Aldehyden, bes. CH_2O, u. Phenolen oder aus Harnstoff, dessen Derivv. oder Aminotriazinen mit Aldehyden, gegebenenfalls in Ggw. ein- oder mehrwertiger Alkohole, sowie solche aus gesätt. aliphat. Dicarbonsäuren u. 3- oder mehrwertigen Alkoholen mit mindestens 3 C-Atomen enthalten, trocknet, dämpft oder verhängt bei gewöhnlicher oder erhöhter Temperatur. (**D. R. P. 758 464** Kl. 8n vom 7/5. 1940, ausg. 10/11. 1952.)
v. SCHILLER. 7023

Sandoz Akt.-Ges., übert. von: **Ernst Lüscher** und **Albert Engeloch**, Basel, Schweiz, *Färben von chromgegerbten Pelzfellen,* wobei nur die Fleischseite gefärbt wird. Man färbt mit einem substantiven Farbstoff in wss. Lsg. bei 40—50° unter Zusatz einer capillarakt. Substanz, wie Seife oder Oleylmethyltaurid, dem Ölsäureester der Oxyäthansulfonsäure oder Laurylalkoholsulfonat. (**A. P. 2 583 269** vom 26/8. 1949, ausg. 22/1. 1952. Schwz. Prior. 30/8. 1948.) v. SCHILLER. 7025

Farbenfabriken Bayer (Erfinder: **Wilhelm Christ** und **Felix Gund**), Leverkusen, *Verbesserung der Naßechtheiten von Färbungen* mit wasserlösl. Farbstoffen durch Nachbehandeln mit kationakt. Verbb. (I). Man verwendet außer den I aliphat. oder aromat. polyfunktionelle Isocyanatverbb., bes. wasserlösl. Addukte derselben, z. B. die Bisulfitverb. von *Hexan-1.6-diisocyanat.* (**D. B. P. 855 542** Kl. 8m vom 25/3. 1944, ausg. 13/11. 1952.) v. SCHILLER. 7029

General Aniline & Film Corp., New York, N. Y. (Erfinder: **Harry W. Grimmel**, Providence, R. I., und **Ludwig Richter**, Easton, Pa.), V. St. A., *Metallisierbarer o-Oxyazofarbstoff.* 10 (Teile) 4-Nitro-2-amino-1-oxybenzol-6-sulfonsäure werden bei 0° mit 38,3 1-Phthaloylamino-7-oxynaphthalin gekuppelt. Das Prod. färbt Wolle nach dem Direktverf. schwarz, nachchromiert olivschwarz, nach dem Monochrom- oder Metachromverf. lebhaft grün mit Unveränderlichkeit gegen Kunstlicht u. großer Licht-, Reib- u. Walkechtheit. Die Färbungen reservieren gegebenenfalls vorhandene Acetat-Effektfasern. (**D. B. P. 842 820** Kl. 22a vom 1/3. 1949, ausg. 3/7. 1952. A. Prior. 14/11. 1945.)
KALIX. 7053

Wilhelm Ostwald und **Eugen Ristenpart**, Chemische Farblehre. 2. verm. u. verb. Aufl. Berlin, Camburg/S.: Blau-Verl. (in der Arbeitsgemeinschaft Thür. Verleger). 1951. (270 S. m. 10 Fig. im Text) 8° = Ostwald: Handbuch d. Farblehre. Buch 3. DM 12,—.

XIa. Farben. Anstriche. Lacke. Naturharze.

—, *Gemeinschaftsuntersuchung. Expositionstest Nr. 1. Vergleich von Calcium- und Bariumverbindungen als Streckmittel in Anstrichfarben.* Bewitterungsverss. an zahlreichen Stationen in England, Holland, Schweiz u. Australien mit a) Bleiweiß–Chromgrün-Standölfarben (Pigment: Füllstoff 60:40) aus Pigment 65%, Standöl 30%, Lackbenzin

5% u. Pb–Co-Trockner; b) ZnO–Rutil-Kopallackfarben (ZnO:TiO_2: Füllstoff 40:30:30), Kopal–Öllack 1:4,30 Vol.-% Pigment auf nichtflüchtiges Bindemittel. Als Streckmittel dienten Schwerspat, Bariumcarbonat (Witherit), Kreide u. Ca-Sulfat (Anhydrit). Zweimaliger Anstrich auf Weichstahltafeln, die mit eingebrannter Grundierung versehen waren. Die Beanspruchungsstärke an den einzelnen Orten war sehr verschieden. Fast durchweg wurde die Haltbarkeit der Grünfarben durch Ba-Carbonat nicht, wohl aber durch Ca-Carbonat, Ca-Sulfat u. Ba-Sulfat beeinträchtigt. Ba-Sulfat hatte kaum Einfl. auf Weißfarben, dagegen Abkreidetendenz bei Grünfarben; Witherit übte günstige Wrkg. bei Weißfarben u. keinen Einfl. bei Grünfarben aus; Kreide zeigte günstigen Einfl. bei Weißfarben u. Kreidetendenz bei Grünfarben; Ca-Sulfat hatte ähnliche Wrkg. wie Kreide. Hinweise auf Ermittlung von Glanzverlust, Abkreiden, Riß- u. Sprungbldg., Schmutzansatz, Erosion u. Abblättern. (J. Oil Colour Chemists' Assoc. **35.** 7—19. Jan. 1952.) SCHEIFELE. 7106

J. T. Patterson, *Die Korrosion.* Übersicht über das Wesen der Korrosion u. die Maßnahmen zur Korrosionsverhütung durch Anstriche (Oberflächenbehandlung, Aufgaben von Grundierung u. Deckschichten, Art der angewandten Rohstoffe). (Techn.-wetensch. Tijdschr. **21.** 50—55. März 1952.) WESLY. 7106

J. G. Jewell, *Die chemische Behandlung zur Einschränkung der Korrosion.* Überblick. — 39 Literaturstellen. (Corrosion [Houston] **8.** 100—08. März 1952.) J. FISCHER. 7106

E. Fancutt und **F.-G. Dunkley,** *Vorbeugende Maßnahmen und Schutz von Konstruktionen aus Metallen gegen Korrosion.* Hinweis auf ein einwandfreies Vorbehandeln der Metallteile u. Bedeutung der verschiedensten Anstriche mit Inhibitoren u. Pigmenten. Angaben über die Zus. der untersuchten Anstrichsysteme. (Ind. chim. belge **17.** 827—37. 1952.) J. FISCHER. 7106

L. P. Sudrabin, F. J. Le Febvre, D. L. Hawke und **A. J. Eickhoff,** *Einige Einflüsse des kathodischen Schutzes auf die üblichen Anstriche.* Bei der gleichzeitigen Anwendung von Schutzanstrichen u. kathod. Schutz zeigt sich oft an den Anstrichen Blasenbildung. Laborverss. in frischem W. u. Salzwasser ergaben: In Frischwasser nimmt die Blasenbldg. mit steigendem Potential zu. Bes. starke Blasenbldg. entsteht bei Potentialen (gegen Kalomel) über —850 mV. In Seewasser ist die Blasenbldg. bei Vinylfilmen gering, wenn das Potential unter 1 V bleibt. Um zu einer einwandfreien Schlußfolgerung über die beste Kombination von Anstrich u. kathod. Schutz zu kommen, ist eine jahrelange Beobachtung notwendig. (Corrosion [Houston] **8.** 109—14. März 1952. Belleville, N. Y., Electro-Rust-Proofing Corp., u. Brooklyn, N. Y., National Lead Co.) J. FISCHER. 7106

Fritz Reichel, *Grundsätzliches zu Fragen der Blech- und Metallgußlackierung.* Überblick über die für die verschied. Zwecke geeigneten Lacke u. Lackierverfahren. (Metalloberfläche, Ausg. B **4.** 164—66. Nov. 1952. Schliersee.) MARKHOFF. 7106

W. B. Cook, *Der Lackanstrich in der Petroleumraffinerie.* Allg. Ausführungen. (Corrosion [Houston] **8.** 93—99. März 1952.) J. FISCHER. 7106

J. F. H. van Eijnsbergen, *Wasserfeste, weiße Muffellacke auf der Grundlage von Harnstoff- und Phthalatharzen.* Als Fortsetzung früherer Verss. (vgl. C. **1952.** 2085) wird die Wasserfestigkeit einer Reihe von Kombinationen von Harnstoff-, Phthalat-, Silicon-, Melamin-, Benzoguanidin- u. Polymethacrylsäureharzen ermittelt; die Ergebnisse sind in Zahlentafeln u. Schaubildern zusammengestellt. (Chem. pharmac. Techniek **8.** 1—3. 1/9. 1952. N. V. Chem. Industrie „Synres", Lak- en Verftechn. Ontwikkelingslabor.) WESLY. 7106

Z. Klonowski, *Zum Problem der Hebung der Qualität von Lacküberzügen.* Es wird die Entw. der Lack- u. Ölfarbenrezeptur kurz behandelt, wobei bes. die neueren Verff. zur Hebung der Schutzwrkg. der Deckanstriche hervorgehoben werden. Im einzelnen werden die Eigg. der neuen Präpp. Nowol, Dehydrol sowie von geschwefeltem Leinölfirnis beschrieben. Ein besonderes Augenmerk wird den neueren Trocknungsverff. für Anstriche zugewandt: Anwendung von infraroten Strahlen u. der Diathermie (Trocknen durch Induktionsströme), bei welchen Verff. beachtliche Zeitersparnisse zu verzeichnen sind. (Przemysł chem. **7.** (**30**) 156—60. März 1951.) v. WILPERT. 7106

Westinghouse Electric Corp., East Pittsburgh, Pa. (Erfinder: **Rudolph Nagy,** Bloomfield, N. J.), V. St. A., *Leuchtstoff,* bestehend aus Ortho- u. Pyrophosphaten des Ca u. Sr bzw. Mischungen derselben, Fluoriden, Chloriden u. Bromiden des Ca u. Sr bzw. aus Mischungen derselben u. einem Mn- u. Sb-Aktivator. Dabei liegt das Verhältnis der Anzahl der an den Phosphatrest gebundenen Metallatome zu der Anzahl der als Halogenide vorhandenen Atome zwischen 7,5 u. 8,5. (**D. B. P. 851 236** Kl. 22f vom 3/12. 1950, ausg. 2/10. 1952. A. Prior. 13/1. 1950.) NEBELSIEK. 7093

Badische Anilin- & Soda-Fabrik (Erfinder: **Paul Krebs**), Ludwigshafen/Rh., *Herstellung von phosphorescierendem Al_2O_3.* Man behandelt Al_2O_3 oder $Al(OH)_3$ bei erhöhter Temp. mit wss. Lsgg. von Salzen von Sulfonsäuren oder Carbonsäuren cycl. Verbb. mit mindestens 3 Ringen, z. B. coronensulfonsaurem oder carbazolsulfonsaurem Na, u. führt im Falle des $Al(OH)_3$ dieses dann in Al_2O_3 über. (**D. B. P. 855 436** Kl. 22f vom 15/2. 1944, ausg. 13/11. 1952.) NEBELSIEK. 7093

E. I. du Pont de Nemours & Co., übert. von: **Oswin B. Willcox**, Wilmington, Del., V. St. A., *Gewinnung von verbesserten TiO_2-Pigmenten.* Zu TiO_2-Pigmenten, die durch Oxydation von $TiCl_4$ gewonnen wurden, fügt man 0,5—5, bes. 2% Al_2O_3 in der Aerogelform zu u. mahlt dieses Gemisch trocken in einer üblichen Mühle auf Pigmentfeinheit. (**A. P. 2 591 988** vom 14/9. 1950, ausg. 8/4. 1952.) NEBELSIEK. 7093

Badische Anilin- & Soda-Fabrik, Ludwigshafen/Rh. (Erfinder: **Gerhard Wolf**, Haßloch, und **Wilhelm Schlenk**, Mannheim-Feudenheim), *Herstellung eines trocknenden Öls.* Man setzt ca. 0,15—0,3 (Mol) 1.3-Butylenglykol mit 1 eines aliphat. Diisocyanats, z. B. Hexamethylendiisocyanat, bei erhöhter Temp. (bis höchstens 200°) um. (**D. B. P. 858 120** Kl. 22h vom 27/2. 1944, ausg. 4/12. 1952.) GRÄGER. 7097

Devoe & Raynolds Co., Inc., Louisville, Ky. (Erfinder: **Sylvan Owen Greenlee**, Racine, Wis.), V. St. A., *Trocknende Polyester* erhält man durch Ver- oder Umesterung von ungesätt. organ. Säuren (oder deren Gemischen) mit den Kondensaten aus Oxyverbb. u. Epoxyverbindungen. Bes. geeignet sind Kondensate mit 3—20 OH-Gruppen, die z. B. aus Epichlorhydrin (I) u. Polyphenolen gewonnen werden. — 606 (Teile) Di-(oxyphenyl)-dimethylmethan, 119 NaOH u. 1300 W. werden erwärmt, bis alles Diphenol gelöst ist. Man setzt 60 Phenol u. 274,8 **I** zu, kühlt das erwärmte Kondensat ab u. neutralisiert mit 90 in W. gelöstem NaOH. Von dem Prod. werden 279 mit einem Gemisch trocknender Öle unter Einleiten von CO_2 4—5 Std. auf 250—260° erhitzt. — *Rohstoff für Lacke u. Firnis.* (**D. B. P. 852 300** Kl. 39c vom 1/10. 1950, ausg. 13/10. 1952. A. Prior. 14/9. 1943.) MÖLLERING. 7097

Georges De Korff und **Paul-Louis Testard**, Frankreich, *Herstellung einer Farbe.* Als Bindemittel dient Magnesiazement, dem feuerfeste Zuschläge von nicht zu feiner Mahlung zugegeben werden. Als geeignete Zuschläge sind genannt: Dolomit, Asbest, Glimmer, Glaspulver, Glaswolle, Bimsstein — je nach dem Verwendungszweck der Farbe. Anstrichmittel für sofortigen Gebrauch werden mit $MgCl_2$-Lauge, solche, die längere Zeit lagerfähig sein müssen, mit wasserfreiem $MgCl_2$ hergestellt, wobei in letzterem Falle ein Zusatz eines KW-stoffs erforderlich ist. Das $MgCl_2$ kann ganz oder teilweise durch die Chloride von Fe, Zn, Mn, Ca ersetzt werden. — 180 (kg) MgO, 288 $MgCl_2$-Lsg. (20° Bé), 472 Vermikulit, 60 weißer Asbest. — 180 (kg) MgO, 80 $MgCl_2$, wasserfrei, 80 gemahlener Dolomit, 180 Asbestfasern mit Glimmerabfällen, 50 Solventnaphtha. (**F. P. 976 787** vom 18/10. 1948, ausg. 22/3. 1951.) HEYNE. 7107

Dow Corning Ltd., London, England, *Modifizierte Alkydharze.* Organ. *Silane* der Formel R_nSiX_{4-n} (R = Alkyl- oder monocycl. Arylrest, X = Halogen oder Alkoxyrest u. n = 0,9—2,1) werden zunächst mit Polyalkoholen mit 2—4 Oxygruppen je Mol. in einem Verhältnis von Silan:Oxyrest von 0,33—0,88 umgesetzt, worauf man das Prod. mit Polycarbonsäuren mit 2 oder 3 Carboxylgruppen kondensiert, wobei das Verhältnis von sauren Gruppen zu bas. Gruppen von 0,06:1 bis 1,2:1 eingehalten werden soll. — 8 (Mol) Phenylmethyldiäthoxysilan u. 8 Glycerin werden in Ggw. von HCl 3 Std. auf 200° erhitzt, wobei A. abdestilliert. Dann setzt man 4,92 Phthalsäureanhydrid zu u. erhöht die Temp. auf 240°. Die erhaltene viscose Fl. wird in Xylol u. Methyläthylketon gelöst u. dient zum *Lackieren* von Metallen, wobei anschließend im Ofen eingebrannt wird. (**E. P. 663 599** vom 26/8. 1949, ausg. 27/12. 1951. A. Prior. 10/11. 1948.) MÖLLERING. 7107

Union Carbide and Carbon Corp., New York, N. Y., übert. von: **Conrad F. Schrimpe**, Woodbridge, N. J., V. St. A., *Acetonharz.* Aceton u. CH_2O werden im mol. Verhältnis 1:2 [3480 (g): 4800] mit 90 cm³ einer 25%ig. wss. Dimethylamin- (Pyrrolin-, Pyrrolidin-, Piperidin- oder Piperazin-) Lsg. angerührt (p_H 9—11,5). Nach einigen Std. erwärmt sich die Mischung u. wird auf 70—80° gehalten. Nach dem Abdest. von W. u. Aceton erhält man durch Vakuumdest. ein in A. lösl. braunes Harz; Verwendung für *Überzüge.* (**A. P. 2 570389** vom 18/7. 1947, ausg. 9/10. 1951.) SALZMANN. 7107

American Viscose Corp., Wilmington, Del., übert. von: **John W. Little**, Scarsdale, N. Y., und **Carleton S. Francis**, West Harwich, Mass., V. St. A., *Thermoplastische Überzüge.* Man überzieht eine bewegliche Trägerfläche (I) an beiden Seiten mit einer dünnen Filmschicht (II) u. läßt über diese 2 Platten (III) unter Druck u. bei erhöhter Temp. gleiten, wodurch **II** jetzt an der Fläche jeder **III** haftet. Dann kühlt man, so daß **II** nicht klebrig wird u. zieht **III** von der beweglichen **I** ab. — Vorrichtung. (**A. P. 2 559 649** vom 9/5. 1944, ausg. 10/7 1951.) NEBELSIEK. 7107

Soc. Française de Produits Ignifuges, Seine, Frankreich, *Lacke zur Erzeugung wasser-, feuer-, korrosions- und säurebeständiger Überzüge und wasser- und feuerfester Papiere und Gewebe.* Man verwendet Mischungen bestehend aus: 5—10(%) Chlorkautschuk, 5—10 Tetrachlornaphthalin, 2 chloriertem Diphenyl, 2 chloriertem Paraffin, 1—2 Vinylharz, 1—2 Cumaronharz u. 60—70 flüchtigem Lösungsmittel. (**F. P. 972 436** vom 13/3. 1941, ausg. 30/1. 1951.) ASMUS. 7107

Soc. Continentale Parker, Seine, Frankreich, *Verbesserung der Haftfestigkeit von Lack- und Firnisüberzügen,* bes. aus *Phenolformaldehydharz,* auf Metall-, z. B. Eisen- oder Stahlflächen. Man behandelt die phosphatierte Metallfläche mit der wss. Lsg. einer starken Säure, bes. H_2SO_4 (15—45 g/Liter). (**F. P. 976 602** vom 4/5. 1942, ausg. 20/3. 1951.) ASMUS. 7107

Kalle & Co. Akt.-Ges., Wiesbaden (Erfinder: **James Albert Mitchell,** Kenmore, N. Y., V. St. A.), *Lack für Folien* auf der Grundlage von filmbildenden Stoffen, bes. Nitrocellulose, sowie Wachsen, der wasserfest glasklar auftrocknet u. chlorkautschukfrei ist. Er enthält einen Zusatz eines bei n. Temp. nichtflüchtigen halogenierten aliphat. KW-stoffes, vorzugsweise eines Chlorparaffins, z. B. des 9.10.25.26-Tetrachlortetratriakontans, gegebenenfalls neben üblichen Zusätzen, wie Weichmachern, z. B. Dibutylphthalat. (**D. B. P. 858 123** Kl. 22h vom 5/8. 1941, ausg. 4/12. 1952. A. Prior. 7/8. 1940.) GRÄGER. 7107

American Optical Co., übert. von: **Harold R. Moulton** und **Edgar D. Tillyer,** Southbridge, Mass., V. St. A., *Lichtreflektion ändernder Überzug für Glas und plastische Massen,* bestehend aus 1—10 (Gew.-%) $TiCl_4$ oder $SnCl_4$, 1—10 eines niederen Alkylorthosilicates, gelöst in einem Gemisch von mehreren oder einem Alkohol mit 1—4 C-Atomen. (**A. P. 2 584 905** vom 27/9. 1948, ausg. 5/2. 1952.) NEBELSIEK. 7107

XIb. Plaste (Kunstharze. Plastische Massen).

Heinrich Hopff, *Zur Entwicklung der Kunststoffchemie.* Kurzer allg. Überblick. (Chem. Industrie **4.** 719—25. Okt. 1952. Ludwigshafen/Rh.) WINIKER. 7170

E. I. Cooke, *Physikalische Eigenschaften von feuerhemmendem Polythen.* Vf. gibt einen Überblick über die Herst. von feuerhemmendem Polythen (durch Beimischung von Sb_2O_3 u. chloriertem Paraffinwachs) u. dessen Eigg.; Vgl. mit feuerhemmendem Polytetrafluoräthylen, Polychlortrifluoräthylen u. PVC. (Brit. Plastics **26.** 19 u. 36. Jan. 1953.) WINIKER. 7172

—, *Blasstrangpressen von dünnem Vinylfilm.* Überblick über das Verf. u. die Eigg. der so hergestellten Filme. — 1 Rahmenrezeptur. (Brit. Plastics **26.** 24—25. Jan. 1953.) WINIKER. 7172

R. A. Hudson, *Herstellung, Eigenschaften und Anwendungen des neuen britischen Polyäthylenterephthalat-Films.* Überblick. (Brit. Plastics **26.** 6—9. Jan. 1953.) WINIKER. 7176

P. H. Morel, *Die Silicone und ihre technischen Anwendungen.* Überblick. (Chimia [Zürich] **7.** 25—35. 15/2. 1953. Paris, Soc. des Usines Chimiques Rhône-Poulenc.) WINIKER. 7188

„Shell" Refining & Marketing Co. Ltd. (Erfinder: **Philip James Garner** und **Gordon Watson**), London, *Herstellung neutraler Phthalsäureester* aus rohen Gemischen der Veresterung von Phthalsäure u./oder deren Anhydrid mit flüchtigen Alkoholen, dad. gek., daß das Gemisch mit Wasserdampf dest. wird, wobei der p_H-Wert nicht unter 8, bes. 8—9, gehalten wird. Der neutrale Ester kann von der wss. alkal. Phase nach der Wasserdampfdest. noch heiß abgetrennt werden. Beispiele für Herst. des *Dioctyl-2-phthalats,* $Kp._{0,1}$ 160—170°, n_D^{20} 1,4807 u. $D._{20}$ 0,984; *Di-(2-äthylhexyl-1)-phthalat,* $Kp._{0,1}$ 180—215°, n_D^{25} 1,4830 u. $D._{20}$ 0,978; *Plastiziermittel* in der *Kunstharzindustrie.* (**D. B. P. 844 146** Kl. 12o vom 6/9. 1950, ausg. 17/7. 1952. E. Prior. 6/10. 1947.) SCHINDLER. 7171

Badische Anilin- & Soda-Fabrik, Ludwigshafen/Rh., *Herstellung von schwefelhaltigen organischen Verbindungen* durch Rk. von Mercaptanen mit ungesätt. organ. Verbb., dad. gek., daß man ungesätt. Alkohole mit höchstens 5 C-Atomen oder deren Ester, Äther oder Acetale auf aliphat. Mercaptocarbonsäuren oder deren Ester oder Amide bei n. oder mäßig erhöhter Temp. einwirken läßt. Nach den Beispielen werden Allylcarbinol, Allylcarbinolacetat, n-Butylvinyläther u. 4-Chlorbuten-(1) mit Mercaptoessigsäure umgesetzt. Die Prodd. sind Thioäthercarbonsäuren bzw. deren Derivv., im allg. farblose Öle, u. sollen als *Weichmacher* in der *Kunststoffindustrie* dienen. (**D. B. P. 840 692** Kl. 12o vom 16/12. 1942, ausg. 5/6. 1952.) SCHINDLER. 7171

Unites States Rubber Co., New York, N. Y., V. St. A., *α-Butoxybernsteinsäurediäthylester* erhält man durch Rk. von Maleinsäurediäthylester mit n. Butyraldehyd in

Ggw. von Benzoylperoxyd (oder Acetylperoxyd, H_2O_2, Persulfat, Percarbonat, Hydrazinsulfat, Dibenzoylhydrazin, Pb-Tetraäthyl) bei 60—100° u. anschließender Destillation. $Kp._1$ 102—104°; n_D^{20} 1,4392; VZ. 122,14. Das entstehende Nebenprod. hat $Kp._1$ 145 bis 147°; n_D^{20} 1,4600; VZ. 120. *Weichmacher für Polyvinylchlorid.* (**Schwz. P. 279 283** vom 11/3. 1948, ausg. 1/3. 1952. A. Prior. 13/3. 1947.) KRAUSS. 7173

Distillers Co. Ltd., Edinburgh, Schottland, übert. von: **Donald Faulkner**, Epsom, und **John Noel Milne**, Epsom Downs, England, *Trialkyl-Sn-monoalkylate* (') mit höchstens 4 C-Atomen in jedem Alkyl u. 1—8 C-Atomen in der Alkoxygruppe erhält man durch Rk. eines Alkalialkoholats mit dem entsprechenden Trialkyl–Sn-Halogenid, wobei als Nebenprodd. z. B. Dialkyl–Sn-Dialkylate entstehen, die durch Waschen mit W. oder verd. wss. Alkali entfernt werden. — Trioctyl–Sn-Chlorid wird mit Na-Methylat 3 Tage stehengelassen; nach dem Filtrieren u. Verjagen des Methanols wird der Rückstand mit W. gewaschen, in PAe. gelöst, nochmals mit W. gewaschen u. die Lsg. getrocknet. Nach dem Verdampfen des PAe. erhält man ein geruchloses *Trioctyl–Sn-Methylat*, n_D^{20} 1,4781. — *Tributyl–Sn-Monobutylat.* — Verwendung zur *Stabilisierung* von *Polyvinylchloridmassen.* (**A. P. 2 583 419** vom 5/9. 1950, ausg. 22/1. 1952. E. Prior. 4/10. 1949.) KRAUSS. 7173

Union Carbide and Carbon Corp., New York, N. Y., übert. von: **Samuel L. Burt**, Plainfield, N. J., V. St. A., *Kohlenwasserstoff–Sn-Alkoholate* erhält man durch Erhitzen von R_2SnO (R = Alkyl oder Aryl) mit einem mehrwertigen Alkohol. — Wasserfreies $(C_4H_9)_2SnO$ (I) wird mit Äthylenglykol unter Rückfluß erhitzt; man erhält $(C_4H_9)_2Sn\cdot(OC_2H_4O)$, F. 195—200°. — Ferner werden aus I die Alkoholate von *Allylalkohol, Butylalkohol* (F. 110—115°), *Diäthylenglykol* (F. 120—130°), *Benzylalkohol, Furfurylalkohol, Decylalkohol* u. *Pentaerythrit* (F. 125—128°) hergestellt. Vgl. A. P. 2 489 518. — *Wärmestabilisierungsmittel* für *Vinylchloridharze.* (**A. P. 2 583 084** vom 15/12. 1948, ausg. 22/1. 1952.) KRAUSS. 7173

Dow Chemical Co., übert. von: **William A. Fry**, Midland, Mich., V. St. A., *Camphol* (I)- bzw. *Fencholsäure* (II)-*α-methylbenzylester* erhält man aus I- bzw. II-Chlorid durch Rk. mit α-Methylbenzylalkohol in Äthylendichlorid in Ggw. von Pyridin. **I-Ester**, $Kp._{38}$ 202°; $D.^{25}_{25}$ 0,9973; n_D^{25} 1,4990. — **II-Ester**, $Kp._{38}$ 205°; $D.^{25}_{25}$ 0,9795; n_D^{25} 1,4914. Verwendung als *Stabilisierungs-* u. *Weichmachungsmittel* für *Polyvinylidenchlorid.* (**A. P. 2 561 193** vom 20/5. 1949, ausg. 17/7. 1951.) KRAUSS. 7173

Badische Anilin- & Soda-Fabrik (Erfinder: **Fritz Stastny**, Weinheim, und **Eugen Müller**), Ludwigshafen/Rh., *Plastische Massen*, bestehend aus Mischpolymerisaten von Vinylisobutyläther u. Di- u./oder Triisobutylen u. aus höhermol. O-haltigen öl-, fettwachs- oder harzartigen Verbb., z. B. Fetten, Ölen, Wachsen, wachsartigen Carbonsäuren (durch Bleichen von Montanwachs), höhermol. Ketonen (durch Erhitzen von Ca-Salzen von Fettsäuren), Fettalkoholen, Additionsprodd. aus Kolophonium u. Maleinsäure, sowie Polyester. Verwendung als Heißsiegelwachse, Vergußmassen, als Wachse für die Zahnmedizin, für medizin. Verbände u. Kaugummi sowie Steifverbände. (**D. B. P. 854 090** Kl. 39b vom 30/4. 1950, ausg. 30/10. 1952.) SALZMANN. 7173

E. I. du Pont de Nemours & Co., übert. von: **Donald D. Coffman**, Wilmington, Del., V. St. A., *Mischpolymerisate* erhält man aus äthylen. ungesätt. Verbb., wie Acrylnitril oder Vinylacetat, u. β-Methylen-β-propiolacton (I). Man erhält Harze mit filmbildenden Eigenschaften. — 20 (g) Acrylnitril, 20 I u. 0,1 Azodiisobutyronitril werden in 80 Bzn. gelöst u. 4 Std. unter Rückfluß erwärmt. (**A. P. 2 585 537** vom 21/10. 1949, ausg. 12/2. 1952.) MÖLLERING. 7173

E. I. du Pont de Nemours & Co., Wilmington, Del., V. St. A., *Mischpolymerisation von Acrylnitril und Vinylpyridin* erfolgt in wss. Emulsion bei p_H 7—10,5 u. bei 30 bis 100°, bes. 35—60°, in Ggw. von Katalysatoren, z. B. $K_2S_2O_8$. Zweckmäßig verwendet man im Ansatz 75—98% 2-Vinylpyridin. Aus dem Prod. gesponnene Fäden sind gegen W. unempfindlich u. leicht mit sauren Farbstoffen anfärbbar. (**E. P. 670 269** vom 11/2. 1949, ausg. 16/4. 1952. A. Prior. 25/2. 1948.) MÖLLERING. 7173

Monsanto Chemical Co., St. Louis, Mo., übert. von: **Earl C. Chapin**, Dayton, O., V. St. A., *Plastische Mischpolymere aus Acrylnitril und Styrol.* In einem Mischpolymeren aus 30—75% Styrol u. 25—70% Acrylnitril verteilt man sehr fein einen Ester (2—15%) der Formel: R—O—CO—Phenylen—CO—O—CH_2—COO—R. Die beiden Reste sitzen in o-Stellung am Phenyl, R bedeutet ein Alkylradikal mit 1—4 C-Atomen. Der zugesetzte Ester besteht z. B. aus Phthalyl–Methyl- oder –Äthylglykolat. (**A. P. 2 580 997** vom 18/9. 1948, ausg. 1/1. 1952.) UNGER. 7173

Alexander H. Kerr & Co., Los Angeles, übert. von: **Carrol C. Sachs**, North Hollywood, und **John Bond**, East Los Angeles, Calif., V. St. A., *Photochemische Polymerisationen ungesättigter monomerer Verbindungen*, wie Methyl-(meth)-acrylat, werden ohne Verfärbung der Prodd. katalysiert durch den Zusatz von 0,01—5% Sulfohalogenide, wie SO_2Cl_2, Benzol-, Toluol-, Xylol- oder β-Naphthalinsulfochlorid. (**A. P. 2 579 095** vom 10/11. 1947, ausg. 18/12. 1951.) MÖLLERING. 7173

American Cyanamid Co., New York, N. Y., übert. von: **John G. Erickson**, Greenwich, Conn., V. St. A., *Polymerisationsprodukte* erhält man in Ggw. geringer Mengen J_2 als Katalysator aus monomeren Glycidylverbb. von Acryl-, Methacryl- oder Crotonsäure der nebenst. Formel. Die Verbb. werden z. B. durch Rk. der Na-Salze der Säuren im mol. Verhältnis mit Epichlorhydrin erhalten. — 50 (Teile) Glycidylcrotonat werden mit 1 BF_3–Ae.-Komplex auf 60° erwärmt. — 50 *Glycidylmethacrylat* werden in Ggw. von 1 J_2 bei n. Temp. in 6 Wochen zu einem harten, klaren Gel polymerisiert. (**A. P. 2 556 075** vom 19/6. 1948, ausg. 5/6. 1951.) MÖLLERING. 7173

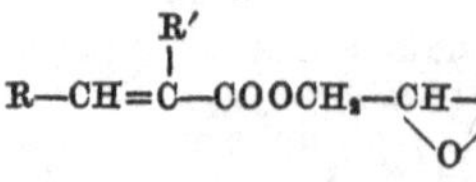

R = H oder Methylrest
R' = Methyl oder H

American Cyanamid Co., New York, N. Y., übert. von: **John J. Padbury**, Stamford, und **Edward L. Kropa**, Old Greenwich, Conn., V. St. A., *Harzartige, Fluor enthaltende Mischpolymerisate.* Ein polymerer Allylalkohol wird partiell mit einer halogenalkylierten Benzoesäure bei 150—250° polymerisiert, worauf das Prod. mit Tetrafluorbernsteinsäure oder deren Anhydrid bei 150—250° verestert wird. Geeignet ist bes. ein Ansatz aud 46,5 (Teilen) polymerem Allylalkohol (OH-Zahl 680), 114 Trifluormethylbenzoesäure u. 37,7 Tetrafluorbernsteinsäure. Die Harze eignen sich für Überzüge u. plast. Massen. (**A. P. 2 585 827** vom 1/4. 1947, ausg. 12/2. 1952.) MÖLLERING. 7177

Texas Co., New York, übert. von: **Robert J. Agnew**, Pawling, N. Y., V. St. A., *Mischpolymerisat.* 70 (Teile) eines ungesätt. Polyesters, der aus Äthylenglykol u. äquimol. Mengen Maleinsäureanhydrid u. Phthalsäureanhydrid erhalten ist, u. 30 Endomethylentetrahydrophthalsäurediallylester werden durch ca. 100std. Erwärmen auf 80° zu einem gegen Alkali, Säuren, Lösungsmittel u. Wärme beständigen Harz polymerisiert. (**A. P. 2 584 316** vom 29/12. 1948, ausg. 5/2. 1952.) MÖLLERING. 7177

Quaker Oats Co., Chicago, Ill., übert. von: **Andrew P. Dunlop**, Riverside, Ill., und **Edward A. Reineck**, Appleton, Wis., V. St. A., *Herstellung eines wärmehärtenden Furfurylalkoholkondensationsproduktes.* Man mischt ein durch Erhitzen unter Rückfluß aus Furfurylalkohol erhaltenes, viscoses, teilweises Kondensationsprod. mit einem Phenol mit keiner weiteren reagierbaren Gruppe, wie Phenol oder Resorcin, u. erhitzt die Mischung bis zur Harzbildung. (**Can. P. 477 489** vom 7/8. 1945, ausg. 2/10. 1951. A. Prior. 21/8. 1944.) PANKOW. 7177

N. V. Centrale Suiker Mij. und **L. J. Kantebeen** (Erfinder: **L. J. Kantebeen**), *Herstellung von neuen synthetischen Harzen.* Man kondensiert *m-Phenylendiamin* oder Gemische, die dieses als Hauptbestandteil enthalten, mit einem *Aldehyd*, wie CH_2O, u. einer oxydierenden Verb., bes. HNO_3, bei $> 60°$, bes. 110—125°. Man kann auch eine kleine Menge *Resorcin* zusetzen. Die Harze dienen als *Ionenaustauscher*, bes. für Entfärbungszwecke. (**Schwed. P. 132 809** vom 11/1. 1949, ausg. 4/9. 1951. A. Prior. 12/1. 1948.) JÜRGEN SCHMIDT. 7181

British Industrial Plastics Ltd., London, England, *Harzähnliche Massen.* Die Massen bestehen aus 95—75(%) nichtalkylierten Aminoformaldehydkondensationsprodd. (**II**) u. aus ca. 5—25 modifizierten Alkydharzen (**I**). Die Modifikation der **I** erfolgt mit Ölen oder deren Fettsäuren, von denen mindestens 50 <14 C-Atome aufweisen sollen. Der Ölgeh. der **I** soll 75—150 (Teile) je 100 **I** betragen. Außerdem kann die M. noch 25—60% (bezogen auf Harze) Pigmente enthalten. Der p_H-Wert wird zweckmäßig durch Zusatz von Aminen oder Oxyaminen (Triäthanolamin) auf 7,5—10,5 eingestellt. Als **II** werden bes. Gemische aus Melamin-CH_2O- u. Harnstoff-CH_2O-Kondensationsprodd. verwendet. — Die Prodd. finden bes. Verwendung zum Belegen oder Beschichten von Glaswaren, Papiergeweben, Metallen, anderen, in der Wärme härtenden Harzen, zur Herst. von Furnieren, zum Imprägnieren von Holz u. als Gußmassen. (**N. P. 78 551** vom 3/1. 1947, ausg. 15/5. 1951. A. Prior. 12/1. 1946.) JÜRGEN SCHMIDT. 7181

American Cyanamid Co., V. St. A., *Herstellung hydrophiler Aminotriazinaldehydharze* durch Rk. solcher hydrophober Harze mit Alkalimetallhydrosulfiten, -bisulfiten oder -metabisulfiten. Man nimmt ca. 1,5—6 Mol CH_2O pro Mol Melamin (**I**) u. 0,1 Mol $NaHSO_3$ oder $Na_2S_2O_5$ u. 0,15—5 Mol Na_2SO_3. Das Harz dient als Klebstoff zur Herst. von Schichtholz, zum Imprägnieren von Gewebe, von Papier u. zum Bleichen von Leder. — Man läßt z. B. 1 Mol **I** u. 3 Mol 37%ig. CH_2O bei p_H 8,5 u. 85° reagieren, bis sich ein Harztropfen in W. trübt, gibt 0,3 Mol $NaHSO_3$ u. W. zu, bis ein Geh. an 50% Festbestandteilen vorliegt, u. kocht unter Rückfluß. Das Prod. ist nach 35 Min. mit W. verdünnbar, nach 65 Min. bildet es ein in W. dispergierbares Gel. (**F. P. 974 657** vom 4/11. 1948, ausg. 23/2. 1951.) PANKOW. 7181

American Cyanamid Co., V. St. A., *Aminotriazinaldehydharz.* Man läßt ein Mol eines Aminotriazinaldehyd-Reaktionsprod. mit weniger als 1 Mol eines Monoamins mit 2 Kernen [α- oder β-Naphthylamin, o-Aminodiphenyl (**I**)] reagieren u. erhält Preßmassen mit guten plast. u. mechan. Eigg. u. guter Formhaltigkeit. Der Geh. an Amin soll ca. 30—45% des Harzes (einschließlich Amin) betragen, doch kann man ausnahmsweise auch bis auf ca. 10% heruntergehen. Andere Amine, wie Anilin, geben zu harte u. brüchige Harze. Man gibt z. B. bei 40° zu 87,6 (kg) **I** 41,8 Formalin u. danach 4,720 NH_4OH, heizt in ½ Std. auf Rückfluß u. hält 1 Std., gibt bei 85—90° 163,3 Melamin, 0,209 Formalin u. 1,816 $Mg(OH)_2$ (p_H nunmehr 8—8,5) zu u. konz. bei 520 mm Hg, bis 124,8 Destillat erhalten wurden, gibt 17,5 Furfural zu u. konz. weiter, bis die Temp. fast 100° erreicht hat. 45 (Teile) des Harzes werden auf dem Kalander bei 110° mit 41,25 Anthophyllitasbest, 13,75 Baumwolle, 0,45 Benzoylphthalimid u. 1 Zn-Stearat gemischt. (**F. P. 974 695** vom 5/11. 1948, ausg. 23/2. 1951.) PANKOW. 7181

Imperial Chemical Industries Ltd., London, England (Erfinder: **G. D. Buckley** und **N. H. Ray**), *Herstellung von Polykondensationsprodukten.* Zur Herst. von Polykondensationsprodd., die eine innere Viscosität von < 0,3 u. die allg. Formel $(NH-R-NH-CO)_x$ aufweisen, in der R einen beliebigen 2wertigen organ. Rest u. x eine ganze Zahl bedeutet, kondensiert man ein Polyamin, bes. Hexamethylendiamin, Hexamethylendiamincarbonat, Dekamethylendiamincarbonat oder γ.γ''-Diaminpropyläthercarbonat mit CO_2 bei ca. 100—350° u. >100 at, bes. 500 at. Die Prodd. lassen sich zu *Filmen* oder *Fäden* verformen. (**Schwed. P. 133 814** vom 27/11. 1947, ausg. 4/12. 1951. E. Prior. 29/11. 1946.) JÜRGEN SCHMIDT. 7181

Dow Corning Corp. (Erfinder: **A. J. Barry, Donald E. Hook** und **L. de Pree**), Midland, Mich., V. St. A., *Aromatische Organohalogensilane.* Man setzt einen aromat. KW-stoff, der wenigstens 1 Halogenatom an einem Ring-C-Atom trägt, mit einem Trihalogensilan bei 250—460° u. unter Druck um, so daß ein Teil der Ausgangsstoffe in fl. Form vorliegt. — Aus $HSiCl_3$ u. C_6H_5Cl wird bei 354—370° u. 74 at (maximal) *$C_6H_5SiCl_3$* u. $SiCl_4$ erhalten. Analog werden dargestellt: *Tolyltrichlorsilan*; *$C_2H_5C_6H_4SiCl_3$*, $Kp._{20}$ 122°; *Cumyltrichlorsilan*, $Kp._{30-31}$ 135—144°; *$ClC_6H_4SiCl_3$*, $Kp._{15}$ 102—108°; *Diphenylyltrichlorsilan*, $Kp._{30}$ 203°; *Di-(trichlorsilyl)-naphthalin*; *Naphthyltrichlorsilan*, $Kp._{18}$ 160°. — Zwischenprodd. zur Herst. von *Siloxanharzen.* (**D. B. P. 862 605** Kl. 12o vom 21/9. 1950, ausg. 12/1. 1953. A. Prior. 13/9. 1947.) BRÖSAMLE. 7189

Dow Corning Corp. (Erfinder: **H. A. Clark**), Midland, Mich., V. St. A., *Phenylchlorsilane.* Man bringt Polysilane, wie $Cl_3SiSiCl_3$ (**I**), $(CH_3)_2ClSiSi(CH_3)_2Cl$ oder $(CH_3)_2ClSiSi \cdot (Cl_2)SiCl_3$ mit Bzl. bei 200—400° in Ggw. eines Katalysators ($AlCl_3$, BCl_3) zur Reaktion. Hierbei wurden Gemische erhalten, z. B. (bei **I** als Ausgangsstoff) von *$C_6H_5SiCl_3$*, *$Cl_3Si \cdot C_6H_4SiCl_3$*, *$C_6H_5Si(Cl_2)C_6H_4SiCl_3$* ($Kp._{50}$ ca. 240°) u. polymeren Phenylchlorsilanen. — Zwischenprodd. zur Herst. von *Siloxanharzen.* (**D. B. P. 863 655** Kl. 12o vom 27/9. 1950, ausg. 19/1. 1953. A. Prior. 3/10. 1949.) BRÖSAMLE. 7189

Uddeholms Aktiebolag, Uddeholm, Schweden (Erfinder: **L. Tiganik**), *Herstellung von Siliconharzlösungen aus monomeren Organosilanen.* Man löst u. verseift die Organosilane einzeln oder im Gemisch u. behandelt die Reaktionsmasse mit Luft unterhalb des Kp. des Lösungsm. bis zur Beendigung der Hydrolyse u. vollständigen Entfernung des Wassers. Etwa mitgerissenes Lösungsm. kann im Kreislauf zurückgeführt werden. Die Lsgg. können gegebenenfalls durch Behandlung mit Bleicherde oder Filtermitteln geklärt werden. Man erhält fast farblose, haltbare Harzlösungen. (**Schwed. P. 133 542** vom 26/7. 1949, ausg. 6/11. 1951.) JÜRGEN SCHMIDT. 7189

British Industrial Plastics Ltd. (Erfinder: **Alfred Brookes** und **James Moore**), London, England, *Preßmasse für transparente hornartige Formkörper.* Harnstoff, CH_2O, 10—25% Cellulosefüllstoff u. das Na-Salz von sulfoniertem Ricinusöl werden in Ggw. von Säure kondensiert u. die mit Hexamethylentetraminthiocyanat, Hexamethylentetramin u. Zn-Stearat vermischte M. verpreßt. (**E. P. 649 740** vom 6/7. 1948, ausg. 31/1. 1951.) SALZMANN. 7205

XII. Kautschuk. Guttapercha. Balata.

A. Mitchell, *Neoprenlösungen.* Der gegenüber Neopren GN stärker plastifizierbare *Neoprentyp KNR*, der sich gut zur Herst. von Neoprenlsgg. eignet, seine Anwendung als Lsg. zur Herst. von Überzügen u. die Vulkanisation werden besprochen. Ferner werden die Anwendung u. Eigg. von Klebemitteln auf Neoprenbasis erörtert. (Rubber Age [New York] **71**. 67—70. April 1952. Wilmington, Del., E. I. du Pont de Nemours & Co., Rubber Chem. Div.) SCHÄFF. 7224

P. Thirion und **R. Chasset**, *Anwendung der Bestimmung der Dielektrizitätskonstanten und des Verlustwinkels auf das Studium der Struktur von mit verschiedenen Rußsorten* *gefüllten Vulkanisaten.* An Vulkanisaten mit feinem therm. Ruß, Channelruß, leitfähigem Ofenruß u. Kreide wurden die Verlustwinkel u. ihre Änderung mit der Temp. bzgl. Konz. des Füllstoffs, Feldfrequenz, Füllstoffnatur, Dehnung u. Quellung im unpolaren Lösungsm. untersucht. Hierbei zeigte sich, daß der Grundmasse eine Verlustwinkeltemperaturkurve mit einer charakterist. Spitze zuzuordnen ist. Füllstoffe (I) bedingen zusätzlich Verluste, deren Größe nur wenig frequenz- u. temperaturbedingt ist. Die erwähnte Spitze wird in Höhe u. Lage durch die I nicht beeinflußt, woraus Vff. schließen, daß die I den physikal. u. chem. Zustand der Grundsubstanz nicht beeinflussen. Die den I zukommenden Verluste nehmen bei Dehnung u. Quellung rasch ab, was darauf deutet, daß die verschied. I in ihrem Dispersionsmittel ein Netzwerk von annähernd kontinuierlichem Charakter bilden. Das Ansteigen der zusätzlichen Verluste über 30° führen Vff. auf Ausflockung der Füllstoffpartikel zurück, da infolge der geringeren Viscosität mehr Teilchen in direkten Kontakt kommen können. (Trans. Instn. Rubber Ind. **27.** 364—81. Dez. 1951. Paris, Inst. Français du Caoutchouc.) WINIKER. 7228

R. D. Stiehler, M. N. Steel und **J. Mandel,** *Einige die Reifenabnutzung beeinflussende Faktoren.* In Straßenverss. wurde die Abnutzung von Lastwagen- u. Personenwagenreifen gewichts- u. tiefenmäßig ermittelt. Die gewichtsmäßige Bestimmungsmeth. war empfindlicher als die tiefenmäßige. Die Prüfung des Einfl. des Fahrzeugs u. der Lage der Räder auf die Abnutzung ergab, daß die verschieden hohe Geschwindigkeit der Abnutzung an verschied. Rädern die Vergleichbarkeit der Laufflächenabnutzung nicht beeinflußt. Oberflächentemp. von Straße u. Reifen wirkte sich deutlich auf die Abnutzungsgeschwindigkeit aus. Naturgummilaufflächen mit Channel- oder Acetylenruß nutzten sich bei hoher Temp. schneller ab, Laufflächen aus GR-S-Sorten mit Ofenruß bei niedriger Temperatur. Es wurde festgestellt, daß für eine bestimmte Kautschukart jedem Ruß ein Abnutzungstemperaturkoeff. zuzuordnen ist. Je nachdem die Temperatursteigerung die Abnutzung fördert oder hindert, ist derselbe positiv oder negativ. (Trans. Instn. Rubber Ind. **27.** 298—312. Dez. 1951.) WINIKER. 7230

Lewis T. Milliken, *Quantitative Bestimmung von Kupfer in Naturkautschuk.* Geringe Cu-Mengen in Naturkautschuk können quantitativ durch den Cu-Carbamatkomplex (in CCl_4-Lsg.) colorimetr. bestimmt werden. Der bei 550° veraschte Kautschuk wird sauer extrahiert u. der Komplex in alkal. Lsg. gebildet. Das Verf. hat Vorteile gegenüber den bisher üblichen Methoden, da die Verwendung einer organ. Lsg. statt einer wss. Suspension beim Photometrieren bessere Reproduzierbarkeit ergibt, die Best. erleichtert u. die Störung durch Fe um den Faktor 10 vermindert. (Rubber Age [New York] **71.** 64—66. April 1952. Washington, D. C., Nat. Bureau of Stand.) SCHÄFF. 7248

R. S. Havenhill, L. E. Carlson, H. F. Emery und **J. J. Rankin,** *Neuere Entwicklungen auf dem Gebiet der elektrostatischen Versuchsanordnungen zur Bewertung von Kautschuk und ähnlichen Materialien. Elektrostatische Prüfelektrode für den Banbury-Mischer.* Vff. beschreiben eine elektrostat. Prüfelektrode nebst Verstärkergerät, welche Messung u. Aufzeichnung der Änderungen des elektr. Potentials einer Kautschukmischung während des Mischens in einem BANBURY gestattet. Durch Beobachtung der Änderung des elektr. Potentials kann das Brechen des Kautschuknervs sowie der Zustand der völligen Mischung mit Feststoffen, Ölen u. anderen Zusätzen verfolgt werden, ohne daß eine Unterbrechung des Mischvorganges erforderlich ist. In 6 Tabellen u. 23 Kurven werden Kontaktpotentialänderungen im Verlauf der Mastifikation von Kautschuk, GR-S, GR-J u. Hycar OR sowie beim Einmischen von Weichmachern (Leinöl, Mineralöl, Laurylsäure) u. Füllstoffen (ZnO, therm. gewonnener u. MPC-Ruß) in Kautschuk wiedergegeben. (Trans. Instn. Rubber Ind. **27.** 339—63. Dez. 1951.) WINIKER. 7248

Werner Esch, *Die neue Ermittlung des Einreißwiderstands an Kautschukvulkanisaten.* Bei der neuen Ermittlung des Einreißwiderstandes von Kautschukvulkanisaten (in kg/cm^2) nach dem WINKELMANN-GOODRICH-Verf. ergeben sich gegenüber der früheren Auswertung in kg/cm etwas höhere Werte. Dies muß bei der Beurteilung von z. B. Füllstoffen Berücksichtigung finden; bes. wird auf die erforderliche Sorgfalt bei den Einreißwertbestimmungen hingewiesen. (Gummi u. Asbest **4.** 437—38. 1951.) SCHÄFF. 7248

Aktiebolaget Separator, Stockholm, Schweden (Erfinder: **S. H. B. Zachariassén** und **H. W. Thylefors**), *Zentrifugieren von Rohlatex.* Man führt das Zentrifugieren in der Weise durch, daß man kontinuierlich eine Latexcreme abzieht u. das Niveau der frei ablaufenden Creme so einregelt, daß das Quadrat des Zentrifugendurchmessers an dieser Stelle in mm dividiert durch die Kubikzahl des Außendurchmessers des Tellersatzes der Zentrifuge kleiner ist als $64^2:316^3$. Auf diese Weise kann ein reibungsloses Zentrifugieren ohne Bldg. von Koagulationsklumpen an der Zentrifugenwand erreicht werden. — Vorr., Zeichnung. (**Schwed. P. 134154** vom 15/11. 1949, ausg. 8/1. 1952.) JÜRGEN SCHMIDT. 7223

Firestone Tire & Rubber Co., Akron, übert. von: **Glen Alliger**, Boston Heights, O., V. St. A., *Thioamide* erhält man durch Kondensation von carbodithionsauren Salzen einschließlich der Gruppe —C—CSSH mit N-Halogenaminen der Formel RR'NHal (Hal = Cl, Br, J; R u. R' = H, jedoch nicht gleichzeitig, Alkyl oder ein Ring, wie Cycloalkyl, Furfuryl, Morpholyl, Piperidyl, Aryl) nach dem Schema: RR'NHal + NaS—C(S)—R'' → RR'N—C(S)—R'' + S + NaHal. — N-Monochlorcyclohexylamin wird mit NaOCl, Cyclohexylamin u. Dithiofuransäure in NaOH auf -10^0 gekühlt, wobei man in quantitativer Ausbeute *N-Cyclohexylthiofuramid*, $C_{11}H_{15}ONS$, erhält, aus PAe., F. 81—82°. — *N-Cyclohexylthiobenzamid*, F. 91—92°. *Verwendung in der Kautschukindustrie.* (**A. P. 2 560 046** vom 30/12. 1948, ausg. 10/7. 1951.) KRAUSS. 7229

Firestone Tire & Rubber Co., übert. von: **George E. P. Smith jr.** und **Edward L. Carr**, Akron, O., V. St. A., *Herstellung von N-Arylthiazyl-2-sulfenamiden* durch Rk. von Arylthiazyl-2-sulfenamiden, deren Amidgruppe unsubstituiert ist, mit Arylaminen, die mindestens ein substituierbares H-Atom am Aminostickstoff aufweisen, im Vakuum. — Z. B. werden 31 (g) Anilin (I) u. 18,23 Benzothiazyl-2-sulfenamid (II) 1 Std. im Vakuum auf 70—80° erhitzt. Aufarbeitung ergibt *Benzothiazyl-2-sulfenanilid.* An Stelle von I können p-tert.-Amylanilin, 2.4-Dimethylanilin, 2.3.4.5-Tetramethylanilin, Pentamethylanilin, Naphthylamine, Alkylnaphthylamine oder Toluidine verwendet werden. II kann durch Naphthothiazyl-, 6-Chlorbenzothiazyl-, 4-Äthoxybenzothiazyl-, 6-Phenylbenzothiazyl-, 6-Nitrobenzothiazyl-, 4-Methylbenzothiazyl-, 6-tert.-Butylbenzothiazyl- oder gegebenenfalls substituierte Thiazyl-2-sulfenamide, die alkyliert sein können, ersetzt werden. (**A. P. 2 560 020** vom 21/11. 1947, ausg. 10/7. 1951.) K. HEINZE. 7229

Jean Barville, Seine, Frankreich, *Verarbeitung von porösem Kautschuk oder porösen plastischen Massen*, die vorzugsweise als Füllstoff Korkteilchen so verteilt enthalten, daß ihre D. an den Außenseiten größer als in der Mitte ist. Man füllt z. B. eine Form teilweise mit Kautschukmilch, einem Treibmittel u. gegebenenfalls den Korkteilchen u. erhitzt dabei den inneren Teil der Mischung bes. intensiv. Verwendung als Stoß-, Schwingungsdämpfer, für Luftreifen, als Enteiser an Flugzeugen. (**F. P. 994 847** vom 8/2. 1945, ausg. 22/11. 1951.) PANKOW. 7231

XVI. Nahrungs-, Genuß- und Futtermittel.

R. A. E. Galley, *Probleme, die sich aus dem Gebrauch von Chemikalien in Nahrungsmitteln ergeben. Die Giftwirkung der Rückstände landwirtschaftlicher Chemikalien.* (Chem. and Ind. **1952.** 342—44. 19/4.) PESCHKE. 7630

J. T. Martin, *Probleme, die sich aus dem Gebrauch von Chemikalien in Nahrungsmitteln ergeben. Rückstände landwirtschaftlicher Sprühnebel.* (Chem. and Ind. **1952.** 345—50. 19/4. Bristol, Univ., Long Ashton Res. Station.) PESCHKE. 7630

D. Nickelsen und **S. Buschmann**, *Das Aluminium in der Konservenindustrie.* (Aluminium Suisse **2.** Nr. 2. 41—54. März 1952.) PAHL. 7634

M. v. Schelhorn, *Die Dehydracetsäure als Konservierungsmittel für Lebensmittel.* Die *Dehydracetsäure* (I) u. ihre von der Enolform sich ableitenden Alkalisalze sind ausreichend bis gut wasserlösl., pharmakol. indifferente, den Geschmack von Lebensmitteln nicht beeinflussende Substanzen mit besonderer Wrkg. gegenüber Schimmelpilzen u. der Stockfleckenkrankheit der Butter, jedoch ohne Wrkg. gegenüber Sporenbildnern in Schmelzkäse u. Bakterien, die Fischverderb provozieren. Die Anwendungskonz. von I liegt je nach Substrat zwischen 0,02 u. 0,5%. Da im allg. nur undissoziierte Substanzen mikrobiol. wirksam sind, die Dissoziationskonstante von I mit $5{,}3 \cdot 10^{-6}$ äußerst niedrig liegt u. somit auch im schwach sauren bis neutralen Bereich der größte Teil von I undissoziiert vorliegt, erscheint I bes. für die Konservierung schwach sauer bis neutral reagierender Lebensmittel prädestiniert. Wegen ihres geringen Dampfdruckes kann eine Wrkg. von mit I imprägnierten Einwicklern nur bei direktem Kontakt mit dem zu konservierenden Substrat erwartet werden. (Dtsch. Lebensmittel-Rdsch. **48.** 16—18. Jan. 1952. München, Inst. für Lebensmitteltechnologie.) M.-D. LAUBSCHAT. 7634

Donath und Tettenborn, *Ascorbinsäure — ein Hilfsmittel in der Konservenindustrie.* Ascorbinsäurezusatz verhindert bes. durch Oxydation bedingte Verfärbungen von Säften u. eingemachten Früchten. Bereits eingetretene Verfärbungen werden beseitigt. (Lebensmittel-Ind., Ausg. C **4.** 244. Sept. 1952.) LIEBNER. 7634

G. W. F. Maris MacArthur-Hespe und **C. Weurman**, *Entwicklung und Reifen von Birnen im Zusammenhang mit den Aufbewahrungsmöglichkeiten.* Übersicht über die biochem. Vorgänge beim Reifen gelagerter Birnen. Verss. über die Umwandlung von Stärke u. Pektinstoffen durch Enzyme während des Reifens zeigen die Ggw. von Pektinase. (T. N. O. Nieuws **7.** 80—85. 1952. Sep. Utrecht, Centr. Inst. voor Voedingsonderzoek, T. N. O.) WESLY. 7688

Erwin Winter, *Änderung des Vitamin-C-Gehaltes geernteter Pflanzen.* An Endivie u. Spargel konnte Vf. beobachten, daß nach Zerschneiden bzw. Schälen eine Erhöhung des *Ascorbinsäure* (I)-Geh. eintritt, die meist nach 24 Std. ein Maximum erreicht u. teilweise 100% betragen kann. Der Geh. an *Dehydroascorbinsäure* wird nicht wesentlich beeinflußt. Vf. führt die I-Zunahme nicht auf einen Lichteffekt zurück, sondern vielmehr auf die stattgefundene Verletzung u. dadurch ausgelöste Stoffwechselvorgänge, die einen Wandverschluß bewirken sollen. (Z. Lebensmittel-Unters. u. -Forsch. **94.** 414—19. Juni 1952. Karlsruhe, Bundesforschungsanstalt für Lebensmittelfrischhaltung.) KRUSEN. 7690

Roderick K. Eskew, G. W. Macpherson Phillips, Richard P. Homiller, Clifford S. Redfield und **Rudolph A. Davis,** *Gefrorener konzentrierter Apfelsaft.* Ident. mit der C. **1952.** 3748 referierten Arbeit. (Ind. Engng. Chem. **43.** 2397—2403. Okt. 1951. Philadelphia, Pa., East. Reg. Res. Labor.) KRUSEN. 7706

I. Stern, *Konzentrierte Citrusfruchtsäfte.* 2. Mitt. Beschreibung der Herst. von konz. Citrusfruchtsaft, der mit unkonz., Fruchtzellen enthaltendem Saft gemischt, 42% lösl. Trockenmasse enthält u. bei tiefen Tempp. in luftdicht verschlossenen Behältern aufbewahrt wird. Vf. gibt ferner die Herst. von Citrussaftpulver durch Hochvakuum-Gefriertrocknung an. Solche Prodd. weisen 1,5% Feuchtigkeit auf, haben aber den Nachteil, durch Verlust flüchtiger Aromastoffe geschmacklich nicht zu befriedigen. Konzentrate erfordern den Gebrauch von Konservierungsmitteln, wie SO_2 bzw. Benzoesäure. SO_2 wird bevorzugt, wobei nach Verss. des Vf. für ein 4faches Konzentrat 150 mg-% SO_2 genügen. Zur Schnellbest. der Konz. der Säfte genügt Best. von D. u. n_D. Für genaue Analysen empfiehlt Vf. Best. von Asche, Alkalität der A che u. P_2O_5 sowie Gesamtzucker, K-Geh., schließlich Citronensäure, Ascorbinsäure, Gesamt-SO_2 u. bakteriolog. Prüfung. P_2O_5- bzw. Gesamtzuckergeh. von Citrusfruchtsäften in %-Gew./Vol. (Mittelwert): Limone 0,019—0,042 (0,027) bzw. 1—6; Orange 0,028—0,062 (0,043) bzw. 6—13; Grapefruit 0,024—0,052 (0,035) bzw. 5—13; Citrone 0,016—0,030 (0,022) bzw. 0—3. (Perfum. essent. Oil Rec. **42.** 275—77. 286. Aug. 1951.) GRAU. 7706

W. H. E. Schreuder und **W. Sponn,** *Über Fermentierung und Nachfermentierung von Kakao.* Die Frage, ob die Fermentierung oder die Nachfermentierung des Kakaos vorzuziehen ist, wird erörtert. Die Nachfermentierung (Okadierung) soll Farbe u. Geschmack von nicht vorbehandelten Bohnen verbessern. Jedoch sind Maßnahmen zur Verbesserung der Bohnenbehandlung sofort nach der Ernte wertvoller u. verdienen größere Aufmerksamkeit als Maßnahmen zur späteren Verbesserung der Bohnen. (Ber. Afdel. trop. Product. Kon. Inst. Tropen **20.** 1—8. 1952. Amsterdam, Koninklijk Inst. voor de Tropen, Afd. Trop. Producten.) WESLY. 7726

Milton Segalove und **G. M. Dack,** *Bakterienwachstum in Verbindung mit Nahrungsmittelvergiftung bei Beimpfen von getrocknetem Fleisch.* Clostridium botulinum erzeugt Toxin bei 37° in Fleischproben mit 60% W. binnen 48 Std., in solchen mit 40% W. nach einer Woche u. in solchen unter 30% W. nicht vor 9 Monaten. Staphylokokken u. Streptokokken entwickelten sich bei 20% W. nicht, bei 30% W. war ihr Wachstum vom Salzgeh. abhängig, da hoher Salzgeh. das Wachstum hemmt. Staphylokokken benötigen über 40% W. ohne Rücksicht auf den Salzgeh. zu ihrer Entwicklung. Das Streptokokkenwachstum war bei 40% W. bei niedrigem Salzgeh. schwach, bei 50 u. 60% W. trat es bei allen Proben (Rind u. Schwein) ein. Salmonella gedieh bei 60% W. in allen Proben mit nicht zu hohem Salzgehalt. (Food Res. **16.** 118—25. März/April 1951. Chicago, Ill., Univ., Food Res. Inst.) LIEBNER. 7750

J. Hückstädt, *Die Qualitätseinbuße von Milchpulver bei der Lagerung und ihre Verhütung.* Kurzer zusammenfassender Überblick an Hand der Literatur. (Molkerei-Ztg. **7.** 49. 15/1. 1953. Berlin.) WINIKER. 7756

R. P. Hansen und **F. B. Shorland,** *Die verzweigtkettigen Fettsäuren des Butterfettes.* 1. Mitt. *Die Isolierung von verzweigtkettigen Fettsäuren mit besonderer Berücksichtigung der C_{17}-Säuren aus Butterfett.* Hinweise an Hand der Literatur auf das Auftreten von verzweigten Fettsäuren in Butter- u. Schweinefett (C_{19}-methylverzweigte Säuren). Weitere Verss. mit Butterfett, woraus 2 isomere C_{17}-methylverzweigte Vertreter isoliert werden. Es werden 4,4 kg eines Konzentrates der C_{18}-Methylester aus Butterfett wiederholt bei —30° aus Aceton umkrist.; die hinterbleibende acetonlösl. fl. Fraktion wird bei 150° hydriert u. dann aus Aceton wiederum mehrfach bei —30° fraktioniert kristallisiert. Es hinterbleibt eine acetonlösl. Fraktion (87,6 g; JZ. 8,3), die im Vakuum fraktioniert dest. wird. Unters. der erhaltenen Fraktionen u. analyt. Kennzeichnung derselben hinsichtlich der chem. u. physikal. Eigg. vgl. Original. Die krit. Auswertung der Ergebnisse bestätigt die Ggw. von verzweigtkettigen Fettsäuren im Butterfett. Es werden daraus 2 methylverzweigte C_{17}-Säuren isoliert, die mit der n-Heptadecansäure isomer sind. Gegründet auf den F. (CASON, C. **1949.** I. 875), stellt die eine der beiden isolierten Säuren (F. 54,4°)

vermutlich die „iso“-, die andere (F. 39,8°) die „anteiso“-Säure dar. (Biochem. J. **50**. 207—10. Dez. 1951. Wellington, New Zealand, Dep. of Sci. and Ind. Tes., Fats Res. Labor.) TÄUFEL. 7756

K. Richter und **G. Lezius**, *Trockengrünfutter im Austausch mit Getreideschrot bei der Kartoffelmast der Schweine.* Es wurde festgestellt, daß es möglich ist, hochwertiges Trockengrünfutter, am besten gemahlen, weitgehend in Austausch mit Getreideschrot in der Hackfruchtmast der Schweine einzusetzen. (Mitt. dtsch. Landwirtschafts-Ges. **68**. 56—57. 15/1. 1953. Braunschweig-Völkenrode, Inst. für Tierernähr.) WINIKER. 7782

C. Ray Thompson, *Über den Einfluß der Heißblanchierung auf Alfalfa.* Blanchieren von Alfalfa-Gras durch kurzfristiges Erhitzen zwischen heißen Platten oder Walzen führt momentan zum Zelltod, unterbindet Nährstoffabbau noch nach dem Schneiden, zerstört die u. a. *Carotin* abbauenden Fermentsysteme u. red. die Trockenzeit auf die Hälfte. (Agric. Engng. **33**. 19—20. Jan. 1952.) M.-D. LAUBSCHAT. 7782

Kraack, *Schweinefütterungsversuch mit Roten Rüben.* Es wurde festgestellt, daß sowohl Rote Rüben als auch Gehaltsrüben als Schweinefutter geeignet sind. (Tierzucht **6**. 300—03. Sept. 1952. Potsdam-Rehbrücke, Inst. für Ernährungsforsch.) WINIKER. 7786

Wussow und **Ross**, *Schweinemastversuch zum Vergleich der Eiweißfütterung von Fischmehl und Trockenhefe.* Die Verss. ergaben, daß Hefe in der Schnellmast im Vgl. zum Fischmehl das tier. Eiweiß so ersetzen kann, daß kaum Unterschiede in den täglichen Zunahmen auftreten. Es scheint nicht notwendig zu sein, wie vielfach empfohlen wird, einen Teil des Eiweißfutters bei Hefefütterung durch Fischmehl zu ersetzen. (Tierzucht **6**. 299—300. Sept. 1952. Halle/Saale, Univ., Inst. für Tierzucht u. Molkereiwesen.) WINIKER. 7786

W. Altenkirch, *Kraftfuttereinsparung bei säugenden Mutterschafen durch Verabreichung höherer Heugaben.* Den Verss. zufolge scheint sich eine geringe Kraftfuttergabe mit Heuzulage an die säugenden Muttertiere sehr günstig auf die Milcherzeugung der Muttertiere u. die Entw. der Lämmer auszuwirken. (Tierzucht **6**. 304—06. Sept. 1952. Dummersdorf, Deutsche Akad. der Landwirtschaftswissenschaften, Inst. für Tierzuchtforsch.) WINIKER. 7786

Rehm, *Die Topinambur als Futterpflanze.* Topinambur kann an alle Tierarten verfüttert werden, wobei mit kleineren Mengen zu beginnen ist, um Blähungen u. Durchfall zu vermeiden. (Tierzucht **6**. 317—19. Sept. 1952. Halle/Saale.) WINIKER. 7786

A. Schaller, *Ein Nomogramm zur Berechnung des Aschegehaltes in Mahlprodukten.* (Mühle **90**. 15. 8/1. 1953.) WINIKER. 7798

W. Fartmann, *Zur Frage der Bestimmung des Frischezustandes von Fischen.* Die Best. des Frischezustandes von Fischen nach Maßgabe des p_H u. der Werte für Trimethylaminoxyd, Gesamt-N, bas. N, Amino-N u. Tyrosin stößt auf Schwierigkeiten, weil die Werte für sich außerordentlich schwanken u. die Wertegruppen zueinander in keine rechte Relation gebracht werden können. Bisher geübte sogenannte objektive Testmethoden können daher nur als Relativmethoden gewertet werden. (Z. Lebensmittel-Unters. u. -Forsch. **93**. 341—56. Dez. 1951. Karlsruhe, Bundesforschungsanstalt für Lebensm.-Frischhalt.) M.-D. LAUBSCHAT. 7852

N. King, *Neuere Versuche über Milchfettbestimmung mit Hilfe von nichtätzenden Reagentien.* Zusammenfassender Überblick an Hand der Literatur (**14** Hinweise). (Molkerei-Ztg. **7**. 97—98. 29/1. 131—32. 5/2. 1953.) WINIKER. 7856

F. Hofmann, **F. Mosimann** und **W. Oesch**, *Apparaturen zur Messung von Konsistenz und Gefüge der Butter.* Besprochen werden Geräte zur Best. von Schnittfestigkeit, Streichfähigkeit, Druckdurchbiegung u. Formfestigkeit. — 4 Literaturhinweise. (Schweiz. Milchztg. **79**. 29—30. 16/1. 1953. Burgdorf, Butterzentrale u. Milchtechn. Inst. ETH,) WINIKER. 7858

W. A. C. Campen, *Eine einfache und schnell ausführbare Bestimmung des Gehaltes von „Sand“ in Viehfutter.* Man verascht 3 g der Probe 2 Std. bei 600°, kocht den Rückstand 15 Min. mit 75 cm³ 3nHCl, läßt auf unter 70° abkühlen, versetzt mit 5 g NH_4F, rührt um, kocht kurz auf, läßt 5 Min. kochen, filtriert, wäscht den Nd. mit W. säurefrei, trocknet, verascht bei 600° u. wägt den Rückstand (Sand). (Chem. Weekbl. **48**. 579. 9/8. 1952. Maastricht, Rijkslandbouwproefastation.) WESLY. 7868

Standard Oil Development Co., übert. von: **David W. Young**, Roselle, N. J., V. St. A., *Stabile Wachsmasse,* bes. *zum Überziehen von Verpackungspapieren für Lebensmittel.* Der Ölgeh. von Paraffinwachs (I) aus Erdöl kann für vorst. Zweck 0,3—0,65 (%) statt $<$ 0,3 betragen, wenn I (F. ca. 50—65°) bei Tempp. $>$ F. mit 0,2—0,4 eines Mischpolymerisates aus 50—60 Styrol u. 40—50 Isobutylen gemischt wird. — Diagramm. (**A. P. 2 593 381** vom 30/11. 1948, ausg. 15/4. 1952.) G. VOGEL. 7635

Armour & Co., Chicago, übert. von: **Maurice E. Hull**, La Grange, Ill., V. St. A., *Gewinnung von Eiweißstoffen* (I). Molke wird mit z. B. NaOH neutralisiert, auf 180—212° F erwärmt u. mit z. B. HCl auf p_H 4,1—4,5 eingestellt. Die dabei nach oben steigenden I werden abgeschöpft u. zwischen Filtertüchern gepreßt. (**A. P. 2 595 459** vom 16/2. 1950, ausg. 6/5. 1952.) KRANZ. 7647

Aktieselskabet Atlas, Kopenhagen, Dänemark (Erfinder: **E. L. E. Petersen**), *Konservieren von Grünwaren* u. anderen Pflanzenteilen für Nahrungs- u. Genußzwecke. Man setzt ohne Veränderung des p_H-Wertes kleine Mengen von S-Verbb., z. B. 0,2%ig. NaHS-Lsg., zu, die imstande sind, die vorhandenen Schwermetalle, die eine Oxydation begünstigen, zu binden u. somit einen Angriff von oxydierend wirkenden Enzymen unter Verschiebung des Redoxsyst. zu verhindern. Weiter sind als geeignete Zusätze Na_2S u. Dithiocarbamate genannt. Hierdurch wird eine oxydierende Zerstörung, bes. von *Ascorbinsäure*, verhindert. (**Schwed. P. 133 738** vom 21/7. 1944, ausg. 27/11. 1951. Dän. Prior. 26/7. 1943.) JÜRGEN SCHMIDT. 7691

Continental Can Co., Inc., New York, N. Y., übert. von: **Gordon H. Bendix** und **Robert E. Henry**, Park Ridge, und **Norman H. Strodtz**, Eola, Ill., V. St. A., *Erhaltung der grünen Farbe von sterilisiertem Gemüse, wie Erbsen und Spinat*, durch Zusatz von alkal. Ca-Saccharat zu der Fl., in welcher das Gemüse sterilisiert bzw. konserviert werden soll. (**A. P. 2 589 037** vom 23/3. 1951, ausg. 11/3. 1952.) MAASS. 7691

Soc. d'Étude et de Réalisation des Traitements du Lait et de ses Dérivés, Frankreich, *Herstellung eines Koagulationsmittels für Milch*, dad. gek., daß Teile oder Absonderungen der Verdauungsorgane (Magen, Magenschleimhaut, Labmagen) von Rind, Schaf, Ziege, Schwein oder anderen Säugetieren einige Zeit bei einer geeigneten Temp. mit einer Fl., bestehend aus reinem W., A. u. NaCl mazeriert werden, wobei während oder nach der Mazeration eine Säure, z. B. HCl, zur Einw. kommt. Der gewonnene Organauszug kann gegebenenfalls durch Zusatz von A., NaCl, Borax oder Borsäure konserviert werden. (**F. P. 973 608** vom 10/10. 1941, ausg. 13/2. 1951.) HEYNE. 7757

Soc. des Laboratories de Recherches pour Applications Industrielles dite Solar (Erfinder: **Paul Doittou, Elie Valentin, Pierre Koechlin, Lucien Rouzet** und **Henry Nouveau**), Paris, Frankreich, *Nährmittel*. Milch, Molke, Casein oder dgl. werden mit Stärke (I) u. gegebenenfalls plasmolysierter Hefe gemischt u. auf Heißwalzen getrocknet. Bei Ersatz der I durch Getreidekörner wird die Mischung vorher im Autoklaven gekocht. (**E. P. 648 245** vom 15/3. 1946, ausg. 3/1. 1951. F. Prior. 24/11. 1943.) KRANZ. 7757

Board of Supervisors of Louisiana State University and Agricultural and Mechanical College, übert. von: **Louis Leon Rusoff** und **Alcee Joseph Gelpi jr.**, Baton Rouge, La., V. St. A., *Herstellung von Käse* durch Anwendung von antibiot. Lsgg., wie 0,5%ig. Lsg. von Sulfanilamid, 4%ig. Lsg. von Aureomycin, 10%ig. Lsg. von Streptomycin oder Penicillin (2000000 E. pro 50 cm^3 W.), auf die Oberfläche von Käse, Trocknen u. Überziehen der Oberfläche mit undurchlässigen Stoffen, wie Paraffin. (**A. P. 2 585 501** vom 30/1. 1951, ausg. 12/2. 1952.) MAASS. 7761

Danish Butter Colour Co., Blauenfeldt & Tvede, Kopenhagen, Dänemark (Erfinder: **T. Nielsen**), *Bekämpfung von Buttersäuregärung in aus Milch hergestelltem Käse*. Bei der Käseherst. wird Alkaliperborat in solchen Mengen zugesetzt, daß die Entw. von Buttersäurebakterien zurückgedämmt, aber die gewünschte Bakterieneinw. nicht gehindert wird. Man muß daher das gewünschte Redoxpotential entsprechend einstellen. Man setzt noch andere Salze, z. B. NaCl oder KNO_3, bes. bei der Herst. von Roquefortkäse, zu. (**Schwed. P. 132 306** vom 11/9. 1942, ausg. 10/7. 1951. Dän. Prior. 18/9. 1941.) JÜRGEN SCHMIDT. 7761

Keskusosuusliike Hankkija R. L. (Erfinder: **Torsten Storgards** und **Matti Hietaranta**), Helsingfors, Finnland, *Verbesserung des Geschmacks und Aromas von Schweizer Käse* durch Zufügen einer Rein- oder Mischkultur von *Streptococcus faecalis* zu der zu verwendenden Milch vor oder während der eigentlichen Käseherst. in Mengen, die von der Beschaffenheit der Milch, der Zellenanzahl u. Aktivität der Bakterienkultur abhängig sind. (**D. B. P. 853 379** Kl. 53e vom 23/12. 1950, ausg. 23/10. 1952. Finn. Prior. 4/2. 1950.) MAASS. 7761

Soc. Fromagère de la Haute-Auvergne und **Henri Couturier**, Frankreich, *Verfeinerung von Schmelzkäsesorten durch Impfen*. Um die bei bestimmten Käsesorten durch ungleichmäßiges Wachsen des Edelschimmels im Innern hervorgerufene Marmorierung nachzuahmen, wird die noch warme, geschmolzene Käsemasse mit Sporen von Penicillium Glaucum oder ähnlichen Pilzen geimpft. Hierzu wird eine Mischung der Pilzsporen mit Nährstoffen u. leicht-, mittel- u. schwerlösl. Substraten hergestellt u. in grobkörniger Form in der Grundmasse verteilt. Durch das hierdurch hervorgerufene ungleichmäßige Wachstum der Pilze wird die gewollte Marmorierung erzielt. — 150 (g) Sporen von Penicillium Glaucum (Blaupulver des Handels), 800 Roggenmehl, 250 Magermilchpulver, 10 Milchsäure u. etwas W. werden gemischt, getrocknet u. zu kleinen Klümpchen zerteilt. Das grobstückige Prod. wird mit ca. 80 kg warmer, geschmolzener Käsemasse kurz vermischt. Die Paste wird in Formen gegossen u. wie üblich weiterbehandelt. (**F. P. 988 076** vom 11/4. 1949, ausg. 22/8. 1951.) HEYNE. 7761

Aktiebolaget Separator, Stockholm, Schweden, *Bestimmung des Fettgehaltes in Milchprodukten.* Man zentrifugiert Milch oder Rahm, wobei man die Zentrifuge in Abgängigkeit vom elektr. Widerstand bzw. von den Elektrizitätskonstanten des abfließenden Sahnestromes u./oder Magermilchstroms regelt. Das Verf. wird bes. für die Aufarbeitung von Milch auf Butter mit bestimmtem Fettgeh. in kontinuierlicher Weise angewendet. (**N. P. 79 010** vom 29/3. 1949, ausg. 3/9. 1951. Schwed. Prior. 5/4. 1948.) JÜRGEN SCHMIDT. 7857

XVII. Fette. Seifen. Wasch- u. Reinigungsmittel. Wachse. Bohnermassen usw.

J. Petit (unter Mitarbeit von **G. Bosshard**), *Beitrag zum Studium der thermischen Behandlung von Pflanzenölen.* 1. Mitt. *Olivenöl und dessen Abbau.* Olivenöl (SZ. 0,9, VZ. 191,6, JZ. 87,4, n_D^{25} 1,4698) wurde 4 Std. auf 330 ± 5° erhitzt, wobei 58% polymerisiertes Öl anfielen. Das polymerisierte Öl zeigte dreidimensionale Vernetzung, die Abbauprodd. eine sehr komplexe Zusammensetzung. (Bull. Soc. chim. France, Mém. [5] **19.** 293—96. März/April 1952. Bellevue, S. et O., C. N. S. S., Sect. Peintures et Vernis, Labor. de chimie macromoléculaire.) SCHEIFELE. 7894

Jean Sfiras, *Einige Derivate des Ricinusöles.* (Vgl. C. **1952.** 6148.) Es wird an Hand des Schrifttums sowie eigner Verss. ein Überblick über die therm. Zers. des Ricinusöles, der Methyl- u. Äthylester der Ricinolsäure sowie des Natriumsalzes (u. andrer Salze) der Ricinolsäure gegeben. Angabe der jeweils gebildeten therm. Abbauprodd. nach Art u. Menge; Hinweis auf die Polymerisierungsprodukte. Verwendung der Prodd. der verschied. Degradation in der chem. Industrie. (Oléagineux **7.** 221—25. April 1952. S. A. des Ets Roure-Bertrand Fils, u. Justin Dupont, Services Techniques et Scientifiques.) TÄUFEL. 7894

Ryuzaburo Nozu, Keigo Onoue, Taro Hori und **Ryozo Goto**, *Über den Geruch von Walöl.* 1. u. 2. Mitt. *Walöl* von Tieren aus dem südlichen Eismeer wurde in dünner Schicht bei 5—6 mm u. Tempp. bis 140 ± 2° desodoriert. Unmittelbar nach der Behandlung war die SZ. von 2,1 auf 0,5, die CO-Zahl von 11,5 auf 1,8 u. die Peroxydzahl von 87 auf 51 gefallen. Nach mehreren Tagen steigt die SZ. langsam an bis 1,2 am 35. Tag. Am stärksten steigt die Peroxydzahl an, bis 165 am 35. Tag. Die riechenden Verbb. sind sämtlich im Vakuumdestillat, welches frei von N u. S ist u. in dem CO-Verbb., Peroxyde u. Säuren nachgewiesen wurden. Bei besonderer Unters. der freien Säuren (20,2 g aus 3 kg Öl) konnte *Isovaleriansäure* (I) isoliert u. identifiziert, Ameisen-, Essig-, Propion- u. n-Buttersäure durch Papierchromatographie (Hydroxamsäuremeth.) nachgewiesen werden. An nichtflüchtigen Säuren wurden gesätt. höhere Fettsäuren, Säuren der Öl- u. der Linolsäurereihe u. stärker ungesätt. Säuren nachgewiesen. Der Geruch ist vor allem auf die durch Autoxydation entstehenden Peroxyde (nebst I) zurückzuführen. (J. chem. Soc. Japan, pure Chem. Sect. [Nippon Kagaku Zassi] **73.** 193—97. März 1952. Kyoto Univ. [Orig.: japan.]) SCHULER. 7898

Lucio Lascaray, *Industrielle Fettspaltung.* An Hand der Literatur, bes. eigener Arbeiten, wird festgestellt, daß sich die Fetthydrolyse entgegen der früheren Auffassung (heterogene Rk.) als homogene Rk. in der Ölphase, die kleine Mengen von W. gelöst enthält, abspielt. Unter dieser Betrachtungsweise werden die verschied. Phasen der industriellen Fettspaltung zusammenfassend besprochen. Behandelt werden die Induktionsperiode (allmähliche Steigerung der Reaktionsgeschwindigkeit bis zum n. Wert, verursacht durch die anfänglich sehr geringe Menge W. in der Ölphase; Erhöhung derselben beim Freiwerden der Fettsäuren), deren Dauer vor allem von der Temp. abhängt, ferner der Einfl. des Rührens, die verzögernde Wrkg. des Glycerins; eingehende Ausführungen über die Kinetik der Fettspaltung unter Berücksichtigung der Temp., der Katalysatoren (Metalloxyde bzw. -hydroxyde, saure Katalysatoren), des Gleichgewichtes der Rk.; Betrachtungen über die mehrstufige Fettspaltung. Zusammenfassend werden folgende Leitsätze formuliert: Die Induktionsperiode verkürzt sich symbat mit ansteigendem Geh. des Fettes an freien Fettsäuren; Erhöhung der Reaktionstemp. u. Voranschreiten der Hydrolyse verringern den beschleunigenden Effekt des Rührens. Erhöhte Temp. u. Katalysatoren (in Abhängigkeit von ihrer Menge) steigern die Geschwindigkeit der Spaltung. Die stärkst wirkenden Katalysatoren sind diejenigen, die die Löslichkeit des W. in der Ölphase am stärksten u. gleichzeitig den Dissoziationsgrad dieses W. erhöhen. Das Gleichgewicht der Spaltung, das unabhängig von der Art des Fettes ist, hängt ausschließlich von der Konz. des Glycerins im Süßwasser ab. (J. Amer. Oil Chemists' Soc. **29.** 362—66. Sept. 1952. Victoria, Spanien.) TÄUFEL. 7906

K. S. G. Doss, *Einige physikalisch-chemische Betrachtungen über Reinigungsmittel.* Es werden an Hand von Beispielen besprochen: Die mol. Struktur, der Mechanismus der Benetzungswrkg., die Einw. von Salzen auf die Netzkraft, die gegenseitige gegensätzliche Beeinflussung von mehreren benetzenden Substanzen, die Reinigungswrkg., Adhäsions- u. Oberflächenspannung sowie Ausbreitungskoeffizienten, oberflächenakt. Substanzen u. Indicatoren, Oberflächenverh., Schutzwrkg. u. Einfl. auf die Kapazität der elektr. Doppelschicht. (Indian Soap J. **18.** 12—16. Juli 1952. Kanpur, Indian Inst. of Sugar Technol.) BOYE. 7912

Andreas Agster, *Waschmaschinen in der Tüte.* Vf. vergleicht den Abfall im DP bei Nylon, Baumwolle, Kupfer- u. Viscosereyon (glänzend u. matt) nach 5, 10 u. 30 Wäschen mit den üblichen selbsttätigen Waschmitteln wie *Persil* u. *Flamil* im Vgl. zu den „Waschmaschinen in der Tüte". Hierbei wurde gefunden, daß die „Waschmaschinen in der Tüte" die Wäsche deutlich stärker schädigen, vor allem, wenn in Kupferkesseln gewaschen wird, als Persil oder Flamil. Polyamidfasern, wie Nylon oder Perlon, dürfen überhaupt nicht mit sauerstoffhaltigen Waschmitteln gewaschen werden, da sonst ein rapider Festigkeitsabfall erfolgt. Die erhaltenen Ergebnisse werden an Hand von Abbildungen u. Tabellen belegt. (Textil-Praxis **7.** 905—07. Nov. 1952. Reutlingen, Deutsches Forschungsinst. für Textilind.) H. G. FRÖHLICH. 7912

A. M. Mankowich, *Die Auswahl waschaktiver Substanzen für die Anwendung in Waschmitteln. Suspensionswirkung und micellares Lösevermögen.* Waschakt. Substanzen (WAS) betrachtend, wählt Vf. einerseits deren Suspensionswrkg. sowie deren micellares Lösevermögen in Abhängigkeit von Temp., Konz., p_H u. Trägerstoffen (builders) als prim. Faktoren, andrerseits die Art der Verschmutzung als Co-Faktoren zum Charakteristikum bei der Auswahl der WAS für Waschmittel. Die Suspensionswrkg. wurde in Sedimentationszylindern nach 2 Std. durch Entnahme einer Probe aus definierter Höhe bestimmt. Als polarer (unpolarer) Schwebstoff wurde MnO_2 (Kohlenstaub) mit bekannter Körnung verwandt, die Proben dann manganometr. titriert (colorimetriert). Die Best. des micellaren Lösevermögens erfolgte nach LAMBERT u. BUSSE (J. Amer. Oil chem. Soc. **26.** [1949.] 289) an verschieden polaren organ. Farbstoffen. An WAS fanden anion. u. nichtionogene, als „builders" NaOH, Na_2SO_4, Na-Pyro- u. Polyphosphate u. Carboxymethylcellulose Verwendung. Darst. der Ergebnisse in 12 Tabellen. — 26 Literaturstellen. (Ind. Engng. Chem. **44.** 1151—59. Mai 1952. Aberdeen, Md., Aberdeen Proving Ground, Paint & Chem. Labor.) V. PILINSZKY. 7912

R. L. Mayhew und **R. C. Hyatt,** *Die Wirkung der relativen molekularen Verteilung auf die physikalischen Eigenschaften eines polyoxyäthylierten Alkylphenols.* An Hand der Literatur sowie zusammenfassender Ausführungen wird gezeigt, daß nichtionige polyoxyäthylierte Alkylphenole vom Typ $C_9H_{19}-C_6H_4-O-(CH_2\cdot CH_2\cdot O)_nH$ oberflächenakt. sind (Reinigungs-, Emulgierungs-, Entmischungswrkg., Wasser- bzw. KW-stofflöslichkeit, Schaumbldg., Benetzung). Diese Eig. hängt vom hydrophoben/hydrophilen Verh. ab, das seinerseits von der Kettenlänge des polyoxyäthylierten Mol.-Teiles (hydrophil) im Verhältnis zum nichtphenol. Teil (hydrophob) beeinflußt wird. In üblicher Weise mit Äthylenoxyd hergestellte Präpp. von polyoxyäthyliertem Nonylphenol werden durch Mol.-Dest. in 2 nichtionige Fraktionen zerlegt; die eine enthält auf 1 Nonylphenol 6, die andere 9,5 Mol Äthylenoxyd. Dieser Unterschied wirkt sich gemäß der Meßergebnisse folgendermaßen aus: Die mol. Verteilung des Äthylenoxydes auf das ganze Mol. folgt der Formel nach POISSON, ähnlich wie polyoxyäthylierte Glykole (FLORY, J. Amer. chem. Soc. **62.** [1940.] 1561). Das Verhältnis hydrophil/hydrophob wird durch die Mol.-Dest. geändert. Die Benetzunsgfähigkeit ist beim nichtdest. Präp. am größten; sie wird durch Einengung in der Verteilung der Polyoxyäthylengruppen verkleinert. Hinsichtlich der Schaumbldg. zeigen die Fraktionen gewisser Mol.-Größe vergrößertes Schaumvol.; die Schaumstabilität bleibt ungeändert, ebenso die Reinigungswrkg. gegenüber Wolle u. Baumwolle. Oberflächen- u. Zwischenphasentension sind prakt. von der Mol.-Verteilung unabhängig. Die Emulgierungseigg. werden durch Einengung in der Mol.-Verteilung herabgesetzt. (J. Amer. Oil Chemists' Soc. **29.** 357—62. Sept. 1952. Easton, Pa., General Aniline and Film Corp., Central Res. Labor.) TÄUFEL. 7912

R. R. Allen, L. A. Van Akkeren und **R. J. Vander Wal,** *Die halbkontinuierliche Desodorierung von Ölen in einer Ganzglasapparatur.* An Stelle der bisher verwendeten Laboratoriumsapp. für Desodorierungsverss. (SCHWAB u. DUTTON, J. Amer. Oil Chemists' Soc. **25.** [1948.] 57) werden 2 verschied. Ganzglasapparaturen zur kontinuierlichen Arbeitsweise im Vakuum eingehend beschrieben, die die Gewinnung der flüchtigen Prodd. zum

Zwecke ihrer Charakterisierung ermöglichen; die eine verwendet das „bubble-cap“-Prinzip, die andere gründet sich auf eine abgewandelte Konstruktion der 15-plattigen „Oldershaw-Destillations-Kolonne“. An Hand von Beleganalysen wird dargetan, daß beide Apparaturen eine erschöpfende Desodorierung sicherstellen u. freie Fettsäuren zurückhalten; die letztere App. hat das größere Fassungsvermögen für die zu untersuchende Ölprobe; Beschreibung der Handhabung der beiden Geräte. (J. Amer. Oil Chemists' Soc. **29.** 380—82. Sept. 1952. Chicago, Ill., Armour and Comp., Res. Div.) TÄUFEL. 7930

P. Sherman und **J. E. Dillistone,** *Eine kontinuierliche Extraktionsmethode für hohe Anteile an Unverseifbarem.* Im Hinblick auf die unbefriedigende Arbeitsweise zur Abtrennung des Unverseifbaren aus verseiften Fetten wird ein genormter App. mit besonderem Verteilungskopf für das Extraktionsmittel entwickelt. Die Extraktion erfolgt mit Ae. (6 Std.); PAe. extrahiert innerhalb 12 Std. nur unvollständig. — Beleganalysen. (Chem. and Ind. **1952.** 130. 9/2. London, Gestetner Ltd., Chem. Labor.) TÄUFEL. 7932

Texaco Development Corp., übert. von: **James Allman Davies,** New York, N. Y., V. St. A., *Fraktionierte Extraktion von fetten Ölen und Mineralölen.* Fette Öle u. Mineralöle werden mit einem mit W. teilweise mischbaren Lösungsm., z. B. Furfurol, behandelt; Extrakt u. Raffinat werden in Ggw. von W. in einer Fraktionierzone destilliert. Das aus Lösungsm., W. u. fetten sowie mineral. Ölanteilen bestehende Destillat wird in Ggw. von W. kondensiert, wobei sich mehrere Schichten bilden. Die an W. reiche Schicht wird in die Fraktionierzone zurückgeführt, die beiden anderen werden jede für sich fraktioniert destilliert. — Zeichnung. (**E. P. 671 334** vom 21/9. 1948, ausg. 30/4. 1952. A. Prior. 7/10. 1947.) LÜTTGEN. 7873

Phillips Petroleum Co., übert. von: **Chester C. Crawford,** Bartlesville, O., V. St. A., *Ölextraktion.* Die zerkleinerte u. zu Blättchen gewalzte Saat wird mit einem Lösungsm. extrahiert, das hauptsächlich aus C_6-Isoparaffinen besteht u. $>$ 80 (Vol.-%) 2- oder 3-Methylpentan, $<$ 0,5 Aromaten u. $<$ 5 Naphthene enthält. (**A. P. 2 596 010** vom 9/12. 1948, ausg. 6/5. 1952.) LÜTTGEN. 7895

Shell Development Co., San Francisco, übert. von: **Herbert A. Newey,** Richmond, **Edward C. Shokal** und **Theodore F. Bradley,** Oakland, Calif., V. St. A., *Trennen von Fettsäuregemischen.* Gesätt. u. ungesätt. Säuren enthaltende Gemische werden mit einer wss. Lsg. von Harnstoff (I) bei $< 75^0$ behandelt, wobei kristalline „Klathrate“ (I-Komplexe) der gesätt. u. weniger gesätt. Säuren entstehen, die abfiltriert werden. (**A. P. 2 596 344** vom 21/8. 1948, ausg. 13/5. 1952.) LÜTTGEN. 7909

Heinrich Carl Buer, Köln, *Lecithinseife,* gek. durch den Zusatz von gesätt. haltbaren Lecithin (I)-Verbb., z. B. I–CH_2O oder anderen Verbb. von I mit Aldehyden oder Estern, die bes. in emulgierter Form der Seife zugesetzt werden. (**D. B. P. 855 445** Kl. 23e vom 19/9. 1950, ausg. 13/11. 1952.) LÜTTGEN. 7911

Wilson & Co., Inc., übert. von: **Leopold Safrin** und **Frank W. Volz,** Philadelphia, Pa., V. St. A., *Seifenflocken,* bestehend aus 70—85 (%) Seife, 5—12 nichtionogenem Waschmittel der Formel $RC_6H_4OCH_2CH_2O(CH_2CH_2O)_nCH_2CH_2OH$, worin R = Alkyl mit 6—10 C-Atomen u. n = 6—15 sind, u. 5—18 Borax, alles auf wasserfreier Basis berechnet. (**A. P. 2 595 300** vom 23/12. 1950, ausg. 6/5. 1952.) LÜTTGEN. 7911

Lever Brothers Co., Cambridge, übert. von: **John W. Bodman,** Winchester, Mass., V. St. A., *Seifenpulver.* Zur Verhinderung der Staubbldg. werden die einzelnen Seifenpartikel mit hygroskop. Phosphaten oder n. fl. Alkylphosphaten der Formel $RMeHP_4$ (Me = Alkali) überzogen. (**A. P. 2 592 535** vom 20/7. 1948, ausg. 15/4. 1952. E. Prior. 1/8. 1941.) LÜTTGEN. 7911

Hall Laboratories, Inc., Pittsburgh, übert. von: **Casimir J. Munter,** St. Clair Township, Pa., V. St. A., *Reibend wirkendes Waschpulver,* bestehend aus 40—60 (%) Na-Seife, 30—40 in W. unlösl. kristallin. K-Metaphosphat u. 5—10 wasserfreiem $Na_4P_2O_7$. (**A. P. 2 581 278** vom 1/6. 1945, ausg. 1/1. 1952.) LÜTTGEN. 7911

Chemische Fabrik R. Baumheier, Lindenberg/Pfalz (Erfinder: **Herbert Schiedewitz,** Oschatz), *Wasserlösliche, sulfonierte Kondensationsprodukte* erhält man durch sulfonierende Kondensation von Spermöl mit mehrkernigen cycl. KW-stoffen oder deren Derivv. oder Hydrierungsprodd. (Tetralin, Anthracen, Naphthole, Chlornaphthalin, Naphthylamin) bei 40—100^0, zweckmäßig mit Oleum, $ClSO_3H$, konz. H_2SO_4 oder SO_3. Man kann den KW-stoff auch vorsulfonieren u. anschließend die Kondensation vornehmen. — Spermöl u. Naphthalin werden bei 40^0 mit 25%ig. Oleum behandelt; dann neutralisiert man mit NaOH. — Die herstellbaren Sulfonsäuren sind auch bei tagelangem Kochen mit konz. Säuren oder Alkalien nicht spaltbar u. gegen Härtebildner des W. beständig. — *Wasch-, Netz-, Emulgier- u. Aktiviermittel.* (**D. R. P. 762 904** Kl. 12o vom 29/3. 1938, ausg. 14/8. 1952.) KRAUSS. 7913

Farbwerke Hoechst, vormals Meister Lucius & Brüning, Frankfurt/M. (Erfinder: **Karl Platz,** München, **Ludwig Orthner** und **Ulrich Lampert,** Frankfurt/M.), *Herstellung von wasserlöslichen Urethanen,* dad. gek., daß man Chlorameisensäureester von aliphat. Alkoholen (I) mit prim. oder sek. Aminocarbon- oder -sulfonsäuren oder Aminoschwefelsäureestern umsetzt. Die Ester können auch zunächst mit sulfonierbaren Aminen umgesetzt u. dann sulfoniert werden. Die aliphat. Alkohole werden durch Anlagerung von CO u. H an Olefine mit wenigstens 5 C-Atomen unter Druck, in Ggw. von Katalysatoren u. nachfolgende Hydrierung der Oxoverbb. zu Alkoholen erhalten. Nach den Beispielen werden verschied. Chlorameisensäureestergemische mit 2-Methylaminoäthansulfonsäure-(1), Methylaminoessigsäure, 2-Aminoäthanolschwefelsäureester-(1), α-Äthylhexylaminoäthansulfonsäure kondensiert. Die Prodd. dienen als *Wasch-*, *Kaltnetz-* u. *Weichmachungsmittel.* (**D. B. P. 859 447** Kl. 12o vom 27/9. 1942, ausg. 15/12. 1952.) SCHINDLER. 7913

Marchon Products Ltd. und **Albert Taylor,** London, England, *Reinigungsmittel,* bestehend aus organ. Triäthanolaminsulfaten oder -sulfonaten, hydrophilen Kolloiden u. Fettsäurealkylolamiden. (**E. P. 674 896** vom 18/5. 1949, ausg. 2/7. 1952.) LÜTTGEN. 7913

Ray A. Goldberg, The soyabean industry. London: Oxford U. Pr. 1953. (XVI + 186 S.) 8°. s. 40,—.

Peter Friedrich Rickmers, Die Öle und Fette in Wirtschaft und Technik. Ihre Gewinnung, Veredlung, Verwertung und volkswirtschaftl. Bedeutung. Augsburg: Verl. f. chemische Industrie. 1951. (XIII + 272 S.) 8°. DM 16,50.

XVIIIa. Holz. Cellulose. Zellstoff. Papier. Papierdruck. Celluloid. Linoleum.

Reinhard Orth, Kaiserslautern, *Bleichen von Holz.* Hölzer, die durch *Ceratostomella* blaugefärbt sind, werden zunächst mit Natron- oder Kalilauge auf der Oberfläche zum Quellen gebracht, dann mit Peroxyd gebleicht. Die Bleiche dringt hierdurch gut in die Hyphen der Schwämme ein. (**Finn. P. 25 839** vom 1/6. 1950, Auszug veröff. 31/7. 1952. Schwz. Prior. 16/6. 1949.) JÜRGEN SCHMIDT. 7953

Harry Batty, Hamburg, und **Werner Lange,** Geesthacht, *Bekämpfen tierischer und pflanzlicher Holzschädlinge* durch Behandeln mit Hoch- oder Ultrafrequenzstrahlen. — Vorrichtung. (**D. B. P. 855 331** Kl. 38h vom 10/4. 1949, ausg. 13/11. 1952.) E. PETERSEN. 7953

Spolek pro chemickou a hutní výrobu, národní podnik, übert. von: **Viktor Ettel,** Prag, Tschechoslowakei, *Imprägnieren von Holz.* Es wird eine 1—3%ig. wss. Lsg. von Ca-, Sr-, Ba- oder Mg-Thioarsenit verwendet. (**A. P. 2 590 162** vom 8/4. 1949, ausg. 25/3. 1952.) E. PETERSEN. 7953

Jonkopings Mekaniska Werkstads Aktiebolag, übert. von: **Per Paren,** Jonkoping, Schweden, *Gewinnung von Wärme und Chemikalien aus Zellstoffablauge.* Diese wird durch eine oscillierende Düse in eine Kesselfeuerung mit wassergekühlten Wänden so von unten an einer Wand eingesprüht, daß sie, ohne diese zu berühren, bogenförmig bis zum oberen Ende der Feuerung ansteigt u. im Gegenstrom zu den aufsteigenden Verbrennungsgasen aus den organ. Stoffen u. eingeblasener Primär- u. Sekundärluft hauptsächlich auf einen knapp über dem Feuerbett angeordneten u. nach innen geneigten Vorsprung der gegenüberliegenden Wand fällt, von dem die bereits trockenen Salze auf das Feuerbett gleiten. — Zeichnung. (**A. P. 2 582 792** vom 2/12. 1946, ausg. 15/1. 1952. Schwed. Prior. 9/7. 1946.) G. VOGEL. 7957

I. G. Farbenindustrie Akt.-Ges., Frankfurt/M. (Erfinder: **Wilhelm Röhm,** Dormagen), *Ausfällen von Cellulosederivaten aus ihren Lösungen,* bes. aus Veresterungslsgg., die hochsd. u. niedrigersd. Lösungsmittel enthalten. Die Lsgg. werden in feinem Strahl durch eine Luftstrecke in die Fäll-Fl. geführt u. hierbei auf eine solche Temp. über dem Kp. des niedrigstsd. Lösungsm. vorgewärmt, daß sich dieses vorher ganz oder zum größten Teil verflüchtigt. Vakuum u. ein Schleppmittel können zusätzlich angewendet werden. (**D. R. P. 752 743** Kl. 12o vom 15/11. 1939, ausg. 17/11. 1952.) FABEL. 7971

Dr. Alexander Wacker Ges. für elektrochemische Industrie G. m. b. H., München (Erfinder: **Joseph Kalteis,** Burghausen), *Extraktion von Verunreinigungen aus organischen Abfallsäuren* (I) *der Celluloseveresterung,* bes. aus Essigsäure (II). Die I werden mit den üblichen Extraktionsmitteln (Äthylacetat, Butylacetat, Bzl.) extrahiert, wobei diese mindestens 12, bes. 18—20% organ. Säuren, bes. II, enthalten. (**D. B. P. 860 348** Kl. 12o vom 20/6. 1951, ausg. 22/12. 1952.) FABEL. 7971

Courtaulds Ltd., London, England (Erfinder: **H. Paul** und **J. T. Watts**), *Herstellung von pigmentierten Lösungen von Celluloseestern oder -äthern.* Man mischt diese, bes. Celluloseacetat, trocken mit trocknen Pigmenten, z. B. TiO_2, mit einer Korngröße von höchstens 5 μ, verrührt dann das Gemisch mit einem Lösungsm. für die Cellulosederivv., bis sich eine gleichmäßige Paste bildet, die dann mit weiterem Lösungsm. verrührt wird. (**Schwed. P. 134 146** vom 9/12. 1949, ausg. 8/1. 1952. E. Prior. 10/1. 1949.) JÜRGEN SCHMIDT. 7971

N. V. de Bataafsche Petroleum Mij., Den Haag, Holland, *Leimen von Zellstoff*, bes. für *Papier*. Die Fasern werden mit einer wss. Emulsion behandelt, die ein Leimungsmittel (I) u. ein Naphthenat (II) enthält; dann wird mit Alaun gefällt. Als I werden KW-stoffe oder deren Mischungen, bes. aber cycl., z. B. Furfurolextrakte aus Mineralölen mit einer Viscosität von 75—5000 SAYBOLT-Sek. bei 99°, u. als II Na- oder K-Salze von Naphthensäuren (III) oder Gemischen von III mit SZ. 75—175 verwendet. Auf 100 (Teile) Papier treffen 0,5—3 Gesamtleim (IV) u. auf 100 IV ca. 3—50 II. (**E. P. 678 561** vom 15/6. 1949, ausg. 3/9. 1952. A. Prior. 15/6. 1948.) G. VOGEL. 7979

American Cyanamid Co., New York, N. Y., übert. von: **James R. Dudley**, Darien, und **John A. Anthes**, Springdale, Conn., V. St. A., *Naßfestes Papier*. Dem Stoff werden 0,1—5 Gew.-% eines wärmehärtbaren kation. Harzprod. zugesetzt, das aus einem Harnstoff (I)-CH_2O-Vorkondensat durch Einkondensieren eines in W. lösl. Reaktionsprod. (II) aus mindestens 0,9 (Mol) Dicyandiamid u. einem aus 0,5—1,5 CH_2O u. 1 eines prim. oder sek. aromat. Amins (III) hergestellten Kondensates in saurem Medium erhalten wurde. Der Anteil von II beträgt 2—30 Gew.-% von I. Als III dienen bes. Anilin u. N-Methylanilin. Das Prod. wird vor dem Zusatz zum Stoff bis zu einer Viscosität von mindestens 100 cp in 35%ig. wss. Lsg. polymerisiert. (**A. P. 2 596 014** vom 5/3. 1947, ausg. 6/5. 1952.) G. VOGEL. 7987

A. M. Ramp & Co., vorm. F. Ruckelshaussen & Co. (Erfinder: **Ludwig Schäfer**), Eppstein/Taunus, *Herstellung von wasserlöslichen, ölfreien, unabwischbaren Tiefdruckfarben*. Das Bindemittel (I) für diese Druckfarben wird aus Sulfitablauge hergestellt, die mit wss. NH_3 bis zur alkal. Rk. u. dann mit einem Gemisch aus W., A. u. Tonerdegel versetzt wird. Dieser M. wird Ameisensäure bis zur sauren Rk. zugesetzt. I wird mit Pigmentfarbstoffen u. wasser- bzw. spritlösl. Farbstoffen zur Druckfarbe angerieben. (**D. B. P. 857 056** Kl. 151 vom 16/9. 1942, ausg. 27/11. 1952.) LAASS. 7989

XVIII b. Textilfasern.

Giorgio Serchi und **Paolo Chini**, *Untersuchungen über das Wasserabstoßungsvermögen. 2. Mitt. Chemische und technische Methoden, um die Faseroberfläche wasserabstoßend zu machen; Chlormethylierung von fetten Alkoholen.* (1. vgl. C. **1952.** 7594.) Übersicht über die Verff. nach ihrer Entw., Theorie, ihren Vorzügen u. Nachteilen: Verwendung von Fasern mit ihrem natürlichen Fettüberzug, von gewöhnlichen u. Harzseifen des Al im Zweibadverf., von Fetten in organ. Lösungsmitteln u. wss. Emulsionen, von Metallsalzen ohne u. mit einer zusätzlichen Fettsubstanz im Einbadverf., von organ. Prodd., die durch chem. Rk. eine KW-stoffkette auf der Faser fixieren, von synthet. u. natürlichen Harzen, von stark quellenden Fasern, so daß die Gewebe in trockenem Zustand porös, im Regen undurchlässig sind. Gegenüber den bisherigen Verff. zum Wasserdichtmachen der Gewebe wird auf den Vorteil der Verwendung wasserabstoßender Fäden vor ihrer Verwebung hingewiesen. Dafür kann *Acetatreyon* genommen werden, dessen Oberflächeneigg. erst beim Austritt aus der Spinndüse abgeändert werden. Zur Unters. der hierbei benutzten Verff., die auf der Rk. von Chlormethyläthern oder deren Derivv. mit der Cellulose beruhen, mußten die nur in der Patentliteratur existierenden Verbb. erst synthetisiert werden. Bei Verwendung von *Paraformaldehyd* erhält man bei 2 von 7 Verff. Ausbeuten von ca. 10%, bei der von *Trioxymethylen* (I) in jedem Falle wesentlich bessere Ausbeuten, die besten, wenn man zunächst I in einem aliphat. Alkohol in Ggw. von Pyridin bei 80° zur Sättigung auflöst, wobei sich der Methyloläther des Alkohols bildet, u. diesen dann entweder in PAe. löst u. in Ggw. von $ZnCl_2$ bei 0° mit HCl-Gas 8 Std. oder bei 100—120° im HCl-Strom unter Rückfluß 4 Std. behandelt; Ausbeute an *Alkylchlormethyläther* 73 bzw. 61%. Diese Äther geben in organ. Lösungsmitteln beim Erwärmen mit Pyridin Fällungen der quartären Ammoniumsalze, welche in W. lösl. sind, schäumen u. gelatinieren u. beim trockenen Erwärmen Pyridin abspalten. (Chimica [Milano] [N. S.] **7.** 194—204. Mai 1952. Cagliari, Univ., Ist. Chim. farmaceut. tossic.) METZENER. 8036

G. K. Mecklenburgh, S. Shaw und **H. W. Peters**, *Über einige Entwicklungen beim Fixieren und Ausrüsten von Nylongeweben.* (Vgl. C. **1950.** II. 2023.) Es werden zunächst die verschied. Methoden u. Verff. zum Fixieren von Nylongeweben, die dem Ausrüster zur Verfügung stehen, mit allen Vor- u. Nachteilen beschrieben. In diesem Zusammenhang werden weitere Fixierungsverss. besprochen, die unter Zusatz von auf die Faser quellenden Verbb., wie Phenol (1,1%) oder Benzylalkohol (4%), mit Zusatz von 5 oder 10% NaCl bzw. $Na_2S_2O_3$ ausgeführt wurden. Die so vorgequollenen u. mit trockener Hitze fixierten Gewebe zeigten u. a. eine deutliche Verbesserung der Knitterfreiheit. Bzgl. des Appretierens von Nylongeweben wurde beobachtet, daß die Behandlung der Gewebe vor dem

Fixieren mit 4,0% Benzylalkohol u. 5% $Na_2S_2O_3$ einen deutlichen Appretureffekt ergibt. Bes. günstig hat sich hierbei $ZnCl_2$ verhalten. Die Ergebnisse sowie die Arbeitsweise werden ausführlich beschrieben u. diskutiert. (J. Soc. Dyers Colourists **68.** 381—91. Okt. 1952. Pontypool, Monmouthshire, Brit. Nylon Spinners Ltd.) H. G. FRÖHLICH. 8080

S. P. Steward, *Messung der Zerreißfestigkeit von Nahtmaterialien.* Es wird eine Maschine beschrieben zur Messung der Nutzlast u. der Dehnbarkeit, speziell von chirurg. *Catgut.* Messungen wurden außerdem an *Seiden-*, *Nylon-* u. *Leinen*-Fäden durchgeführt. Die Dehnbarkeit wird in Abhängigkeit von der angelegten Belastung automat. registriert. (J. sci. Instruments **28.** 114—15. April 1951. Royal Coll. of Surg. of England, Bernhard Baron Res. Labor.) GOTTFRIED. 8096

E. Schönpflug, *Analyse von Kunststoffappreturen.* 1. Teil einer ausführlichen Darst. über die Analyse von Kunststoffappreturen (Polyvinylverbb., Chlorkautschuk, Buna S + N, Polyisobutylene, Polyacrylverbb. u. Cellulosederivv.). Der Analysengang, die Abtrennung der Komponenten sowie die Nachweis-Rkk. werden ausführlich beschrieben. (Textil-Praxis **7.** 897—902. Nov. 1952.) H. G. FRÖHLICH. 8098

Johannes Rau, *Über den Nachweis von Oxy- und Hydrocellulose bei Zellwolle.* Nach einer ausführlichen Besprechung der verschied. Nachweis-Rkk. von Oxy- u. Hydrocellulose wird darauf hingewiesen, daß bei Viscosezellwolle die Kombination der Hydrazonbldg. mit der Berlinerblau-Rk. zum Nachw. von Hydrocellulose bestens geeignet ist (sehr kontrastreiche Färbung), da man infolge des erhöhten Reduktionsvermögens der Phenylhydrazone bereits bei Zimmertemp., also bei Bedingungen, bei denen die Aldehydgruppen noch nicht erfaßt werden, arbeiten kann. Die genaue Arbeitsvorschrift wird gegeben. (Textil-Praxis **7.** 902—05. Nov. 1952.) H. G. FRÖHLICH. 8112

J. R. Geigy Akt.-Ges. (Erfinder: **Heinrich Häusermann**), Basel, Schweiz, *Optische Aufhellungsmittel,* die violettblau bis blau fluorescieren, von der Art der 4.4′-Diaminostilben-2.2′-disulfonsäure (I), deren Aminogruppen mit zwei verschied. Acylresten substituiert sind, der allg. Formel Z

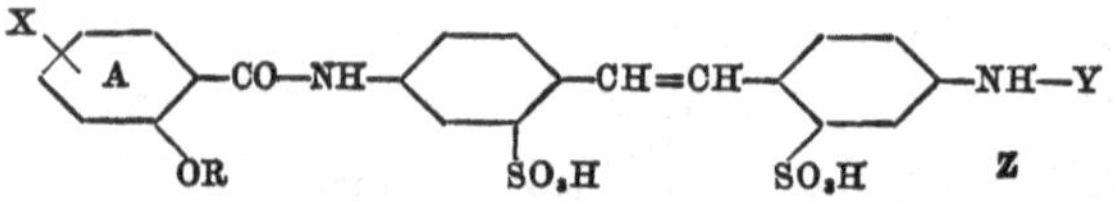

Z

(X = H oder Methyl, R = substituiertes oder unsubstituiertes niedermol. Alkyl, Y = ein vom substituierten Benzoylrest A verschied. Acylrest). Eine durch den Acylrest Y einer niedermol. Alkylcarbonsäure, Phenalkylcarbonsäure, Phenoxyalkylcarbonsäure, Phenylcarbonsäure, Alkoxycarbonsäure oder Phenylamino-N-carbonsäure monoacylierte I wird mit einer acylierenden Verb., die als Acylrest einen gegebenenfalls methylsubstituierten 2-Alkoxybenzoylrest A mit niedermol. Alkoxygruppe bzw. einen methylsubstituierten 2-Acyloxybenzoylrest enthält, behandelt. Oder man läßt auf eine durch den gegebenenfalls methylsubstituierten 2-Alkoxybenzoylrest A oder einen gegebenenfalls methylsubstituierten 2-Acyloxybenzoylrest monobenzoylierte I eine den Acylrest Y einführende Verb. einwirken, wobei auf beliebiger Stufe die Acyloxygruppe zur OH-Gruppe verseift u. diese dann mit einem niedermol. Alkylierungsmittel alkyliert wird. — 4-Nitro-4′-aminostilben-2.2′-disulfonsäure wird mit 2-Acetoxy-4-methylbenzoylchlorid zu 4-Nitro-4′-(2″-oxy-4″-methylbenzoylamino)-stilben-2.2′-di-Na-sulfonat umgesetzt, orangegelbes, wasserlösl. Pulver, das mit Diäthylsulfat 4-Nitro-4′-(2″-äthoxy-4″-methylbenzoylamino)-stilben-2.2′-di-Na-sulfonat u. nach Red. mit Fe in Essigsäure 4-Amino-4′-(2″-äthoxy-4″-methylbenzoylamino)-stilben-2.2′-disulfonsäure liefert; mit Acetanhydrid erhält man *4-Acetylamino-4′-(2″-äthoxy-4″-methylbenzoylamino)-stilben-2.2′-di-Na-sulfonat,* das gute Affinität zur Wollfaser besitzt. Ein ähnliches Prod. mit Propionsäureanhydrid. — *4-Carbäthoxyamino-4′-(2″-äthoxy-4″-methylbenzoylamino)-stilben-2.2′-di-Na-sulfonat.* — *4-Benzoylamino-4′-(2″-äthoxy-4″-methylbenzoylamino)-stilben-2.2′-di-Na-sulfonat.* — *4-Phenylacetamino-4′-(2″-äthoxy-4″-methylbenzoylamino)-stilben-2.2′-di-Na-sulfonat.* — *4-Phenylureido-4′-(2″-äthoxy-4″-methylbenzoylamino)-stilben-2.2′-di-Na-sulfonat.* — *4-(2‴-Oxybenzoylamino)-4′-(2″-äthoxy-4″-methylbenzoylamino)-stilben-2.2′-di-Na-sulfonat* → *4-(2‴-Äthoxybenzoylamino)-4′-(2″-äthoxy-4″-methylbenzoylamino)-stilben-2.2′-di-Na-sulfonat.* — *4-(2‴-β-Oxyäthoxybenzoylamino)-4′-(2″-äthoxy-4″-methylbenzoylamino)-stilben-2.2′-di-Na-sulfonat.* (**D. B. P. 831 395** Kl. 12o vom 1/6. 1950, ausg. 14/2. 1952. Schwz. Prior. 1/6. 1949.) KRAUSS. 8029

Schülke & Mayr Akt.-Ges. (Erfinder: **Martin Deutsch** und **Hans Stobbe**), Hamburg, *Quaternäre Ammoniumverbindungen* der Formel $XN(R_1)(R_2)(R_3)(R_4)$, worin R_1 einen niedermol. Oxyalkylrest, R_2 einen acylierten Oxyalkylrest mit einem Acylrest von 6 bis 18 C-Atomen, R_3 einen Aralkylrest, R_4 einen niedermol., gegebenenfalls durch O, S oder N unterbrochenen Alkyl- oder Cycloalkylrest u. X einen Säurerest bedeuten, entstehen durch Quaternisierung entsprechender tert. Amine. Sie dienen als *Netz-*, *Schaum-* u.

Emulgiermittel. — *Monocaprylsäureester* von *Benzyldiäthanolmethylammoniummethylsulfat* (I) wirkt baktericid. — *Monolaurinsäureester* von I. — *Cocosölfettsäureester* von *Methyldiäthanolbenzylammoniumchlorid.* (**D. B. P. 845 520** Kl. 12q vom 22/6. 1949, ausg. 31/7. 1952.) Langer. 8029

Alginate Industries Ltd., London, übert. von: **John Bamber Speakman** und **Norman Henry Chamberlain**, Leeds, und **Catherine Margaret Cameron Dorkin**, York, England, *Alkalifestmachen von aus Alginsäure oder Alginaten bestehenden Produkten,* z. B. *Fasern, Filmen u. dgl.*, erfolgt durch Quellenlassen des Materials in W., Verdrängen des W. durch ein polares Lösungsm. für W., z. B. CH_3OH, u. Vernetzen des Mol. durch Rk. mit Hexamethylendiisocyanat in $(CH_3)_2CO$- oder Methyläthylketon. — Lösung. (**A. P. 2 584 508** vom 22/4. 1948, ausg. 5/2. 1952.) Müller-Meiningen. 8073

Courtaulds Ltd., London, England (Erfinder: **H. M. Averns**), *Herstellung von gekräuselten Fäden.* Man preßt eine Celluloselsg. durch eine Düse in einen Raum, in dem das Lösungsm. verdampft, wobei im Gegenstrom zu dem Faden ein Verdampfungsmedium geleitet wird. Dieses Medium (Luft) wird von der Seite gegen den Faden geblasen, so daß die Verdampfung des Lösungsm. ungleichmäßig erfolgt u. der Faden sich kräuselt. (**Schwed. P. 134 143** vom 10/5. 1940, ausg. 8/1. 1952. E. Prior. 10/5. 1939.) Jürgen Schmidt. 8075

Chemische Werke Hüls G. m. b. H. (Erfinder: **Otto Hansen**, Frankfurt/M., und **Joachim Amende**), Marl, *Geformte Gebilde aus Cellulosehydrat* (*Fäden*, Filme von geringer Quellbarkeit) erhält man aus *Viscose*, der man durch Emulsionspolymerisation hergestellte Polymerisate, z. B. von Vinylestern oder -äthern, Styrol, Acrylsäureestern, Acrylnitril u. ihren Mischpolymerisaten (auch mit Butadien), zusetzt. (**D. B. P. 851 997** Kl. 29b vom 15/11. 1949, ausg. 9/10. 1952.) Salzmann. 8075

Spinnfaser-Akt.-Ges. (Erfinder: **Walter Thiemann**), Kassel, *Wiedergewinnung der beim Spinnen von Viscosegebilden frei werdenden Gase.* Die Gase werden über dem Teil der Spinnbadoberfläche (I) abgesaugt, unter welchem die frisch erzeugten Gebilde im Spinnbad die Hauptmenge der Gase entwickeln, während der andere freie Teil der I durch Zuleitung von Frischbad gasarm gehalten wird. Das Fällbad ist zu diesem Zweck mit einer Haube abgedeckt, die mit ihren Rändern etwas unter der I eintaucht u. mit einer Absaugvorr. versehen ist. — Zeichnung. (**D. B. P. 847 641** Kl. 29a vom 4/10. 1941, ausg. 25/8. 1952.) Salzmann. 8075

Imperial Chemical Industries Ltd., London, England, *Herstellung von Proteinfäden.* Man stößt eine alkal. Proteinlsg. in ein Koagulierungsbad aus, um ein fortlaufendes Bündel (**I**) von koagulierten Fäden zu bilden, u. führt **I** mittels eines sich rasch in einem Zuführungsrohr (**II**) bewegenden Stromes einer Behandlungs-Fl. (**III**), die eine größere D. aufweist als **I**, in das untere Ende eines zur Horizontalen geneigten, allseitig geschlossenen Kanals (**IV**), dessen Querschnitt größer ist als derjenige des **II** u. dessen innere obere Leitfläche mindestens zum größten Teil auf einem tieferen Niveau liegt als der Überlaufspiegel von **III**, ein, wobei die Geschwindigkeit von **III** durch **IV** u. die Neigung der inneren oberen Leitfläche von **IV** in Richtung der Strömung derart bemessen sind, daß sich **I** längs der genannten Leitfläche lose ansammelt u. das am oberen Ende von **IV** austretende **I** die erforderliche Zeit in **III** verbracht hat. **III** ist eine angesäuerte, konz., CH_2O enthaltende Salzlösung. — Vorrichtung. (**Schwz. P. 280 432** vom 1/6. 1949, ausg. 1/5. 1952. E. Prior. 1/6. 1948.) v. Schiller. 8079

—, Taschenbuch für die Textilindustrie. Verantw. **Richard Hünlich.** Berlin: Schiele & Schön. 1952. (396 S. m. Abb.) 8°. DM 5,50.

XIX. Brennstoffe. Erdöl. Mineralöle.

Veikko T. Rauhala, *Über die Chemie des Torfs.* Übersicht über die Zus. des Torfs. (Suomen Kemistilehti A **25.** 123—27. 1952.) Beckmann. 8122

Arnold G. Mertins, *Über den Feinbau natürlicher Kohlen.* Verschied. Kohlen aus der ganzen Inkohlungsreihe werden hinsichtlich ihrer Porosität verglichen. Zu ihrer Best. wurde die scheinbare D. nach einem Hg-Verf. bestimmt, das darauf beruht, daß ein Gefäß zunächst mit Hg gefüllt wird. Darauf wird die Kohle eingefüllt u. nun die nicht zur Füllung des Raumes benötigte Menge Hg gewogen. Die wahre D. wurde im Pyknometer mit Bzl. festgestellt. Aus diesen beiden Werten läßt sich die Porosität ermitteln. Die hierbei erhaltenen Werte schwanken zwischen 37% für jüngste Kohlen u. 4,3% für die ältesten (z. B. Anthracit). Vergleicht man die verschied. Werte mit Kugelpackungen, so erhält man Werte, die sich mit denjenigen von Kohlen decken, die unter keinem hohen Gebirgsdruck gestanden haben. Die mittlere Porenweite wurde mittels zweier Verff. bestimmt, von denen das eine auf der Unters. der Gasdurchströmung bei verschied. Drücken

u. das andere auf der Messung der spezif. Durchsatzmenge beruht. Dabei ergab sich, daß der poröse Bau der Glanz- u. Mattkohle sowohl bei Braunkohlen als auch bei Steinkohlen in deutlicher Weise verschieden ist. Aus den angeführten Messungen u. an Hand der Röntgenbeugungsmessungen muß die humöse Grundmasse der Kohle als eine dichte Packung von Micellen angesehen werden, vor allem deswegen, weil Fll. u. Gase adsorptiv gebunden werden. Wenn nun im Laufe der Inkohlung aus der M. Gase (CO_2, CH_4) abgespalten werden, so bilden sich Blasen, deren Trennwände durch den Gasdruck allmählich durchbrochen werden, wodurch die Poren entstehen, die eigentlich Ketten von Bläschen sind. („Blasenstruktur" der Kohle.) Nach Ansicht des Vf. muß bei Verfestigung der Sapropelsubstanz auf diese Weise ähnliches Fließen vor sich gehen wie beim Steinkohlenkoks. Bei Glanzkohlen liegt die humöse Substanz als koaguliertes Gel vor, während bei Mattkohlen eine dichte, homogene Abscheidung eingetreten ist, die in blasenartigen Poren aufgebrochen wird. Die gewonnenen Erkenntnisse lassen sich auch auf den Verkokungsvorgang anwenden. Vf. bestimmte die Quellung von einigen Versuchskohlen mit Gasen auf direktem Wege mittels des Durchströmungsverf. u. auf indirektem durch Messung der Adsorption. Er fand, daß die Quellfähigkeit von Kohle zu Kohle stark wechselt, ohne daß eine Ursache für diesen Wechsel zu finden war. Es wird ein Verf. zur Best. der Quellneigung von Kohlen gegen Fll. mittels calorimetr. Unters. des Benetzungsvorganges angegeben. Dabei zeigte sich, daß bei verschied. Kohlen die stärkere oder schwächere Quellung mit Gasen einer größeren oder geringeren Quellneigung gegenüber Fll. entsprach. (Braunkohle, Wärme u. Energie **4**. 353—66. Okt. 1952. Clausthal-Zellerfeld.) ROSENDAHL. 8126

T. R. Savich und **H. C. Howard**, *Oxydation von bituminöser Kohle zu organischen Säuren mittels Salpetersäure und Sauerstoff*. Es wird untersucht, ob bei der kombinierten Verwendung von verd. HNO_3 u. O_2 bei höheren Tempp. u. Drucken bei der Oxydation bituminöser Kohlen zu organ. Säuren der Verbrauch an oxydierender Säure red. werden kann u. ob dieses Verf. Vorteile gegenüber dem bekannten Alkaliaufschluß bietet. Aus dem Vers. ergibt es sich, daß der Geh. von krist. aromat. Säuren höher ist in den Prodd. des Alkaliprozesses, u. daß der Geh. von N-haltigen funktionellen Gruppen in aromat. Säuren der HNO_3-Rk. störend für die Verwendung dieser Säuren wirkt. Dazu kommt, daß bei den hohen erforderlichen Tempp. die App. stark korrodiert werden u. daß die HNO_3 nicht wieder wirtschaftlich zurückgewonnen werden kann. Versuchsergebnisse im Original. (Ind. Engng. Chem. **44**. 1409—11. Juni 1952. Pittsburgh, Pa., Carnegie Inst. of Technol., Coal Res. Labor.) K. O. MÜLLER. 8126

W. Fuchs und **K. A. Hamacher**, *Umwandlungs- und Verwendungsmöglichkeiten der Kohlenwasserstoffe des Steinkohlenschwelteers*. Vortrag. Es wird die Aromatisierung von Neutralöl aus Steinkohlenschwelteer durch Dehydrierung mit S, durch Dehydrierung über Kontakten verschied. Zus. bei wenig über 140°, wo schon erhebliche Reaktionsgeschwindigkeiten erreicht werden, u. durch dehydrierende Oxydation mit Luft in Dampfphase behandelt. Es ergab sich eine starke Abhängigkeit der Dehydrierung u. Aromatenbldg. von den Versuchsbedingungen u. angewandten Kontakten. Weitere Verwertungsmöglichkeiten für Schwelteere werden erörtert. (Erdöl u. Kohle **5**. 561—63. Sept. 1952.) SCHMELING. 8176

A. Scheuerer, *Über die Bestimmung der Klebe- und der Ritzkraft an präparierten Teeren*. Vf. bringt mehrere Beispiele über die Best. der Ritzkraft mittels eines von ihm konstruierten Gerätes. Durch die Anwendung desselben werden auch die von MALLISON gefundenen Feststellungen bestätigt, daß der einmal prăpararierte Teer in der Viscosität bedeutend niedriger ist als der Ausgangsteer, u. daß der zum zweiten Mal präparierte in der Viscosität höher liegt als der einmal präparierte. Der Abbindeverlauf von Teerproben durch Messung der Klebekraft ist aus beigefügten Kurven zu ersehen. (Bitumen, Teere, Asphalte, Peche verwandte Stoffe **3**. 235—38. Sept. 1952.) F. C. MÜLLER. 8176

Kurt Peters, Elisabeth Kappelmacher und **Heinz Voetter**, *Erdgasspaltung mit Luft*. Vff. geben die für die Methanspaltung mit trockener u. feuchter Luft berechneten Spaltgaszuss. an. Sie zeigen eine gute Übereinstimmung mit den Versuchsergebnissen. In Diagrammen u. Tabellen werden die für den Betrieb einer solchen Anlage nötigen Unterlagen gegeben zur Herst. von Spaltgasen bestimmter Zus., u. für die Aufstellung von Wärmebilanzen. Auf Grund des thermodynam. Gleichgewichtes des therm. CH_4-Zerfalls werden die Temperaturgrenzen für die Rußabscheidung angegeben. (Gas, Wasser, Wärme [Wien] **6**. 189—95. Sept. 1952. Wien, TH., Inst. für Verfahrenstechn. u. Technol. der Brennstoffe.) ROSENDAHL. 8186

Ernesto Longobardi, *Die Geochemie des Erdöls und ihre Anwendung auf Argentinien und seine Nachbarländer*. Die organ. Entstehungstheorie des Erdöls wird erörtert u. an argentin. Rohölen auf Grund des Vork. von V u. U in ihren Aschen als wahrscheinlich erwiesen. (Ind. y Quím. **14**. 149—50. 161. Aug. 1952.) SCHMELING. 8188

N. Schwarz, *Emulsionsfragen bei der Erdölgewinnung.* Es werden kurze Bemerkungen über das Brechen von Emulsionen gemacht, unter besonderer Berücksichtigung der Entwässerung der Anlagen. Der Begriff der „immerwährenden Stabilität" einer Emulsion wird erläutert u. sorgfältige Unterss. über die einzelnen Bestandteile der Emulsionen werden angestellt, die diesen Effekt erreichen. Die verschied. Maßnahmen zur Aufspaltung von Emulsionen werden angeführt. Es werden die ersten Tastverss. beschrieben, um den empir. Charakter unserer Kenntnisse durch systemat. Verss. zu klären. (Ingenieur ['s-Gravenhage] **64.** M 33—M 41 28/11. 1952. Amsterdam, Kon. Shell Labor.) ROSENDAHL. 8190

H. L. Lochte, *Zusammensetzung von Erdöl; Erdölsäuren und -basen.* An Hand von 44 Literaturhinweisen stellt Vf. fest, daß die sauren Bestandteile im Erdöl aus einem Gemisch von Phenolen u. aliphat. oder cycl. Carbonsäuren bestehen. Neben den cycl. Säuren der Cyclopentan- u. Cyclohexanreihe sind Spuren von aromat. Säuren vorhanden. Die Carboxylgruppe ist entweder unmittelbar oder unter Zwischenschaltung von CH_2-Gruppen am Ring gebunden. Neben diesen monocycl. Säuren gibt es auch noch solche mit 2 u. mehr Ringen u. 10 u. mehr C-Atomen; über deren Struktur ist bisher noch nichts bekannt. Stickstoffverbb. in Erdöl bestehen ungefähr zu gleichen Teilen aus Verbb., die mit Hilfe von verd. Säure bei der Raffination extrahiert werden können u. solchen, die nicht extrahierbar sind. Sogenannte nichtbas. Verbb., z. B. Pyrrole oder ähnliche Verbb., können mit festem KOH entfernt werden. Die Basen umschließen alkylierte u. cycl. substituierte Pyridine, sowie alkylierte Chinoline u. wahrscheinlich auch Isochinoline. Die Alkylgruppen in den Chinolinen sitzen in der 2-, 3-, 4- u. 8-Stellung; bei Alkylen, die höher als Äthyl sind, nur in der 8-Stellung. Zum Schluß bringt Vf. noch Hypothesen über die Bldg. dieser Verbb. bei der Erdölentstehung. (Ind. Engng. Chem. **44.** 2597—2601. Nov. 1952. Austin, Tex., Univ. of Texas.) K. O. MÜLLER. 8190

Robert F. Marschner und **Donald E. Burney,** *Cyclopentan und Neohexan im Erdöl.* Cyclopentan (Kp. 49,3°; n_D^{20} 1,4065) u. Neohexan (Kp. 49,7°; n_D^{20} 1,3688) deren Vorhandensein im Erdöl schon lange bekannt ist, bilden ein Azeotrop, das als Testmischung zum Vgl. von Fraktionierkolonnen benutzt werden kann. Weitere Anwendungsmöglichkeit im Original. (Ind. Engng. Chem. **44.** 1406—08. Juni 1952. Whiting, Ind., Standard Oil Co., Res. Dep.) K. O. MÜLLER. 8192

Jack H. Krause und **Theodore B. Tom,** *Verfärbung der durch Kupferchlorid gereinigten Destillate.* Die Rk.: $2\,RSH + \frac{1}{2}\,O_2 \rightarrow R_2S_2 + H_2O$ in durch *Mercaptane* verunreinigten Erdölfraktionen wird durch $CuCl_2$ katalyt. beschleunigt, jedoch verfärben sich die Prodd. leicht, weil die Cu-Ionen mit polaren Bestandteilen der Öle unter Bldg. öllösl. Cu-Verbb. reagieren. Verss., diese polaren Verbb. vor Behandlung mit $CuCl_2$ zu entfernen, erwiesen sich als zwecklos. Dagegen war Nachbehandlung mit NaOH, Na_2S, Äthylendiamin in wss. Lsg. erfolgreich, am besten aber Auswaschen mit heißem Wasser. Ersatz des $CuCl_2$ durch andere Cu-Verbb. ergab keine Vorteile. (Ind. Engng. Chem. **44.** 1603—08. Juli 1952. Whiting, Ind., Standard Oil Co. [Indiana].) STEINER. 8194

T. R. Harney, *Säureschlammverwertung und -beseitigung.* Bemerkungen zur Betriebsweise einer MONSANTO-ROSS-WILDE-Anlage zur Aufarbeitung von Säureschlamm in der Raffinerie CURAÇAO. (J. Instn. Petroleum **38.** 472—73. Juni 1952. St. Louis, Mo., Monsanto Chemical Co.) SCHMELING. 8194

R. C. Archibald, N. C. May und **B. S. Greensfelder,** *Katalytische und thermische Spaltversuche bei hoher Temperatur und hoher Strömungsgeschwindigkeit.* Die Abnahme des Koksanfalles bei der katalyt. Spaltung bei steigender Temp. u. gleichbleibendem Durchsatz, wie sie bei bisherigen Verss. bis 550° festgestellt wurde, hält auch bis 675° an, sowohl für reine KW-stoffe (Cetan u. Cumol) als auch für ein West-Texas-Gasöl. Diese Ergebnisse wurden in einer neu entwickelten, induktiv geheizten halbtechn. Spaltanlage erhalten, deren Arbeitsweise an Hand einer schemat. Darst. im Original beschrieben wird. Die höhere Temp. bewirkt Spaltung in kleinere Bruchstücke, d. h. Zunahme von Methan, Äthan, Äthylen. Auch die Menge von Butadien steigt an, während alle anderen C_4-KW-stoffe, bes. Isobutan u. Isobutylen, absinken. Die hohen Tempp. erfordern hohe Durchsatzgeschwindigkeiten, um eine konstante Umwandlung aufrechtzuerhalten. Dabei spielt die Teilchengröße der Katalysatoren eine besondere Rolle wegen der Beziehung zwischen Spaltgeschwindigkeit u. der Diffusionsgeschwindigkeit der Ausgangs- u. Endprodd. in u. aus dem Katalysator. Bei höheren Tempp. verlaufen die Spalt-Rkk. schneller als die Diffusion. Sie findet daher nur in der äußeren Schicht des Katalysators statt, so daß experimentell die Maximalteilchengröße des Katalysators für eine gegebene Temp. ermittelt werden muß, damit die Katalysatorenoberfläche am besten ausgenützt wird. — Versuchsdurchführung, Ergebnisse, tabellar. u. graph. Darst. im Original. — 11 Literaturhinweise. (Ind. Engng. Chem. **44.** 1811—17. Aug. 1952. Emeryville, Calif., Shell Development Co.) K. O. MÜLLER. 8196

Walter Passler, *Neue Gassyntheseanlagen nach einem modifizierten Fischer-Tropsch-Verfahren.* Kurze Schilderung der Verbesserungen des FISCHER-TROPSCH-Verf. in USA. (Erdöl-Ztg. **68.** 128—29. Nov. 1952.) ROSENDAHL. 8200

William E. Cady, Robert F. Marschner und Wendell P. Cropper, *Zusammensetzung von natürlichen, thermisch und katalytisch gespaltenen Schwerbenzinen aus Midcontinent-Erdöl.* Werden hochsd. Anteile eines Midcontinent-Rohöles therm. gespalten, dann entstehen ähnlich niedrigsd. KW-stoffe, wie sie ursprünglich im Rohöl vorhanden waren. Die katalyt. Spaltung des gleichen Rohöls liefert aber niedrigsd. KW-stoffe, die den ursprünglich im Rohöl vorhandenen sehr wenig ähneln. Vor 10 Jahren durchgeführte grundlegende Arbeiten an reinen KW-stoffen zeigten, daß die therm. Spaltung über einen Freiradikalmechanismus verläuft im Gegensatz zur katalyt. Spaltung, die über einen Carboniumionenmechanismus geht. Die Unähnlichkeit der katalyt. gespaltenen Benzine beruht auf starker Isomerisation u. H_2-Wanderung. Spaltverss. therm. u. katalyt. Art mit Gemischen unbekannter Ausgangsöle sind bzgl. des verschied. Spaltmechanismus in Übereinstimmung mit der aufgestellten Theorie. — 11 Literaturhinweise. (Ind. Engng. Chem. **44.** 1859—64. Aug. 1952. Whiting, Ind., Standard Oil Co. [Indiana].) K. O. MÜLLER. 8200

M. A. Elliott, Harry Perry, James Jonakin, R. C. Corey und M. L. Khullar, *Vergasung von gepulverter Kohle mit Sauerstoff und Wasserdampf in einem Vortexreaktor.* Experimentelle Arbeit über Vergasung von pulverisierter bituminöser Kohle in Ggw. von auf 700° vorerhitzten O_2 u. Wasserdampf zum Zwecke der Gewinnung von Synthesegas für die FISCHER-TROPSCH-*Synthese.* Unters. des Verhältnisses von O_2 zur Kohle sowie der Tiefe des Vortexreaktors auf Bldg. von CO u. H_2 pro durchgesetzte Einheit Kohle. Die besten Vergasungsergebnisse werden erzielt, wenn ein Teil des O_2 zusammen mit der Kohle eingeschleust wird u. wenn pro Std. 4,8 kg Kohle auf 1 m^3 Reaktionsvol. durchgesetzt werden. Die halbtechn. Anlage mit einem Vortexreaktor mit 90 cm Durchmesser wurde unter schlackenden Bedingungen gefahren, wobei keinerlei Schwierigkeiten hinsichtlich der Kontrolle des Reaktionsverlaufs oder des Schlackenabstiches eintraten. Zahlreiche Versuchsergebnisse u. Diagramme zeigen, daß der Vortexreaktor für die Herst. von Synthesegas geeignet ist. (Ind. Engng. Chem. **44.** 1074—82. Mai 1952. Bruceton, Pa., Washington, D. C., u. Pittsburgh, Pa., Bur. of Mines.) K. O. MÜLLER. 8200

Richard Wiebe, *Doppelte Vergasung entweder durch Einspritzen von Alkohol und Wasser als Klopfbremse oder durch zusätzliche Verwendung von mit Alkohol versetzten Kraftstoffen.* Um die O.Z.-Anforderungen, die ein Motor bei niedrigen, mittleren u. hohen Drehzahlen an den Kraftstoff stellt, auszugleichen, wird vorgeschlagen, durch eine zweite Vergasung einen mit A. als Klopfbremse hochklopffest gemachten Kraftstoff dem Motor zuzuführen oder ein Gemisch aus A. u. W. dann in den Verbrennungsraum einzuspritzen, wenn die Anforderungen an den Motor steigen. In den USA wird dem zweiten Weg der Vorzug gegeben. (Ind. agric. aliment. **69.** 203—08. März 1952. Peoria, Ill., U. S. Dep. of Agricult., Northam Reg. Res. Labor.) K. O. MÜLLER. 8208

P. T. Sulzer, *Über die Beeinflussung von Ölaschenablagerungen durch Brennstoffzusätze.* Vf. gibt einige orientierende Verss. bekannt, um durch Zusätze von SiO_2 (als organ. öllösl. Verb.) u. von Al_2O_3 (als Suspension einer anorgan. Al-Verb.) zum Brennstoff Ölascheablagerungen in Gasturbinen zu vermeiden. (Schweiz. Arch. angew. Wiss. Techn. **18.** 379—80. Nov. 1952. Winterthur, Gebr. Sulter A. G., Labor.) ROSENDAHL. 8210

R. L. Yahnke, J. H. Krause und G. H. Weisemann, *Extraktion von Mercaptanen aus leichten Dieselkraftstoffdestillaten.* Eine aus S-reichem Rohöl dest. Fraktion, die zwischen 160—300° sd. u. 0,08% Mercaptan-S enthält, wurde in einer halbtechn. Anlage mit NaOH u. Methanol im Gegenstromverf. von Cresylsäure u. Mercaptan-S befreit. Schemat. Darst. des mehrstufigen Extraktionsprozesses u. Beschreibung der Arbeitsweise. Während der Verbrauch an NaOH direkt proportional der Menge der anfallenden Cresylsäure ist, liegt der Methanolverbrauch bei ca. 0,07% des behandelnden Öles. Durch Infrarotspektroskopie wurde festgestellt, daß das entschwefelte u. geruchfreie Dieselöl ein Methanolgeh. von 0,02—0,05 Vol.-% aufweist. (Ind. Engng. Chem. **44.** 1486—89. Juni 1952. Whiting, Ind., Standard Oil Co. [Indiana], Res. Dep.) K. O. MÜLLER. 8212

A. Towle, *Fortschritte in den Liefer- und Prüfbedingungen für Hypoid-Getriebeöle unter besonderer Berücksichtigung einer rein britischen Prüfanlage.* Bebilderter Bericht über Prüfstände, bes. eines Verspannungsprüfstandes für hypoid verzahnte Getriebe. Es wird angeregt, die Lieferbedingungen für brit. Hypoidöle den amerikan. Prüfbedingungen 2–105 B oder Mil–L–2105 anzupassen. Abrieb u. Korrosionsverss. auf dem neu gebauten Prüfstand werden beschrieben. (J. Instn. Petroleum **38.** 747—62. Sept. 1952. Anglamol Ltd.) K. O. MÜLLER. 8220

Petrolite Corp., Ltd., Wilmington, Del., übert. von: **Charles M. Blair jr.**, Webster Groves, Mo., V. St. A., *Demulgieren von Wasser-in-Öl-Emulsionen.* Man behandelt die W.-in-Öl-Emulsion (Erdöl) mit einem Demulgator, der aus einem organ. Polyester (aus einer zweibas. Säure u. einem Glykol) besteht. Das Glykol ist ein aliphat. Glykol mit nicht mehr als 6 C-Atomen, die direkt aneinander gebunden sind, die zweibas. Säure eine Dicarbonsäure mit weniger als 8 C-Atomen (Adipinsäure). Verhältnis von Glykol zu Säure 0,5 : 1 bis 2,0 : 1 oder 1 : 1. Mol.-Gew. des Polyesters 500—1500. (**A. P. 2 599 538** vom 20/7. 1951, ausg. 10/6. 1952.) UNGER. 8191

Pure Oil Co., übert. von: **George W. Ayers**, Chicago, **Marcellus I. Geerts**, Evanston, und **Robert E. Chandler**, Algonquin, Ill., V. St. A., *Verhütung des Sauerwerdens von Erdölen während der Destillation.* Gewisse KW-stofffraktionen, deren Mercaptane durch verschied. übliche Prozesse (Süßen) in Disulfide übergeführt wurden, werden beim Destillieren wieder sauer. Um zu verhüten, daß die organ. S-Verbb. beim Erhitzen wieder in saure Prodd. umgewandelt werden, erhitzt man in Ggw. einer geringen Menge (0,0003 bis 0,5%) Glycerin, das in Form einer ca. 40%ig. wss. Lsg. verwendet wird. (**A. P. 2 597 427** vom 25/4. 1950, ausg. 20/5. 1952.) UNGER. 8195

Anglo-Iranian Oil Co. Ltd., London, **Frederick Arnold Fidler**, **Raymond Arthur Lowry** und **Ronald Leonard Denger**, Sunbury-on-Thames, England, *Entfernung von S-Verbindungen aus Kohlenwasserstoffen durch azeotropische Destillation.* Ein Gemisch von engem Siedebereich, bestehend aus einem erwünschten KW-stoff u. einem organ. Sulfid bekannter Konst., das mit dem KW-stoff ein azeotropes Gemisch bildet, wird mit einem paraffin. oder naphthen. KW-stoffdestillat gemischt, dessen Siedebeginn oberhalb der unteren Grenze des azeotropen Siedebereichs des organ. Sulfids u. dessen Siedeende unterhalb des Kp. des gewünschten KW-stoffes liegt. Das Gemisch wird fraktioniert dest., wobei das organ. Sulfid u. die zugesetzte Destillatfraktion am Kopfe u. der gewünschte KW-stoff als reines Bodenprod. abgezogen werden. (**E. P. 676 001** vom 17/11. 1948, ausg. 23/7. 1952.) UNGER. 8195

Pure Oil Co., Chicago, Ill., übert. von: **Christopher A. Murray**, Nederland, Tex., V. St. A., *Verhinderung der Ammonsulfidkorrosion.* Bei der Abscheidung von Bzn. aus gespaltenen Kopfprodd. bilden sich korrosive Verbb. von NH_3, H_2S u. Wasser. Um die korrodierende Wrkg. von $(NH_4)_2S$ u. $(NH_4)HS$-Verbb. in Ggw. von W. auf Fe- u. Cu-Oberflächen zu mildern, setzt man diese Verbb. mit CH_2O zu neutralen Kondensationsprodd. um. Man entwässert die Kopfprodd. in 2 Stufen u. mischt die entwässerten Prodd. mit 0,01—3% CH_2O, bevor sie mit den Fe- oder Cu-Oberflächen in Berührung kommen. — Zeichnung. (**A. P. 2 589 114** vom 10/1. 1950, ausg. 11/3. 1952.) UNGER. 8195

Badische Anilin- & Soda-Fabrik, Ludwigshafen/Rh., *Katalytische Umsetzungen mit kohlenstoffhaltigen Stoffen.* Bei der Spaltung von KW-stoffen in der Gas- oder Dampfphase in Ggw. staubförmiger Katalysatoren, die durch Überleiten sauerstoffhaltiger Gase (Luft) laufend wiederbelebt u. durch den Reaktions-, Wiederbelebungs- u. Spülraum von oben nach unten bewegt werden, sind die drei genannten Zonen in einem einzigen zusammenhängenden Ofen angeordnet. Die Absperrung der einzelnen Zonen voneinander, bes. der Spülzonen von den benachbarten Zonen, geschieht durch den auf durchlässigen Zwischenböden, die gegebenenfalls als Kipp -oder Öffnungsvorrichtungen oder als Schwingsiebe ausgebildet sind, angesammelten Katalysatorstaub. — Zeichnung. (**D. B. P. 865 037** Kl. 23b vom 16/9. 1943, ausg. 29/1. 1953.) UNGER. 8197

Badische Anilin- & Soda-Fabrik, Ludwigshafen/Rh. (Erfinder: **Mathias Pier**, Heidelberg, **Wilhelm v. Füner**, Ludwigshafen, **Kurt Peters**, Wien, und **Georg Wittmann**, Ludwigshafen), *Ausführung katalytischer Reaktionen*, z. B. Umwandlung von KW-stoffölen, in Ggw. Si u. F enthaltender Katalysatoren. Es wird ein Katalysator verwendet, der aus einem künstlich erzeugten, vorzugsweise alkalimetallfreiem Silicat besteht, das Verbb. von einem oder vorteilhaft 2 oder mehr Metallen der 2., 3. oder 8. Gruppe des Period. Syst. enthält u. bei oder nach seiner Herst. mit F oder HF oder diese bildenden Verbb. so vorbehandelt wurde, daß in dem fertigem Silicat eine geringere Menge F vorhanden ist, als den in ihm enthaltenen Metallen der 2., 3. u. 8. Gruppe äquivalent ist. Der Katalysator enthält zweckmäßig 10—60% der den Metallen äquivalenten Menge an F. Die Silicate werden durch Zusammenbringen von Wasserglaslsgg. oder SiO_2-Solen u. Metallsalzlsgg. bei $p_H < 7$, Fällen u. Erhitzen des Gels erzeugt. — Beispiel für die Gewinnung von Bzn. aus Mittelöl. (**D. B. P. 844 594** Kl. 12g vom 9/6. 1944, ausg. 21/7. 1952.) STEIL. 8197

Badische Anilin- & Soda-Fabrik (Erfinder: **Gerhard Free** und **Ludwig Raichle**), Ludwigshafen/Rh., *Ausführung katalytischer Reaktionen in der Gasphase*, z. B. der *Spaltung von Schwer- und Mittelölen*, in Ggw. von stückigem, geformtem Katalysator, der durch den Reaktionsraum in entgegengesetzter Richtung zu den Gasen oder Dämpfen, z. B. von oben nach unten bewegt wird. Dem stückigen Katalysator werden beim Austritt aus der

Reaktionszone staubförmige bei Reaktionstemp. beständige Stoffe in solcher Menge zugesetzt, daß der freie Raum zwischen den Katalysatorstücken ausgefüllt wird. Hierdurch wird ein gasdichter Abschluß der Reaktionszone erzielt. (**D. B. P. 850 449** Kl. 12g vom 30/1. 1943, ausg. 25/9. 1952.) Steil. 8197

Ruhrchemie Akt.-Ges. (Erfinder: **Heinrich Tramm** und **Helmut Kolling**), Oberhausen/Rheinland, *Katalytische Spaltung von Kohlenwasserstoffgemischen.* Den über den Kontakt (Al-Hydrosilicat) geleiteten Gasgemischen werden sowohl während der Spaltperiode als auch während der Ausbrennperiode (u. gegebenenfalls Kühlperiode) wesentliche Mengen von Wasserdampf zugesetzt; in der Spaltperiode ca. 30—70% der KW-stoffe; in der Ausbrennperiode enthalten die Ausbrenngase so viel Wasserdampf, als einer Sättigungstemp. von 50—70° entspricht. (**D. R. P. 759 895** Kl. 23b vom 14/9. 1940, ausg. 5/1. 1953.) Unger. 8197

Edeleanu G. m. b. H., Frankfurt/M. (Erfinder: **Luise Trip**, Berlin), *Stockpunktserniedrigung von Ölen.* Bei der Spaltung von paraffinhaltigen Ölen (bis ca. 430°) setzt man dem Öl vor der Behandlung leichtsd., bei n. Temp. fl. Paraffin-KW-stoffe in Mengen von 10—30% zu zwecks Zurückdrängung der Spaltung der KW-stoffe vom mittleren Siedebereich in leichtflüchtige KW-stoffe. (**D. R. P. 754 401** Kl. 23b vom 30/5. 1942, ausg. 5/1. 1953.) Unger. 8197

Borg-Warner Corp., Chicago, Ill., übert. von: **John A. Hannum** und **Morris Frumin**, Detroit, Mich., V. St. A., *1.1.1.2-Tetranitropropan* (') erhält man bei der Rk. von $C(NO_2)_3Ag$ (**II**) mit 1-Brom-1-nitroäthan in äther. Lsg. unter Rückfluß. **I** ist eine Fl., D. 1,6, Kp. 235°, u. verbrennt, wie auch die Isomeren, ohne O_2-Zufuhr. Das *1.1.1.3-Isomere* erhält man aus **II** u. 1-Brom-2-nitroäthan. Weitere Isomere sind: *1.1.2.2-*, *1.1.2.3-*, *1.1.3.3-* u. *1.2.2.3-Tetranitropropan.* — *Treibstoffe.* (**A. P. 2 583 048** vom 13/2. 1946, ausg. 22/1. 1952.) G. König. 8205

Standard Oil Co., Chicago, Ill., übert. von: **Theodore B. Fom**, Hammond, Ind., V. St. A., *Stabilisierte Kohlenwasserstoffe.* Man versetzt ein KW-stoffdestillat, welches korrosive S-Verbb. (für Cu) enthält, mit 0,005—1% der öllösl. Fraktion von Weihrauch (Olibanum) als hydrophilem Kolloid. Als KW-stoffdestillate kommen leichte Fraktionen, wie Brennöle u. Motortreibstoffe, in Betracht. (**A. P. 2 597 205** vom 22/12. 1949, ausg. 20/5. 1952.) Unger. 8205

California Research Corp., San Francisco, übert. von: **Primo L. Pinotti**, Larkspur, Calif., V. St. A., *Dieselöl.* Um die korrodierende Wrkg. hochschwefelhaltiger Dieselöle zu verhindern, setzt man diesen 0,25—1,5%, bezogen auf den S-Geh., eines N-Basen enthaltenden Extraktes zu, der aus Crackdestillaten von California-Rohöl mit dem Kp. zwischen Bzn. u. Dieselöl durch Extraktion mit 35—50%ig. H_2SO_4 u. Neutralisieren des Säureextraktes gewonnen wurde. (**A. P. 2 583 518** vom 1/6. 1948, ausg. 22/1. 1952.) Dersin. 8213

California Research Corp., San Francisco, übert. von: **George H. Denison jr.**, San Rafael, Calif., V. St. A., *Dieseltreibstoff.* Man setzt Mineralöldestillaten mit entsprechendem Siedebereich zur Verhinderung der Harzabscheidung 0,05—5 Vol.-% hydrierter N-Basen zu, die durch Extraktion N-haltiger Mineralölfraktionen mit H_2SO_4 u. Hydrierung der freien Basen unter Druck in Ggw. von MoS_3 als Katalysator erhalten wurden u. im wesentlichen aus hydrierten, alkylierten Chinolinen u. Pyridinen bestehen. (**A. P. 2 582 192** vom 13/7. 1948, ausg. 8/1. 1952.) Dersin. 8213

Comp. Française de Raffinage (Erfinder: **Paul Woog**), Paris, Frankreich, *Kältestabilisierung von Schmierölen.* Schmierölen, die mit langkettigen, gesätt. Fettsäuren versetzt sind, werden entmischungsverhindernde Stoffe, wie oxydierte oder mit den langkettigen, gesätt. Fettsäuren isomorphe Fettsäuren zugesetzt. Die oxydierten Fettsäuren können auch in den Schmierölen selbst erzeugt werden. Die isomorphen Fettsäuren können durch Zusammenschmelzen von gesätt. (C_{10}—C_{18}) u. ungesätt. Fettsäuren erzeugt werden. Als entmischungsverhindernder Stoff kann auch das sogenannte zweimal dest. Palmöl verwendet werden. (**D. B. P. 860 982** Kl. 23c vom 31/12. 1948, ausg. 29/12. 1952. F. Prior. 7/1. 1944.) Unger. 8221

Herausgeber u. verantwortlich für den Inhalt: Prof. Dr. Maximilian Pflücke, Berlin W 8, Jägerstraße 22/23. Fernsprecher: 200481, 201464. Redaktion: Chefredakteure Dr. Eugen Klever und Prof. Dr. Maximilian Pflücke. Verlag: Akademie-Verlag GmbH, Berlin NW 7, Schiffbauerdamm 19 (Fernsprecher 425571, Postscheckkonto Berlin 35021) u. Verlag Chemie, GmbH, Weinheim/Bergstraße (Postscheckkonto Frankfurt/M. 145314 u. Berlin [West] 7430, Fernsprecher: Weinheim 2017). Bestell- u. Verlags-Nr. dieses Heftes: 1007/124/18. Das Chemische Zentralblatt erscheint wöchentlich
Satz u. Druck: VEB Leipziger Druckhaus, Leipzig, III/18/203. IV. 53.
Veröffentlicht unter der Lizenznummer 1212 des Amtes für Literatur und Verlagswesen der Deutschen Demokratischen Republik.
Printed in Germany.

FSC
www.fsc.org
MIX
Papier | Fördert
gute Waldnutzung
FSC® C083411

Zeitfracht Medien GmbH
Ferdinand-Jühlke-Straße 7
99095 Erfurt, Deutschland
produktsicherheit@kolibri360.de